全国高等院校应用型人才培养规划教材·网络技术系列

企业网络构建技术项目化教程

丁喜纲　主　编

内 容 简 介

本书以中小型企业网络构建为主要工作情境，按照网络工程的实际流程展开，采用任务驱动模式，将理论知识综合到各项技能中。读者可以在阅读本书时同步进行实训，从而掌握网络组建方面的知识和实践技能。本书包括9个单元，分别是企业网络规划与设计、网络综合布线系统设计施工、企业网络连接配置、企业网络路由配置、安装与配置服务器系统、配置网络应用服务器、接入广域网、构建无线局域网和构建IPv6网络。

本书可以作为大中专院校相关课程的教材，也适合作为从事网络设计、组建、管理和维护等工作的技术人员及网络技术爱好者的参考书。

图书在版编目(CIP)数据

企业网络构建技术项目化教程/丁喜纲主编. —北京：北京大学出版社，2014.1
(全国高等院校应用型人才培养规划教材·网络技术系列)
ISBN 978-7-301-23720-5

Ⅰ.①企… Ⅱ.①丁… Ⅲ.①企业—计算机网络—高等学校—教材 Ⅳ.①TP393.18

中国版本图书馆CIP数据核字(2014)第004286号

书　　名：企业网络构建技术项目化教程
著作责任者：丁喜纲　主编
策 划 编 辑：吴坤娟
责 任 编 辑：吴坤娟
标 准 书 号：ISBN 978-7-301-23720-5/TP·1319
出 版 发 行：北京大学出版社
地　　址：北京市海淀区成府路205号　100871
网　　址：http://www.pup.cn　新浪官方微博：@北京大学出版社
电 子 信 箱：zyjy@pup.cn
电　　话：邮购部62752015　发行部62750672　编辑部62756923　出版部62754962
印 刷 者：三河市博文印刷有限公司
经 销 者：新华书店
787毫米×1092毫米　16开本　26印张　617千字
2014年1月第1版　2022年6月第4次印刷
定　　价：48.00元

前　言

随着计算机网络应用的不断普及，网络资源和网络应用服务日益丰富，计算机网络对社会生活及社会经济的发展已经产生了不可逆转的影响。越来越多的企事业单位、行政机关都组建了属于自己的计算机网络，社会上也需要大量的网络工程技术人员、施工人员及管理人员。由于企事业单位、行政机关对网络的需求各不相同，所以目前在企业网络的建设中普遍引入了网络工程的思想。企业网络的构建要从用户需求分析开始，包括网络规划设计、布线施工、网络设备安装配置、服务器安装配置等多个环节。作为网络技术相关专业的学生和技术人员，必须全面掌握企业网络构建的相关知识，并具备真正的技术应用能力。

本书在编写时贯穿“以职业活动为导向，以职业技能为核心”的理念，结合工程实际，反映岗位需求，以中小型企业网络构建为主要工作情境，按照网络工程的实际流程展开，采用任务驱动模式，将理论知识综合到各项技能中。本书包括9个单元，分别是企业网络规划与设计、网络综合布线系统设计施工、企业网络连接配置、企业网络路由配置、安装与配置服务器系统、配置网络应用服务器、接入广域网、构建无线局域网和构建IPv6网络。每个单元由需要读者亲自动手完成的工作任务组成，读者可以在阅读本书时同步进行实训，从而掌握网络组建方面的知识和实践技能。

本书主要有以下特点：

（1）以工作过程为导向，采用任务驱动模式

本书以中小型企业网络构建为主要工作情境，按照网络工程的实际流程展开，力求使读者在做中学、在学中做，真正能够利用所学知识解决实际问题，形成职业能力。

（2）紧密结合教学实际

在网络技术的学习中，需要由多台计算机以及交换机、路由器等网络设备构成的网络环境，而且目前网络的相关产品种类很多，管理与配置方法也各不相同。考虑到读者的实际实验条件，本书主要选择具有代表性并且被广泛使用的Microsoft和Cisco公司的产品为例，读者可以利用VMware、Cisco Packet Tracer等软件在一台计算机上模拟网络环境，完成本书的绝大部分工作任务。另外，本书每个项目后都附有习题，分为思考问答和技能操作两部分，有利于读者思考并检查学习效果。

（3）参照职业标准

职业标准源自生产一线，源自工作过程。本书在编写过程中参考《计算机网络管理员国家职业标准》及其他相关职业标准和企业认证（Cisco公司的CCNA、CCNP，Microsoft公司的MCITP等）中的要求，突出职业特色和岗位特色。

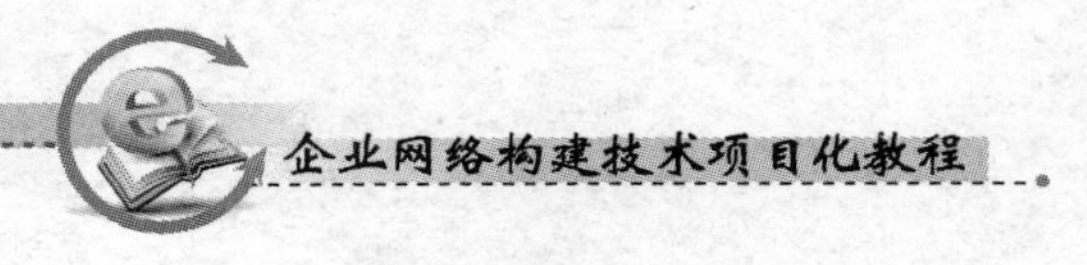

（4）紧跟行业技术发展

计算机网络技术发展很快，因此本书在编写过程中注重与行业、企业密切联系，使所有内容紧跟技术发展。

本书主要面向企业网络构建技术的初学者，可以作为大中专院校相关课程的教材，也适合从事网络设计、组建、管理和维护等工作的技术人员及网络技术爱好者参考使用。

本书由丁喜纲主编，边金良、盛延刚参与了部分内容的编写工作。本书在编写过程中参考了国内外计算机网络组建方面的著作和文献，并查阅了 Internet 上公布的很多相关资料，由于 Internet 上的资料引用复杂，所以很难注明原出处，在此对所有作者致以衷心的感谢。

编者意在为读者奉献一本实用并具有特色的教程，但由于企业网络构建涉及的内容很多，技术发展日新月异，加之我们水平有限，书中难免有错误和不妥之处，敬请广大读者批评指正。

编　者

2013 年 12 月

目　　录

第 1 单元　企业网络规划与设计 …… 1
任务 1.1　认识网络工程 …… 1
任务 1.2　选择企业网络组网技术 …… 5
任务 1.3　规划与设计网络拓扑结构 …… 11
任务 1.4　规划与设计 IP 地址 …… 22
习题 1 …… 28
第 2 单元　网络综合布线系统设计施工 …… 31
任务 2.1　认识综合布线系统 …… 31
任务 2.2　设计综合布线系统 …… 38
任务 2.3　双绞线电缆布线施工 …… 48
任务 2.4　光缆布线施工 …… 65
任务 2.5　综合布线系统测试 …… 76
习题 2 …… 93
第 3 单元　企业网络连接配置 …… 95
任务 3.1　选择与安装交换机 …… 95
任务 3.2　交换机基本配置 …… 102
任务 3.3　划分虚拟局域网 …… 114
任务 3.4　配置生成树协议 …… 121
习题 3 …… 127
第 4 单元　企业网络路由配置 …… 130
任务 4.1　路由器的选择与基本配置 …… 130
任务 4.2　利用路由器实现网络路由 …… 140
任务 4.3　三层交换机基本配置 …… 158
任务 4.4　利用三层交换机实现网络路由 …… 161
任务 4.5　配置 ACL …… 167
习题 4 …… 173
第 5 单元　安装与配置服务器系统 …… 176
任务 5.1　安装 Windows 服务器 …… 176
任务 5.2　设置服务器基本工作环境 …… 189
任务 5.3　组建工作组网络 …… 202
任务 5.4　组建域网络 …… 214
任务 5.5　配置动态磁盘 …… 235
任务 5.6　配置 NTFS 文件系统 …… 242

习题5 …… 250

第6单元　配置网络应用服务器 …… 253

任务6.1　配置DHCP服务器 …… 253

任务6.2　配置DNS服务器 …… 263

任务6.3　配置文件服务器 …… 274

任务6.4　配置Web服务器 …… 291

任务6.5　配置FTP服务器 …… 306

习题6 …… 316

第7单元　接入广域网 …… 319

任务7.1　连接广域网 …… 319

任务7.2　配置NAT …… 332

任务7.3　配置VPN …… 336

习题7 …… 345

第8单元　构建无线局域网 …… 348

任务8.1　构建BSS无线局域网 …… 348

任务8.2　构建ESS无线局域网 …… 364

习题8 …… 378

第9单元　构建IPv6网络 …… 380

任务9.1　认识与配置IPv6地址 …… 380

任务9.2　配置IPv6路由 …… 390

任务9.3　实现IPv6与IPv4网络互联 …… 396

习题9 …… 407

参考文献 …… 410

第 1 单元　企业网络规划与设计

随着计算机网络技术的发展，人们对于计算机网络的需求也不断提高，为了使计算机网络能够适应不同用户在服务、带宽、可扩展性和可靠性等方面的需求，目前在企业网络的建设中普遍引入了网络工程的思想。网络工程是在网络规划的基础上，具体实现网络功能，同时对网络的性能进行整体评价和决策的过程。本单元的主要目标是了解企业网络工程建设的基本流程，熟悉常用的局域网组网技术，掌握企业网络规划与设计的基本思路和方法。

任务 1.1　认识网络工程

【任务目的】

（1）了解网络工程的总体结构。

（2）了解网络工程项目中的相关机构。

（3）了解网络工程的基本流程。

【工作环境与条件】

（1）校园网工程案例及相关文档。

（2）企业网工程案例及相关文档。

（3）能够接入 Internet 的 PC。

【相关知识】

计算机网络系统作为一个有机的整体，由相互作用的不同组件构成，通过综合布线、网络设备、服务器、操作系统、数据库平台、网络安全平台、网络存储平台、基础服务平台、应用系统平台等各个子系统协同工作，最终实现用户（企业、机构等）的办公自动化、业务自动化等各项功能。网络工程实质上是将工程化的技术和方法应用于计算机网络系统中，即系统、规范、可度量地进行网络系统的设计、构造和维护的过程。

1.1.1　网络工程的总体结构

网络工程涉及到计算机设备、网络设备、网络基础设施、网络系统软件、网络服务系统等各个方面。需要注意的是网络工程绝不是各种硬件和软件的简单堆积，而是一种在系统整合、系统再生过程中为了满足用户不同需求提供的增值服务业务，因此在网络工程中不应只关注某个局部的技术服务，而应关注系统整体的、全方位的无缝整合和规划。网络工程的总体结构如图 1－1 所示。

<table>
<tr><td>用户界面</td><td>图形用户（GUI）</td><td colspan="2">Web平台</td><td>…</td><td rowspan="5">网络安全平台</td><td rowspan="5">项目管理</td></tr>
<tr><td>网络应用系统</td><td>视频点播系统</td><td>呼叫中心</td><td>VoIP</td><td>ERP　…</td></tr>
<tr><td>网络应用基础平台</td><td>数据库平台</td><td>系统服务平台</td><td>中间件</td><td>开发、管理工具平台</td></tr>
<tr><td>网络通信平台</td><td colspan="2">数据交换平台</td><td colspan="2">数据传输平台</td></tr>
<tr><td>环境支持平台</td><td>机房</td><td colspan="2">综合布线系统</td><td>弱电供电系统</td></tr>
</table>

图 1-1　网络工程的总体结构

（1）环境支持平台

环境支持平台指为了保障网络安全、可靠、正常运行所必须采取的环境保障措施，主要包括网络机房、供电系统以及作为网络传输基础设施的综合布线系统。由于环境支撑平台建设与建筑物装修密切相关，所以环境支持平台通常应先行或单独进行设计施工。

（2）网络通信平台

网络通信平台指以实现网络连通、数据通信为目的铺设的信息通道，主要包括网络通信设备、网络服务器硬件和操作系统、网络协议以及与 Internet 的互连互通等内容。

（3）网络应用基础平台

网络应用基础平台是指建立在网络通信平台基础上，为各种网络应用提供支撑的服务程序和开发工具，主要包括数据库系统、Internet/Intranet 基础服务（如 WWW、FTP、DNS、电子邮件等）、中间件以及各种开发、管理工具（如数据库开发工具、ASP 开发工具等）。

（4）网络应用系统

网络应用系统是指以网络基础应用平台为基础，开发商为用户开发或用户自行开发的通用或专有应用系统，如财务管理系统、ERP 系统、项目管理系统、远程教学系统、股票交易系统、电子商务系统、视频点播系统、呼叫中心等。

（5）用户界面

在网络中，基础服务程序和网络应用系统一般都处于服务器端，用户界面指用户端的操作界面，包括图形用户（GUI）、Web 平台等。

（6）网络安全平台

网络的互通性和信息资源的开放性使得网络安全问题日益严重，因此在网络工程中必须为用户提供明确的、详实的安全解决方案。正如图 1-1 所给出的那样，网络安全贯穿于网络工程的各个层次，贯穿于网络工程的全过程，也就是说在网络工程设计、施工的每个环节都必须采取相应的安全措施。

（7）项目管理

项目管理是指在网络工程的建设过程中所采取的管理措施，以保证工程的顺利进行，确保工程发挥应有的效益。目前在网络工程项目管理中通常会使用 Microsoft Project 等专业项目管理软件，以及 Microsoft Visio、AutoCAD 或 Photoshop 等制图软件。

1.1.2　网络工程项目中的相关机构

网络工程是一项综合性的技术活动，也是一项综合性的管理和商务活动。要确保工程项目获得成功，需要了解网络工程项目中的相关机构及其在项目中所发挥的作用。通常网

络工程主要涉及以下机构。

（1）用户：指出资建设网络工程的机构或企业，是服务的对象。

（2）系统集成商（承包方）：指为用户的网络系统提供咨询、设计、供货、实施及售后维护等一系列服务的公司实体，是网络工程的主要执行者。

（3）产品厂商：指设计、生产网络工程项目中所选用产品的生产厂家。

（4）产品供货商：指为系统集成商直接提供网络工程项目相关产品的企业，如某种产品的代理商、经销商等。

（5）应用软件开发商：指从事用户应用软件开发的专业公司，有些系统集成商也有自己的软件开发部门，兼具应用软件开发商的角色。

（6）施工队：指专门从事网络布线相关业务的施工队伍。

（7）工程监理：指在网络工程项目中专门对设计、施工、验收等活动进行质量检查和控制的机构或公司，常见于一些大中型项目。

合格的系统集成商（承包方）应该具备以下条件。

（1）具备承担网络系统的分析与设计、软硬件设备选型与配套、应用软件开发、工程项目组织管理与协调、系统安装调试及提供系统维护服务的能力。

（2）具备一支从事网络工程的高水平的技术队伍。网络工程不是几个人就能做的，系统集成商需要拥有一批各专业的技术人员，且要有一定的工程经验。一般说来，网络工程的利润包括硬件、软件和集成三部分，其中硬件的价格透明度高，利润较低，而软件和集成的利润会占整个项目利润的绝大部分。因此集成商不但要具有网络系统集成的驾驭能力和硬件安装支持的能力，还应具备网络应用软件的开发能力。

（3）具备完成网络工程任务的开发调试环境及设备。

（4）有完成网络工程建设的经验和业绩。

（5）有充足的资金支持。一个网络工程项目签约后，系统集成商一般投资额度要达到工程资金总额的50%～80%。另外，若不能获得工程项目，则在工程竞标过程中花费的人力、物力将付诸东流，这都要求网络工程承包方必须具备相当的经济实力。

1.1.3　网络工程的基本流程

目前的网络工程具备一般工程共有的内涵和特点，其基本流程与其他工程也基本相同，大体可以分为项目的招投标、项目的启动、项目的实施、项目的测试、项目的验收、项目的培训与售后服务6个阶段，如图1－2所示。

1. 项目的招投标阶段

工程项目招投标的目的就是引入竞争机制，这也是国际上采用的较为完善的工程项目承包方式。工程项目招投标是指用户（甲方）对自愿参加工程项目的投标人进行审查、评议和选定的过程。用户对项目的建设地点、规模容量、质量要求和工程进度等予以明确后，向社会公开发标或邀请招标，承包方（乙方）根据用户的需求投标。用户再根据投标人的技术方案、工程报价、技术水平、人员的组成及素质、施工能力和措施、工程经验、

企业财务及信誉等方面进行综合评价、全面分析，择优选择中标人后与之签订承包合同。

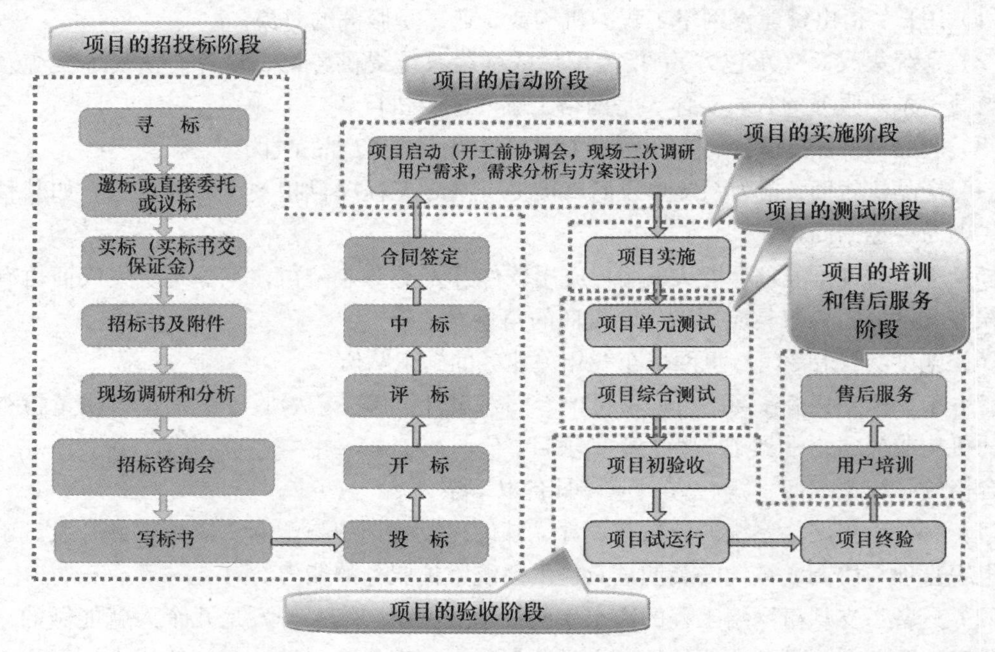

图 1－2　网络工程项目的基本流程

2. 项目的启动阶段

在网络工程项目的启动阶段将完成工程项目实施前的准备工作，一般包括勘测施工现场的施工环境情况，例如电源系统、防雷接地环境、传输接入环境等；根据投标书内容做出具体设计和实施方案；施工前的施工组织协调工作，如对施工人员安全教育、办理施工人员施工现场出入证、确定库房、明确施工人员进入现场时间等。

3. 项目的实施阶段

在网络工程项目的实施阶段，应按照已有的计划和方案完成工程项目各项内容的具体实施。项目的实施中一般会涉及很多内容，不同的网络工程项目有所不同，一般包括网络综合布线实施、通信传输平台实施、网络系统实施、网络应用服务系统实施等。

4. 项目的测试阶段

为了保证网络工程项目的质量，使工程项目顺利通过验收，必须对工程项目的功能性、连通性、安全性、稳定性等进行全面的测试。网络工程项目的验收测试应由用户、承包方以及第三方共同实施，主要工作包括系统单元测试和系统综合测试两个方面。系统单元测试主要是对工程项目中各子系统进行单独测试，如布线系统测试、网络系统测试、网络应用服务系统测试等。系统综合测试是将所有子系统结合到一起进行的测试。

5. 项目的验收阶段

对网络工程进行验收是承包方向用户移交过程的正式手续，也是用户对网络工程实施

工作的认可。项目的验收阶段可分为项目的初验、项目的试运行和项目的终验 3 个阶段。在项目的初验阶段，承包方将提出工程初步验收申请，用户依据测试文档和测试报告进行审核，审核通过后由承包方出具初验报告。在项目的试运行阶段，双方应确定项目试运行的期限，承包方应及时处理试运行过程中的问题并出具试运行报告。如在试运行期间系统运行稳定，则可进入项目的终验阶段，用户将召开验收会议，承包方需出具终验报告。

6. 项目的培训和售后服务阶段

在网络工程项目中，承包商应对用户的网络管理人员以及其他相关人员进行相应的培训，并在项目移交后进行相应的售后服务。通常在网络工程项目的合同中双方会对培训的时间、地点、内容、人数，以及售后服务的维护响应时间、质保期限、维护方式等内容进行详细的约定。

【任务实施】

操作 1　分析校园网工程案例

参观所在学校的校园网，查阅校园网工程的相关文档，分析校园网工程的总体结构及各项内容，了解校园网建设过程中所涉及的相关单位及其在工程项目中所扮演的角色，了解校园网的建设过程以及管理维护现状。

操作 2　分析企业网工程案例

参观已经完成或正在进行的企业网工程项目，查阅该网络工程的相关文档，分析该网络工程的总体结构及各项内容，了解该网络工程建设过程中所涉及的相关单位及其在工程项目中所扮演的角色，了解该网络工程的建设过程以及管理维护现状。

操作 3　走访系统集成商

走访具有网络工程项目资质的网络系统集成商，了解该公司所完成的或正在进行的网络工程项目，了解该公司的组织结构及各部门、各工作岗位的职责，了解该公司各工作岗位对从业者的专业能力及综合素质的要求。

任务 1.2　选择企业网络组网技术

【任务目的】

（1）熟悉常见的以太网组网技术及应用。

（2）掌握选择企业网络组网技术的一般方法。

【工作环境与条件】

（1）校园网工程案例及相关文档。

（2）企业网工程案例及相关文档。

（3）能够接入 Internet 的 PC。

【相关知识】

以太网（Ethernet）是目前使用最为广泛的局域网组网技术，20 世纪 70 年代末就有了正式的网络产品，目前已经出现了传输速度为 10Gb/s 的以太网产品。

1.2.1 传统以太网组网技术

传统以太网技术是早期局域网广泛采用的组网技术，采用总线型拓扑结构和广播式的传输方式，可以提供 10Mb/s 的传输速度。传统以太网存在多种组网方式，曾经广泛使用的有 10Base－5、10Base－2、10Base－T 和 10Base－F 4 种，它们的 MAC 子层和物理层中的编码/译码模块均是相同的，而不同的是物理层中的收发器及传输介质的连接方式。表 1－1 比较了传统以太网组网技术的物理性能。

表 1－1 传统以太网组网技术物理性能的比较

	10Base－5	10Base－2	10Base－T	10Base－F
收发器	外置设备	内置芯片	内置芯片	内置芯片
传输介质	粗缆	细缆	3、4、5 类 UTP	单模或多模光缆
最长媒体段	500m	185m	100m	500m、1km 或 2km
拓扑结构	总线型	总线型	星型	星型
中继器/集线器	中继器	中继器	集线器	集线器
最大跨距/媒体段数	2.5km/5	925m/5	500m/5	4km/2
连接器	AUI	BNC	RJ－45	ST

在传统以太网中，10Base－T 以太网是现代以太网技术发展的里程碑，它完全取代了 10Base－2 及 10Base－5 使用同轴电缆的总线型以太网，是快速以太网、千兆位以太网等组网技术的基础。10Base－T 以太网的拓扑结构如图 1－3 所示，由图可知组成一个 10Base－T 以太网需要以下网络设备。

（1）网卡：10Base－T 以太网中的计算机应安装带有 RJ－45 插座的以太网网卡。

（2）集线器（HUB）：是以太网的中心连接设备，各节点通过非屏蔽双绞线（UTP）与集线器实现星型连接，集线器将接收到的数据转发到每一个端口，每个端口的速率为 10Mb/s。

（3）双绞线：可选用 3 类或 5 类非屏蔽双绞线。

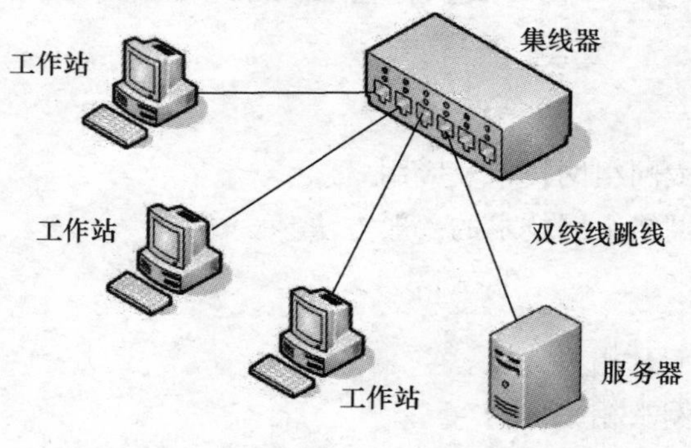

图 1－3 10Base－T 以太网

（4）RJ－45 连接器：双绞线两端必须安装 RJ－45 连接器，以便插在网卡和集线器中的 RJ－45 插座上。

1.2.2　快速以太网组网技术

快速以太网（Fast Ethernet）的数据传输率为 100Mb/s，它保留着传统的 10Mb/s 以太网的所有特征，即相同的帧格式、介质访问控制方法 CSMA/CD、组网方法。不同之处只是把每个比特发送时间由 100ns 降低到 10ns。快速以太网可支持多种传输介质，制定了 4 种有关传输介质的标准，即 100Base－TX、100Base－T4、100Base－T2 与 100Base－FX。

1. 100Base－TX

100Base－TX 支持 2 对 5 类非屏蔽双绞线（UTP）或屏蔽双绞线（STP）。其中 1 对双绞线用于发送数据，另 1 对双绞线用于接收数据。因此 100Base－TX 是一个全双工系统，每个节点可以同时以 100Mb/s 的速率发送与接收数据。

2. 100Base－T4

100Base－T4 支持 4 对 3 类非屏蔽双绞线，其中有 3 对线用于数据传输，1 对线用于冲突检测。因为 100Base－T4 没有单独专用的发送和接收线，所以不能进行全双工操作。

3. 100Base－T2

100Base－T2 支持 2 对 3 类非屏蔽双绞线。其中 1 对线用于发送数据，另 1 对用于接收数据，因而可以进行全双工操作。

4. 100Base－FX

100Base－FX 支持 2 芯的多模（62.5 μm 或 125 μm）或单模光纤，其中 1 根光纤用于发送数据，另 1 根用于接收数据，因而可以进行全双工操作。

表 1－2 对快速以太网的各种标准进行了比较。

表 1－2　快速以太网的各种标准的比较

	100Base－TX	100Base－T2	100Base－T4	100Base－FX
使用电缆	5 类 UTP 或 STP	3/4/5 类 UTP	3/4/5 类 UTP	单模或多模光缆
要求的线对数	2	2	4	2
发送线对数	1	1	3	1
距离	100m	100m	100m	150/412/2000m
全双工能力	有	有	无	有

在快速以太网中，100Base－TX 继承了 10Base－T 的 5 类非屏蔽双绞线的环境，在布线不变的情况下，只要将 10Base－T 设备更换成 100Base－TX 的设备即可形成一个 100Mb/s 的以太网系统；同样，100Base－FX 继承了 10Base－F 的布线环境，使其可直接升级成 100Mb/s 的光纤以太网系统；对于较旧的一些只采用 3 类非屏蔽双绞线的布线环境，可采用 100Base－T4 和 100Base－T2 来实现升级。由于目前的企业网络布线系统几乎

都选用超5类、6类以上双绞线或光缆，因此100Base－TX与100Base－FX是使用最为普遍的快速以太网组网技术。

1.2.3 千兆位以太网组网技术

尽管快速以太网具有高可靠性、易扩展性、成本低等优点，但随着多媒体通信技术在网络中的应用，人们对网络带宽提出了更高的要求。千兆位以太网就是在这种背景下产生的，已经成为建设企业网络时首选的组网技术。千兆位以太网最大的优点在于它对原有以太网的兼容性，同100Mb/s快速以太网一样，千兆位以太网使用与10Mb/s传统以太网相同的帧格式，这意味着可以对原有以太网进行平滑的、无需中断的升级。同时，千兆位以太网还继承了以太网的其他优点，如可靠性较高、易于管理等。千兆位以太网也可支持多种传输介质，目前已经制定的标准主要有如下几种。

1. 1000Base－CX

1000Base－CX采用的传输介质是一种短距离屏蔽铜缆，最远传输距离为25m。这种屏蔽铜缆不是标准的STP，而是一种特殊规格的、高质量的、带屏蔽的双绞线，它的特性阻抗为150Ω，传输速率最高达1.25Gb/s，传输效率为80%。1000Base－CX的短距离屏蔽铜缆适用于交换机之间的短距离连接，特别适应于千兆主干交换机与主服务器的短距离连接，通常这种连接在机房的配线架柜上以跨线方式实现即可，不必使用长距离的铜缆或光缆。

2. 1000Base－LX

1000Base－LX是一种在收发器上使用长波激光（LWL）作为信号源的媒体技术，这种收发器上配置了激光波长为1270～1355nm（一般为1300nm）的光纤激光传输器，它可以驱动多模光纤，也可驱动单模光纤。1000Base－LX使用的光纤规格有62.5μm和50μm的多模光纤，以及9μm的单模光纤，连接光缆时使用SC型光纤连接器，与100Mb/s快速以太网中100Base－FX使用的型号相同。对于多模光缆，在全双工模式下，1000Base－LX的最远传输距离为550m；对于单模光缆，在全双工模式下，1000Base－LX的最远传输距离为5km。

3. 1000Base－SX

1000Base－SX是一种在收发器上使用短波激光（SWL）作为信号源的媒体技术，这种收发器上配置了激光波长为770～860nm（一般为800nm）的光纤激光传输器，它不支持单模光纤，仅支持多模光纤，包括62.5μm和50μm两种，连接光缆时也使用SC型光纤连接器。对于62.5μm的多模光纤，在全双工模式下，1000Base－SX的最远传输距离为275m；对于50μm多模光缆，在全双工模式下，1000Base－SX的最远传输距离为550m。

4. 1000Base－T4

1000Base－T4是一种使用5类UTP的千兆位以太网技术，最远传输距离与100Base－TX一样，为100m。与1000Base－LX、1000Base－SX和1000Base－CX不同，1000Base－

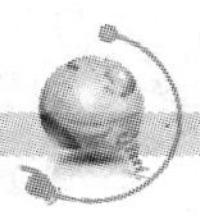

T4 不支持 8B/10B 编码/译码方案，需要采用专门的更加先进的编码/译码机制。1000Base－T4 采用 4 对 5 类双绞线完成 1000Mb/s 的数据传送，每一对双绞线传送 250Mb/s 的数据流。

5. 1000Base－TX

1000Base－TX 基于 6 类双绞线电缆，以 2 对线发送数据，2 对线接收数据（类似于 100Base－TX）。由于每对线缆本身不进行双向的传输，线缆之间的串扰就大大降低，同时其编码方式也相对简单。这种技术对网络接口的要求比较低，不需要非常复杂的电路设计，可以降低网络接口的成本。

1.2.4　万兆位以太网组网技术

以太网在局域网组网技术中具有绝对的优势，但在很长一段时间中，由于带宽、传输距离等方面的原因，人们普遍认为以太网不能用于城域网。1999 年底成立的 IEEE 802.3ae 工作组，开始进行万兆位以太网技术（10Gb/s）的研究，并于 2002 年正式发布了 IEEE 802.3ae 标准。万兆位以太网不仅再度扩展了以太网的带宽和传输距离，而且使得以太网开始从局域网领域向城域网领域渗透。

1. 万兆位以太网技术的特点

万兆位以太网技术同以前的以太网标准相比，有了很多不同之处，主要表现在如下几个方面。

（1）万兆位以太网可以提供广域网接口，可以直接在 SDH 网络上传送，这也意味着以太网技术将可以提供端到端的全程连接。之前的以太网设备与 SDH 传输设备相连的时候都需要进行协议转换和速率适配，而万兆位以太网提供了可以与 SDH STM－64 相接的接口，不再需要额外的转换设备，保证了以太网在通过 SDH 链路传送数据时效率不降低。

（2）万兆位以太网的 MAC 子层只能以全双工方式工作，不再使用 CSMA/CD 的机制，只支持点对点全双工的数据传送。

（3）万兆位以太网采用 64/66B 的线路编码，不再使用以前的 8/10B 编码。因为 8/10B 的编码开销达到 25%，如果仍采用这种编码，编码后传送速率要达到 12.5Gb/s，改为 64/66B 后，编码后数据速率只需 10.3125Gb/s。

（4）万兆位以太网主要采用光纤作为传输介质，传送距离可延伸到 10～40km。

注 意

在各种宽带光纤接入网技术中，采用了 SDH（Synchronous Digital Hierarchy，同步数字系列）技术的接入网系统是应用最普遍的。

2. 万兆位以太网的标准

目前已经制定的万兆位以太网标准如表 1－3 所示。其中 10GBase－LX4 由 4 种低成本的激光源构成且支持多模和单模光纤。10GBase－S 是使用 850nm 光源的多模光纤标准，最远传输距离为300m，是一种低成本近距离的标准（分为SR和SW两种）。10GBase－L是使用1310nm光源的单模光纤标准，最远传输距离为10km（分为LR、LW两种）。10GBase－E是使用1550nm光源的单模光纤标准，最远传输距离为40km（分为ER、EW两种）。

表1－3 万兆位以太网的标准

标准	应用范围	传输距离	光源波长	传输介质
10GBase－LX4	局域网	300m	1310nm WWDM	多模光纤
10GBase－LX4	局域网	10km	1310nm WWDM	单模光纤
10GBase－SR	局域网	300m	850nm	多模光纤
10GBase－LR	局域网	10km	1310nm	单模光纤
10GBase－ER	局域网	40km	1550nm	单模光纤
10GBase－SW	广域网	300m	850nm	多模光纤
10GBase－LW	广域网	10km	1310nm	单模光纤
10GBase－EW	广域网	40km	1550nm	单模光纤
10GBase－CX4	局域网	15m	－	4根Twinax线缆
10GBase－T	局域网	25～100m	－	双绞线

1.2.5 企业网络组网技术的选择

对于覆盖分布范围不大、信息业务种类单一的小型网络来说，可以根据用户的实际需求选择单一的组网技术。而通常企业网络的覆盖范围较大，所处客观环境较为复杂，信息需求多种多样，网络技术性能要求也高，因此在企业网络设计时，需要根据用户的具体需求，从整个网络系统的技术性能、网络互联形式、网络系统管理和工程建设造价以及维护管理费用等各方面综合考虑来确定设计方案。

目前在企业网络设计中，通常采用由星型结构中心点通过级联扩展形成的树型拓扑结构，如图1－4所示。一般可以把这种树型结构分成3个层次，即核心层、汇聚层和接入层，在不同的层次可以选用不同的组网技术、网络连接设备和传输介质。例如在核心层可以使用1000Base－SX千兆位以太网技术，采用多模光纤光缆作为传输介质；在汇聚层可以使用100Base－TX快速以太网技术，采用双绞线电缆作为传输介质；在接入层可以使用10Base－T传统以太网技术，采用双绞线电缆作为传输介质。这样既保证了网络的整体性能，又将网络的成本控制在一定的范围内，还可以根据用户的不同需求进行灵活的扩展和升级。

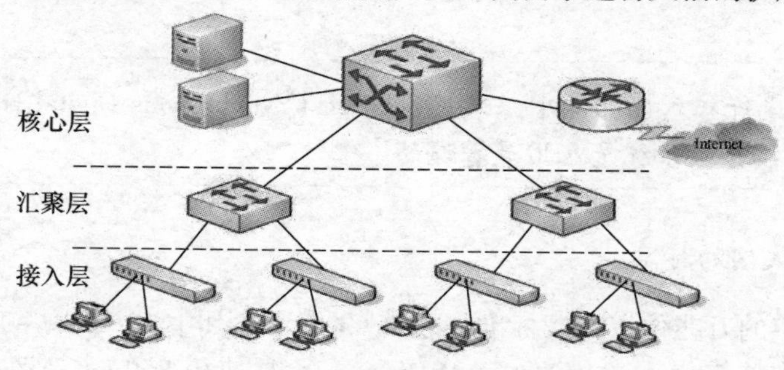

图1－4 企业网络的一般结构

【任务实施】

操作1　分析校园网的组网技术

（1）图1-5给出了某校园网的实际拓扑结构，试分析该网络采用了什么样的组网技术，列出该网络所使用的网络硬件清单。

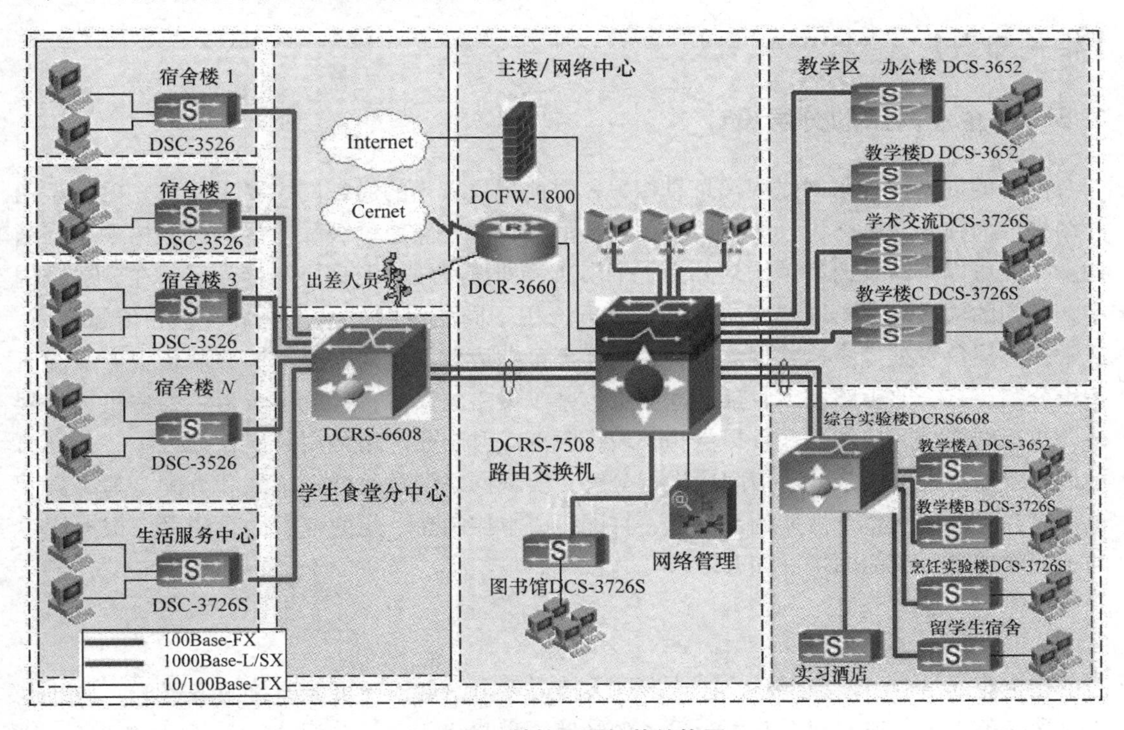

图1-5　某校园网拓扑结构图

（2）观察所在学校的网络中心和校园网，思考该网络采用了什么样的组网技术，列出该网络所使用的网络硬件清单。

操作2　分析其他网络组网技术

根据具体的条件，参观某网吧、企业或其他单位的计算机网络，思考该网络采用了什么样的组网技术，列出该网络所使用的网络硬件清单。

任务1.3　规划与设计网络拓扑结构

【任务目的】

（1）掌握企业网络的分层设计方法。
（2）熟悉常用的企业网络服务器连接设计方案。
（3）熟悉常用的企业网络出口设计方案。
（4）能够利用常用绘图软件绘制网络拓扑结构图。

【工作环境与条件】

（1）校园网工程案例及相关文档。

（2）企业网工程案例及相关文档。

（3）能够接入 Internet 的 PC。

（4）Microsoft Office Visio Professional 2003 应用软件。

【相关知识】

1.3.1 企业网络的分层设计

网络的规划设计与网络规模息息相关，目前规模较小的局域网主要采用单一的星型拓扑结构，而在企业网络设计中主要采用由星型结构中心点通过级联扩展形成的树型拓扑结构。一般可以将这种树型结构划分为 3 个层次，即核心层、汇聚层和接入层。在分层结构中，不同的层次完成不同的网络功能，可以选用不同的组网技术、网络设备和传输介质。通常核心层负责处理高速数据流，其主要任务是完成数据包的交换；汇聚层负责完成网段逻辑分割、聚合路由路径、收敛数据流量等基于策略的操作；接入层负责将客户机接入网络，执行网络访问控制，并且提供相关边缘服务。对企业网络采用分层设计方法，一方面可以有效地将整个网络的通信问题进行分解，实现网络带宽的合理规划和分配，另一方面也可以在保证网络整体性能的基础上，将网络成本控制在一定的范围内，还可以根据用户的不同需求进行灵活的扩展和升级。

1. 核心层设计

在企业网络中，核心层通常连接多栋大楼或多个站点，还可能连接服务器群，另外也会包含一条或多条连接到企业边缘设备的链路，以接入 Internet、虚拟专用网（VPN）、外联网或 WAN。核心层组网技术的选择，要根据地理环境、信息流量和数据负载的情况而定。典型的核心层组网技术主要有万兆位以太网、千兆位以太网、ATM、FDDI 等，从易用性、先进性和可扩展性的角度考虑，目前主要选择万兆位以太网和千兆位以太网技术。万兆位以太网和千兆位以太网技术一般采用光缆作为传输介质，由于建筑群布线路径复杂，一般直线距离超过 300m 的建筑物之间的布线必须使用单模光纤光缆。

由于核心层的故障将影响网络中的所有用户，所以设计人员必须确保核心层具有容错功能。在目前的核心层设计中，在经费允许的情况下，会采用双星型拓扑结构，即采用两台同样的核心交换机，与汇聚层或接入层交换机分别连接。双星型拓扑结构不但可以解决单点故障导致网络失效的问题，而且可以通过端口聚合技术（Port Trunking）实现负载均衡。端口聚合可将多条物理连接当作单一的逻辑连接来处理，允许两个交换机之间通过多个端口并行连接同时传输数据以提供更高的带宽、更大的吞吐量和可恢复性的技术。图 1-6 对星型结构和双星型结构进行了对比。

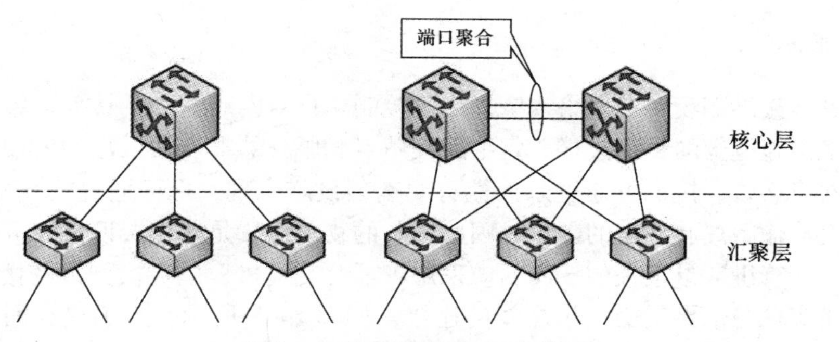

图 1-6　星型结构和双星型结构

注 意

通常只有固定端口的光纤端口和双绞线端口才能实现端口聚合。端口聚合的实现要受到交换机型号和端口类型的限制。

核心层设计的焦点是核心层交换机，目前企业网络的核心层交换机主要采用拥有较高性能的企业级交换机。对于核心层交换机而言，除了满足现有需求外，还应当在技术、性能和扩展性等方面适当超前，以适应未来的发展。

2. 汇聚层设计

汇聚层是接入层和核心层之间的路由选择边界，也是远程站点和核心层之间的连接点，其存在与否，可取决于网络规模的大小。根据对网络稳定性、带宽等要求的不同，汇聚层交换机与接入层交换机之间既可以采用冗余连接，也可以采用简单连接。如果接入层交换机不仅连接的计算机数量较多，而且对网络带宽有较高的要求，那么应当采用端口聚合的方式，如图 1-7 所示。如果接入层计算机数量较少，且对网络链路稳定性没有较高要求，也可以采用简单链路方式，即只用一条链路连接接入层交换机和汇聚层交换机，以节约成本。

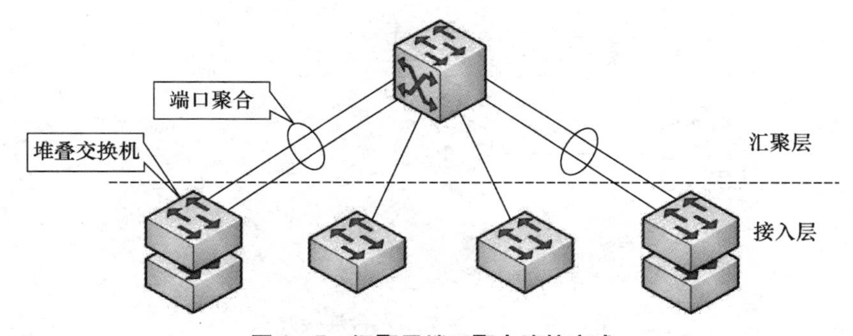

图 1-7　汇聚层端口聚合连接方式

汇聚层交换机的类型应根据所连接的计算机数量、子网规模和应用需求而定。对于较大规模的子网，应选择拥有较高性能的模块化三层交换机；而对于较小规模的子网，则可选择拥有 2～4 个上行链路和 24～48 个端口的固定端口三层交换机。

3. 接入层设计

接入层是连接终端设备的网络边缘，用于控制用户对网络资源的访问。接入层服务和设备位于网络覆盖范围的每栋大楼、每个远程站点和服务器群。接入层通常使用二层交换技术来提供网络接入。接入可通过永久性有线基础设施实现，也可通过无线接入点实现。由于以太网对传输距离有一定的限制，因此设备的物理位置是接入层设计的重要内容。

对于接入计算机数量很大的场所，应采用可堆叠交换机，以提供大量的接入端口，并借助高速链路实现与汇聚层交换机之间的连接，如图 1－8 所示。为了提高网络稳定性和网络带宽，可以借助端口聚合技术实现链路冗余、负载均衡和带宽倍增。

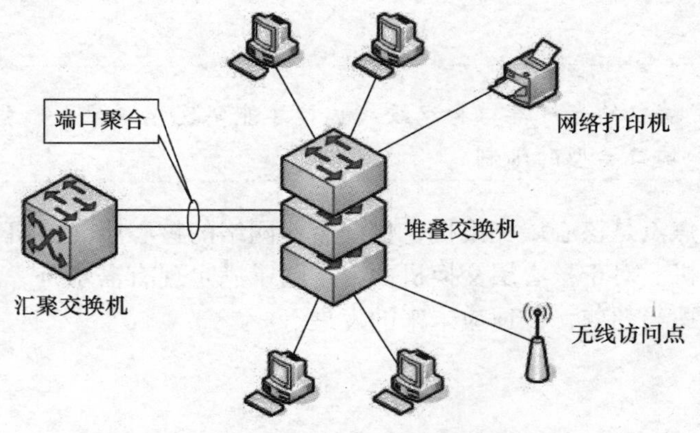

图 1－8　接入层堆叠连接方式

如果接入层交换机不支持堆叠，并且所连接的计算机数量较多，那么也可以使用端口聚合的方式实现接入层交换机之间的高速连接，如图 1－9 所示。

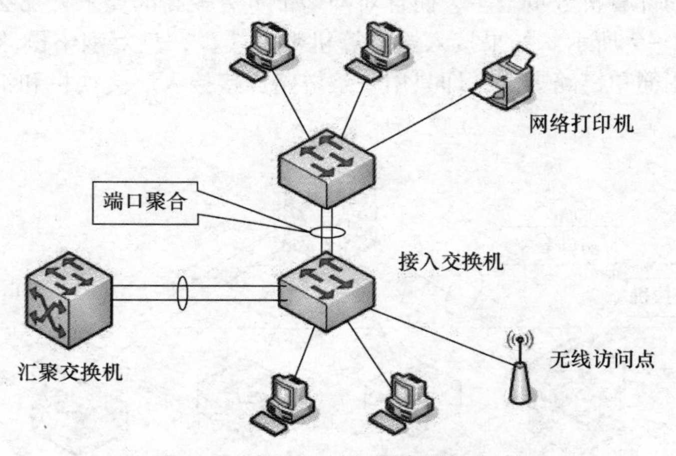

图 1－9　接入层端口聚合连接方式

1.3.2　企业网络服务器连接设计

服务器是网络中信息流较集中的设备，数据吞吐量大、传输速率要求高，因此要求采用稳定和高效的连接方式，通常企业网络服务器的连接方案有以下几种。

1. 服务器群集

服务器群集是一组彼此相互独立，但作为单一系统一同工作的计算机系统。一个服务器群集包含多台拥有共享数据存储空间的服务器，各服务器之间通过内部局域网互相连接；当其中一台服务器发生故障时，它所运行的应用程序将由与之相连的其他服务器自动接管。服务器群集适用于为网络提供高性能、稳定的服务，如数据库服务、视频点播服务、Web 服务等。加入群集的服务器可以使用两条高速链路，分别连接至高速堆叠交换机和内部交换机，并借助操作系统实现服务器群集。堆叠交换机可以通过端口聚合方式分别连接至两台核心交换机，实现链路冗余。图 1－10 给出了一种服务器群集连接方案的拓扑结构图。

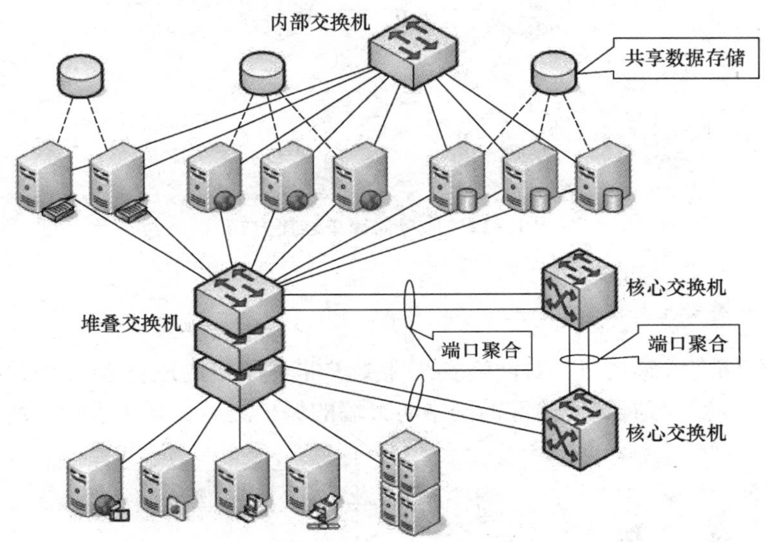

图 1－10　一种服务器群集连接方案的拓扑结构图

2. 服务器端口聚合方式

对于某些需要保证网络连接稳定的服务器（如 DHCP 服务器、DNS 服务器等），可以借助端口聚合方式，实现服务器与交换机之间的冗余连接，如图 1－11 所示。

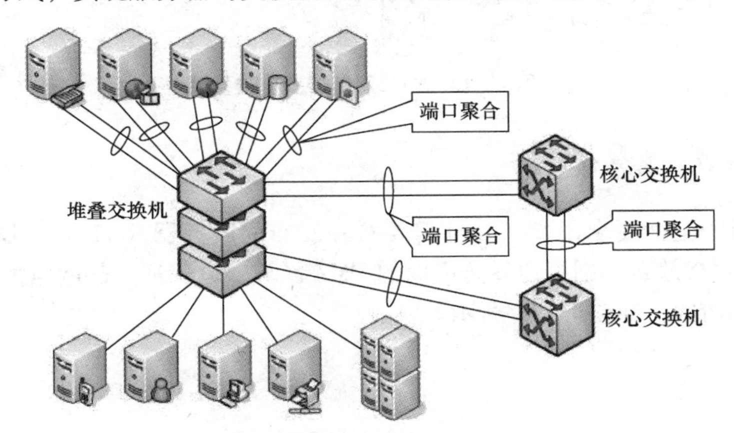

图 1－11　服务器端口聚合拓扑结构

3. 服务器简单连接方式

如果服务器数量较少，也可以直接接入核心交换机，如果核心交换机的端口数量比较充裕，也可以借助端口聚合的方式，如图1－12所示。

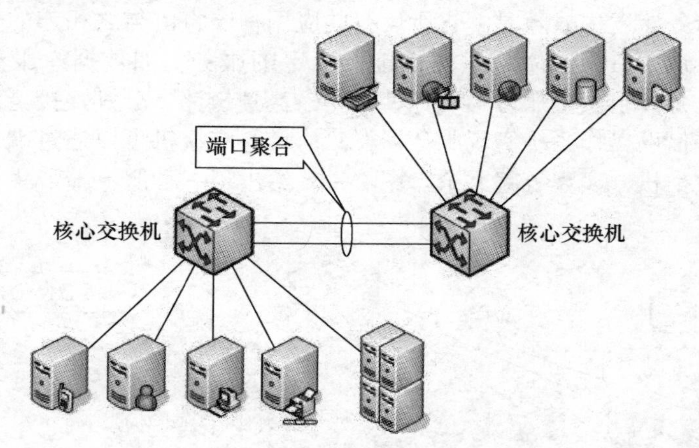

图1－12　服务器简单连接方式

4. 内部服务器安全连接

对于一些存储有敏感数据、对网络安全性要求非常严格的服务器（如数据库服务器、计费服务器等），应当将其置于内部的网络防火墙的保护之后，如图1－13所示。

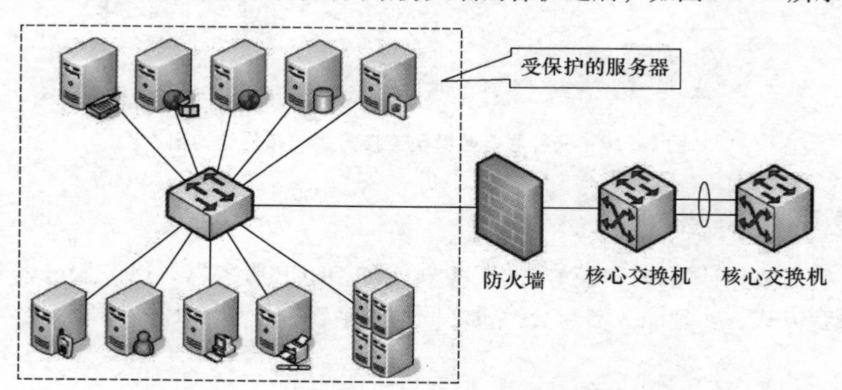

图1－13　内部服务器安全连接

5. 对外发布的服务器的连接

对于一些对安全性要求不高，并且需要对外发布的服务器（如Web服务器、FTP服务器等），可以直接放置在网络边界防火墙的DMZ区域，以保证外部网络能够获得对该服务器群组的高速访问，如图1－14所示。

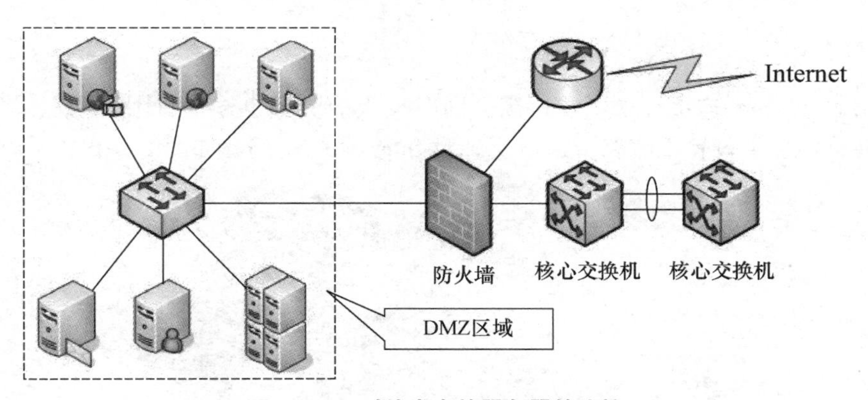

图 1－14　对外发布的服务器的连接

注 意

以上连接方案中的服务器主要面向整个企业网络提供公共信息服务。如果服务器只针对部门业务，如企业的财务部服务器，则应将其连接到部门所在的子网中。

1.3.3　企业网络出口设计

通常，企业网络都需要实现与广域网或 Internet 的连接。由于国内不同 ISP 之间的访问速度较慢，甚至无法访问，为了保障网络出口的带宽和质量，很多用户会采用双线路的网络接入方式。目前企业网络出口主要有以下设计方式。

1. 双路由设计

双路由设计是将两台核心交换机分别连接至网络防火墙和路由器，并且在核心交换机设置策略路由，实现 Internet 访问的分流，如图 1－15 所示。这种方式可以实现 Internet 连接冗余，确保 Internet 连接的稳定和可靠。

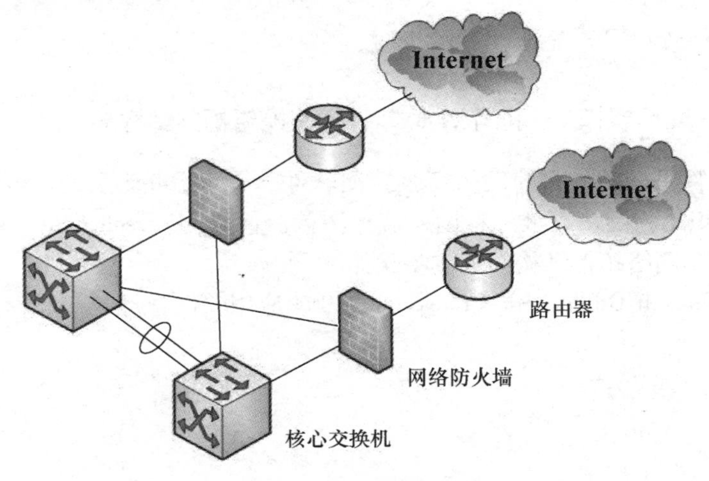

图 1－15　双路由设计

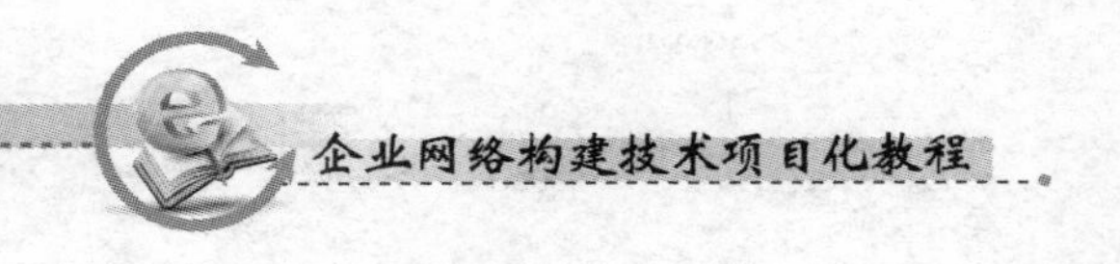

2. 单路由设计

如网络对 Internet 连接要求不是很高，同时投入的资金也非常有限，可以采用单路由方案，并在路由器上设置策略路由，以实现对 Internet 的访问，如图 1－16 所示。

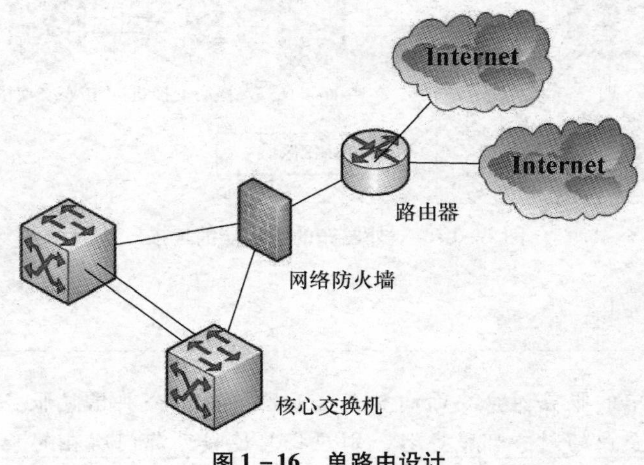

图 1－16　单路由设计

注 意

由于 ISP 提供的公有 IP 地址有限，因此，必须采用 NAT 方式实现 IP 地址转换，或者采用代理服务器实现 Internet 连接共享。如果采用 NAT 地址转换方式，需要选择高性能的路由器。事实上，由于采用代理服务器较之路由器拥有更高的性价比，因此，有些情况下会采用代理服务器实现 Internet 连接共享。不过，由于代理服务器的性能有限，因此如果网络接入用户众多，需创建代理服务器群集，以提高处理性能并实现负载均衡。另外，由于很多代理服务器产品可以充当软件防火墙，所以网络中可不必再使用硬件防火墙。

【任务实施】

操作 1　利用 Visio 软件绘制网络拓扑结构图

Visio 系列软件是微软公司开发的高级绘图软件，属于 Office 系列，可以绘制流程图、网络拓扑图、组织结构图、机械工程图、流程图等。使用 Microsoft Office Visio Professional 2003 应用软件绘制网络拓扑结构的基本步骤如下。

（1）运行 Microsoft Office Visio Professional 2003 应用软件，打开 Visio 2003 主界面，如图 1－17 所示。

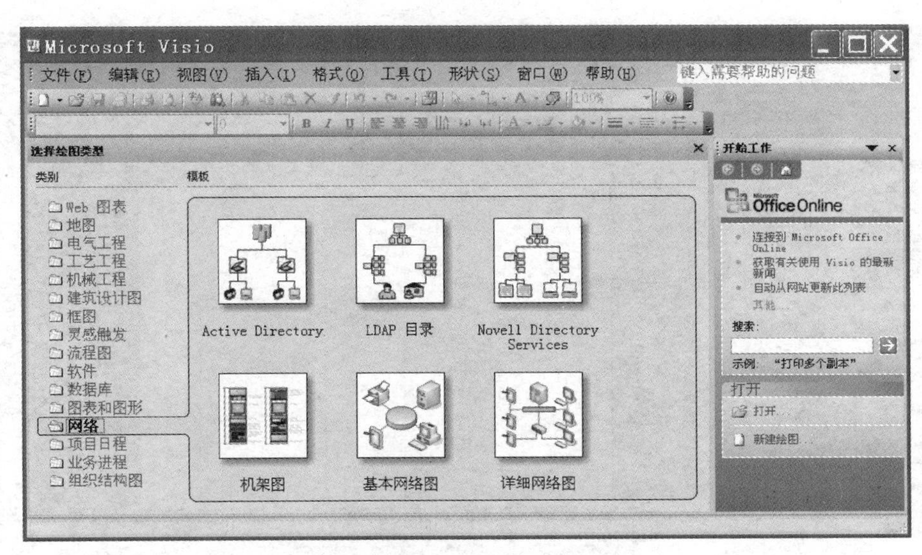

图 1－17　Visio 2003 主界面

（2）在 Visio 2003 主界面左边“类别”列表中选择“网络”选项，然后在中间窗格中选择对应的模板，如“详细网络图”模板，此时可打开“详细网络图”绘制界面，如图1－18 所示。

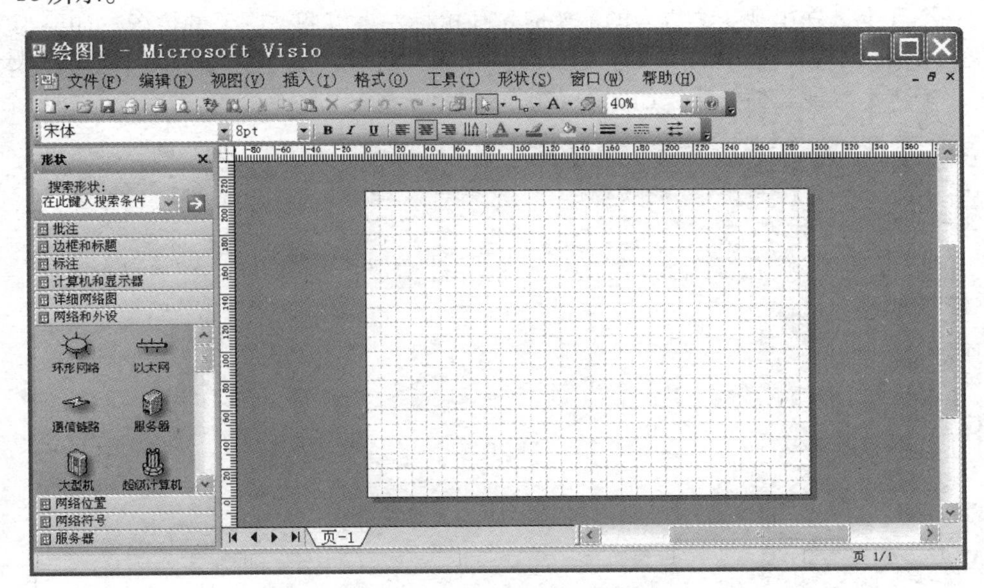

图 1－18　“详细网络图”绘制界面

（3）在“详细网络图”绘制界面左侧的“形状”列表中选择相应的形状，按住鼠标左键把相应形状拖到右侧窗格中的相应位置，然后松开鼠标左键，即可得到相应的图元。如图1－19 所示，在“网络和外设”形状列表中分别选择“交换机”和“服务器”，并将其拖至右侧窗格中的相应位置。

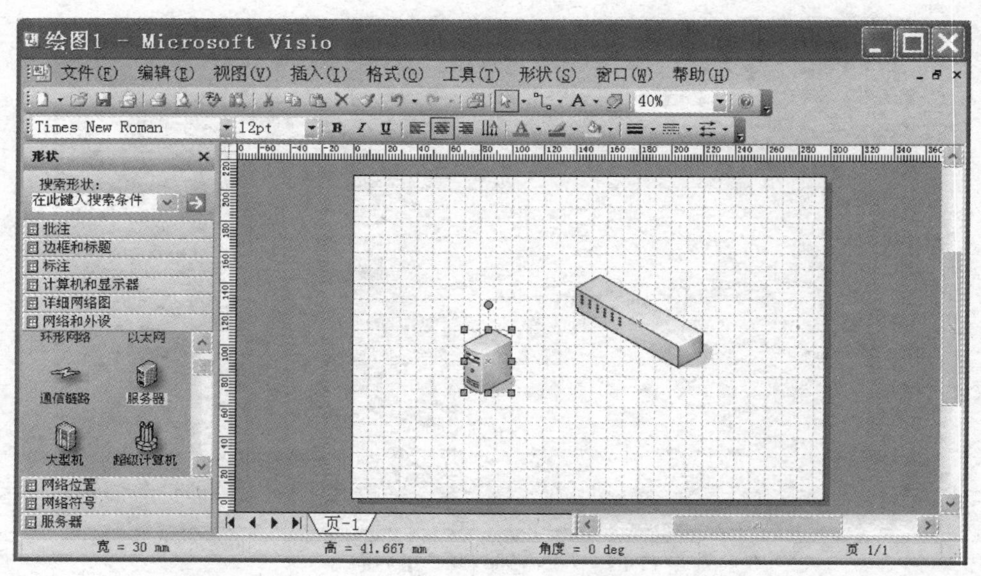

图 1－19　拖放图元到绘制平台

（4）可以在按住鼠标左键的同时拖动图元四周的绿色方格来调整图元大小；可以通过按住鼠标左键的同时旋转图元顶部的绿色小圆圈来改变图元的摆放方向；也可以通过把鼠标放在图元上，在出现 4 个方向的箭头时按住鼠标左键以调整图元的位置。如要为某图元标注型号可单击工具栏中的“文本工具”按钮，即可在图元下方显示一个小的文本框，此时可以输入型号或其他标注，如图 1－20 所示。

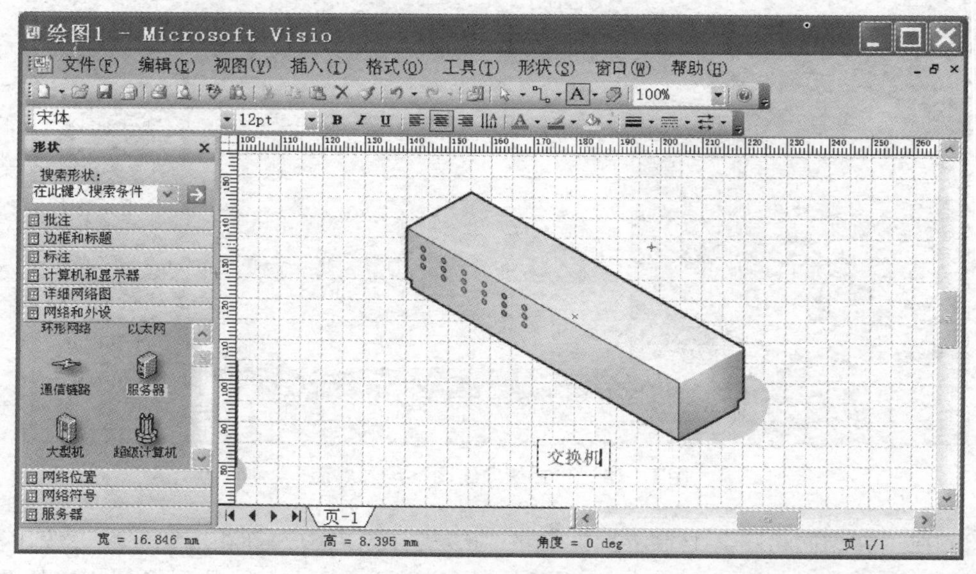

图 1－20　给图元输入标注

（5）可以使用工具栏中的“连接线”工具完成图元间的连接。在选择了该工具后，单击要连接的两个图元之一，此时会有一个红色的方框，移动鼠标选择相应的位置，当出现

紫色星状点时按住鼠标左键，把连接线拖到另一图元上，注意此时如果出现一个大的红方框，则表示不宜选择此连接点，只有当出现小的红色星状点才可松开鼠标，实现连接。图1－21所示为交换机与一台服务器的连接。

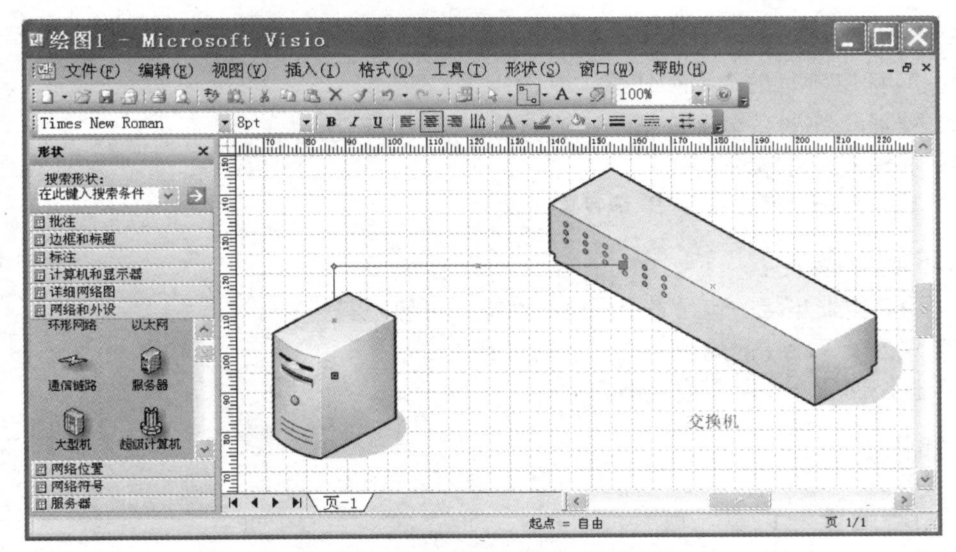

图1－21　交换机与一台服务器的连接

(6) 把其他网络设备图元一一添加并与网络中的相应设备图元连接起来，当然这些设备图元可能会在左侧窗格中的不同类别形状选项中。如果在已显示的类别中没有，则可通过单击工具栏中的按钮，打开类别选择列表，从中可以添加其他类别的形状。

(7) Microsoft Office Visio Professional 2003 应用软件的使用方法比较简单，操作方法与 Word 类似，这里不再赘述。请按照上述方法画出本任务中给出的网络拓扑结构图，并将其保存为“JPEG 文件交换格式”的图片文件。

操作2　分析校园网拓扑结构

参观所在学校的校园网，查阅校园网的工程设计方案，分析该校园网工程是否采用了分层的设计方法。如果采用了分层设计方法，则分别分析在校园网工程的核心层、汇聚层和接入层分别采用了什么样的拓扑结构和网络设备。分析校园网工程使用了什么类型的服务器，这些服务器是如何接入网络的，可以提供哪些网络服务。分析校园网工程采用了什么样的 Internet 接入方式，校园网的出口是如何设计并实现的。画出校园网的网络拓扑结构图。

操作3　分析企业网拓扑结构

参观已经完成或正在进行的企业网工程项目，查阅该网络工程的工程设计方案，分析该工程是否采用了分层的设计方法。如果采用了分层设计方法，则分别分析在该网络的核心层、汇聚层和接入层分别采用了什么样的拓扑结构和网络设备。分析该网络使用了什么类型的服务器，这些服务器是如何接入网络的，可以提供哪些网络服务。分析该网络采用了什么样的 Internet 接入方式，该网络的出口是如何设计并实现的。画出该网络的拓扑结构图。

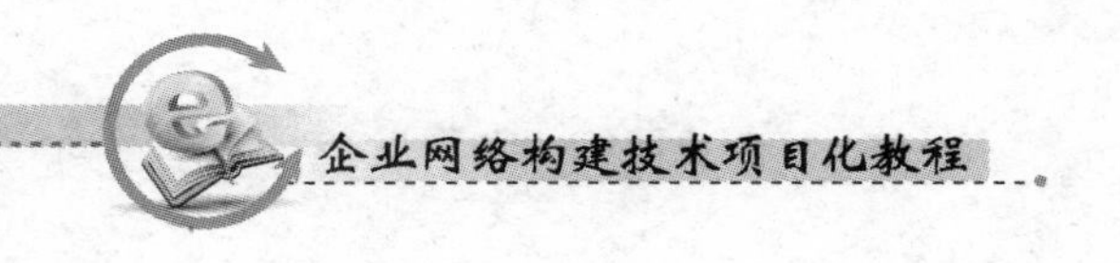

任务 1.4　规划与设计 IP 地址

【任务目的】

（1）理解 IP 地址的作用和分类。

（2）理解 IP 地址的分配原则。

（3）理解子网掩码的作用。

（4）掌握在局域网中规划 IP 地址的方法。

【工作环境与条件】

（1）由路由器连接的包含多个网段的网络（可使用实例）。

（2）划分了 VLAN 的局域网（可使用实例）。

（3）校园网或企业网工程案例。

【相关知识】

1.4.1　IP 地址

1. IP 地址的作用与分类

连在某个网络上的两台计算机之间在相互通信时，在它们所传送的数据包里会包含发送数据和接收数据的计算机地址，从而对网络当中的计算机进行识别，以方便通信。计算机网络中使用的地址包含 MAC 地址和 IP 地址。MAC 地址是数据链路层使用的地址，是固化在网卡上无法改变的。在大型网络中，如果把 MAC 地址作为网络的单一寻址依据，需要建立庞大的 MAC 地址与计算机所在位置的映射表，这势必影响网络的传输速度。因此，在大规模网络的寻址中必须使用网络层的 IP 地址。

IP 地址在网络层提供了一种统一的地址格式，在统一管理下进行分配，保证每一个地址对应于网络上的一台主机，从而屏蔽了 MAC 地址间的差异，保证网络的互联互通。根据 TCP/IP 协议的规定，IP 地址由 32 位二进制数组成，而且在网络上是唯一的。例如，某台计算机的 IP 地址为：11001010 01100110 10000110 01000100。很明显，这些数字对人来说不太好记忆。人们为了方便记忆，就将 IP 地址的 32 位二进制数分成四段，每段 8 位，中间用小数点隔开，然后将每八位二进制转换成十进制数，这样上述计算机的 IP 地址就变成了 202.102.134.68，显然这里每个十进制数不会超过 255。

IP 地址通常分成两部分，分别为网络标识（net－id）和主机标识（host－id）。同一个网段（广播域）所有主机的 IP 地址都使用同一个网络标识，而有不同的主机标识与其对应。由于网络中包含的计算机有可能不一样多，于是人们按照网络规模的大小，把 IP 地址设成 5 种定位的划分方式，分别为 A 类、B 类、C 类、D 类、E 类 IP 地址。其中常用的是 A 类、B 类和 C 类。可以根据 IP 地址的第一个字节来确定其类型，A 类 IP 地址第一个二进制位为 0；B 类 IP 地址的前两个二进制位为 10；C 类 IP 地址的前 3 位二进制位为 110。A 类、B 类和 C 类 IP 地址空间情况如表 1－4 所示。

表 1－4　IP 地址空间容量

	第一组数字	网络地址数	网络主机数	主机总数
A 类网络	1～127	126	16777214	2113928964
B 类网络	128～191	16382	65534	1073577988
C 类网络	192～223	2097152	254	532676608
总计		2113660	16843002	3720183560

2. 特殊用途的 IP 地址

在 IP 地址中有一些是特殊的 IP 地址，通常不能分配给具体的设备，在使用时需要特别注意。表 1－5 列出了常见的一些特殊 IP 地址。

表 1－5　特殊的 IP 地址

net－id	host－id	源地址	目的地址	代表的意思
0	0	可以	不可	本网络的本主机
0	host－id	可以	不可	本网络的某个主机
net－id	0	不可	不可	某网络
全 1	全 1	不可	可以	本网络内广播（路由器不转发）
net－id	全 1	不可	可以	对 net－id 内的所有主机广播
127	任何数	可以	可以	用作本地软件环回测试

3. 私有 IP 地址

私有 IP 地址是和公有 IP 地址相对的，是只能在局域网中使用的 IP 地址，当局域网通过路由设备与广域网连接时，路由设备会自动将该地址段的数据包隔离在局域网内部，而不会将其路由到公有网络中，所以即使在两个局域网中使用相同的私有 IP 地址段，彼此之间也不会发生冲突。当然，使用私有 IP 地址的计算机也可以通过局域网访问 Internet，不过需要借助地址映射或代理服务器实现。私有 IP 地址包括以下地址段。

（1）10. 0. 0. 0/8

10. 0. 0. 0/8 私有网络是 A 类网络，有 24 位主机标识，允许的有效 IP 地址范围从 10. 0. 0. 1 到 10. 255. 255. 254。

（2）172. 16. 0. 0/12

172. 16. 0. 0/12 私有网络可以被认为是 B 类网络，有 20 位可分配的地址空间（20 位主机标识），允许的有效 IP 地址范围从 172. 16. 0. 1 到 172. 31. 255. 254。

（3）192. 168. 0. 0/16

192. 168. 0. 0/16 私有网络可以被认为是 C 类网络 ID，有 16 位可分配的地址空间（16 位主机标识），允许的有效 IP 地址范围从 192. 168. 0. 1 到 192. 168. 255. 254。

4. IP 地址的分配原则

在网络中分配 IP 地址一般应遵循以下原则。

（1）通常局域网计算机和路由器的端口需要分配 IP 地址。

（2）处于同一个广播域（网段）的主机或路由器的 IP 地址的网络标识必须相同。

（3）用交换机互联的网络是同一个广播域，如果在交换机上使用了虚拟局域网（VLAN）技术，那么不同的 VLAN 是不同的广播域。

（4）路由器不同的端口连接的是不同的广播域，路由器依靠路由表连接不同的广播域。

（5）路由器总是拥有两个或两个以上的 IP 地址，并且 IP 地址的网络标识不同。

（6）两个路由器直接相连的端口，可以指明也可不指明 IP 地址。

1.4.2 子网掩码与划分子网

1. 子网掩码

通常在设置 IP 地址的时候，必须同时设置子网掩码。子网掩码的作用是将某个 IP 地址划分成网络标识和主机标识两部分。与 IP 地址相同，子网掩码的长度也是 32 位，左边是网络位，用二进制数字“1”表示；右边是主机位，用二进制数字“0”表示，图 1－22 所示为 IP 地址“168. 10. 20. 160”和子网掩码为“255. 255. 255. 0”的二进制对照。其中，子网掩码中的“1”有 24 个，代表与其对应的 IP 地址左边 24 位是网络标识；子网掩码中的“0”有 8 个，代表与其对应的 IP 地址，右边 8 位是主机标识。默认情况下，A 类网络的子网掩码为 255. 0. 0. 0；B 类网络为 255. 255. 0. 0；C 类网络为 255. 255. 255. 0。

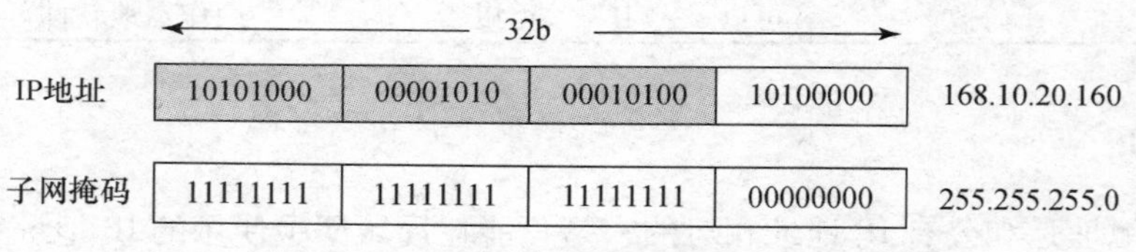

图 1－22　IP 地址与子网掩码二进制比较

子网掩码是用来判断任意两台计算机的 IP 地址是否属于同一广播域的根据。最为简单的理解就是两台计算机各自的 IP 地址与子网掩码进行 AND 运算后，如果得出的结果是相同的，则说明这两台计算机是处于同一个广播域的，可以直接进行通信。例如某网络中有两台主机，主机 1 要把数据包发送给主机 2。

主机 1：IP 地址 192. 168. 0. 1，子网掩码 255. 255. 255. 0，转化为二进制进行运算。

IP 地址　　11000000. 10101000. 00000000. 00000001；

子网掩码　11111111. 11111111. 11111111. 00000000；

AND 运算　11000000. 10101000. 00000000. 00000000；

转化为十进制后为：192. 168. 0. 0。

主机 2：IP 地址 192. 168. 0. 254，子网掩码 255. 255. 255. 0，转化为二进制进行运算。

IP 地址　　11000000. 10101000. 00000000. 11111110；

子网掩码　11111111. 11111111. 11111111. 00000000；

AND 运算　11000000. 10101000. 00000000. 00000000；

转化为十进制后为：192. 168. 0. 0。

主机 1 通过运算后得到的运算结果与主机 2 相同，表明主机 2 与其在同一广播域，可以通过相关协议把数据包直接发送；如果运算结果不同，表明主机 2 在远程网络上，那么

数据包将会发送给本网络上的路由器，由路由器将数据包发送到其他网络，直至到达目的地。

2. 划分子网

标准的 IP 地址分为两极结构，即每个 IP 地址都分为网络标识和主机标识两部分，但这种结构在实际网络应用中还存在着以下局限和不足。

（1）IP 地址空间的利用率有时很低，如某广播域有 10 台主机，应选择 C 类 IP 地址，而一个 C 类的 IP 地址段一共有 254 个可以分配的 IP 地址，这样有 244 个 IP 地址就被浪费掉了。

（2）给每一个物理网络分配一个网络标识会使路由表变得太大，影响网络性能。

（3）两级的 IP 地址不够灵活，很难针对不同的网络需求进行规划和管理。

解决这些问题的办法是在 IP 地址中增加一个“子网标识”字段，使两级的 IP 地址结构变成三级，这种做法叫做划分子网。可以使用下面的等式来表示三级 IP 地址：IP 地址:: = {<网络标识>，<子网标识>，<主机标识>}。

下面通过一个 B 类地址子网划分的实例来说明子网是如何划分的。例如某区域网络申请到了 B 类地址如 169. 12. 0. 0/16，该 IP 地址段中的前 16 位是固定的，后 16 位可供用户自己支配。网络管理员可以将后 16 位分成两部分，一部分作为子网标识，另一部分作为主机标识，作为子网标识的比特数可以从 2 到 14，如果子网标识的位数为 m，则该网络一共可以划分为 2^m-2 个子网（注意子网标识不能全为“1”，也不能全为“0”），与之对应，主机标识的位数为 $16-m$，每个子网中可以容纳 $2^{16-m}-2$ 个主机（注意主机标识不能全为“1”，也不能全为“0”）。表 1－6 列出了 B 类地址的子网划分选择。

表 1－6　B 类地址的子网划分选择

子网标识的比特数	子网掩码	子网数	主机数/子网
2	255. 255. 192. 0	2	16382
3	255. 255. 224. 0	6	8190
4	255. 255. 240. 0	14	4094
5	255. 255. 248. 0	30	2046
6	255. 255. 252. 0	62	1022
7	255. 255. 254. 0	126	510
8	255. 255. 255. 0	254	254
9	255. 255. 255. 128	510	126
10	255. 255. 255. 192	1022	62
11	255. 255. 255. 224	2046	30
12	255. 255. 255. 240	4094	14
13	255. 255. 255. 248	8190	6
14	255. 255. 255. 252	16382	2

由表 1－6 可以看出，当用子网掩码进行子网划分之后，整个 B 类网络中可以容纳的

主机数量减少了，划分子网是以牺牲可用IP地址数量为代价的。

用子网掩码划分子网的一般步骤如下。

（1）确定子网的数量 m，并将 m 加1后转换为二进制数，并确定位数 n。

（2）按照IP地址的类型写出其默认子网掩码。

（3）将默认子网掩码中主机标识的前 n 位对应的位置置1，其余位置置0。

（4）写出各子网的子网标识和相应的IP地址。

注 意

192.168.1.1/24为CIDR（无类型域间选路）地址，CIDR地址中包含标准的32位IP地址和网络标识位数的信息，表示方法为：A.B.C.D/n（A.B.C.D为IP地址，n 表示网络标识的位数）。

【任务实施】

操作1　为路由器连接的网络规划IP地址

如图1－23所示，共有3个局域网（LAN1、LAN2和LAN3）通过3个路由器（R1、R2和R3）连接起来。图中给出了对该网络IP地址的规划，思考该规划是否符合IP地址的分配原则，应如何对路由器连接的网络进行IP地址规划。

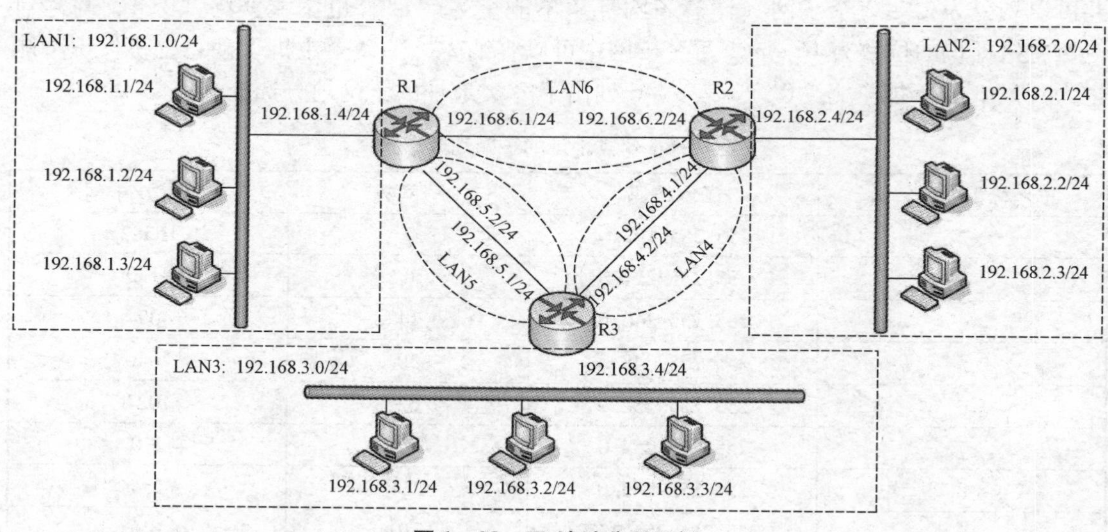

图1－23　IP地址分配示例

操作2　VLAN中IP地址规划

如图1－24所示，6台计算机连接在一台交换机上，在该交换机上划分了3个VLAN，试根据局域网中分配IP地址所遵循的原则，为该网络中的计算机规划IP地址，思考应如何对划分了VLAN的局域网进行IP地址规划。

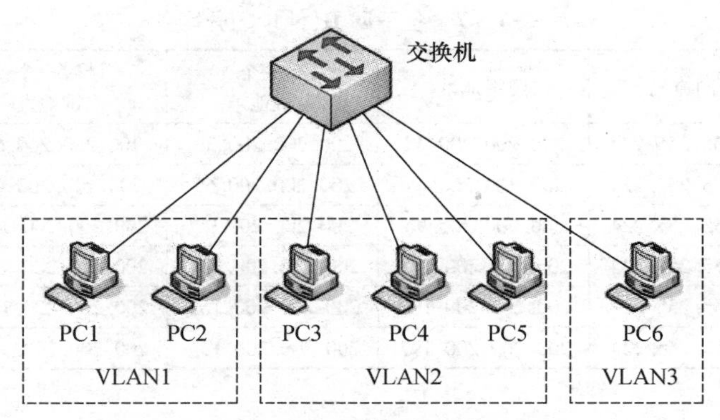

图 1－24　VLAN 中 IP 地址规划

操作3　用子网掩码划分子网

【实例】假设某区域网络取得的 IP 地址为 200.200.200.0，子网掩码为 255.255.255.0。现要求在该网络中划分 6 个子网，每个子网有 30 台主机。试写出每个子网的子网掩码、网络地址、第一个可分配给主机的 IP 地址、最后一个可分配给主机的 IP 地址以及广播地址。

【解决方法】

（1）本题目中要划分 6 个子网，6 加 1 等于 7，7 转换为二进制数为 111，位数 $n=3$。

（2）网络地址 200.200.200.0，是 C 类 IP 地址，默认子网掩码为 255.255.255.0，二进制形式为：11111111 11111111 11111111 00000000。

（3）将默认子网掩码中主机标识的前 n 位对应位置置 1，其余位置置 0。得到划分子网后的子网掩码为 11111111 11111111 11111111 11100000，转换为十进制为 255.255.255.224。每个 IP 地址中后 5 位为主机标识，每个子网中有 $2^5-2=30$ 个主机，符合题目要求。

（4）由子网掩码的确定可以看出，在本网络中原 C 类 IP 地址主机标识的前三位被当作子网标识，子网标识不能全为 0，也不能全为 1，而主机标识全为 0 时，代表一个网络，所以我们得到的第一个子网是：11001000 11001000 11001000 00100000。其中 11001000 11001000 11001000 是网络标识；001 是子网标识；00000 为主机标识，转换为十进制为：200.200.200.32。

子网中主机标识全为 1 为该子网的广播地址，所以得到第一个子网的广播地址为：11001000 11001000 11001000 00111111，转换为十进制为：200.200.200.63。

子网中第一个可分配给主机的 IP 地址为：11001000 11001000 11001000 00100001，转换为十进制为：200.200.200.33；最后一个可分配给主机的 IP 地址为 11001000 11001000 11001000 00111110，转换为十进制为：200.200.200.62。

表 1－7 列出了本例中各子网的子网掩码、网络地址、第一个可分配给主机的 IP 地址、最后一个可分配给主机的 IP 地址、广播地址。

表 1-7　各子网 IP 地址的分配

子网	子网掩码	网络地址	第一个主机地址	最后一个主机地址	广播地址
第 1 个子网	255. 255. 255. 224	200. 200. 200. 32	200. 200. 200. 33	200. 200. 200. 62	200. 200. 200. 63
第 2 个子网	255. 255. 255. 224	200. 200. 200. 64	200. 200. 200. 65	200. 200. 200. 94	200. 200. 200. 95
第 3 个子网	255. 255. 255. 224	200. 200. 200. 96	200. 200. 200. 97	200. 200. 200. 126	200. 200. 200. 127
第 4 个子网	255. 255. 255. 224	200. 200. 200. 128	200. 200. 200. 129	200. 200. 200. 158	200. 200. 200. 159
第 5 个子网	255. 255. 255. 224	200. 200. 200. 160	200. 200. 200. 161	200. 200. 200. 190	200. 200. 200. 191
第 6 个子网	255. 255. 255. 224	200. 200. 200. 192	200. 200. 200. 193	200. 200. 200. 222	200. 200. 200. 223

操作 4　用子网掩码构建超网

【实例】某公司网络中共有 400 台主机，这 400 台主机间需要直接通信，应如何为该公司网络分配 IP 地址。

【解决方法】

该公司网络中共有 400 台主机，需要 400 个 IP 地址，而一个 C 类的网络最多有 254 个可以使用的 IP 地址，因此要为该公司网络分配 IP 地址，一种方法是可以考虑申请 B 类的 IP 地址，也可以考虑申请两个 C 类的 IP 地址，通过子网掩码构建成一个超网的方法。

假设可以申请到两个连续的 C 类 IP 地址段，200. 200. 14. 0/24 和 200. 200. 15. 0/24，每个地址段中有 254 个可用的 IP 地址，将这两个 IP 段转换为二进制为：

11001000 11001000 00001110 00000000

11001000 11001000 00001111 00000000

C 类网络的默认子网掩码为 255. 255. 255. 0，前 24 位为网络标识，后 8 位为主机标识，而在上面两个 C 类网络中，其网络标识只有最后一位是不同的，前 23 位是相同的，如果我们将子网掩码改为：11111111 11111111 11111110 00000000，即 255. 255. 254. 0，此时上面两个 C 类网络中，IP 地址中前 23 位就成为网络标识，后 9 位就成为主机标识。

11001000 11001000 00001110 00000000

11001000 11001000 00001111 00000000

此时这两个 C 类网络就构成了一个超网，其网络标识为前 23 位，网络地址为 200. 200. 14. 0，第一个可用的 IP 地址为 200. 200. 14. 1，最后一个可用的 IP 地址为 200. 200. 15. 254，共有 510 个可用的 IP 地址，广播地址为 200. 200. 15. 255。

习　题　1

1. 思考问答

（1）简述网络工程的基本流程。

（2）目前局域网中常用的组网技术有哪些？应如何选择？

（3）在企业网络的核心层设计中，通常会采用什么样的拓扑结构？这种拓扑结构有什么优点？画出相应的拓扑结构图。

（4）在企业网络的服务器连接设计中，通常会采用哪几种拓扑结构？分别适用于什么样的网络环境？画出相应的拓扑结构图。

（5）通常企业网络服务器的连接方案有哪几种？分别适用于什么样的网络环境？画出相应的拓扑结构图。

（6）网络中为什么会使用私有 IP 地址？私有 IP 地址主要包括哪些地址段？

（7）简述网络中 IP 地址的分配原则。

（8）简述子网掩码的作用。

2. 技能操作

（1）阅读说明后回答问题

【说明】某公司内部网络的工作站采用 100Base－TX 标准与交换机相连，并经过网关设备共享同一公有 IP 地址接入 Internet，如图 1－25 所示。

【问题 1】连接交换机与工作站的传输介质是什么？最大的长度限制为多少？

【问题 2】交换机 1 与交换机 2 之间相距 20m，应采用堆叠方式还是级联方式连接这两台交换机？

【问题 3】在工作站 A 的网络配置中，默认网关应该设为多少？

【问题 4】从下列选项中选择两种能够充当网关的网络设备（　　）。

A. 路由器　　B. 集线器　　C. 代理服务器　　D. 网桥

【问题 5】若工作站 A 访问 Internet 上的 Web 服务器，发往 Internet 的 IP 数据包经由①和②处时，数据包中的源 IP 地址分别是什么？

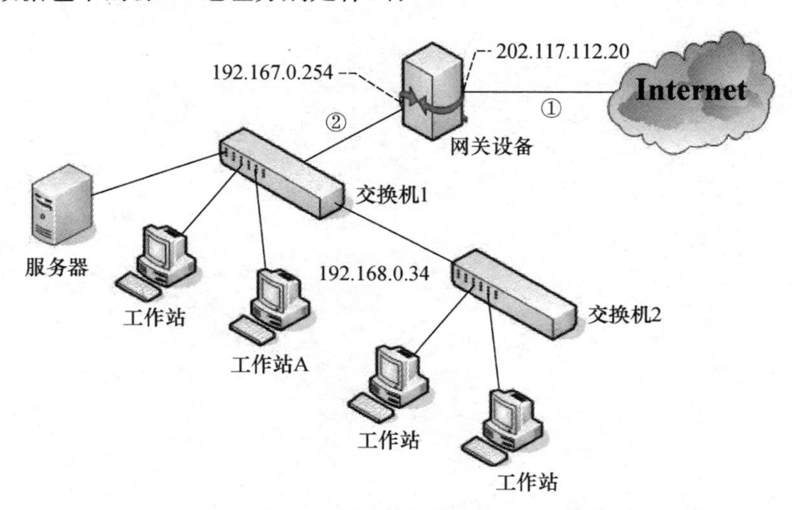

图 1－25　某公司内部网络拓扑结构图

（2）阅读说明后回答问题

【说明】某公司有一栋 5 层办公楼，第一层为市场经营部，有 20 台计算机；第二层为人力资源部，有 8 台计算机；第三层是技术支持部，有 25 台计算机；第四层为财务部，有 7 台计算机，第五层是公司办公室，有 10 台计算机。该公司欲将公司所有的计算机连接到局域网中，要求网络中有一台服务器，并且不同部门的计算机在不同的子网（广播域）中。

【问题1】应采用何种技术将不同部门的计算机分在不同的网段（广播域）中？

【问题2】该网络应该采用几层的网络结构？每一层应分别选择什么样的网络设备？

【问题3】画出该网络的网络拓扑结构图。

【问题4】为该网络中的所有计算机分配IP地址。

第2单元　网络综合布线系统设计施工

目前的企业网络布线主要采用综合布线系统，它不仅能使用户达到传送数据的目的，还能传送话音、报警信号、影像等。综合布线系统具有统一的工业标准和严格的规范，是一个集标准与标准测试于一体的完整系统，能满足各种不同用户的需求。本单元的主要目标是熟悉网络综合布线系统的组成和基本设计思路，能够完成综合布线系统电缆布线和光缆布线的敷设、连接、测试等工作。

任务2.1　认识综合布线系统

【任务目的】

（1）了解综合布线系统的相关标准。

（2）理解综合布线系统的结构和组成。

（3）理解综合布线系统与计算机网络的关系。

【工作环境与条件】

（1）校园网综合布线工程案例及相关文档。

（2）企业网综合布线工程案例及相关文档。

（3）能够接入Internet的PC。

（4）Microsoft Office Visio Professional 2003应用软件。

【相关知识】

综合布线系统是集成建筑物内所有弱电系统的布线，包括自动监控系统、通信系统及办公自动化系统等，并对这些系统进行统一设计、统一施工、统一管理。综合布线系统具有较大的适应性与灵活性，可以利用最低成本在最小干扰下进行终端设备的安排与规划。

目前，对于综合布线系统存在着两种看法：一种是主张将所有的弱电系统都建立在综合布线系统所搭起的平台上，也就是用综合布线系统代替所有的传统弱电布线；另一种则主张将计算机网络布线、电话布线纳入到综合布线系统中，其他的弱电系统仍采用其特有的传统布线。从技术性及经济性角度看，目前的综合布线系统更多采用第二种设计思路。

2.1.1　综合布线系统的基本结构和组成

综合布线系统是一个标准化的系统，综合布线产品都必须符合国际、国内标准，而不同标准对于综合布线系统模块化结构的描述也不相同。目前国际上主要的综合布线技术标准有北美标准（TIA/EIA568－B）、国际标准（ISO/IEC11801：2002）和欧洲标准（CELENEC EN 50173：2002）。由我国建设部发布，2007年10月1日开始实施的国家标准《综合布线系统工程设计规范》（GB 50311－2007）和《综合布线工程验收规范》（GB 50312－2007）是在广泛听取各方面意见并参考国内外相关标准的基础上制定的，该标准规定综合布线系统基本构成应符合如图2－1所示的要求。由图2－1可知综合布线系统采用的主要布线部件有以下几种。

（1）建筑群配线设备（Campus Distributor）：终接建筑群主干缆线的配线设备。

（2）建筑物配线设备（Building Distributor）：为建筑物主干缆线或建筑群主干缆线终接的配线设备。

（3）楼层配线设备（Floor Distributor）：终接水平电缆、水平光缆和其他布线子系统缆线的配线设备。

（4）集合点（Consolidation Point）：楼层配线设备与工作区信息点之间水平缆线路由中的连接点。配线子系统中可以设置集合点，也可不设置集合点。

（5）信息点（Telecommunications Outlet）：各类电缆或光缆终接的信息插座模块。

（6）终端设备（Terminal Equipment）：接入综合布线系统的终端设备。

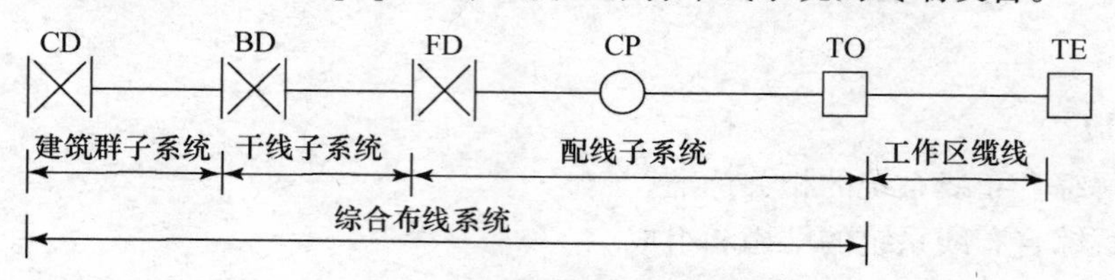

图2－1　综合布线系统基本构成

综合布线系统各主要部件在建筑物中的设置如图2－2所示。

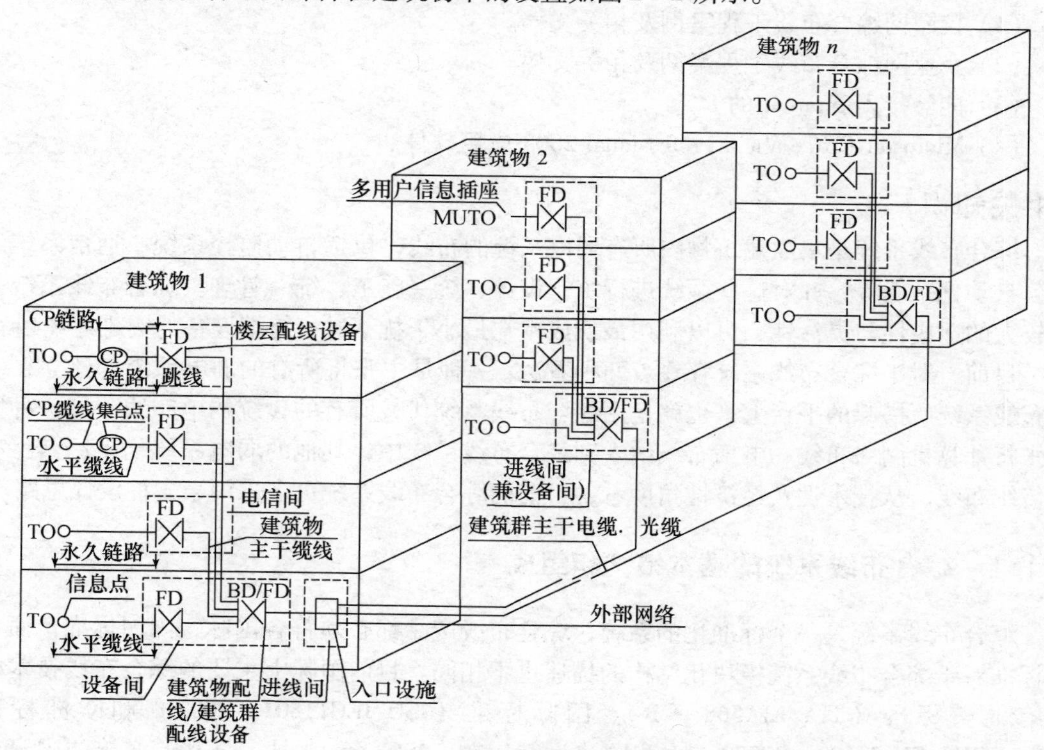

图2－2　综合布线系统的设置示意图

《综合布线系统工程设计规范》（GB 50311 -2007）同时建议综合布线系统工程应按照7个子系统进行设计。

1. 工作区

一个独立的需要设置终端设备（TE）的区域宜划分为一个工作区。工作区应由配线子系统的信息插座模块（TO）延伸到终端设备处的连接缆线及适配器组成。

2. 配线子系统

配线子系统由工作区的信息插座模块、信息插座模块至电信间配线设备（FD）的配线电缆和光缆、电信间的配线设备及设备缆线和跳线等组成。电信间也被称为配线间、管理间。

3. 干线子系统

干线子系统应由设备间至电信间的干线电缆和光缆、安装在设备间的建筑物配线设备（BD）及设备缆线和跳线组成。

4. 建筑群子系统

建筑群子系统应由连接多个建筑物之间的主干电缆和光缆、建筑群配线设备（CD）及设备缆线和跳线组成。

5. 设备间

设备间是在每幢建筑物的适当地点进行网络管理和信息交换的场地。对于综合布线系统工程设计，设备间主要安装建筑物配线设备。电话交换机、计算机主机设备及入口设施也可与配线设备安装在一起。

6. 进线间

进线间是建筑物外部通信和信息管线的入口部位，并可作为入口设施和建筑群配线设备的安装场地。建筑群主干电缆和光缆、公用网和专用网电缆等室外缆线进入建筑物时，应在进线间转换成室内电缆、光缆。

7. 管理

管理应对工作区、电信间、设备间、进线间的配线设备、缆线、信息插座模块等设施按一定的模式进行标识和记录。

2.1.2 综合布线系统与计算机网络的配合

目前在企业网络设计中，通常采用树型拓扑结构，一般可以把这种树型结构分成3个层次，即核心层、汇聚层和接入层。当我们把企业网络的典型方案与综合布线系统的模块化结构进行对比时，不难发现实际上综合布线系统的拓扑结构、传输介质、布线距离、传输指标等都是根据计算机网络的要求而规定的，是与企业网络的建设配套的。

1. 综合布线系统的拓扑结构

综合布线系统主要采用由星型结构中心点通过级联扩展形成的树型拓扑结构，在实际应用中可以根据需要通过配线连接灵活地转换为其他结构。目前综合布线系统的拓扑结构主要有以下两种形式。

（1）两层结构

这种形式以建筑物配线架 BD 为中心，配置若干个楼层配线架 FD，每个楼层配线架 FD 连接若干个通信出口 TO，如图 2－3 所示。两层结构是单幢建筑物综合布线系统的基本结构。

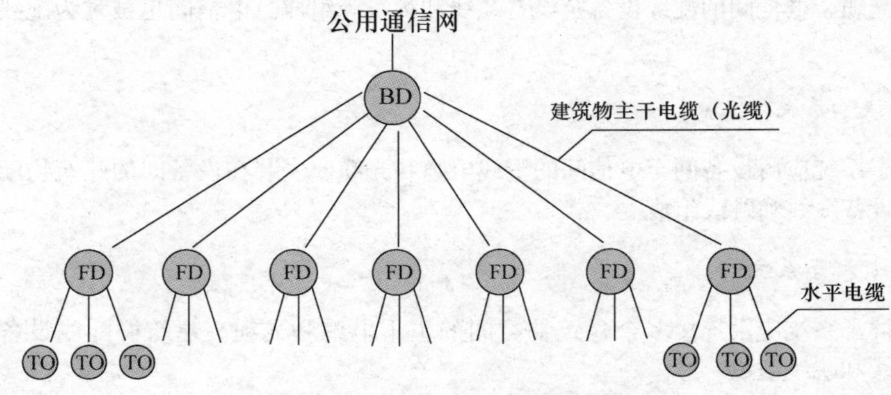

图 2－3　综合布线系统的两层结构

（2）三层结构

这种形式以建筑群配线架 CD 为中心，以若干建筑物配线架 BD 为中间层，相应地有再下层的楼层配线架 FD，如图 2－4 所示。三层结构是建筑群综合布线系统的基本结构。

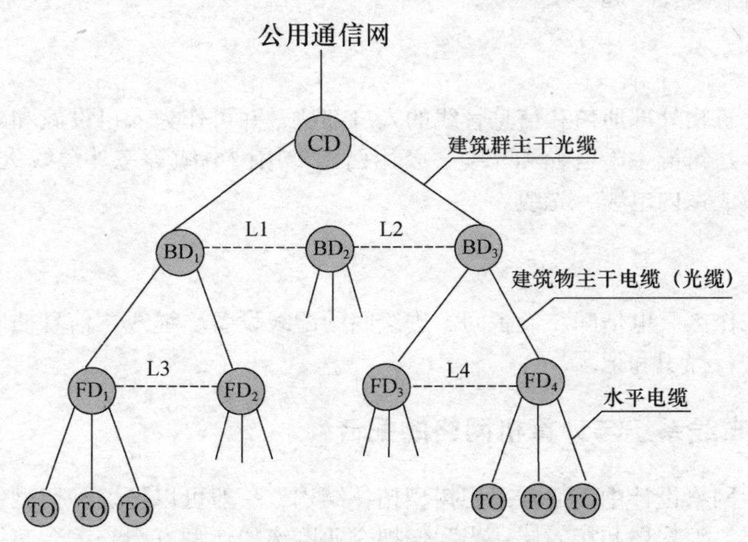

图 2－4　综合布线系统的三层结构

有时，为使布线系统的网络结构具有更高的灵活性和可靠性，可以在某些同层次的配线架（如 BD 或 FD）之间增加直通连接，构成有迂回路由的星型结构。如图 2－4 中用虚线所示的 BD_1 与 BD_2 之间的 L1，BD_2 与 BD_3 之间的 L2，以及 FD_1 与 FD_2 之间的 L3，FD_3 与 FD_4 之间的 L4。在利用综合布线系统构建计算机网络时，可以把相应层次的交换机通过跳线分别接入 CD（建筑群配线架）、BD（建筑物配线架）和 FD（楼层配线架），将终端计算机通过跳线接入 TO（信息插座），这时就实现了如图 1－4 所示的企业网络的分层结构。

2. 综合布线系统的布线距离

在计算机网络的相应标准中，都会有对传输介质及其最远传输距离的限制，在设计综合布线系统时，其各子系统的布线距离必须在计算机网络标准的范围之内。为了保证这一点，国际国内标准对综合布线系统的布线距离都有严格的限制。《综合布线系统工程设计规范》（GB 50311－2007）对综合布线系统的布线距离有如下规定。

（1）综合布线系统水平缆线与建筑物主干缆线及建筑群主干缆线所构成信道的总长度不应大于 2000m。

（2）建筑物或建筑群配线设备之间（FD 与 BD、FD 与 CD、BD 与 BD、BD 与 CD 之间）组成的信道出现 4 个连接器件时，主干缆线的长度不应小于 15m。

（3）配线子系统各缆线应符合如图 2－5 所示的划分并应符合下列要求。

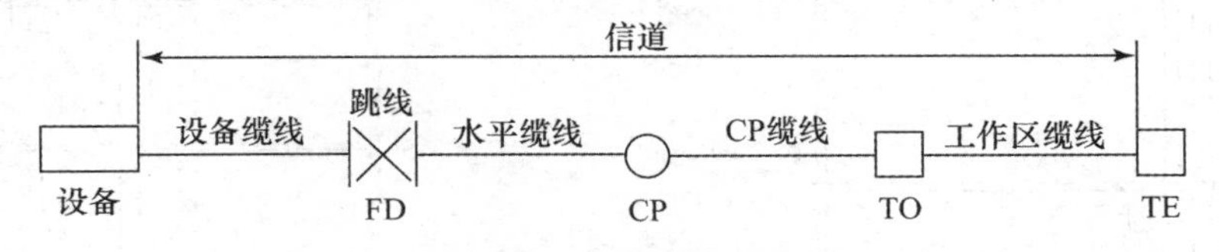

图 2－5 配线子系统缆线划分

① 配线子系统信道的最大长度不应大于 100m。

② 工作区设备缆线、电信间配线设备的跳线和设备缆线之和不应大于 10m，当大于 10m 时，水平缆线长度（90m）应适当减少。

③ 楼层配线设备（FD）跳线、设备缆线及工作区设备缆线各自的长度不应大于 5m。

上述标准列出了综合布线系统主干缆线及水平缆线等的长度限值，但在实际应用中应该与计算机网络的类型结合起来，例如在 IEEE 802. 3 an 标准中，6 类布线系统在 10 万兆位以太网中所支持的长度应不大于 55m，但 7 类布线系统支持长度仍可达到 100m。

2. 1. 3 综合布线系统的结构变化

在某些情况下，综合布线系统的结构可以灵活地变化以适应不同建筑物结构和网络规模的需要。目前在单一的小型建筑物中，经常采用以下两种结构。

1. FD 和 BD 合一结构

这种结构就是在建筑物中没有电信间（楼层配线间），建筑物配线架和楼层配线架全部设置在设备间，如图 2－6 所示。该结构主要适用于以下两种情况。

（1）小型建筑物中信息点少且 TO 至 BD 之间电缆的最大长度不超过 90m，没有必要为每个楼层设置一个电信间。

（2）当建筑物不大但信息点很多，TO 至 BD 之间电缆的最大长度不超过 90m 时，为便于维护、管理和减少对空间的占用。

2. 楼层共用 FD 结构

当单幢建筑的楼层面积不大，用户信息点数量不多时，为了简化网络结构和减少接续设备，可以采取每 2～5 个楼层设置楼层配线架，由中间楼层的楼层配线架分别与相邻楼层的通信引出端相连的连接方法，如图 2－7 所示。

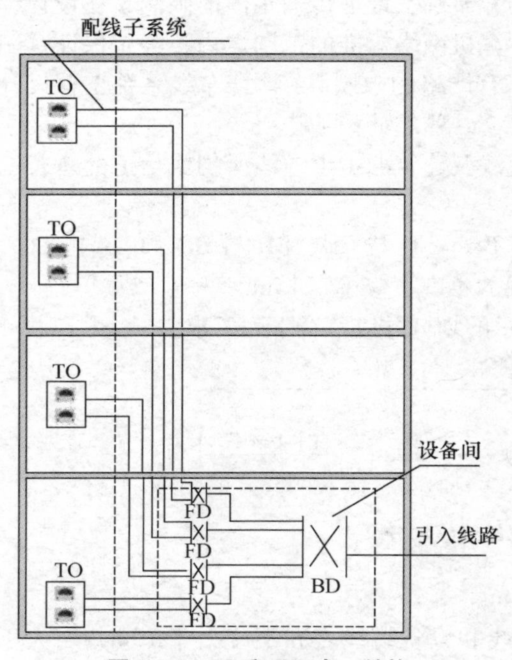

图 2－6　FD 和 BD 合一结构

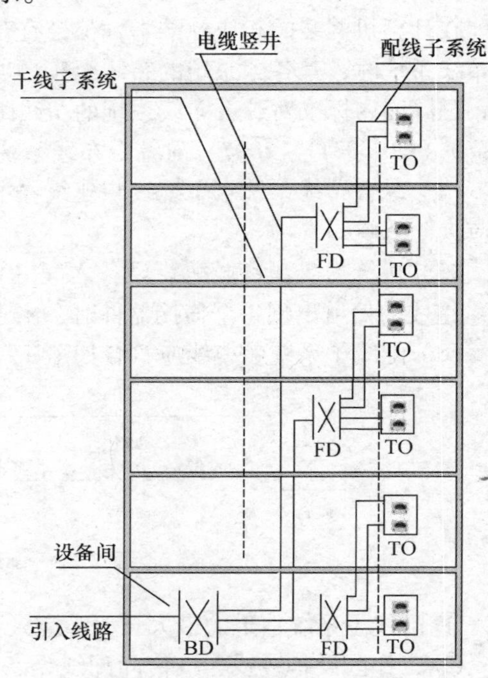

图 2－7　楼层共用 FD 结构

【任务实施】

操作 1　认识网络通信链路

（1）图 2－8 所示为某网络中的计算机与该网络核心交换机间的物理链路，试分析该物理链路中所涉及的网络设备和传输介质，理解综合布线系统与计算机网络之间的关系。

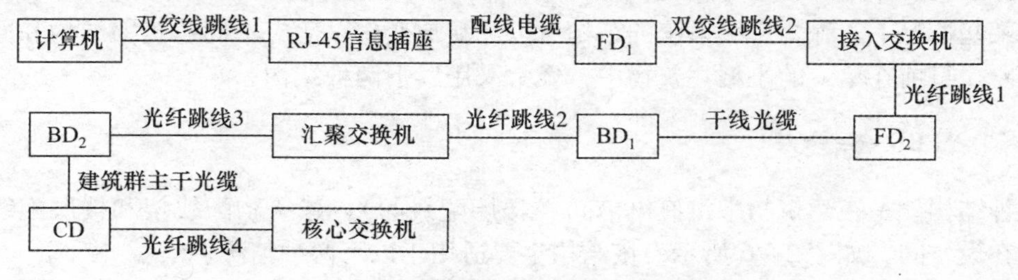

图 2－8　校园网某计算机物理链路

（2）现场考察所在学校某房间内的某台计算机到达校园网核心交换机的物理链路，记录这条链路经过的缆线和设备，并用如图2－8所示的框图表示出来。将你所绘制的物理链路和图2－8进行比较，查看两条通信链路有什么不同。

操作2　绘制综合布线拓扑结构图

在综合布线系统设计中，通常可以使用Visio系列软件绘制网络拓扑图、布线系统拓扑图、信息点分布图等。请使用Microsoft Office Visio Professional 2003应用软件绘制如图2－9所示的某大楼综合布线系统拓扑结构图。

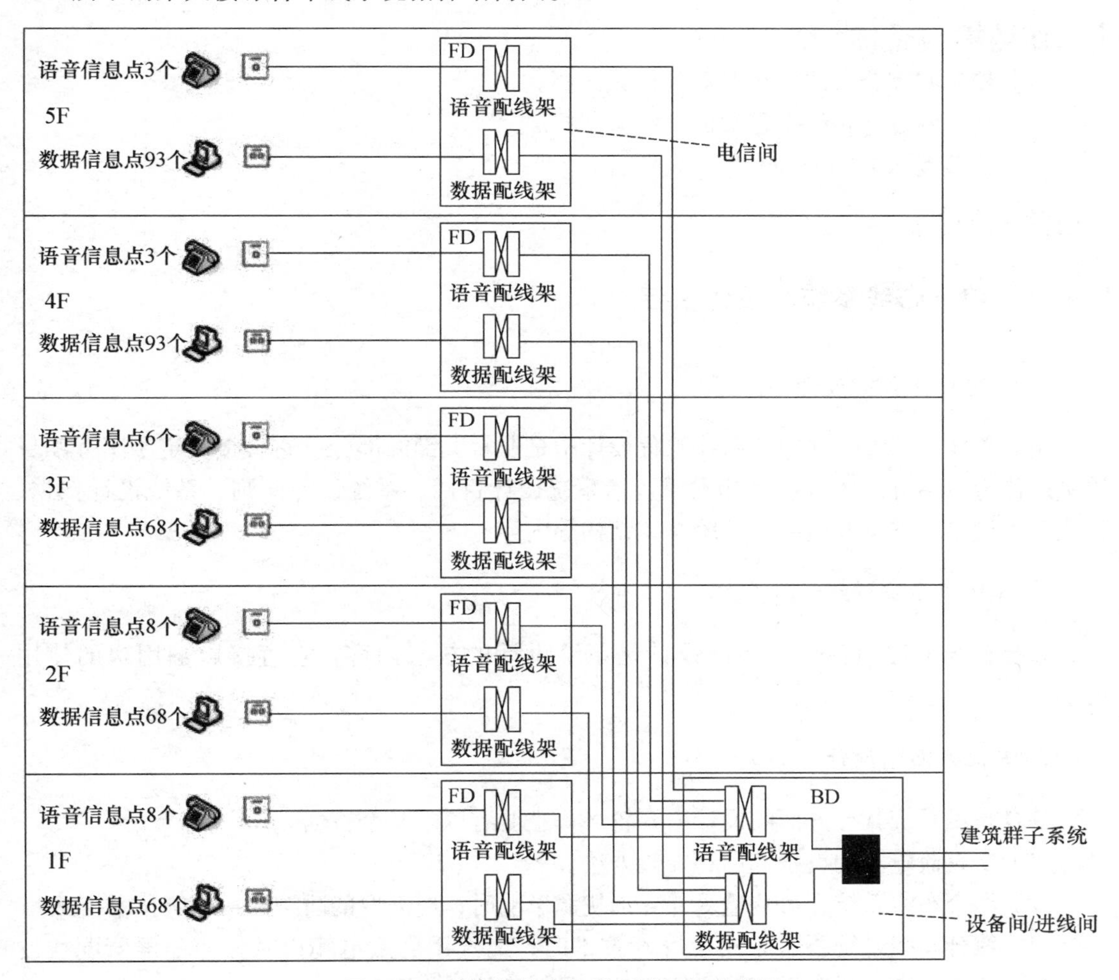

图2－9　某大楼综合布线系统拓扑结构图

操作3　认识企业网综合布线系统

（1）现场考察某企业网，查阅该网络综合布线系统的相关文档，分析该网络综合布线系统的总体结构，了解该综合布线系统与计算机网络之间是如何连接的。

（2）现场考察该企业某大楼综合布线系统的结构，分楼层统计信息系统的种类和数量，使用 Microsoft Office Visio Professional 2003 应用软件绘制该大楼的综合布线拓扑图。

任务 2.2　设计综合布线系统

【任务目的】

(1) 了解综合布线系统设计的内容。

(2) 了解综合布线系统各子系统的基本设计思路和方法。

【工作环境与条件】

(1) 校园网综合布线工程案例及相关文档。

(2) 企业网综合布线工程案例及相关文档。

(3) 能够接入 Internet 的 PC。

【相关知识】

2.2.1　综合布线系统的设计内容

1. 系统总体方案设计

系统总体方案设计在综合布线工程设计中是非常关键的部分，它直接决定了工程项目质量的优劣。系统总体方案设计主要包括系统设计目标、系统设计原则、系统设计依据、系统各类设备的选型及配置、系统总体结构等内容。

2. 各个子系统详细设计

综合布线工程的各个子系统设计是系统设计的核心内容，它直接影响用户的使用效果。

3. 其他方面的设计

综合布线系统其他方面的设计内容较多，主要有以下几个方面。

(1) 交直流电源的设备选用和安装方法。

(2) 综合布线系统在可能遭受外界干扰源影响时，应采取的防护和接地等技术措施。

(3) 综合布线系统要求采用全屏蔽技术时，应选用屏蔽电缆以及相应的屏蔽配线设备。在设计中应详细说明系统屏蔽的要求和具体实施的标准。

2.2.2　工作区的设计

1. 工作区的面积

目前建筑物的功能类型较多，因此，对工作区面积的划分应根据应用的场合做具体的分析后确定，工作区面积需求可参考表 2－1 所示内容。

表 2－1　工作区面积划分表

建筑物类型及功能	工作区面积/m^2
网管中心、呼叫中心、信息中心等终端设备较为密集的场地	3～5
办公区	5～10
会议、会展	10～60
商场、生产机房、娱乐场所	20～60
体育场馆、候机室、公共设施区	20～100
工业生产区	60～200

2. 工作区的规模

工作区的设计要确定每个工作区内应安装信息点的数量。根据相关设计规范要求，一般来说，每个工作区可以每 5～10m^2 设置一台计算机终端，也可根据用户提出的要求确定信息插座安装的种类和数量。除了考虑当前需求外，还应为将来扩充而留出一定余量。

3. 工作区信息插座的类型

一般说来，工作区应安装足够的信息插座，以满足各种终端设备的需求。例如，工作区可配置 RJ－45 信息插座以满足计算机连接，配置 RJ－11 信息插座以满足电话机和传真机等设备的连接，配置有线电视 CATV 插座以满足电视机的连接。

4. 工作区信息插座安装的位置

工作区的信息插座通常应安装在距离地面 30cm 以上的位置，而且信息插座与计算机设备的距离应保持在 5m 范围以内。有些建筑物装修或终端设备要求将信息插座安装在地板上，这时应选择翻扣式和弹起式地面插座，以方便设备连接使用。

为了便于有源终端设备的使用，在信息插座附近应至少配置 1 个 220V 交流电源插座。工作区的电源插座应选用带保护接地的单相三孔电源插座，保护地线和零线应严格分开。图 2－10 给出了同墙面信息插座与电源插座的布设要求。

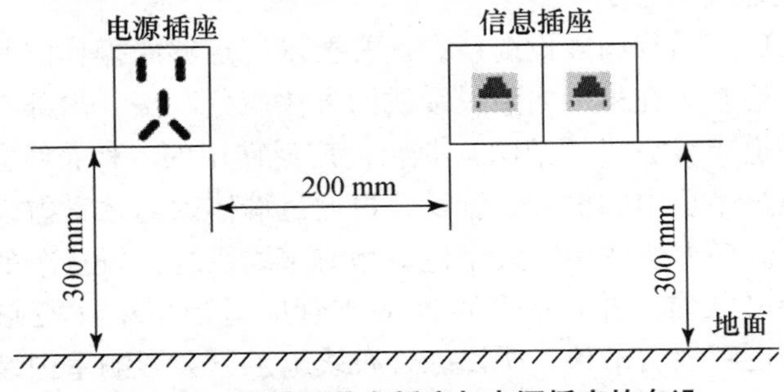

图 2－10　同墙面信息插座与电源插座的布设

2.2.3 配线子系统的设计

1. 配线子系统的缆线类型

要根据综合布线系统所包含的应用系统来确定缆线的类型。对于计算机网络和电话系统可以优先选择4对非屏蔽双绞线电缆，对于屏蔽要求较高的场合，可选择4对屏蔽双绞线；对于传输速度或保密性要求较高的场合，应选择室内光缆。

2. 配线子系统的缆线长度

如果楼层信息点的分布比较均匀，则可按以下方法计算配线子系统的缆线长度。

（1）根据布线方式和走向测定信息插座到楼层配线架的最远和最近距离。

（2）确定缆线的平均长度 =（最远缆线长度 + 最近缆线长度）/2 + 3m（3m 为预留的缆线端接长度）。

（3）根据所选厂家每箱（盘）装缆线的标称长度（例如 1000ft/305m），取整计算每箱缆线可含平均长度缆线的根数。

（4）每个信息插座与楼层配线架之间必须布设一条缆线，因此每个插座就代表一条平均长度的缆线，根据信息插座的总量就可以计算所需缆线的箱数。

例如：某综合布线系统共有 800 个信息点，布点比较均匀，距离 FD 最近的信息插座布线长度为 7.5m，最远插座的布线长度为 82.8m，则：

缆线的平均长度 =（7.5m + 82.8m）/2 + 3m = 48.15m。

若选用缆线的每箱标称长度为 305m，则：每箱可含平均长度缆线的根数 = 305m ÷ 48.15m = 6.3，由于 0.3 不足一条电缆的长度，应舍去，取 6。

共需缆线箱数 = 800 ÷ 6 = 133.3，进位取整为 134 箱。

3. 配线子系统的布线方法

由于建筑有新建、扩建改造和已建成等多种情况，所以配线子系统的缆线敷设方法较多，目前主要有在吊顶内敷设和在地板下敷设两大类型。

（1）吊顶内敷设缆线的方法

这类方法是在天棚或吊顶内敷设缆线，通常要求有足够的操作空间并设置检查口，以利于安装施工和维护检修。在吊顶内敷设缆线的方法有分区法、内部布线法、电缆槽道布线法等，其中电缆槽道布线法（桥架法）是目前广泛使用的一种布线方法。桥架法是将电信间引出的缆线先通过吊顶内的桥架、管道，再通过墙体内的暗管敷设到工作区的信息插座，如图 2 - 11 所示。该方法适用于大型建筑物或布线系统比较复杂的场合，设计时应尽量将线槽放在走廊的吊顶内，并且去各房间的支管应适当集中在检修孔附近，以便于维修。由于楼层内总是走廊最后吊顶，所以综合布线施工不会影响室内装修，并且一般走廊处于整个建筑物的中间位置，布线的平均距离最短。

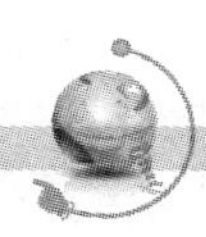

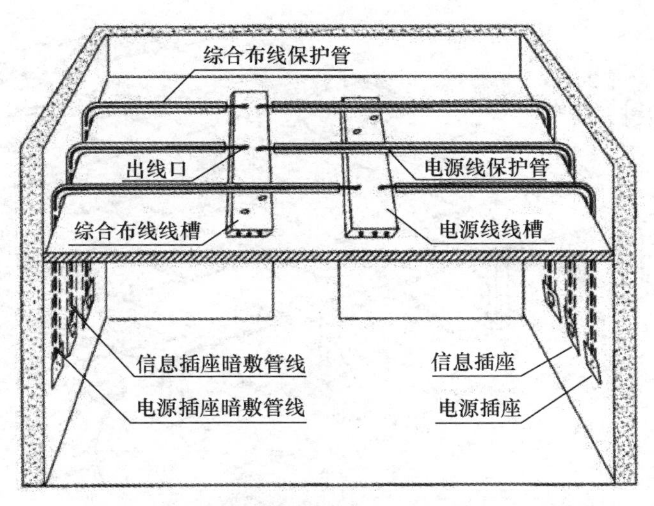

图2－11　电缆槽道布线（桥架法）示意图

（2）地板下敷设缆线的方法

地板下敷设缆线的方法在新建和改建的建筑中较为适宜，目前主要有以下几种方式。

① 地板下线槽敷设方式。该方式是缆线由电信间出来的缆线走线槽到地面出线盒或墙上的信息插座，缆线走线槽被地板遮蔽，如图2－12所示。这种方法能够提供良好的机械保护、可减少电气干扰、提高安全性，适用于大型建筑物或大开间的工作环境。

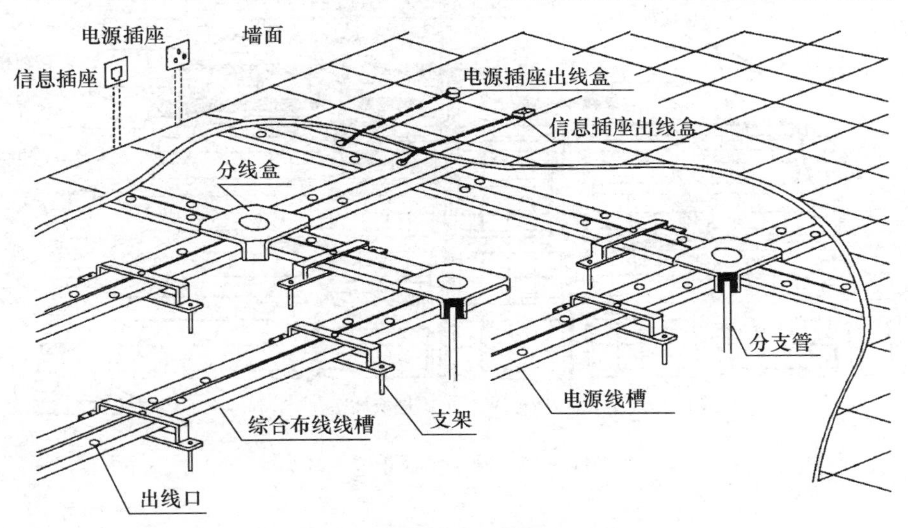

图2－12　地板下线槽敷设方式

② 活动地板布线方式。活动地板（高架地板）由许多方块板组成，搁置在固定于房间地板上的铝制或钢制的锁定支架上，任何一块地板都能活动，以便维护检修。这种方法一般用于机房布线，信息插座和电源插座一般安装在墙面，必要时也可安装于地面或桌面，如图2－13所示。

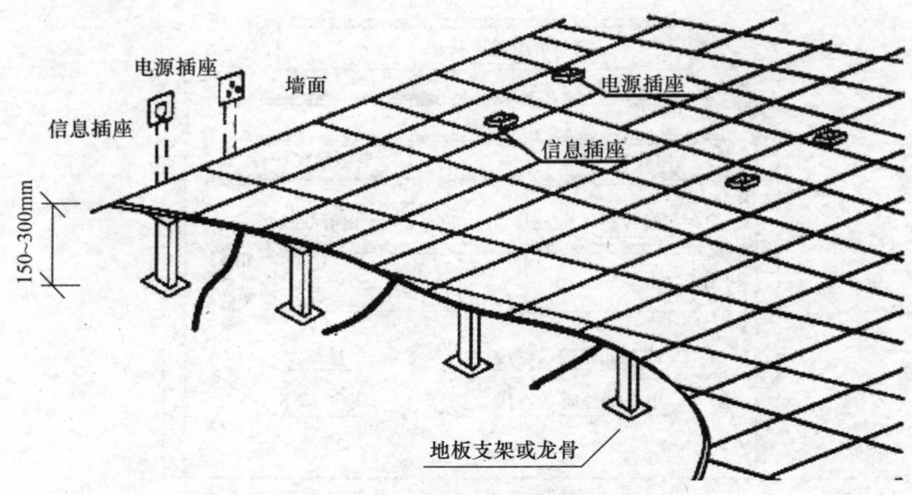

图 2－13 活动地板布线方式

③ 网络地板布线方式。网络地板又称布线地板，是一种为适应现代化办公，便于网络布线而专门设计的地板。网络地板高度低、安装方便、能够自然形成布线槽，适用于写字楼等大空间办公场所。网络地板布线方式如图 2－14 所示。

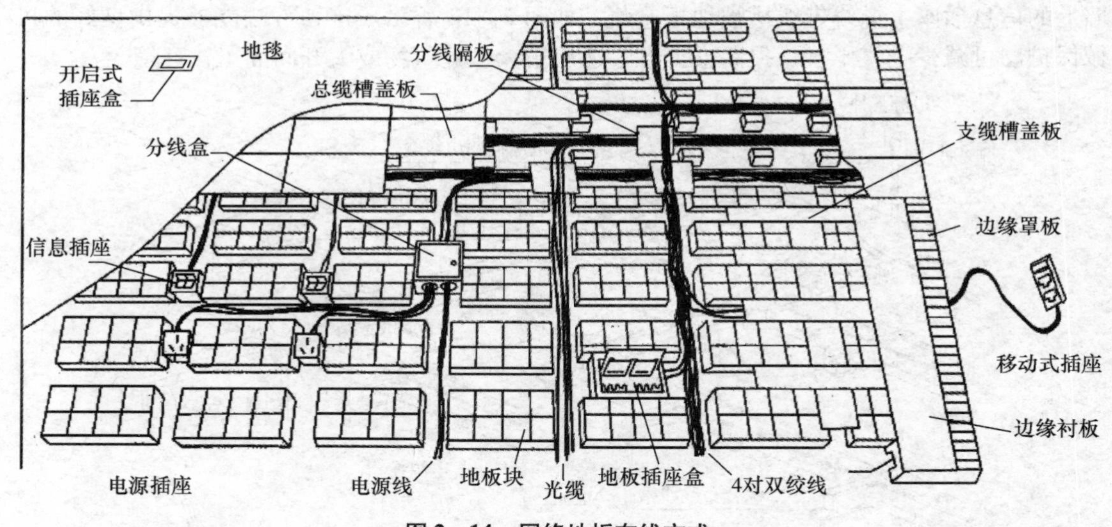

图 2－14 网络地板布线方式

2.2.4 干线子系统的设计

1. 干线子系统的缆线类型

应根据建筑物的结构特点以及应用系统的类型，决定所选用的干线缆线类型。针对电话话音传输一般采用 3 类或 5 类大对数电缆（25 对、50 对、100 对等规格），针对数据和图像传输一般采用光缆或 5e 类以上 4 对双绞线电缆。在选择主干缆线时，还要考虑长度

限制，如5e类以上4对双绞线电缆的敷设长度不宜超过90m，否则宜选用光缆。

2. 干线子系统的路由

干线缆线的布线走向应选择较短的安全的路由。路由的选择要根据建筑物的结构以及建筑物内预留的电缆孔、电缆井等通道位置决定。建筑物内有封闭型和开放型两种通道，宜选择带门的封闭型通道敷设干线缆线。开放型通道是指从建筑物的地下室到楼顶的一个开放空间，中间没有任何楼板隔开。封闭型通道是指一连串上下对齐的空间，每层楼都有一间，电缆竖井、电缆孔、管道电缆、电缆桥架等穿过这些房间的地板层。

为了便于综合布线系统的路由管理，干线缆线的交接不应多于两次，即从楼层配线架到建筑群配线架之间只应通过一个配线架，即建筑物配线架（在设备间内）。

3. 干线子系统缆线容量的确定

一般而言，在确定每层楼的干线类型和数量时，要根据楼层配线子系统所有的话音、数据、图像等信息插座的数量来进行计算，具体计算的原则如下。

（1）对话音业务，大对数主干电缆的对数应按每一个电话8位模块通用插座配置1对线，并在总需求线对的基础上至少预留约10%的备用线对。

（2）对于数据业务应以交换机或集线器群（按4个交换机或集线器组成1群），或以每个交换机或集线器设备设置1个主干端口配置。每1群网络设备或每4个网络设备宜考虑1个备份端口。主干端口为电缆端口时，应按4对线配置容量，为光纤端口时则按2芯光纤配置容量。

（3）当工作区至电信间的水平光缆延伸至设备间的光配线设备（BD/CD）时，主干光缆的容量应包括所延伸的水平光缆光纤的容量在内。

（4）当楼层信息插座较少时，在规定长度范围内，可以多个楼层共用交换机，并合并计算光纤芯数。

4. 干线子系统的布线方法

干线子系统的布线方式大多是垂直型的，但也有水平型的，这主要根据建筑的结构而定。目前垂直通道的干线布线路由主要采用电缆孔和电缆竖井两种方法。

（1）电缆孔方法

干线通道中所用的电缆孔是很短的管道，通常是用一根或数根直径为10cm金属管组成，它们嵌在混凝土地板中，比地板表面高出2.5～5cm，也可直接在地板中预留一个大小适当的孔洞。当楼层配线间上下都对齐时，一般可采用电缆孔方法，如图2-15所示。

（2）电缆竖井方法

电缆竖井是指在每层楼板上开出一些方孔，一般宽度为30cm，并有2.5cm高的井栏，具体大小要根据所布干线电缆的数量而定，如图2-16所示。该方法更为灵活，可以让各种粗细不一的电缆以任何方式布设通过，但造价较高，而且较难防火。

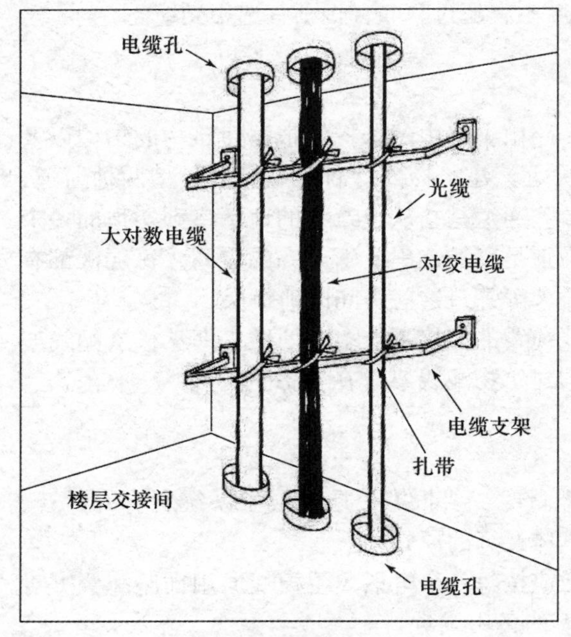

图 2-15　电缆孔方法

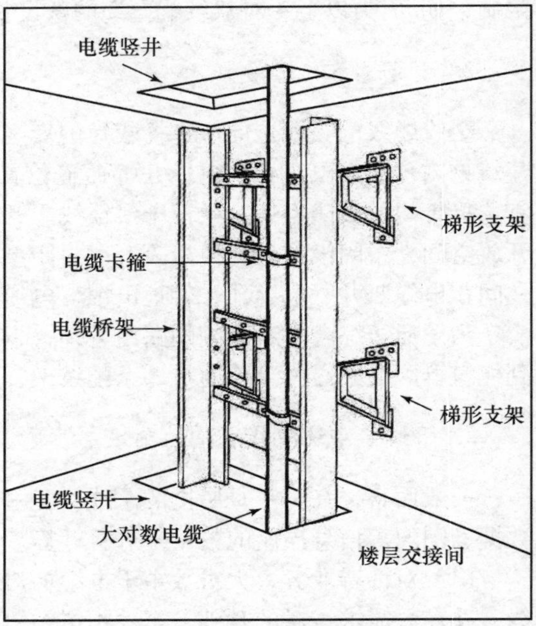

图 2-16　电缆竖井方法

2.2.5　建筑群子系统的设计

1. 建筑群子系统的缆线类型

建筑群子系统一般应选用多模或单模室外光缆，芯数不少于 12 芯。当使用光缆与电信公用网连接时，应采用单模光缆，芯数应根据业务需要确定。

2. 建筑群子系统的路由

建筑群子系统应尽量选择距离短、线路平直的路由，但具体路由还要根据建筑物之间的地形而定。在选择路由时，应考虑已铺设的地下各种管道。建筑群配线架（CD）宜安装在进线间或设备间，并可与入口设施或建筑物配线架（BD）合用场地。

3. 建筑群子系统的布线方法

建筑群子系统的布线方法主要有架空布线法、直埋缆线布线法、直埋管道布线法和电缆沟通道布线法。在企业网络布线中，主要采用直埋缆线布线法和直埋管道布线法。

（1）直埋缆线布线法

直埋缆线布线法是根据选定的布线路由在地面挖沟，然后将缆线直接埋在沟内的布线方法，如图 2-17 所示。直埋布线的缆线除了穿过基础墙的那部分有线管保护外，其余部分直埋于地下，没有保护。

（2）直埋管道布线法

直埋管道是一种由管道组成的地下系统，一根或多根管道通过基础墙进入建筑物内

部，把建筑群的各个建筑物连接在一起，如图 2－18 所示。地下管道对缆线可以起到很好的保护作用，而且不会影响建筑物的外观及内部结构。为了方便日后布线，管道安装时应预埋拉线，地下管道应间隔 50～180m 设立接合井（人孔）。

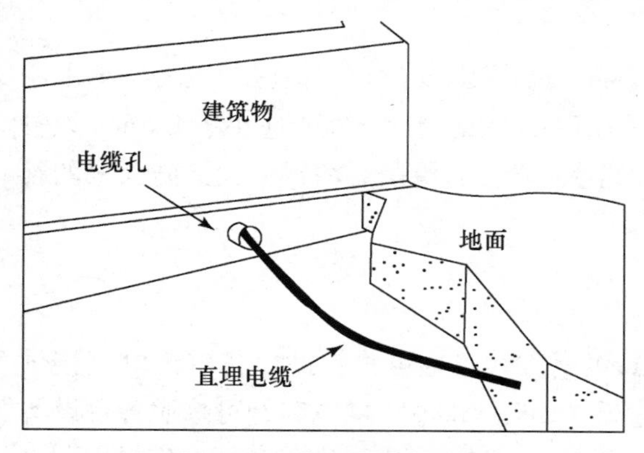

图 2－17 直埋缆线布线法

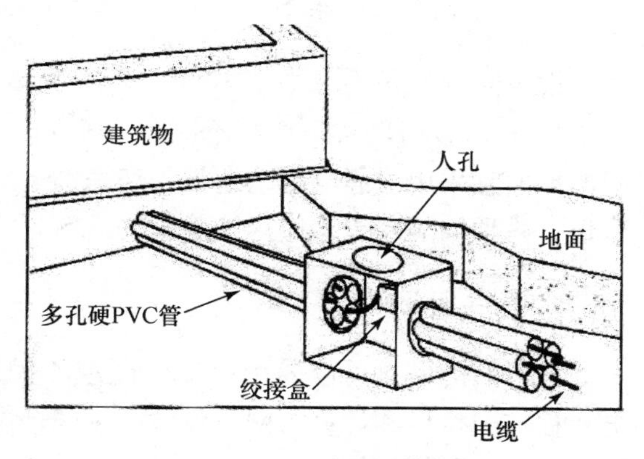

图 2－18 直埋管道布线法

2.2.6 设备间的设计

设备间是计算机网络设备和电话交换机设备，以及建筑物配线设备（BD）安装的地点，也是进行网络管理的场所。图 2－19 所示为典型设备间的布置示意图。

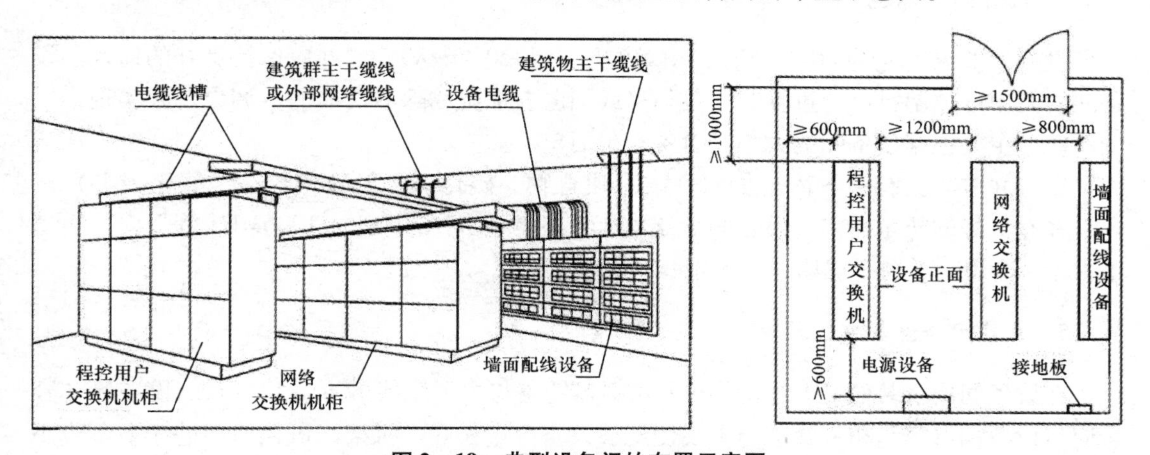

图 2－19 典型设备间的布置示意图

1. 设备间的位置

设备间的位置应根据设备的数量、规模、网络构成等因素，综合考虑确定。一般而言，设备间应尽量位于建筑平面及综合布线干线综合体的中间位置，在高层建筑内也可设置在 2、3 层。另外还要注意以下问题。

（1）尽量避免设在建筑物的高层或地下室以及用水设备的下层。

（2）尽量远离强振动源和强噪声源。

（3）尽量避开强电磁场的干扰。

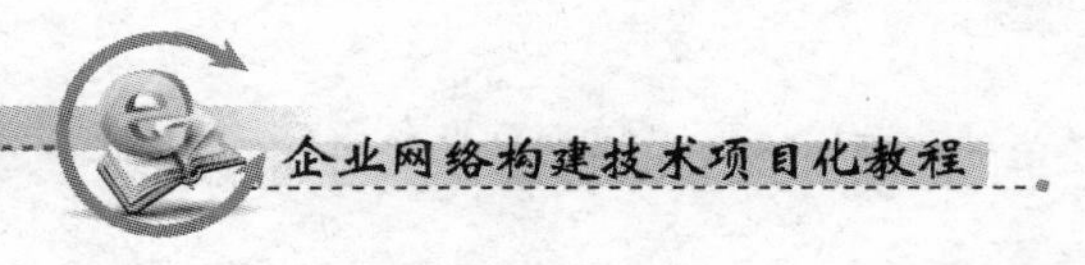

(4) 尽量远离有害气体源以及易腐蚀、易燃、易爆物。

(5) 便于接地装置的安装。

2. 设备间的面积和装修

设备间的面积不应小于 $10m^2$，若需在设备间安装网络设备和其他应用设备，则不应小于 $20m^2$。设备间梁下净高不应小于 2.5m，采用外开双扇门，门宽不应小于 1.5m。设备间的地面宜采用抗静电活动地板，切忌铺毛质地毯；墙面宜涂阻燃漆或铺设涂防火漆的胶合板；吊顶和隔断等均应用能耐燃的材料。

3. 设备间的供电

设备间的供电可以采用直接供电或不间断供电方式，也可将辅助设备由市电直接供电，程控交换机和计算机网络设备由不间断电源（UPS）供电。供电容量可按照各台设备用电量的标称值相加后再乘以 1.73，电压波动值不宜超过 ±10%。在设备间内应提供不少于两个 220V、10A 带保护接地的单向电源插座。一般在新建的建筑物内，应预设电源线管道和电源插座，可以按照 40 个/100 m^2 考虑。

设备间应有良好的接地系统，配线架和有缘设备外壳（正极）宜用单独导线引至接地汇流排，当电缆从建筑物外引入时应采用过压过流保护措施。

4. 设备间的环境

设备间的温度应为 10～35℃，相对湿度应为 20%～80%，并应保持良好的通风。设备间的温湿度控制可以通过安装具备降温或加温、加湿或除湿功能的空调设备来实现，空调的功率主要根据设备间的大小及设备多少而定。

设备间应防止有害气体（如氯、碳水化合物、硫化氢、氮氧化物、二氧化碳等）侵入，并有良好的防尘措施。设备间无线电干扰的频率应在 0.15～1000MHz 范围内，噪声不大于 120dB，磁场干扰场强不大于 800A/m。

5. 设备间的设备安装

在设备间内安装的 BD 配线设备干线侧容量应与主干缆线的容量相一致。设备侧的容量应与设备端口容量相一致或与干线侧配线设备容量相同。机架或机柜前面的净空不应小于 800mm，后面的净空不应小于 600mm。壁挂式配线设备底部离地面的高度不宜小于 300mm。在设计时应预留好各类进出缆线的管路孔洞，以及将来扩展时所需安装配线设备和应用设备的位置。

6. 设备间的缆线敷设

设备间内的缆线敷设方式，应根据房间内设备布置和缆线经过段落的具体情况，分别选用在活动地板下敷设或在走线架上敷设等不同方法。走线架（或线槽、桥架）布线方式是在设备（机架）上或沿墙安装走线架的敷设方式，在已建（除楼层层高较小的建筑外）或新建的建筑中均可使用，适应性较强，使用场合较多。

2.2.7　进线间的设计

1. 进线间的位置

进线间一般位于建筑物地下层，外线宜从两个不同的路由引入进线间，以利于与外部管道沟通。进线间宜靠近外墙以便于缆线引入。进线间应与布线系统垂直竖井沟通。

2. 进线间的面积

由于涉及因素较多，所以很难对进线间的具体面积进行统一规定。一般说来，进线间应满足缆线的敷设路由、光缆的盘长空间和缆线的弯曲半径、充气维护设备、配线设备安装等所需要的场地空间和面积。

3. 进线间的设备配置

进线间应设置管道入口，与进线间无关的管道不宜通过。建筑群主干电缆和光缆、公用网和专用网电缆、光缆及天线馈线等室外缆线进入建筑物时，应在进线间转换为室内电缆、光缆，在缆线的终端处可由多家电信业务经营者设置入口设施，入口设施中的配线设备应按引入的电、光缆容量配置。

4. 进线间的环境

进线间应防止渗水，宜设有抽排水装置。进线间应采用相应防火级别的防火门，门向外开，宽度不小于1000mm。进线间应设置防有害气体措施和通风装置，排风量按每小时不小于5次容积计算。进线间入口管道口所有布放缆线和空闲的管孔应采取防火材料封堵，做好防水处理。进线间如安装配线设备和信息通信设施时，应符合设备安装设计的要求。

2.2.8　管理设计

管理是针对设备间、电信间和工作区的配线设备、缆线等设施，按一定的模式进行标识和记录的规定。综合布线系统的管理应符合下列规定。

(1) 综合布线系统宜采用计算机进行文档记录与保存；规模较小的综合布线系统可按图纸资料等纸质文档进行管理，并做到记录准确、及时更新、便于查阅。

(2) 综合布线系统的所有电缆、光缆、配线设备、端接点、接地装置、敷设管线等组成部分均应给定唯一的标识符，并设置标签。标识符应采用相同数量的字母和数字。

(3) 电缆和光缆的两端均应标明相同的标识符。

(4) 设备间、电信间、进线间的配线设备宜采用统一色标区别各类业务与用途的配线区。

(5) 所有标签应保持清晰、完整，并满足使用环境要求。

(6) 对于规模较大的综合布线系统，宜采用电子配线设备对信息点或配线设备进行管理，以显示与记录配线设备的连接、使用及变更状况。

(7) 综合布线系统相关设施的工作状态信息应包括：设备和缆线的用途、使用部门、组成网络的拓扑结构、传输信息速率、终端设备配置状况、占用器件编号、色标、链路与信道的功能和各项主要指标参数及完好状况、故障记录等，还应包括设备位置和缆线走向等内容。

【任务实施】

操作1　分析校园网综合布线工程

(1) 现场考察所在学校的校园网，查阅校园网综合布线系统的相关文档，分析校园网综合布线系统各子系统所采用的基本设计思路和方法。

(2) 现场考察所在学校的教学楼或宿舍楼，记录该建筑物中工作区、电信间、设备间和进线间的数量、位置以及设备配置情况；记录该建筑物中配线子系统、干线子系统所采用的缆线类型、布线方法和路由。

操作2　分析企业网综合布线工程

(1) 现场考察某企业网，查阅该网络综合布线系统的相关文档，分析企业网综合布线系统各子系统所采用的基本设计思路和方法。

(2) 现场考察某企业的厂房或办公楼，记录该建筑物中工作区、电信间、设备间和进线间的数量、位置以及设备配置情况；记录该建筑物中配线子系统、干线子系统所采用的缆线类型、布线方法和路由。

任务2.3　双绞线电缆布线施工

【任务目的】

(1) 认识机柜和双绞线连接器件。

(2) 了解敷设双绞线电缆的施工方法。

(3) 掌握信息插座的安装方法。

(4) 掌握双绞线跳线的制作方法。

(5) 掌握机柜和双绞线配线架的安装方法。

【工作环境与条件】

(1) 非屏蔽5e类或6类双绞线。

(2) 非屏蔽5e类或6类信息模块及信息插座。

(3) 打线工具与手掌保护器。

(4) RJ-45压线钳或剥线钳。

(5) RJ-45连接器。

(6) 机柜及其配件。

(7) 双绞线配线架。

(8) 双绞线电缆布线施工的其他相关工具。

【相关知识】

2.3.1 双绞线连接器件

常见的双绞线电缆连接器件包括配线架、信息插座和 RJ－45 连接器等，它们用于端接或直接连接双绞线电缆和相应的设备，图 2－20 给出了双绞线连接器件在综合布线系统中的作用。

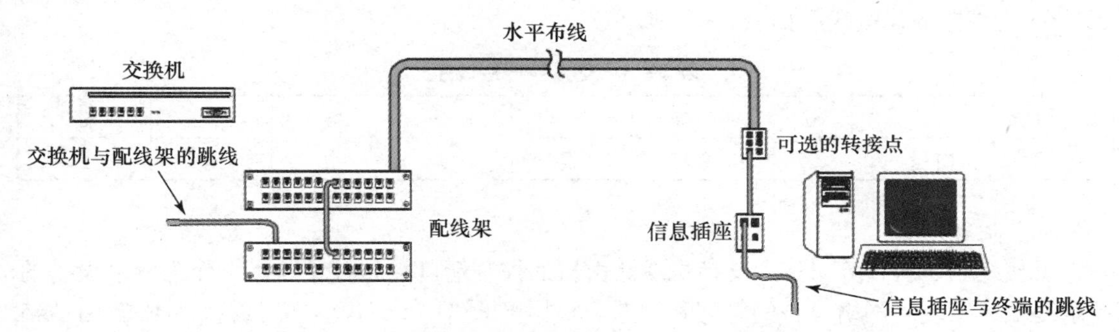

图 2－20 双绞线连接器件在综合布线系统中的作用

1. 双绞线跳线

在使用双绞线电缆布线时，需要使用双绞线跳线来完成布线系统与相应设备的连接，所谓双绞线跳线是两端带有 RJ－45 连接器的一段双绞线电缆，如图 2－21 所示。RJ－45 连接器是一种 8 针的透明的塑料接插件，又称作 RJ－45 水晶头，如图 2－22 所示。在计算机网络中使用的双绞线跳线有如下 3 种。

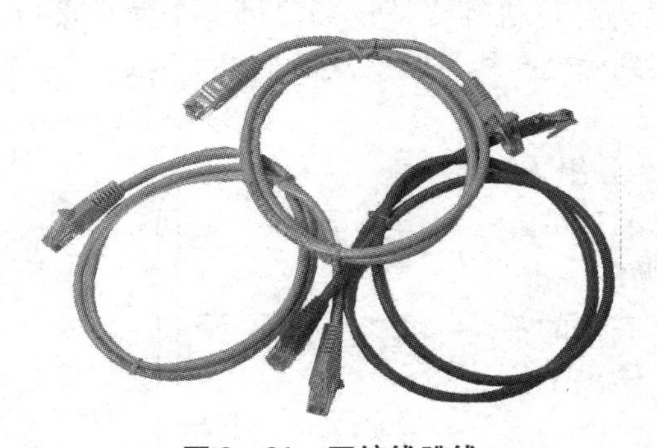

图 2－21 双绞线跳线

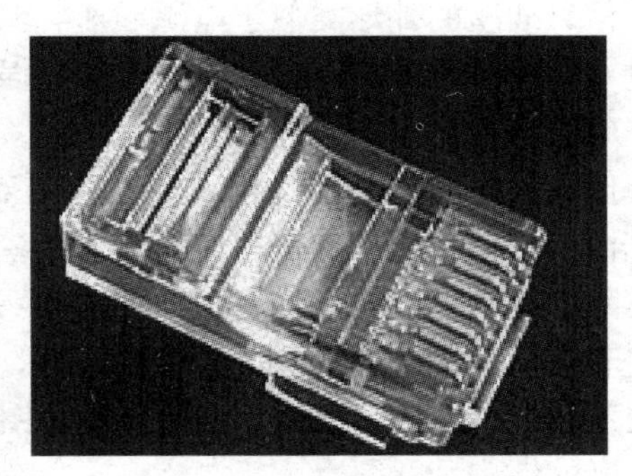

图 2－22 RJ－45 水晶头

（1）直通线

直通线用于将计算机连入交换机，以及交换机和交换机之间不同类型端口的连接。在综合布线系统中可以用来连接工作区的信息插座与工作站，以及电信间、设备间的配线架与交换机。根据 EIA/TIA 568B 标准，直通线两端 RJ－45 连接器的连接线序如表 2－2 所示。

表 2-2　直通线连接线序

端1	白橙	橙	白绿	蓝	白蓝	绿	白棕	棕
端2	白橙	橙	白绿	蓝	白蓝	绿	白棕	棕

(2) 交叉线

交叉线用于计算机与计算机的直接相连、交换机与交换机相同类型端口的直接相连，也被用于将计算机直接接入路由器的以太网接口。根据 EIA/TIA 568B 标准，交叉线两端 RJ-45 连接器的连接线序如表 2-3 所示。

表 2-3　交叉线连接线序

端1	白橙	橙	白绿	蓝	白蓝	绿	白棕	棕
端2	白绿	绿	白橙	蓝	白蓝	橙	白棕	棕

(3) 反接线

反接线用于将计算机接入交换机或路由器的控制端口，此时计算机将作为网络设备的超级终端，实现对网络设备的管理和配置。根据 EIA/TIA 568B 标准，反接线两端 RJ-45 连接器的连接线序如表 2-4 所示。

表 2-4　反接线连接线序

端1	白橙	橙	白绿	蓝	白蓝	绿	白棕	棕
端2	棕	白棕	绿	白蓝	蓝	白绿	橙	白橙

2. 信息插座

信息插座的外形类似于电源插座，其作用是为计算机等终端设备提供一个网络接口，通过双绞线跳线即可将计算机通过信息插座连接到综合布线系统，从而接入主网络。

(1) 信息插座的结构

信息插座通常由信息模块、面板和底盒三部分组成。信息模块是信息插座的核心，双绞线电缆与信息插座的连接实际上是与信息模块的连接，信息模块所遵循的标准，决定着信息插座所适用的信息传输通道。面板和底盒的不同决定着信息插座所适用的安装环境。图 2-23 给出了信息插座的结构示意图。

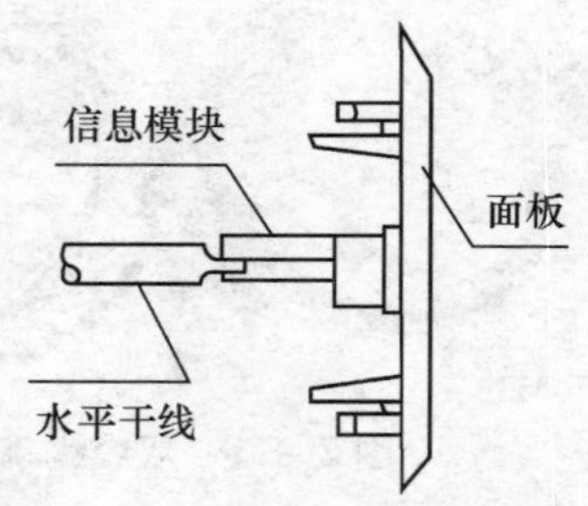

图 2-23　信息插座结构示意图

① RJ-45 信息模块。信息插座中的信息模块通过水平干线与楼层配线架相连，通过工作区跳线与终端设备相连，信息模块的类型必须与水平干线和工作区跳线的缆线类型一致。RJ-45 信息模块是根据 EIA/TIA 568 标准设计制造的，为 8 线式插座模块，如图 2-24 所示。RJ-45 信息模块的类型与双绞线电缆的类型相对应，也可以分为 5 类、5e 类和 6 类等。

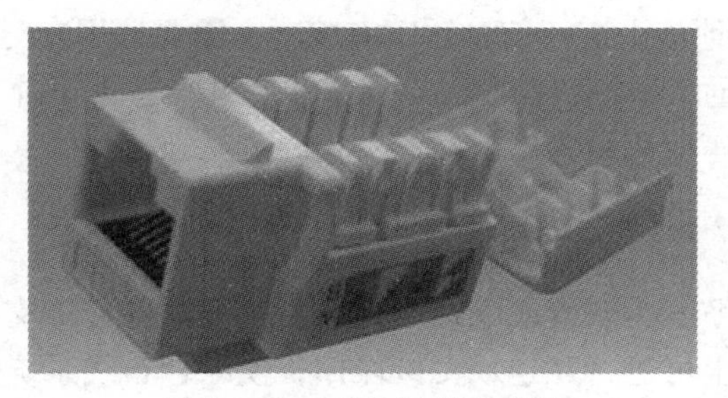

图 2-24　RJ-45 信息模块

② 面板。信息插座面板用于在出口位置安装固定信息模块。插座面板的外形尺寸一般有 K86 和 MK120 两个系列，K86 系列（英式）为 86mm×86mm 正方形规格，MK120 系列（美式）为 120mm×75mm 长方形规格。常见有单口、双口型号，也有三口或四口的型号。面板一般为平面插口，也有设计成斜口插口的。图 2-25 所示为 K86 系列平面插口双口面板，图 2-26 所示为 K86 系列斜口插口双口面板，图 2-27 所示为 MK120 系列四口面板。

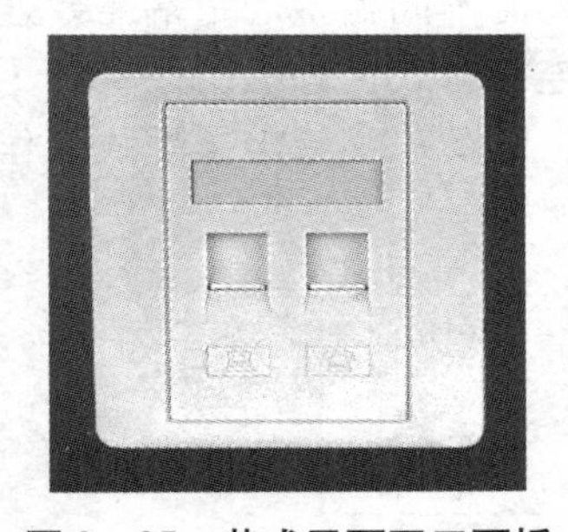

图 2-25　英式平面双口面板

图 2-26　英式斜口双口面板

图 2-27　美式四口面板

③ 底盒。底盒一般是塑料材质，预埋在墙体里的底盒也有金属材料的。底盒有单底盒和双底盒两种，一个底盒安装一个面板，且大小必须与面板制式相匹配。接线底盒内有供固定面板用的螺孔，随面板配有将面板固定在接线底盒上的螺丝。底盒都预留了穿线孔，安装时凿穿与线管对接的穿线位即可。图 2-28 所示为单接线底盒。

图 2-28　单接线底盒

（2）信息插座的分类

信息插座根据其所采用信息模块的类型不同、面板和底盒的结构不同有多种分类方法。在综合布线系统中通常可根据安装位置的不同，把信息插座分成以下类型。

① 墙面型插座：墙面型插座多为内嵌式插座，安装于墙壁内或护壁板中，主要用于与主体建筑同时完成的综合布线系统工程。为了防尘，大部分墙面型插座都带有扣式防尘盖或弹簧防尘盖。

② 桌面型插座：桌面型插座适用于主体建筑完成后进行的综合布线系统工程，桌面型插座有多种类型，一般可以直接固定在桌面上。

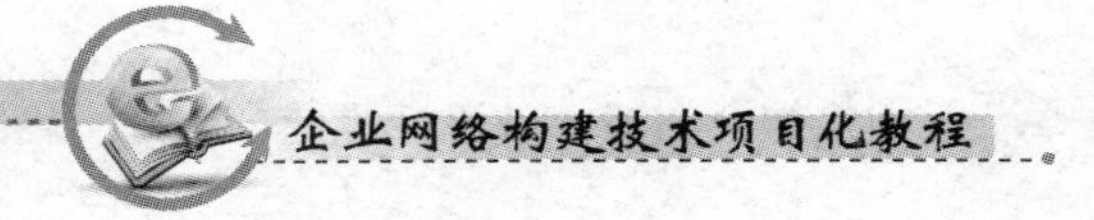

③ 地面型插座：在地板上进行信息插座安装时，需要选用专门的地面型插座。地面型插座多为铜质，铜质地面型插座有旋盖式、翻扣式和弹起式 3 种，铜面又分为方、圆两款，其中弹起式地面插座应用最为广泛。

3. 配线架

配线架用于终结线缆，为双绞线电缆或光缆与其他设备（如交换机、集线器等）的连接提供接口，在配线架上可进行互连或交接操作，使综合布线系统变得更加易于管理。

（1）配线架的作用

配线架在小型计算机网络中是不需要使用的。例如如果要在一间办公室内部组建网络，可以用跳线直接把计算机和交换机连接起来，如果计算机需要在房间中移动位置，那么只需要更换一根跳线就可以了。但是在综合布线系统中，网络一般要覆盖一座或几座楼宇，所有的终端都需要通过缆线连接到电信间的分交换机上，这些缆线的数量很多，如果都直接接入，则很难分辨交换机接口与各终端间的对应关系，也就很难进行管理。而且这些缆线中经常有一些是暂时不使用的，如果将这些不使用的缆线接入交换机的端口，将会浪费网络资源。另外，综合布线系统能够支持不同类型的终端，而不同类型的终端需要连接不同的网络设备，因此综合布线系统需要为用户提供灵活的连接方式。综上所述，为了便于管理，节约网络资源，在综合布线系统中必须使用配线架，图 2－29 给出了配线架作用的示意图。

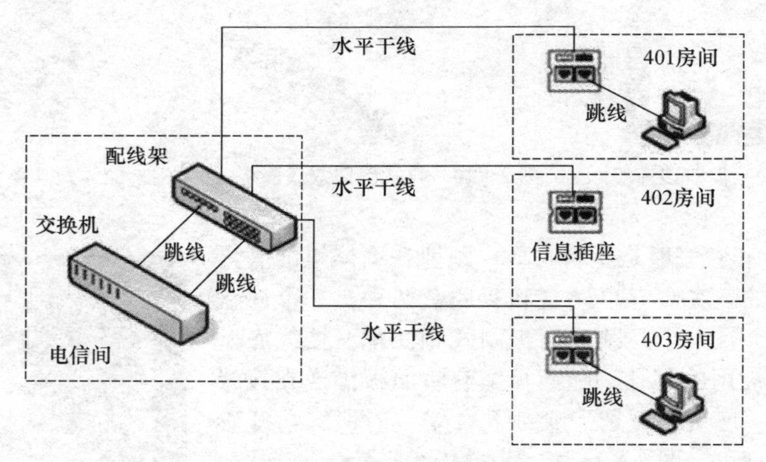

图 2－29　配线架的作用

如图 2－29 所示，在综合布线系统中，水平干线由信息插座直接接入电信间的配线架，在水平干线与配线架连接的位置，需要为每一组连入配线架的缆线在相应的标签上做上标记。在配线架的另一侧，每一组连入的缆线都将对应一个接口，如果与配线架相连的某房间的信息插座上连接了计算机或其他终端，管理员可以使用跳线将配线架上该信息插座对应的接口接入交换机或相应的其他网络设备。当计算机终端从一个房间移到另一个房间，管理员只要将跳线从配线架原来的接口取下，插到新的房间对应的接口上就可以了。当房间的终端类型发生改变时，管理员只要将配线架上相应的跳线转接到相应的网络系统即可。

（2）配线架的分类

根据配线架所连接的缆线类型，配线架可以分为双绞线配线架和光纤配线架。在综合布线系统中，双绞线配线架的类型应与其所连接的双绞线电缆的类型相对应。目前常见的双绞线配线架有以下几种。

① 110 型配线架：110 型配线架是 110 型连接管理系统的核心部分，有 25 对、50 对、100 对、300 对等多种规格，它的套件还应包括 4 对连接块或 5 对连接块、空白标签和标签夹、基座。110 型配线系统使用方便地插拔式快接式跳接可以简单地进行回路的重新排列。

② 机架式配线架：机架式配线架又称为模块式快速配线架，是一种 19 英寸导轨安装单元，可容纳 24、32、64 或 96 个嵌座，如图 2－30 所示。机架式配线架附件包括标签与嵌入式图标，以方便用户对信息点进行标识，机架式配线架在 19 英寸标准机柜上安装时，还需选配理线器。

③ 多媒体配线架：多媒体配线架摒弃了以往配线架端口固定无法更改的弱点，采用标准 19 英寸宽 1U（1U＝44.45mm）高的空配线板，可以任意配置 5e 类、6 类、7 类、话音和光纤等布线产品，对网络升级和扩展带来了极大的方便。

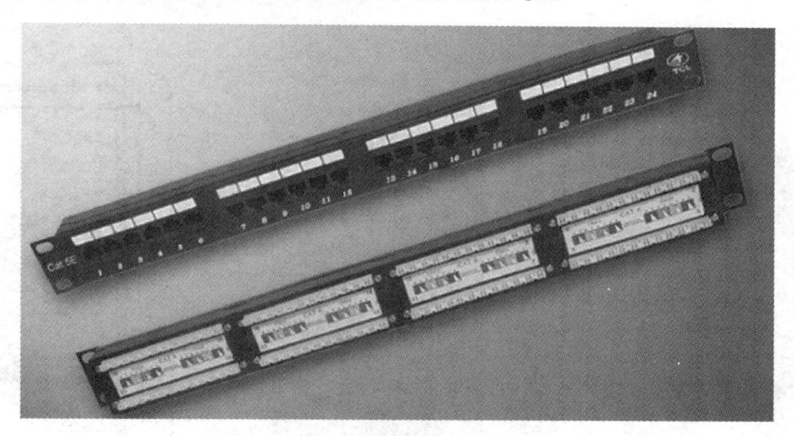

图 2－30　24 口机架式配线架

（3）配线架的选用

鉴于综合布线系统的最大特性就是利用同一接口和同一种传输介质，实现不同类型信号的传输，同时利用配线跳接方式，来灵活控制每个桌面信息点的应用功能，所以用于端接来自所有桌面信息点水平双绞线的配线架，一般应采用 RJ－45 接口机架式配线架。

对于主干布线的端接，可分为两种情况：端接来自电话主机房的大对数话音缆线，可采用相应对数的 110 型配线架，然后通过跳线与 RJ－45 接口机架式配线架跳接实现话音的连通；数据光纤主干则可通过光纤配线箱，再通过网络交换机将一路高速光信号转换成多路电信号，然后通过 RJ－45 跳线与 RJ－45 接口机架式配线架跳接实现数据的连通。

2.3.2 机柜

机柜的电磁屏蔽性能好、可减少设备噪声、占地面积小、便于管理，被广泛用于综合布线配线设备、网络设备、通信设备、系统控制设备等的安装工程中。综合布线系统一般采用19英寸宽的机柜，这种机柜被称为标准机柜，主要包括基本框架、内部支撑系统、布线系统和散热通风系统，用以安装各种配线模块和交换机等。尽管各厂家所生产的配线产品的尺寸和结构有所不同，但其19英寸标准的安装尺寸是一致的。

19英寸标准机柜的外型有宽度、高度、深度3个参数。虽然对于符合19英寸标准尺寸的设备，所需要的安装宽度都为465.1mm，但实际成品19英寸机柜的物理宽度主要有600mm和800mm两种。常见的成品19英寸机柜深度为500mm、600mm和800mm，应根据机柜内所安装设备的尺寸选定。常见的机柜高度为1.0、1.2、1.6、1.8、2.0和2.2m。机柜的高度将决定机柜的配线容量和能够安装的设备数量。在19英寸标准机柜内，设备安装所占高度用一个特殊单位“U”表示。使用19英寸标准机柜的设备面板一般都是按nU的规格制造，机柜的容量通常用nU表示。图2-31为19英寸标准机柜及其规格示意图。

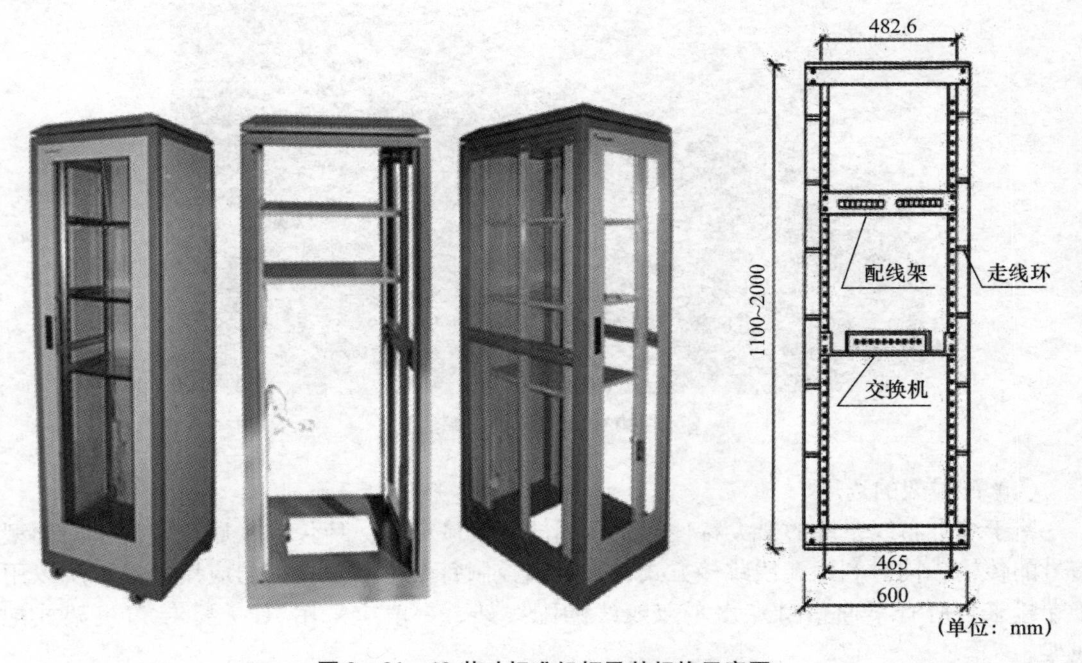

图2-31　19英寸标准机柜及其规格示意图

2.3.3 双绞线电缆布线施工的一般要求

根据相关标准和规范，双绞线电缆布线施工的一般要求有如下几个。

(1) 电缆的规格应符合设计规定，电缆在布放过程中应平直，不得产生扭绞、打圈等现象，不应受到外力的挤压和损伤。

（2）电缆的两端应贴上相应的标签，以识别电缆的来源地，标签书写应清晰、端正和正确，标签应选用不易损坏的材料。

（3）布放电缆应有余量以适应终接、检测和变更，双绞线电缆预留长度在工作区应为3～6cm，在电信间宜为0.5～2m，在设备间宜为3～5m，有特殊要求的应按设计要求预留长度。

（4）电缆转弯时弯曲半径应符合下列规定。

① 非屏蔽4对双绞线电缆的弯曲半径应至少为电缆外径的4倍，在施工过程中应至少为电缆外径的8倍。

② 屏蔽双绞线电缆的弯曲半径应为电缆外径的8倍。

③ 主干大对数双绞线电缆的弯曲半径应至少为电缆外径的10倍。

（5）在布放电缆时应慢速而又平稳地拉线，以防止造成电缆的缠绕。另外，如果拉力过大，电缆会变形，从而引起电缆传输性能的下降。电缆的最大允许拉力如下。

① 1根4对双绞线电缆，最大拉力为100N（10kg）。

② 2根4对双绞线电缆，最大拉力为150N（15kg）。

③ 3根4对双绞线电缆，最大拉力为200N（20kg）。

④ n根4对双绞线电缆，最大拉力为$n \times 50 + 50$（N）。

⑤ 25对5类UTP电缆，最大拉力不能超过40kg，速度不宜超过15m/min。

（6）为了充分利用电缆，建议对每箱双绞线从第一次放线开始做放线记录。通常一箱双绞线的长度为1000ft（305m），电缆上每隔2ft会有一个长度标记，只要每次放线时记下开始和结束处的长度标记，就可以计算出本次放线的长度和剩余电缆的长度。

【任务实施】

操作1　敷设双绞线电缆

1. 牵引双绞线电缆

双绞线电缆敷设之前，建筑物内的各种暗管和槽道已安装完成，因此要在管路或槽道内布线就必须使用缆线牵引技术。为了方便缆线牵引，在安装各种管路或槽道时已内置了拉绳（一般为钢绳），使用拉绳可以方便地将缆线从管道的一端牵引到另一端。

（1）牵引1条4对双绞线电缆

1条4对双绞线电缆很轻，通常不要求做更多的准备，只要将其用电工胶带与拉绳捆扎在一起就行了，如图2-32所示。

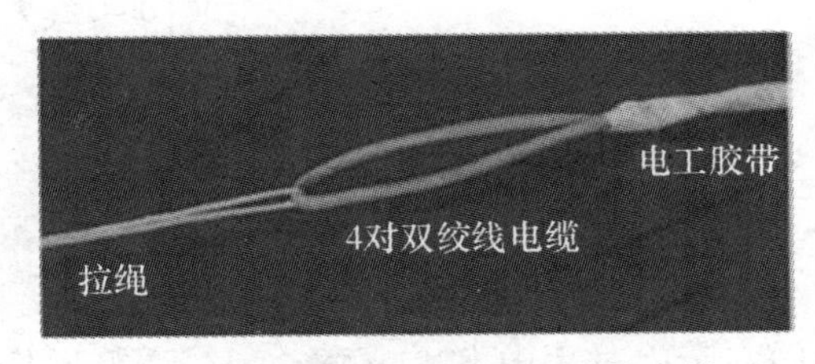

图2-32　牵引1条4对双绞线电缆

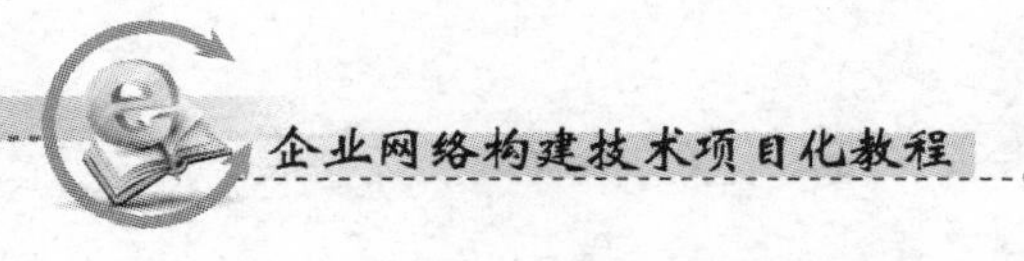

(2) 牵引多条4对双绞线电缆

如果牵引多条4对双绞线电缆穿过一条路由，则可采用以下方法。

① 剥除双绞线电缆的外表皮，并整理为两扎导线，如图2－33所示。

② 将金属导体编织成一个环，然后将电工带缠到连接点周围，要缠得结实和平滑，以供拉绳牵引，如图2－34所示。

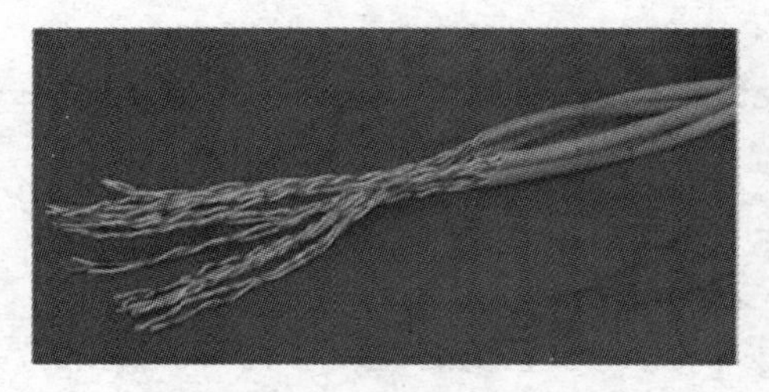

图2－33 剥除电缆外表皮整理为两扎导线

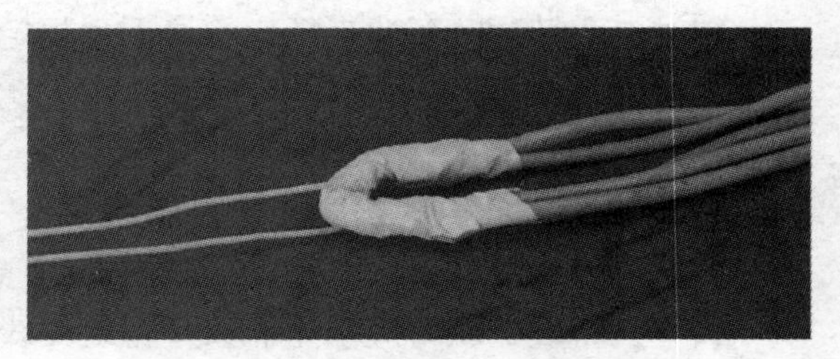

图2－34 编织成环以供拉绳牵引

2. 水平敷设电缆

(1) 吊顶内布线

要完成吊顶内布线，首先应根据施工图纸要求，结合现场实际条件，确定在吊顶内的电缆路由。为此，应在现场将电缆路由经过的有关吊顶的每块活动镶板推开，详细检查吊顶内的净空间距；如有槽道或桥架装置，应检查其是否安装正确和牢固可靠；还应仔细检查吊顶安装的稳定牢固程度等。检查后确未发现问题才能敷设电缆。不论吊顶内是否装设桥架，电缆敷设应采用人工牵引。单根大对数电缆可以直接牵引，不需拉绳；如果是多根4对双绞线电缆，则应组成缆束，用拉绳在吊顶内牵引敷设。如缆线根数多、重量较大，可在路由中间设置专人帮助牵引。具体牵引方法如图2－35所示。

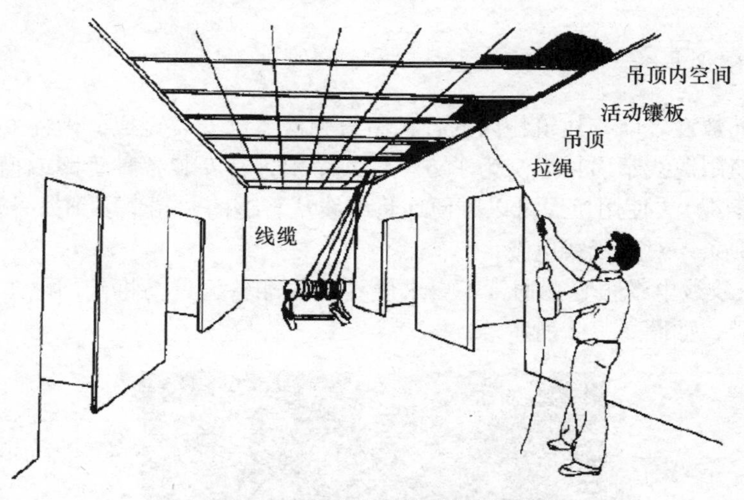

图2－35 用拉绳牵引缆线拉进吊顶内

为防止距离较长的电缆在牵引过程中发生被磨、刮、蹭等损伤，可在电缆进出吊顶的入口处和出口处等位置增设保护措施和支承装置。在牵引缆线时，不宜猛拉紧拽，如发生

缆线被障碍物绊住，应排除障碍后再继续牵引，必要时可将缆线拉回重新牵引。

配线子系统的电缆在吊顶内敷设后，需将电缆穿放在预埋墙壁或墙柱中的管路中，向下牵引至安装信息插座的洞孔处。电缆根数较少，且线对数不多的情况可直接穿放，如果电缆根数较多，宜采用拉绳牵引，电缆在工作区处应预留适当长度。

（2）地板下布线

在地板下敷设电缆前，应根据施工图纸要求，对采用的布线方法与现场实际进行校核。对于预埋的管路和线槽必须核查其有无施工条件，预埋的管路和线槽内应附有用来牵引电缆的拉绳。对于没有预埋管道的新建筑物，施工可以与建筑物装修同步进行，这样既便于布线，又不影响建筑物的美观。管道一般从电信间埋到信息插座安装孔。安装人员只要将电缆固定在信息插座出口处的拉绳端，从管道的另一端牵引拉绳就可将电缆布设到电信间。

3. 垂直敷设电缆

垂直敷设电缆主要有两种施工方式，一种是由建筑物的高层向低层敷设，利用电缆本身自重的有利条件向下垂放的施工方式。另一种是由低层向高层敷设，将电缆向上牵引的施工方式。相对而言，向下垂放方式能够减少劳动工时和劳力消耗，并可以加快施工进度；而向上牵引方式费时费工，困难较多。因此，垂直敷设电缆通常会采用向下垂放的施工方式。

如果干线电缆经由垂直孔洞向下垂直布放，则具体操作方法如下。

（1）首先把电缆卷轴搬放到建筑物的顶层。

（2）在离楼层垂直孔洞 3～4m 处安装好电缆卷轴，并从卷轴顶部馈线。

（3）在电缆卷轴处安排所需的布线施工人员，另外，每层楼上要安排一个工人以便引导垂放的电缆。

（4）开始旋转卷轴，将电缆从卷轴拉出。

（5）将拉出的电缆导入垂直孔洞，在此之前应先在孔洞中安放一个塑料的靴状保护物，以防止孔洞不光滑的边缘擦破缆线的外皮，如图 2－36 所示。

（6）慢慢地从卷轴上放缆并进入孔洞向下垂放，注意速度不要过快。

（7）继续向下垂放电缆，直到下一层布线工人能将电缆引到下一个孔洞。

（8）按前面的步骤，继续慢慢地向下垂放电缆，并将电缆引入各层的孔洞。

如果干线电缆经由竖井垂直向下布设，就无法使用塑料的靴状保护物，此时最好使用一个滑轮，通过它来下垂布线，具体操作方法如下。

（1）在竖井的中心上方安装上一个滑轮，如图 2－37 所示。

（2）将电缆从卷轴拉出并绕在滑轮上。

（3）按上面所介绍的方法牵引电缆穿过每层的竖井，当电缆到达目的地时，把每层上的电缆绕成卷，放在架子上固定起来，等待以后的端接。

如果向上牵引缆线可借用电动牵引绞车将干线电缆从底层向上牵引到顶层，如图 2－38 所示。具体的操作步骤如下。

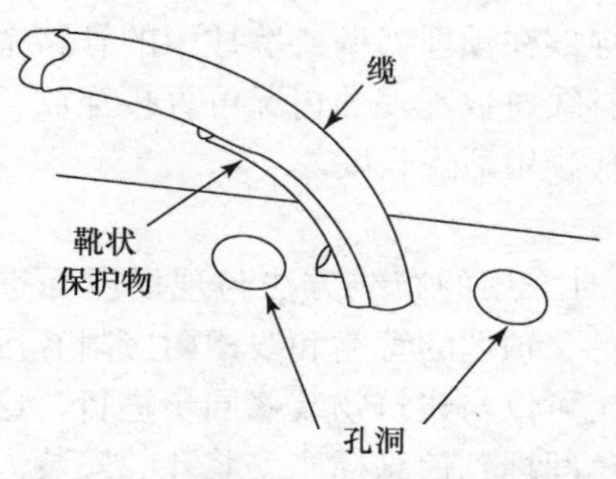

图 2-36 在孔洞中安放靴状保护物

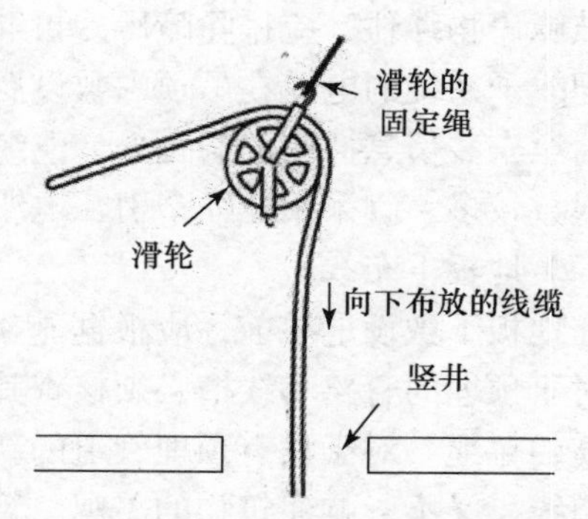

图 2-37 在竖井上方安装滑轮

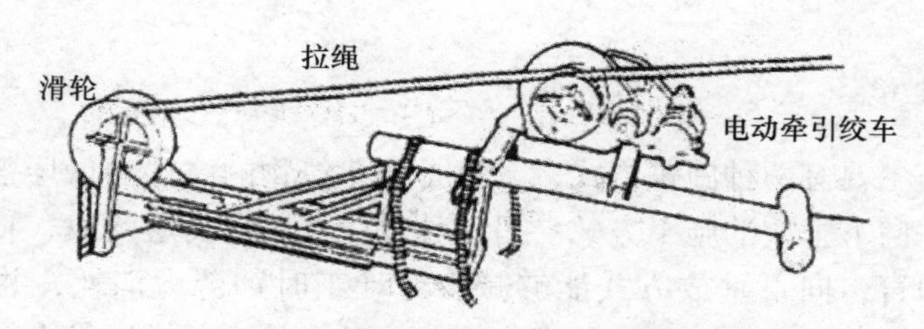

图 2-38 电动牵引绞车向上牵引缆线

(1) 在绞车上穿一条拉绳。

(2) 启动绞车，往下垂放拉绳，拉绳向下垂放到安放电缆的底层。

(3) 将电缆与拉绳牢固地绑扎在一起。

(4) 启动绞车，慢慢地将电缆通过各层的孔洞向上牵引。

(5) 电缆的末端到达顶层时，停止绞车。

(6) 在竖井边沿上用夹具将电缆固定好。

(7) 当所有连接制作好之后，从绞车上释放电缆的末端。

操作2 安装与端接信息插座

1. 安装信息插座底盒

在新建的建筑物中，信息插座宜与暗管系统配合，墙面型信息插座盒体通常采用暗装方式，在墙壁上预留洞孔，将盒体埋设在墙内，综合布线系统施工时，只需加装信息模块和信息插座面板。信息插座底盒安装的基本要求是平稳。安装在墙上的信息插座，其位置宜高出地面 300mm 左右；如地面采用活动地板，信息插座应高出活动地板地面 300mm。

2. 端接信息模块

双绞线在与信息插座的信息模块连接时，必须按色标和线对顺序进行卡接。信息模块的端接有两种标准：EIA/TIA 568A 和 EIA/TIA 568B，两类标准规定的线序压接顺序有所不同，通常在信息模块的侧面会有两种标准的色标标注，如图 2-39 所示。

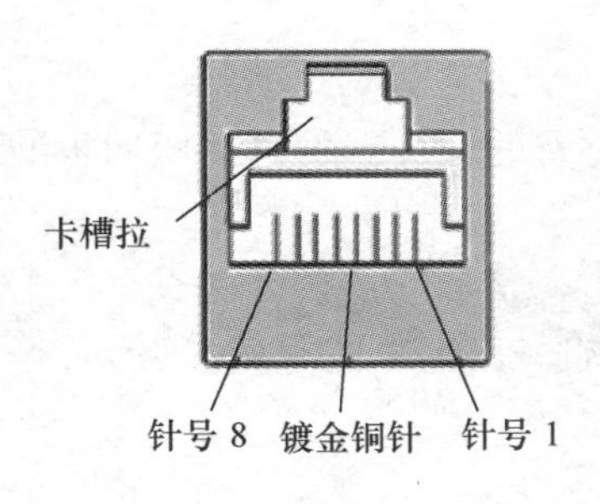

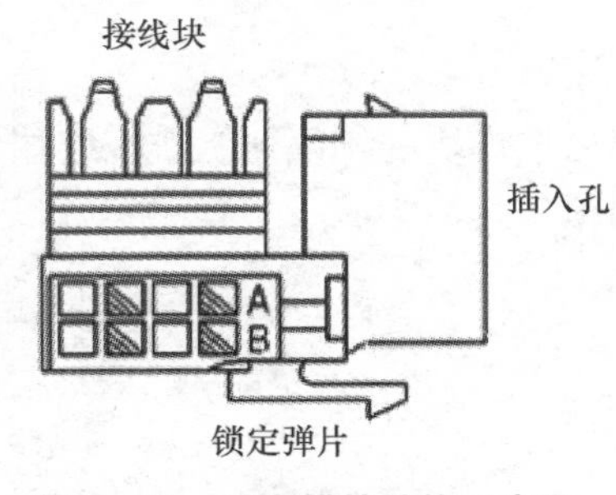

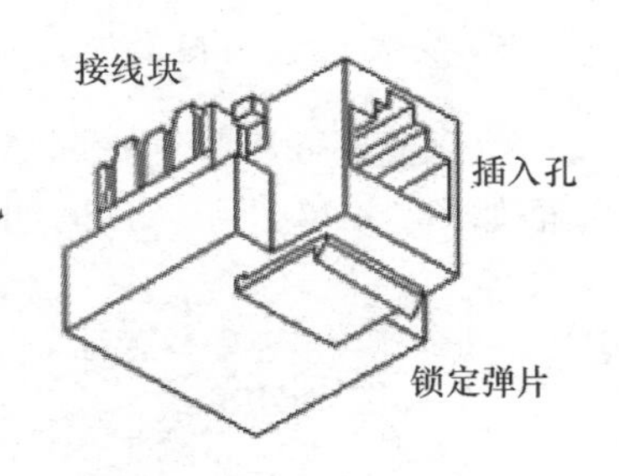

图 2－39　信息模块结构示意图

各厂家的信息模块结构有所差异，信息模块端接的一般操作步骤如下。

(1) 将双绞线从信息插座底盒中拉出，剪至合适的长度。

(2) 使用剥线工具，在双绞线电缆末端 3cm 处剥除电缆的外皮并剪除抗拉线，注意不要损伤内部的导线。

(3) 把剥除外皮的双绞线电缆放入到信息模块中间的空位置，对照所采用的接入标准和模块上所标注的色标把 8 条芯线依次卡入到模块的卡线槽中，如图 2－40 所示。

(4) 使用打线工具把已卡入到卡线槽中的芯线打入到卡线槽的底部，以使芯线与卡线槽接触良好、稳固，如图 2－41 所示。打线时应将打线工具对准相应芯线再往下压，当卡到底时会有“咔”的声响，另外应注意打线工具的卡线缺口旋转位置。

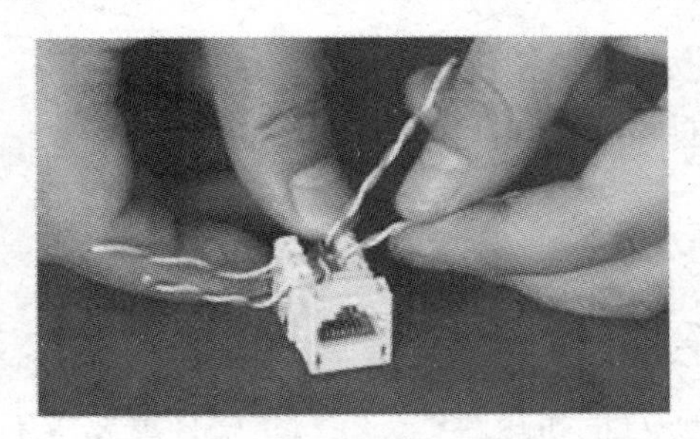

图 2－40　将芯线依次卡入卡线槽

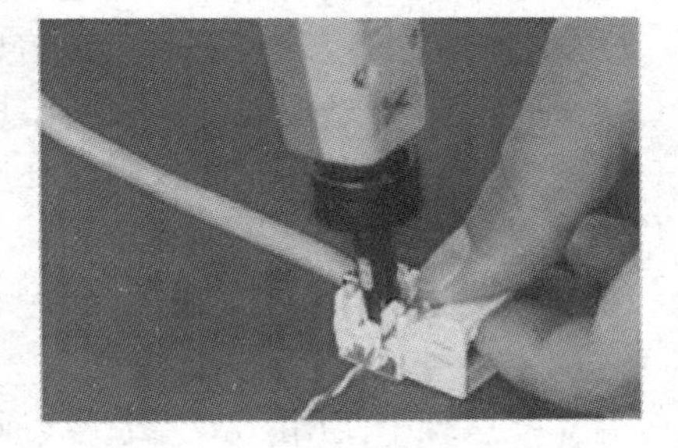

图 2－41　使用打线工具打线

(5) 将塑料防尘片沿缺口穿入双绞线，并固定在信息模块上，如图 2－42 所示。

(6) 用双手压紧防尘片，信息模块端接完成，如图 2－43 所示。

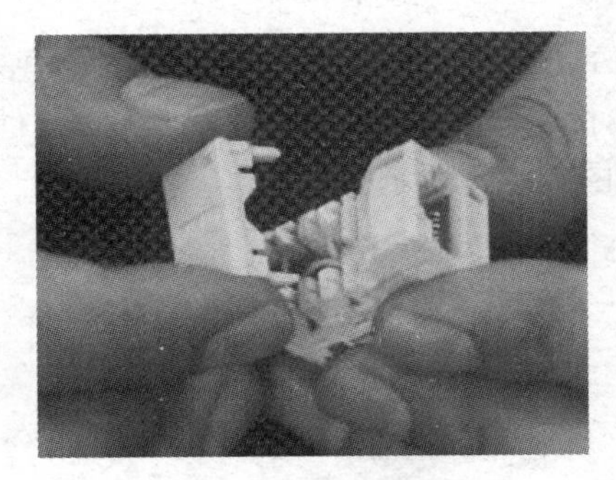

图 2－42　固定防尘片

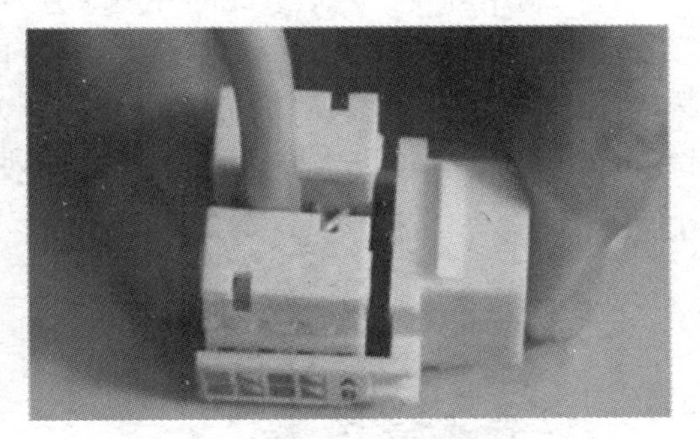

图 2－43　端接好的信息模块

3. 安装信息插座面板

信息插座面板是用来固定信息模块的，以便工作区终端设备的使用。信息插座面板的正面如图 2－44 所示，反面如图 2－45 所示。

图 2－44　信息插座面板的正面

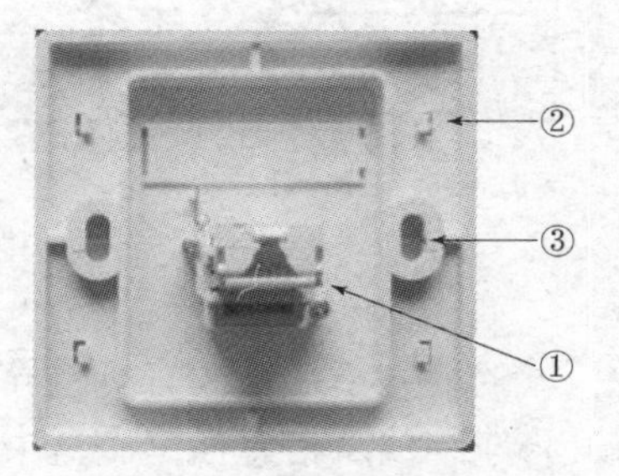

图 2－45　信息插座面板的反面

在面板的反面需要注意 3 个关键部位，图 2－45 中已分别用①、②、③表示。

① 模块扣位：用于放置制作好的信息模块，通过两边的扣位固定。

② 遮罩板连接扣位：遮罩板用来遮掩面板中用来与底盒固定的螺钉孔位。

③ 与底盒的螺钉固定孔：对应面板正面的两个孔，通过这两个孔用螺钉与底盒的两个螺钉固定柱固定在一起。

安装信息插座面板的操作步骤如下。

（1）将已端接的信息模块卡接在信息插座面板的模块扣位。

（2）将卡接好信息模块的面板与暗埋在墙内的底盒接合在一起。

（3）用螺钉将信息插座面板固定在底盒上。

（4）在插座面板上安装标签条。

操作 3　制作双绞线跳线

综合布线系统中使用的双绞线跳线通常应选择原厂的机压跳线，在对传输性能要求不高的工程中也可以现场手工制作跳线。制作双绞线跳线要遵循 EIA/TIA 568A 和 EIA/TIA 568B 标准，不论采用何种标准，必须与信息模块相同。现场制作双绞线跳线的操作步骤如下。

（1）剪下所需的双绞线长度，至少 0.6m，最多不超过 5m。

（2）利用剥线钳将双绞线的外皮除去约 3cm 左右，如图 2－46 所示。

（3）将裸露的双绞线中的橙色对线拨向自己的左方，棕色对线拨向右方向，绿色对线拨向前方，蓝色对线拨向后方，小心的剥开每一对线，按 EIA/TIA 568B 标准（白橙－橙－白绿－蓝－白蓝－绿－白棕－棕）排列好，如图 2－47 所示。

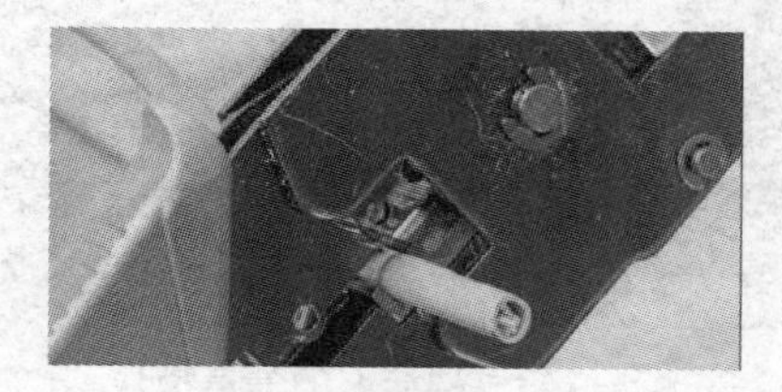
图 2－46　利用剥线钳除去双绞线外皮

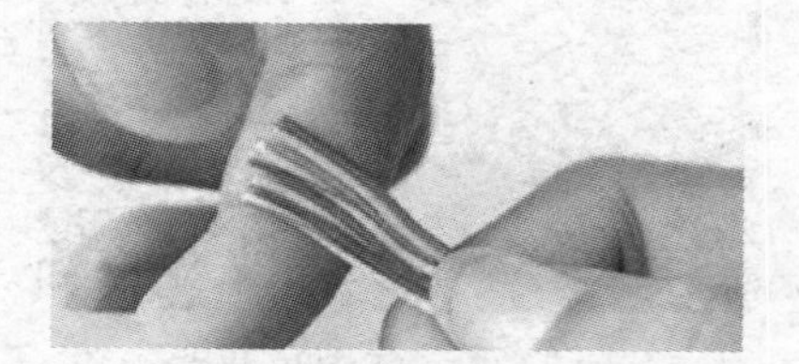
图 2－47　剥开每一对线，排好线序

（4）把线排列整齐，将裸露出的双绞线剪下，只剩约14mm的长度，并剪齐线头，如图2－48所示。

（5）将双绞线的每一根线依序放入RJ－45连接器的引脚内，第一只引脚内应该放白橙色的线，其余类推，如图2－49所示。注意插到底，直到另一端可以看到铜线芯为止，如图2－50所示。

（6）将RJ－45连接器从无牙的一侧推入RJ－45压线钳夹槽，用力握紧压线钳，将突出在外的针脚全部压入连接器内，如图2－51所示。

图2－48　剪齐线头

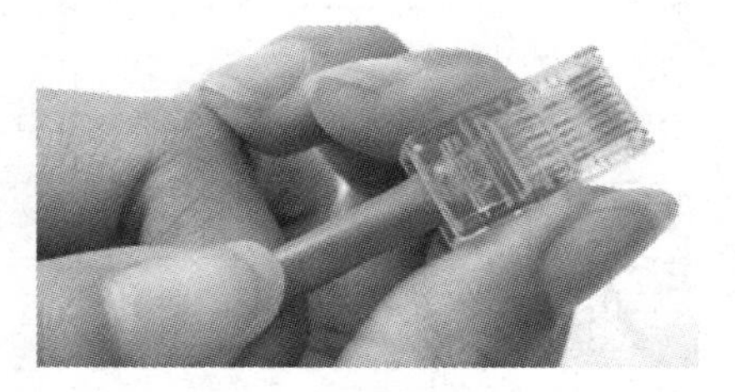

图2－49　将双绞线放入RJ－45水晶头

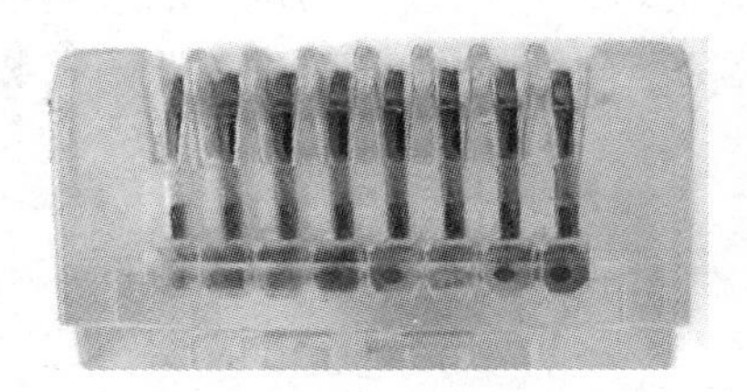

图2－50　插好的双绞线

图2－51　压线

（7）用同样的方法完成另一端的制作。

操作4　安装机柜

不同品牌机柜的安装步骤有所不同，机柜安装示例如下。

（1）在安装机柜之前应首先对可用空间进行规划，为了便于散热和设备维护，机柜前后与墙面或其他设备的距离应符合相关的要求，图2－52所示为机柜的空间规划图。安装前，场地划线要准确无误，否则会导致返工。

（2）按照拆箱指导拆开机柜及机柜附件包装木箱。

（3）将机柜安放到规划好的位置，确定机柜的前后面（通常有走线盒的一方为机柜的背面），并使机柜的地脚对准相应的地脚定位标记。

（4）在机柜顶部平面两个相互垂直的方向放置水平尺，检查机柜的水平度。用扳手旋动地脚上的螺杆调整机柜的高度，使机柜达到水平状态，然后锁紧机柜地脚上的锁紧螺母，使锁紧螺母紧贴在机柜的底平面。图2－53所示为机柜地脚锁紧示意图。

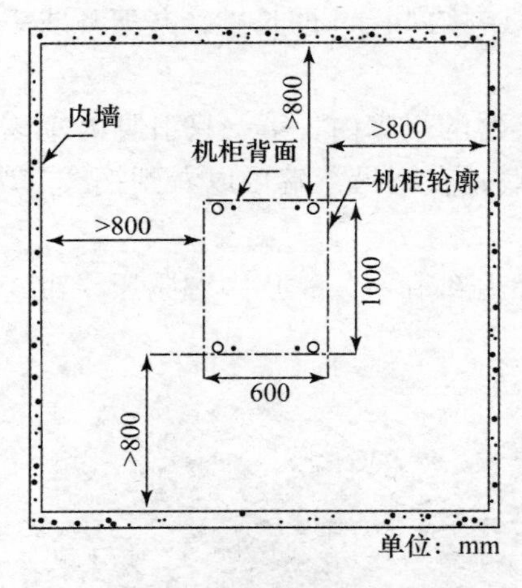

图 2－52　机柜的空间规划图

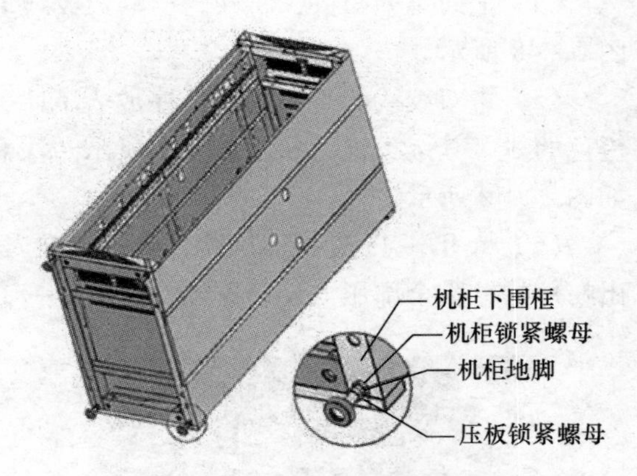

图 2－53　机柜地脚锁紧示意图

（5）在机柜中安装相关设备和电缆。

（6）安装机柜门

机柜门可以避免设备暴露于外界，防止设备受到破坏；也可以作为机柜内设备的电磁屏蔽层，保护设备免受电磁干扰。图 2－54 所示为机柜门的安装示意图，具体安装步骤如下。

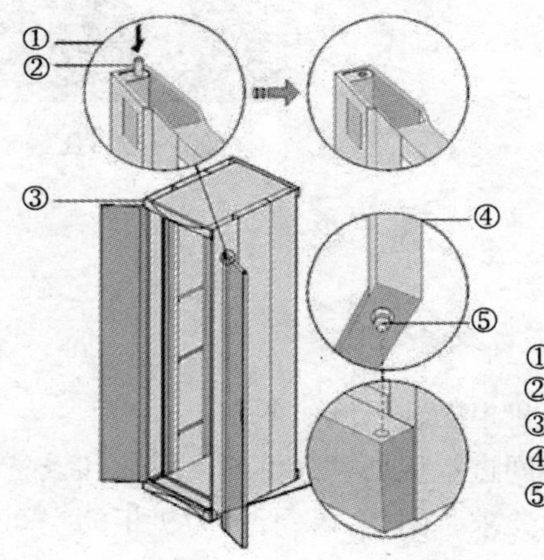

图 2－54　机柜门的安装示意图

① 将门的底部轴销与机柜下围框的轴销孔对准，将门的底部装上。

② 用手拉下门的顶部轴销，将轴销的通孔与机柜上门楣的轴销孔对齐。

③ 松开手，在弹簧作用下，轴销向上复位，使门的上部轴销插入机柜上门楣的对应孔位，从而将门安装在机柜上。

④ 按照上面步骤，完成其他机柜门的安装。

（7）取出机柜铭牌，撕去铭牌背面的贴纸，将铭牌粘贴在机柜前门左侧门上部的长方形凹块位置，如图 2－55 所示。

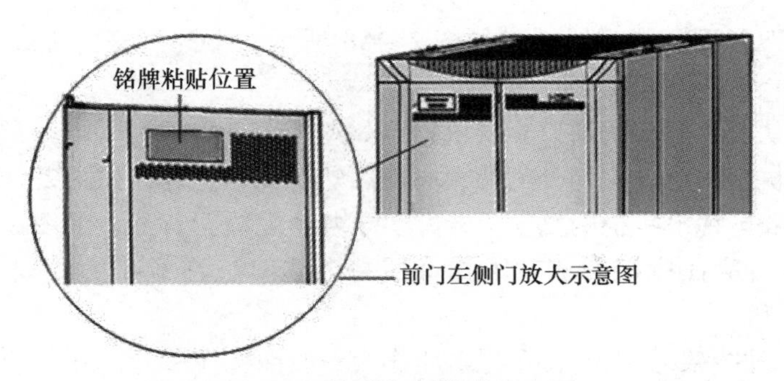

图 2-55　安装机柜铭牌示意图

(8) 安装机柜门接地线

机柜门安装完成后，需要在其下端轴销的位置附近安装门接地线，使机柜门可靠接地。门接地线连接门接地点和机柜下围框上的接地螺钉，如图 2-56 所示。具体安装步骤如下。

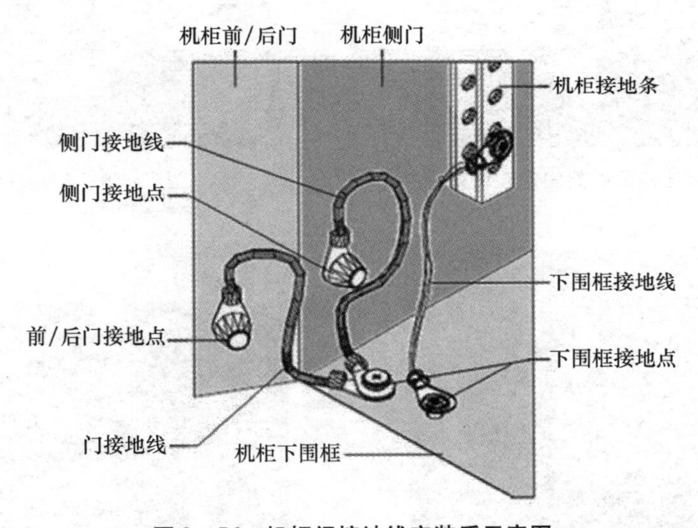

图 2-56　机柜门接地线安装后示意图

① 旋开机柜某一扇门下部接地螺柱上的螺母。

② 将相邻的门接地线（一端与机柜下围框连接，一端悬空）的自由端套在该门的接地螺柱上。

③ 装上螺母，然后拧紧，完成一条门接地线的安装。

④ 按照上面步骤的顺序，完成其他门接地线的安装。

(9) 安装完成后，对其进行检查，确保符合相关要求。

操作5　安装与端接双绞线配线架

各厂家的模块化配线架结构及安装相类似，其基本安装步骤如下。

(1) 使用螺丝将配线架固定在机架上，如图 2-57 所示。配线架要安装牢固，防止晃动。

（2）在配线架背面安装理线器，如图 2－58 所示。不同厂家的理线器在外观上有所不同。

（3）将缆线从机柜底部的缺口穿入机柜，如图 2－59 所示。

（4）将进入机柜的电缆平均分为两大股，用塑料扎带扎好，如图 2－60 所示。

（5）将两大股电缆沿机柜两侧向上，并引至各个配线架背面，如图 2－61 所示。采用塑料扎带将电缆固定在机柜两侧。用扎带捆扎电缆时应注意用力不要过猛，以防损伤电缆。

（6）以 24 口配线架为例，每 12 根电缆作为一股捆扎在一起，并连接至配线架背面的 12 个信息模块。两侧共 24 根电缆，连接配线架的 24 个模块，如图 2－62 所示。

图 2－57　用螺丝将配线架固定在机架上

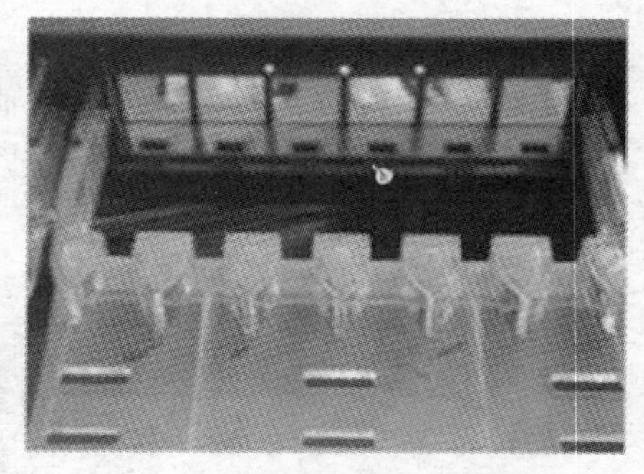

图 2－58　安装理线器

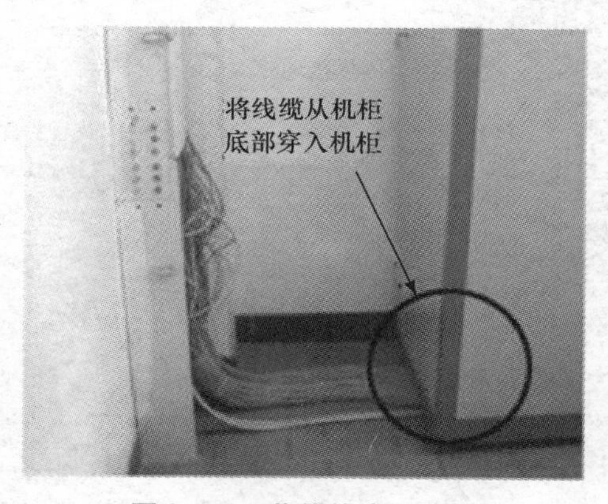

图 2－59　将缆线穿入机柜

图 2－60　将进入机柜的电缆平均分为两大股

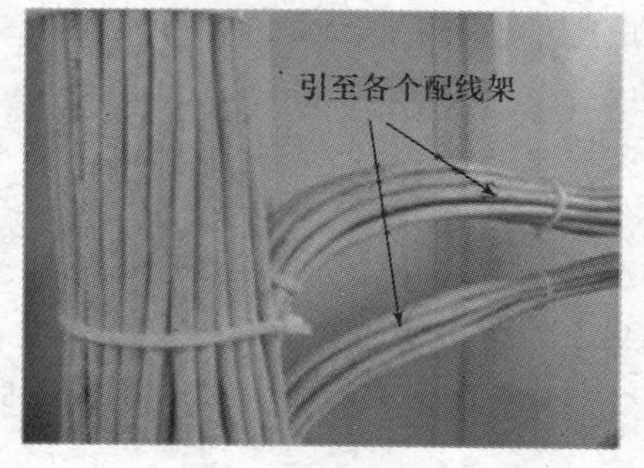

图 2－61　引至各个配线架

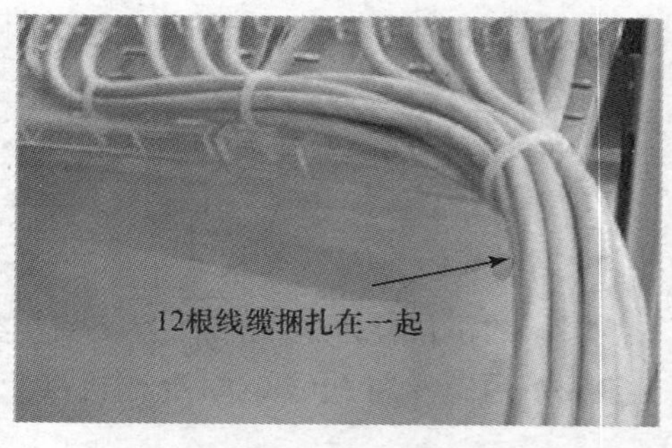

图 2－62　每 12 根电缆捆扎在一起

(7) 将电缆放入理线器进行固定，如图 2－63 所示。

(8) 根据每根电缆对应模块的位置，测量端接电缆应预留的长度，然后使用压线钳剪掉多余的电缆，如图 2－64 所示。

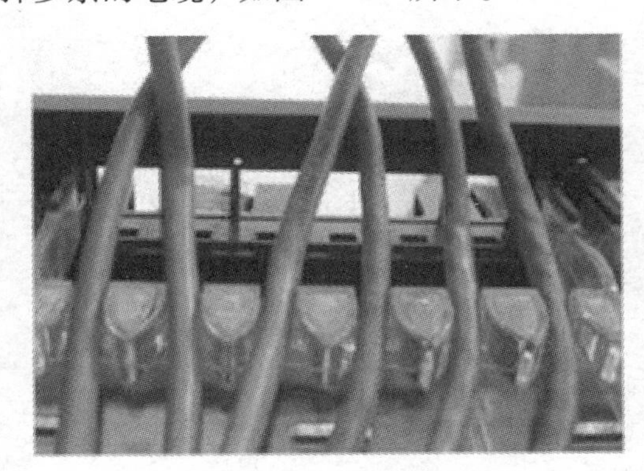

图 2－63　将电缆放入理线器

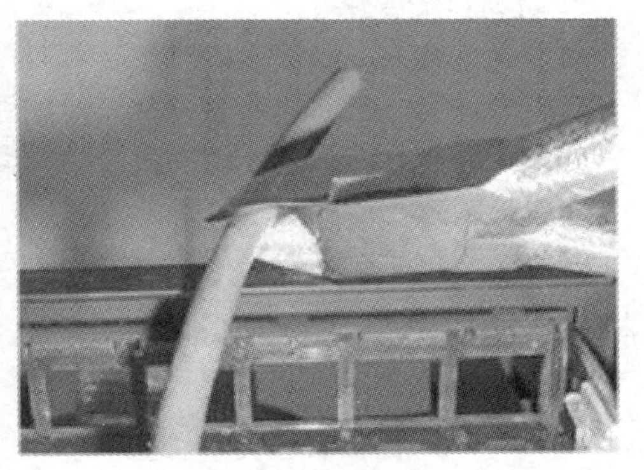

图 2－64　剪掉多余的电缆

(9) 根据系统安装要求选定用 EIA/TIA 568A 和 EIA/TIA 568B 标准的信息模块，按照信息模块的端接步骤实现电缆与信息模块的端接。

(10) 将端接好电缆的信息模块按顺序插入配线面板。要确保信息模块和配线面板牢固结合，防止在插入跳线时信息模块晃动甚至脱落。

(11) 将所有的信息模块装入配线面板内，然后整理并捆扎固定电缆，如图 2－65 所示。

(12) 编好标签并贴在配线架前面板，如图 2－66 所示。

(13) 若配线架与交换机在同一机柜内，可以在机柜正面通过跳线将配线架和交换机的相应端口相连。

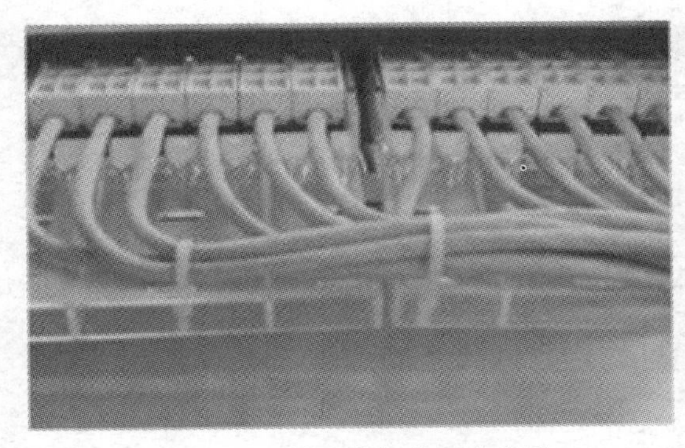

图 2－65　整理并捆扎固定电缆

图 2－66　编好标签并贴在配线架前面板

任务 2.4　光缆布线施工

【任务目的】

(1) 认识光纤连接器件。

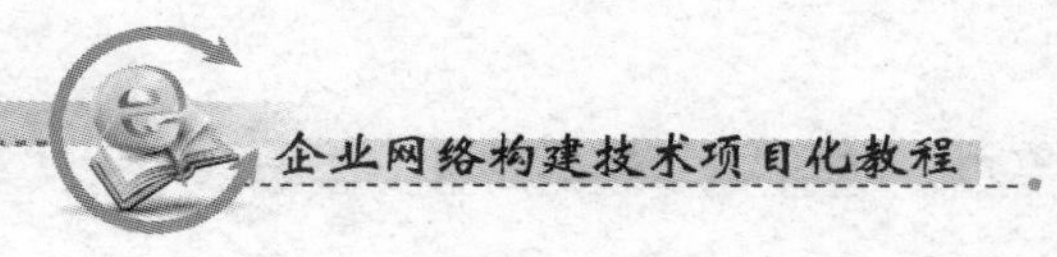

(2) 了解敷设光缆的施工方法。
(3) 熟悉光纤熔接的操作流程。
(4) 熟悉机架式光纤配线架的安装方法。

【工作环境与条件】

(1) 光缆及ST光纤连接器、光纤尾纤等连接器件。
(2) 光纤熔接机、热缩套管及其他配件。
(3) 光纤切割刀、光纤剥离钳、光纤剪刀等专用工具。
(4) 机架式光纤配线架。
(5) 光缆布线施工的其他相关工具。

【相关知识】

2.4.1 光缆的连接方式

目前综合布线系统对光缆的使用主要有两种方式：一种方式是构建完整的光纤信道，即整个布线系统全都采用光缆作为传输介质，网络设备和终端设备通过光缆接入布线系统；另一种方式是使用双绞线电缆和光缆混合布线的方式，即干线子系统和建筑群子系统采用光缆布线，配线子系统使用双绞线电缆进行布线。

1. 光纤信道中光缆的连接方式

在光纤信道中，光缆之间的连接主要可以采用以下几种方式。

(1) 水平光缆和主干光缆分别引至楼层电信间的光纤配线设备，通过光纤跳线实现光缆的连接，如图2-67所示。

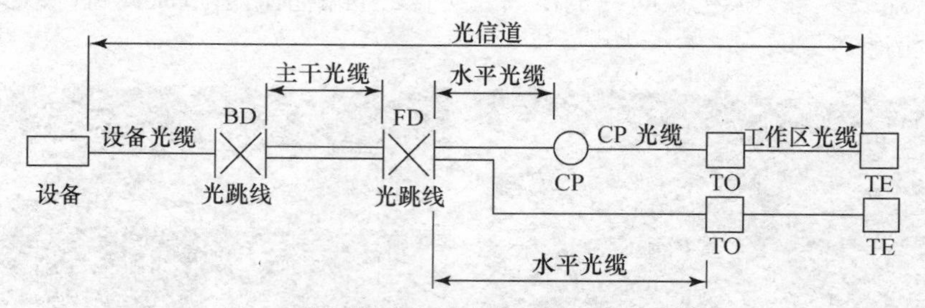

图2-67 通过光纤跳线实现光缆的连接

(2) 水平光缆和主干光缆在楼层电信间通过熔接或机械连接实现光缆的连接，如图2-68所示。

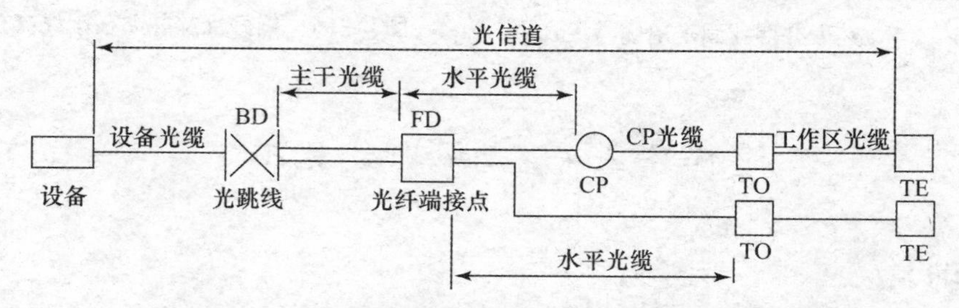

图2-68 通过熔接或机械连接实现光缆的连接

(3) 水平光缆直接连接设备间光配线设备，如图 2－69 所示。

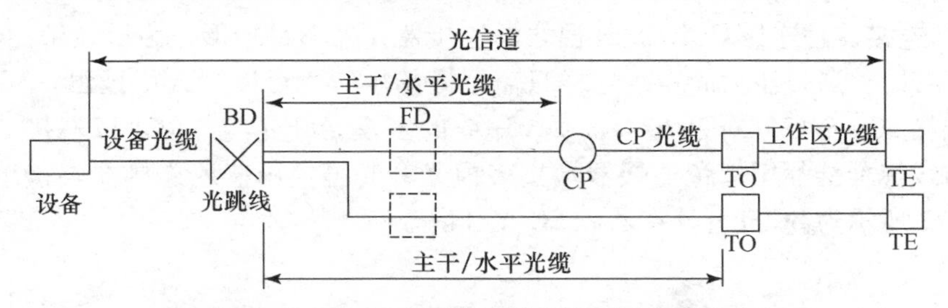

图 2－69　水平光缆直接连接设备间光配线设备

(4) 当工作区用户终端设备或某区域网络设备需直接与公用数据网进行互通时，可以将光缆从工作区直接布放至电信入口设施的光配线设备。

2. 光缆与双绞线电缆的典型连接方式

在使用双绞线电缆和光缆混合布线方式的综合布线系统中，光缆与双绞线电缆的典型连接方式为分别将水平电缆和主干光缆引入电信间的双绞线配线设备和光纤配线设备，使用光纤跳线实现光纤配线设备与交换机光纤接口的连接，使用双绞线跳线实现双绞线配线设备与交换机双绞线接口的连接，如图 2－70 所示。

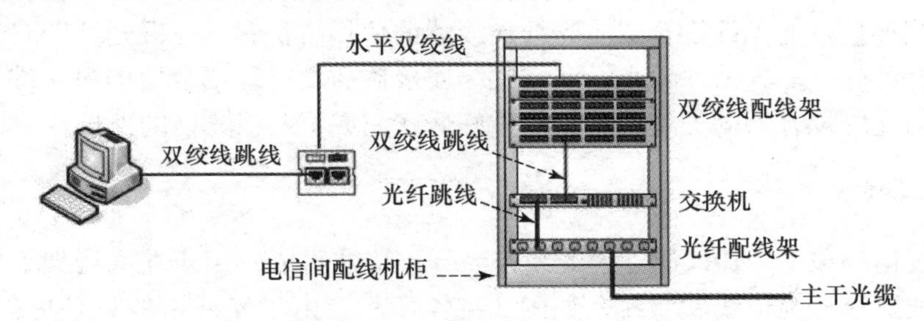

图 2－70　光缆与双绞线电缆的典型连接方式

2.4.2　光纤连接器件

1. 光纤连接器

光纤连接器用来把光纤连接到接线板或有源设备上，目前光纤连接器有很多种，在安装时必须确保连接器的正确匹配。按照不同的分类方法，光纤连接器可以分为不同的种类。

(1) ST 光纤连接器

ST 光纤连接器有一个直通和卡口式锁定机构，连接头使用一个坚固的金属卡销式耦合环和一个发散形状的凹弯使适配器的柱头可以方便地固定。由于 ST 光纤连接器相对容易端接，所以目前仍在广泛使用，但其固定和拆卸都需要更多的空间。图 2－71 所示为 ST 光纤连接器和 ST 光纤耦合器。

（2）SC 光纤连接器

SC 光纤连接器是连接 GBIC 光纤模块的连接器，外形呈矩形，为插拔销闩型连接器，与耦合器相接时，通过压力固定，这样只需轻微的压力就可以插入或拔出。SC 光纤连接器既可以端接 50μm/125μm 和 62.5μm/125μm 的多模光纤光缆，也可以端接单模光纤光缆。工业布线标准推荐用棕色连接器端接多模光纤光缆，用蓝色连接器端接单模光纤光缆。图 2－72 所示为 SC 光纤连接器和 SC 光纤耦合器。

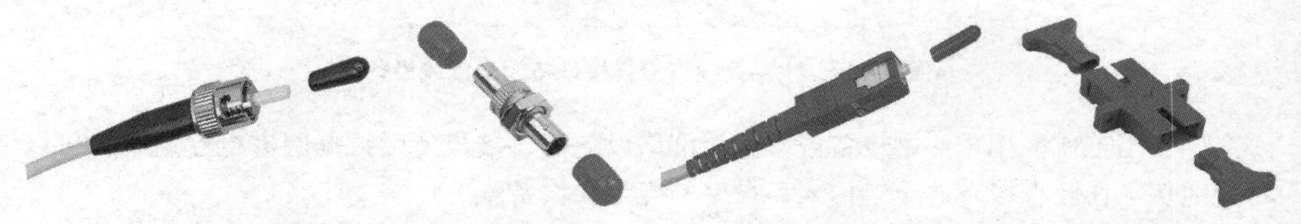

图 2－71　ST 光纤连接器和 ST 光纤耦合器　　**图 2－72　SC 光纤连接器和 SC 光纤耦合器**

2. 光纤耦合器

光纤耦合器也叫光纤适配器，实际上就是光纤的插座，它的类型与光纤连接器的类型对应，图 2－71 和图 2－72 给出了常见的两端为相同连接口的光纤耦合器，图 2－73 所示为两端为不同连接口的光纤耦合器。光纤连接器的使用方法是：一根光纤安装光纤连接器插入光纤耦合器的一端，另一根光纤安装光纤连接器插入光纤耦合器的另一端，光纤连接器的类型应与光纤耦合器的类型对应，接插好后就完成了两根光纤的连接。

3. 光纤跳线

光纤跳线由一段 1～10m 的互连光缆与光纤连接器组成，用于在配线架上交接各种链路。光纤跳线可以分为单线和双线，如图 2－74 所示。由于光纤一般只是进行单向传输，所以要进行全双工通信的设备需要连接两根光纤来完成收发工作。

图 2－73　两端为不同连接口的光纤耦合器

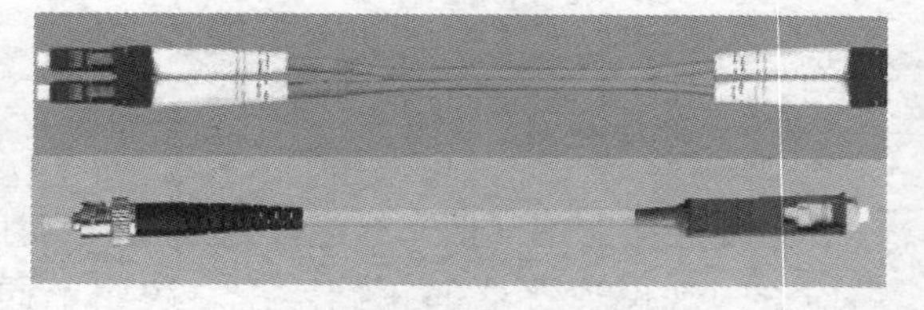

图 2－74　单线光纤跳线和双线光纤跳线

4. 光纤尾纤

尾纤又叫猪尾线，其一端有连接器，而另一端是一根光缆纤芯的断头，通过熔接可与其他光缆纤芯相连，主要用于连接光缆与光纤收发器，图 2－75 所示为 ST 型光纤尾纤。

5. 光纤配线设备

光纤配线设备是光缆与光通信设备之间的配线连接设备，用于光纤通信系统中光缆的成端和分配，可方便地实现光纤线路的熔接、跳线、分配和调度等功能。光纤配线设备有机架式光纤配线架、挂墙式光纤配线盒、光纤接续盒和光纤配线箱等类型，应根据光纤数量和用途加以选择。图 2－76 所示为 24 口机架式光纤配线架。

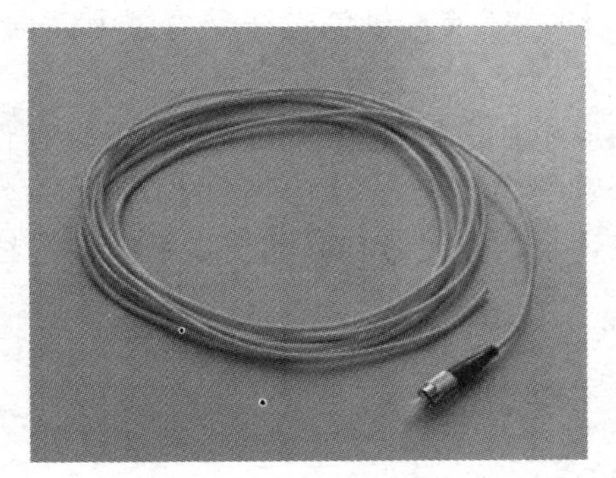

图 2－75　ST 型光纤尾纤

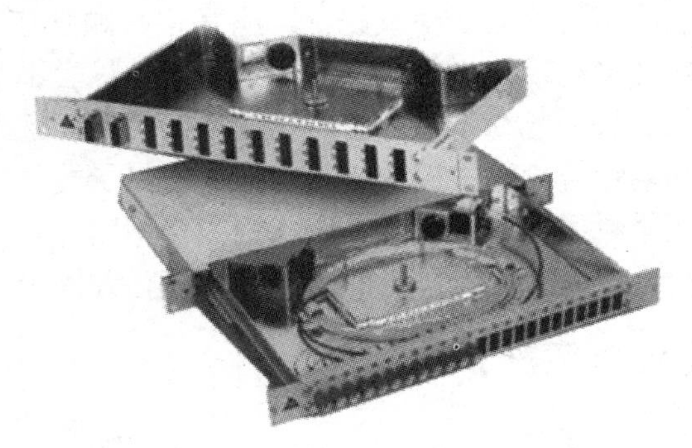

图 2－76　24 口机架式光纤配线架

2.4.3　光纤接续与端接

光纤接续是指两段光纤之间的连接。光纤的纤芯是石英玻璃，光信号封闭在由光纤包层所限制的光波导管内进行传输，光纤接续不能使光信号从光纤的连接处辐射出来。光纤接续有机械连接和熔接两种方法，目前在工程中主要采用熔接法。由于光纤芯径非常小，因此接续技术难度大，需要由专业技术人员来操作，在接续时应首先将两根接续光纤的纤芯端面处理到平整一致，再将两根光纤调整到一条三维空间的直线上。

光纤端接是指由于有些连接器会构成光纤链路的末端，附加的连接器也被称为光纤终端，光纤链路与光纤终端的连接被称为光纤端接。光纤端接有现场安装和尾纤端接两种方式。现场安装是在现场直接将连接器接到光纤，这种方法相对比较灵活，成本也比较低，但会引入较高的损耗。尾纤端接是通过熔接实现光缆与尾纤的连接，该方法价格比较昂贵，但却能提供比较高的端接质量。

2.4.4　光缆布线施工的一般要求

在光缆布线施工过程中，应注意以下要求。

（1）必须在施工前对光缆的端别予以判定并确定 A、B 端，A 端应是网络枢纽的方向，B 端是用户一侧，敷设光缆的端别应方向一致，不得使端别排列混乱。

（2）根据运到施工现场的光缆情况，结合工程实际，合理配盘。应充分利用光缆的盘长，施工中宜整盘敷设，以减少中间接头，不得任意切断光缆。

（3）光纤的接续人员必须经过严格培训，取得合格证明才准上岗操作。光纤熔接机等贵重仪器和设备，应有专人负责使用、搬运和保管。

（4）在装卸光缆盘作业时，应使用叉车或吊车，如采用跳板，应小心细致，严禁将光

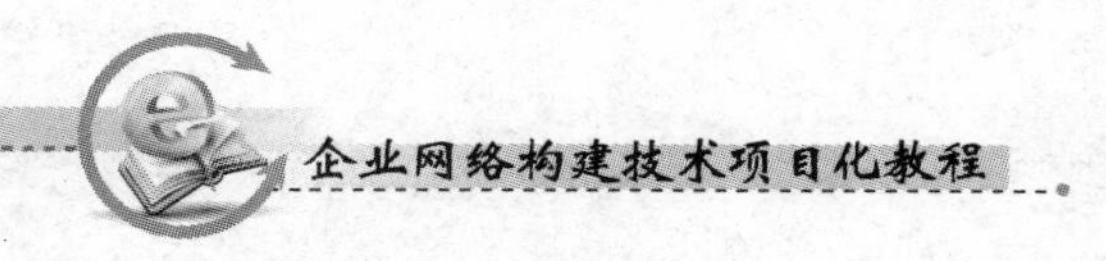

缆盘从车上直接推落到地。在工地滚动光缆盘的方向，必须与光缆的盘绕方向（箭头方向）相反，其滚动距离规定在50m以内，当滚动距离大于50m时，应使用运输工具。在车上装运光缆盘时，应将其固定牢靠，不得歪斜和平放。

（5）光缆如采用机械牵引，牵引力应使用拉力计进行监视，不得大于规定值。光缆盘转动速度应与光缆布放速度同步，最大速度为15m/min，并保持恒定。光缆出盘处要保持松弛的弧度，并留有缓冲的余量，又不宜过多，避免光缆出现背扣、扭转或小圈。牵引过程中不得突然启动或停止，应互相照顾呼应，严禁硬拉猛拽，以免光纤受力过大而损害。在敷设光缆全过程中，应保证光缆外护套不受损伤，密封性能良好。

（6）光缆不论在建筑物内或建筑群间敷设，都应单独占用管道管孔，如利用原有管道和铜缆合用时，应在管孔中穿放塑料子管，塑料子管的内径应为光缆外径的1.5倍，光缆在塑料子管中敷设，不应与铜缆合用同一管孔。在建筑物内光缆与其他弱电系统的缆线平行敷设时，应有一定间距分开敷设，并固定绑扎。

【任务实施】

操作1　敷设光缆

1. 通过弱电竖井敷设光缆

在弱电竖井中敷设光缆所采用的方法与敷设电缆相同，可向下垂放或向上牵引。

（1）向下垂放光缆

向下垂放光缆的基本操作步骤如下。

① 将光缆卷轴搬到建筑物的最高层。

② 在建筑物最高层距竖井1～1.5m处安放光缆卷轴，以使在卷筒转动时能控制光缆布放，要将光缆卷轴置于平台上以便保持在所有时间内都是垂直的。

③ 在竖井的中心上方处安装滑轮，然后把光缆拉出绞绕到滑轮上，引导光缆进入竖井。

④ 慢慢地从卷轴上拉出光缆并进入竖井向下垂放，注意速度应平稳且不能太快。

⑤ 继续向下布放光缆，直到下一层布线工人能将光缆引到下一层孔洞。

⑥ 按前面的步骤，继续慢慢地布放光缆，并将光缆引入各层的孔洞。

（2）向上牵引光缆

向上牵引光缆与向下垂放光缆方向相反，其操作步骤如下。

① 在绞车上穿一条拉绳。

② 启动绞车，拉绳向下垂放直到安放光缆的底层。

③ 将光缆与拉绳牢固地绑扎在一起。

④ 启动绞车，慢慢地将光缆通过各层的孔洞向上牵引。

⑤ 光缆的末端到达顶层时，停止绞车。

⑥ 在地板孔洞边沿用夹具将光缆固定。

⑦ 当所有连接制作好之后，从绞车上释放光缆的末端。

2. 通过吊顶敷设光缆

在许多场合，需牵引光缆通过吊顶，下放到门厅或走廊，然后引进电信间，并在电信间进行连接。此时可按下列操作步骤进行。

（1）沿着所建议的敷设路由打开吊顶的每块活动镶板，有时需要将镶板卸下。

（2）若要在拥挤区内敷设一条牵引光缆的拉绳，则需按下列步骤进行。

① 将拉绳系到可作为重物的一卷带子上，确认拉绳的长度足够，能从入口到出口。

② 从离电信间或设备间的最远端开始，向前往走廊的一端投掷捆有卷圈负载的拉绳。

③ 移动梯子并将系有卷圈负载拉绳的一端从吊顶开孔中垂下，然后再将具有卷圈负载的拉绳投掷到吊顶的下一开孔处。

（3）将光缆卷轴安放在离吊顶开孔处较近的地方，以便将光缆直接敷设入布缆区。如果需要敷设多条光缆，则应将光缆卷轴放置在一起。

（4）利用工具在光缆一端开始的25. 4cm处环切光缆的外护套，然后除去这段外护套。对每根要敷设的光缆，重复此操作。

（5）将光纤及加固芯切去并掩没在外护套中，只留下纱线。对每根要敷设的光缆，重复此操作。

（6）将要敷设的光缆纱线扭绞在一起，并用电工带紧紧地将光缆护套20cm长的范围缠住，如图2－77所示。

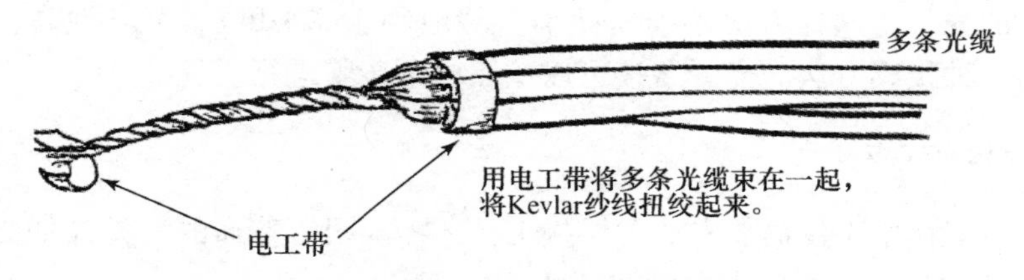

图2－77　用电工带缠住光缆

（7）将纱线馈送到合适的光缆夹中，直到被带子缠绕的护套全塞入光缆夹中为止。当护套全塞进光缆夹以后，将纱线系到光缆夹上，并把夹子夹紧。如果要牵引多根光缆，则要确保光缆夹足够大，以容纳被牵引的所有光缆。

（8）拉绳连接到光缆夹和光缆上，如图2－78所示。

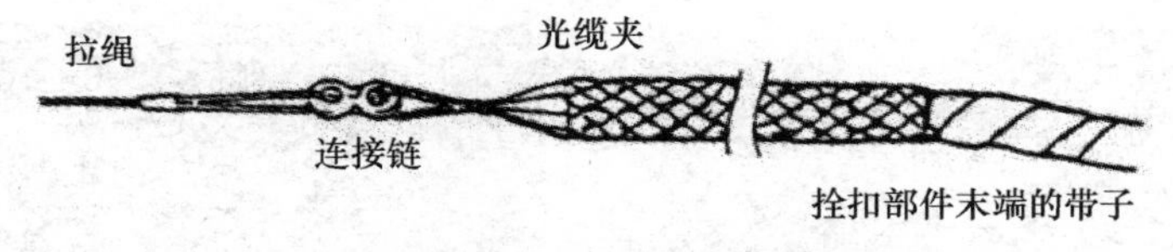

图2－78　将拉绳连接到光缆拴扣部件上

（9）将光缆牵引到走廊的末端，其方法是：一个人用拉绳来牵引光缆，另一个人在入口点处将光缆馈送到吊顶的开孔中去，确认将光缆牵引到电信间或设备间附近，并留下足够长的光缆，供后续处理用。

（10）按下列步骤准备制作90°的转弯，以便将光缆牵引进电信间或设备间。

① 检查吊顶。

② 移去足够多的吊顶镶板，以便于能牵引光缆。

③ 将带卷向前拖到电信间或设备间，并将带卷从顶板上拿下。

④ 将光缆穿过预先在电信间或设备间墙上留下的开孔。

⑤ 如果离电信间或设备间的距离较短（通常比光缆短得多），这时可一次牵引所有的光缆通过墙上的洞孔。

⑥ 如果离电信间或设备间的距离很长，则需分别地牵引每条光缆。有时在牵引光缆的路途中会被某些东西拌住，若遇到这种情况，则需先找出问题所在，纠正后再继续往前牵引光缆。

注意

目前国内外都有运用吹光纤技术布线的综合布线工程实例。吹光纤技术具有低成本、布放效率高等优点，其主要思路是先根据布线路由铺设塑料微管，当需要布设光纤时则通过压缩空气将光纤吹到管内完成布线。请查阅相关资料，了解吹光纤技术的相关知识。

操作2　光纤熔接

光纤熔接技术是利用光纤熔接机进行高压放电使待接续的两根光纤的端头处熔融，以合成一段完整的光纤。这种方法接续损耗小（一般小于 0.1dB）、可靠性高，是目前使用得最为普遍的一种接续方法。光纤熔接可以按照以下步骤进行。

1. 准备好相应工具

在光纤熔接工作中不仅需要专业的熔接工具还需要很多普通的工具（如光纤切割工具等）辅助完成这项任务，所以事先应准备好。

2. 光纤熔接的准备工作

（1）剥除光纤加固钢丝和光纤外皮，如图 2 – 79 所示。

（2）去掉光纤内的保护层，如图 2 – 80 所示。要特别注意的是由于光纤纤芯是用石英玻璃制作的，很容易折断，因此应特别小心。

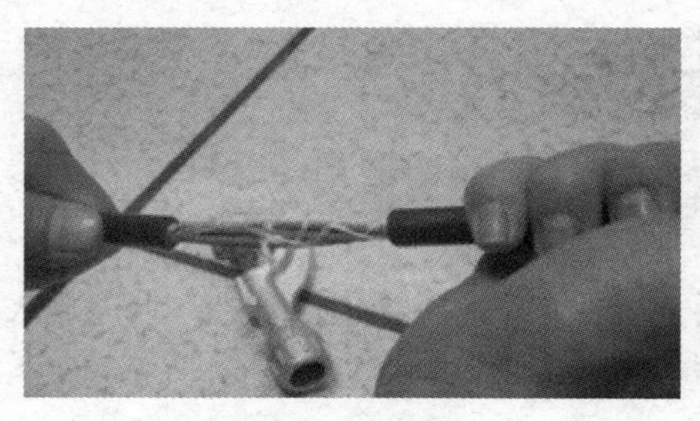

图 2 – 79　剥除光纤外皮

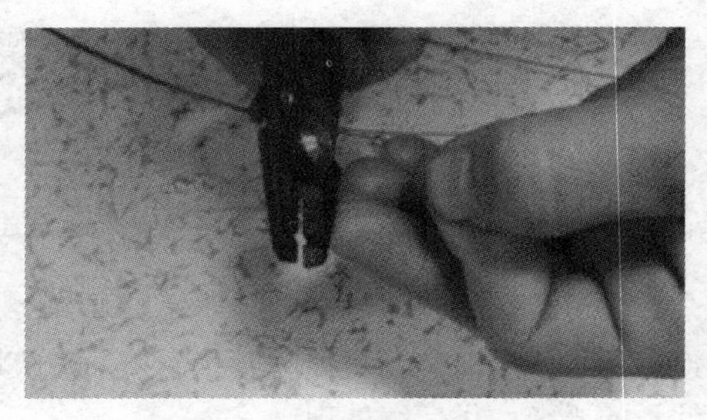

图 2 – 80　去掉光纤内的保护层

（3）不管在去皮工作中多小心也不能保证光纤纤芯没有污染，因此必须对光纤纤芯进行清洁。比较普遍的方法就是用蘸酒精湿巾擦拭清洁每一根光纤，如图 2－81 所示。

（4）清洁完毕后要给需要熔接的两根光纤各自套上光纤热缩套管，如图 2－82 所示。光纤热缩套管主要用于在光纤纤芯对接好后套在连接处，经过加热形成新的保护层。

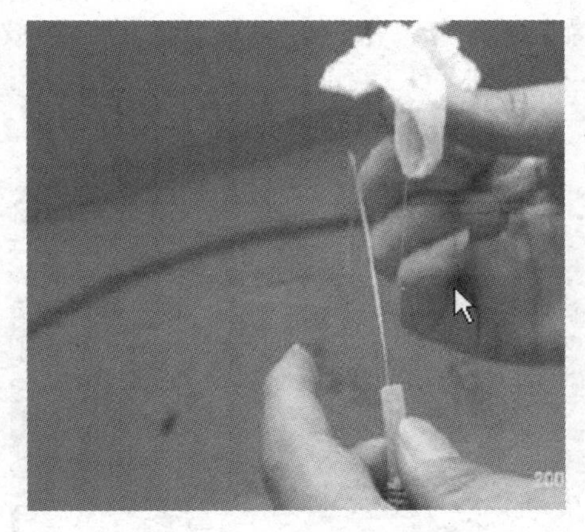

图 2－81　清洁每一根光纤

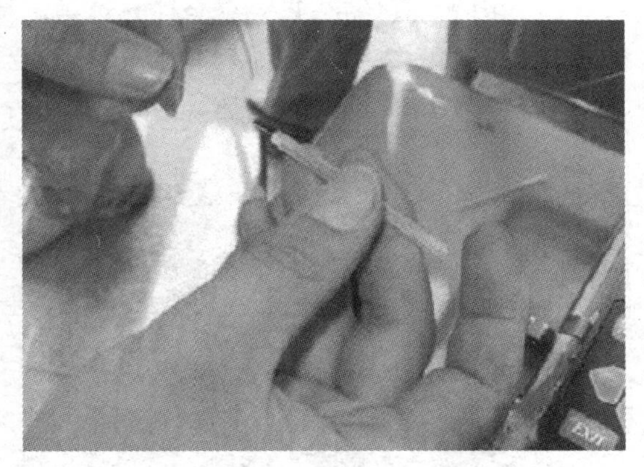

图 2－82　套上光纤热缩套管

（5）剥除光纤绝缘层，用蘸酒精湿巾擦试干净，如图 2－83 所示。

（6）用光纤切割工具切割光纤，注意长度要适中，如图 2－84 所示。

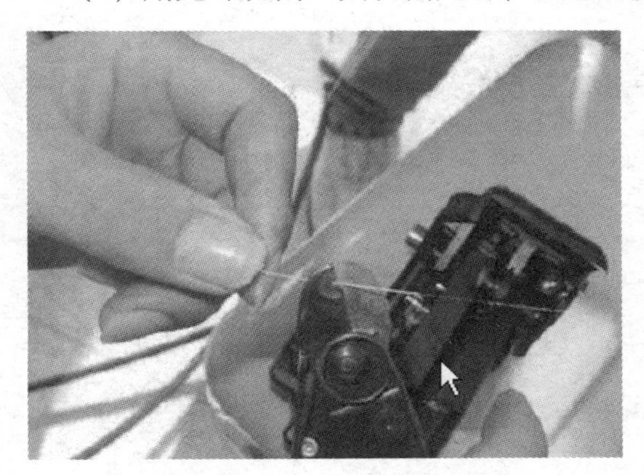

图 2－83　剥除光纤绝缘层

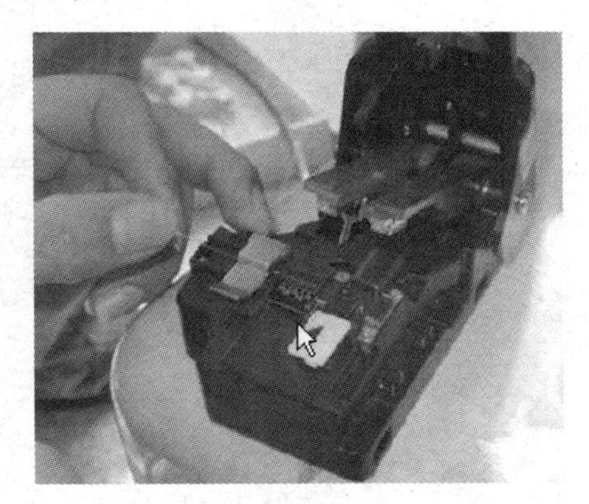

图 2－84　切割光纤至合适长度

3. 光纤熔接

（1）将处理好的两根光纤放置在光纤熔接机中，两根光纤应尽量对齐，然后固定，如图 2－85 所示。

（2）将光纤纤芯固定，按 SET 键开始熔接，从光纤熔接机的显示屏中可以看到光纤纤芯的对接情况。

（3）光纤熔接机会对两根光纤自动调节对正，也可以通过按钮 X、Y 手动调节位置。

（4）熔接结束后观察光纤熔接机上显示的损耗值，若熔接不成功，会显示原因。

4. 光纤的封装

熔接完的光纤纤芯还露在外面，很容易折断。这时要使用刚才套上的光纤热缩套管进行固定和封装。

（1）用光纤热缩套管完全套住光纤被剥掉绝缘层的部分，把套好热缩套管的光纤放到加热器中，如图 2－86 所示。

（2）按 HEAT 键开始加热，过 10 秒钟后取出，至此就完成了两根光纤的熔接工作。

图 2－85　将光纤放入光纤熔接机

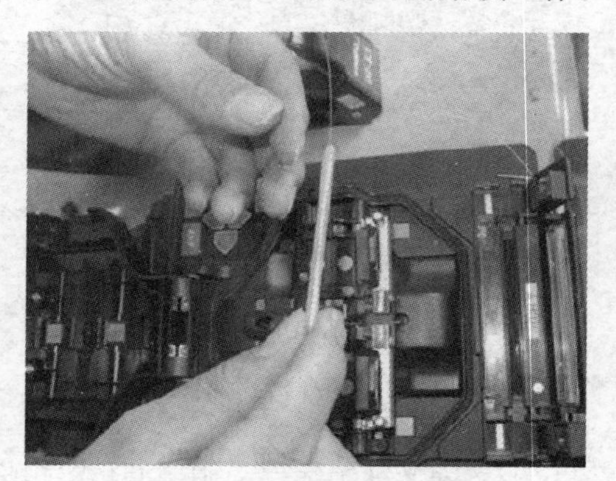

图 2－86　套好热缩套管的光纤

操作 3　安装与端接光纤配线架

典型的光纤配线架由箱体、光纤连接盘和面板三部分组成，如图 2－87 所示。

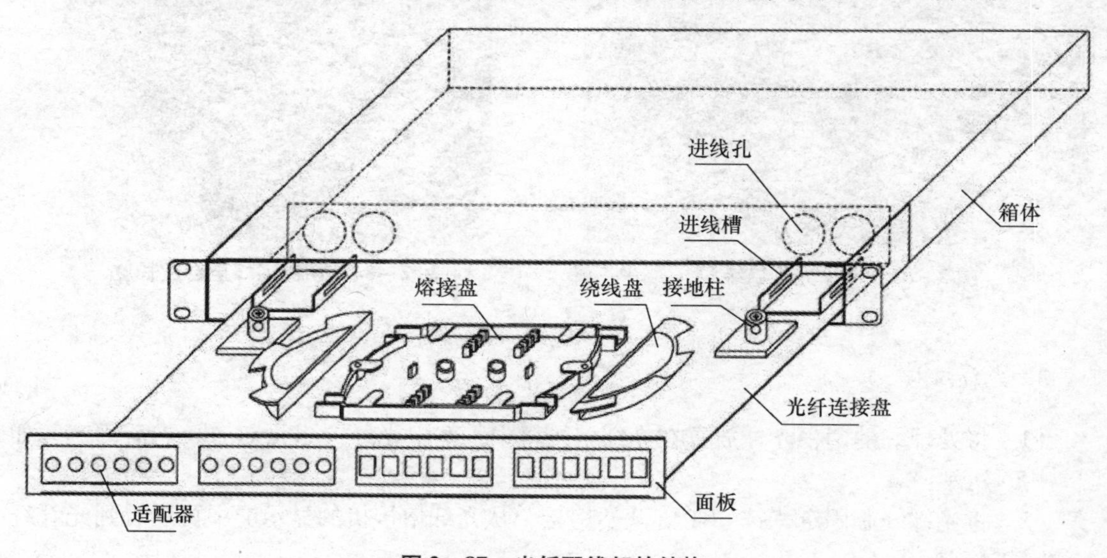

图 2－87　光纤配线架的结构

安装与端接光纤配线架可以按照以下操作步骤进行。

（1）用双手从两侧轻抬面板后，将箱体向自己方向拉即可抽出箱体。

（2）将光缆端部剪去约1m长，然后取适当长度（约1.5m），剥除外层护套。从光缆开剥处取金属加强芯约85mm长度后剪去其余部分，并将金属加强芯固定在接地桩上，并用尼龙扎带将光缆扎紧使其稳固。开剥后的光缆束管用PVC保护软管（约0.9m）置换后，盘在绕线盘上并引入熔接盘，在熔接盘入口处扎紧PVC软管。

（3）取1.5m长的光纤尾纤，在离连接器头0.9m处剥出光纤，并在连接器根部和外护套根部贴上相同标记的标签。将尾纤的连接器头固定在适配器面板的适配器上。将尾纤盘在绕线盘上并引入熔接盘。用扎带将尾纤固定在熔接盘入口处。

（4）将熔接盘移至箱体外进行光纤熔接，完成后将熔接盘固定在箱体内并理顺、固定光纤，如图2－88所示。

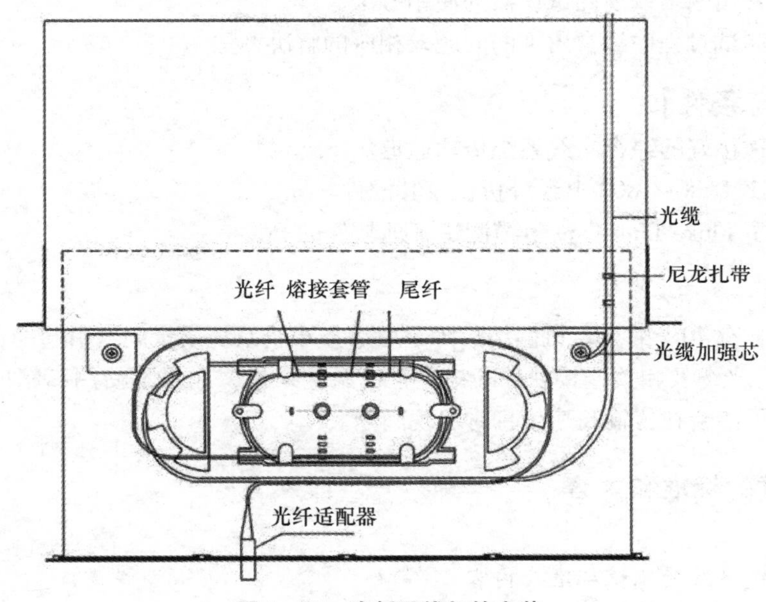

图2－88　光纤配线架的安装

（5）用相同的方法完成其他光纤的连接。

（6）将箱体推回光纤配线架机架，在配线架上标签区域写下光缆标记。

操作4　光纤连接器互连

光纤连接器的互连比较简单，使用ST连接器实现互连的基本操作步骤如下。

（1）清洁ST连接器。拿下ST连接器头上的黑色保护帽，用酒精擦拭布签轻轻擦拭连接器头。

（2）清洁光纤耦合器。摘下光纤耦合器两端的红色保护帽，用沾有试剂级的丙醇酒精杆状清洁器穿过光纤耦合器孔，擦拭光纤耦合器内部以除去其中的碎片。使用罐装气，吹去光纤耦合器内部的灰尘。

（3）将ST连接器插到光纤耦合器中。将连接器的头插入光纤耦合器的一端，耦合器上的突起对准连接器槽口，插入后扭转连接器以使其锁定。如经测试发现损耗较高，则需摘下ST连接器并用罐装气重新净化光纤耦合器，然后再插入ST连接器。

(4) 重复以上步骤，直到所有的ST连接器都插入耦合器为止。若一次来不及装上所有的ST连接器，则连接器头上要盖上黑色保护帽，而耦合器空白端要盖上红色保护帽。

任务2.5　综合布线系统测试

【任务目的】

(1) 熟悉综合布线系统电缆传输通道测试的内容和方法。
(2) 了解综合布线系统光缆传输通道测试的内容和方法。
(3) 熟悉常用网络线缆测试仪器的使用方法。
(4) 了解测试过程中经常出现的问题及相应的解决办法。

【工作环境与条件】

(1) 已经连接好的综合布线系统传输通道。
(2) FLUKE DTX－1800电缆分析仪及其配件。
(3) 安装了Fluke LinkWare电缆测试管理软件的PC。

【相关知识】

实践证明，有70%的计算机网络故障是由综合布线系统质量问题引起的，对于采用了5类以上电缆、光缆及相关连接硬件的综合布线系统来说，如果不使用高精度的仪器进行系统测试，很可能会在传输高速信息时出现问题。

2.5.1　测试的标准和内容

1. 5类电缆系统的测试标准及内容

国家标准《综合布线系统工程验收规范》规定5类电缆布线的测试内容分为基本测试项目和任选测试项目，基本测试项目有长度、接线图、衰减和近端串扰；任选测试项目有衰减串扰比、环境噪声干扰强度、传播时延、回波损耗、特性阻抗和直流环路电阻等内容。

2. 5e类电缆系统的测试标准及内容

EIA/TIA 568－5－2000和ISO/IEC 11801－2000是正式公布的5e类D级双绞线电缆系统的现场测试标准。5e电缆系统的测试内容既包括长度、接线图、衰减和近端串扰这4项基本测试项目，也包括回波损耗、衰减串扰比、综合近端串扰、等效远端串扰、综合远端串扰、传输延迟、直流环路电阻等参数。

3. 6类电缆系统的测试标准及内容

EIA/TIA 568B 1.1和ISO/IEC 11801 2002是正式公布的6类E级双绞线电缆系统的现场测试标准。6类电缆系统的测试内容包括接线图、长度、衰减、近端串扰、传输时延、

时延偏离、直流环路电阻、综合近端串扰、回波损耗、等效远端串扰、综合等效远端串扰、综合衰减串扰比等参数。

4. 光缆系统的测试标准及内容

根据国家标准《综合布线系统工程验收规范》的规定，光纤链路主要测试以下内容。

(1) 在施工前进行器材检验时，一般应检查光纤的连通性，必要时宜采用光纤损耗测试仪（稳定光源和光功率计组合）对光纤链路的插入损耗和光纤长度进行测试。

(2) 对光纤链路（包括光纤、连接器件和熔接点）的衰减进行测试，同时测试光纤跳线的衰减值作为设备连接光缆的衰减参考值，整个信道的衰减值应符合设计要求。

2.5.2　电缆传输通道测试模型

在国家标准《综合布线系统工程验收规范》中，规定了 3 种测试模型：基本链路模型、永久链路模型和信道模型。3 类和 5 类布线系统按照基本链路模型和信道模型进行测试，5e 类和 6 类布线系统按照永久链路模型和信道模型进行测试。

1. 基本链路模型

基本链路包括三部分：最长为 90m 的在建筑物中固定的水平布线电缆、水平电缆两端的接插件（一端为工作区信息插座，另一端为楼层配线架）和两条与现场测试仪相连的 2m 测试设备跳线。基本链路模型如图 2－89 所示，图中 F 是信息插座至配线架之间的电缆，G、E 是测试设备跳线。

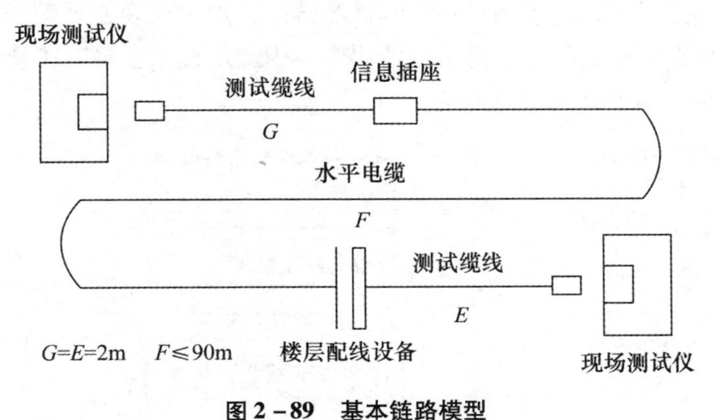

图 2－89　基本链路模型

2. 信道模型

信道指从网络设备跳线到工作区跳线的端到端连接，它包括了最长 90m 的在建筑物中固定的水平电缆、水平电缆两端的接插件（一端为工作区信息插座，另一端为配线架）、一个靠近工作区的可选的附属转接连接器、最长 10m 的在楼层配线架和用户终端的连接跳线，信道最长为 100m。信道模型如图 2－90 所示，A 是用户端连接跳线，B 是转接电缆，C 是水平电缆，D 是最大 2m 的跳线，E 是配线架到网络设备间的连接跳线，$B+C$ 最大长

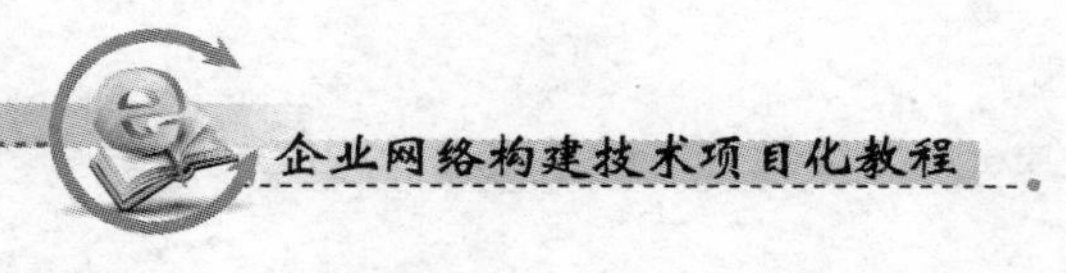

度为90m，$A+D+E$ 最大长度为10m。

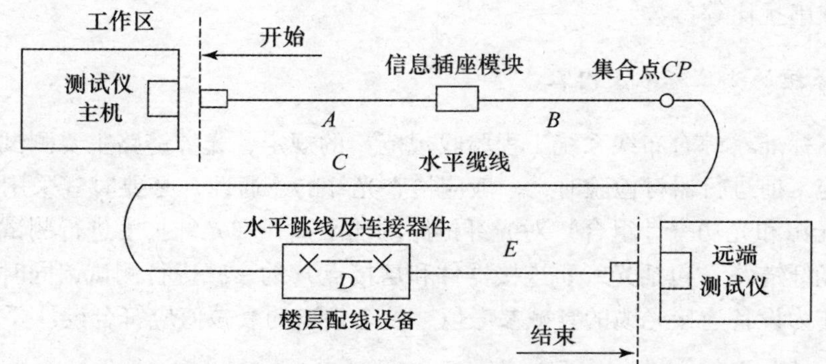

A—工作区终端设备电缆；B—CP缆线；C—水平缆线；D—配线设备连接跳线；
E—配线设备到设备连接电缆；$B+C\leqslant 90$m, $A+D+E\leqslant 10$m

图2－90　信道模型

基本链路模型和信道模型的区别在于基本链路模型不包含用户使用的跳线，即电信间配线架到交换机的跳线和工作区用户终端与信息插座之间的跳线。

3．永久链路模型

永久链路又称固定链路，由最长为90m的水平电缆、水平电缆两端的接插件和链路可选的转接连接器组成，不再包括两端的2m测试电缆。永久链路模型如图2－91所示，*H*是从信息插座至楼层配线设备（包括集合点）的水平电缆，最大长度为90m。永久链路测试模型使用永久链路适配器连接测试仪表和被测链路，测试仪表能自动扣除测试跳线的影响，排除测试跳线在测量过程中本身带来的误差，因此从技术上消除了测试跳线对整个链路测试结果的影响，使测试结果更准确。

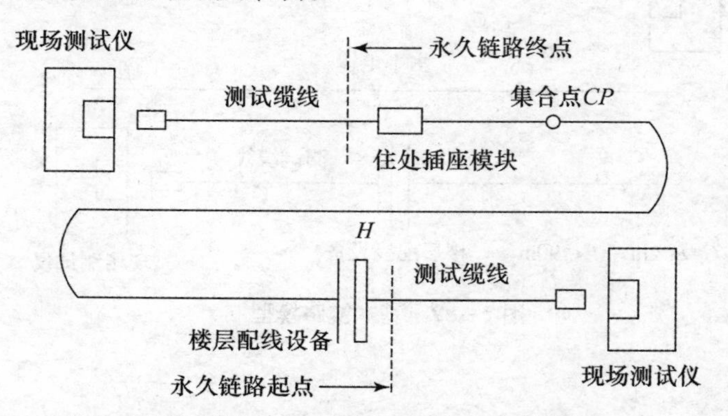

H—从信息插座至楼层配线设备（包括集合点）的水平电缆，$H\leqslant 90$m

图2－91　永久链路模型

注 意

通常综合布线施工方在完成综合布线工程时，布线系统所要连接的设备、器件并没有完全安装，所以综合布线施工方只能向用户提交一份基于永久链路模型的测试报告。从用户角度来说，用于高速网络传输或其他通信传输的链路不仅仅要包含永久链路部分，还应包括用于连接设备的用户电缆，所以会希望得到基于信道模型的测试报告。在实际测试应用中，选择哪一种测量连接方式应根据需求和实际情况决定。

2.5.3　综合布线系统测试的类型

1. 随工测试

随工测试又称验证测试，是边施工边测试，主要检测线缆的质量和安装工艺，以及时发现并纠正问题，避免返工。随工测试可只使用能测试接线通断和线缆长度的测试仪。因为在竣工检查中，短路、反接、线对交叉、链路超长等问题几乎占整个工程质量问题的80%，这些问题应在施工初期通过重新端接、调换线缆、修正布线路由等措施进行解决。

2. 验收测试

验收测试又称认证测试，是在工程验收时对综合布线系统的安装、电气特性、传输性能、设计、选材和施工质量的全面检验。认证测试是检验工程设计水平和工程质量总体水平的有效手段，综合布线系统必须进行验收测试。验收测试通常分为以下两种类型。

（1）自我验收测试

这项测试由施工方自行组织，按照方案对所有链路进行测试，确保每条链路符合标准要求。如果发现未达标链路，应进行整改，直至复测合格，同时需要编制确切的测试技术档案，写出测试报告，交建设方存档。测试记录应准确、完整、规范、便于查阅。由施工方组织的验收测试可邀请设计、施工监理方等共同参与，建设方也应派遣网络管理人员参加测试工作，了解测试过程，方便日后的管理与维护。

（2）第三方验收测试

综合布线系统是企业网络的基础工程，工程质量直接影响到企业网络能否正常运转。目前越来越多的建设方不但要求综合布线施工方提供自我验收测试，同时也会委托第三方进行验收测试，以确保布线施工质量。第三方验收测试目前主要采用以下两种做法。

① 对工程要求高、使用器材类别高、投资较大的工程，建设方除要求施工方做自我验收测试外，还应邀请第三方对工程做全面验收测试。

② 建设方在施工方做自我验收测试的同时，请第三方对综合布线系统链路做抽样测试。按工程规模确定抽样样本数量，一般1000个信息点以上的工程抽样30%，1000个信息点以下的工程抽样50%。

3. 进场测试

随工测试和验收测试只能判定已完成的布线系统是否达到了标准要求，而不能从源头上保障布线系统质量。进场测试是在采购货物进入施工现场或进入现场的物料仓库时进行的验货测试，其目的是保证施工中所使用的产品均为合格产品。综合布线系统的进场测试主要包括线缆测试、跳线测试和外部串扰测试。

注 意

进场测试存在很多错误的做法，如在进行线缆测试时采用从整箱线中截取100m线缆，两端打上水晶头，然后用电缆测试仪（信道模型）进行测试的方法。目前很多电缆分析仪（如FLUKE公司的DTX系列测试仪）都提供了专门进行进场测试的模块和测试方法，测试时应注意选用。

2.5.4 电缆传输通道测试参数

1. 接线图

主要测试水平电缆终接在工作区或电信间配线设备的8位模块式通用插座的安装连接正确或错误。布线过程中可能出现的正确或不正确的连接图测试情况，如图2－92所示。

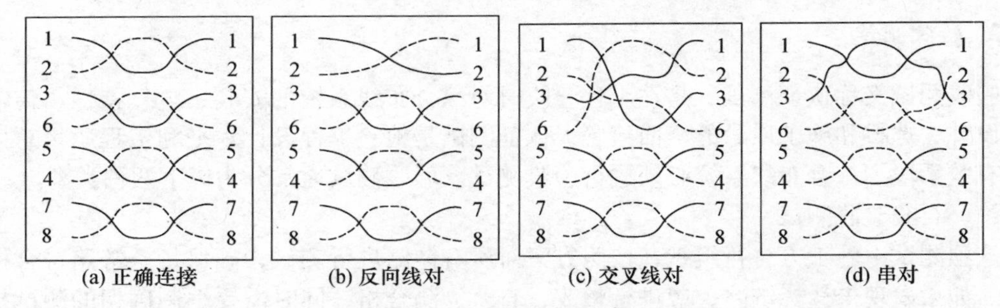

图2－92 接线图测试

2. 长度

电缆传输通道的长度在实际测试中可以通过测量电缆传输通道的电子长度来确定，也可以从每个线对的电气长度测量中导出。电缆传输通道的实际测量长度不能超过基本链路模型、永久链路模型和信道模型中的规定。

3. 衰减

衰减是指信号传输时在一定长度的缆线中的损耗，它是对信号损失的度量。衰减的计算公式为10×lg（信号的输入功率/信号的输出功率），单位为分贝（dB），应尽量得到低分贝值的衰减。衰减与缆线的长度有关，长度增加，信号衰减随之增加；同时，衰减量与信号频率有着直接的关系。

4. 近端串扰

当信号在双绞线的一个线对上传输时，在其他线对上会产生感生信号，从而对其他线

对的正常传输造成干扰。串扰就是指一对线对另一对线的影响程度。测量串扰通常是在一个线对发送已知信号，在另一个线对测试所产生感生信号的大小，如果在信号输入端测试，得到的是近端串扰（Near End Cross Talk，NEXT）；如果在信号输出端测试，得到的是远端串扰（Far End Cross Talk，FEXT）。近端串扰的计算公式为 10×lg（输入信号的功率/测试噪声的功率），单位为分贝（dB），应尽量得到高分贝值的近端串扰。

《综合布线系统工程验收规范》中规定5类水平链路及信道测试项目及性能指标应符合表2-5的要求。

表2-5 5类水平链路及信道性能指标

频率/MHz	基本链路性能指标		信道性能指标	
	近端串扰/dB	衰减/dB	近端串扰/dB	衰减/dB
1.00	60.0	2.1	60.0	2.5
4.00	51.8	4.0	50.6	4.5
8.00	47.1	5.7	45.6	6.3
10.00	45.5	6.3	44.0	7.0
16.00	42.3	8.2	40.6	9.2
20.00	40.7	9.2	39.0	10.3
25.00	39.1	10.3	37.4	11.4
31.25	37.6	11.5	35.7	12.8
62.50	32.7	16.7	30.6	18.5
100.00	29.3	21.6	27.1	24.0
长度/m	94		100	

5. 回波损耗

在数据传输中，当线路中的阻抗不匹配时，部分能量会反射回发送端。回波损耗反映了因阻抗不匹配而反射回来的能量大小。回波损耗对于全双工传输的应用非常重要。电缆制造过程中的结构变化、连接器类型和布线安装情况是影响回波损耗数值的主要因素。

6. 相邻线对综合近端串扰

相邻线对综合近端串扰是指双绞线4对缆线中的3对传输信号时，对另一对缆线的近端串扰的组合。

7. 衰减串扰比

在高频段，串扰与衰减值的比例关系很重要。衰减串扰比是同一频率下近端串扰和衰减的差值，对于表示信号和噪声串扰之间的关系有着重要的价值。衰减串扰比的值越高，意味着缆线的抗干扰能力越强。

8. 综合衰减串扰比

综合衰减串扰比表征了双绞线4对缆线中的3对中传输信号时，对另一对缆线所产生的综合影响。

9. 远端串扰

与近端串扰相对应，远端串扰是信号从近端发出，而在链路的另一端（远端），发送信号的线对向其他同侧相邻线对通过电磁耦合而造成的串扰。

10. 等效远端串扰

等效远端串扰是传送端的干扰信号对相邻线对在远端所产生的串扰，是考虑衰减后的远端串扰，即等效远端串扰 = 远端串扰 - 衰减。

11. 综合等效远端串扰

综合等效远端串扰表明双绞线 4 对缆线中的 3 对传输信号时，对另一对缆线在远端所产生的干扰。

12. 直流环路电阻

直流环路电阻是指一对导线电阻的和，它会消耗一部分信号能量，并将其转变成热量。在 20 ～30℃的环境下，双绞线电缆中每个线对的直流电阻最大值不能超过 30Ω。

13. 传输延迟

传输延迟是指信号从信道的一端到达另一端所需要的时间。

14. 延迟偏离

延迟偏离是最短的传输延迟线对（以 0ns 表示）和其他线对间的差别。

【任务实施】

操作 1　认识和选择常用测试设备

1. 万用表

万用表是一个能够进行多方面测试的多功能设备，有两个测试探针与被测试电路相连，探针插接正确后，就可以进行测量了。可以使用万用表中的欧姆表测试通信电缆阻抗，判断水平布线或干线布线的电缆是否端接正确，是否存在短路或开路情况。

2. 连通性测试仪

连通性测试仪是一种简单的测试设备，主要用于电缆连通性的测试，它的测试速度比万用表要快。连通性测试仪由两部分组成：基座部分和远端部分，如图 2 - 93 所示。测试时，基座部分放在链路的一端，远端部分放在链路的另一端，基座部分可以沿双绞线电缆的所有线对加电压，远端部分与线对相连的每一个部分都有一个 LED 发光管。

图 2 – 93　连通性测试仪

3. 电缆分析仪

电缆分析仪是一种更为复杂的测试设备，如图 2 – 94 所示，这种测试仪可以进行基本的连通性测试，也可以进行比较复杂的电缆性能测试，能够完成指定频率范围内衰减、近端串扰等参数的测试，从而确定其是否能够支持高速网络。

电缆分析仪是评估 5 类、5e 类和 6 类布线系统的最常用的测试设备，也可通过光纤模块完成对光缆布线系统的测试。综合布线系统在验收测试中使用的测试仪必须是电缆分析仪。

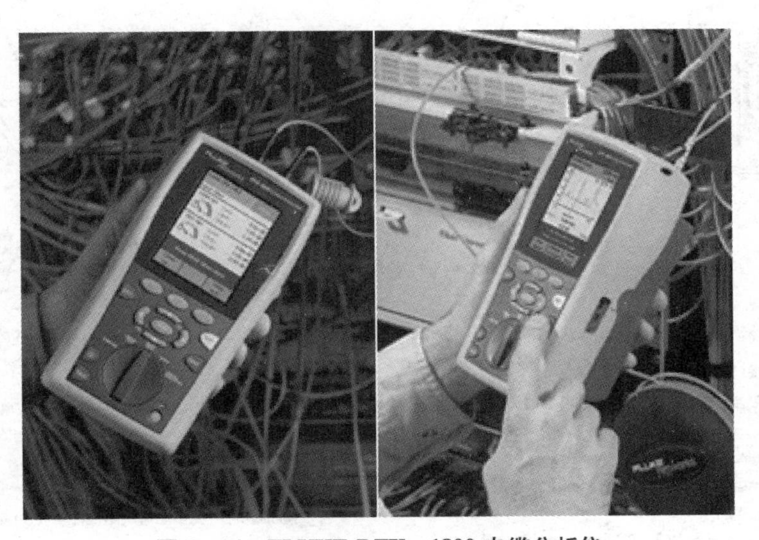

图 2 – 94　FLUKE DTX – 1800 电缆分析仪

操作2 认识DTX－1800电缆分析仪

测试仪的种类很多，下面以FLUKE公司生产的DTX－1800电缆分析仪为例，介绍电缆分析仪在测试过程中的使用。

1. DTX－1800电缆分析仪的操作界面

DTX－1800电缆分析仪的前面板特性如图2－95所示。

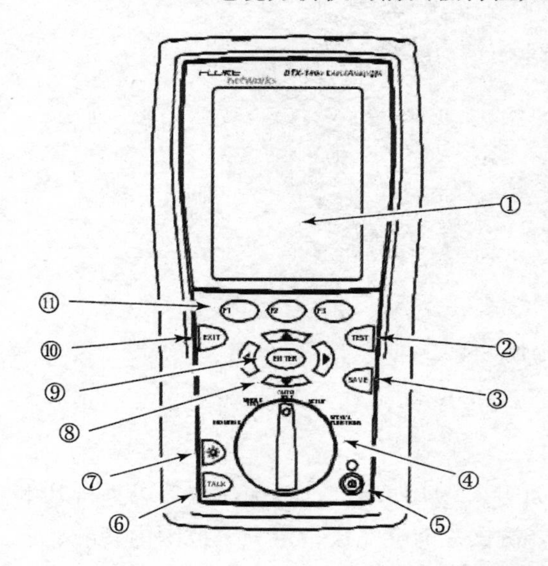

① 带有背光及可调整亮度的LCD显示屏幕；

② TEST（测试）：开启目前选定的测试。如果没有检测到智能远端，则启动双绞线布线的音频发生器。当两个测试仪均接妥后，即开始进行测试；

③ SAVE（保存）：将“自动测试”结果保存于内存中；

④ 旋转开关可选择测试仪的模式；

⑤ ⓞ：开/关按键；

⑥ TALK（对话）：按此键可使用耳机来与链路另一端的用户对话；

⑦ 🔅：按该键可在背照灯的明亮和暗淡设置之间切换。按住1秒钟来调整显示屏的对比度；

⑧ ◀ ▶ ▲ ▼：箭头键可用于展览屏幕画面并递增或递减数字的值；

⑨ ENTER（输入）：“输入”键可从菜单内选择选中的项目；

⑩ EXIT（退出）：退出当前的屏幕画面不保存更改；

⑪ F1 F2 F3：功能键提供与当前的屏幕画面有关的功能。功能显示于屏幕画面功能键之上

图2－95 DTX－1800电缆分析仪的前面板特性

DTX－1800电缆分析仪的侧面及顶端面板特性如图2－96所示。

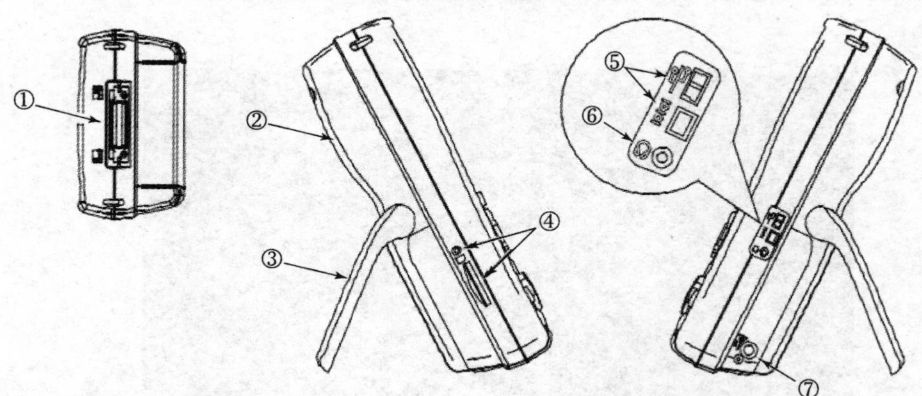

① 双绞线接口适配器连接器；

② 模块托架盖：推开托架盖来安装可选的模块，如光缆模块；

③ 底座；

④ 可拆卸内存卡的插槽及活动LED指示灯，若要弹出内存卡，朝里推入后放开内存卡，

⑤ USB及RS-232C；可用于将测试报告上载至PC并更新测试仪软件；

⑥ 用于对话模式的耳机插座；

⑦ 交流适配器连接器。将测试仪连接至交流电时，LED指示灯会点亮。

- 红灯：电池正在充电。
- 绿灯：电池已充电。
- 闪烁的红灯：充电超时。电池没有在6小时内充足电

图2－96 DTX－1800电缆分析仪的侧面及顶端面板特性

2. 智能远端操作界面

DTX－1800 电缆分析仪的智能远端特性如图 2－97 所示。

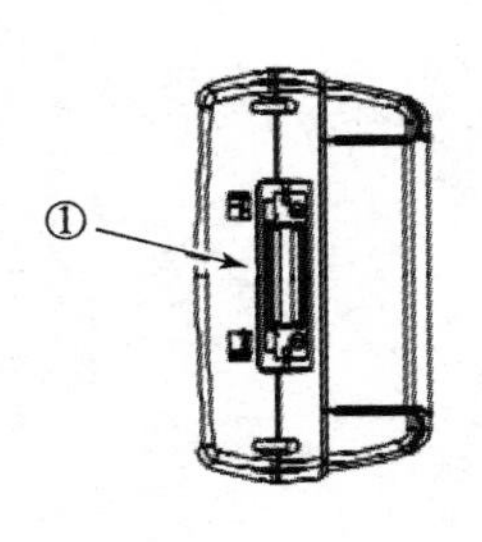

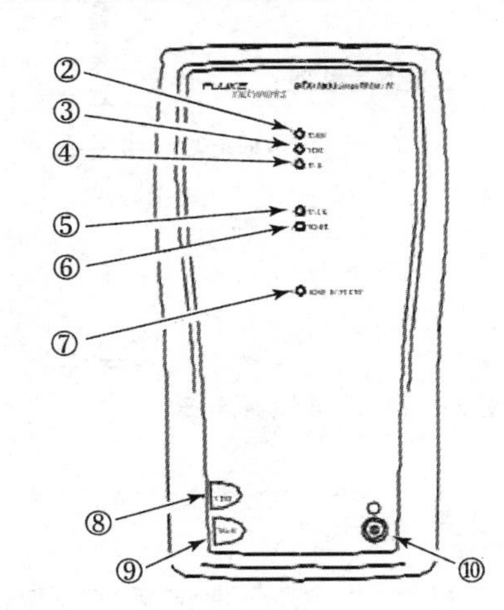

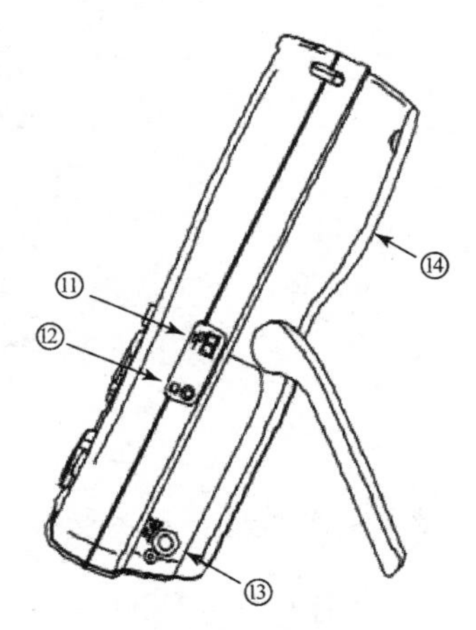

① 双绞线接口适配器的连接器；

② 当测试通过时，“通过”LED指示灯会亮；

③ 在进行缆线测试时，“测试”LED指示灯会点亮；

④ 当测试失败时，“失败”LED指示灯会亮；

⑤ 当智能选端位于对话模式时，“对话”LED指示灯会点亮，按 TALK 键来调整音量；

⑥ 当您按 TEST 键但没有连接主测试仪时，“音频”LED指示灯会点亮，而且音频发生器会开户；

⑦ 当电池电量不足时，“低电量”LED指示灯会点亮；

⑧ TEST：如果没有检测到主测试仪，则开始目前在主机上选定的测试将会激活双绞线布线的音频发生器，当连接两个测试仪后便开始进行测试；

⑨ TALK：按此键使用耳机来与链路另一端的用户对话，再按一次来调整音量；

⑩ ⓪：开/关按键；

⑪ 用于更新PC测试仪软件的USB端口；

⑫ 用于对话模式的耳机插座；

⑬ 交流适配器连接器；

⑭ 模块托架盖，推开托架盖来安装可选的模块，如光缆模块。

图 2－97　DTX－1800 电缆分析仪的智能远端特性

操作 3　测试电缆传输通道

1. 基准设置

基准设置程序可用于设置插入耗损及 ELFEXT 测量的基准，通常每隔 30 天就需要运行 DTX－1800 电缆分析仪的基准设置程序，以确保取得准确度最高的测试结果。基准设置的操作步骤如下。

（1）连接永久链路及信道适配器，如图 2－98 所示。

（2）将分析仪旋转开关转至 SPECIAL FUNCTIONS（特殊功能），开启智能远端。

（3）选中设置基准，然后按 ENTER 键。如果同时连接了光缆模块及铜缆适配器，接下来应选择链路接口适配器。

（4）按 TEST 键进行测试。

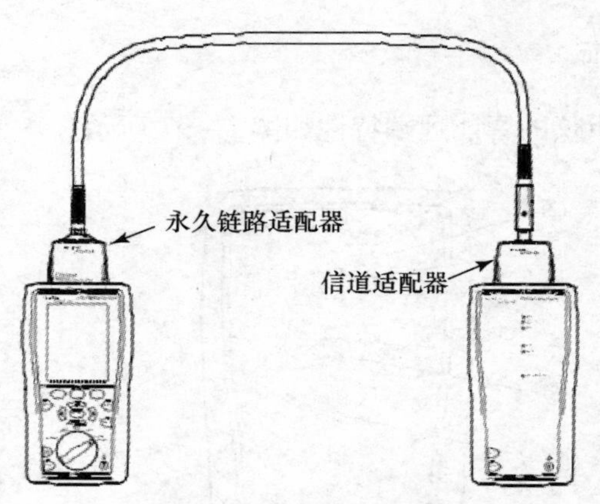

图 2-98　基准设置连接

2. 缆线类型及相关测试参数的设置

在使用 DTX-1800 电缆分析仪测试之前，需要选择测试依据的标准（北美、国际或欧洲标准等）、选择测试链路类型（基本链路、永久链路、信道）、选择缆线类型（3 类、5 类、5e 类、6 类双绞线，还是多模光纤或单模光纤）。同时还需要对测试时的相关参数（如测试极限、NVP、插座配置等）进行设置。具体操作方法是将测试仪旋转开关转至 SETUP（设置），用方向键选中双绞线；然后按 ENTER 键，对相关参数进行设置。

3. 连接被测线路

将电缆分析仪和智能远端连入被测链路，如果是信道测试需要使用两个信道适配器，如果用于测试永久链路，则需要使用两个永久链路适配器。图 2-99 所示为 DTX-1800 电缆分析仪的永久链路测试连接，图 2-100 所示为 DTX-1800 电缆分析仪的信道测试连接。

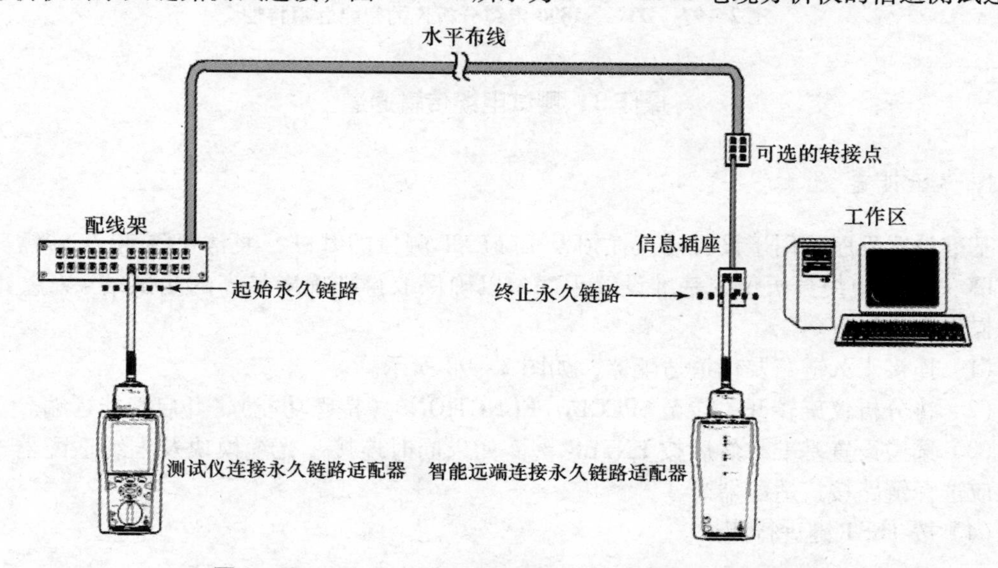

图 2-99　DTX-1800 电缆分析仪的永久链路测试连接

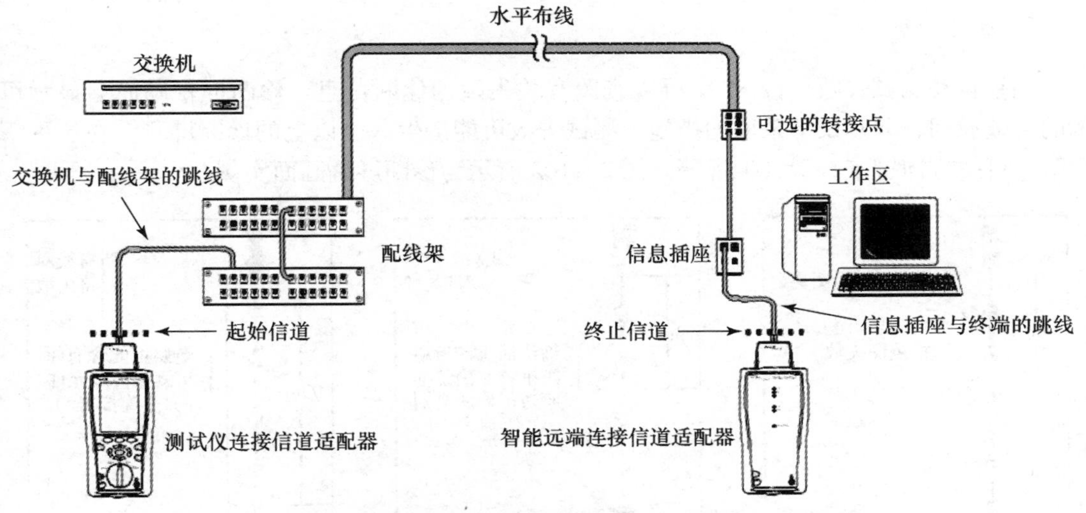

图 2－100　DTX－1800 电缆分析仪的信道测试连接

4. 进行自动测试

将电缆分析仪旋转开关转至 AUTOTEST（自动测试），开启智能远端，按图 2－99 或图 2－100 所示的连接方法进行连接后，按电缆分析仪或智能远端的 TEST 键，测试时电缆分析仪面板上会显示测试在进行中，若要随时停止测试，需按 EXIT 键。

5. 测试结果的处理

DTX－1800 电缆分析仪会在测试完成后显示“自动测试概要”屏幕，如图 2－101 所示。

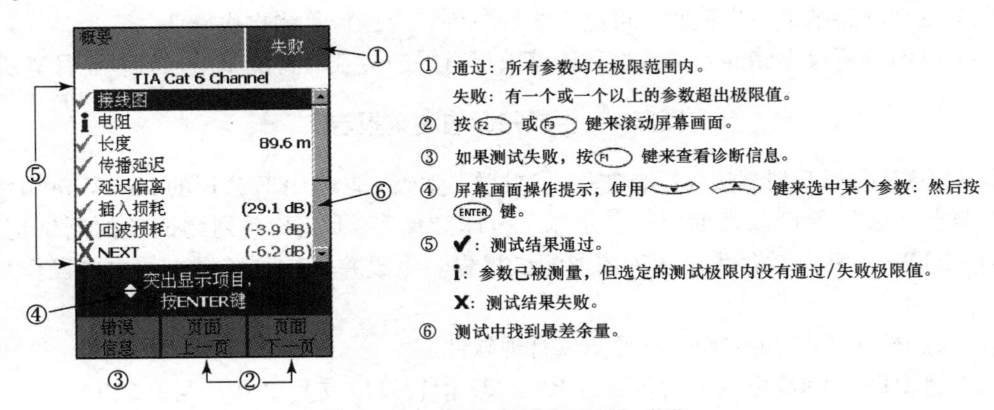

图 2－101　“自动测试概要”屏幕

可以使用方向键选中某特定参数，然后按 ENTER 键，查看该参数的测试结果。如果自动测试失败，可按 F1 键来查看可能的失败原因。若要保存测试结果，按 SAVE 键，选择或建立一个缆线标识码，然后再按一次 SAVE 键。

6. 自动诊断

如果自动测试失败，按 F1 键可以查阅有关失败的诊断信息。诊断屏幕画面会显示可能的失败原因，并建议可采取的措施。测试失败可能产生一个以上的诊断屏幕，在这种情况下，可按方向键来查看其他屏幕。图 2－102 所示为诊断屏幕画面实例。

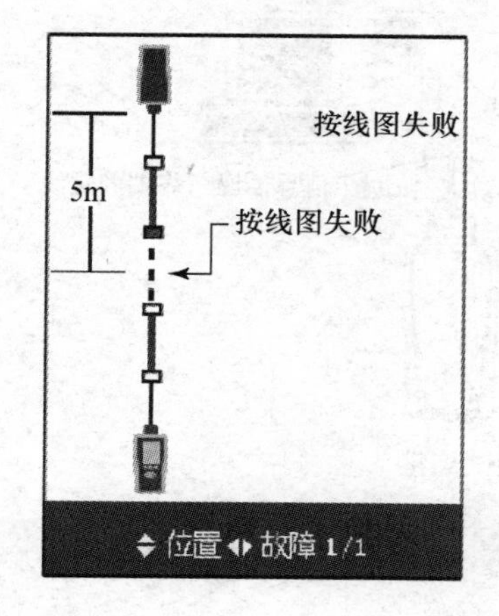

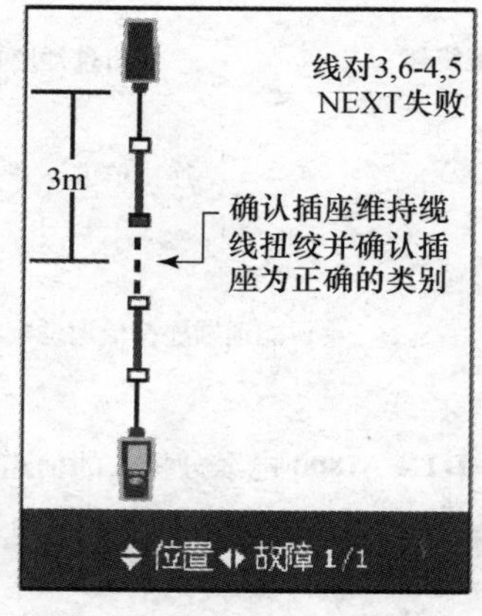

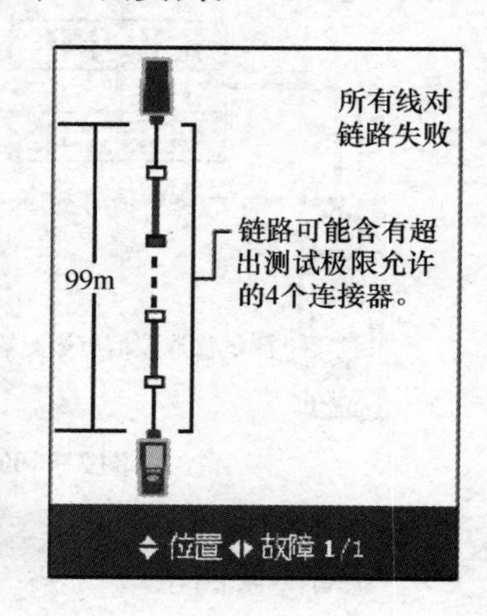

图 2－102　诊断屏幕画面实例

7. 测试注意事项

（1）认真阅读 DTX－1800 电缆分析仪使用操作说明书，正确使用仪表。

（2）测试前要完成对电缆分析仪、智能远端的充电工作并观察充电是否达到 80% 以上，中途充电可能导致已测试的数据丢失。

（3）熟悉现场和布线图，测试同时可对现场文档、标识进行检验。

（4）发现链路结果为失败时，可能有多种原因，应进行复测再次确认。

（5）电缆分析仪存储的测试数据和链路数量有限，应及时将测试结果转存至计算机。

操作 4　生成并评估测试报告

与 FLUKE 公司系列测试仪配合使用的测试管理软件是 FLUKE 公司的 LinkWare 电缆测试管理软件。该软件可以帮助组织、定制、打印和保存 FLUKE 系列测试仪的测试记录，并配合 LinkWare Stats 软件生成各种图形测试报告。生成并评估测试报告的主要操作步骤如下。

（1）在 PC 上安装 LinkWare 电缆测试管理软件。

（2）将 DTX－1800 电缆分析仪通过 RS－232 串行接口或 USB 接口与 PC 相连。

（3）在 LinkWare 窗口的菜单栏依次选择 File→Import from→DTX－CableAnalyzer 命令，导入 DTX－1800 电缆分析仪中存储的测试数据，如图 2－103 所示。

（4）导入数据后，可双击某测试数据记录，查看该测试数据的情况，如图 2－104 所示。

（5）生成测试报告

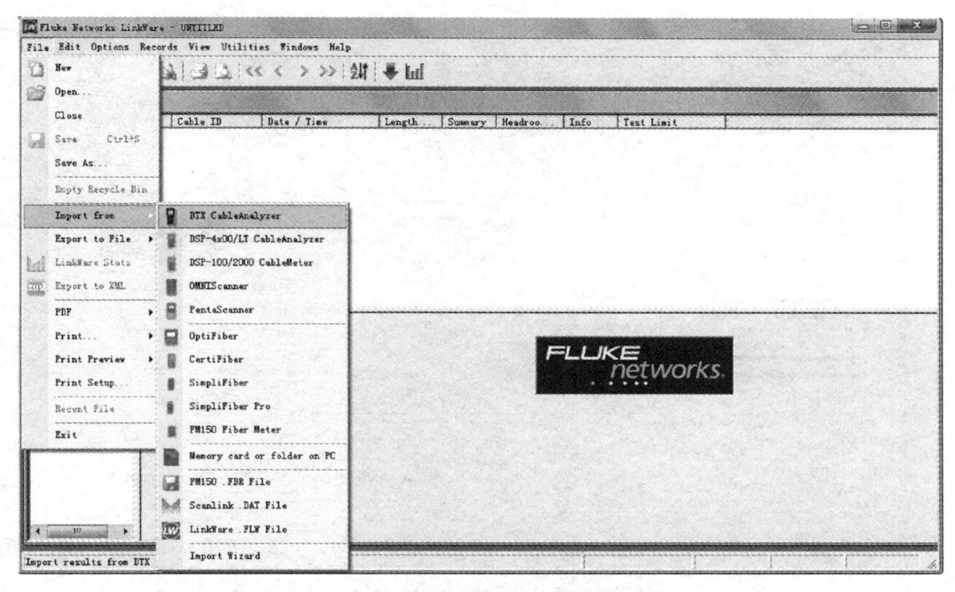

图 2－103　导入测试仪中的测试数据

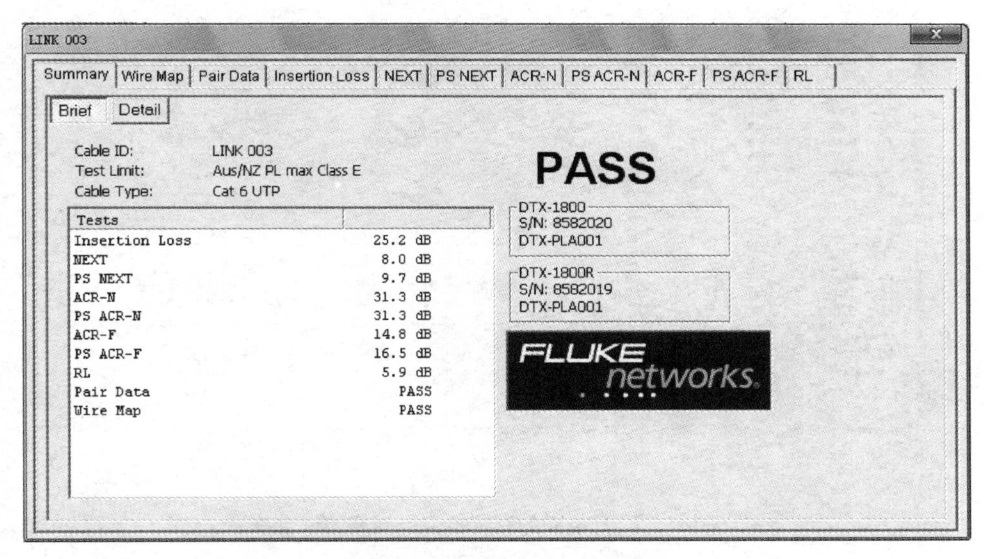

图 2－104　查看某一测试数据

测试报告有两种文件格式：ASCII 文本文件格式和 Acrobat Reader 的 PDF 格式。要生成 PDF 格式的测试报告，则执行以下操作步骤。

① 首先选择生成测试报告的记录范围（如果生成全部记录的测试报告，则不需选择）。

② 单击快捷菜单上的 PDF 按钮，弹出对话框提示选择记录范围。

③ 在弹出的对话框内，输入保存 PDF 文件的名称。

④ 单击“保存”按钮后，即生成了测试报告，如图 2－105 所示。

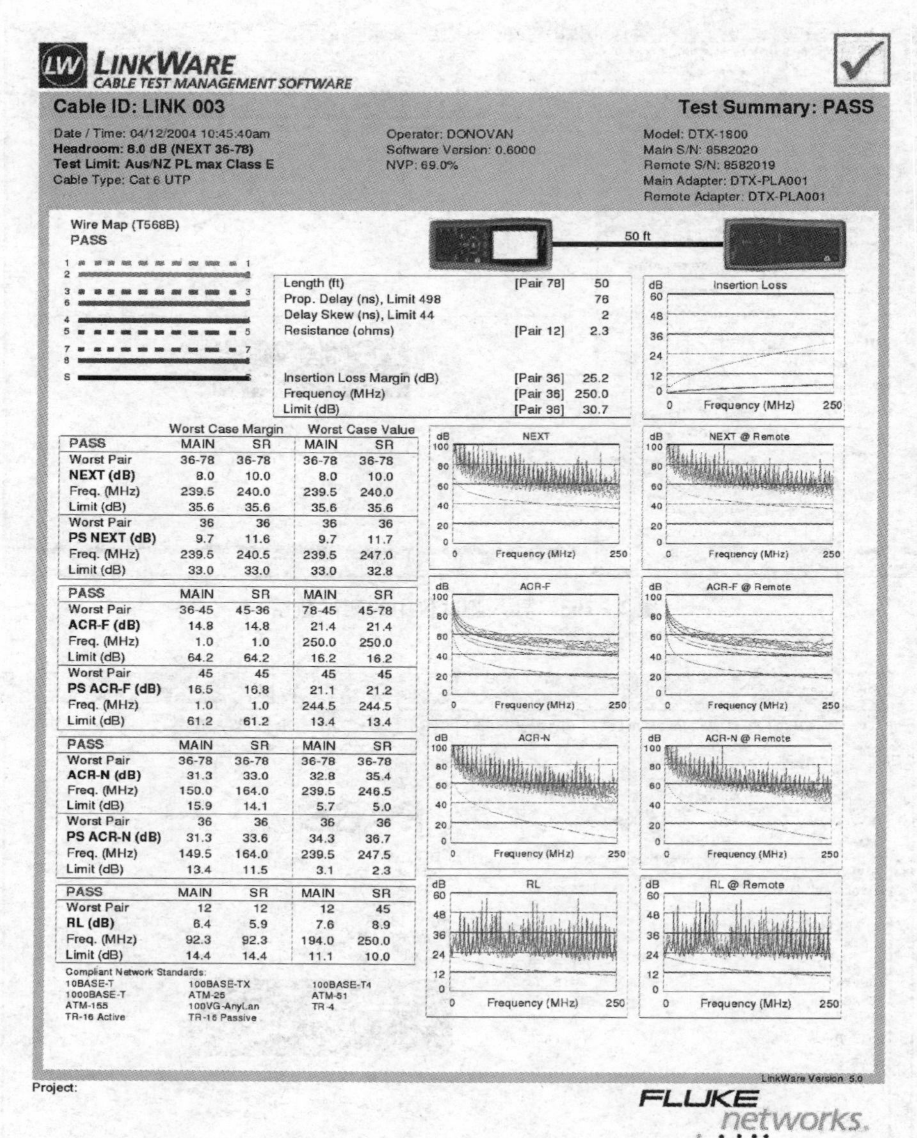

LINKWARE
CABLE TEST MANAGEMENT SOFTWARE

Cable ID: LINK 003 **Test Summary: PASS**

Date / Time: 04/12/2004 10:45:40am
Headroom: 8.0 dB (NEXT 36-78)
Test Limit: Aus/NZ PL max Class E
Cable Type: Cat 6 UTP

Operator: DONOVAN
Software Version: 0.6000
NVP: 69.0%

Model: DTX-1800
Main S/N: 8582020
Remote S/N: 8582019
Main Adapter: DTX-PLA001
Remote Adapter: DTX-PLA001

Wire Map (T568B)
PASS

50 ft

Length (ft)	[Pair 78]	50
Prop. Delay (ns), Limit 498		76
Delay Skew (ns), Limit 44		2
Resistance (ohms)	[Pair 12]	2.3
Insertion Loss Margin (dB)	[Pair 36]	25.2
Frequency (MHz)	[Pair 36]	250.0
Limit (dB)	[Pair 36]	30.7

	Worst Case Margin		Worst Case Value	
PASS	MAIN	SR	MAIN	SR
Worst Pair	36-78	36-78	36-78	36-78
NEXT (dB)	8.0	10.0	8.0	10.0
Freq. (MHz)	239.5	240.0	239.5	240.0
Limit (dB)	35.6	35.6	35.6	35.6
Worst Pair	36	36	36	36
PS NEXT (dB)	9.7	11.6	9.7	11.7
Freq. (MHz)	239.5	240.5	239.5	247.0
Limit (dB)	33.0	33.0	33.0	32.8

PASS	MAIN	SR	MAIN	SR
Worst Pair	36-45	45-36	78-45	45-78
ACR-F (dB)	14.8	14.8	21.4	21.4
Freq. (MHz)	1.0	1.0	250.0	250.0
Limit (dB)	64.2	64.2	16.2	16.2
Worst Pair	45	45	45	45
PS ACR-F (dB)	16.5	16.8	21.1	21.2
Freq. (MHz)	1.0	1.0	244.5	244.5
Limit (dB)	61.2	61.2	13.4	13.4

PASS	MAIN	SR	MAIN	SR
Worst Pair	36-78	36-78	36-78	36-78
ACR-N (dB)	31.3	33.0	32.8	35.4
Freq. (MHz)	150.0	164.0	239.5	246.5
Limit (dB)	15.9	14.1	5.7	5.0
Worst Pair	36	36	36	36
PS ACR-N (dB)	31.3	33.6	34.3	36.7
Freq. (MHz)	149.5	164.0	239.5	247.5
Limit (dB)	13.4	11.5	3.1	2.3

PASS	MAIN	SR	MAIN	SR
Worst Pair	12	12	12	45
RL (dB)	6.4	5.9	7.6	8.9
Freq. (MHz)	92.3	92.3	194.0	250.0
Limit (dB)	14.4	14.4	11.1	10.0

Compliant Network Standards:
10BASE-T 100BASE-TX 100BASE-T4
1000BASE-T ATM-25 ATM-51
ATM-155 100VG-AnyLan TR-4
TR-16 Active TR-16 Passive

Project:

LinkWare Version 5.0

FLUKE networks.

图 2 – 105 PDF 格式的测试报告（链路测试合格）

（6）评估测试报告

通过电缆管理软件生成测试报告后，要组织人员对测试结果进行统计分析，以判定是否符合设计要求。使用 LinkWare 软件生成的测试报告中会明确给出每条被测链路的测试结果。如果链路的测试合格，则给出“PASS”的结论，如图 2 – 105 所示。如果链路测试不合格，则给出“FAIL”的结论，如图 2 – 106 所示。

对测试报告中每条被测链路的测试结果进行统计，就可以知道整个综合布线系统的达标率。要想快速地统计出整个被测链路的合格率，也可以借助于 LinkWare Stats 软件，该软件生成的统计报表的首页会显示出被测链路的合格率。

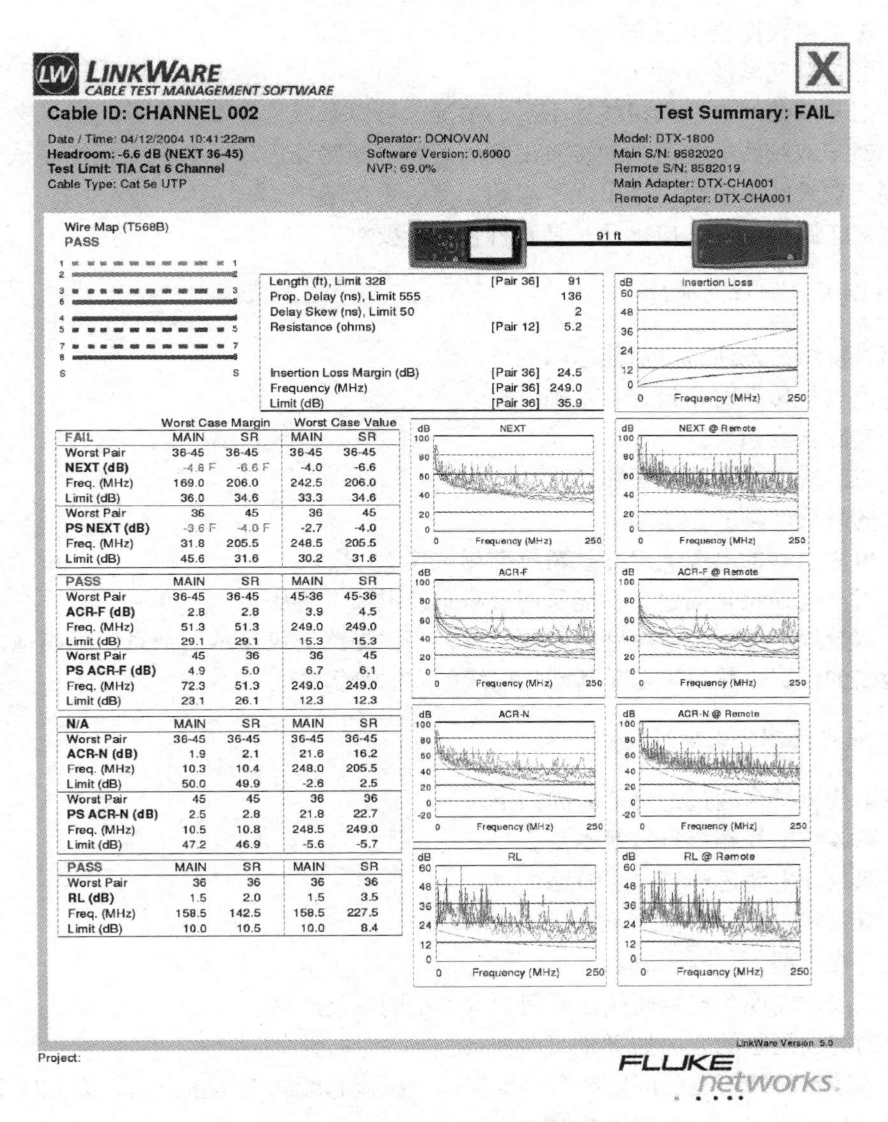

LINKWARE CABLE TEST MANAGEMENT SOFTWARE

Cable ID: CHANNEL 002 **Test Summary: FAIL**

Date / Time: 04/12/2004 10:41:22am
Headroom: -6.6 dB (NEXT 36-45)
Test Limit: TIA Cat 6 Channel
Cable Type: Cat 5e UTP

Operator: DONOVAN
Software Version: 0.6000
NVP: 69.0%

Model: DTX-1800
Main S/N: 8582020
Remote S/N: 8582019
Main Adapter: DTX-CHA001
Remote Adapter: DTX-CHA001

Wire Map (T568B)
PASS

91 ft

Length (ft), Limit 328	[Pair 36]	91
Prop. Delay (ns), Limit 555		136
Delay Skew (ns), Limit 50		2
Resistance (ohms)	[Pair 12]	5.2
Insertion Loss Margin (dB)	[Pair 36]	24.5
Frequency (MHz)	[Pair 36]	249.0
Limit (dB)	[Pair 36]	35.9

	Worst Case Margin		Worst Case Value	
FAIL	MAIN	SR	MAIN	SR
Worst Pair	36-45	36-45	36-45	36-45
NEXT (dB)	-4.6 F	-6.6 F	-4.0	-6.6
Freq. (MHz)	169.0	206.0	242.5	206.0
Limit (dB)	36.0	34.6	33.3	34.6
Worst Pair	36	45	36	45
PS NEXT (dB)	-3.6 F	-4.0 F	-2.7	-4.0
Freq. (MHz)	31.8	205.5	248.5	205.5
Limit (dB)	45.6	31.6	30.2	31.6
PASS	MAIN	SR	MAIN	SR
Worst Pair	36-45	36-45	45-36	45-36
ACR-F (dB)	2.8	2.8	3.9	4.5
Freq. (MHz)	51.3	51.3	249.0	249.0
Limit (dB)	29.1	29.1	15.3	15.3
Worst Pair	45	36	36	45
PS ACR-F (dB)	4.9	5.0	6.7	6.1
Freq. (MHz)	72.3	51.3	249.0	249.0
Limit (dB)	23.1	26.1	12.3	12.3
N/A	MAIN	SR	MAIN	SR
Worst Pair	36-45	36-45	36-45	36-45
ACR-N (dB)	1.9	2.1	21.6	16.2
Freq. (MHz)	10.3	10.4	248.0	205.5
Limit (dB)	50.0	49.9	-2.6	2.5
Worst Pair	45	45	36	36
PS ACR-N (dB)	2.5	2.8	21.8	22.7
Freq. (MHz)	10.5	10.8	248.5	249.0
Limit (dB)	47.2	46.9	-5.6	-5.7
PASS	MAIN	SR	MAIN	SR
Worst Pair	36	36	36	36
RL (dB)	1.5	2.0	1.5	3.5
Freq. (MHz)	158.5	142.5	158.5	227.5
Limit (dB)	10.0	10.5	10.0	8.4

LinkWare Version 5.0
Project:
FLUKE networks.

图2－106　链路测试不合格的报告

操作5　解决测试错误

在综合布线系统测试过程中，经常会遇到某些项目测试不合格的情况，要有效地解决测试中出现的各种问题，就必须理解各项测试参数的内涵，并依靠测试仪准确定位。

1. 接线图测试未通过

接线图测试未通过的可能原因如下。

(1) 双绞线电缆两端的接线线序不对，造成测试接线图出现交叉现象。

(2) 双绞线电缆两端的接头有短路、断路、交叉、破裂的现象。

(3) 某些网络特意需要发送端和接收端跨接，当测试这些网络链路时，由于设备线路的跨接，测试接线图会出现交叉。

相应的解决问题的方法如下。

（1）对于双绞线电缆端接线序不对的情况，可以采取重新端接的方式来解决。

（2）对于双绞线电缆两端的接头出现的短路、断路等现象，首先应根据测试仪显示的接线图判定双绞线电缆哪一端出现了问题，然后重新端接。

（3）对于跨接问题，应确认其是否符合设计要求。

2. 链路长度测试未通过

链路长度测试未通过的可能原因如下。

（1）测试仪传播时延设置不正确。

（2）实际长度超长。

（3）双绞线电缆开路或短路。

相应的解决问题的方法如下。

（1）可用已知的电缆确定并重新校准测试仪 NVP。

（2）对于电缆超长问题，只能采用重新布设电缆来解决。

（3）双绞线电缆开路或短路的问题，首先要根据测试仪显示的信息，准确地定位电缆开路或短路的位置，然后采取重新端接电缆的方法来解决。

3. 近端串扰测试未通过

近端串扰测试未通过的可能原因如下。

（1）双绞线电缆端接点接触不良。

（2）双绞线电缆远端连接点短路。

（3）双绞线电缆线对扭绞不良。

（4）存在外部干扰源影响。

（5）双绞线电缆和连接硬件性能问题或不是同一类产品。

相应的解决问题的方法如下。

（1）端接点接触不良的问题经常出现在模块压接和配线架压接方面，因此应对电缆所端接的模块和配线架进行重新压接加固。

（2）对于远端连接点短路的问题，可以通过重新端接电缆来解决。

（3）如果端接模块或配线架时，双绞线线对扭绞不良，则应采取重新端接的方法来解决。

（4）对于外部干扰源，可采用金属管槽保护或更换为屏蔽双绞线电缆的手段来解决。

（5）对于双绞线电缆及相连接硬件的性能问题，只能采取更换的方式来彻底解决，所有缆线及连接硬件应更换为相同类型的产品。

4. 衰减测试未通过

衰减测试未通过的原因可能如下。

（1）双绞线电缆超长。

（2）双绞线电缆端接点接触不良。

（3）电缆和连接硬件性能问题或不是同一类产品。

（4）现场温度过高。

相应的解决问题的方法如下。

（1）对于超长的双绞线电缆，只能采取更换电缆的方式来解决。

（2）对于双绞线电缆端接质量问题，可采取重新端接的方式来解决。

（3）对于电缆和连接硬件的性能问题，应采取更换的方式来彻底解决，所有缆线及连接硬件应更换为相同类型的产品。

（4）对于现场温度过高的问题，应采取措施将现场温度降低到测试仪的正常工作范围内，然后重新进行测试。

注 意

使用 DTX－1800 电缆分析仪不但可以对电缆传输通道进行测试，还可以实现对光缆传输通道的测试，以及对缆线和跳线等的进场测试。限于篇幅，其他相关测试方法这里不再赘述，请参考相关产品手册。

习　题　2

1. 思考问答

（1）综合布线系统主要由哪几部分组成？

（2）某综合布线工程共有 500 个信息点，布点比较均匀，距离 FD 最近的信息插座布线长度为 12m，最远插座的布线长度为 80m，该综合布线工程配线子系统使用 6 类双绞线电缆，则需要购买双绞线多少箱（305m/箱）？

（3）在综合布线系统中，配线子系统主要有哪些布线方法？应如何选用？

（4）到市场上调查目前常用的某品牌 4 对 5e 类和 6 类非屏蔽双绞线电缆，观察双绞线的结构和标识，对比两种双绞线电缆的价格和性能指标。

（5）双绞线电缆的连接器件有哪些？这些连接器件如何与双绞线电缆连接从而构成一条完整的通信链路？

（6）电缆认证测试模型有哪些？试分析各个模型的异同点。

（7）5 类布线系统和 6 类布线系统在认证测试时分别需要测试哪些参数。

（8）常用的综合布线测试设备有哪些？分别可以进行什么测试？

2. 技能操作

（1）使用电缆分析仪进行综合布线系统电缆传输通道测试

【内容及操作要求】

使用 FLUKE 电缆分析仪测试 5 类或 5e 类双绞线传输通道的长度、接线图、衰减、近端串扰等参数，生成并分析测试报告。如果发现存在故障，请排除。

【准备工作】

一台 FLUKE 电缆分析仪，一套综合布线系统，3 根长 30m 以上的双绞线，一台 PC。

【考核时限】

30min。

（2）信息插座的安装与测试

【内容及操作要求】

① 安装信息插座，按接线图要求连接好。

② 测试信息插座连通情况。

③ 加信号测试信息插座通信情况。

【准备工作】

一台 FLUKE 电缆分析仪，一套综合布线系统或一根 300m 长的 5e 类双绞线，信息插座若干，配线架若干。

【考核时限】

40min。

（3）双绞线跳线的制作

【内容及操作要求】

按标准线序制作一条直通线、一条交叉线，不按标准制作一条双绞线，共制作 3 条线，分别测量其连通性以及衰减、近端串扰等指标。

【准备工作】

1～2m 长的双绞线 3 根，RJ－45 连接器 6～8 个，RJ－45 压线钳、尖嘴钳、一台 FLUKE 电缆分析仪。

【考核时限】

30min。

第3单元　企业网络连接配置

随着企业网络组网技术的发展，特别是快速以太网、千兆位以太网和万兆位以太网等网络标准的相继问世，交换机已经成为目前连接企业网络的核心设备。本单元的主要目标是能够根据企业网络需求正确选择与安装交换机；掌握二层交换机的基本配置方法；理解VLAN和生成树协议的作用并掌握其基本配置方法。

任务3.1　选择与安装交换机

【任务目的】

（1）了解交换机的类型和选购方法。

（2）掌握使用交换机连接企业网络的方法。

【工作环境与条件】

（1）交换机（本部分以Cisco 2960交换机为例，也可选用其他品牌型号的产品或使用Cisco Packet Tracer、Boson Netsim等模拟软件）。

（2）安装好的综合布线系统。

（3）双绞线、RJ－45压线钳及RJ－45连接器若干。

（4）安装Windows操作系统的PC。

【相关知识】

3.1.1　交换机的分类

计算机网络使用的交换机分为两种：广域网交换机和局域网交换机。广域网交换机主要在电信领域用于提供数据通信的基础平台。局域网交换机用于将个人计算机、共享设备和服务器等网络应用设备连接成用户计算机局域网。局域网交换机可按以下方法进行分类。

1. 按照网络类型分类

按照支持的网络类型，局域网交换机可以分为以太网交换机、快速以太网交换机、千兆位以太网交换机、FDDI交换机和ATM交换机等。目前企业网络中主要使用快速以太网交换机和千兆位以太网交换机。

2. 按照应用规模分类

按照应用规模，可将局域网交换机分为桌面交换机、工作组级交换机、部门级交换机和企业级交换机。

（1）桌面交换机

桌面交换机价格便宜，被广泛用于家庭、一般办公室、小型机房等小型网络环境。在传输速度上，桌面交换机通常提供多个具有10/100Mb/s自适应能力的端口。

注 意

桌面交换机通常不符合19英寸标准尺寸，不能安装于19英寸标准机柜。

（2）工作组级交换机

工作组级交换机主要用于企业网络的接入层，当使用桌面交换机不能满足应用需求时，大多采用工作组级交换机。工作组级交换机通常具有良好的扩充能力，主要提供100Mb/s端口或10/100Mb/s自适应能力端口。

（3）部门级交换机

部门级交换机比工作组级交换机支持更多的用户，提供更强的数据交换能力，通常作为小型企业网络的核心交换机或用于大中型企业网络的汇聚层。低端的部门级交换机通常提供8至16个端口，高端的部门级交换机可以提供多至48个端口。

（4）企业级交换机

企业级交换机是功能最强的交换机，在企业网络中作为骨干设备使用，提供高速、高效、稳定和可靠的中心交换服务。企业级交换机除了支持冗余电源供电外，还支持许多不同类型的功能模块，并提供强大的数据交换能力。用户选择企业级交换机时，可以根据需要选择千兆位以太网光纤通信模块、千兆位以太网双绞线通信模块、快速以太网模块、路由模块等。企业级交换机通常还有非常强大的管理功能，但价格比较昂贵。

3. 按照设备结构分类

按照设备结构特点，局域网交换机可分为机架式交换机、带扩展槽固定配置式交换机、不带扩展槽固定配置式交换机和可堆叠交换机等类型。

（1）机架式交换机

机架式交换机是一种插槽式的交换机，用户可以根据需求，选购不同的模块插入到插槽中。这种交换机功能强大、扩展性较好，可支持不同的网络类型。像企业级交换机这样的高端产品大多采用机架式结构。机架式交换机使用灵活，但价格都比较昂贵。

（2）带扩展槽固定配置式交换机

带扩展槽固定配置式交换机是一种配置固定端口并带有少量扩展槽的交换机。这种交换机可以通过在扩展槽插入相应模块来扩展网络功能，为用户提供了一定的灵活性。这类交换机的产品价格适中。

（3）不带扩展槽固定配置式交换机

不带扩展槽固定配置式交换机仅支持单一的网络功能，产品价格便宜，在企业网络的接入层中被广泛使用。

（4）可堆叠交换机

可堆叠交换机通常是在固定配置式交换机上扩展了堆叠功能的设备。具备可堆叠功能

的交换机可以像普通交换机那样按常规使用，当需要扩展端口接入能力时，可通过各自专门的堆叠端口，将若干台同样的物理设备“串联”起来作为一台逻辑设备使用。

4. 按照网络体系结构层次分类

按照网络体系的分层结构，交换机可以分为第2层交换机、第3层交换机、第4层交换机和第7层交换机。

（1）第2层交换机

第2层交换机是指工作在OSI参考模型数据链路层上的交换机，主要功能包括物理编址、错误校验、数据帧序列重新整理和流量控制，所接入的各网络节点可独享带宽。第2层交换机的弱点是不能有效地解决广播风暴、异种网络互连和安全性控制等问题。

（2）第3层交换机

第3层交换机是带有OSI参考模型网络层路由功能的交换机，在保留第2层交换机所有功能的基础上，增加了对路由功能的支持，甚至可以提供防火墙等许多功能。第3层交换机在网络分段、安全性、可管理性和抑制广播风暴等方面具有很大的优势。

（3）第4层交换机

第4层交换机是指工作在OSI参考模型传输层的交换机，可以支持安全过滤，支持对网络应用数据流的服务质量管理策略QoS和应用层记账功能，优化了数据传输，被用于实现多台服务器负载均衡。

（4）第7层交换机

随着多层交换技术的发展，人们还提出了第7层交换机的概念。第7层交换机可以提供基于内容的智能交换，能够根据实际的应用类型做出决策。

3.1.2　交换机的选择

1. 交换机的技术指标

交换机的技术指标较多，全面反映了交换机的技术性能和功能，是选择产品时参考的重要数据依据。选择交换机产品时，应主要考察以下内容。

（1）系统配置情况

主要考察交换机所支持的最大硬件配置指标，如可以安插的最大模块数量、可以支持的最多端口数量、背板最大带宽、吞吐率或包转发率、系统的缓冲区空间等。

（2）所支持的协议和标准情况

主要考察交换机对国际标准化组织所制定的联网规范和设备标准支持情况，特别是对数据链路层、网络层、传输层和应用层各种标准和协议的支持情况。

（3）所支持的路由功能

主要考察路由的技术指标和功能扩展能力。

（4）对VLAN的支持

主要考察交换机实现VLAN的方式和允许的VLAN数量。对VLAN的划分可以基于端口、MAC地址，还可以基于第3层协议或用户。IEEE 802.1Q是定义VLAN的标准，不同厂商的设备只要支持该标准，就可以进行互连和进行VLAN的划分。

（5）网管功能

主要考察交换机对网络管理协议的支持情况。利用网络管理协议，管理员能够对网络上的资源进行集中化管理操作，包括配置管理、性能管理、记账管理、故障管理等。交换机所支持的管理程度反映了该设备的可管理性及可操作性。

（6）容错功能

主要考察交换机的可靠性和抵御单点故障的能力。作为企业网络主干设备的交换机，特别是核心层交换机，不允许因为单点故障而导致整个系统瘫痪。

2. 选择交换机的一般原则

交换机的类型和品牌很多，通常在选择时应注意遵循以下原则。

（1）尽可能选择在国内或国际网络建设中占有一定市场份额的主流产品。

（2）尽可能选取同一厂家的产品，以便使用户从技术支持、价格等方面获得更多便利。

（3）在网络的层次结构中，核心层设备通常应预留一定的能力，以便于将来扩展。接入层设备够用即可。

（4）所选设备应具有较高的可靠性和性能价格比。如果是旧网改造项目，应尽可能保留可用设备，减少在资金投入方面的浪费。

3. 核心层交换机的选择

核心层交换机是企业网络的核心，应满足以下基本要求。

（1）高性能、高速率。

（2）便于升级和扩展。

（3）高可靠性。

（4）强大的网络控制能力，提供 QoS（服务质量）和网络安全，支持 RADIUS、TACACS + 等认证机制。

（5）良好的可管理性，支持通用网管协议，如 SNMP、RMON、RMON2 等。

4. 汇聚层和接入层交换机的选择

在企业网络中，汇聚层和接入层交换机通常应满足以下要求。

（1）灵活性：提供多种类型和相应数量的固定端口，可堆叠、易扩展。

（2）高性能：作为大中型企业网络的交换设备，应支持 1000Mb/s 高速上连（最好支持端口聚合），并支持同级设备堆叠。如果用作小型网络的核心交换机，要求具有较高背板带宽和三层交换能力。

（3）在满足技术性能要求的基础上，应价格便宜、使用方便、即插即用、配置简单。

（4）具备一定的网络控制能力（如支持 802.1x）以及端到端的 QoS。

（5）用于跨地区企业分支部门通过公网进行远程连接的交换机还应支持 VPN（虚拟专用网）标准协议。

（6）支持多级别网络管理。

【任务实施】

操作1　认识企业网络中的交换机

（1）现场考察所在学校的校园网，记录校园网中使用的交换机的品牌、型号、价格以及相关技术参数，查看各交换机的端口连接与使用情况。

（2）现场考察某企业网，记录该网络中使用的交换机的品牌、型号、价格以及相关技术参数，查看各交换机的端口连接与使用情况。

（3）访问交换机主流厂商的网站（如Cisco、H3C、锐捷等），查看该厂商生产的核心层、汇聚层和接入层交换机产品，记录其型号、价格以及相关技术参数。

操作2　单一交换机实现网络连接

把所有计算机通过通信线路连接到单一交换机上，可以组成一个小型的局域网。在进行网络连接时应主要注意以下问题。

（1）交换机上的RJ－45端口可以分为普通端口（MDI－X端口）和Uplink端口（MDI－II端口），一般来说，计算机应该连接到交换机的普通端口上，而Uplink端口主要用于交换机与交换机间的级联。

（2）在将计算机网卡上的RJ－45接口连接到交换机的普通端口时，双绞线跳线应该使用直通线，网卡的速度与通信模式应与交换机的端口相匹配。

注意

若网络中采用了综合布线系统，则计算机应使用双绞线跳线连接工作区的信息插座；交换机应安装在电信间的机柜中，并使用双绞线跳线将其普通端口与配线架上与终端计算机对应的接口相连。

操作3　多交换机实现网络连接

当网络中的计算机位置比较分散或超过单一交换机所能提供的端口数量时，需要进行多个交换机之间的连接。交换机之间的连接有3种：级联、堆叠和冗余连接，其中级联扩展方式是最常规、最直接的扩展方式。

（1）通过Uplink端口进行交换机的级联

如果交换机有Uplink端口，则可直接采用这个端口进行级联，在级联时下层交换机使用专门的Uplink端口，通过双绞线跳线连入上一级交换机的普通端口，如图3－1所示。在这种级联方式中使用的级联跳线应为直通线。

（2）通过普通端口进行交换机的级联

如果交换机没有Uplink端口，可以利用普通端口进行级联，如图3－2所示，此时交换机和交换机之间的级联跳线应为交叉线。由于计算机在连接交换机时仍然接入交换机的普通端口，因此计算机和交换机之间的跳线仍然使用直通线。

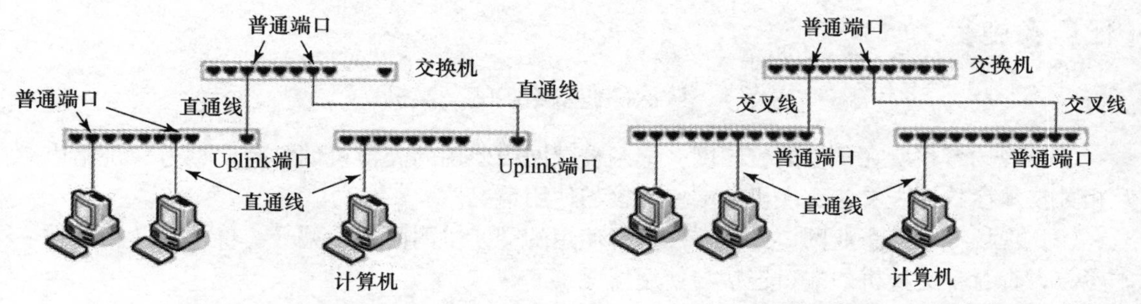

图 3－1　交换机通过 Uplink 端口级联　　　图 3－2　交换机通过普通端口级联

注 意

目前大多数交换机的端口都具有自适用功能，能够根据实际连接情况自动决定其为普通端口还是 Uplink 端口，因此在很多交换机间进行级联时既可使用直通线也可使用交叉线。另外，交换机间的级联更多会采用光缆进行连接，交换机光纤模块及接口的类型较多，连接时应认真阅读产品手册。

操作 4　判断网络的连通性

1. 利用设备指示灯判断网络的连通性

无论是网卡还是交换机都提供 LED 指示灯，通过对这些指示灯的观察可以得到一些非常有帮助的信息，并解决一些简单的连通性故障。

（1）观察网卡指示灯

在使用网卡指示灯判断网络是否连通时，一定要先打开交换机的电源，保证交换机处于正常工作状态。网卡有多种类型，不同类型网卡的指示灯数量及其含义并不相同，需注意查看网卡说明书。目前很多计算机的网卡集成在主板上，通常集成网卡只有两个指示灯，黄色指示灯用于表明连接是否正常，绿色指示灯用于表明计算机主板是否已经为网卡供电，使其处于待机状态。如果绿色指示灯亮而黄色指示灯没有亮，则表明发生了连通性故障。

（2）观察交换机指示灯

交换机的每个端口都会有一个 LED 指示灯用于指示该端口是否处于工作状态。只有该端口所连接的设备处于开机状态，并且链路连通性完好的情况下，指示灯才会被点亮。

注 意

交换机有多种类型，不同类型交换机的指示灯作用并不相同，在使用时应认真阅读产品手册。

2. 利用 ping 命令测试网络的连通性

ping 是个使用频率极高的实用程序，用于确定本地主机是否能与另一台主机交换数据，从而判断网络的连通性。利用 ping 命令判断网络连通性的基本步骤如下。

(1) 在连入网络中的每台计算机上安装 TCP/IP 协议。

(2) 为计算机设置 IP 地址信息。如可将两台计算机 IP 地址分别设为 192. 168. 1. 1、192. 168. 1. 2；子网掩码均为 255. 255. 255. 0；默认网关和 DNS 服务器为空。

注 意

在未划分 VLAN 的由交换机组建的网络中，所有计算机处于同一个广播域，其 IP 地址的网络标识应该相同。

(3) 在 IP 地址为 192. 168. 1. 1 的计算机上，依次选择“开始”→“程序”→“附件”→“命令提示符”命令，进入“命令提示符”环境。

(4) 在“命令提示符”环境中输入“ping 127. 0. 0. 1”测试本机 TCP/IP 的安装或运行是否正常。

(5) 在“命令提示符”环境中输入“ping 192. 168. 1. 2”或“ping 192. 168. 1. 3”测试本机与其他计算机的连接是否正常。如果运行结果如图 3 -3 所示，则表明连接正常；如果运行结果如图 3 -4 所示，则表明连接可能有问题。

```
命令提示符
C:\>ping 192.168.1.2

Pinging 192.168.1.2 with 32 bytes of data:

Reply from 192.168.1.2: bytes=32 time<1ms TTL=64
Reply from 192.168.1.2: bytes=32 time<1ms TTL=64
Reply from 192.168.1.2: bytes=32 time<1ms TTL=64
Reply from 192.168.1.2: bytes=32 time<1ms TTL=64

Ping statistics for 192.168.1.2:
    Packets: Sent = 4, Received = 4, Lost = 0 (0% loss),
Approximate round trip times in milli-seconds:
    Minimum = 0ms, Maximum = 0ms, Average = 0ms
```

图 3 -3 用 ping 命令测试连接正常

```
命令提示符
C:\>ping 192.168.1.3

Pinging 192.168.1.3 with 32 bytes of data:

Request timed out.
Request timed out.
Request timed out.
Request timed out.

Ping statistics for 192.168.1.3:
    Packets: Sent = 4, Received = 0, Lost = 4 (100% loss),
```

图 3 -4 用 ping 命令测试超时错误

注 意

ping 命令测试出现错误有多种可能，并不能确定是网络的连通性故障。当前很多的防病毒软件包括操作系统自带的防火墙都有可能屏蔽 ping 命令，因此在利用 ping 命令进行连通性测试时需要关闭防病毒软件和防火墙，并对测试结果进行综合考虑。

任务 3.2　交换机基本配置

【任务目的】

（1）理解二层交换机的功能和工作原理。

（2）掌握配置交换机的方式。

（3）理解交换机的配置模式。

（4）掌握交换机的基本配置命令。

【工作环境与条件】

（1）交换机（本部分以 Cisco 2960 交换机为例，也可选用其他品牌型号的产品或使用 Cisco Packet Tracer、Boson Netsim 等模拟软件）。

（2）Console 线缆和相应的适配器。

（3）安装 Windows 操作系统的 PC。

（4）组建网络所需的其他设备。

【相关知识】

3.2.1　二层交换机的功能和工作原理

在计算机网络系统中，交换概念的提出是对于共享工作模式的改进。集线器（HUB）就是一种共享设备，本身不能识别目的地址，当同一局域网内的 A 主机给 B 主机传输数据时，数据帧在以集线器为中心节点的网络上是以广播方式传输的，由每一台终端通过验证数据帧的地址信息来确定是否接收。也就是说，在这种工作方式下，同一时刻网络上只能传输一组数据帧，如果发生冲突还要重试。因此用集线器连接的网络属于同一个冲突域，所有的节点共享网络带宽。

二层交换机工作于 OSI 参考模型的数据链路层，它可以识别数据帧中的 MAC 地址信息，并将 MAC 地址与其对应的端口记录在自己内部的 MAC 地址表中。二层交换机拥有一条很高带宽的背板总线和内部交换矩阵，所有端口都挂接在背板总线上。控制电路在收到数据帧后，会查找内存中的 MAC 地址表，并通过内部交换矩阵迅速将数据帧传送到目的端口。其具体的工作流程如下。

（1）当二层交换机从某个端口收到一个数据帧，将先读取数据帧头中的源 MAC 地址，这样就可知道源 MAC 地址的计算机连接在哪个端口。

（2）二层交换机读取数据帧头中的目的 MAC 地址，并在 MAC 地址表中查找该 MAC

地址对应的端口。

(3) 若 MAC 地址表中有对应的端口，则交换机将把数据帧转发到该端口。

(4) 若 MAC 地址表中找不到相应的端口，则交换机将把数据帧广播到所有端口，当目的计算机对源计算机回应时，交换机就可以知道其对应的端口，在下次传送数据时就不需要对所有端口进行广播了。

通过不断地循环上述过程，交换机就可以建立和维护自己的 MAC 地址表，并将其作为数据交换的依据。

通过对二层交换机工作流程的分析不难看出，二层交换机的每一个端口是一个冲突域，不同的端口属于不同的冲突域。因此二层交换机在同一时刻可进行多个端口对之间的数据传输，连接在每一端口上的设备独自享有全部的带宽，无须同其他设备竞争使用，同时由于交换机连接的每个冲突域的数据信息不会在其他端口上广播，也提高了数据的安全性。二层交换机采用全硬件结构，提供了足够的缓冲器并通过流量控制来消除拥塞，具有转发延迟小的特点。当然由于二层交换机只提供最基本的二层数据转发功能，目前一般应用于小型局域网或大中型企业网络的接入层。

3.2.2　交换机的组成结构

交换机是一台特殊的计算机，也由硬件和软件两部分组成，其软件部分主要包括操作系统（如 Cisco IOS）和配置文件，硬件部分主要包含 CPU、端口和存储介质。

交换机的端口主要有以太网端口（Ethernet）、快速以太网端口（Fast Ethernet）、千兆位以太网端口（Gigabit Ethernet）和控制台端口（Console）等。

交换机的存储介质主要有 ROM（Read - Only Memory，只读储存设备）、FLASH（闪存）、NVRAM（非易失性随机存储器）和 DRAM（动态随机存储器）。其中，ROM 相当于 PC 中的 BIOS，交换机加电启动时，将首先运行 ROM 中的程序，以实现对交换机硬件的自检并引导启动交换机的操作系统，该存储器中的内容在系统掉电时不会丢失。FLASH 是一种可擦写、可编程的 ROM，相当于 PC 中的硬盘，但速度要快得多，可通过写入新版本的操作系统来实现交换机操作系统的升级，FLASH 中的程序，在掉电时不会丢失。NVRAM 用于存储交换机的配置文件，该存储器中的内容在系统掉电时也不会丢失。DRAM 是一种可读写存储器，相当于 PC 的内存，其内容在系统掉电时将完全丢失。

3.2.3　Cisco IOS

Cisco IOS（Internet Work Operating System，网间网操作系统）是一个与硬件分离的软件体系结构，类似一个网络操作系统。IOS 虽然是 Cisco 开发的技术，但目前许多网络设备厂商许可 IOS 在其交换和路由模块内运行，已成为网际互连软件事实上的工业标准。

IOS 存在多个版本，用户应根据自己的实际情况进行选择。Cisco 用一套编码方案来制订 IOS 的版本。IOS 的完整版本号由 3 部分组成：主版本、辅助版本和维护版本。其中，主版本和辅助版本号用小数点分隔，而维护版本显示于括号中。比如某 IOS 版本号为 11.2（10），则其主要版本为 11.2，维护版本为 10（第 10 次维护或补丁）。Cisco 会经常发布 IOS 新版本，以修正错误或扩展功能，在其发布一次更新后，通常都要递增维护版本的编号。

3.2.4 MAC 地址和 MAC 地址表

1. MAC 地址

以太网的主机在相互通信时，需要一个用来识别该主机的介质访问控制地址（Media Access Control），即 MAC 地址，通常也称为物理地址或硬件地址。MAC 地址采用 6 字节 48 位二进制编码表示，通常采用十六进制数表示。网卡的 MAC 地址是全球唯一的，前 24 位是生产厂家向 IEEE 申请的厂商地址，后 24 位是生产厂家给网卡设定的一个编号。在计算机中，MAC 地址被记录在网卡的 ROM 中，其显示格式为：00-20-ED-6B-EE-B7。在运行 IOS 操作系统的交换机中，MAC 的地址显示格式为：0020.ed6b.eeb7。

2. MAC 地址表

交换机内维护着一个 MAC 地址表，不同型号的交换机，允许保存的 MAC 地址数目不同。MAC 地址表用于存放该交换机端口与所连设备的 MAC 地址的对应信息，是交换机正常工作的基础。

3.2.5 交换机的管理访问方式

交换机分为可网管的和不可网管的，可网管的交换机可以由用户进行管理。由于交换机没有自己的输入输出设备，所以其管理和配置要通过外部连接的计算机实现。交换机的管理访问方式主要包括本地控制台登录方式和远程配置方式。

1. 本地控制台登录方式

通常交换机上都提供了一个专门用于管理的接口（Console 端口），可使用专用线缆将其连接到计算机串行口，然后即可利用计算机超级终端程序对该交换机进行登录和配置。由于远程配置方式需要通过相关协议以及交换机的管理地址来实现，而在初始状态下，交换机并没有配置管理地址，所以只能采用本地控制台登录方式。由于本地控制台登录方式不占用网络的带宽，因此也被称为带外管理。

2. 远程配置方式

为了实现交换机的远程配置，在第一次配置交换机时，需为其配置管理地址、交换机名称等参数，并选择启动交换机上的相关服务。交换机的远程配置方式包括以下几种。

（1）Telnet 远程登录方式

可以在网络中的其他计算机上通过 Telnet 协议来连接登录交换机，从而实现远程配置。在使用 Telnet 进行远程配置前，应确认已经做好以下准备工作。

① 在用于配置的计算机上安装了 TCP/IP 协议，并设置好 IP 地址信息。

② 在被配置的交换机上已经设置好 IP 地址信息。

③ 在被配置的交换机上已经建立了具有权限的用户。如果没有建立新用户，Cisco 设

备默认的管理员账户为admin。

（2）SSH远程登录方式

Telnet是以管理目的远程访问交换机最常用的协议，但Telnet会话的一切通信都以明文方式发送，因此很多已知的攻击其主要目标就是捕获Telnet会话并查看会话信息。为了保证交换机管理的安全和可靠，可以使用SSH（Secure Shell，安全外壳）协议来进行访问。SSH使用TCP 22端口，利用强大的加密算法进行认证和加密。SSH目前有两个版本，SSHv1是Telnet的增强版，存在一些基本缺陷；SSHv2是SSH的修缮和强化版本。

（3）HTTP访问方式

目前很多交换机都提供HTTP配置方式，只要在计算机浏览器的地址栏输入“http：//交换机的管理地址”，输入具有权限的用户名和密码后即可进入交换机的配置页面。在使用HTTP访问方式进行远程配置前，应确认已经做好以下准备工作。

① 在用于配置的计算机上安装TCP/IP协议，并设置好IP地址信息。

② 在用于配置的计算机上安装有支持Java的Web浏览器。

③ 在被配置的交换机上已经设置好IP地址信息。

④ 在被配置的交换机上已经建立了具有权限的用户。

⑤ 被配置的交换机支持HTTP服务，并且已经启用了该服务。

（4）SNMP远程管理方式

SNMP是一个应用广泛的管理协议，它定义了一系列标准，可以帮助计算机和交换机之间交换管理信息。如果交换机上设置好IP地址信息并开启了SNMP协议，那么就可以利用安装了SNMP管理工具的计算机对该交换机进行远程管理访问。

（5）辅助接口

有些交换机带有辅助（Aux）接口。当没有任何备用方案和远程接入方式可以选择时，可以通过调制解调器连接辅助接口实现对交换机的管理访问。

【任务实施】

操作1 使用本地控制台登录交换机

使用终端控制台通过Console端口登录和配置交换机是最基本的方法，操作步骤如下。

（1）制作反接线。反接线是双绞线跳线的一种，用于将计算机连到交换机或路由器的控制端口。通常购买交换机时会带一根反接线，不需自己制作。

（2）用反接线通过RJ－45到DB－9连接器与计算机串行口（COM1）相连，另一端与交换机的Console端口相连。

（3）在计算机上依次选择“开始”→“程序”→“附件”→“通讯”→“超级终端”命令，打开“连接描述”对话框。

（4）在“连接描述”对话框中，输入名称，单击“确定”按钮，打开“连接到”对话框，如图3－5所示。

（5）在“连接到”对话框中，选择与Console线缆连接的COM端口，单击“确定”按钮，打开“COM1属性”对话框，如图3－6所示。

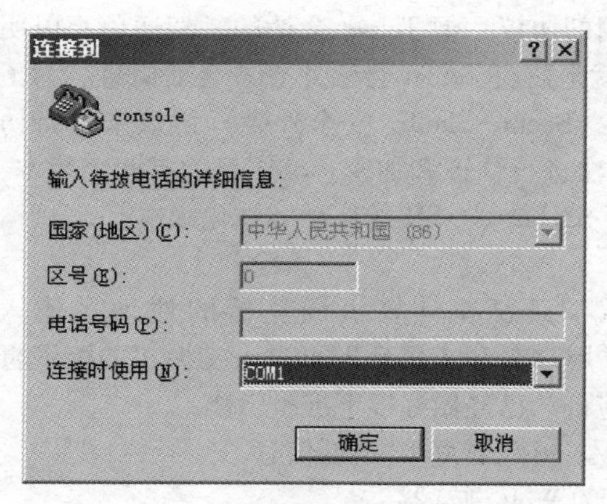

图 3－5 “连接到”对话框

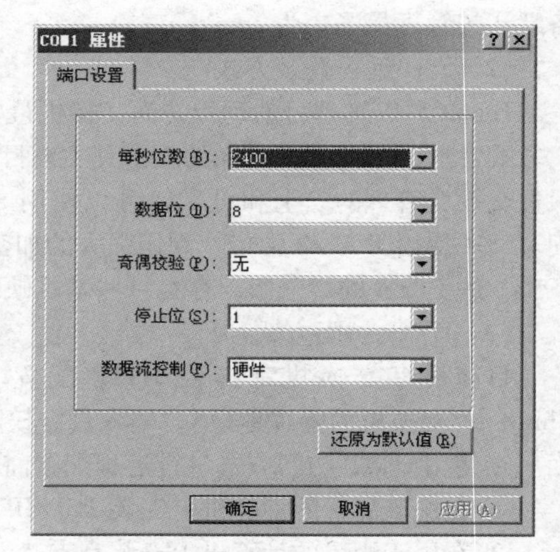

图 3－6 “COM1 属性”对话框

(6) 在“COM1 属性”对话框中，对 COM 端口进行设置，单击“确定”按钮，打开超级终端窗口。

(7) 打开交换机电源，连续按 Enter 键，可显示初始界面。交换机启动后，就会进入命令行模式，用户可以在超级终端中键入各种命令，对交换机进行配置。

操作 2 切换交换机命令行工作模式

Cisco IOS 提供了用户模式和特权模式两种基本的命令执行级别，同时还提供了全局配置和特殊配置等配置模式。其中特殊配置模式又分为接口配置、Line 配置、VLAN 配置等多种类型，以允许用户对交换机进行全面的配置和管理。

1. 用户模式

当用户通过交换机的 Console 端口或 Telnet 会话连接并登录到交换机时，此时所处的命令执行模式就是用户模式。在用户模式下，用户只能使用很少的命令，且不能对交换机进行配置。用户模式的提示符为“Switch >”。

注 意

不同模式的提示符不同，提示符的第一部分是交换机的名字，系统默认的交换机名字为“Switch”。在每一种模式下，可直接输入“?”并按 Enter 键，获得在该模式下允许执行的命令帮助；若要获得某一命令的进一步帮助信息，可在命令后加“?”。另外，在输入命令时可只输入命令的前几个字符，然后用 Tab 键自动补齐。

2. 特权模式

在用户模式下，执行 enable 命令，将进入特权模式。特权模式的提示符为“Switch #”。在该模式下，用户能够执行 IOS 提供的所有命令。由用户模式进入特权模式的过程如下：

```
Switch > enable        //进入特权模式
Switch#                //特权模式提示符
```

3. 全局配置模式

在特权模式下，执行“configure terminal”命令，可进入全局配置模式。全局配置模式的提示符为“Switch（config）#”。该模式配置命令的作用域是全局性的，对整个交换机起作用。由特权模式进入全局配置模式的过程如下：

```
Switch# configure terminal          //进入全局配置模式
Enter configuration commands,one per line. End with CNTL/Z.
Switch(config)#                     //全局配置模式提示符
```

4. 全局配置模式下的配置子模式

在全局配置模式，还可进入接口配置、Line 配置等子模式。例如在全局配置模式下，可以通过 interface 命令，进入接口配置模式，在该模式下，可对选定的接口进行配置。由全局配置模式进入接口配置模式的过程如下：

```
Switch(config)# interface FastEthernet 0/3   //对交换机 0/3 号快速以太网接口进行配置
Switch(config - if)#          //接口配置模式提示符
```

5. 模式的退出

从子模式返回全局配置模式，执行 exit 命令；从全局配置模式返回特权模式，执行 exit 命令；若要退出任何配置模式，直接返回特权模式，可执行 end 命令或按 Ctrl + Z 组合键。以下是模式退出的过程。

```
Switch(config - if)# exit           //退出接口配置模式,返回全局配置模式
Switch(config)# exit                //退出全局配置模式,返回特权模式
Switch# configure terminal
Enter configuration commands,one per line. End with CNTL/Z.
Switch(config)# interface FastEthernet 0/3
Switch(config - if)# end            //退出接口配置模式,返回特权模式
Switch# disable                     //退出特权模式
Switch >                            //用户模式提示符
```

操作3　配置交换机的基本信息

1. 配置交换机主机名

默认情况下，交换机的主机名为“Switch”。当网络中使用了多个交换机时，为了以示区别，通常应根据交换机的应用场地，为其设置一个具体的主机名。例如，若要将交换

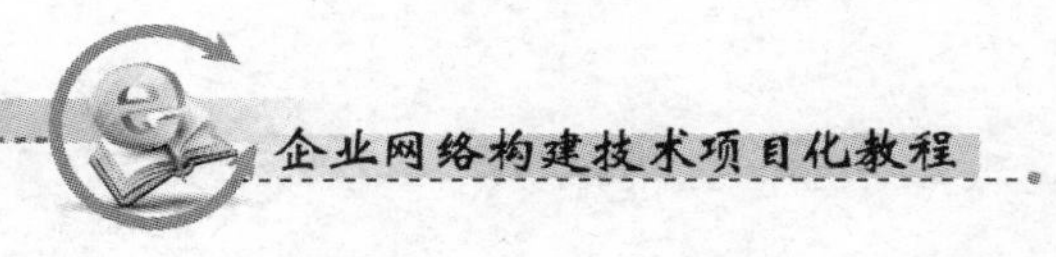

机的主机名设置为“S2960”，则设置命令为：

```
Switch(config)# hostname S2960       //设置主机名为 S2960
S2960(config)#
```

2. 配置交换机管理地址及相关口令

(1) 配置管理地址

在二层交换机中，IP 地址仅用于远程登录配置交换机。默认情况下，交换机的所有端口均属于 VLAN 1，VLAN 1 是交换机自动创建和管理的。每个 VLAN 可以有一个活动的管理地址，因此，设置管理 IP 地址之前，应首先选择 VLAN 1 接口。具体设置命令为：

```
S2960(config)# interface vlan 1                              //进入 VLAN1 接口配置模式
S2960(config-if)# ip address 192.168.1.254 255.255.255.0    //设置 IP 地址和子网掩码
S2960(config-if)# ip default-gateway 192.168.1.1             //设置默认网关
S2960(config-if)# no shutdown                                //启动接口使配置生效
```

注 意

若不设置默认网关，则无法实现跨网段（广播域）远程登录配置。在 Cisco IOS 中若要对某命令进行反向操作可在其前加“no”。例如关闭接口的命令为“shutdown”，启动接口的命令为“no shutdown”；在上例中若要将为 VLAN1 设置的 IP 地址删除，可在进入 VLAN1 接口配置模式后，输入命令“no ip address”。

(2) 设置控制台登录口令

交换机的 Console 端口的编号为 0，为了安全起见，应为该端口的设置登录口令，配置命令为：

```
S2960(config)# line console 0              //进入控制端口的 line 配置模式
S2960(config-line)# password 1234abcd      //设置登录密码为 1234abcd
S2960(config-line)# login                  //使密码生效
```

(3) 设置特权模式口令

设置进入特权模式口令，可以使用以下两种配置命令：

```
S2960(config)# enable password abcdef4567     //设置特权模式口令为 abcdef4567
S2960(config)# enable secret abcdef4567       //设置特权模式口令为 abcdef4567
```

两者的区别为：第一种方式设置的口令是以明文的方式存储的，在“show running-config”命令中可见；第二种方式设置的口令是以密文的方式存储的，在“show running-config”命令中不可见。

3. 配置 Banner 信息

Banner 是一种信息消息，它可以显示给那些接入设备的用户，通过该消息可以对未授权用户的行为给予警告。其设置方法为：

```
S2960(config)# banner motd #
//设置每日提示信息命令,当有用户连接设备时,该信息将在所有与该设备相连的设备上显示出来。
Enter TEXT message. End with the character "#".
WARNING: You are connected to $(hostname) on the System, Incorporated network. #
//输入每日提示信息,以"#"结束,$(hostname)将被相应的配置变量取代
S2960(config)# banner login #
//设置登录信息命令,该信息会在每日提示信息出现之后,登录提示符出现之前显示。
Enter TEXT message. End with the character "#".
WARNING: Unauthorized access of this network will be vigorously prosecuted. #
```

注 意

在 Banner 信息中绝对不要使用"Welcome"或者其他类似的热情话语，否则可能会被误解为邀请访问网络设备。

4. 启用交换机远程管理方式

（1）启用 Telnet 远程登录

交换机支持多个虚拟终端（一般为 16 个），只有设置了登录口令的虚拟终端才允许远程登录。如果要设置交换机同时允许 4 个 Telnet 登录连接，则配置命令为：

```
S2960(config)# line vty 0 3                 //对 0～3 共 4 条虚拟终端线路进行设置
S2960(config-line)# password aaa111bbbb     //设置远程登录口令为 aaa111bbbb
S2960(config-line)# login                   //使密码生效
```

（2）配置 SNMP 远程管理

启用与禁用 SNMP 远程管理的配置命令为：

```
S2960(config)# snmp-server community public ro      //只读权限的团体名称为 public
S2960(config)# snmp-server community private rw     //读写权限的团体名称为 private
S2960(config)# no snmp-server community public      //禁用 snmp 管理
S2960(config)# no snmp-server community private
```

（3）配置 HTTP 远程访问

可以在全局配置模式下使用命令"ip http server"启用 HTTP 服务器功能。另外，在 Cisco IOS 12.2（15）T 及后续版本中，增加了 HTTPS（安全 HTTP）服务器特性，因此也可以在全局配置模式下使用命令"ip http secure-server"启用 HTTPS 服务器功能。

注 意

如果不使用 HTTP 和 HTTPS 服务，一定要在全局配置模式下用命令"no ip http server"和"no ip http secure-server"将其禁用。

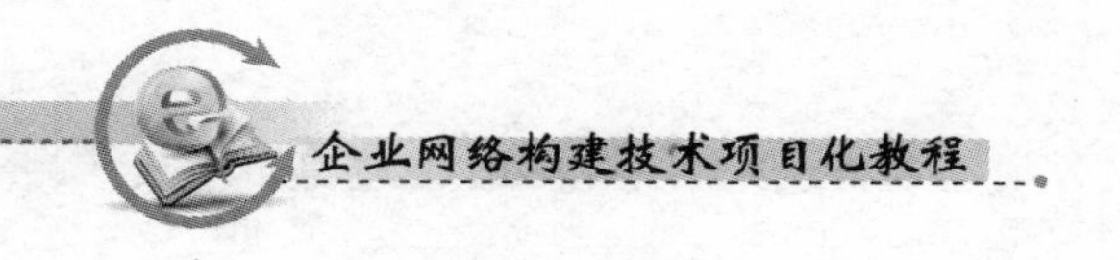

5. 保存交换机配置信息

在交换机上配置的文件（即当前配置文件 running - config）会被保存在 DRAM 中，当交换机断电后，该配置文件将丢失。因此配置好交换机后，必须把配置文件保存在 NVRAM 中，即保存在配置文件 startup - config 中。保存配置信息的命令为：

```
S2960# write memory                            //保存配置信息
S2960# copy running - config startup - config  //保存配置信息
```

6. 恢复交换机的出厂设置

如果要恢复交换机的出厂设置，可以使用以下命令：

```
S2960# erase startup - config   //删除配置文件
S2960# reload                   //重新启动交换机,交换机在启动时,加载出厂配置
```

7. 查看交换机配置信息

（1）查看当前配置信息

要查看交换机的当前配置信息，可以在特权模式运行“show running - config”命令，此时将显示当前正在运行的配置，如图 3 - 7 所示。

```
Switch2960#show running-config
Building configuration...

Current configuration : 987 bytes
!
version 12.2
no service password-encryption
!
hostname Switch2960
!
!
!
interface FastEthernet0/1
!
interface FastEthernet0/2
!
interface FastEthernet0/3
!
interface FastEthernet0/4
!
interface FastEthernet0/5
```

图 3 - 7　show running - config 命令

如果在特权模式运行“show startup - config”命令，则可以显示保存在 NVRAM 中的交换机启动配置信息。

（2）查看交换机的其他信息

在特权模式下，还可以使用 show 命令查看交换机的其他信息，例如：

```
S2960# show interface fa 0/1       //显示交换机 0 号模块 1 号快速以太网端口信息
S2960# show ip interface brief     //显示接口 IP 信息
S2960# show vlan                   //显示所有 VLAN 信息
```

操作4　配置 MAC 地址表

1. 显示交换机 MAC 地址表

要显示交换机 MAC 地址表，可在特权模式运行“show mac - address - table”命令，此时将显示 MAC 地址表中的所有 MAC 地址信息，如图 3 - 8 所示。

```
Switch#show mac-address-table
          Mac Address Table
-------------------------------------------

Vlan    Mac Address       Type        Ports
----    -----------       --------    -----

   1    0001.42e1.0702    DYNAMIC     Fa0/17
   1    0003.e4a6.5604    DYNAMIC     Fa0/6
   1    0004.9adc.5ece    DYNAMIC     Fa0/12
   1    0010.11a9.6c18    DYNAMIC     Fa0/7
   1    0060.3ea5.6137    DYNAMIC     Fa0/4
   1    00d0.58e8.b182    DYNAMIC     Fa0/5
Switch#
```

图 3 - 8　查看交换机的 MAC 地址表

显示交换机 MAC 地址表还可以使用以下命令：

```
S2960# show mac - address - table dynamic        //显示交换机动态学习到的 MAC 地址
S2960# show mac - address - table static         //显示交换机静态指定的 MAC 地址表
S2960# show mac - address - table dynamic interface fa 0/2
//显示交换机 0 号模块 2 号快速以太网端口动态学习到的 MAC 地址
S2960# show mac - address - table static interface fa 0/2
```

2. 设置静态 MAC 地址

如果要指定静态的 MAC 地址，可以使用以下命令：

```
S2960# mac - address - table static 0011. 56e1. 07cb vlan 1 interface fa 0/7
//指定静态 MAC 地址 0011. 56e1. 07cb 连接于交换机 0 号模块 7 号快速以太网端口
```

操作5　配置交换机端口

1. 选择交换机端口

对于使用 IOS 的交换机，交换机端口（Port）也称为接口（Interface），由端口类型、模块号和端口号共同进行标识。例如 Cisco 2960 - 24 交换机只有一个模块，模块编号为 0，该模块有 24 个快速以太网端口，若要选择其第 8 号端口，则配置命令为：

```
S2960(config)# interface fa 0/8
```

对于 Cisco 2960、Cisco 3560 等交换机，可以使用 range 关键字，来指定端口范围，从而选择多个端口，并对其进行统一配置。配置命令为：

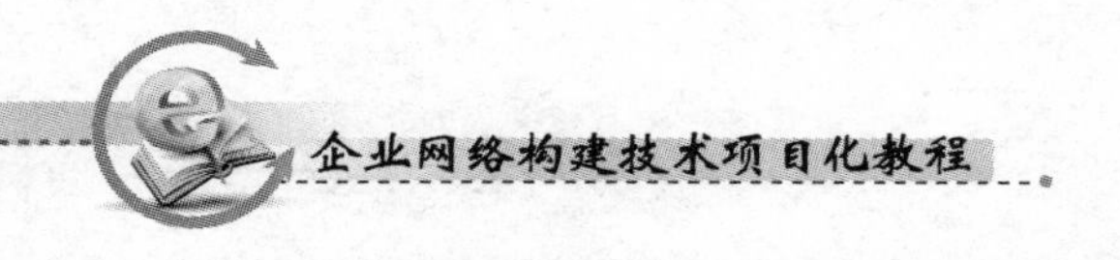


```
S2960(config)# interface range fa0/1 - 24   //选择交换机的第 1 至第 24 口的快速以太网端口
S2960(config-if-range)#                     //交换机多端口配置模式提示符
```

2. 配置端口描述

可以为交换机的端口设置描述性的说明文字，以方便记忆。若交换机的 1 号快速以太网端口为 Trunk 链路端口，可为该端口添加备注说明，配置命令为：

```
S2960(config)# interface fa 0/1
S2960(config-if)# description "-----Trunk Port------"
//为该端口添加备注说明文字为"-----Trunk Port------"
```

3. 启用或禁用端口

对于没有连接的交换机端口，其状态始终是处于 shutdown（禁用）。对于正在工作的端口，可根据需要，进行启用或禁用。比如，若发现连接在某一端口的计算机，因感染病毒，正大量向外发送数据包，此时就可禁用该端口。启用或禁用端口的配置命令为：

```
S2960(config)# interface fa 0/8
S2960(config-if)# shutdown          //禁用端口
S2960(config-if)# no shutdown       //启用端口
```

4. 配置端口通信模式

默认情况下，交换机的端口通信模式为 auto（自动协商），此时链路的两个端点将协商选择双方都支持的最大速度和单工或双工通信模式。配置端口通信模式的主要命令为：

```
S2960(config)# interface fa 0/8
S2960(config-if)# duplex full
//将该端口设置为全双工模式,half 为半双工,auto 为自动协商
S2960(config-if)# speed 100
//将该端口的传输速度设置为 100Mb/s,10 为 10Mb/s,auto 为自动协商
```

注 意

交换机端口的通信模式必须和与其连接的计算机网卡相同，否则将无法通信。

5. 优化端口

当确定交换机某一端口仅用于连接计算机时，可对该端口进行优化，以减少因 STP（生成树协议）或 Trunk 协商而导致的端口启动延迟。配置命令为：

```
S2960(config)# interface range fa0/1 -24
S2960(config-if-range)# switchport mode access
//强制交换机端口为 Access 模式(接入模式),该模式主要用于静态接入计算机
S2960(config-if-range)# spanning-tree portfast
//指定端口为 portfast 模式,不运行生成树协议 STP,以加快建立连接的速度。
S2960(config-if-range)# no channel-group   //禁用端口聚合
```

6. 配置端口聚合

端口聚合是通过软件设置，将多物理连接当作一个单一的逻辑连接来处理。端口聚合技术可以以较低的成本通过捆绑多端口提高带宽，还具有容错功能，当端口聚合中的某条链路出现故障时，该链路的流量将自动转移到其余链路上。端口聚合可采用手工方式进行配置，也可使用动态协议。PagP 是 Cisco 专有的端口聚合协议，LACP（Link Aggregation Control Protocol，链路聚合控制协议）则是一种标准的协议。参与聚合的端口必须具备相同的属性，如相同的速度、单双工模式、Trunk 模式、Trunk 封装方式等。

在图 3-9 所示的网络环境中，试将两台 Cisco 2960 交换机 SWA 和 SWB 分别通过第 23 号和第 24 号快速以太网端口进行连接，并实现端口聚合。

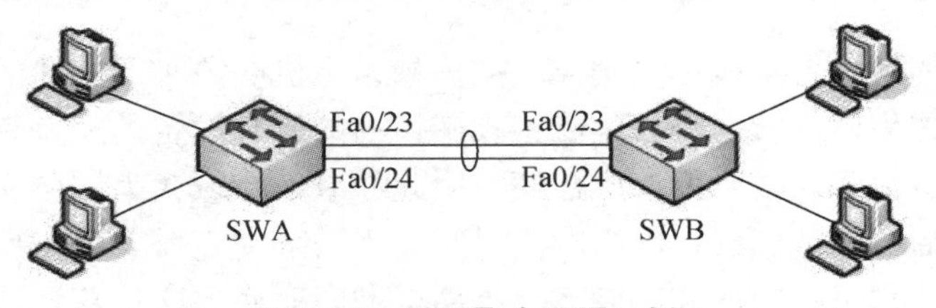

图 3-9 端口聚合配置示例

在交换机 SWA 上的配置过程为：

```
SWA(config)# interface Port-channel 1        //创建交换机的 EtherChannel
SWA(config-if)# switchport mode trunk        //设置 EtherChannel 为 Trunk 模式
SWA(config-if)# interface fa 0/23
SWA(config-if)# channel-group 1 mode on
//将交换机端口加入 EtherChannel 1。on 表示使用 EtherChannel,但不发送 PagP 分组,
SWA(config-if)# interface fa 0/24
SWA(config-if)# channel-group 1 mode on
```

在交换机 SWB 上的配置过程与 SWA 相同，这里不再赘述。

注 意

在“channel-group number mode”命令中，除“on”外，还可以选择其他参数，如“auto”表示交换机被动形成一个 EtherChannel，不发送 PagP 分组，为默认值；“desirable”表示交换机主动要形成一个 EtherChannel，并发送 PagP 分组；“non-silient”表示在激活 EtherChannel 之前先进行 PagP 协商。

任务3.3　划分虚拟局域网

【任务目的】

（1）理解 VLAN 的作用。

（2）掌握在交换机上划分 VLAN 的方法。

【工作环境与条件】

（1）交换机（本部分以 Cisco 2960、Cisco 3560 交换机为例，也可选用其他品牌型号的产品或使用 Cisco Packet Tracer、Boson Netsim 等模拟软件）。

（2）Console 线缆和相应的适配器。

（3）安装 Windows 操作系统的 PC。

（4）组建网络所需的其他设备。

【相关知识】

3.3.1　广播域

为了让网络中的每一台主机都收到某个数据帧，主机必须采用广播的方式发送该数据帧，这个数据帧被称为广播帧。网络中能接收广播帧的所有设备的集合称为广播域。由于广播域内的所有设备都必须监听所有广播帧，因此如果广播域太大，包含的设备过多，就需要处理太多的广播帧，从而延长网络响应时间。当网络中充斥着大量广播帧时，网络带宽将被耗尽，会导致网络正常业务不能运行，甚至彻底瘫痪，这就发生了广播风暴。

二层交换机可以通过自己的 MAC 地址表转发数据帧，但每台二层交换机的端口都只支持一定数目的 MAC 地址，也就是说二层交换机的 MAC 地址表的容量是有限的。当二层交换机接收到一个数据帧，只要其目的 MAC 地址不存在于该交换机的 MAC 地址表中，那么该数据帧会以广播方式发向交换机的每个端口。另外当二层交换机收到的数据帧其目的 MAC 地址为全“1”时，这种数据帧的接收端为广播域内所有的设备，此时二层交换机也会把该数据帧以广播方式发向每个端口。

从上述分析可知，虽然二层交换机的每一个端口是一个冲突域，但在默认情况下，其所有的端口都在同一个广播域，不具有隔离广播帧的能力。因此使用二层交换机连接的网络规模不能太大，否则会大大降低二层交换机的效率，甚至导致广播风暴。为了克服这种广播域的限制，目前很多二层交换机都支持 VLAN 功能，以实现广播帧的隔离。

3.3.2　VLAN 的作用

VLAN（Virtual Local Area Network，虚拟局域网）是将局域网从逻辑上划分为一个个的网段（广播域），从而实现虚拟工作组的一种交换技术。通过在局域网中划分 VLAN，可起到以下作用。

（1）控制网络的广播，增加广播域的数量，减小广播域的大小。

（2）便于对网络进行管理和控制。VLAN 是对端口的逻辑分组，不受任何物理连接的

限制，同一 VLAN 中的用户，可以连接在不同的交换机，并且可以位于不同的物理位置，增加了网络连接、组网和管理的灵活性。

（3）增加网络的安全性。默认情况下，VLAN 间是相互隔离的，不能直接通信。管理员可以通过应用 VLAN 的访问控制列表，来实现 VLAN 间的安全通信。

3.3.3　VLAN 的实现

从实现方式上看，所有 VLAN 都是通过交换机软件实现的，从实现的机制或策略来划分，VLAN 可以分为静态 VLAN 和动态 VLAN。

1. 静态 VLAN

静态 VLAN 就是明确指定各端口所属 VLAN 的设定方法，通常也称为基于端口的 VLAN，其特点是将交换机按端口进行分组，每一组定义为一个 VLAN，属于同一个 VLAN 的端口，可来自一台交换机，也可来自多台交换机，即可以跨越多台交换机设置 VLAN。如图 3－10 所示。静态 VLAN 是目前最常用的 VLAN 划分方式，配置简单，网络的可监控性较强，但该种方式需要逐个端口进行设置，当要设定的端口数目较多时，工作量会比较大。另外当用户在网络中的位置发生变化时，必须由管理员重新配置交换机的端口。因此，静态 VLAN 通常适合于用户或设备位置相对稳定的网络环境。

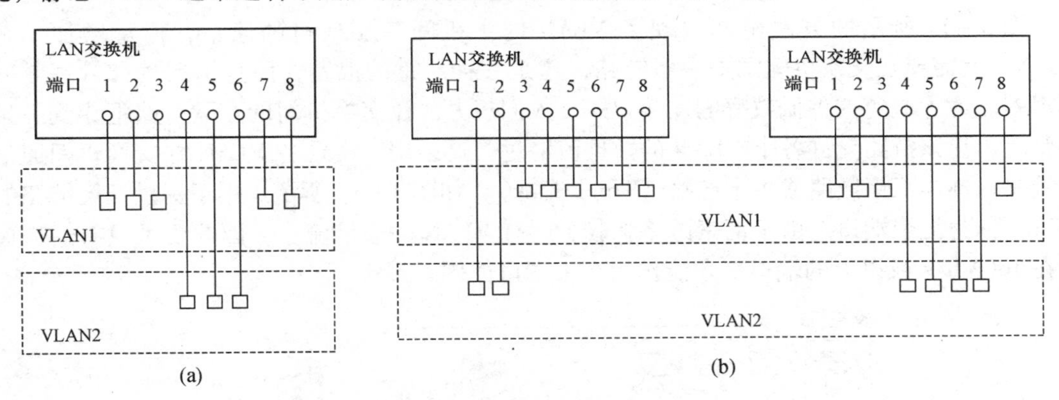

图 3－10　基于端口的 VLAN

2. 动态 VLAN

动态 VLAN 是根据每个端口所连的计算机的情况，动态设置端口所属 VLAN 的方法。动态 VLAN 通常有以下几种实现方式。

（1）基于 MAC 地址的 VLAN：根据端口所连计算机的网卡 MAC 地址决定端口所属的 VLAN。

（2）基于子网的 VLAN：根据端口所连计算机的 IP 地址决定端口所属的 VLAN。

（3）基于用户的 VLAN：根据端口所连计算机的登录用户决定该端口所属的 VLAN。

动态 VLAN 的优点在于只要用户的应用性质不变，并且其所使用的主机不变（如网卡不变或 IP 地址不变），则用户在网络中移动时，并不需要对网络进行额外配置或管理。但动态 VLAN 需要使用 VLAN 管理软件建立和维护 VLAN 数据库，工作量会比较大。

3.3.4 VLAN 的汇聚链接

在实际应用中，通常需要跨越多台交换机的多个端口划分 VLAN。VLAN 内的主机彼此间应可以自由通信，当 VLAN 成员分布在多台交换机上时，可以在交换机上各拿出一个端口，专门用于提供该 VLAN 内主机跨交换机的相互通信。有多少个 VLAN，就对应地需要占用多少个端口，如图 3－11 所示。

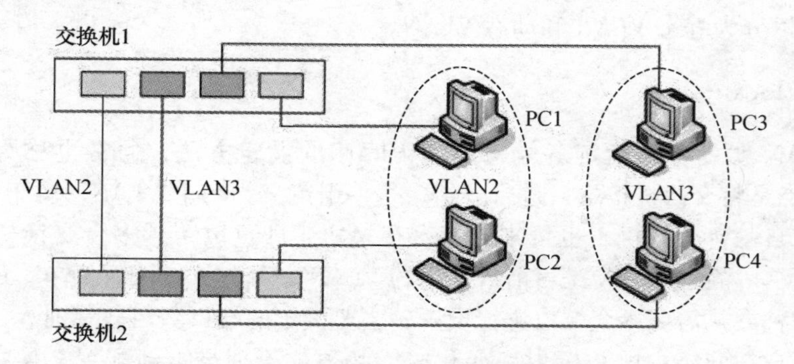

图 3－11　VLAN 内主机跨交换机的通信

图 3－11 所示的方法虽然实现了 VLAN 内主机间跨交换机的通信，但每增加一个 VLAN，就需要在交换机间添加一条链路，这是一种严重的浪费，而且扩展性和管理效率都很差。为了避免这种低效率的连接方式，人们想办法让交换机间的互联链路汇集到一条链路上，让该链路允许各个 VLAN 的数据流经过。这条用于实现各 VLAN 在交换机间通信的链路，称为汇聚链路或主干链路（Trunk Link），如图 3－12 所示。用于提供汇聚链路的端口，称为汇聚端口。由于汇聚链路承载了所有 VLAN 的通信流量，因此要求只有通信速度在 100Mb/s 或以上的端口，才能作为汇聚端口使用。

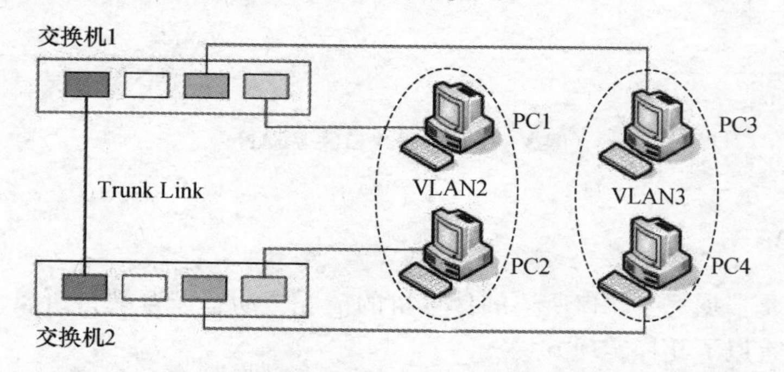

图 3－12　利用汇聚链路实现各 VLAN 内主机跨交换机的通信

引入汇聚链路后，交换机的端口就分为访问连接（Access Link）端口和汇聚连接端口。访问连接端口只属于某一个 VLAN，用于连接客户机，以提供网络接入服务。汇聚连接端口为所有 VLAN 或部分 VLAN 共有，承载多个 VLAN 在交换机间的通信流量。

由于汇聚链路承载了多个 VLAN 的通信流量，为了标识各数据帧属于哪个 VLAN，需要对流经汇聚链路的数据帧进行打标（Tag）封装，以附加上 VLAN 信息，这样交换机就

可通过 VLAN 标识，将数据帧转发到对应的 VLAN 中。目前交换机支持的打标封装协议主要有 IEEE802. 1Q 和 ISL。ISL 与 IEEE802. 1Q 协议互不兼容，ISL 是 Cisco 独有的协议，如果局域网使用的全部是 Cisco 系列交换机，可以使用 ISL 也可以使用 IEEE802. 1Q 协议；如果使用了多个厂商的交换机，则应使用 IEEE802. 1Q 协议。

3. 3. 5　VTP

VTP（VLAN Trunking Protocol，VLAN 链路聚集协议）是在建立了汇聚链路的交换机之间同步和传递 VLAN 配置信息的协议，以在同一个 VTP 域中维持 VLAN 配置的一致性。在创建 VLAN 之前，应先定义 VTP 管理域，VTP 消息能在同一个 VTP 管理域内，同步和传递 VLAN 配置信息。另外，利用 VTP 协议，还能实现从汇聚链路中修剪掉不需要的 VLAN 流量。VTP 有以下 3 种工作模式。

1. Server 模式

Server 模式是交换机默认的工作模式，运行在该模式的交换机，允许创建、修改和删除本地 VLAN 数据库中的 VLAN，并允许设置一些对整个 VTP 域的配置参数。在对 VLAN 进行创建、修改或删除之后，VLAN 数据库的变化将传递到 VTP 域内所有处于 Server 或 Client 模式的其他交换机，以实现对 VLAN 信息的同步。另外，Server 模式的交换机也可接收同一个 VTP 域内其他交换机发送来的同步信息。

2. Client 模式

处于该模式下的交换机不能创建、修改和删除 VLAN，也不能在 NVRAM 中存储 VLAN 配置，如果掉电，将丢失所有的 VLAN 信息。该模式下的交换机，主要通过 VTP 域内其他交换机的 VLAN 配置信息来同步和更新自己的 VLAN 配置。

3. Transparent 模式

运行在该模式的交换机可以创建、修改和删除本地 VLAN 数据库中的 VLAN。与 Server 模式不同的是，Transparent 模式的交换机对 VLAN 配置的修改，仅对自身有效，不会传播给其他交换机。

3. 3. 6　VLAN 间的通信

对于没有路由功能的二层交换机，若要实现 VLAN 间的相互通信，就要借助外部的路由器来为 VLAN 指定路由。此时路由器的快速以太网接口与交换机的快速以太网端口，应以汇聚链路的方式相连，并在路由器的快速以太网接口上，为每一个 VLAN 创建一个对应的虚拟子接口，并设置虚拟子接口的 IP 地址，该 IP 地址以后就成为该 VLAN 的默认网关。由于这些虚拟子接口是直接连接在路由器上的，设置 IP 地址后，路由器会自动在路由表中，为各 VLAN 添加路由，从而实现 VLAN 间的路由转发。

在局域网中，VLAN 间的通信流量会比较大，这部分流量会集中体现在交换机和路由器之间的汇聚链路上。路由器一般基于软件处理方式选择路由，难以达到线速交换，因此会成为整个网络通信的瓶颈。三层交换机是带有路由功能的交换机，可实现高速路由，并且在对第一个数据帧进行路由后，会产生 MAC 地址与 IP 地址的映射表，当同样的数据帧再次通过时，会直接从二层转发，从而提高了数据包转发的效率。因此，使用三层交换机来配置 VLAN 和提供 VLAN 间的通信，比使用二层交换机和路由器更好，配置和使用也更方便。

【任务实施】

操作1　单交换机划分 VLAN

在如图 3－13 所示的由一台 Cisco 2960 交换机组建的局域网中，若要将所有的计算机划分为 4 个 VLAN，该交换机的 1 号快速以太网端口属于一个 VLAN；2 号和 3 号快速以太网端口属于一个 VLAN；4 号快速以太网端口属于一个 VLAN；其他端口属于另一个 VLAN，则配置步骤为：

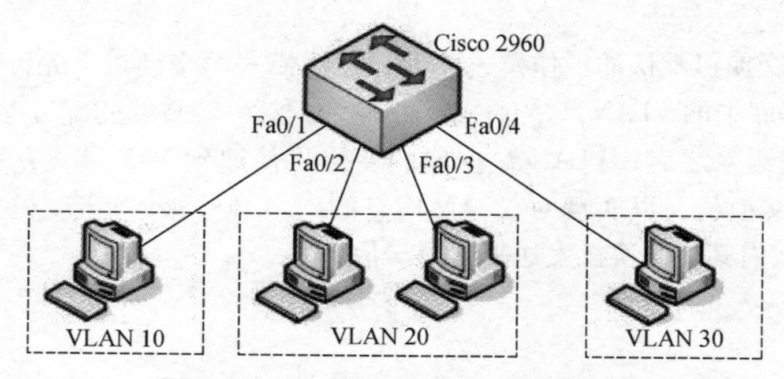

图 3－13　单交换机上划分 VLAN 示例

```
S2960# vlan database   //进入 VLAN 配置模式
S2960(vlan)# vlan 10 name stu1    //创建 ID 号为 10,名称为 stu1 的 VLAN
S2960(vlan)# vlan 20 name stu2    //创建 ID 号为 20,名称为 stu2 的 VLAN
S2960(vlan)# vlan 30 name stu3    //创建 ID 号为 30,名称为 stu3 的 VLAN
S2960(vlan)# exit
S2960# configure terminal
S2960(config)# interface fa 0/1
S2960(config-if)# switchport access vlan 10   //将 Fa0/1 端口加入 VLAN 10
S2960(config-if)# interface fa 0/2
S2960(config-if)# switchport access vlan 20   //将 Fa0/2 端口加入 VLAN 20
S2960(config-if)# interface fa 0/3
S2960(config-if)# switchport access vlan 20   //将 Fa0/3 端口加入 VLAN 20
S2960(config-if)# interface fa 0/4
S2960(config-if)# switchport access vlan 30   //将 Fa0/4 端口加入 VLAN 30
S2960(config-if)# end
S2960# show vlan                              //查看所有 VLAN 信息
```

注意

默认情况下，交换机会自动创建和管理 VLAN1，所有交换机端口默认属于 VLAN1，用户不能创建和删除 VLAN1。用户能够创建的 VLAN 数量要受到交换机硬件条件的限制，不同型号交换机允许用户创建的 VLAN 数量有所不同。划分 VLAN 后可以在每台计算机上运行 ping 命令测试计算机之间的连通性，此时会发现处在不同 VLAN 中的计算机是不能通信的。

操作2　跨交换机划分 VLAN

当网络中有跨交换机 VLAN 存在时，通常应进行 VTP 的设置，基本步骤如下。

(1) 启用并设置 VTP，实现交换机间的 VLAN 信息交换。

(2) 启用并配置 Trunk。

(3) 创建 VLAN。

(4) 将交换机端口加入 VLAN。

(5) 当网络中有三层交换机时可配置 VLAN 间的路由。

图 3－14 所示的网络由 1 台具有三层交换功能的核心交换机（Cisco 3560）和 3 台接入交换机（Cisco 2960）组成，假设核心交换机的名称为 SWCORE，接入交换机分别为 SWA、SWB 和 SWC，接入交换机通过千兆位以太网端口与核心交换机相连。现要将接入交换机的所有端口划分为 2 个 VLAN，划分方式和 IP 地址如图中标识。则具体配置过程如下。

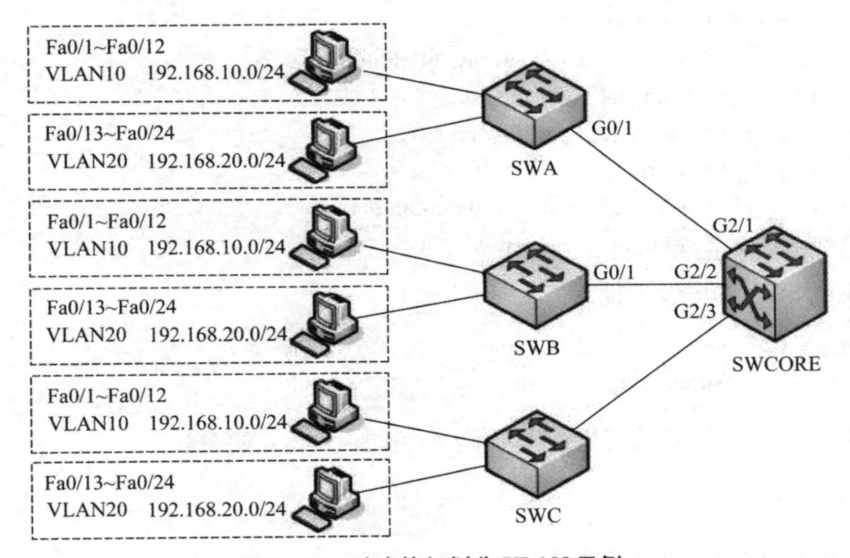

图 3－14　跨交换机划分 VLAN 示例

1. 设置 VTP

在交换机 SWCORE 的配置过程为：

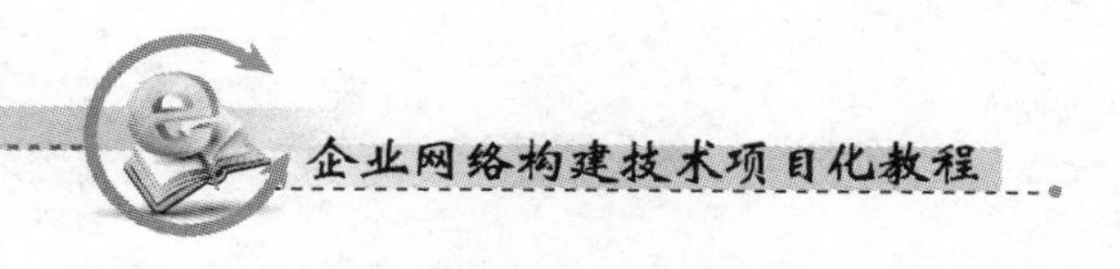


```
SWCORE(config)# vtp domain SWCORE       //创建 VTP 域名为 SWCORE
SWCORE(config)# vtp mode server         //配置交换机的 VTP 模式为 Server
```

在交换机 SWA 的配置过程为：

```
SWA(config)# vtp domain SWCORE
SWA(config)# vtp mode client            //配置 VTP 模式为 Client
```

在交换机 SWB 的配置过程为：

```
SWB(config)# vtp domain SWCORE
SWB(config)# vtp mode client            //配置 VTP 模式为 Client
```

在交换机 SWC 的配置过程为：

```
SWC(config)# vtp domain SWCORE
SWC(config)# vtp mode client            //配置 VTP 模式为 Client
```

2. 配置 Trunk

在交换机 SWCORE 的配置过程为：

```
SWCORE(config)# interface GigabitEthernet 2/1
SWCORE(config-if)# switchport           //将端口设置为二层的交换端口
SWCORE(config-if)# swithport trunk encapsulation dot1q   //设置打标封装协议
SWCORE(config-if)# swithport mode trunk   //将端口设置为汇聚连接端口
SWCORE(config-if)# interface GigabitEthernet 2/2
SWCORE(config-if)# switchport
SWCORE(config-if)# swithport trunk encapsulation dot1q
SWCORE(config-if)# swithport mode trunk
SWCORE(config-if)# interface GigabitEthernet 2/3
SWCORE(config-if)# switchport
SWCORE(config-if)# swithport trunk encapsulation dot1q
SWCORE(config-if)# swithport mode trunk
```

在交换机 SWA 的配置过程为：

```
SWA(config)# interface GigabitEthernet 0/1
SWA(config-if)# swithport mode trunk
```

在交换机 SWB、SWC 的配置过程与 SWA 相同，这里不再赘述。

3. 创建 VLAN

在交换机 SWCORE 的配置过程为：

```
SWCORE# vlan database
SWCORE(vlan)# vlan 10 name VLAN10
SWCORE(vlan)# vlan 20 name VLAN20
```

注 意

由于已经建立了 VTP 域，并且核心交换机工作于 Server 模式，因此在该交换机上所建的 VLAN 将通过 VTP 通告给域内所有交换机。如果要将交换机的某个端口划入某个 VLAN，则必须在该端口所属的交换机上进行设置。

4. 将交换机的端口划入 VLAN

在交换机 SWA 的配置过程为：

```
SWA(config)# interface range fa 0/1 - 12
SWA(config - if - range)# switchport access vlan 10
SWA(config - if - range)# interface range fa 0/13 - 24
SWA(config - if - range)# switchport access vlan 20
```

在交换机 SWB、SWC 的配置过程与 SWA 相同，这里不再赘述。

5. 配置 VLAN 间路由

要实现网络的通信，首先要给各 VLAN 分配 IP 地址。给 VLAN 分配 IP 地址有静态分配和动态分配两种方式。由于本例中的核心交换机为三层交换机，因此只要在核心交换机上分别配置各 VLAN 的接口 IP 地址，然后在接入各 VLAN 的 PC 上设置与所属 VLAN 网络标识一致的 IP 地址，并且把默认网关设置为该 VLAN 的接口 IP 地址，就可以实现 VLAN 间的通信。在核心交换机上配置各 VLAN 接口 IP 地址的配置过程为：

```
SWCORE(config)# interface vlan 10
SWCORE(config - if)# ip address 192.168.10.1 255.255.255.0
SWCORE(config - if)# no shutdown
SWCORE(config - if)# interface vlan 20
SWCORE(config - if)# ip address 192.168.20.1 255.255.255.0
SWCORE(config - if)# no shutdown
```

注 意

如果网络中的交换机数量比较少，在跨交换机划分 VLAN 时也可以采用以下步骤：① 分别在各交换机上创建 VLAN（VLAN 的 ID 和名称完全相同）；② 交换机和交换机之间配置 Trunk；③ 将交换机的端口划入 VLAN；④ 当网络中有三层交换机时可配置 VLAN 间的路由。

任务 3.4　配置生成树协议

【任务目的】

（1）理解生成树协议的原理和作用。

（2）掌握生成树协议的配置方法。

【工作环境与条件】

（1）交换机（本部分以 Cisco 2960 交换机为例，也可选用其他品牌型号的产品或使用 Cisco Packet Tracer、Boson Netsim 等模拟软件）。

（2）Console 线缆和相应的适配器。

（3）安装 Windows 操作系统的 PC。

（4）组建网络所需的其他设备。

【相关知识】

3.4.1　生成树协议的作用

在企业网络通信中，为了确保网络连接的可靠性和稳定性，常常需要网络提供冗余链路和故障的快速恢复功能，因此会采用多条链路连接交换设备形成备份链接的方式。例如在如图 3－15 所示的网络中，客户机和服务器之间存在着两条链路，当链路 1 发生故障时，客户机和服务器之间仍然能够通信。但是由于在第二层网络中不能使用路由协议，无法进行路由选择，因此这两条链路不能同时工作，否则会形成交换回路，从而导致多帧复制、MAC 地址表不稳定，引发广播风暴。

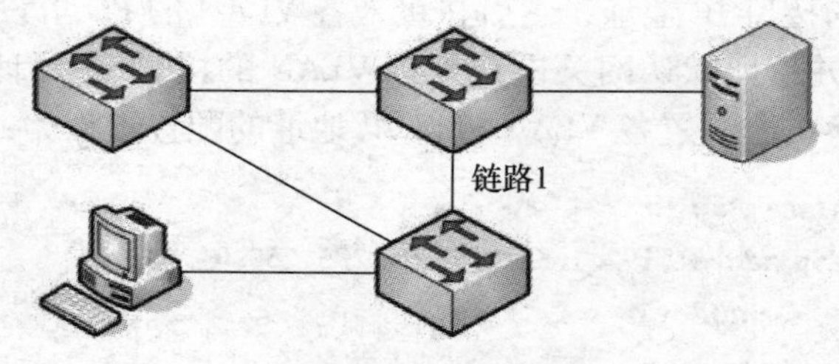

图 3－15　备份链路

生成树协议（Spanning Tree Protocol，STP）是在网络有环路时，通过一定的算法将交换机的某些端口进行阻塞，从软件层面修改网络物理拓扑结构来构建一个无环路逻辑转发拓扑结构，提供了物理线路的冗余连接，消除了网络风暴，从而提高网络的稳定性和减少网络故障的发生率。

3.4.2　生成树协议的工作过程

生成树协议采用以下规则使某个端口进入转发状态，其他所有端口都被置为阻塞状态，从而使网络形成无环路的树型结构。

（1）生成树协议将选择一个根交换机，该交换机的所有端口都处于转发状态。

（2）每一个非根交换机将从其端口中选择一个到根交换机管理成本最低的端口作为根端口，根端口将处于转发状态。

（3）当网络中有多个交换机时，这些交换机会将其到根交换机的管理成本通告出去，其中具有最低管理成本的交换机将作为指定交换机。指定交换机中发送最低管理成本

BPDU（Bridge Protocol Data Unit，桥协议数据单元）的端口是指定端口，该端口处于转发状态。

注 意

在生成树协议工作过程中，各交换机将通过 BPDU 交换信息，利用这些信息可选出根交换机并进行后续配置。

下面以如图 3－16 所示的网络拓扑为例描述生成树协议的工作过程。

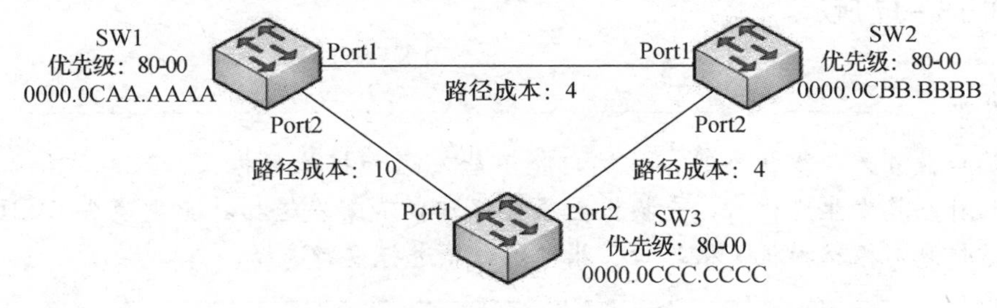

图 3－16　STP 工作过程示例

1. 选择根交换机

网络中所有的交换机都被分配了一个优先级（默认 32768），具有最小优先级的交换机将成为根交换机，如果所有交换机的优先级都相同，则具有最小 MAC 地址的交换机将成为根交换机。在如图 3－16 所示的网络中，所有交换机都通过发送 BPDU 来声明自己是根交换机，SW1 在收到另外两台交换机的 BPDU 后，发现自己 MAC 地址最小（优先级相等），所以不再转发它们的 BPDU。而 SW2 和 SW3 在收到 SW1 的 BPDU 后，发现 SW1 的 MAC 地址小于自己的 MAC 地址，则将转发 SW1 的 BPDU，认为 SW1 为根交换机。

2. 选择根端口

除根交换机外，每台交换机都要选择一个根端口。在如图 3－16 所示的网络中，对于交换机 SW2 来说，端口 Port1 到根交换机 SW1 的路径成本为 4，端口 Port2 到根交换机 SW1 的路径成本为 4＋10＝14，因此应选择端口 Port1 为其根端口。对于交换机 SW3 来说，端口 Port1 到根交换机 SW1 的路径成本为 10，端口 Port2 到根交换机 SW1 的路径成本为 4＋4＝8，因此选择端口 Port2 为其根端口。

注 意

生成树的路径成本是路径中所有路径的累积成本，路径成本与网络带宽等因素有关。当交换机的多个端口路径成本相同时，将选择端口优先级小（默认 128）的端口为根端口；若端口优先级相同，则将选择端口编号小的端口为根端口。

3. 指定端口的选择

在如图 3－16 所示的网络中，SW2 到根交换机 SW1 具有最低管理成本，因此 SW2 将作为指定交换机，所以 SW2 的 Port2 端口将作为指定端口。

4. 阻塞端口

非根交换机的根端口和指定端口将进入转发状态，其他端口将被设置阻塞状态。在如图 3－16 所示的网络中，SW3 的 Por1 将被设为阻塞状态，从而使网络形成无环路的树型结构，如图 3－17 所示。

注 意

当端口被置为阻塞状态时，该端口将不能发送和接收数据帧，只允许接收 BPDU。当网络拓扑结构发生变化时，交换机会通过根端口不断发送拓扑变更通告 BPDU，网络将根据该信息对根交换机、根端口、指定端口等进行重新选择。

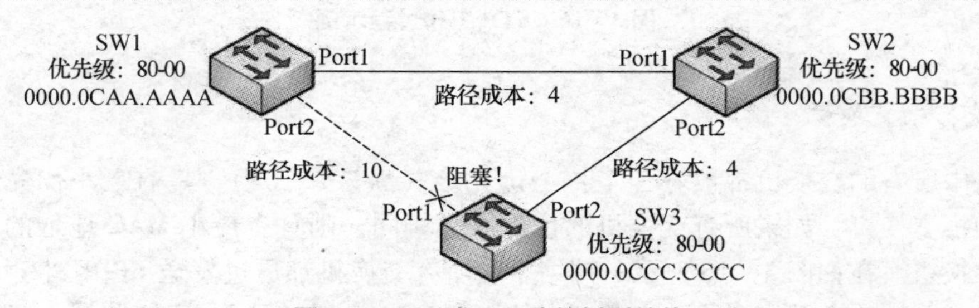

图 3－17　形成无环路的树型结构

3.4.3　RSTP、PVST 和 MSTP

1. RSTP

STP 的最大缺点是收敛时间太长，当拓扑结构发生变化时新的配置消息要经过一定的时延才能传播到整个网络，在所有交换机收到这个变化的消息之前，可能存在临时环路。为了解决 STP 的缺陷，出现了快速生成树协议（Rapid Spanning Tree Protocol，RSTP）。RSTP 与 STP 完全兼容，在 STP 的基础上主要做了以下改进。

（1）为根端口和指定端口设置了快速切换用的替换端口和备份端口两种角色，当根端口或指定端口失效时，替换端口/备份端口就会无时延地进入转发状态。

（2）增加了交换机之间的协商机制，在只连接了两个交换端口的点对点链路中，指定端口只需与相连的交换机进行一次握手就可以无时延地进入转发状态。

（3）将直接与终端相连的端口定义为边缘端口。边缘端口可以直接进入转发状态。

2. PVST

当网络上有多个 VLAN 时，必须保证每一个 VLAN 都不存在环路。Cisco 的 VLAN 生

成树协议（Per VLAN Spanning Tree，PVST）会为每个 VLAN 构建一棵 STP 树，其优点是每个 VLAN 可以单独选择根交换机和转发端口，从而实现负载均衡，其缺点是如果 VLAN 数量很多，会给交换机带来沉重的负担。为了携带更多信息，PVST BPDU 的格式与 STP 不同，所以 PVST 不兼容 STP 和 RSTP 协议。PVST 是 Cisco 交换机的默认模式。

3. MSTP

MSTP（Multiple Spanning Tree Protocol，多生成树协议）定义了“实例”的概念，所谓实例是多个 VLAN 的集合，每个实例仅运行一个快速生成树。在使用时可以将多个相同拓扑结构的 VLAN 映射到一个实例中，这些 VLAN 在端口上的转发状态将取决于实例的状态。MSTP 可以把支持 MSTP 的交换机和不支持 MSTP 的交换机划分成不同的区域，分别称作 MST 域和 SST 域。在 MST 域内部运行多实例化的生成树，在 MST 域的边缘运行与 RSTP 兼容的内部生成树（Internal Spanning Tree，IST）。MSTP 兼容 STP 和 RSTP，既有 PVST 的 VLAN 认知能力和负载均衡能力，又节省了通信开销和资源占用率。

【任务实施】

操作 1　配置生成树协议

在如图 3－18 所示的网络中，两台 Cisco 2960 交换机分别命名为 SWA 和 SWB，计算机 PCA 与 PCB 的 IP 地址分别为 192. 168. 1. 2/24 和 192. 168. 1. 3/24，为了提高网络的可靠性，现使用 2 条链路将交换机互联，要求在交换机上进行适当设置，使网络避免环路。

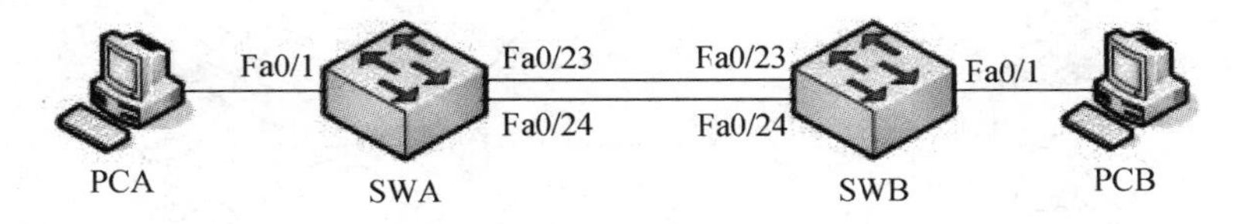

图 3－18　配置生成树协议示例

基本配置过程如下。

1. *在每台交换机上进行端口配置*

在交换机 SWA 上的配置过程为：

```
SWA(config)# interface range fa 0/23 - 24
SWA(config - if - range)# switchport mode trunk
```

在交换机 SWB 上的配置过程与 SWA 相同，这里不再赘述。

2. *在每台交换机上配置生成树*

在交换机 SWA 上的配置过程为：

```
SWA(config)# spanning - tree
//启用生成树协议,禁用生成树协议的命令为"no spanning - tree"
SWA(config)# spanning - tree mode rapid - pvst  //指定生成树协议类型
```

在交换机 SWB 上的配置过程与 SWA 相同，这里不再赘述。

3. 按拓扑结构连接所有设备后，可在各交换机上查看生成树配置信息。

在交换机 SWA 上的配置过程为：

```
SWA# show spanning - tree        //显示生成树配置信息
```

4. 测试连通性

此时可以测试 PC 间的连通性，并将交换机间的任何一条链路断开，测试其连通性。

操作 2　利用生成树协议实现负载均衡

在如图 3－19 所示的网络中，3 台 Cisco 2960 交换机分别命名为 SWA、SWB 和 SWC，各交换机分别通过 23 和 24 号快速以太网端口相连，该网络需实现以下要求。

（1）在该网络中划分 2 个 VLAN，IP 地址分别为 192.168.10.0/24 和 192.168.20.0/24，每台交换机上所连接的 2 台计算机要分别属于这两个 VLAN。

（2）在交换机上进行适当设置，使网络避免环路，并实现负载均衡。

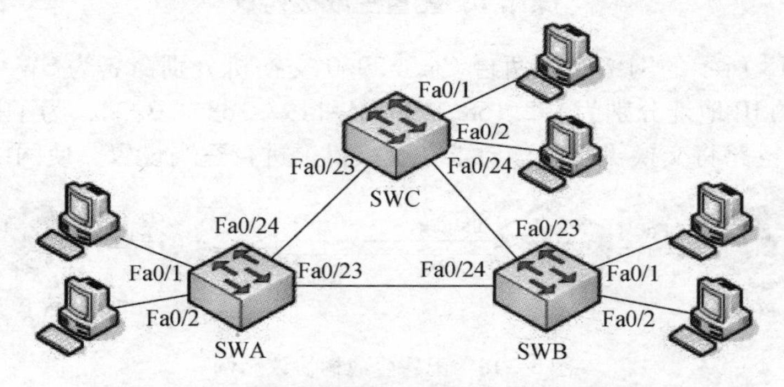

图 3－19　利用生成树协议实现负载均衡配置示例

基本配置过程如下。

1. 在每台交换机创建 VLAN 并进行端口划分

在交换机 SWA 的配置过程为：

```
SWA# vlan database
SWA(vlan)# vlan 10 name VLAN10
SWA(vlan)# vlan 20 name VLAN20
SWA(vlan)# exit
SWA# configure terminal
SWA(config)# vtp domain SWA
SWA(config)# vtp mode server
SWA(config)# interface fa 0/1
```

```
SWA(config-if)# switchport access vlan 10
SWA(config-if)# interface fa 0/2
SWA(config-if)# switchport access vlan 20
SWA(config)# interface range fa 0/23-24
SWA(config-if-range)# switchport mode trunk
```

交换机 SWB 和 SWC 的配置与 SWA 相似，只是应注意将其设为 VTP 域的 Client 模式，具体配置过程这里不再赘述。

2. 在各台交换机上配置生成树

在交换机 SWA 上的配置过程为：

```
SWA(config)# spanning-tree
SWA(config)# spanning-tree mode rapid-pvst
SWA(config)# spanning-tree vlan 10 priority 0
//配置交换机 SWA 为 VLAN10 的根交换机,设置的数值越小优先级越高
```

在交换机 SWB 上的配置过程为：

```
SWB(config)# spanning-tree
SWB(config)# spanning-tree mode rapid-pvst
SWB(config)# spanning-tree vlan 20 priority 0
```

在交换机 SWC 上的配置过程为：

```
SWC(config)# spanning-tree
SWC(config)# spanning-tree mode rapid-pvst
```

3. 连接设备

按拓扑结构连接所有设备后，可在各交换机上查看生成树配置信息。

4. 测试连通性

此时可以测试 PC 间的连通性，并将交换机间的任何一条链路断开，测试其连通性。

习　题　3

1. 思考问答

（1）简述交换机的分类方法。
（2）交换机和交换机之间有哪些连接方式？在局域网中最常见的是哪一种？
（3）简述二层交换机的工作流程。
（4）简述交换机的组成及各部分的作用。
（5）交换机主要有几种配置方式？配置前分别需要做好哪些准备工作？

（6）简述交换机端口聚合的作用。

（7）简述 VLAN 的作用和实现方法。

（8）简述 STP 的作用和工作过程。

2. 技能操作

（1）小型办公局域网的组建

【内容及操作要求】

使用一台交换机组建小型办公局域网，网络节点数在 10 ～20 左右，采用 100Base - TX 组网技术。各计算机安装 Windows 操作系统使用 TCP/IP 协议，IP 地址分别设为 192. 168. 1. 10 ～192. 168. 1. 30；子网掩码均为 255. 255. 255. 0；默认网关和 DNS 服务器为空。要求各计算机之间能够相互访问。

【准备工作】

安装 Windows 操作系统的计算机 10 ～20 台；交换机一台及说明书；一定长度的双绞线；RJ - 45 连接器若干；RJ - 45 压线钳；简易线缆测试仪。

【考核时限】

60min。

（2）Cisco 交换机基本配置

【内容及操作要求】

按照如图 3 - 20 所示的拓扑图连接网络，设置交换机的主机名、管理地址、本地登录口令及特权模式口令；设置交换机与 PC 连接的端口工作于全双工模式，速度为 100Mb/s；开启交换机的 Telnet 管理方式并在 PC 上进行验证。

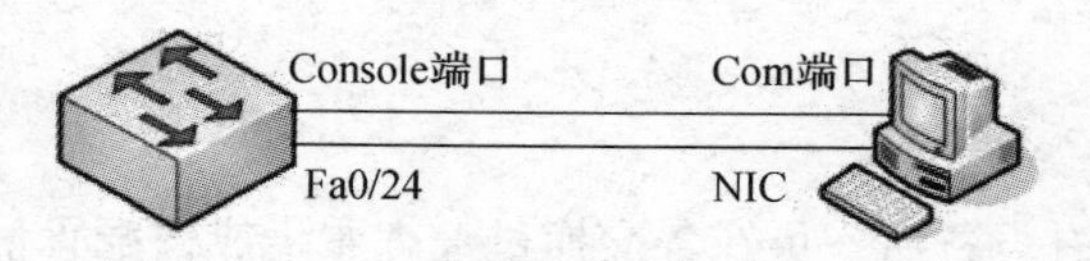

图 3 - 20　Cisco 交换机基本配置技能操作

【准备工作】

1 台 Cisco 2960 交换机；1 台安装 Windows 操作系统的计算机；Console 线缆及其适配器；制作好的双绞线跳线。

【考核时限】

30min。

（3）Cisco 交换机 VLAN 配置

【内容及操作要求】

按照如图 3 - 21 所示的拓扑图连接网络，按要求划分 3 个 VLAN，给网络中的 PC 及相关设备配置 IP 地址信息，使得各 VLAN 中的 PC 可以相互访问。

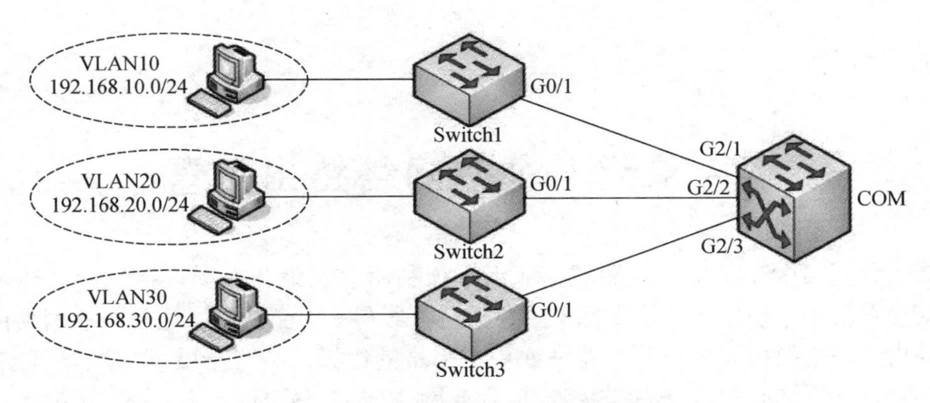

图 3－21　Cisco 交换机 VLAN 配置技能操作

【准备工作】

1 台 Cisco 3560 交换机；3 台 Cisco 2960 交换机；9 台安装 Windows 操作系统的计算机；Console 线缆及其适配器若干；制作好的双绞线跳线若干。

【考核时限】

90min。

第 4 单元　企业网络路由配置

如果企业网络中存在多个广播域，那么必须利用三层设备实现广播域间的路由和通信。目前企业网络中使用的三层设备主要包括路由器和三层交换机。通常企业网络内部的路由主要由三层交换机实现；路由器主要用在网络的边界，实现局域网与城域网或 Internet 的连接。本单元的主要目标是能够根据企业网络需求正确选择与安装三层设备；掌握路由器和三层交换机的基本配置方法；能够利用路由器和三层交换机实现网络路由；能够利用 ACL 实现网络的流量控制。

任务 4.1　路由器的选择与基本配置

【任务目的】

（1）理解路由器的作用。

（2）了解路由器的类型和选购方法。

（3）认识路由器的端口和端口模块。

（4）掌握路由器的基本配置操作与相关配置命令。

【工作环境与条件】

（1）路由器和交换机（本部分以 Cisco 2811 路由器、Cisco 2960 交换机为例，也可选用其他品牌型号的产品或使用 Cisco Packet Tracer、Boson Netsim 等模拟软件）。

（2）Console 线缆和相应的适配器。

（3）安装 Windows 操作系统的 PC。

（4）组建网络所需的其他设备。

【相关知识】

4.1.1　路由器的作用

路由器（Router）工作于网络层，是 Internet 的主要节点设备，具有判断网络地址和选择路径的功能，它能在多网络互联环境中，建立灵活的连接，可用完全不同的数据分组和介质访问方法连接各种子网。路由器的主要作用有以下几个方面。

1. 网络的互联

路由器可以真正实现网络（广播域）互联，它不仅可以实现不同类型局域网的互联，而且可以实现局域网与广域网的互联以及广域网间的互联。在多网络互联环境中，路由器只接受源站或其他路由器的信息，不关心各网段使用的硬件设备，但要求运行与网络层协

议相一致的软件。

2. 路径选择

路由器的主要工作是为经过它的每个数据包寻找一条最佳传输路径，并将该数据有效地传送到目的站点。由此可见，选择最佳路径的策略即路由算法是路由器的关键所在。为了完成这项工作，在路由器中保存着载有各种传输路径相关数据的路由表，供路由选择时使用。

3. 转发验证

路由器具有包过滤和访问列表功能，可以限制在某些方向上数据包的转发，从而提供了一种安全措施。这有助于防止一些安全隐患，如防止外部的主机伪装作内部主机通过路由器建立对话。

4. 拆包/打包

路由器在转发数据包的过程中，为了便于在网络间传送数据包，可按照预定的规则把大的数据包分解成适当大小的数据包，到达目的地后再把分解的数据包封装成原有形式。

5. 网络隔离

路由器可以根据网络标识、数据类型等来监控、拦截和过滤信息，因此路由器具有更强的网络隔离能力。这种隔离能力不仅可以避免广播风暴，而且有利于提高网络的安全性，克服了交换机作为互联设备的最大缺点。目前许多网络安全管理工作是在路由器上实现的，如在路由器上实现的防火墙技术。

6. 流量控制

路由器有很强的流量控制能力，可以采用优化的路由算法来均衡网络负载，从而有效地控制拥塞，避免因拥塞而使网络性能下降。

4.1.2　路由器的分类

1. 按功能分类

路由器从功能上可以分为通用路由器和专用路由器。通用路由器在网络系统中最为常见，以实现一般的路由和转发功能为主，通过选配相应的模块和软件，也可以实现专用路由器的功能。专用路由器是为了实现某些特定的功能而对其软件、硬件、接口等作了专门设计。其中较常用的有 VPN 路由器、访问路由器、语音网关路由器等。

2. 按结构分类

从结构上，路由器可以分为模块化和固定配置两类。模块化路由器的特点是功能强大、支持的模块多样、配置灵活，可以通过配置不同的模块满足不同规模的要求，此类产品价格较贵。模块化路由器又分为 3 种，一种是处理器和网络接口均设计为模块化；第二种是处理器是固定配置（随机箱一起提供），网络接口为模块设计；第三种是处理器和部分常用接口为固定配置，其他接口为模块化。固定配置的路由器常见于低端产品，其特点是体积小、性能一般、价格低、易于安装调试。

3. 按在网络中所处的位置分类

按在网络中所处的位置，可以把路由器分为以下类型。

（1）接入路由器：也称宽带路由器，是指处于分支机构处的路由器，用于连接家庭或 ISP 内的小型企业客户。

（2）企业级路由器：处于用户的网络中心位置，对外接入公共网络，对下连接各分支机构。该类路由器能够提供大量的端口且支持 QoS，能有效地支持广播和组播，支持 IP、IPX 等多种协议，还支持防火墙、包过滤、VLAN 以及大量的管理和安全策略。

（3）电信骨干路由器：一般常见于城域网中，承担大吞吐量的网络服务。骨干路由器必须保证其速度和可靠性，都支持热备份、双电源、双数据通路等技术。

4.1.3 路由器的端口

路由器的组成结构与交换机类似，由硬件和软件两部分组成。其软件部分主要包括操作系统（如 IOS）和配置文件，硬件部分主要包含 CPU、端口和存储介质。为了连接不同类型的网络设备，路由器的端口类型较多，除控制台端口和辅助端口外，其余物理端口可分为局域网端口和广域网端口两种类型。常见的局域网端口包括以太网端口、快速以太网端口、千兆位以太网端口等；常见的广域网端口包括异步串口、ISDN、BRI（Basic Rate Interface，基本速率接口）、xDSL 等。

1. 路由器的端口模块

为了让用户可以根据需要灵活选择端口，目前的企业级路由器主要采用模块化结构，用户只要在路由器插槽中插入不同的端口模块，就可以实现端口的变更。同一厂商生产的端口模块可以在其多个系列的路由器产品上使用，但不同厂商的端口模块由于物理接口不一致，通常是不能通用的。

在 Cisco 中低端模块化路由器中，主要适用 NM 网络模块（包括 NME 模块）和 WIC 广域网接口卡（包括 HWIC 高速广域网接口卡）两类模块。Cisco 模块的命名规范为“模块类型 - 端口数量端口类型”，例如型号为 NM - 4A/S 的模块，其模块类型为 NM 模块，A/S 代表端口类型为同/异步串口，4 代表该模块共有 4 个同/异步串口。又如型号为 WIC - 1ENET 的模块，其端口类型为 WIC，1ENET 代表该模块有 1 个 10Mb/s 以太网端口。另外有的 NM 模块会带有 WIC 扩展槽，为 WIC 广域网接口卡提供物理接口，例如型号为 NM - 1FE2W 的模块，1FE 代表该模块提供 1 个使用双绞线的快速以太网端口，2W 代表该模块提供 2 个 WIC 广域网接口卡扩展槽。图 4 - 1 所示为 Cisco NM - 8A/S 模块。

图4-1　Cisco NM-8A/S模块

2. 路由器端口的编号

路由器的端口繁多，其命名规则与交换机类似，也采用“端口类型名 编号”这种格式，其中“端口类型名”是端口类型的英文名称，如Ethernet（以太网）、FastEthernet（快速以太网）、Serial（串行口）等；“编号”为从0开始的阿拉伯数字。在Cisco系列路由器中，其端口编号主要有以下几种形式。

（1）固定端口的路由器或采用部分模块接口的路由器（如Cisco 1700系列和2500系列）在端口命名中只采用一个数字，并根据它们在路由器中的物理顺序进行编号，例如Ethernet 0表示第1个以太网端口，Serial 1代表第2个串口。

（2）能够动态更改物理端口配置的模块化路由器（如Cisco 2600系列和3600系列）在端口命名中至少包含两个数字，中间用“/”分割，第1个数字代表的是插槽的编号，第2个数字代表的是端口模块内的端口编号。例如Serial 1/0代表位于1号插槽上的第1个串口。

（3）Cisco集成多业务路由器（如Cisco 2800系列和3800系列）对于固定端口和模块化端口采用从小到大，自右向左的命名方式。对固定端口采用“接口类型0/端口号”的方式，例如FastEthernet 0/0代表位于主机上的第1个快速以太网端口。对NM模块上的端口采用“接口类型NM模块号/端口号”的形式，例如FastEthernet 1/0代表1号NM模块上的第1个快速以太网端口。而对于安装在NM模块上的WIC广域网接口卡上的端口采用“接口类型NM模块号/WIC插槽号/端口号”的形式，例如Serial 1/1/0，代表了1号NM模块上1号WIC接口卡上的0号串口。

例如在Cisco 2811路由器的NM插槽上，安装了1个NM-2FE2W模块（2个快速以太网端口和2个WIC插槽），在这个NM模块上又安装了2个WIC-1T模块（1个串口）。在Cisco 2811路由器的第1个WIC插槽上安装了1个WIC-2T模块（2个串口），在其他WIC插槽上安装了3个WIC-1T模块。Cisco 2811路由器上还有2个固定的快速以太网端口。该路由器的所有端口编号如图4-2所示。

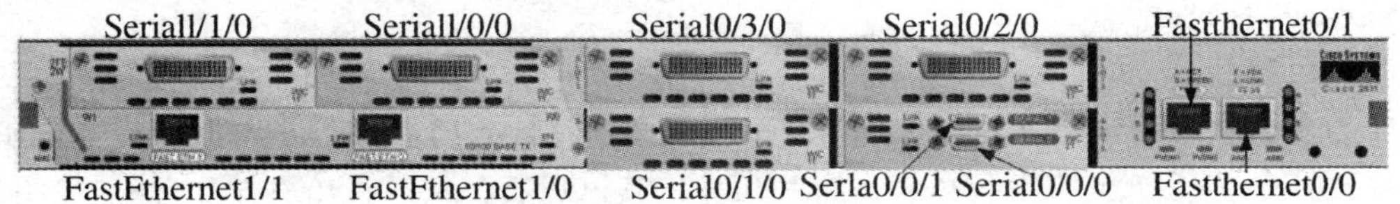

图4-2　Cisco 2811路由器端口编号

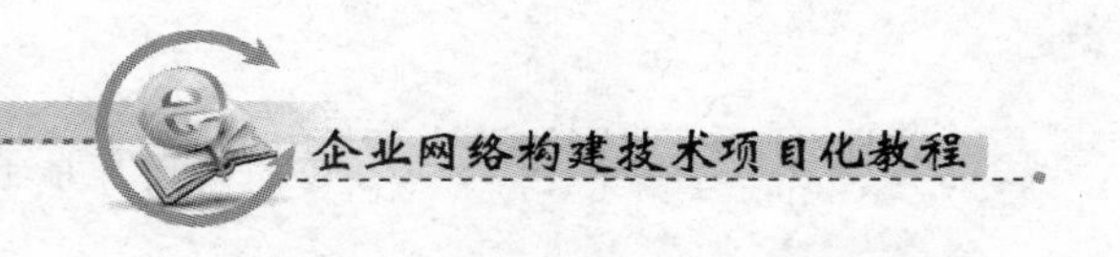

4.1.4 路由器的选择

路由器是企业网络的中枢设备，是企业网络对外界进行数据交流的主要通道，其性能优劣将直接影响企业通信的效率。

1. 路由器的技术指标

路由器的技术指标较多，选择路由器产品时，应主要考察以下内容。

（1）支持的路由协议

路由器是用来连接不同网络的，所连接的网络可能采用的是不同的通信协议。一般说来路由器支持的路由协议越多，其通用性越强。

（2）吞吐量

吞吐量是指路由器的包转发能力。路由器的吞吐量涉及两个方面的内容：端口吞吐量与整机吞吐量。端口吞吐量是指路由器的具体一个端口的数据包转发能力，而整机吞吐量是指路由器整机的数据包转发能力。吞吐量与路由器的端口数量、端口速率、数据包长度、数据包类型、路由计算模式以及测试方法有关，一般泛指处理器处理数据包的能力。

（3）背板能力

背板是路由器输入端与输出端之间的物理通道。传统路由器采用的是共享背板的结构，高性能路由器一般采用可交换式背板的设计。背板能力能够体现在路由器的吞吐量上。需要注意的是，背板能力一般只能在设计中体现，无法测试。

（4）丢包率

丢包率是指在稳定的持续负荷情况下，由于路由器转发数据包能力的限制而造成包丢失的概率。丢包率是衡量路由器超负荷工作时的重要性能指标。

（5）路由表容量

路由器通常依靠所建立及维护的路由表来决定数据包的转发。路由表容量是指路由表内所容纳路由表项数量的极限，其与路由器自身所带的缓存大小有关。

（6）时延与时延抖动

时延是指数据包的第一个比特进入路由器到最后一个比特从路由器输出所经历的时间间隔，即路由器转发数据包的处理时间。时延与吞吐量、背板能力等指标密切相关。

时延抖动是指时延的变化量。由于数据业务对时延抖动要求不高，因此通常可不把其作为衡量路由器性能的主要指标，但语音、视频业务对该指标要求较高。

（7）网络管理能力

大中型企业网络的维护和管理负担越来越重，因此与交换机相比，路由器对标准网络管理系统的支持能力尤为重要。在选择路由器时，必须关注其对网络管理相关协议的支持及其管理的精细程度。

（8）可靠性

作为企业网络的核心设备，在选择路由器时必须保证其可靠性。路由器的可靠性主要体现在其冗余功能（包括接口冗余、插卡冗余、电源冗余、系统板冗余等）、热插拔组件、无故障工作时间、故障恢复时间等方面。

2. 选择路由器时需考虑的因素

路由器的类型和品牌很多，通常在选择时应考虑以下问题。

(1) 实际需求：一方面必须满足使用需要，另一方面不要盲目追求品牌、新功能。

(2) 可扩展性：要考虑到近期（2～5年）的网络扩展，留有一定的扩展余地。

(3) 性能因素：高性能路由器应包括静态路由、动态路由、控制数据流向的策略路由、负载均衡以及双协议栈等功能。在价格限定下，应重点考察路由器的包转发能力。

(4) 价格因素：在满足实际使用需求下，可选用价格低一些的产品，以降低费用。

(5) 服务支持：路由器的售前、售后支持和服务是非常重要的。必须要选择能绝对保证服务质量的品牌产品。

(6) 品牌因素：尽可能选择在国内或国际网络建设中占有一定市场份额的主流产品。

【任务实施】

操作1　认识企业网络中的路由器

(1) 现场考察所在学校的校园网，记录校园网中使用的路由器的品牌、型号、价格以及相关技术参数，查看路由器的端口连接与使用情况。

(2) 现场考察某企业网，记录该网络中使用的路由器的品牌、型号、价格以及相关技术参数，查看路由器的端口连接与使用情况。

(3) 访问路由器主流厂商的网站（如Cisco、H3C、锐捷等），查看该厂商生产的接入路由器与企业级路由器产品，记录其型号、价格以及相关技术参数。

操作2　使用本地控制台登录路由器

配置路由器的方式与配置交换机相同，也可以采用本地控制台登录方式和远程配置方式（Telnet、SSH、SNMP、HTTP等）。在初始状态下，路由器还没有配置管理地址，所以只有采用本地控制台登录方式来实现路由器的配置。通过Console端口登录路由器的基本步骤与交换机相同，这里不再赘述。

> 注 意
>
> 与交换机不同，通常刚刚出厂的路由器必须通过配置后才能正常使用。

操作3　通过Setup模式进行路由器最小配置

Cisco路由器开机后，首先执行一个加电自检过程，在确认CPU、内存及各个端口工作正常后，路由器将进入软件初始化过程，其基本过程如下。

(1) 从ROM中加载BootStrap引导程序。

(2) 查找并加载IOS映像。

(3) IOS运行后，将查找硬件和软件部分，并通过控制台终端显示查找的结果。

(4) 在NVRAM中查找启动配置文件，并将其所有配置加载到DRAM中。

如果在NVRAM中没有找到启动配置文件（如刚刚出厂的路由器），而且没有配置为

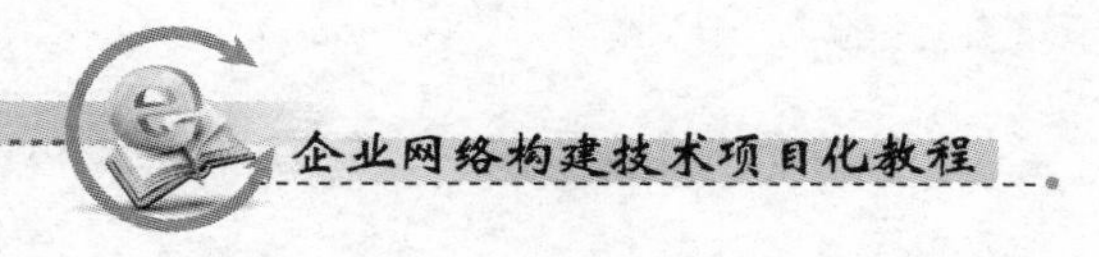

在网络上进行查找，此时系统会提示用户选择进入 Setup 模式，也称为系统配置对话（System Configuration Dialog）模式，如图 4－3 所示。

```
http://www.cisco.com/wwl/export/crypto/tool/stqrg.html

If you require further assistance please contact us by sending email to
export@cisco.com.
cisco 2811 (MPC860) processor (revision 0x200) with 60416K/5120K bytes of memory

Processor board ID JAD05190MTZ (4292891495)
M860 processor: part number 0, mask 49
2 FastEthernet/IEEE 802.3 interface(s)
239K bytes of non-volatile configuration memory.
62720K bytes of  ATA CompactFlash (Read/Write)
Cisco IOS Software, 2800 Software (C2800NM-ADVIPSERVICESK9-M), Version 12.4(15)T
1, RELEASE SOFTWARE (fc2)
Technical Support: http://www.cisco.com/techsupport
Copyright (c) 1986-2007 by Cisco Systems, Inc.
Compiled Wed 18-Jul-07 06:21 by pt_rel_team


         --- System Configuration Dialog ---

Continue with configuration dialog? [yes/no]:
```

图 4－3　选择进入 Setup 模式

在 Setup 模式下，系统会显示配置对话的提示问题，并在很多问题后面的方括号内显示默认的答案，用户按 Enter 键就能使用这些默认值。通过 Setup 模式可以为无法从其他途径找到配置文件的路由器快速建立一个最小配置。图 4－4 给出了利用 Setup 模式对路由器进行配置的部分过程。

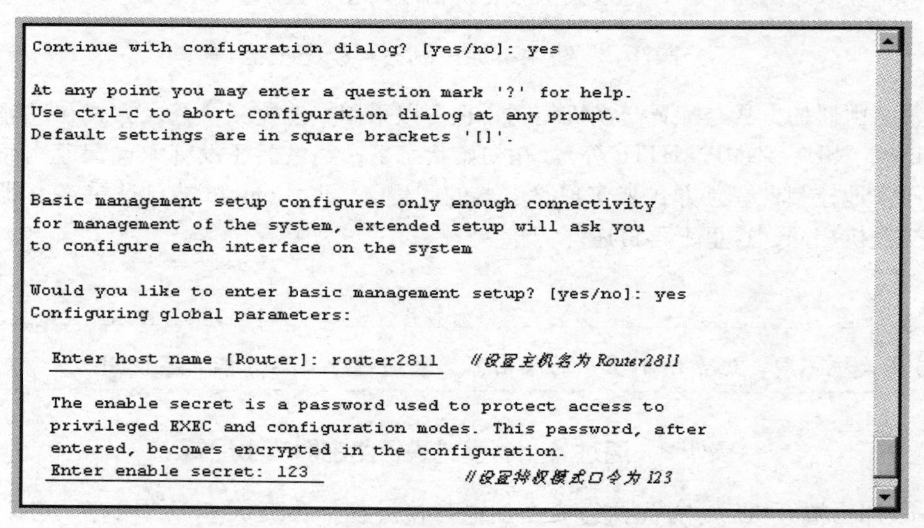

```
Continue with configuration dialog? [yes/no]: yes

At any point you may enter a question mark '?' for help.
Use ctrl-c to abort configuration dialog at any prompt.
Default settings are in square brackets '[]'.


Basic management setup configures only enough connectivity
for management of the system, extended setup will ask you
to configure each interface on the system

Would you like to enter basic management setup? [yes/no]: yes
Configuring global parameters:

  Enter host name [Router]: router2811      //设置主机名为Router2811

  The enable secret is a password used to protect access to
  privileged EXEC and configuration modes. This password, after
  entered, becomes encrypted in the configuration.
  Enter enable secret: 123                  //设置特权模式口令为123
```

图 4－4　利用 Setup 模式对路由器进行配置

操作 4　通过命令行方式进行路由器基本配置

Cisco 路由器与交换机采用相同的操作系统，因此 Cisco 路由器命令行工作模式的切换方法与基本配置命令与 Cisco 交换机相同。以下给出 Cisco 路由器的部分基本配置命令：

```
Router > enable                                  //进入特权模式
Router# configure terminal                       //进入全局配置模式
Router(config) # hostname R2811                  //设置主机名为 R2811
R2811(config) # enable secret abcdef             //设置特权模式口令为 abcdef
R2811(config) # line console 0                   //选择配置 Console 线路
R2811(config - line) # password con123456        //设置 Console 线路口令为 con123456
R2811(config - line) # login                     //打开登录口令检查
R2811(config - line) # line vty 0 15             //选择配置 vty 0 ~15
R2811(config - line) # password tel23456         //设置口令为 tel123456
R2811(config - line) # login                     //打开登录口令检查
R2811(config - line) # end
R2811# show version                              //显示路由器的硬件和软件基本信息
R2811# show running - config                     //显示正在 DRAM 中运行的配置文件
R2811# copy running - config startup - config    //将当前运行配置保存到启动配置中
```

操作5　配置路由器端口

1. 查看可用的端口类型和编号

由于路由器的端口类型繁多，因此在配置端口前，首先应确定路由器有哪些端口类型和端口号可用。在全局配置模式下，可以使用“interface ?”帮助方式查看本路由器支持的端口类型。如果要确定路由器使用了哪些端口号，可以在特权模式下，使用“show ip interface brief”命令。另外也可以使用“show running - config”命令，通过查看配置文件中的接口信息，来确定路由器的端口名称和编号。

2. 配置路由器以太网端口

（1）以太网端口基本配置

通常对路由器的以太网端口可进行如下配置：

```
R2811(config) # interface FastEthernet0/0
R2811(config - if) # ip address 192. 168. 1. 1 255. 255. 255. 0
//配置 FastEthernet0/0 端口的 IP 地址为 192. 168. 1. 1,子网掩码为 255. 255. 255. 0
R2811(config - if) # no shutdown     //启动端口,默认情况下 Cisco 路由器的端口是禁用的
R2811(config - if) # duplex full     //将该端口设置为全双工模式,默认为 auto
R2811(config - if) # speed 100       //将该端口的传输速度设置为 100Mb/s,默认为 auto
```

（2）综合练习

在如图4 -5 所示的网络中，一台 Cisco 2811 路由器将两个由 Cisco 2960 交换机组建的星型结构网络通过以太网端口连接起来。如果要实现网络的连通，则配置过程为：

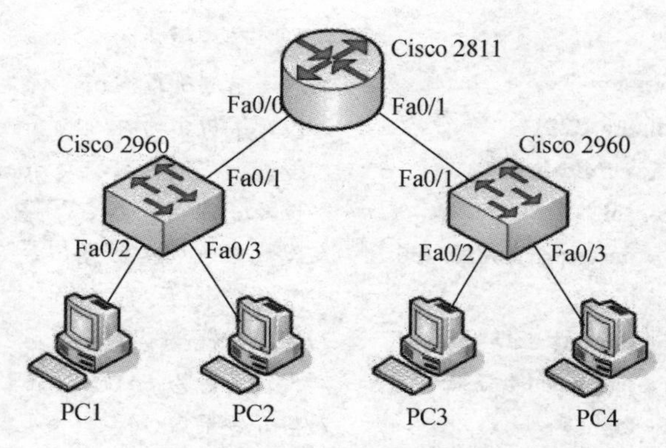

图 4－5 路由器以太网端口配置示例

① 为各计算机分配 IP 地址。因为路由器的每一个端口连接的是一个广播域，因此连接在路由器同一端口的计算机的 IP 地址应具有相同的网络标识，连接在路由器不同端口的计算机应具有不同的网络标识。可以把 PC1 和 PC2 的 IP 地址分别设为 192.168.1.2 和 192.168.1.3，PC3 和 PC4 的 IP 地址分别设为 192.168.2.2 和 192.168.2.3，子网掩码均为 255.255.255.0。此时连接在路由器不同端口的计算机是不能通信的。

② 配置 Cisco 2811 路由器，配置过程为：

```
R2811(config)# interface fa 0/0
R2811(config-if)# ip address 192.168.1.1 255.255.255.0
R2811(config-if)# no shutdown
R2811(config-if)# interface fa 0/1
R2811(config-if)# ip address 192.168.2.1 255.255.255.0
R2811(config-if)# no shutdown
```

③ 为各计算机设置默认网关。路由器端口的 IP 地址是其对应广播域的默认网关，因此 PC1 和 PC2 的默认网关应设为 192.168.1.1，PC3 和 PC4 的默认网关应设为 192.168.2.1，此时连接在路由器不同端口的计算机就可以相互通信了。

3. 配置路由器串行端口

在广域网串行通信中，运营商提供的设备一般称为 DCE（Data Circuit Equipment，数据电路设备），用户端的设备称为 DTE（Data Terminal Equipment，数据终端设备），DTE 和 DCE 通过广域网串行线缆进行连接。因此配置串行端口通常应考虑其在广域网互联和实验室背靠背连接时的位置，串行端口的配置可以分为 DCE 端配置和 DTE 端配置。

（1）查看串行端口的工作模式

在配置串行端口之前，必须确定串行端口的工作模式，即该端口是 DCE 端口还是 DTE 端口。可以在特权模式下使用“show controllers”命令查看串行端口的工作模式，其运行过程如图 4－6 所示。

```
Router#show controllers serial 0/0/0
Interface Serial0/0/0
Hardware is PowerQUICC MPC860
DCE V.35, no clock        //该端口是 DCE 端口，线缆类型为 V.35
idb at 0x81081AC4, driver data structure at 0x81084AC0
SCC Registers:
General [GSMR]=0x2:0x00000000, Protocol-specific [PSMR]=0x8
Events [SCCE]=0x0000, Mask [SCCM]=0x0000, Status [SCCS]=0x00
Transmit on Demand [TODR]=0x0, Data Sync [DSR]=0x7E7E
Interrupt Registers:
Config [CICR]=0x00367F80, Pending [CIPR]=0x0000C000
Mask   [CIMR]=0x00200000, In-srv  [CISR]=0x00000000
Command register [CR]=0x580
Port A [PADIR]=0x1030, [PAPAR]=0xFFFF
       [PAODR]=0x0010, [PADAT]=0xCBFF
Port B [PBDIR]=0x09C0F, [PBPAR]=0x0800E
       [PBODR]=0x00000, [PBDAT]=0x3FFFD
Port C [PCDIR]=0x00C, [PCPAR]=0x200
       [PCSO]=0xC20,  [PCDAT]=0xDF2, [PCINT]=0x00F
Receive Ring
        rmd(68012830): status 9000 length 60C address 3B6DAC4
        rmd(68012838): status B000 length 60C address 3B6D444
```

图 4-6 “show controllers”命令运行过程

（2）配置端口 IP 地址

若要为路由器的 Serial0/0/0 端口设置 IP 地址为 10.10.10.1，子网掩码为 255.255.255.252，则配置命令为：

```
R2811(config)# interface Serial0/0/0
R2811(config-if)# ip address 10.10.10.1 255.255.255.252
R2811(config-if)# no shutdown
```

（3）配置端口时钟速率

在 DCE 端必须配置端口时钟速率，若要将路由器 Serial0/0/0 端口的时钟速率设置为 2Mb/s，则配置命令为：

```
R2811(config-if)# clock rate 2000000        //设置端口的时钟速率为 2Mb/s
```

（4）配置端口带宽

若要将路由器 Serial0/0/0 端口的带宽设置为 2000Kb（千比特），则配置命令为：

```
R2811(config-if)# bandwidth 2000        //设置端口的带宽为 2000Kb
```

注 意

若不进行配置，系统将采用端口的默认带宽。

（5）综合练习

在如图 4-7 所示的网络中，两台 Cisco 2811 路由器 RTA 和 RTB 利用背靠背连接的 V.35 线缆进行连接，现要求为路由器 RTA 的 Serial0/0/0 端口配置 IP 地址 10.1.1.1/30，带宽为 2000Kb，时钟速率为 2Mb/s，并启动该端口。将路由器 RTB 的 Serial0/0/0 端口配置 IP 地址 10.1.1.2/30，带宽为 2000Kb，并启动该端口。

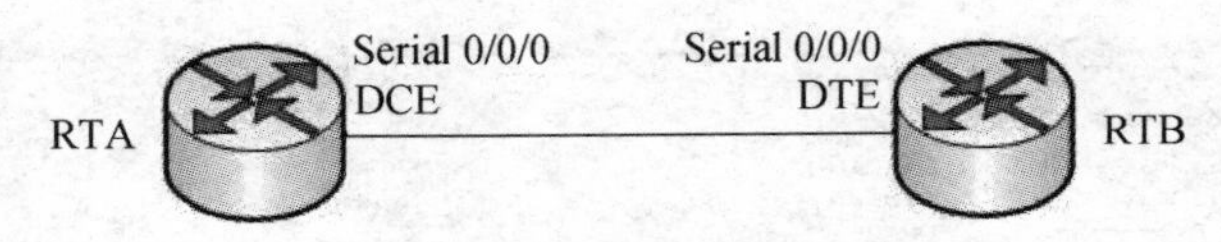

图 4-7　路由器串行端口配置示例

在路由器 RTA 的配置过程为：

```
RTA(config)# interface Serial0/0/0
RTA(config-if)# ip address 10.1.1.1 255.255.255.252
RTA(config-if)# clock rate 2000000
RTA(config-if)# bandwidth 2000
RTA(config-if)# no shutdown
RTA(config-if)# end
RTA# show interface Serial0/0/0
```

在路由器 RTB 的配置过程为：

```
RTB(config)# interface Serial0/0/0
RTB(config-if)# ip address 10.1.1.2 255.255.255.252
RTB(config-if)# bandwidth 2000
RTB(config-if)# no shutdown
RTB(config-if)# end
RTB# show interface Serial0/0/0
```

任务 4.2　利用路由器实现网络路由

【任务目的】

（1）理解路由表的作用和结构。

（2）理解直连路由、静态路由和动态路由的相关概念。

（3）理解常用路由协议的运行特点。

（4）能够在路由器上利用静态路由实现网络的连通。

（5）能够在路由器上利用 RIP、OSPF 等常用路由协议实现网络的连通。

【工作环境与条件】

（1）路由器和交换机（本部分以 Cisco 2811 路由器、Cisco 2960 交换机为例，也可选用其他品牌型号的产品或使用 Cisco Packet Tracer、Boson Netsim 等模拟软件）。

（2）Console 线缆和相应的适配器。

（3）安装 Windows 操作系统的 PC。

（4）组建网络所需的其他设备。

【相关知识】

4.2.1　路由的基本原理

在通常的术语中，路由就是在不同广播域之间转发数据包的过程。对于基于 TCP/IP 的网络，路由是 IP 协议与其他网络协议结合使用提供的在不同网段主机之间转发数据包的能力。当一个网段中的主机发送 IP 数据包给同一网段的另一台主机时，它直接把 IP 数据包送到网络上，对方就能收到。但当要送给不同网段的主机时，发送方要选择一个能够到达目的网段的路由器，把 IP 数据包发送给该路由器，由路由器负责完成数据包的转发。如果没有找到这样的路由器，主机就要把 IP 数据包送给一个被称为默认网关的路由上。默认网关是每台主机上的一个配置参数，它是与主机连接在同一网段上的某路由器端口的 IP 地址。

路由器转发 IP 数据包时，会根据 IP 数据包的目的 IP 地址选择合适的转发端口。同主机一样，路由器也要判断该转发端口所接的是否是目的网络，如果是，就直接把数据包通过端口送到网络上，否则，也要选择下一个路由器来转发数据包。路由器也有自己的默认网关，用来传送不知道该由哪个端口转发的 IP 数据包。通过这样不断的转发传送，IP 数据包最终将送到目的主机，送不到目的地的 IP 数据包将被网络丢弃。

注 意

在路由设置时只需为一个网段指定一个路由器，而不必为每个主机都指定一个路由器，这是 IP 路由选择机制的基本属性，这样做可以极大地缩小路由表的规模。

4.2.2　路由表

路由器的主要工作是为经过路由器的每个数据包寻找一条最佳传输路径，并将该数据有效地传送到目的站点。由此可见，选择最佳路径的策略即路由算法是路由器的关键所在。为了完成这项工作，在路由器中保存着载有各种传输路径相关数据的路由表（Routing Table），供路由选择时使用，表中包含的信息决定了数据转发的策略。路由表可以是由管理员固定设置好的，也可以由系统动态修改。

路由表由多个路由表项组成，路由表中的每一项都被看作是一条路由，路由表项可以分为以下几种类型。

（1）网络路由：提供到 IP 网络中特定网络（特定网络标识）的路由。

（2）主机路由：提供到特定 IP 地址（包括网络标识和主机标识）的路由，通常用于将自定义路由创建到特定主机以控制或优化网络通信。

（3）默认路由：如果在路由表中没有找到其他路由，则使用默认路由。

路由表中的每个路由表项主要由以下信息字段组成。

（1）目的地址：目标网络的网络标识或目的主机的 IP 地址。

（2）网络掩码：与目的地址相对应的网络掩码。

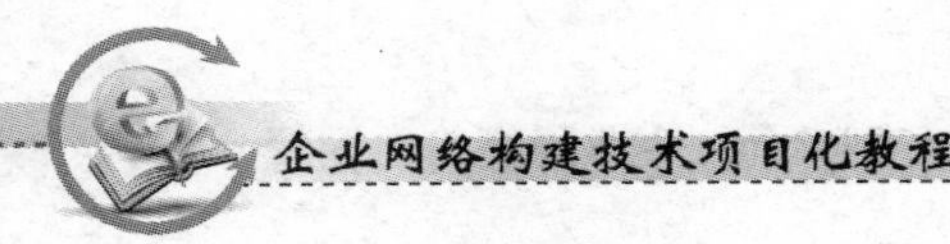

（3）下一跳 IP 地址：数据包转发的地址，即数据包应传送的下一个路由器的 IP 地址。对于主机或路由器直接连接的网络，该字段可能是本主机或路由器连接到该网络的端口地址。

（4）转发接口：将数据包转发到目的地址时所使用的路由器端口，该字段可以是一个端口号或其他类型的逻辑标识符。

注 意

不同设备路由表中的信息字段并不相同。在 Cisco 设备的路由表中还会包含路由信息的来源（直连、静态或动态）、管理距离（路由的可信度）、量度值（路由的可到达性）、路由的存活时间等信息字段。

IP 路由选择主要完成以下功能。

（1）搜索路由表，寻找能与目的 IP 完全匹配的表项，如果找到，则把 IP 数据包由该表项指定的接口转发，发送给指定的下一个路由器或直接连接的网络接口。

（2）搜索路由表，寻找能与目的 IP 网络标识匹配的表项，如果找到，则把 IP 数据包由该表项指定的接口转发，发送给指定的下一个路由器或直接连接的网络接口。若存在多个表项，则选用网络掩码最长的那条路由。

（3）按照路由表的默认路由转发数据。

如图 4－8 所示，路由器 R1、R2、R3 连接了 3 个不同的网段。路由器 R1 的端口 1（IP 地址为 192. 168. 1. 1）与网段 1 直接相连；端口 2（IP 地址为 192. 168. 4. 1）与路由器 R2 的端口（IP 地址为 192. 168. 4. 2）相连；端口 3（IP 地址为 192. 168. 5. 1）与路由器 R3 的端口（IP 地址为 192. 168. 5. 2）相连。由路由器 R1 的路由表可知，当 IP 数据包的接收地址在网络标识为 192. 168. 1. 0/24 的网段时，路由器 R1 将把该数据包从端口 1（IP 地址为 192. 168. 1. 1）转发，而且该网段与路由器直接相连；当 IP 数据包的接收地址在网络标识为 192. 168. 2. 0/24 的网段时，路由器 R1 将把该数据包从端口 2（IP 地址为 192. 168. 4. 1）转发，发送给路由器 R2 的端口（IP 地址为 192. 168. 4. 2），由路由器 R2 负责下一步的转发；当 IP 数据包的接收地址在网络标识为 192. 168. 3. 0/24 的网段时，路由器 R1 将把该数据包从端口 3（IP 地址为 192. 168. 5. 1）转发，发送给路由器 R3 的端口（IP 地址为 192. 168. 5. 2），由路由器 R3 负责下一步的转发。路由表中的最后一项为默认路由，当接收地址不在上述 3 个网段时，路由器 R1 将按该表项转发 IP 数据包。

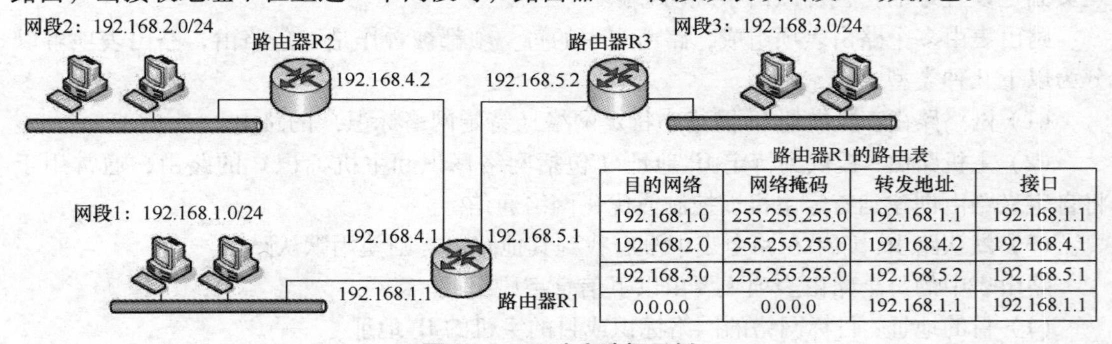

路由器R1的路由表

目的网络	网络掩码	转发地址	接口
192.168.1.0	255.255.255.0	192.168.1.1	192.168.1.1
192.168.2.0	255.255.255.0	192.168.4.2	192.168.4.1
192.168.3.0	255.255.255.0	192.168.5.2	192.168.5.1
0.0.0.0	0.0.0.0	192.168.1.1	192.168.1.1

图 4－8　IP 路由选择示例

4.2.3　路由的生成方式

路由表中路由的生成方式有以下几种。

1. 直连路由

直连路由是路由器自动添加的直连网络的路由。由于直连路由反映的是路由器各端口直接连接的网络，因此具有较高的可信度。

2. 静态路由

静态路由是由管理员手工配置的路由信息。当网络的拓扑结构或链路的状态发生变化时，管理员需要手工修改路由表中相关的静态路由。静态路由在默认情况下是私有的，不会传递给其他的路由器。当然，管理员也可以通过对路由器进行设置使之共享。静态路由一般适用于比较简单的网络环境，在这样的环境中，管理员可以清楚地了解网络的拓扑结构，便于设置正确的路由信息。使用静态路由的另一个好处是网络安全保密性高。动态路由因为需要路由器之间频繁地交换各自的路由表，而对路由表的分析可以揭示网络的拓扑结构和网络地址等信息。因此，网络出于安全方面的考虑也可以采用静态路由。

大型和复杂的网络环境通常不宜采用静态路由。一方面，管理员很难全面了解整个网络的拓扑结构；另一方面，当网络的拓扑结构和链路状态发生变化时，路由器中的静态路由信息需要大范围地调整，这一工作的难度和复杂程度非常高。

3. 动态路由

动态路由是各个路由器之间通过相互连接的网络，利用路由协议动态地相互交换各自的路由信息，然后按照一定的算法优化出来的路由。而且这些路由信息可以在一定时间间隙里不断更新，以适应不断变化的网络，随时获得最优的路由效果。例如当网络拓扑结构发生变化，或网络某个节点或链路发生故障时，与之相邻的路由器会重新计算路由，并向外发送新的路由更新新息，这些信息会发送至其他的路由器，引发所有路由器重新计算路由，调整其路由表，以适应网络的变化。动态路由可以大大减轻大型网络的管理负担，但其对路由器的性能要求较高，会占用网络的带宽，可能产生路由循环，也存在一定的安全隐患。

在一个路由器中，可同时配置静态路由和一种或多种动态路由。它们各自维护的路由表之间可能会发生冲突，这种冲突可以通过配置各路由表的管理距离（可信度）来解决，管理距离值越低，学到的路由越可信。表4－1给出了Cisco路由器默认情况下各种路由源的管理距离值。由表可知，默认情况下静态路由优先于动态路由，采用复杂量度路由协议生成的动态路由优先于采用简单量度路由协议生成的动态路由。

表 4-1 Cisco 路由器默认情况下各种路由源的管理距离值

路由源	默认管理距离
Connected interface（直连路由）	0
Static route out an interface（指明转发接口的静态路由）	0
Static route to a next hop（指明下一跳 IP 地址的静态路由）	1
EIGRP（利用 EIGRP 协议生成的动态路由）	90
IGRP（利用 IGRP 协议生成的动态路由）	100
OSPF（利用 OSPF 协议生成的动态路由）	110
RIP v1，v2（利用 RIP 协议生成的动态路由）	120
未知路由	255

注 意

若路由表中产生冲突，则路由器会首先根据路由的管理距离进行选择，管理距离越小，路由越优先；若管理距离一样，则比较路由的量度值（Metric），该值越小，路由越优先。除直连路由外，各种路由的管理距离都可由用户手工进行配置。

4.2.4 动态路由协议的分类

1. 根据作用范围分类

根据作用范围，路由协议可分以下两种。

（1）内部网关协议（Interior Gateway Protocol，IGP）：在一个自治系统内交换路由选择信息的路由协议，常用 IGP 有 OSPF、RIP、IGRP、EIGRP、IS-IS 等。

（2）外部网关协议（Exterior Gateway Protocol，EGP）：在自治系统之间交换路由选择信息的路由协议，BGP 是目前最常用的 EGP。

注 意

自治系统（Autonomous System）是指拥有同一路由选择策略，并在同一技术管理部门下运行的一组路由器。

2. 根据路由算法分类

根据发现和计算路由的方法不同，路由协议可分为如下两种。

（1）距离矢量路由协议：主要包括 RIP 和 BGP。

（2）链路状态路由协议：主要包括 OSPF 和 IS-IS。

3. 根据 IP 协议版本分类

根据 IP 协议的版本，路由协议可分为如下两种。

（1）IPv4 路由协议：包括 RIP、OSPF、BGP 和 IS-IS 等。

（2）IPv6 路由协议：包括 RIPng、OSPFv3、IPv6 BGP 和 IPv6 IS－IS 等。

4. 根据是否支持无类路由分类

根据是否支持无类路由分类，路由协议可分为如下两种。

（1）有类路由协议：有类路由协议在进行路由信息传递时，不包含路由的掩码信息。路由器根据 IP 地址的具体值，按照标准 A、B、C 类进行汇总处理。常用的有类路由协议有 RIPv1、IGRP 等。

（2）无类路由协议：无类路由协议在进行路由信息传递时，包含路由的掩码信息，支持 VLSM（变长子网掩码）。常用的无类路由协议有 RIPv2、OSPF、IS－IS 等。

4.2.5　RIP

RIP（Routing Information Protocol，路由信息协议）是一种简单的内部网关协议，是典型的距离矢量路由协议，主要用于规模较小的网络。

1. RIP 的工作机制

RIP 通过 UDP 报文进行路由信息的交换，使用的端口号为 520。RIP 使用跳数来衡量到达目的地址的距离，跳数也称为度量值。在 RIP 中，路由器到与它直接相连网络的跳数为 0，通过一个路由器可达的网络的跳数为 1，其余以此类推。RIP 认为好的路由就是距离最短的路由。为限制收敛时间，RIP 规定跳数取 0～15 之间的整数，大于或等于 16 的跳数被定义为无穷大，即目的网络或主机不可达。由此可见，RIP 不适合应用于大型网络。

2. RIP 的启动和运行过程

图 4－9～图 4－11 展示了在一个自治系统内 RIP 的启动和运行过程。

（1）路由表的初始状况，如图 4－9 所示。路由器启动 RIP 后，便会向相邻的路由器发送请求报文（Request Message），相邻的 RIP 路由器收到请求报文后，响应该请求，回送包含本地路由表信息的响应报文（Response Message）。

（2）路由器收到响应报文后，更新本地路由表，如图 4－10 所示。同时向相邻路由器发送触发更新报文，通告路由更新信息。

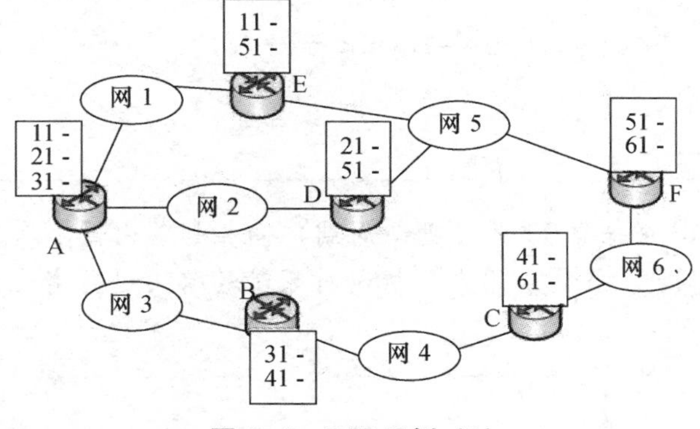

图 4－9　RIP 示例（1）

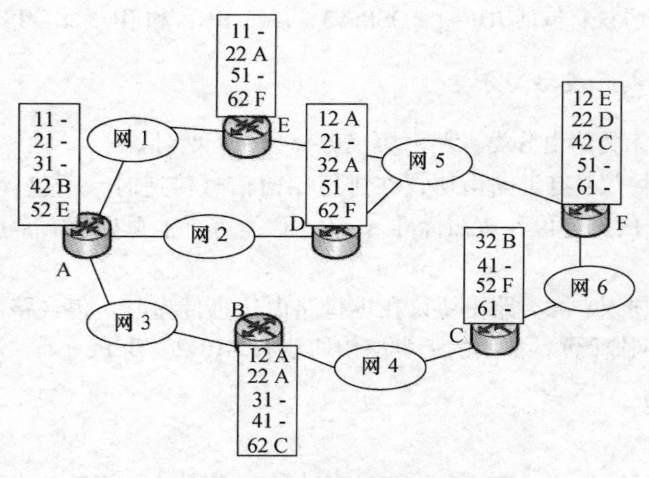

图 4－10 RIP 示例（2）

（3）相邻路由器收到触发更新报文后，又向其各自的相邻路由器发送触发更新报文。在一连串的触发更新广播后，各路由器都能得到并保持最新的路由信息，形成最终路由表，如图 4－11 所示。

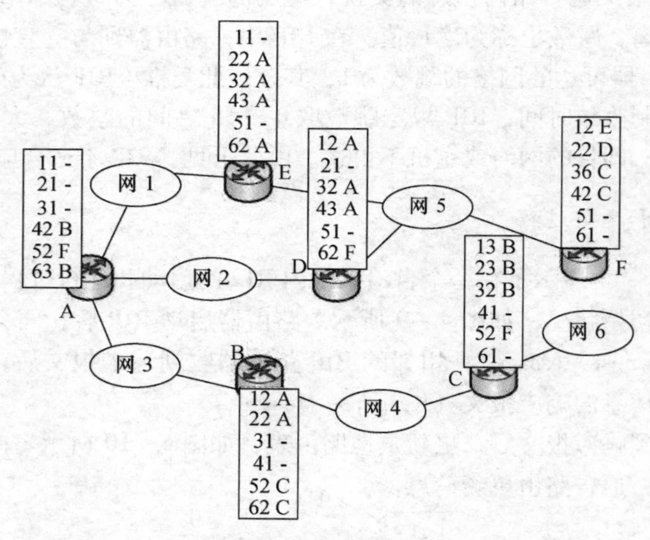

图 4－11 RIP 示例（3）

注 意

默认情况下，RIP 将每隔 30 秒（更新周期）向相邻路由器发送本地路由表（无论其是否发生变化）。同时，RIP 采用老化机制对超时的路由进行老化处理，以保证路由的实时性和有效性。

3. RIP 的版本

RIP 包含 RIPv1 和 RIPv2 两个版本，表 4－2 给出了这两个版本的主要区别。

表 4－2　RIPv1 和 RIPv2 的主要区别

RIPv1	RIPv2
在路由更新过程中不携带子网信息	在路由更新过程中携带子网信息
不提供认证	提供明文和 MD5 认证
不支持 VLSM 和 CIDR（无类域间路由）	支持 VLSM 和 CIDR
采用广播更新	采用组播（224.0.0.9）更新

4. 防止路由环路

路由环路是指数据包在一系列路由器之间不断传输却始终无法到达其预期目的网络的现象，其发生的原因主要是距离矢量路由协议是通过定期广播路由更新到所有激活的接口，而有时路由器并不能同时或接近同时完成路由表的更新。RIP 通过以下机制避免路由环路的产生。

（1）最大跳数：将跳数等于 16 的路由定义为不可到达。在路由环路发生时，某条路由的跳数将会增加到 16。

（2）水平分割：RIP 从某个接口学到的路由，不会从该接口再发回给邻居路由器。这样不但减少了带宽消耗，还可以防止路由环路。

（3）毒性逆转：当 RIP 发现从某个接口学到的路由存在问题，RIP 会将该路由的跳数设为 16，并从原接口发回邻居路由器，从而清除对方路由表中的无用信息。

（4）触发更新：RIP 通过触发更新来避免在多个路由器之间形成路由环路的可能，并加快网络的收敛速度。路由器一旦某条路由发生了变化，就立刻向邻居路由器发布更新报文，而不是等到更新周期的到来。

4.2.6　OSPF

1. OSPF 的特点

OSPF（Open Shortest Path First，开放最短路径优先）是 IETF 组织开发的一个基于链路状态的内部网关协议。目前针对 IPv4 协议使用的是 OSPF v2。OSPF 具有以下特点。

（1）适应范围广：支持各种规模的网络，可支持几百台路由器。

（2）快速收敛：在网络拓扑结构发生变化后可立即发送更新报文，使这一变化在自治系统中同步。

（3）无自环：OSPF 根据收集到的链路状态用最短路径树算法计算路由，这种算法保证了不会生成自环路由。

（4）区域划分：允许将自治系统网络划分成区域进行管理，区域间传送的路由信息被进一步抽象，从而减少了占用的网络带宽。

（5）等价路由：支持到同一目的地址的多条等价路由。

（6）路由分级：使用4类不同的路由，按优先顺序来说分别是区域内路由、区域间路由、第一类外部路由和第二类外部路由。

（7）支持验证：支持基于接口的报文验证，以保证报文交互和路由计算的安全性。

（8）组播发送：在某些类型的链路上以组播地址发送报文，减少对其他设备的干扰。

2. OSPF的相关概念

（1）链路：当路由器的一个接口被加入到OSPF的处理中，OSPF就认为其是一条链路。

（2）开销（Cost）：是指数据包从源端路由器接口到达目的端路由器接口所需要花费的代价。Cisco使用带宽作为OSPF的开销度量。

（3）链路状态：用来描述路由器接口及其与邻居路由器的关系。所有链路状态信息构成链路状态数据库。

（4）区域：有相同的区域标志的一组路由器和网络的集合。在同一个区域内的路由器有相同的链路状态数据库。

（5）LSA：LSA（Link State Advertisement，链路状态通告）用来描述路由器的本地状态，LSA包括的信息有关于路由器接口的状态和所形成的邻接状态。

（6）最短路经优先（SPF）算法：也被称为Dijkstra算法，是OSPF路由协议的基础。OSPF路由器利用SPF独立计算到达任意目的地的最佳路由。

（7）路由器ID：一台路由器的每一个OSPF进程必须存在自己的Router ID。Router ID是一个32b无符号整数，是路由器在自治系统中的唯一标识。

3. OSPF数据包类型

在OSPF工作工程中，会传送5种不同类型的数据包。

（1）Hello数据包：该数据包周期性发送，用来发现和维持OSPF邻居关系。其内容主要包括一些定时器的数值、DR（Designated Router，指定路由器）、BDR（Backup Designated Router，备份指定路由器）以及自己已知的邻居。

（2）DD（Database Description，数据库描述）数据包：该数据包包含了发送方路由器链路状态数据库的摘要信息，接收方路由器可利用其进行数据库同步。

（3）LSR（Link State Request，链路状态请求）数据包：该数据包用于向对方请求所需的LSA。两台路由器互相交换DD数据包之后，得知对端路由器有哪些链路状态是本地所缺少的，这时可发送LSR数据包向对方请求所需的LSA。

（4）LSU（Link State Update，链路状态更新）数据包：该数据包用于向对方发送其所需要的LSA。

（5）LSAck（Link State Acknowledgment，链路状态确认）数据包：该数据包用来对收到的LSA进行确认，可以利用一个LSAck数据包对多个LSA进行确认。

4. OSPF的网络类型

根据路由器所连接的物理网络的不同，OSPF将网络划分为4种类型。

（1）广播多路访问型（Broadcast Multi - Access，BMA）：OSPF对Ethernet、FDDI等网络默认的网络类型。在该类型的网络中，OSPF通常以组播形式（224.0.0.5：OSPF路由

器的预留组播地址；224.0.0.6：OSPF DR 的预留组播地址）发送 Hello 数据包、LSU 数据包和 LSAck 数据包；以单播形式发送 DD 数据包和 LSR 数据包。

（2）非广播多路访问型（Non - Broadcast Multi - Access，NBMA）：OSPF 对帧中继、ATM 或 X.25 等网络默认的网络类型。在该类型的网络中，OSPF 以单播形式发送所有数据包。

（3）点对点类型（Point - to - Point，P2P）：OSPF 对 PPP、HDLC 等网络默认的网络类型。在该类型的网络中，OSPF 以组播形式（224.0.0.5）发送数据包。

（4）点对多点类型（Point - to - MultiPoint，P2MP）：没有一种网络会被 OSPF 默认为该网络类型，常用的做法是将 NBMA 改为 P2MP 的网络。在该类型的网络中，OSPF 默认以组播形式（224.0.0.5）发送数据包，也可以根据用户需要以单播形式发送。

5. OSPF 的运行过程

（1）建立路由器的邻接关系

邻接关系是指 OSPF 路由器以交换路由信息为目的，与所选择的相邻路由器之间建立的一种关系。若路由器 A 要与路由器 B 建立邻接关系，路由器 A 首先要发送拥有自身 Router ID 信息的 Hello 数据包。与之相邻的路由器 B 收到该数据包后，会将其中的 Router ID 信息添加到自己的 Hello 数据包，同时使用该数据包对路由器 A 进行应答。路由器 A 的接口如果收到了应答的 Hello 数据包并在该数据包中发现了自己的 Router ID，就与路由器 B 建立了邻接关系。若路由器 A 相应接口连接的是广播多路访问网络，将进入选举 DR 和 BDR 的步骤；若该接口连接的是点对点网络，则将直接进入发现路由器的步骤。

（2）选举 DR 和 BDR

不同类型的网络选举 DR（Designated Router，指定路由器）和 BDR（Backup Designated Router，备份指定路由器）的方式不同。广播多路访问网络支持多个路由器，在这种网络中 OSPF 需要选举 DR 以作为链路状态和 LSA 更新的中心节点。DR 和 BDR 的选举由 Hello 数据包内的 Router ID 和优先级字段值（0～255）来确定。优先级最高的路由器将被选为 DR，优先级次高的路由器将被选为 BDR。若优先级相同，则 Router ID 最高的路由器将被选为 DR，Router ID 次高的路由器将被选为 BDR。

（3）建立完全邻接关系

路由器与路由器之间相互交换各自链路状态数据库的摘要信息（DD 数据包）。每个路由器对自己的链路状态数据库进行分析比较，如果收到的信息有新的内容，路由器将要求对方发送完整的链路状态信息（LSR 数据包）。完成链路状态数据库信息的交换和同步后，路由器之间将建立完全邻接（Full Adjacency）关系，每台路由器拥有独立的、完整的链路状态数据库。

注 意

在广播多路访问网络中，所有路由器将与网络中的 DR 和 BDR 建立完全邻接关系，DR 和 BDR 负责与网络中的所有路由器交换链路状态信息。

（4）计算最佳路由

当路由器拥有独立完整的链路状态数据库后，将采用 SPF 算法计算出到每一个目的网络的最佳路由，并将其存入路由表。

注 意

OSPF 利用开销作为路由计算的量度，开销最小者即为最佳路由。

（5）维护路由信息

若链路状态发生变化，OSPF 将通过泛洪（Flooding）将链路状态更新信息通告给网络上的其他路由器。其他路由器收到该信息后，会更新自己的链路状态数据库，然后重新计算路由并更新路由表。

注 意

即使网络中没有链路状态的改变，OSPF 也会进行自动更新（默认为 30 秒）。

【任务实施】

操作 1　配置单臂路由

对于没有路由功能的二层交换机，若要实现 VLAN 间的相互通信，可借助外部的路由器实现。通常路由器的以太网接口数量较少（2～4 个），因此通常采用单臂路由解决方案。在单臂路由解决方案中，路由器只需要一个以太网接口和交换机连接，交换机的接口需设置为 Trunk 模式，而在路由器上应创建多个子接口和不同的 VLAN 连接。

注 意

子接口是路由器物理接口上的逻辑接口。

在如图 4－12 所示的由一台 Cisco 2960 交换机组建的局域网中，已经将所有的计算机划分为 4 个 VLAN，该交换机的 1 号快速以太网端口属于一个 VLAN；2 号和 3 号快速以太网端口属于一个 VLAN；4 号快速以太网端口属于一个 VLAN；其他端口属于另一个 VLAN。此时各 VLAN 之间是无法通信的。如果要把该局域网中的 VLAN 连接起来，则可

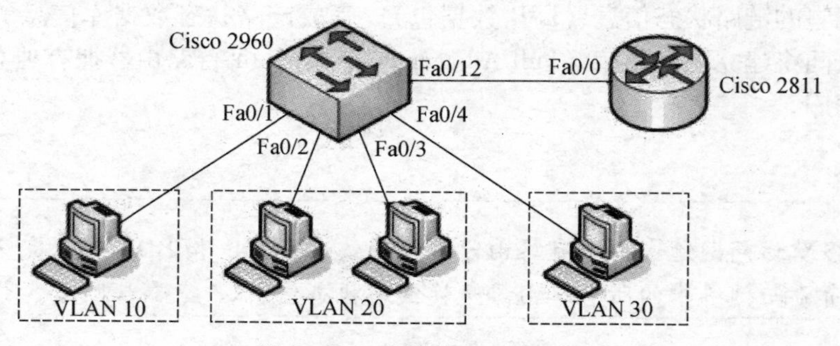

图 4－12　单臂路由配置示例

将 Cisco 2960 交换机连接到一台 Cisco 2811 路由器上，其中 Cisco 2960 使用的是 12 号快速以太网端口，Cisco 2811 路由器使用的是固定配置的 0 号快速以太网端口。具体配置过程如下。

1. 配置 Cisco 2960 交换机

在 Cisco 2960 交换机上划分 VLAN 的过程这里不再赘述，划分 VLAN 后应将其 12 号快速以太网端口设置为 Trunk 模式，配置命令为：

```
S2960(config-if)# interface fa 0/12
S2960(config-if)# swithport mode trunk    //将 Fa0/12 配置成 Trunk 模式
S2960(config-if)# switchport trunk allowed vlan all
//允许所有 VLAN 的数据包通过本通道传输,此处也可指明 VLAN 具体的 ID 号
```

2. 为各计算机分配 IP 地址

因为每个 VLAN 是一个广播域，因此同一个 VLAN 中计算机的 IP 地址应具有相同的网络标识，不同 VLAN 中的计算机应具有不同的网络标识。例如可以把 VLAN10 中的计算机 IP 地址设为 192.168.10.2，VLAN20 中的计算机 IP 地址设为 192.168.20.2 和 192.168.20.3，VLAN30 中的计算机 IP 地址设为 192.168.30.2，子网掩码均为 255.255.255.0。此时处在不同 VLAN 中的计算机是不能通信的。

3. 配置 Cisco 2811 路由器

在 Cisco 2811 路由器上的配置过程为：

```
R2811(config)# interface fa 0/0              //选择配置路由器的 Fa0/0 端口
R2811(config-if)# no shutdown                //启用端口
R2811(config-if)# interface fa 0/0.1         //创建子端口
R2811(config-subif)# encapsulation dot1q 10
//指明子端口承载 VLAN10 的流量,并定义封装类型
R2811(config-subif)# ip address 192.168.10.1 255.255.255.0
//配置子端口的 IP 地址为 192.168.10.1/24,该子端口为 VLAN10 的网关
R2811(config-subif)# interface fa 0/0.2
R2811(config-subif)# encapsulation dot1q 20
R2811(config-subif)# ip address 192.168.20.1 255.255.255.0
//配置子端口的 IP 地址为 192.168.20.1/24,该子端口为 VLAN20 的网关
R2811(config-subif)# interface fa 0/0.3
R2811(config-subif)# encapsulation dot1q 30
R2811(config-subif)# ip address 192.168.30.1 255.255.255.0
//配置子端口的 IP 地址为 192.168.30.1/24,该子端口为 VLAN30 的网关
R2811(config-subif)# end
R2811# show ip route                         //查看路由表
```

4. 为各计算机设置默认网关

路由器的子端口是其对应 VLAN 的默认网关，因此 VLAN10 中的计算机的默认网关应

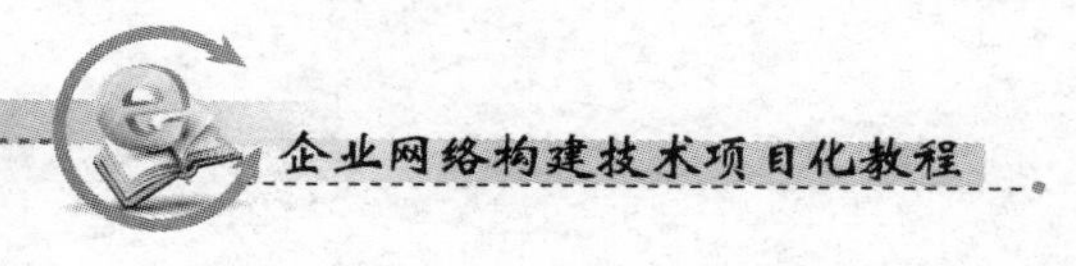

设为 192. 168. 10. 1，VLAN20 中的计算机的默认网关应设为 192. 168. 20. 1，VLAN30 中的计算机的默认网关应设为 192. 168. 30. 1。此时处在不同 VLAN 中的计算机就可以通信了。

操作2　配置静态路由

在如图4－13所示的网络中，两台 Cisco 2811 路由器通过串行端口 S0/0/0 互连，每个路由器通过一台交换机连接两台计算机，各设备的 IP 地址如图 4－13 所示，现要通过在路由器 RTA 和 RTB 上配置静态路由，从而实现全网的通信。具体配置过程如下。

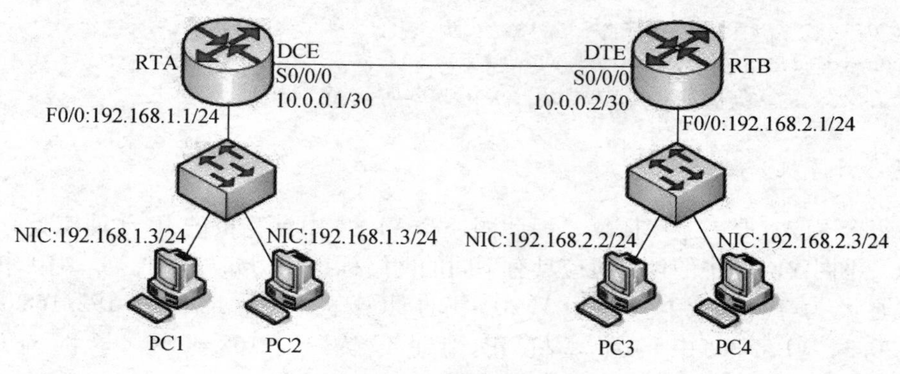

图 4－13　静态路由配置示例

1. 为各计算机分配 IP 地址

配置计算机 PC1 至 PC4 网卡的 IP 地址信息。各计算机的 IP 地址和子网掩码如图 4－13所示，PC1 和 PC2 的默认网关应为 192. 168. 1. 1，PC3 和 PC4 的默认网关应为 192. 168. 2. 1。

2. 配置路由器端口

在路由器 RTA 上的配置过程为：

```
RTA(config)# interface FastEthernet0/0
RTA(config-if)# ip address 192.168.1.1 255.255.255.0
RTA(config-if)# no shutdown
RTA(config-if)# interface Serial0/0/0
RTA(config-if)# ip address 10.0.0.1 255.255.255.252
RTA(config-if)# clock rate 2000000
RTA(config-if)# no shutdown
```

在路由器 RTB 上的配置过程为：

```
RTB(config)# interface FastEthernet0/0
RTB(config-if)# ip address 192.168.2.1 255.255.255.0
RTB(config-if)# no shutdown
RTB(config-if)# interface Serial0/0/0
RTB(config-if)# ip address 10.0.0.2 255.255.255.252
RTB(config-if)# no shutdown
```

此时所有点到点链路已经连通，但是路由器 RTA 连接的 192.168.1.0/24 网络和路由器 RTB 连接的 192.168.2.0/24 网络并不互通。

3. 配置静态路由

在路由器 RTA 上的配置过程为：

```
RTA(config)# ip route 192.168.2.0 255.255.255.0 10.0.0.2
//配置静态路由,把去往 192.168.2.0/24 网络的数据包,转发给下一跳 10.0.0.2
RTA(config)# exit
RTA# show ip route
```

在路由器 RTB 上的配置过程为：

```
RTB(config)# ip route 192.168.1.0 255.255.255.0 S0/0/0
//配置静态路由,把去往 192.168.1.0/24 网络的数据包,从本机 S0/0/0 端口转发出去
```

注　意

配置静态路由和默认路由的下一跳可以选择 IP 地址形式也可以选择端口名形式。当使用 IP 地址时，该地址必须是和本路由器直接相连的下一个路由器端口的 IP 地址，这种静态路由的默认管理距离（AD）为 1。当使用端口名时，必须是在点对点链路上，也就是说像以太网这种广播型端口是不能使用的，这种静态路由条目的默认管理距离是 0。

4. 验证全网的连通性

此时可以在计算机上，利用 ping 和 tracert 命令，测试各计算机之间的连通性和路由。也可以在路由器上运行 ping 和 traceroute 命令，测试路由器与计算机，以及路由器之间的连通性和路由。

（1）在路由器上使用 ping 命令

使用该命令时，路由器默认将发送 5 个 ICMP 报文，如果显示“!”表示报文有回应，即网络是连通的；如果显示“.”则表示报文无回应。若在路由器 RTA 上分别测试其与 192.168.1.3 和 192.168.1.4 两台计算机的连通性，操作过程为：

```
RTA > ping 192.168.1.3
Type escape sequence to abort.
Sending 5, 100 - byte ICMP Echos to 192.168.1.8, timeout is 2 seconds:
!!!!!                                //5 个报文有回应,说明与 192.168.1.8 是连通的
Success rate is 100 percent (5/5), round - trip min/avg/max = 1/2/4ms
RTA > ping 192.168.1.4
Type escape sequence to abort.
Sending 5, 100 - byte ICMP Echos to 192.168.1.9, timeout is 2 seconds:
......                               //5 个报文都没有回应
Success rate is 0 percent (0/5)
```

（2）在路由器上使用 traceroute 命令

在路由器上可以利用 traceroute 命令测试数据包发送到目标主机的路由。使用该命令时，路由器将通过发送 ICMP 报文，接收回应报文来测试数据包沿途经过的路由器。若要在路由器 RTA 上测试到达目标主机 192.168.2.3 的路由，操作过程为：

```
RTA > traceroute 192.168.2.3
Type escape sequence to abort.
Tracing the route to 192.168.2.3
1   10.0.0.2       30mesc    43mesc    35mesc
2   192.168.2.3    106mesc   123mesc   123mesc
```

操作 3　配置 RIP

在如图 4－14 所示的网络中，3 台 Cisco 2811 路由器通过串行端口相互连接，每个路由器通过一台交换机连接了两台计算机。现要通过在路由器 RTA、RTB 和 RTC 上配置动态路由协议 RIP，实现全网的通信。基本配置过程如下。

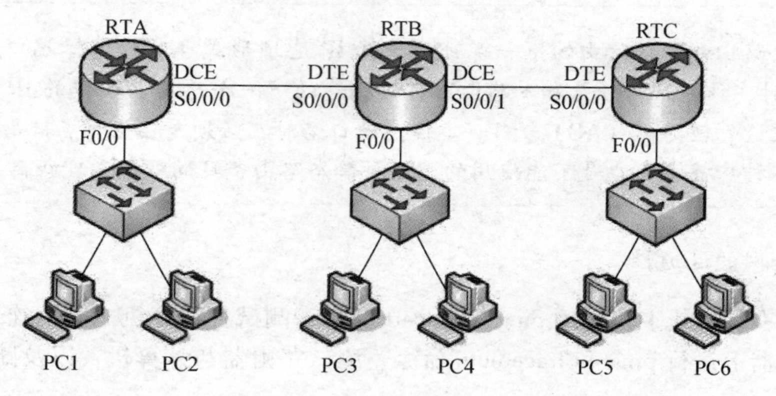

图 4－14　RIP 配置示例

1. 规划与分配 IP 地址

由于路由器的每个物理端口连接的是一个广播域，因此可按照表 4－3 所示的 TCP/IP 参数配置相关设备的 IP 地址信息。

表 4－3　RIP 配置示例中的 TCP/IP 参数

设备	接口	IP 地址	子网掩码	网关
PC1	NIC	192.168.1.2	255.255.255.0	192.168.1.1
PC2	NIC	192.168.1.3	255.255.255.0	192.168.1.1
PC3	NIC	192.168.2.2	255.255.255.0	192.168.2.1
PC4	NIC	192.168.2.3	255.255.255.0	192.168.2.1
PC5	NIC	192.168.3.2	255.255.255.0	192.168.3.1
PC6	NIC	192.168.3.3	255.255.255.0	192.168.3.1

续表

设备	接口	IP 地址	子网掩码	网关
RTA	F0/0	192. 168. 1. 1	255. 255. 255. 0	
	S0/0/0	10. 0. 0. 1	255. 255. 255. 252	
RTB	F0/0	192. 168. 2. 1	255. 255. 255. 0	
	S0/0/0	10. 0. 0. 2	255. 255. 255. 252	
	S0/0/1	20. 0. 0. 1	255. 255. 255. 252	
RTC	F0/0	192. 168. 3. 1	255. 255. 255. 0	
	S0/0/0	20. 0. 0. 2	255. 255. 255. 252	

2. 配置路由器端口

在路由器 RTA 上的配置过程为：

```
RTA(config)# interface FastEthernet0/0
RTA(config-if)# ip address 192.168.1.1 255.255.255.0
RTA(config-if)# no shutdown
RTA(config-if)# interface Serial0/0/0
RTA(config-if)# ip address 10.0.0.1 255.255.255.252
RTA(config-if)# clock rate 2000000
RTA(config-if)# no shutdown
```

在路由器 RTB 上的配置过程为：

```
RTB(config)# interface FastEthernet0/0
RTB(config-if)# ip address 192.168.2.1 255.255.255.0
RTB(config-if)# no shutdown
RTB(config-if)# interface Serial0/0/0
RTB(config-if)# ip address 10.0.0.2 255.255.255.252
RTB(config-if)# no shutdown
RTB(config-if)# interface Serial0/0/1
RTB(config-if)# ip address 20.0.0.1 255.255.255.252
RTB(config-if)# clock rate 2000000
RTB(config-if)# no shutdown
```

在路由器 RTC 上的配置过程为：

```
RTC(config)# interface FastEthernet0/0
RTC(config-if)# ip address 192.168.3.1 255.255.255.0
RTC(config-if)# no shutdown
RTC(config-if)# interface Serial0/0/0
RTC(config-if)# ip address 20.0.0.2 255.255.255.252
RTC(config-if)# no shutdown
```

此时所有点到点链路已经连通，但是各局域网段之间并不互通。

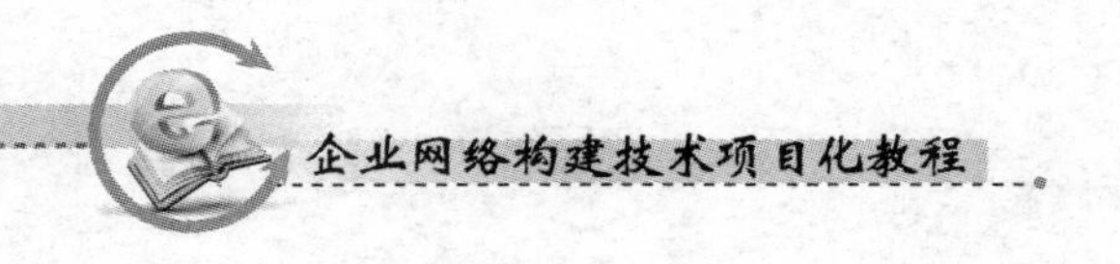

3. 配置 RIP

在路由器 RTA 上的配置过程为:

```
RTA(config)# router rip                              //启用 RIP 路由协议
RTA(config-router)# version 2                        //使用 RIPv2
RTA(config-router)# no auto-summary                  //关闭自动汇总
RTA(config-router)# network 192.168.1.0              //RIP 将通告 192.168.1.0 网段
RTA(config-router)# network 10.0.0.0                 //RIP 将通告 10.0.0.0 网段
```

在路由器 RTB 上的配置过程为:

```
RTB(config)# router rip
RTB(config-router)# version 2
RTB(config-router)# no auto-summary
RTB(config-router)# network 192.168.2.0              //RIP 将通告 192.168.2.0 网段
RTB(config-router)# network 10.0.0.0                 //RIP 将通告 10.0.0.0 网段
RTB(config-router)# network 20.0.0.0                 //RIP 将通告 20.0.0.0 网段
```

在路由器 RTC 上的配置过程为:

```
RTC(config)# router rip
RTC(config-router)# version 2
RTC(config-router)# no auto-summary
RTC(config-router)# network 192.168.3.0              //RIP 将通告 192.168.3.0 网段
RTC(config-router)# network 20.0.0.0                 //RIP 将通告 20.0.0.0 网段
```

4. 验证 RIP

如果要对 RIP 进行验证，可以在路由器上查看相关的路由设置，常用命令有:

```
RTA# show ip route                //显示路由器的路由表
RTA# show ip route rip            //显示路由器的 RIP 路由
RTA# show ip rip database         //显示 RIP 路由数据库信息
```

5. 验证全网的连通性

此时可以在计算机上，利用 ping 和 tracert 命令，测试各计算机之间的连通性和路由。也可以在路由器上运行 ping 和 traceroute 命令，测试路由器与计算机，以及路由器之间的连通性和路由。

注 意

可以在特权模式下使用 debug ip rip 命令查看 RIP 路由更新消息的发送和接收情况。该命令会影响路由器性能，可使用 no debug ip rip 命令关闭调试信息。

操作4　配置单区域OSPF

在如图4－14所示的网络中，如果要通过在路由器RTA、RTB和RTC上配置动态路由协议OSPF，实现全网的通信，则基本配置过程如下。

1. 规划与分配IP地址

按照表4－3所示的TCP/IP参数配置相关设备的IP地址信息。

2. 配置路由器端口

路由器RTA、RTB和RTC的端口配置与RIP配置示例相同，这里不再赘述。

3. 配置OSPF

在路由器RTA上的配置过程为：

```
RTA(config)# router ospf 1        //启用OSPF路由协议,1为路由进程ID,用来区分路由器中的多个进程,其范围为1～65535,不同路由器的路由进程ID可以不同。
RTA(config-router)# router-id 1.1.1.1      //设置路由器ID
RTA(config-router)# network 192.168.1.0 0.0.0.255 area 0
//在区域0通告192.168.1.0/24网段,0.0.0.255为通配反掩码。区域ID范围为0～4294967295,也可以是IP地址的格式A.B.C.D。当区域ID为0或0.0.0.0时称为主干区域
RTA(config-router)# network 10.0.0.0 0.0.0.3 area 0
//在区域0通告10.0.0.1/30网段
```

在路由器RTB上的配置过程为：

```
RTB(config)# router ospf 1
RTB(config-router)# router-id 2.2.2.2
RTB(config-router)# network 192.168.2.0 0.0.0.255 area 0
RTB(config-router)# network 10.0.0.0 0.0.0.3 area 0
RTB(config-router)# network 20.0.0.0 0.0.0.3 area 0
```

在路由器RTC上的配置过程为：

```
RTC(config)# router ospf 1
RTC(config-router)# router-id 3.3.3.3
RTC(config-router)# network 192.168.3.0 0.0.0.255 area 0
RTC(config-router)# network 20.0.0.0 0.0.0.3 area 0
```

注 意

在高版本的IOS中通告OSPF网络的时候，可以使用通配反掩码，也可以使用网络掩码。在OSPF运行过程中，确定Router ID遵循如下顺序：① OSPF进程中用命令router－id指定的路由器ID；② 若没有指定路由器ID，则选择最大的环回接口的IP地址为Router ID；③ 若没有环回接口，则选择最大的活动的物理接口的IP地址为Router ID。

4. 验证 OSPF

如果要对 OSPF 进行验证，可以在路由器上查看相关的路由设置，常用命令有：

```
RTA# show ip route
RTA# show ip ospf              //显示路由器的 OSPF 基本信息
RTA# show ip ospf database     //显示 OSPF 路由数据库信息
RTA# show ip ospf interface    //显示 OSPF 接口信息
RTA# show ip ospf neighbor     //显示 OSPF 邻居信息
```

5. 验证全网的连通性

此时可以在计算机上，利用 ping 和 tracert 命令，测试各计算机之间的连通性和路由。也可以在路由器上运行 ping 和 traceroute 命令，测试路由器与计算机，以及路由器之间的连通性和路由。

注 意

限于篇幅，本次任务只在路由器上完成了最基本的路由设置。路由器的动态路由协议种类很多，不同的路由协议的运行过程和设置方法各不相同。请查阅相关技术手册，了解 RIP、OSPF 的其他配置命令及其设置方法，了解 IGRP、EIGRP、IS－IS、BGP 等动态路由协议的基本知识和设置方法。

任务 4.3　三层交换机基本配置

【任务目的】

（1）理解三层交换机的作用。

（2）掌握三层交换机的基本配置操作与相关配置命令。

【工作环境与条件】

（1）交换机（本部分以 Cisco 3560、Cisco 2960 交换机为例，也可选用其他品牌型号的产品或使用 Cisco Packet Tracer、Boson Netsim 等模拟软件）。

（2）Console 线缆和相应的适配器。

（3）安装 Windows 操作系统的 PC。

（4）组建网络所需的其他设备。

【相关知识】

4.3.1　三层交换机概述

出于安全和管理方便的考虑，特别是为了减少广播风暴的危害，必须把大型局域网按功能或地域等因素划分为一个个小的广播域，这就使 VLAN 技术在网络中得以大量应用。

由于不同的 VLAN 属于不同的广播域，因此各 VLAN 间的通信需要经过路由器，在网络层完成转发。然而由于路由器的端口数量有限，而且路由速度较慢，因此如果单纯使用路由器来实现 VLAN 间的访问，必将使网络的规模和访问速度受到限制。

正是基于上述情况三层交换机应运而生，三层交换机是指具备网络层路由功能的交换机，其端口（接口）可以实现基于网络层寻址的分组转发，每个网络层接口都定义了一个单独的广播域，在为接口配置好 IP 协议后，该接口就成为连接该接口的同一个广播域内其他设备和主机的网关。

三层交换机的主要作用是加快大型局域网内部的数据交换，其所具有的路由功能也是为这一目的服务的。三层交换机在对第一个数据包进行路由后，将会产生 MAC 地址与 IP 地址的映射表，当同样的数据包再次通过时，将根据该映射表直接进行交换，从而消除了路由器进行路由选择而造成网络的延迟，提高了数据包转发的效率。

为了执行三层交换，交换机必须具备三层交换处理器，并运行三层 IOS 操作系统。交换机的三层交换处理器可以是一个独立的模块或功能卡，也可以直接集成到交换机的硬件中。对于高档三层交换机一般采用模块或卡，比如 RSM（Route Switch Module，路由交换模块）、RSFC（Route Switch Feature Card，多层交换特性卡）等。

4.3.2　三层交换机的分类

根据处理数据方式的不同，可以将三层交换机分为纯硬件的三层交换机和基于软件的三层交换机两种类型。

1. 纯硬件的三层交换机

纯硬件的三层交换机采用 ASIC 芯片，利用硬件方式进行路由表的查找和刷新。这种类型的交换机技术复杂、成本高，但是性能好，带负载能力强。其基本工作过程为：交换机接收数据后，将首先在二层交换芯片中查找相应的目的 MAC 地址，如果查到，则进行二层转发，否则将数据送至三层引擎；在三层引擎中，ASIC 芯片根据相应的目的 IP 地址查找路由表信息，然后发送 ARP 数据包到目的主机，得到该主机的 MAC 地址，将 MAC 地址发到二层芯片，由二层芯片转发该数据包。

2. 基于软件的三层交换机

基于软件的三层交换机通过 CPU 利用软件方式查找路由表。这种类型的交换机技术较简单，但由于低价 CPU 处理速度较慢，因此不适合作为核心交换机使用。其基本工作过程为：当交换机接收数据后，将首先在二层交换芯片中查找相应的目的 MAC 地址，如果查到，则进行二层转发，否则将数据送至 CPU；CPU 根据相应的目的 IP 地址查找路由表信息，然后发送 ARP 数据包到目的主机，得到该主机的 MAC 地址，将 MAC 地址发到二层芯片，由二层芯片转发该数据包。

【任务实施】

操作1　认识企业网络中的三层交换机

（1）现场考察所在学校的校园网，记录校园网中使用的三层交换机的品牌、型号、价格以及相关技术参数，查看三层交换机的端口连接与使用情况。

（2）现场考察某企业网，记录该网络中使用的三层交换机的品牌、型号、价格以及相关技术参数，查看三层交换机的端口连接与使用情况。

（3）访问三层交换机主流厂商的网站（如 Cisco、H3C、锐捷等），查看该厂商生产的三层交换机产品，记录其型号、价格以及相关技术参数。

操作 2　配置三层交换机端口

三层交换机的基本配置命令与二层交换机相同，这里不再赘述。三层交换机应重点注意其端口配置。

1. 选择三层交换机的端口层次

三层交换机的端口，既可用作二层的交换端口，也可用作三层的路由端口。如果作为二层的交换端口，则其功能与配置方法与二层交换机的端口相同。Cisco 3560 的所有端口默认情况下都用作二层交换端口。选择端口层次的配置命令为：

```
S3560(config)# interface fa 0/6
S3560(config-if)# no switchport     //将端口设置为三层的路由端口
S3560(config-if)# switchport        //将端口设置为二层的交换端口
```

2. 为三层端口配置 IP 地址

三层交换机上工作于网络层的路由端口，可为其配置 IP 地址，该地址将成为其所连广播域内其他二层接入交换机和客户机的网关地址。为三层端口配置 IP 地址的命令为：

```
S3560(config)# interface fa 0/6
S3560(config-if)# no switchport
S3560(config-if)# ip address 192.168.1.1 255.255.255.0
//设置三层端口的 IP 地址为 192.168.1.1,子网掩码为 255.255.255.0
S3560(config-if)# no shutdown     //启用该端口
```

操作 3　利用三层交换机实现网络连接

在如图 4－15 所示的网络中，一台 Cisco 3560 交换机将两个由 Cisco 2960 交换机组建的星型结构网络连接了起来。如果要实现网络的连通，则配置过程如下。

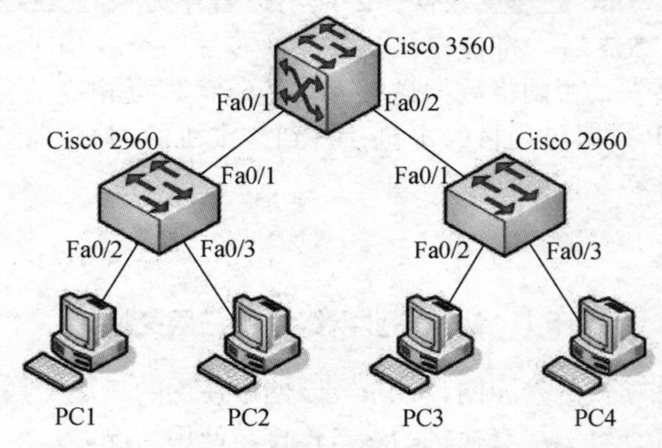

图 4－15　利用三层交换机实现网络连接配置示例

1. 为各计算机分配 IP 地址

如果三层交换机的端口用作三层的路由端口，则其功能与路由器的端口相同。连接在三层交换机同一个路由端口的计算机的 IP 地址应具有相同的网络标识，连接在不同路由端口的计算机应具有不同的网络标识。因此可以把 PC1 和 PC2 的 IP 地址分别设为 192.168.1.2/24 和 192.168.1.3/24，PC3 和 PC4 的 IP 地址分别设为 192.168.2.2/24 和 192.168.2.3/24。此时连接在不同路由端口的计算机是不能直接通信的。

注 意

如果三层交换机的端口用作交换端口，那么整个网络将是一个广播域，此时只要 PC1～PC4 的 IP 地址网络标识相同，即可相互通信。

2. 配置 Cisco 3560 交换机

在 Cisco 3560 交换机上的配置过程为：

```
S3560(config)# interface fa 0/1
S3560(config-if)# no switchport
S3560(config-if)# ip address 192.168.1.1 255.255.255.0
S3560(config-if)# no shutdown
S3560(config-if)# interface fa 0/2
S3560(config-if)# no switchport
S3560(config-if)# ip address 192.168.2.1 255.255.255.0
S3560(config-if)# no shutdown
S3560(config-if)# end
S3560# show ip route        //查看三层交换机路由表,可看到相应的直连路由
```

3. 为各计算机设置默认网关

三层交换机路由端口的 IP 地址是其对应广播域的默认网关，因此 PC1 和 PC2 的默认网关应设为 192.168.1.1，PC3 和 PC4 的默认网关应设为 192.168.2.1，此时连接在不同路由端口的计算机就可以通信了。

任务 4.4　利用三层交换机实现网络路由

【任务目的】

（1）能够利用三层交换机实现 VLAN 间的路由。

（2）能够在三层交换机上利用静态路由实现网络的连通。

（3）能够在三层交换机上利用常用路由协议实现网络的连通。

【工作环境与条件】

（1）交换机和路由器（本部分以 Cisco 3560、Cisco 2960 交换机和 Cisco 2811 路由器为

例，也可选用其他品牌型号的产品或使用 Cisco Packet Tracer、Boson Netsim 等模拟软件）。

（2）Console 线缆和相应的适配器。

（3）安装 Windows 操作系统的 PC。

（4）组建网络所需的其他设备。

【相关知识】

三层交换技术是将路由技术与交换技术合二为一的技术，三层交换机可以实现路由器的部分功能。但是路由器一般通过微处理器执行数据包交换（软件实现路由），而三层交换机主要通过硬件执行数据包交换，因此与三层交换机相比，路由器的功能更强大，像NAT、VPN 等功能仍无法被三层交换机完全替代。而且三层交换机还不具备同时处理多个协议的能力，不能实现异构网络的连接。另外，路由器通常还具有传输层网络管理能力，这也是三层交换机所不具备的。因此三层交换机并不等于路由器，也不可能完全取代路由器。在企业网络的组建中，通常处于同一网络中的各子网的互联，可以使用三层交换机来代替路由器，但若要实现企业网络与城域网或 Internet 的互联，则路由器就不可缺少。

【任务实施】

操作 1　利用三层交换机实现 VLAN 路由

在如图 4－16 所示的网络中，已经将 Cisco 2960 交换机连接的所有计算机划分为 4 个 VLAN，该交换机的 1 号快速以太网端口属于一个 VLAN；2 号和 3 号快速以太网端口属于一个 VLAN；4 号快速以太网端口属于一个 VLAN；其他端口属于另一个 VLAN。此时各 VLAN 之间是无法通信的。如果要把该网络中的 VLAN 连接起来，可将 Cisco 2960 交换机连接到 Cisco 3560 交换机上，其中 Cisco 2960 和 Cisco 3560 交换机使用的都是 12 号快速以太网端口。具体配置过程如下。

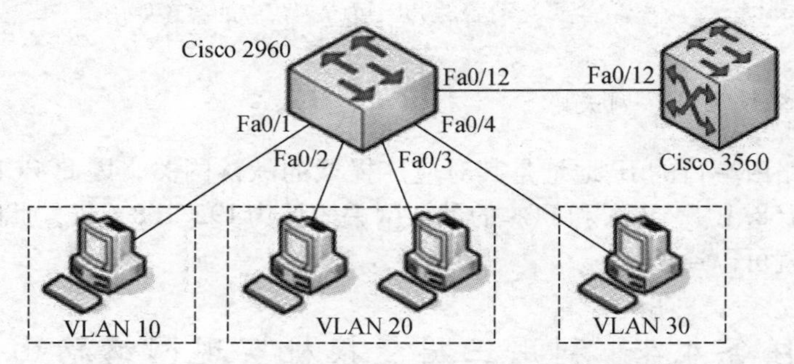

图 4－16　利用三层交换机实现 VLAN 间路由配置示例

1. 配置 Cisco 2960 交换机

在 Cisco 2960 交换机上的配置过程与任务 4. 2 中图 4－12 所示示例相同，这里不再赘述。

2. 为各计算机分配 IP 地址

可以把 VLAN10 中的计算机 IP 地址设为 192. 168. 10. 2，VLAN20 中的计算机 IP 地址

设为 192.168.20.2 和 192.168.20.3，VLAN30 中的计算机 IP 地址设为 192.168.30.2，子网掩码均为 255.255.255.0。此时处在不同 VLAN 中的计算机是不能通信的。

3. 配置 Cisco 3560 交换机

在 Cisco 3560 交换机上的配置过程为：

```
S3560# vlan database
S3560(vlan)# vlan 10 name stu1
S3560(vlan)# vlan 20 name stu2
S3560(vlan)# vlan 30 name stu3
S3560(vlan)# exit
S3560# configure terminal
S3560(config)# interface fa 0/12
S3560(config-if)# switchport   //设置为二层交换端口
S3560(config-if)# swithport trunk encapsulation dotlq   //创建 Trunk
S3560(config-if)# swithport mode trunk
S3560(config-if)# interface vlan 10
S3560(config-if)# ip address 192.168.10.1 255.255.255.0
//配置 VLAN10 接口的 IP 地址为 192.168.10.1/24,该接口为 VLAN10 的网关
S3560(config-if)# no shutdown
S3560(config-if)# interface vlan 20
S3560(config-if)# ip address 192.168.20.1 255.255.255.0
//配置 VLAN20 接口的 IP 地址为 192.168.20.1/24,该接口为 VLAN20 的网关
S3560(config-if)# no shutdown
S3560(config-if)# interface vlan 30
S3560(config-if)# ip address 192.168.30.1 255.255.255.0
//配置 VLAN30 接口的 IP 地址为 192.168.30.1/24,该接口为 VLAN30 的网关
S3560(config-if)# no shutdown
S3560(config-if)# exit
S3560(config)# ip routing   //开启三层交换机路由功能
```

4. 为各计算机设置默认网关

将 VLAN10 中的计算机的默认网关设为 192.168.10.1，VLAN20 中的计算机的默认网关设为 192.168.20.1，VLAN30 中的计算机的默认网关设为 192.168.30.1。此时处在不同 VLAN 中的计算机就可以通信了。

操作 2　利用静态路由实现三层交换机与路由器的连通

在如图 4-17 所示的网络中，SW1、SW2 和 SW3 均为 Cisco 2960 交换机，分别通过 24 号快速以太网端口与三层交换机（Cisco 3560）和路由器（Cisco 2811）相连，三层交换机通过 24 号快速以太网端口与路由器相连。若要求将 SW1 和 SW2 所连接的所有 PC 划分为两个 VLAN，并利用静态路由实现三层交换机与路由器的连通，则基本配置过程如下。

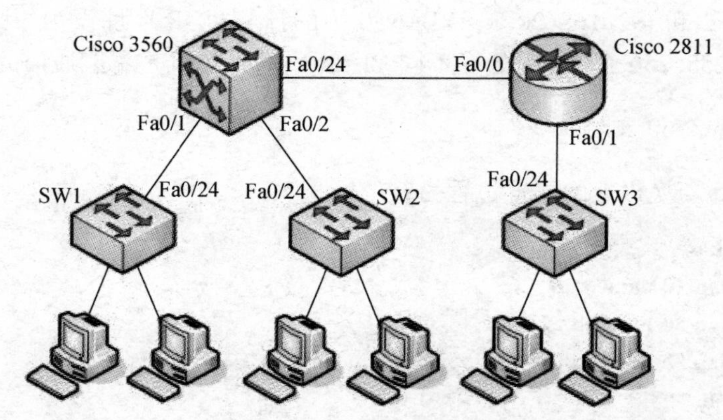

图4－17　利用静态路由实现三层交换机与路由器的连通配置示例

1. 规划与分配IP地址

由于每个VLAN是一个广播域，路由器的每个端口连接的网络也是一个广播域，若在SW1和SW2所连接的所有计算机分别属于VLAN10和VLAN20，则可按照表4－4所示的TCP/IP参数配置相关设备的IP地址信息。

表4－4　利用静态路由实现三层交换机与路由器的连通配置示例中的TCP/IP参数

设备	接口	IP地址	子网掩码	网关
VLAN10的计算机	NIC	192.168.10.2～192.168.10.254	255.255.255.0	192.168.10.1
VLAN20的计算机	NIC	192.168.20.2～192.168.20.254	255.255.255.0	192.168.20.1
SW3连接的计算机	NIC	192.168.30.2～192.168.30.254	255.255.255.0	192.168.30.1
路由器	Fa0/1	192.168.30.1	255.255.255.0	
	Fa0/0	10.1.1.1	255.255.255.252	
三层交换机	Fa0/24	10.1.1.2	255.255.255.252	
	Interface vlan 10	192.168.10.1	255.255.255.0	
	Interface vlan 20	192.168.20.1	255.255.255.0	

2. 划分VLAN

在三层交换机的配置过程为：

```
S3560# vlan database
S3560(vlan)# vlan 10 name VLAN10
S3560(vlan)# vlan 20 name VLAN20
S3560(vlan)# exit
S3560# configure terminal
S3560(config)# interface range fa 0/1 - 2
S3560(config-if-range)# switchport
```

```
S3560(config-if-range)# swithport trunk encapsulation dotlq
S3560(config-if-range)# swithport mode trunk
S3560(config-if-range)# exit
S3560(config)# interface vlan 10
S3560(config-if)# ip address 192.168.10.1 255.255.255.0
S3560(config-if)# no shutdown
S3560(config-if)# interface vlan 20
S3560(config-if)# ip address 192.168.20.1 255.255.255.0
S3560(config-if)# no shutdown
S3560(config-if)# exit
S3560(config)# ip routing
```

在交换机 SW1 的配置过程为：

```
SW1# vlan database
SW1(vlan)# vlan 10 name VLAN10
SW1(vlan)# vlan 20 name VLAN20
SW1(vlan)# exit
SW1# configure terminal
SW1(config)# interface fa 0/24
SW1(config-if)# switchport mode trunk
SW1(config-if)# interface range fa 0/1-12
SW1(config-if-range)# switchport access vlan 10
SW1(config-if-range)# interface range fa 0/13-23
SW1(config-if-range)# switchport access vlan 20
```

在交换机 SW2 的配置过程与 SW1 相同，这里不再赘述。

3. 利用静态路由实现三层交换机与路由器的连通

在路由器的配置过程为：

```
Router(config)# interface fa0/1
Router(config-if)# ip address 192.168.30.1 255.255.255.0
Router(config-if)# no shutdown
Router(config-if)# interface fa0/0
Router(config-if)# ip address 10.1.1.1 255.255.255.252
Router(config-if)# no shutdown
Router(config-if)# exit
Router(config)# ip route 192.168.10.0 255.255.255.0 10.1.1.2
Router(config)# ip route 192.168.20.0 255.255.255.0 10.1.1.2
Router(config)# exit
Router# show ip route
```

在三层交换机配置过程为：

```
S3560(config)# interface fa 0/24
S3560(config-if)# no switchport
S3560(config-if)# ip address 10.1.1.2 255.255.255.252
S3560(config-if)# exit
S3560(config)# ip route 192.168.30.0 255.255.255.0 10.1.1.1
S3560(config)# exit
S3560# show ip route
```

4. 验证全网的连通性

此时可以在计算机上，利用 ping 和 tracert 命令，测试各计算机之间的连通性和路由。也可以在三层交换机和路由器上运行 ping 和 traceroute 命令，测试三层交换机、路由器及各计算机之间的连通性和路由。

操作 3　利用动态路由实现三层交换机与路由器的连通

在如图 4－17 所示的网络中，若要求将 SW1 和 SW2 所连接的所有 PC 划分为两个 VLAN，并利用动态路由协议 OSPF 实现三层交换机与路由器的连通，则基本配置过程如下。

1. 规划与分配 IP 地址

可按照表 4－4 所示的 TCP/IP 参数配置相关设备的 IP 地址信息。

2. 划分 VLAN

在三层交换机及交换机 SW1、SW2 划分 VLAN 的相关配置与上例相同，这里不再赘述。

3. 利用 OSPF 实现三层交换机与路由器的连通

在路由器的配置过程为：

```
Router(config)# interface fa0/1
Router(config-if)# ip address 192.168.30.1 255.255.255.0
Router(config-if)# no shutdown
Router(config-if)# interface fa0/0
Router(config-if)# ip address 10.1.1.1 255.255.255.252
Router(config-if)# no shutdown
Router(config-if)# exit
Router(config)# router ospf 1
Router(config-router)# router-id 1.1.1.1
Router(config-router)# network 192.168.30.0 0.0.0.255 area 0
Router(config-router)# network 10.1.1.0 0.0.0.3 area 0
Router(config-router)# end
Router# show ip route
```

在三层交换机配置过程为：

```
S3560 (config)# interface fa 0/24
S3560 (config-if)# no switchport
S3560 (config-if)# ip address 10.1.1.2 255.255.255.252
S3560 (config-if)# exit
S3560 (config)# router ospf 1
S3560 (config-router)# router-id 2.2.2.2
S3560 (config-router)# network 192.168.10.0 0.0.0.255 area 0
S3560 (config-router)# network 192.168.20.0 0.0.0.255 area 0
S3560 (config-router)# network 10.1.1.0 0.0.0.3 area 0
S3560 (config-router)# end
S3560 # show ip route
```

4. 验证全网的连通性

此时可以在计算机上，利用 ping 和 tracert 命令，测试各计算机之间的连通性和路由。也可以在三层交换机和路由器上运行 ping 和 traceroute 命令，测试三层交换机、路由器及各计算机之间的连通性和路由。

注 意

在企业网络中三层交换机主要作为核心交换机实现内部网络各网段的连接，而路由器则主要作为网络出口用于连接 Internet。请思考在如图 4-17 所示网络中，如果路由器连接的是 Internet，那么应如何设置三层交换机与路由器之间的路由。

任务 4.5　配置 ACL

【任务目的】

（1）理解 ACL 的设计原则和工作过程。

（2）掌握标准 ACL 的配置方法。

（3）掌握扩展 ACL 的配置方法。

（4）掌握命名 ACL 的配置方法。

【工作环境与条件】

（1）路由器和交换机（本部分以 Cisco 2811 路由器、Cisco 2960 交换机为例，也可选用其他品牌型号的产品或使用 Cisco Packet Tracer、Boson Netsim 等模拟软件）。

（2）Console 线缆和相应的适配器。

（3）安装 Windows 操作系统的 PC。

（4）组建网络所需的其他设备。

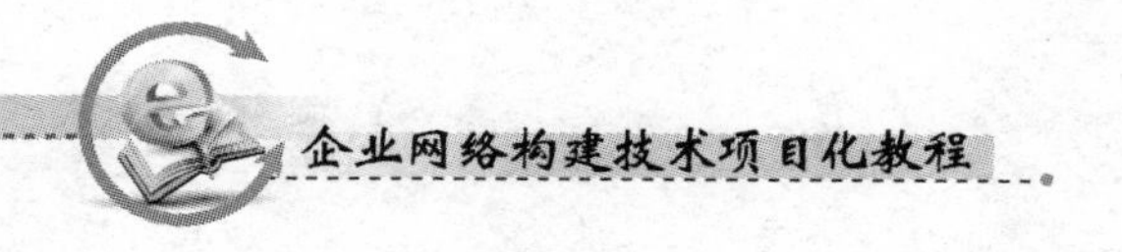

【相关知识】

4.5.1 ACL 概述

Cisco IOS 通过 ACL（Access Control List，访问控制列表）实现流量控制的功能。ACL 使用包过滤技术，在网络设备上读取数据包头中的信息，如源地址、目的地址、源端口、目的端口及上层协议等，根据预先定义的规则决定哪些数据包可以接收、哪些数据包拒绝接收，从而达到访问控制的目的。早期只有路由器支持 ACL 技术，目前三层交换机和部分二层交换机也开始支持 ACL 技术。ACL 通常可以应用于以下场合。

（1）过滤相邻设备间传递的路由信息。

（2）控制交互式访问，防止非法访问网络设备的行为。例如可以利用 ACL 对 Console、Telnet 或 SSH 访问实施控制。

（3）控制穿越设备的流量和网络访问。例如可以利用 ACL 拒绝主机 A 访问网络 A。

（4）通过限制对某些服务的访问来保护网络设备，例如可以利用 ACL 限制对 HTTP、SNMP 的访问。

（5）为 IPsec VPN 定义感兴趣流。

（6）以多种方式在 Cisco IOS 中实现 QoS（服务质量）特性。

（7）在其他安全技术中的扩展应用，例如 TCP 拦截、IOS 防火墙等。

4.5.2 ACL 的执行过程

ACL 是一组条件判断语句的集合，主要定义了数据包进入网络设备端口及通过设备转发和流出设备端口的行为。ACL 不过滤网络设备本身发出的数据包，只过滤经过网络设备转发的数据包。当一个数据包进入网络设备的某个端口时，网络设备首先要检查该数据包是否可路由或可桥接，然后会检查在该端口是否应用了 ACL。如果有 ACL，就将数据包与 ACL 中的条件语句相比较。如果数据包被允许通过，就继续检查路由表或 MAC 地址表以决定转发到的目的端口。然后网络设备将检查目的端口是否应用了 ACL，如果没有应用，数据包将直接送到目的端口并从该端口输出。

ACL 按各语句的逻辑次序顺序执行，如果与某个条件语句相匹配，数据包将被允许或拒绝通过，而不再检查剩下的条件语句。如果数据包与第一条语句没有匹配，将继续与下一条语句进行比较，如果与所有的条件语句都没有匹配，则该数据包将被丢弃。

注 意

在 ACL 的最后会强加一条拒绝全部流量的隐含语句，该语句是看不到的。

4.5.3 ACL 的类型

Cisco IOS 可以配置很多类型的 ACL，包括标准 ACL、扩展 ACL、命名 ACL、使用时间范围的时间 ACL、分布式时间 ACL、限速 ACL、设备保护 ACL、分类 ACL 等。

1. 标准 ACL

标准 ACL 是最基本的 ACL，只检查可以被路由的数据包的源地址，其工作流程如图 4－18 所示。从路由器某一端口进来的数据包经过检查其源地址和协议类型，并与 ACL 条件判断语句相比较，如果匹配，则执行允许或拒绝操作。通常要允许或阻止来自某一网络的所有通信流量，或者要拒绝某一协议的所有通信流量时，可以使用标准 ACL 来实现。

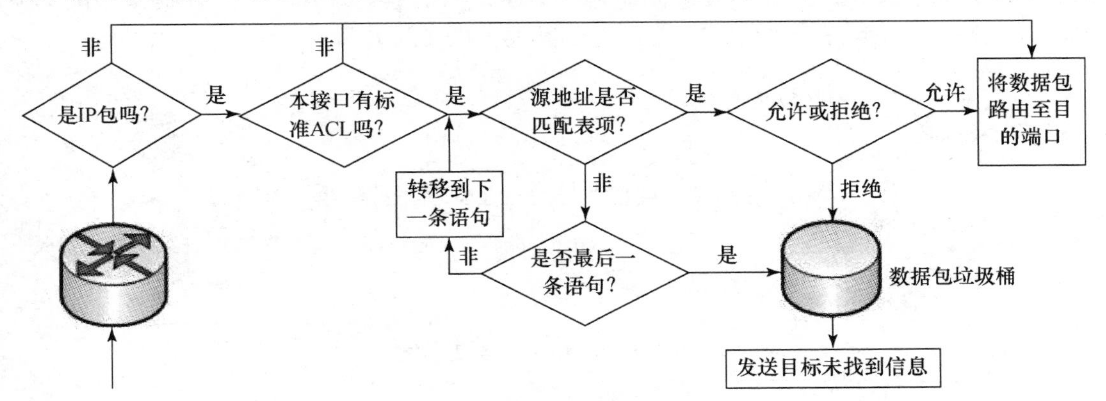

图 4－18　标准 ACL 的工作流程

2. 扩展 ACL

扩展 ACL 可以根据数据包的源地址、目的地址、协议类型、端口号和应用来决定允许或拒绝发送该数据包，因此比标准 ACL 提供了更广阔的控制范围和更多的处理方法。路由器根据扩展 ACL 检查数据包的工作流程，如图 4－19 所示。

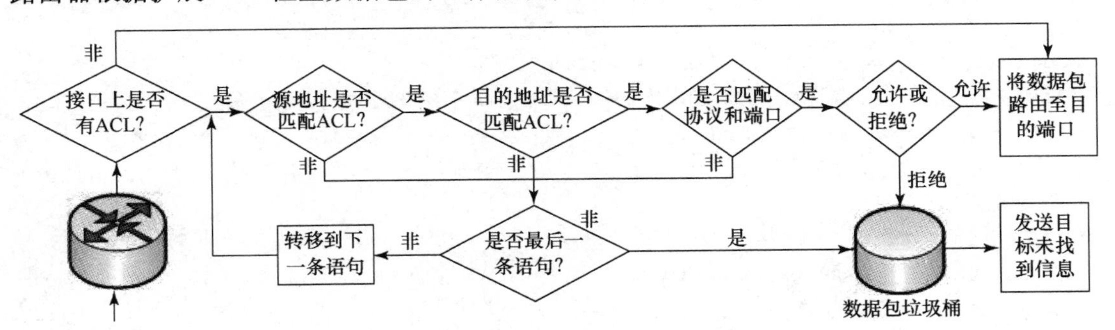

图 4－19　扩展 ACL 的工作过程

3. 命名 ACL

Cisco IOS 系统的 11.2 版本引入了 IP 命名 ACL，命名 ACL 允许在标准 ACL 和扩展 ACL 中使用一个字符串来代替数字作为 ACL 的表号。使用命名 ACL 有以下优点。

（1）不受标准 ACL 和扩展 ACL 数量的限制。标准 ACL 的表号是一个 1～99 或 1300～1999 之间的数字，扩展 ACL 的表号是一个 100～199 或 2000～2699 之间的数字。

（2）可以方便地对 ACL 进行修改，而无须删除 ACL 后再对其进行重新配置。

【任务实施】

操作1　配置标准 ACL

在如图 4－20 所示的网络中，两台 Cisco 2811 路由器通过串行端口相互连接，相关的 IP 地址信息如图 4－20 所示。整个网络配置 RIP 路由协议，保证网络正常通信。要求在 RTB 上配置标准 ACL，允许 PC1 访问路由器 RTB，但拒绝 192.168.1.0/24 网络中的其他主机访问 RTB，并允许连接在路由器 RTA 的其他主机访问 RTB。

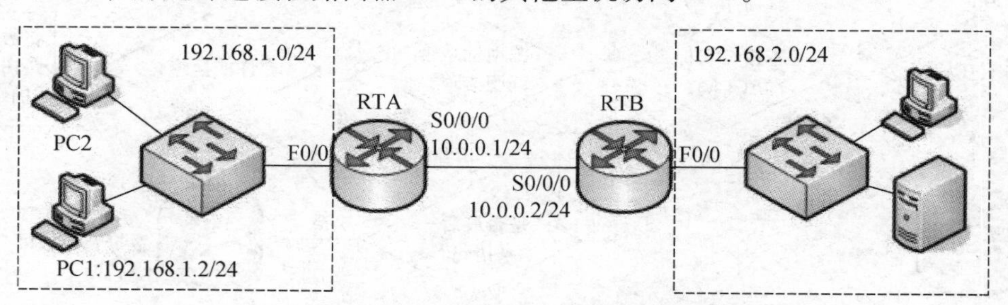

图 4－20　标准 ACL 配置示例

1. 配置 RIP 路由协议

具体的配置过程与 RIP 配置实例类似，这里不再赘述。

2. 配置标准 ACL

在路由器 RTB 的配置如下：

```
RTB(config)# access-list 1 permit host 192.168.1.2
//定义 1 号标准 ACL,当主机源地址为 192.168.1.2 时允许该入口的通信流量
RTB(config)# access-list 1 deny 192.168.1.0 0.0.0.255
//定义 1 号标准 ACL,当源地址网络标识为 192.168.1.0 时拒绝该入口的通信流量
RTB(config)# access-list 1 permit any
//定义 1 号标准 ACL,当源地址为其他时允许该入口的通信流量。这行非常重要,若不设置,路由器将拒绝其他所有流量
RTB(config)# interface s0/0/0
RTB(config-if)# ip access-group 1 in
//将 1 号标准 ACL 应用于该端口,in 表示对输入数据生效,out 表示对输出数据生效
```

注 意

标准 ACL 的表号是一个 1～99 或 1300～1999 之间的数字；另外可以使用通配符掩码来设置路由器需要检查的 IP 地址位数，通配符掩码是一个 32 位二进制数，前一部分为 0 表示路由器需要检查的部分，后一部分为 1 表示路由器不需要检查的部分。例如若源地址为 192.168.3.0，通配符掩码为 0.0.0.255，则表示路由器只检查 IP 地址的前 24 位，后 8 位可以任意；可以通过在 access－list 前加 no 的形式，来删除一个已经建立的标准 ACL。

3. 验证标准 ACL

配置完标准 ACL 后，可以通过以下命令进行验证。

```
RTB# show access lists        //显示 ACL
Standard ip access list 1
  10  permit 192.168.1.2
  20  deny 192.168.1.0, wildcard bits 0.0.0.255 (16 matches)
  30  permit any (18 matches)
RTB# show ip interface     //查看 ACL 作用在 IP 接口上的信息
```

操作2 配置扩展 ACL

在如图 4－21 所示的网络中，两台 Cisco 2811 路由器通过串行端口相互连接，相关的 IP 地址信息如图 4－21 所示。整个网络配置 RIP 路由协议，保证网络正常通信。要求在 RTA 上配置扩展 ACL，实现以下功能。

（1）允许网络 192.168.1.0/24 的主机访问 Web 服务器 192.168.2.251。

（2）拒绝网络 192.168.1.0/24 的主机访问 FTP 服务器 192.168.2.251。

（3）拒绝网络 192.168.1.0/24 的主机 Telnet 路由器 RTB。

（4）拒绝主机 PC1 利用 ping 命令测试与路由器 RTB 的连通性。

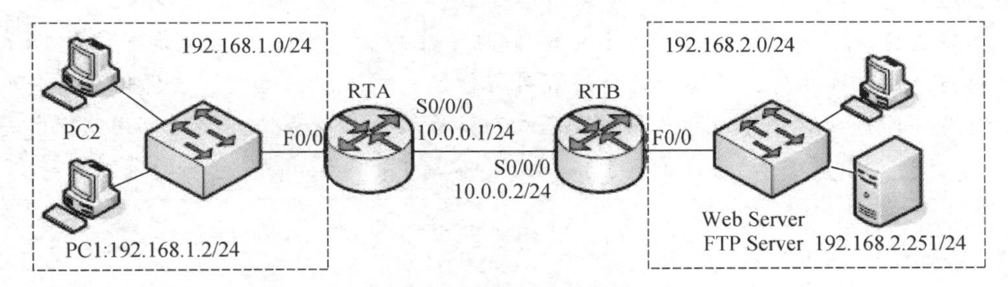

图 4－21 扩展 ACL 配置示例

1. 配置 RIP 路由协议

具体的配置过程与 RIP 配置实例类似，这里不再赘述。

2. 配置扩展 ACL

在路由器 RTA 的配置如下：

```
RTA(config)# access-list 100 permit tcp 192.168.1.0 0.0.0.255 host 192.168.2.251 eq 80
//定义 100 号扩展 ACL,允许网络标识为 192.168.1.0/24 的主机与主机 192.168.2.251 的 80 端口建立 TCP 连接,Web 服务器的默认端口为 80
RTA(config)# access-list 100 deny tcp 192.168.1.0 0.0.0.255 host 192.168.2.251 eq 20
//定义 100 号扩展 ACL,拒绝网络标识为 192.168.1.0/24 的主机与主机 192.168.2.251 的 20 端口建立 TCP 连接,FTP 服务器的默认数据端口为 20
```

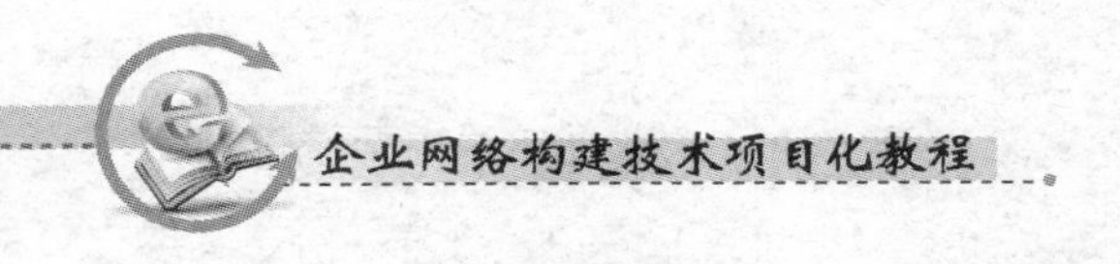


```
RTA(config)# access-list 100 deny tcp 192.168.1.0 0.0.0.255 host 192.168.2.251 eq 21
//定义100号扩展ACL,拒绝网络标识为192.168.1.0/24的主机与主机192.168.2.251的21端口建立TCP连接,FTP服务器的默认控制端口为21
RTA(config)# access-list 100 deny tcp 192.168.1.0 0.0.0.255 host 10.0.0.2 eq 23
//定义100号扩展ACL,拒绝网络标识为192.168.1.0/24的主机与主机10.0.0.2的23端口建立TCP连接,Telnet的默认端口为23,10.0.0.2为路由器RTB的S0/0/0端口IP
RTA(config)# access-list 100 deny tcp 192.168.1.0 0.0.0.255 host 192.168.2.1 eq 23
//定义100号扩展ACL,拒绝网络标识为192.168.1.0/24的主机与主机192.168.2.1的23端口建立TCP连接,Telnet的默认端口为23,192.168.2.1为路由器RTB的F0/0端口IP
RTA(config)# access-list 100 deny icmp host 192.168.1.2 host 10.0.0.2
//定义100号扩展ACL,拒绝主机192.168.1.2向主机10.0.0.2发送ICMP报文
RTA(config)# access-list 100 deny icmp host 192.168.1.2 host 192.168.2.1
//定义100号扩展ACL,拒绝主机192.168.1.2向主机192.168.2.1发送ICMP报文
RTA(config)# access-list 100 permit ip any any
//定义100号扩展ACL,允许其他的IP连接
RTA(config)# interface f0/0
RTA(config-if)# ip access-group 100 in
```

注 意

扩展ACL的表号是一个100～199或2000～2699之间的数字；在定义扩展ACL时应指明拒绝或允许的协议类型、源地址和目标地址，并可以根据需要在源地址或目的地址后使用操作符加端口号的形式指明发送端和接收端的端口条件，此处可用的操作符包括eq（等于）、lt（小于）、gt（大于）、neq（不等于）和range（包括的范围）等。

3. 验证扩展ACL

验证扩展ACL的过程与验证标准ACL相同，这里不再赘述。

操作3　配置命名ACL

1. 配置标准命名ACL

在如图4-22所示的网络中，一台Cisco 2811路由器通过串行端口接入Internet，相关

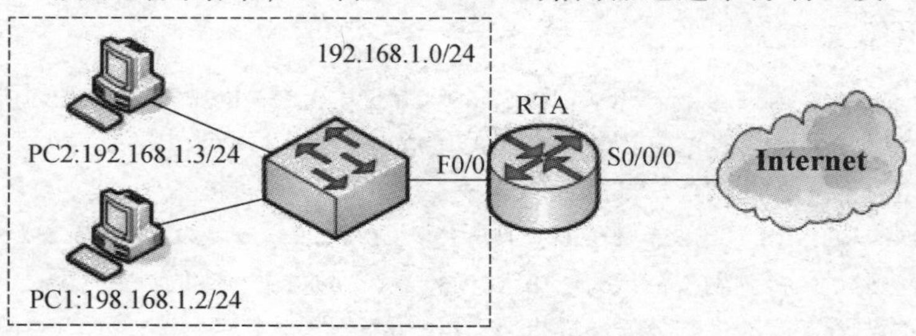

图4-22　命名ACL配置示例

的IP地址信息如图4－22所示。现要求在路由器RTA上进行配置，以阻塞来自网络192.168.1.0/24的全部通信流量，而允许转发其他部门的通信流量。

配置过程为：

```
RTA(config)# ip access-list standard acl_std    //定义1个名为acl_std的标准ACL
RTA(config-std-nacl)# deny 192.168.1.0 0.0.0.255
RTA(config-std-nacl)# permit any
RTA(config-std-nacl)# exit
RTA(config)# interface f0/0
RTA(config-if)# ip access-group acl_std in
```

2. 配置扩展命名ACL

若在如图4－22所示的网络中，只拒绝来自网络192.168.1.0/24的FTP和Telnet通信流量通过路由器RTA，则配置过程为：

```
RTA(config)# ip access-list extended acl_ext    //定义1个名为acl_ext的扩展ACL
RTA(config-ext-nacl)# deny tcp 192.168.1.0 0.0.0.255 any eq 20
RTA(config-ext-nacl)# deny tcp 192.168.1.0 0.0.0.255 any eq 21
RTA(config-ext-nacl)# deny tcp 192.168.1.0 0.0.0.255 any eq 23
RTA(config-ext-nacl)# permit ip any any
RTA(config-ext-nacl)# exit
RTA(config)# interface f0/0
RTA(config-if)# ip access-group acl_ext in
```

习 题 4

1. 思考问答

(1) 简述路由器的作用。
(2) 在选择路由器产品时，应主要考察哪些内容？
(3) 简述路由表的作用和基本组成。
(4) 简述路由器转发数据包的基本过程。
(5) 路由器的路由信息主要通过哪些方式获得？简述每种方式的特点。
(6) 什么是RIP？简述RIP的启动和运行过程。
(7) 什么是OSPF？简述OSPF的运行过程。
(8) 简述三层交换机的作用。
(9) 什么是ACL？简述ACL的功能。

2. 技能操作

(1) Cisco路由器路由配置

【内容及操作要求】

① 按照如图 4 – 23 所示的拓扑图连接网络，要求配置网络中的相关设备，分别利用静态路由以及 RIP、OSPF 动态路由协议实现所有设备间的连通。

② 对路由器进行设置，要求禁止网络 192.168.1.0/24 中的主机访问网络 192.168.2.0/24 中的 FTP 服务器；禁止 PC1 利用 Telnet 登录路由器 RTB；禁止 PC2 使用 ping 命令测试其与路由器 RTB 的连通性；允许网络中的其他通信流量。

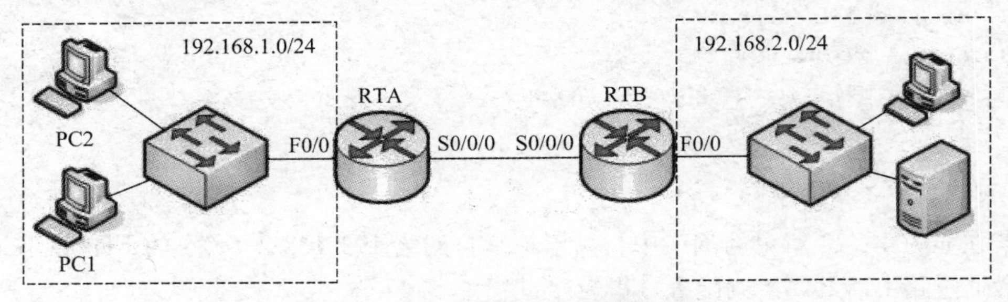

图 4 – 23　Cisco 路由器路由配置技能操作

【准备工作】

2 台 Cisco 2811 路由器；4 台安装 Windows 操作系统的计算机；2 台 Cisco 2960 交换机；Console 线缆及其适配器；连接网络所需要的其他部件。

【考核时限】

90min。

（2）路由配置综合练习

【内容及操作要求】

① 按照如图 4 – 24 所示的拓扑图连接网络，要求路由器 RTA 和 RTB 利用串行接口相连。

② 在网络中创建 3 个 VLAN，交换机 SW1、SW2 和 SW3 的 1 号至 10 号快速以太网端口属于一个 VLAN，交换机 SW1、SW2 和 SW3 的 11 号至 20 号快速以太网端口属于一个 VLAN，服务器 Server1 和 Server2 属于另一个 VLAN。

③ 为网络中的相关设备分配 IP 地址，并实现所有设备间的连通。

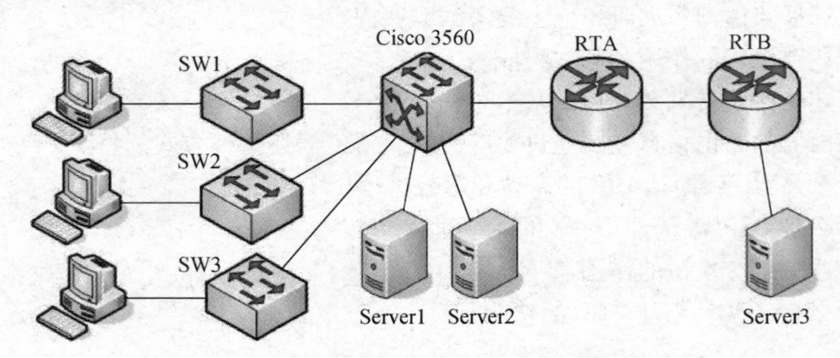

图 4 – 24　路由配置综合练习技能操作

【准备工作】

1 台 Cisco 3560 交换机；2 台 Cisco 2811 路由器；3 台 Cisco 2960 交换机；6 台安装 Windows 操作系统的计算机；3 台安装 Windows 操作系统的服务器；Console 线缆及其适配器；连接网络所需要的其他部件。

【考核时限】

60min。

第5单元　安装与配置服务器系统

在企业网络中通常会采用C/S（客户机/服务器）工作模式组建网络，并应用B/S（浏览器/服务器）模式来组建网络的应用系统。本单元的主要目标是能够根据企业网络的需求正确选择服务器及网络操作系统；能够安装基于Windows Server 2008 R2的服务器系统并配置服务器基本工作环境；能够利用Windows Server 2008 R2系统组建工作组和域模式的网络；掌握动态磁盘和NTFS文件系统的配置方法。

任务5.1　安装Windows服务器

【任务目的】

（1）了解服务器的类型和选择方法。

（2）了解常用网络操作系统的类型和选择方法。

（3）了解Windows Server 2008 R2操作系统系列产品的特点。

（4）掌握安装Windows Server 2008 R2操作系统的方法。

【工作环境与条件】

（1）PC及相关工具（也可使用专用服务器或VMware Workstation、Windows Server 2008 R2 Hyper－V服务等虚拟机软件）。

（2）Windows Server 2008 R2操作系统安装光盘。

【相关知识】

5.1.1　服务器的类型和选择

服务器是网络中必不可少的组成部分，由于网络需求不是千篇一律的，因此服务器也有多种不同的类型，应根据网络服务的类型选择相应性能的服务器。

1. 服务器的性能选择

按照服务器性能的不同，可以将服务器分为以下类型。

（1）工作组级服务器

工作组级服务器一般支持1～2个服务器专用CPU，可支持大容量内存，并且具备典型服务器必备的各种特性，如采用SCSI、SAS或SATA总线的I/O（输入/输出）系统、SMP对称多处理器结构，并可选装SCSI/SAS/SATA RAID、热插拔硬盘、热插拔电源等，具有高可用性特性。工作组级服务器适用于对处理速度和可靠性要求不高的网络服务，可用于充当DHCP服务器、DNS服务器、FTP服务器和文件服务器，以及用于实现网络

管理。

（2）部门级服务器

部门级服务器通常可以支持2～4个服务器专用CPU，集成了大量的监测及管理电路，具有全面的管理能力，可监测如温度、电压等状态参数。同时，具有良好的系统扩展性，能够及时在线升级系统，保护用户的投资。部门级服务器的硬件配置和处理性能相对较高，适用于对处理速度和可靠性要求高一些的网络服务，适合充当Web服务器、视频服务器、邮件服务器、域控制器，以及办公系统、计费系统等网络应用服务的前台服务器。

（3）企业级服务器

企业级服务器属于高档服务器，支持4～8个64位服务器专用CPU，超大容量的内存，SCSI或SAS高速数据传输，硬盘、电源、风扇等关键部件的在线维护功能，支持冗余和负载均衡，大容量热插拔硬盘和热插拔电源，具有超强的数据处理能力。这类产品具有高度的容错能力、优异的扩展性能和系统性能、极长的系统连续运行时间，能在很大程度上保护用户的投资。企业级服务器用于对处理速度和数据安全要求非常高的网络服务，可作为数据库服务器，以及其他关键任务的服务器。由于购置企业级服务器的成本太高，所以目前普遍采用的方式是利用群集和负载均衡技术，将多台价格低廉的低性能服务器（如部门级服务器）整合在一起，在提供较高处理性能的同时，实现网络服务的高可用性。

2. 服务器的外型选择

按照服务器的外型，可以将服务器分为以下类型。

（1）台式服务器

台式服务器也称为塔式服务器，如图5－1所示。低端台式服务器往往采用比普通台式机稍大的机箱，而中高端服务器由于考虑到扩展性和散热的问题，往往采用体积硕大的机箱。台式服务器往往占用较多的空间，而且在电源管理、网络接入等方面有着诸多不便。不过，由于台式服务器能够非常好的解决散热问题，并且无须采用机柜即可顺利安装，因此，被广泛应用于服务器数量较少、机房环境较差的网络。

（2）机架式服务器

机架式服务器的宽度通常为标准的19in（1in＝2.54cm），可以安装在19in标准机柜中。根据机箱高度的不同，可大致划分为1u（Unit）、2u、4u等规格。当网络内的服务器数量较多时，采用机架式服务器更便于管理，更便于提供统一的电源和实现服务器群集，更能节约宝贵的空间资源。图5－2所示为1u的机架式服务器。

图5－1　台式服务器

图5－2　1u的机架式服务器

(3) 刀片式服务器

刀片式服务器是专门为特殊应用行业和高密度计算机环境设计的，其中每一块“刀片”都是一个插板，在插板上配有处理器、内存、硬盘以及相关组件，类似于一个独立的服务器，如图5-3所示。在这种模式下，每一个插板运行自己的系统，服务于指定的用户群，相互之间没有关联。不过可以使用软件将这些插板集合成一个服务器群集。

虽然刀片式服务器是作为低成本服务器平台推出的，但是刀片式服务器也有一个缺点，就是前期投入成本较高。首先无论购置几台刀片式服务器，都必须配置一个刀片式服务器机箱，如图5-4所示，而这种机箱的价格较高。另外，刀片式服务器的硬盘容量较小，而且不能扩充，所以往往需要配置磁盘阵列，以解决数据存储的问题，而磁盘阵列的价格也比较高昂。因此，刀片式服务器并不十分适合在中小型企业网络中使用。

图5-3　刀片式服务器

图5-4　刀片式服务器机箱

5.1.2　网络操作系统的类型和选择

1. 网络操作系统的功能

操作系统是计算机系统中用来管理各种软硬件资源、提供人机交互的软件。网络操作系统作为网络用户和计算机之间的接口，可实现操作系统的所有功能，并且能够对网络中的资源进行管理和共享。网络操作系统一般应具有以下功能。

(1) 支持多任务：可同时处理多个应用程序，每个应用程序在不同的内存空间运行。

(2) 支持大内存：支持较大的物理内存，以便更好地运行应用程序。

(3) 支持对称多处理：支持多个CPU，减少事务处理时间，提高操作系统性能。

(4) 支持网络负载平衡：能与其他主机构成一个虚拟系统，满足多用户访问的需要。

(5) 支持远程管理：能够支持用户通过网络远程管理和维护系统。

2. 常用网络操作系统

目前应用较为广泛的网络操作系统可以分为两大类：一类是支持Intel处理器架构(Intel Architecture，IA) PC服务器的操作系统产品（Windows Server、Linux)；另一类是支持IBM、SUN、HP等公司标准64位处理器架构的UNIX操作系统产品。

(1) Windows Server系列

Microsoft的网络操作系统产品主要包括Windows NT Server、Windows 2000 Server、

Windows Server 2003 和 Windows Server 2008 等。Windows 网络操作系统在中小型企业网络配置中是最常见的，一般用在中低档服务器中。

（2）UNIX 操作系统

UNIX 操作系统是可以运行在微型机、小型机甚至大型机上的操作系统，支持多种处理器架构。UNIX 是由 AT&T（美国电话电报公司）的 Bell 实验室于 1969 年开发的，经过长期的发展和完善，很多大公司在取得授权后，都开发了自己的 UNIX 产品，比如 IBM 的 AIX、HP 的 HPUX、SUN 的 Solaris 等。UNIX 操作系统因其安全可靠、高效强大的特点在服务器领域得到了广泛的应用，也是科学计算、大型机、超级计算机的主流操作系统。

（3）Linux 操作系统

Linux 是一种在 PC 上执行的、类似 UNIX 的操作系统。它是一个完全免费的操作系统，在遵守自由软件联盟协议下，用户可以自由地获取程序及其源代码，并能自由地使用它们，包括修改和复制等。虽然 Linux 有许多不同的版本，但这些版本都具有以下特点。

① 高效安全稳定：Linux 继承了 UNIX 核心的设计思想，具有执行效率高、安全性高和稳定性好的特点。

② 支持多种硬件平台：Linux 能在 x86、MIPS、PowerPC、SPARC 和 Alpha 等主流的体系结构上运行，是目前支持硬件平台最多的操作系统。

③ 友好的用户界面：经过多年的发展，Linux 的图形界面技术已经非常成熟，其强大的功能和灵活的配置界面让用户可以方便、直观和快捷地进行操作。

④ 强大的网络功能：Linux 能提供完善的网络支持，其他操作系统都没有如此紧密地和内核结合在一起的连接网络的能力。

⑤ 支持多任务、多用户：Linux 可以支持多个使用者同时使用并共享系统的磁盘、外设和处理器等资源，完善的保护机制使每个应用程序和用户互不干扰。

3. 网络操作系统的选择

网络操作系统的选择要从网络应用出发，分析所设计的网络到底需要提供什么服务，然后分析各种操作系统提供这些服务的性能与特点，最后确定使用何种网络操作系统。通常，在同一网络中并不需要采用同一种网络操作系统，例如对于 Web、FTP、管理信息系统等服务器可采用 Windows Server 操作系统，对于电子邮件、DNS、Proxy 等服务器可以使用 Linux 或 UNIX 系统。这样，既可以利用 Windows Server 系统应用丰富、界面直观、使用方便的特点，又可以发挥到 Linux 和 UNIX 系统稳定、高效的优势。

5.1.3　Windows Server 2008 R2 产品的版本

Windows Server 2008 R2 操作系统是服务器级的操作系统，适用于构建各种规模的企业级和商业网络。Windows Server 2008 R2 产品有多种版本，不同的版本对硬件设备的支持及其提供的服务功能各不相同，用户应根据实际需要进行选择。

1. Windows Server 2008 R2 Foundation

该版本是成本低廉的入门版本，具备容易部署、可靠、稳定等特性，小型企业可利用其执行常用的商业应用程序并作为信息分享的平台。

2. Windows Server 2008 R2 Standard

该版本具备关键性服务器所拥有的功能，内置了改进的 Web 和虚拟化功能，这些功能可以提高服务器架构的可靠性和灵活性，能帮助用户节省时间和成本。

3. Windows Server 2008 R2 Enterprise

该版本提供了更高的扩展性与可用性，并在虚拟化、节能以及管理等方面增加了适用于企业的技术（如故障转移群集功能等）。

4. Windows Server 2008 R2 Datacenter

该版本除了拥有 Windows Server 2008 R2 Enterprise 的所有功能外，还支持更大的内存与更好的处理器。

5. Windows Web Server 2008 R2

该版本拥有多功能的 IIS 7.5，是一个强大的 Web 应用程序和服务平台，主要用来架设专用的 Web 服务器及 Web 服务器场。

6. Windows Server 2008 R2 for Itanium – Based Systems

该版本是专门针对 Intel Itanium 处理器设计的操作系统，主要用来支持网站与应用程序服务器。

注 意

Windows Server 2008 R2 是采用 NT6.1 内核（与 Windows 7 相同）的 64 位服务器操作系统。Windows Server 2008 是采用 NT6.0 内核（与 Windows Vista 相同）的服务器操作系统，有 32 位和 64 位两种版本。

【任务实施】

操作 1　准备安装

1. 确定硬件环境

如果要在计算机内安装并使用 Windows Server 2008 R2 操作系统，该计算机应满足表 5 – 1 所示的硬件配置要求。

表 5－1　安装 Windows Server 2008 R2 的硬件配置要求

硬件	配置要求
处理器（CPU）	最低：1.4GHz（64 位处理器）
内存	最低：512MB 最高：Foundation－8GB；Standard、Web－32GB； Enterprise、Datacenter、Itanium－2TB
硬盘	最低：32GB
显示设备	Super VGA（800×600）或更高分辨率显示设备
其他	DND 光驱、键盘、鼠标（或兼容的指针设备）、接入 Internet

2. 选择安装模式

Windows Server 2008 R2 提供两种安装模式。

（1）完全安装模式

这是一般的安装模式，安装完成后的 Windows Server 2008 R2 系统内置窗口图形用户界面，可以充当各种服务器角色。

（2）Server Core 安装模式

采用该模式安装的 Windows Server 2008 R2 系统仅提供最小化的环境，它可以降低维护与管理需求、减少使用硬盘容量、减少被攻击次数。由于该安装模式没有窗口图形用户界面，因此只能在命令提示符或 Windows PowerShell 内通过命令来管理系统。利用该模式安装的系统只支持部分服务器角色，包括 DNS 服务器、域控制器、DHCP 服务器、文件服务器、打印服务器、Web 服务器、Windows 媒体服务、Hyper－V。

3. 选择磁盘分区和文件系统

安装 Windows Server 2008 R2 前，要进行磁盘空间的规划，对于安装 Windows Server 2008 R2 的磁盘分区应预留足够的磁盘空间（至少 10GB），以满足操作系统交换文件的需要，以及今后可能出现的其他安装需求，如安装活动目录、网络服务、日志等。

任何一个新的磁盘分区都必须被格式化为合适的文件系统后，才可以安装操作系统、存储数据，文件系统的选择将影响磁盘分区的操作。在 Windows 系统中，最常见的文件系统有 NTFS、FAT 和 FAT32，Windows Server 2008 R2 只支持用户将其安装到使用 NTFS 文件系统的磁盘分区内。

4. 选择是否安装多重引导系统

如果要在同一台计算机安装多套操作系统，通常应先安装较低版本的系统，再安装较高版本的系统。例如，若在计算机上同时安装 Windows Server 2003 和 Windows Server 2008 R2，则需先安装 Windows Server 2003，再从 Windows Server 2003 中安装 Windows Server 2008 R2。另外，不同的操作系统应安装到不同的磁盘分区中，以避免相互覆盖对方的文件。

注意

多重引导操作系统会占用大量的磁盘空间，并使兼容性问题变得复杂，而且动态磁盘不能在多个操作系统上起作用。因此一般情况下不推荐使用多重引导操作系统，若确实需要在一台计算机上运行多版本的操作系统，建议使用虚拟机软件实现。

5. 选择安装方法

Windows Server 2008 R2 操作系统支持多种安装方法，应根据实际情况合理选择。

（1）利用 Windows Server 2008 R2 系统光盘直接安装

从 DVD 驱动器启动并安装操作系统的方法使用范围广、操作简单，是单个服务器在安装时最常用的方法。

（2）在现有的 Windows 系统中利用 DVD 安装

这种安装方法主要用来实现系统升级，也可以进行全新安装。

（3）硬盘克隆安装

当需要对大量同类型的计算机进行安装时，可以采用硬盘克隆的方法，即按照上述任一种方法安装好一台计算机，然后使用硬盘的克隆软件克隆该硬盘的映像文件，之后使用该映像文件安装其他所有计算机上的硬盘，从而实现快速安装和配置的目的。

（4）硬盘保护卡安装

在某些网络环境中（如实验室、网吧），通常会有大量同类型的计算机，其安装和日常管理工作较为复杂，此时可以购置硬盘保护卡，之后即可采用硬盘保护卡来安装和维护网络。采用硬盘保护卡安装操作系统的方法请参考相关的技术说明。

6. 安装前的其他准备工作

为了成功安装 Windows Server 2008 R2，还应做好以下准备工作。

（1）拔掉 UPS 的连接线：由于安装程序会通过串行端口监测所连接的设备，因此如果 UPS（不间断电源）与计算机之间通过串行电缆连接，可能会使 UPS 收到自动关闭的错误命令，从而造成系统断电。

（2）备份数据：安装过程可能会删除硬盘中的数据，所以应先对重要数据进行备份。

（3）退出防病毒软件：防病毒软件可能会干扰系统的安装，导致安装速度变得很慢。

（4）准备好大容量存储设备的驱动程序：应将大容量存储设备的驱动程序文件存放到 DVD、U 盘等设备的根目录，或将它们存储到 amd64 文件夹（针对 x64 计算机）、ia4 文件夹（针对 Itanium 计算机），并在安装过程中选择这些驱动程序。

（5）注意 Windows 防火墙的干扰：Windows Server 2008 R2 的 Windows 防火堵默认是启用的。在系统安装完成后，可能需要暂时关闭防火墙或在防火墙中进行设置以允许相关程序的正常运行。

操作2　从 DVD 启动计算机并安装 Windows Server 2008 R2

这种安装方式只能够运行全新安装，无法实现系统升级。安装的基本操作步骤如下。

（1）将计算机的 BIOS 设置为从光驱启动，操作方法如下。

① 开启计算机，按 F2 键（有的是按 Del 键）进入 BIOS 设置界面，如图 5－5 所示。

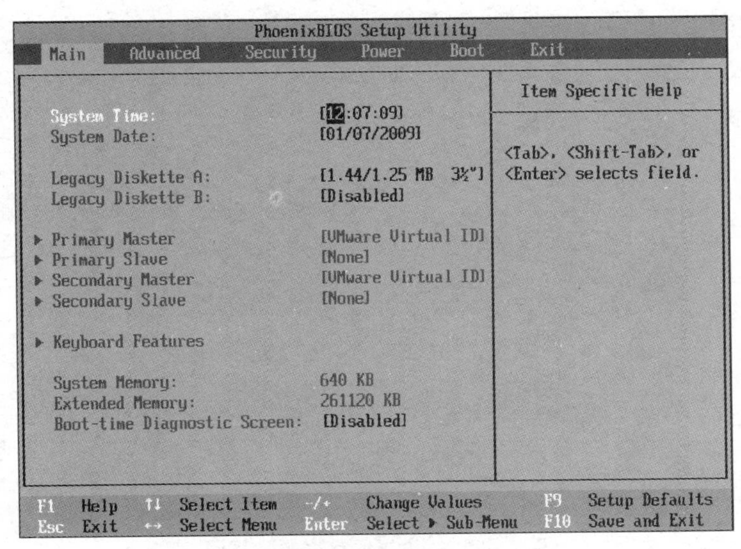

图 5－5　BIOS 设置界面

② 选择 Boot 选项卡，将 CD－ROM Drive 设为第一启动设备，如图 5－6 所示。

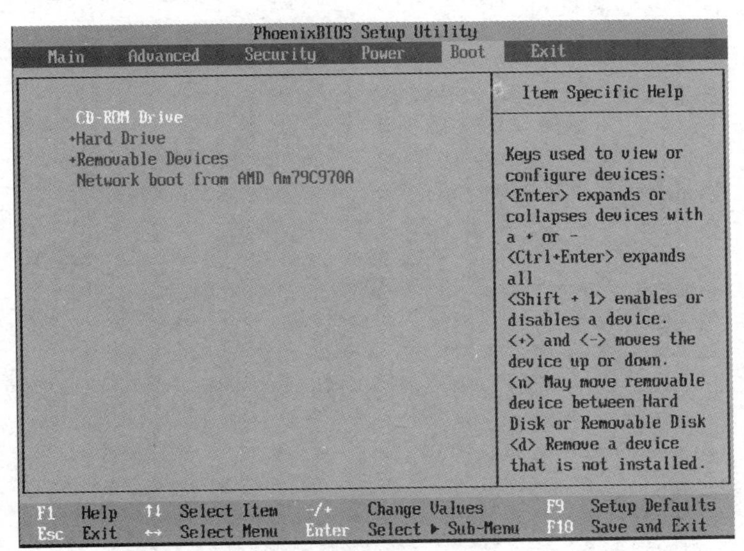

图 5－6　BIOS 中的 Boot 选项卡

③ 按 F10 键，保存设置并退出 BIOS 设置窗口，此时计算机将重新启动。

注 意

不同的 BIOS 设置方法不同，设置时应查阅主板说明书。

(2) 将 Windows Server 2008 R2 系统光盘放入光驱，重新启动计算机，当系统通过 Windows Server 2008 R2 系统光盘引导后，将出现系统加载界面。系统加载成功后，将出现“设置语言格式”界面，如图 5 - 7 所示。

图 5 - 7　“设置语言格式”界面

(3) 在“设置语言格式”界面中，设置安装的语言、时间格式和键盘类型等，通常直接采用系统默认的中文设置即可。单击“下一步”按钮，打开“现在安装”界面，如图 5 - 8 所示。

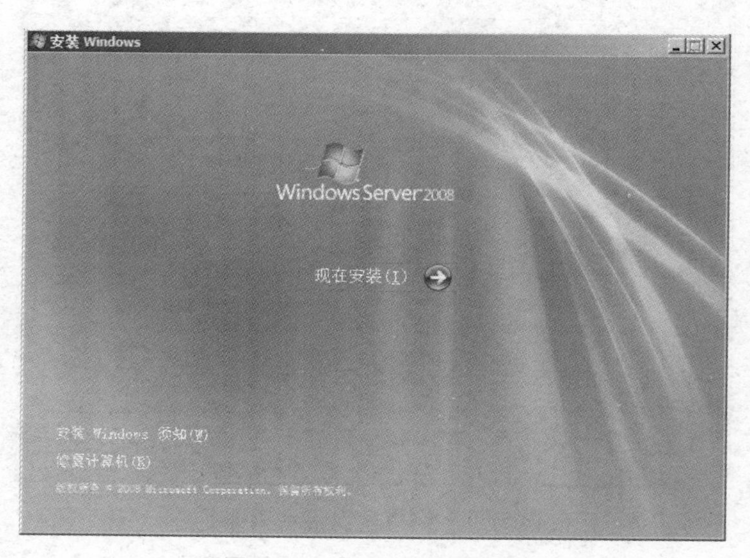

图 5 - 8　“现在安装”界面

(4) 在“现在安装”界面中，单击“现在安装”按钮，打开“选择要安装的操作系统”界面，如图 5 - 9 所示。

(5) 在“选择要安装的操作系统”界面中，选择要安装的 Windows Server 2008 R2 系统，这里选择“Windows Server 2008 R2 Enterprise（完全安装）”选项，单击“下一步”

按钮，打开“请阅读许可条款”界面。

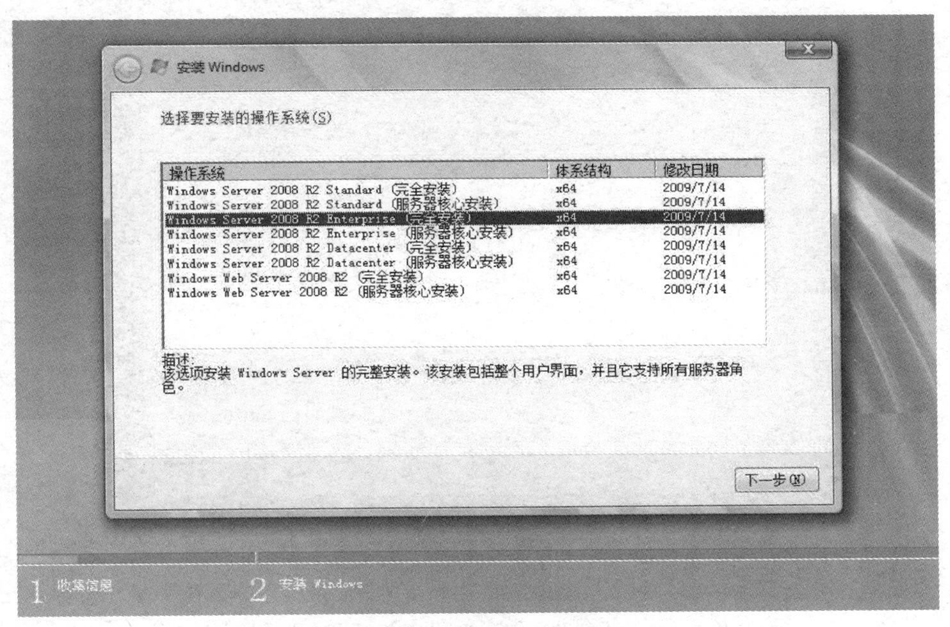

图 5-9　“选择要安装的操作系统”界面

(6) 在“请阅读许可条款”界面中，选中“我接受许可条款”复选框，单击“下一步”按钮，打开“您想进行何种类型的安装”界面，如图 5-10 所示。

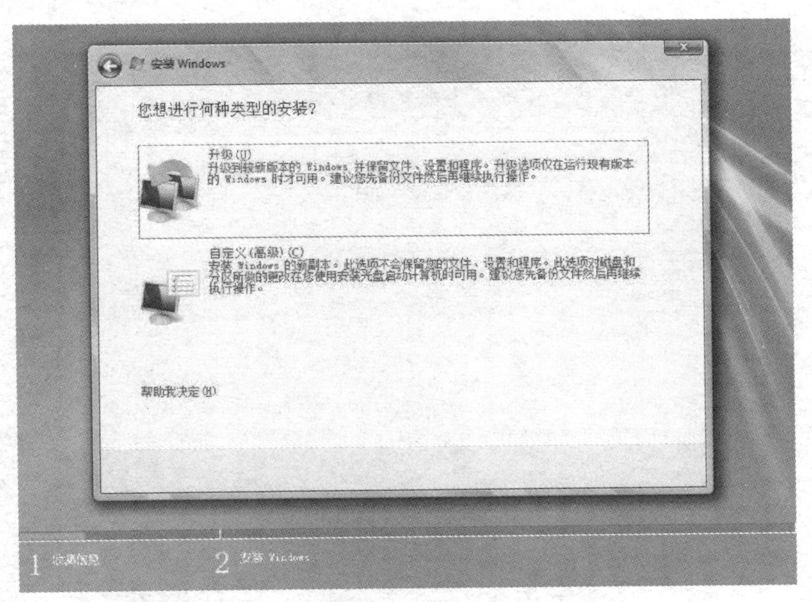

图 5-10　“您想进行何种类型的安装”界面

(7) 在“您想进行何种类型的安装”界面中选择“自定义（高级）”选项进行全新安装，此时会出现“您想将 Windows 安装在何处”界面，如图 5-11 所示。

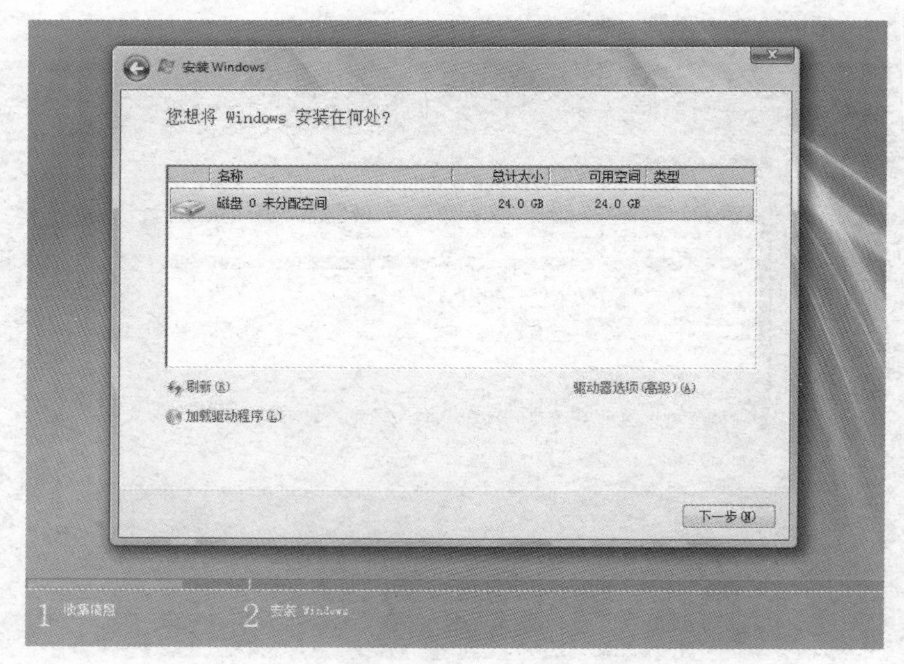

图 5-11 “您想将 Windows 安装在何处”界面

（8）在“您想将 Windows 安装在何处”界面中选择安装 Windows 系统的磁盘分区，单击“下一步”按钮，打开“正在安装 Windows”界面，安装程序将自动完成系统的安装，如图 5-12 所示。

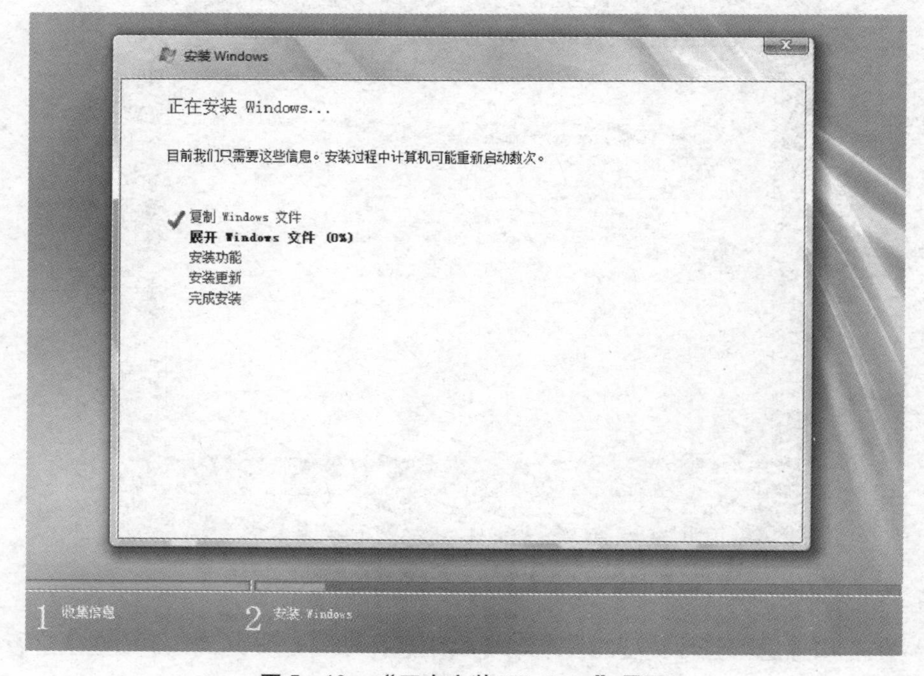

图 5-12 “正在安装 Windows”界面

注 意

在“您想将 Windows 安装在何处”界面中，如果需要安装厂商提供的驱动程序才可以访问磁盘，则应单击“加载驱动程序”按钮；如果要对磁盘进行创建分区、删除分区、对分区进行格式化等操作，则应单击“驱动器选项（高级）”按钮。

（9）Windows Server 2008 R2 系统安装完成后，将自动重新启动，并以系统管理员用户 Administrator 登录系统，为了保证系统安全，会出现“用户首次登录之前必须更改密码”界面，如图 5－13 所示。

图 5－13 “用户首次登录之前必须更改密码”界面

（10）在“用户首次登录之前必须更改密码”界面中，单击“确定”按钮，打开设置密码界面，如图 5－14 所示。

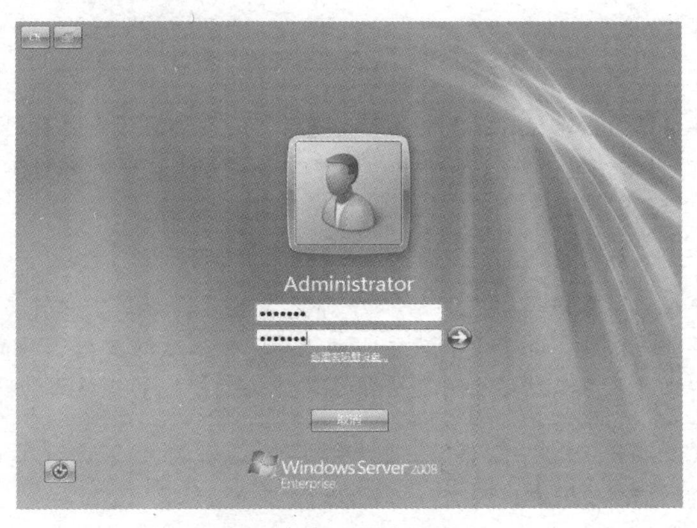

图 5－14 设置密码界面

(11) 在设置密码界面中，为系统管理员用户 Administrator 输入并确认密码，单击向右的箭头图标，打开“您的密码已更改”界面。

注 意

Windows Server 2008 R2 系统默认用户的密码必须至少 6 个字符，至少要包含 A～Z、a～z、0～9、特殊符号（如 $、#、%）等 4 种字符中的 3 种，并且不能包含用户名中超过两个以上的连续字符。

(12) 在“您的密码已更改”界面中，单击“确定”按钮登录系统。登录成功后，系统将自动打开“初始配置任务”窗口，可暂时不予理会并将该窗口关闭；接着会出现“服务器管理器”窗口，如图 5－15 所示，仍可暂时不予理会并将该窗口关闭。

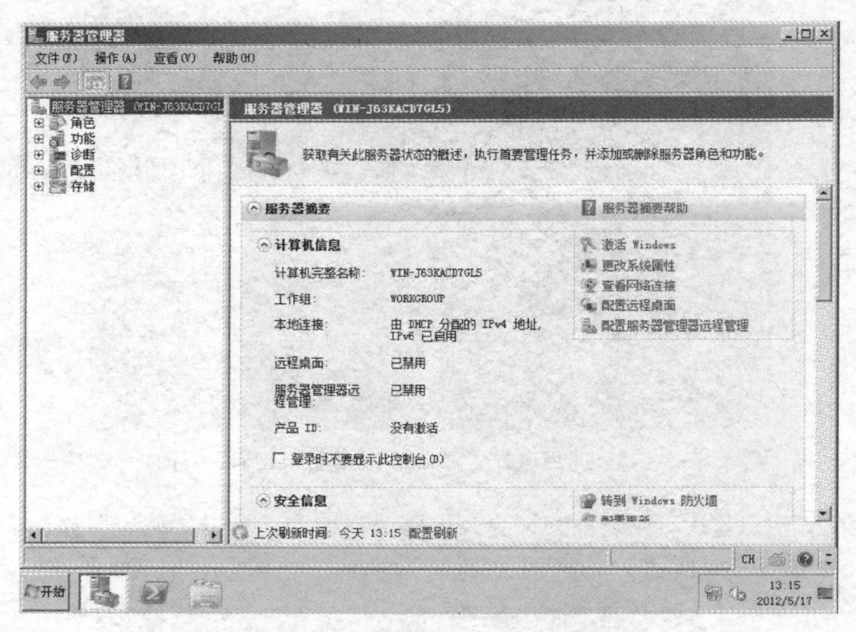

图 5－15　“服务器管理器”窗口

(13) 成功登录 Windows Server 2008 R2 系统后，应安装和设置各种硬件设备的驱动程序，确保各种硬件设备正常工作，各种驱动程序的安装方法这里不再赘述。

注 意

应确保所安装的所有内核模式驱动程序都经过签名。如果安装未经签名的驱动程序，系统会显示警告信息，并拒绝加载该驱动程序。如果通过应用程序来安装未经过签名的驱动程序，此时系统虽然不会有警告信息，但仍会拒绝加载该驱动程序。

(14) Windows Server 2008 R2 系统安装完成后，必须在 30 天内（零售版与 OEM 版）运行激活程序。激活的方法为：依次选择“开始”→“管理工具”→“服务器管理器”命令，在“服务器管理器”窗口中单击“激活 Windows”链接，在打开的“激活

Windows”窗口中输入正确的产品密钥即可。

注 意

运行激活程序前应确保已接入 Internet。另外，可通过在命令提示符窗口运行 slmgr -rearm命令将试用期重新配置为30天，该方法可使用3次，即可试用120天。

操作3　使用 Windows 帮助和支持

在 Windows Server 2008 R2 系统中提供了完整的帮助文档帮助用户更好地掌握系统的使用技巧。可依次选择“开始”→“帮助和支持”命令，在打开的“Windows 帮助和支持”窗口中查找相关的帮助和支持信息，具体操作方法这里不再赘述。

注 意

本次任务只完成了从 DVD 启动计算机全新安装 Windows Server 2008 R2（完全安装）系统的基本操作。Windows Server 2008 R2 的其他安装方法请查阅相关资料。

任务5.2　设置服务器基本工作环境

【任务目的】

（1）掌握 Windows Server 2008 R2 网络组件的安装与配置。

（2）掌握 Windows Server 2008 R2 网络测试工具的使用方法。

（3）掌握 Windows Server 2008 R2 系统防火墙的设置方法。

（4）能够利用微软管理控制台（MMC）集中管理组件与服务。

（5）掌握远程桌面连接的使用方法。

【工作环境与条件】

（1）安装 Windows Server 2008 R2 操作系统的计算机。

（2）安装 Windows 桌面操作系统的计算机（如 Windows XP、Windows 7）。

（3）正常运行的网络环境（也可使用 VMware Workstation、Windows Server 2008 R2 Hyper -V 服务等虚拟机软件）。

【相关知识】

5.2.1　网络组件

要实现 Windows Server 2008 R2 系统的网络功能，必须安装好网卡并完成网络组件的安装和配置。

1. 网络组件的配置流程

（1）配置网络硬件：确认网络的所有硬件已经正确连接。

(2) 配置系统软件：确认网络中各计算机的操作系统已经正常运行。

(3) 配置网卡驱动程序：确保各台计算机的操作系统中的网卡驱动程序安装正确。

(4) 配置网络组件：网络中的组件是实现网络通信和服务的基本保证。

2. 网络组件的类型

网络组件有很多种类型，主要包括客户端、服务和协议。

(1) 客户端

客户端组件提供了网络资源访问的条件。Windows Server 2008 R2 系统提供了“Microsoft 网络客户端”组件，配置了该组件的计算机可以访问 Microsoft 网络上的各种软硬件资源。

(2) 服务

服务组件是网络中可以提供给用户的网络功能。在 Windows Server 2008 R2 系统中，最基本的服务组件是“Microsoft 网络的文件和打印机共享”。配置了该组件的计算机将允许网络上的其他计算机通过 Microsoft 网络访问本地计算机资源。

(3) 协议

协议是网络中相互通信的规程和约定，也就是说，协议是网络各部件通信的语言。由于只有安装有相同协议的两台计算机才能相互通信，因此服务器上应当选择所有客户机上要使用的协议。在 Windows Server 2008 R2 系统中，常用的协议有以下类型。

① Internet 协议版本 4 (TCP/IPv4)：该协议是默认的 Internet 协议。

② Internet 协议版本 6 (TCP/IPv6)：该协议是新版本的 Internet 协议。

③ QoS 数据包计划程序：提供网络流量控制，如流量率和优先级服务。

④ 链路层拓扑发现响应程序：允许在网络上发现和定位该 PC。

⑤ 链路层拓扑发现映射器 I/O 驱动程序：用于发现和定位网络上的其他 PC、设备和网络基础结构组件，也可用于确定网络带宽。

⑥ Microsoft 虚拟网络交换机协议：用于为虚拟机提供网络连接。

⑦ 可靠多播协议：用于实现多播服务，增加多播应用可靠性。

5.2.2 Windows 防火墙和网络位置

Windows Server 2008 R2 系统内置了 Windows 防火墙，它可以为计算机提供保护，以避免其遭受外部恶意软件的攻击。在 Windows Server 2008 R2 系统中，不同的网络位置可以有不同的 Windows 防火墙设置，因此为了增加计算机在网络内的安全，管理员应将计算机设置在适当的网络位置。可以选择的网络位置主要包括以下几种。

1. 专用网

专用网包含家庭网络和工作网络。在该网络位置中，系统会启用网络搜索功能使用户在本地计算机上可以找到该网络上的其他计算机；同时也会通过设置 Windows 防火墙（开放传入的网络搜索流量）使网络内其他用户能够浏览到本地计算机。

2. 公用网络

公用网络主要指外部的不安全的网络（如机场、咖啡店的网络）。在该网络位置中，系统会通过 Windows 防火墙的保护，使其他用户无法在网络上浏览到本地计算机，并可以阻止来自 Internet 的攻击行为；同时也会禁用网络搜索功能，使用户在本地计算机上也无法找到网络上其他计算机。

3. 域网络

如果计算机加入域，则其网络位置会自动被设置为域网络，并且无法自行更改。

5.2.3 微软管理控制台

为了方便管理员的工作，Windows Server 2008 R2 系统提供了大量管理工具程序。这些管理工具是通过微软管理控制台（Microsoft Management Console，MMC）的界面来提供服务的。例如在“开始”→“管理工具”中打开的工具都以 MMC 界面的形式存在。MMC 提供了统一的管理界面，如图 5－16 所示。MMC 的设置会储存在扩展名为 .msc 的文件内，这个文件称为“MMC 控制台文件”。MMC 窗口分为 3 个窗格，左侧窗格称为“控制台树”，中间窗格称为“详细信息窗格”，右侧窗格称为“操作窗格”。

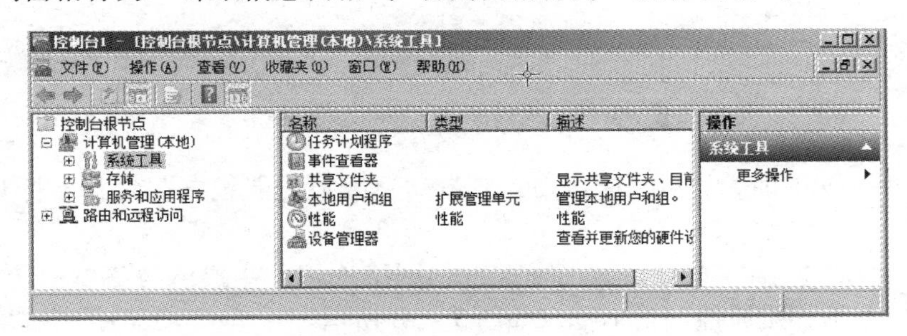

图 5－16 MMC 的管理界面

MMC 是一个用户接口，可以嵌入许多具有管理功能的应用程序，这些应用程序被称为管理单元。管理单元不能脱离 MMC 独立运行。MMC 支持两种类型的管理单元：独立管理单元和扩展管理单元。扩展管理单元依附在独立管理单元内，例如“设备管理器”、“事件查看器”等都是扩展管理单元，它们依附在“计算机管理”这个独立管理单元内。除了使用系统提供的 MMC 之外，用户可以自己在 MMC 中添加所需的独立管理单元或扩展管理单元，从而实现对组件和服务的集中管理。

【任务实施】

操作 1 配置网络组件

网络组件是针对网络连接的，同一台计算机的不同网络连接可以设置不同的网络组件。

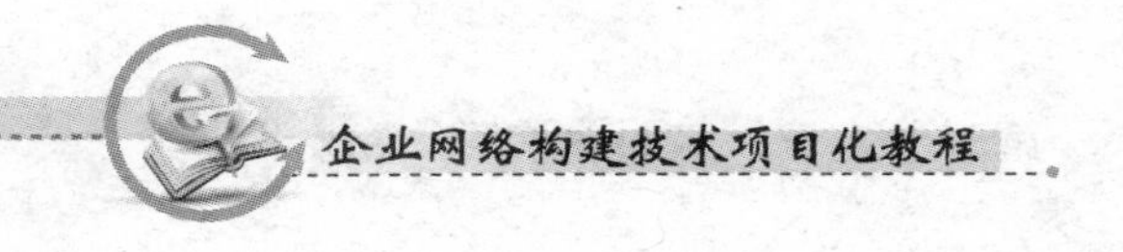

1. 安装网络组件

Windows Server 2008 R2 系统安装过程中会自动添加必要的网络组件，用户也可根据需要自行添加网络组件。安装网络组件的基本操作步骤如下。

（1）右击“开始”菜单中的“网络”选项，在弹出的菜单中选择“属性”命令，打开“网络和共享中心”窗口，如图 5－17 所示。

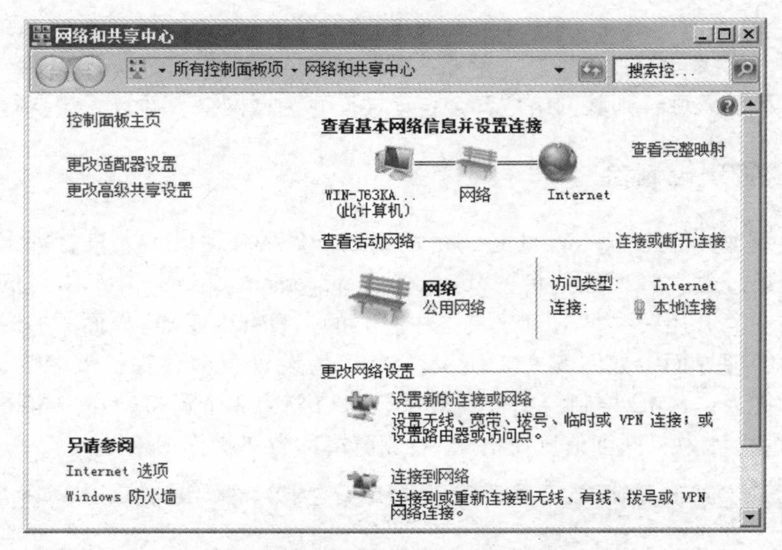

图 5－17　“网络和共享中心”窗口

（2）在“网络和共享中心”窗口中，单击“更改适配器设置”链接，打开“网络连接”窗口。

（3）在“网络连接”窗口，右击要配置的网络连接，在弹出的菜单中选择“属性”命令，打开“本地连接属性”对话框，如图 5－18 所示。

（4）在“本地连接属性”对话框中，单击“安装”按钮，打开“选择网络功能类型”对话框，如图 5－19 所示。

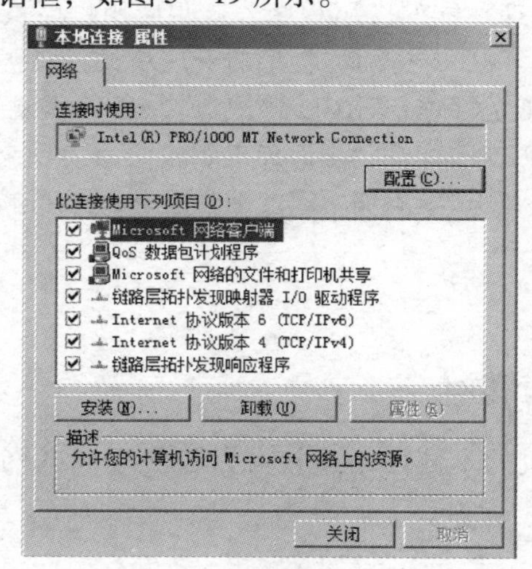

图 5－18　“本地连接属性”对话框

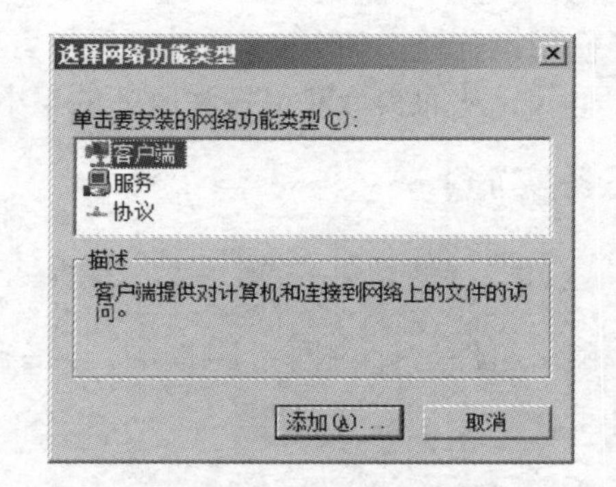

图 5－19　“选择网络功能类型”对话框

（5）在“选择网络功能类型”对话框中，选择要安装的网络组件类型，单击“添加”按钮，选择相应的网络组件后，单击“确定”按钮，即可完成网络组件的安装。

2. 删除网络组件

若要删除某个网络组件，可在“本地连接属性”对话框中的“此连接使用下列项目”列表框中将其选中，单击“卸载”按钮即可。

注 意

默认情况下，Windows Server 2008 R2 系统将自动安装 TCP/IPv6 协议。如果网络中不需要使用该协议，可将其删除以提高网络访问速度。

操作2　设置与测试 TCP/IP

1. 设置静态 IP 地址

对于使用静态 IP 地址的计算机，需要手工配置固定的 IP 地址及子网掩码、默认网关等参数。配置时需要注意在同一个广播域内，所有计算机 IP 地址的网络标识应该相同，主机标识应当不同。在 Windows Server 2008 R2 系统中设置静态 IP 地址及相关参数的步骤如下。

（1）在“本地连接属性”对话框的“此连接使用下列项目”列表框中选择“Internet 协议版本 4（TCP/IPv4）”选项，单击“属性”按钮，打开“Internet 协议版本 4（TCP/IPv4）属性”对话框，如图 5－20 所示。

（2）在“Internet 协议版本 4（TCP/IPv4）属性”对话框中，选择“使用下面的 IP 地址”单选框，输入分配该网络连接的“IP 地址”、“子网掩码”和“默认网关”；选择“使用下面的 DNS 服务器地址”单选框，输入分配给该网络连接的“首选 DNS 服务器”和“备用 DNS 服务器”地址。

2. 设置多个 IP 地址

在 Windows Server 2008 R2 系统中可以为一个网络连接设置多个 IP 地址，其基本操作步骤为：在“Internet 协议版本 4（TCP/IPv4）属性”对话框中，单击“高级”按钮，打开“高级 TCP/IP 设置”对话框，如图 5－21 所示。单击“IP 地址”部分的“添加”按钮，即可添加分配给该网络连接的另一个 IP 地址及其相应的子网掩码。

3. 查看 IP 地址的有效配置

无论 IP 地址是静态设置的还是自动获取的，都可以采用以下方法查看其有效配置。

（1）在“网络和共享中心”窗口中，单击“本地连接”链接，打开“本地连接状态”对话框，如图 5－22 所示。单击“详细信息”按钮，在打开的“网络连接详细信息”对话框中可以看到 IP 地址的有效配置信息，如图 5－23 所示。

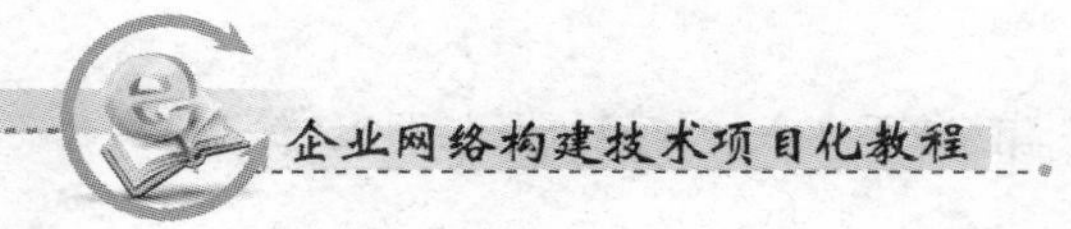

（2）依次选择“开始”→“命令提示符”命令（或单击桌面下方的 Windows PowerShell 图标），在打开的“命令提示符”窗口中输入 ipconfig 或 ipconfig /all 命令，也可以查看 IP 地址的有效配置信息。

4. 找出 IP 地址重复的计算机

如果计算机的 IP 地址与网络上另一台计算机重复，并且另一台计算机先开机使用了该 IP 地址，那么当前计算机将无法使用该 IP 地址。此时系统会出现“Windows 检测到 IP 地址冲突”警告对话框，并且会自动配置一个 169.254.0.0/16 地址段的 IP 地址，如图 5-24 所示。由图 5-24 可知，系统自动配置的 IP 地址是首选地址，而静态设置的 IP 地址为复制地址。

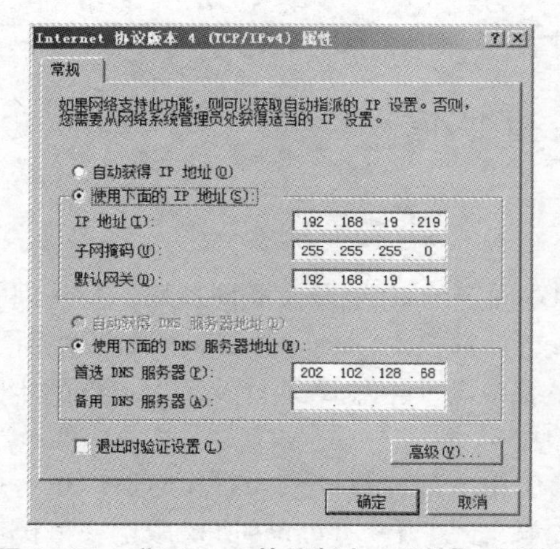

图 5-20 “Internet 协议版本 4 属性”对话框

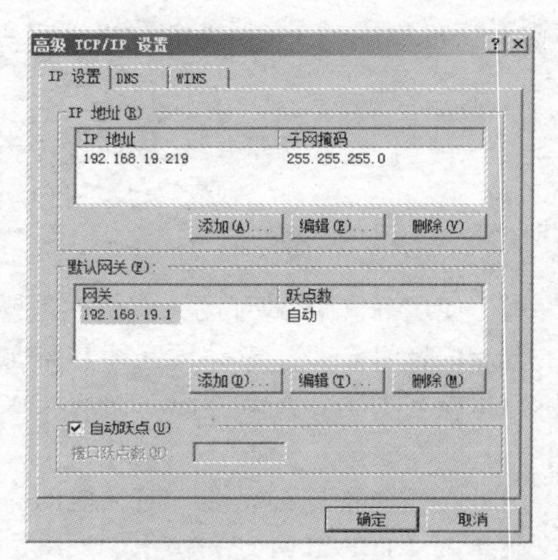

图 5-21 “高级 TCP/IP 设置”对话框

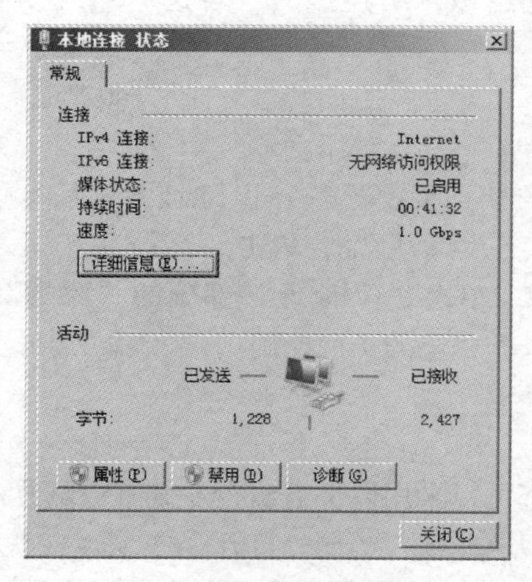

图 5-22 “本地连接状态”对话框

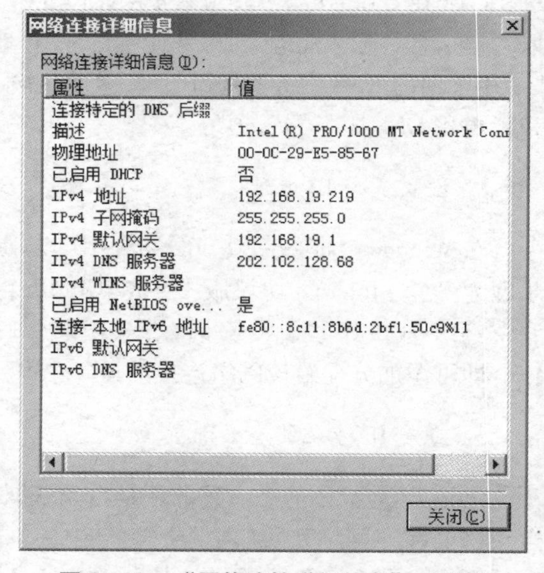

图 5-23 “网络连接详细信息”对话框

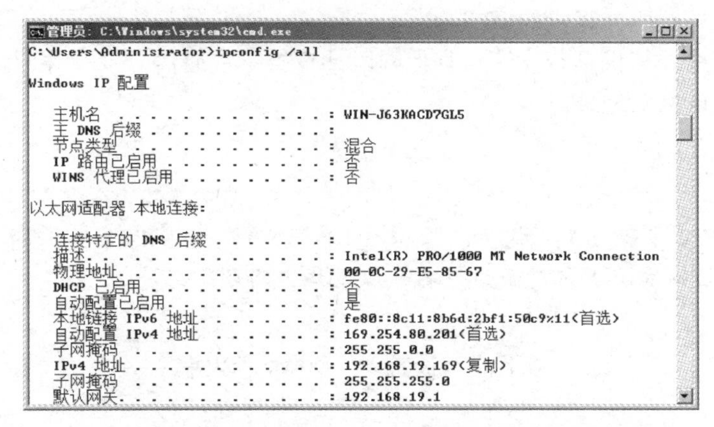

图5-24　利用“ipconfig /all”命令查看IP地址重复

如果要找出是哪台计算机的IP地址与本地计算机重复，可以依次选择“开始”→“管理工具”→“事件查看器”命令，在“事件查看器”窗口的左侧窗格中依次选择“Windows日志”→“系统”，单击中间窗格中来源为Tcpip的错误事件，此时就可以看到与本地计算机发生IP地址重复的计算机的MAC地址，如图5-25所示。

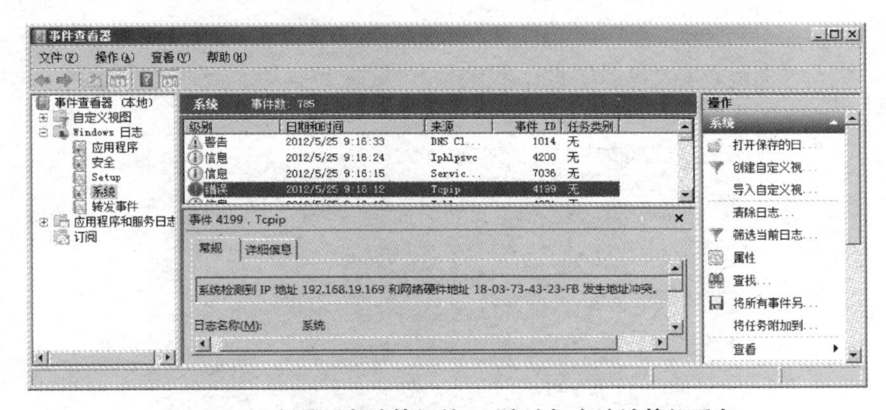

图5-25　查看哪台计算机的IP地址与本地计算机重复

5. 利用ping命令检测

利用ping命令可以检测用户计算机是否能够正确地与网络中的其他计算机进行通信，在企业网络中可以按照以下顺序进行ping命令测试。

（1）进行回送测试

回送测试可以验证网卡硬件与TCP/IP协议是否正常运行，计算机能否正常接收或发送TCP/IP数据包。测试方法是在“命令提示符”环境中输入命令“ping 127.0.0.1”。

（2）ping同一网段内其他计算机的IP地址

可以检测本地计算机是否能够与同一个网络内的计算机进行通信。

（3）ping默认网关的IP地址

可以检测本地计算机是否能够与默认网关正常通信，只有该通信正常，本地计算机才可以通过默认网关与其他网段的计算机通信。

（4）ping 其他网段计算机的 IP 地址

可以检测本地计算机是否能够与其他网段计算机正常通信。该步骤假设本地计算机已经正确设置了默认网关地址。

注 意

事实上，只要步骤（4）成功，步骤（1）～（3）都可以省略。但是，如果步骤（4）失败，就必须依次进行前面的步骤，以便找出问题所在。

操作 3　设置 Windows 防火墙

1. 选择网络位置

为了增加计算机在网络内的安全，管理员应为计算机选择适当的网络位置。选择网络位置的方法为：在“网络和共享中心”窗口中单击目前的网络位置（如公用网络），打开“设置网络位置”对话框，如图 5－26 所示，单击相应的网络位置即可完成设置。

注 意

无论选择“家庭网络”还是“工作网络”，系统都会将其归属为专用网。

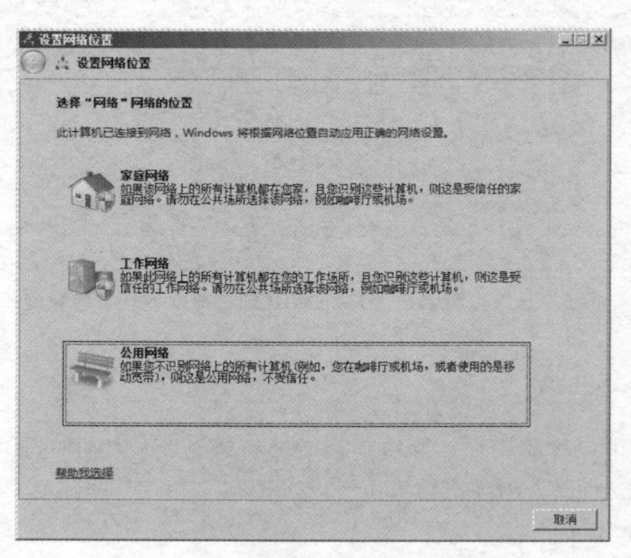

图 5－26　“设置网络位置”对话框

2. 打开与关闭 Windows 防火墙

Windows Server 2008 R2 系统默认已经启用 Windows 防火墙，它会阻止其他计算机与本地计算机的通信。打开与关闭 Windows 防火墙的操作方法如下。

（1）依次选择“开始”→“控制面板”→“系统与安全”→“Windows 防火墙”命

令，打开“Windows 防火墙”窗口，如图 5－27 所示。

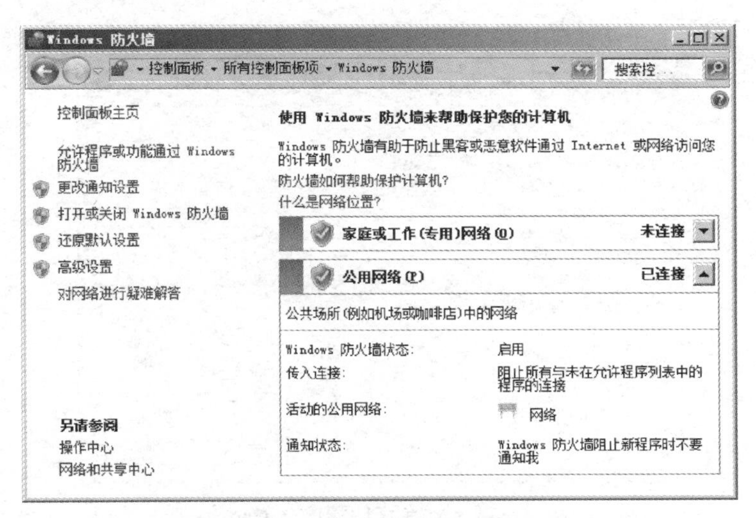

图 5－27　“Windows 防火墙”窗口

（2）在“Windows 防火墙”窗口中单击“打开或关闭 Windows 防火墙”链接，打开“自定义设置”窗口，如图 5－28 所示。

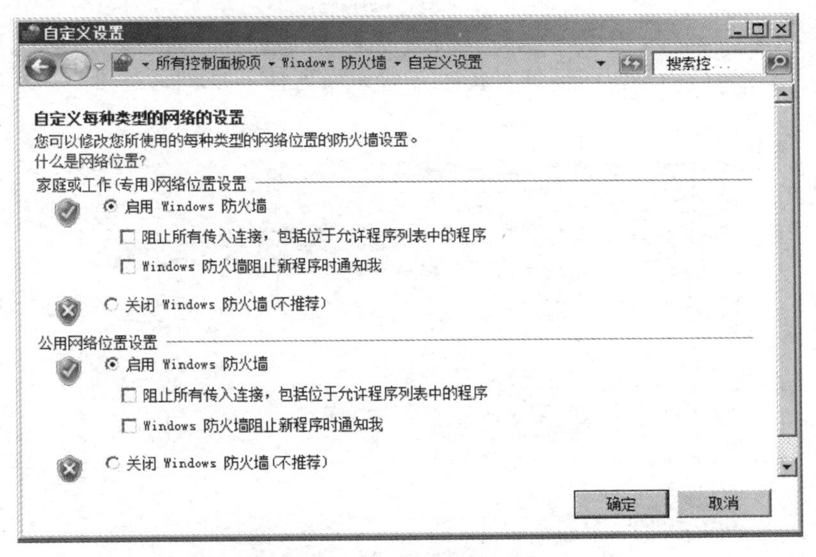

图 5－28　“自定义设置”窗口

（3）在“自定义设置”窗口中，用户可以分别针对专用网与公用网络位置进行设置，默认情况下这两种网络位置都已经打开了 Windows 防火墙。要关闭某网络位置的防火墙，只需在该网络位置设置中选中“关闭 Windows 防火墙”单选框即可。

3. 解除对某些程序的封锁

Windows 防火墙会阻止所有的传入连接，若要解除对某些程序的封锁，可在“Windows 防火墙”窗口中单击“允许程序或功能通过 Windows 防火墙”链接，打开“允许的程序”对话框，如图5－29所示。在“允许的程序和功能”列表框中勾选相应的程序和功能，单击“确定”按钮即可。

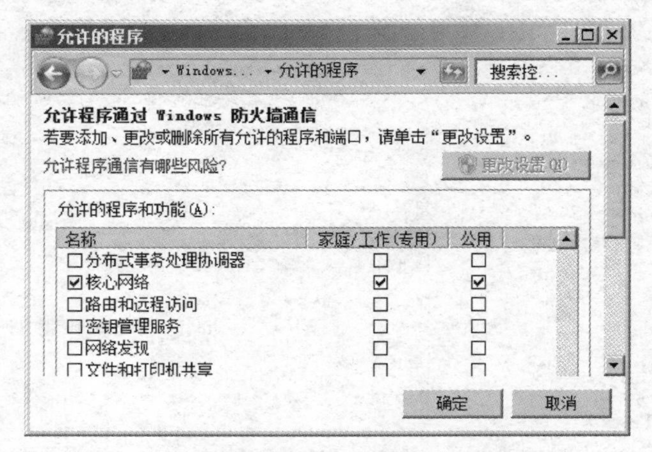

图5－29　“允许的程序”对话框

4. Windows 防火墙的高级安全设置

若要进一步设置 Windows 防火墙的安全规则，可依次选择“开始”→“管理工具”→“高级安全 Windows 防火墙”命令，打开“高级安全 Windows 防火墙”窗口，如图5－30所示。在该窗口中不但可以针对传入连接来设置访问规则，还可针对传出连接来设置规则。

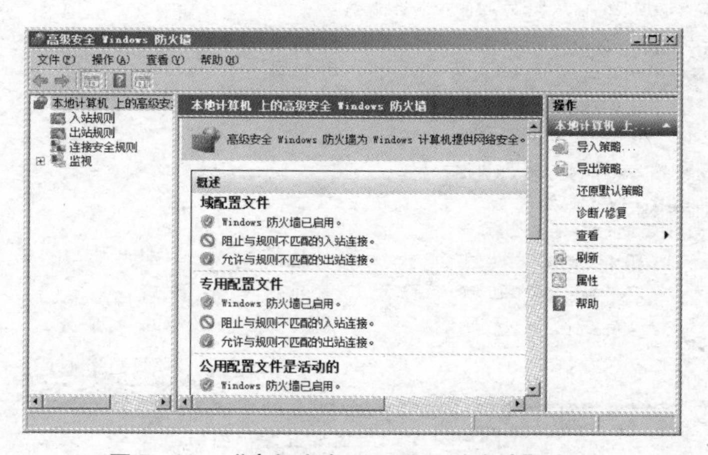

图5－30　“高级安全 Windows 防火墙”窗口

（1）设置不同网络位置的 Windows 防火墙

在“高级安全 Windows 防火墙”窗口中，若要设置不同网络位置的 Windows 防火墙，可右击左侧窗格中的“本地计算机上的高级安全 Windows 防火墙”，在弹出的菜单中选择“属性”命令，打开“本地计算机上的高级安全 Windows 防火墙属性”对话框，如图5－31所示。利用该对话框的“域配置文件”、“专用配置文件”和“公用配置文件”选项卡可分别针对域、专用和公用网络位置进行设置。

(2) 针对特定程序或流量进行设置

在“高级安全 Windows 防火墙”窗口中，可以针对特定程序或流量进行设置。例如 Windows 防火墙默认是启用的，系统不会对网络上其他用户的 ping 命令进行响应。如果要允许 ping 命令的正常运行，可在“高级安全 Windows 防火墙”窗口的左侧窗格中选择“入站规则”选项，单击中间窗格中的入站规则“文件和打印机共享（回显请求 – ICMPv4 – In）”，在打开的属性对话框中选中“已启用”复选框，单击“确定”按钮即可，如图5 – 32 所示。

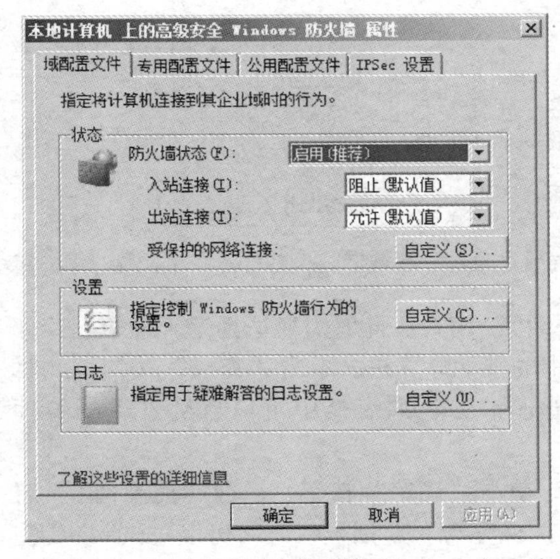

图 5 – 31 设置不同网络位置的 Windows 防火墙

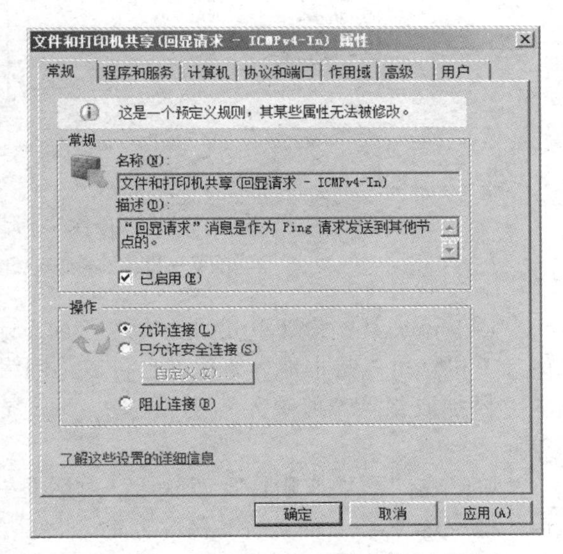

图 5 – 32 针对特定程序或流量进行设置

注 意

如果要开放的服务或应用程序未在已有的规则列表中，则可在“高级安全 Windows 防火墙”窗口中单击右侧窗格中的“新建规则”链接，通过新建规则的方式来开放。Windows 防火墙的其他设置方法请参考系统帮助文件，这里不再赘述。

操作 4 添加 MMC 控制台文件

一般来说，利用系统提供的管理工具就可以完成相关的管理操作。但在某些情况下，也需要自定义 MMC，以实现对组件和服务的集中管理。添加 MMC 控制台文件的方法如下。

(1) 依次选择“开始”→“运行”命令，在弹出的“运行”窗口中，输入“mmc”，单击“确定”按钮，打开“控制台 1”窗口。

(2) 在“控制台 1”窗口中，依次选择“文件”→“添加/删除管理单元”命令，打开“添加或删除管理单元”对话框，如图 5 – 33 所示。

(3) 在“添加或删除管理单元”对话框的“可用的管理单元”列表框中选中要添加的管理单元，单击“添加”按钮。

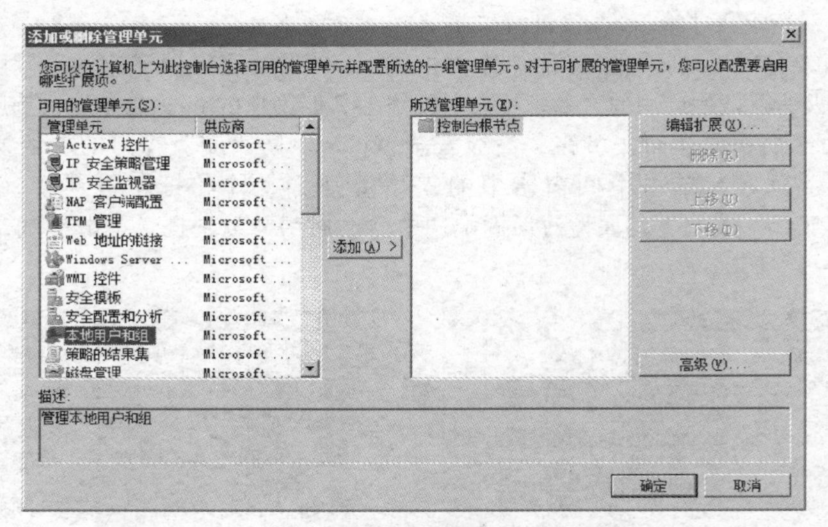

图 5-33　“添加或删除管理单元”对话框

（4）添加某些管理单元时会出现“选择计算机”窗口，此时需要选择该管理单元管理的计算机，可以是本地计算机，也可以是网络中的其他计算机。单击“完成”按钮，此时在“添加或删除管理单元”对话框的“所选管理单元”列表框中可以看到已选的管理单元。

（5）在“添加或删除管理单元”对话框中，单击“确定”按钮，返回“控制台1”窗口。依次选择“文件”→“保存”命令，打开“保存为”对话框，此时可以对该MMC控制台进行保存。默认情况下该文件会被保存到用户个人的管理工具文件夹，用户可以通过“开始”→“管理工具”的途径使用该控制台。

操作5　设置远程桌面连接

Windows Server 2008 R2 系统支持远程桌面连接，通过远程桌面协议（Remote Desktop Protocol，RDP），可以实现使用本地计算机的键盘和鼠标控制远程计算机的功能。除此之外，Windows Server 2008 R2 系统也支持远程桌面服务网页访问（Remote Desktop Web Access），可以让用户通过浏览器连接远程计算机。要实现远程桌面连接，必须分别完成远程计算机和本地计算机的设置。

1. 设置远程计算机

远程桌面连接中远程计算机（即被控制端机器）的设置，主要是让该计算机启用远程桌面连接，并赋予用户使用远程桌面连接的权限，设置步骤如下。

（1）依次选择“开始”→“控制面板”→“系统和安全”→“系统”→“高级系统设置”命令，打开“系统属性”对话框。

（2）在“系统属性”对话框中，选择“远程”选项卡。在“远程桌面”选项组中，选中“仅允许运行带网络级别身份验证的远程桌面的计算机连接”复选框，如图5-34所示。此时会弹出“远程桌面防火墙例外将被启用”警告框，如图5-35所示，单击“确定”按钮，系统将在Windows防火墙内启用远程桌面连接。

注 意

网络级别身份验证是一种比较安全的验证方法，可以避免黑客及恶意软件的攻击。Windows Vista、Windows Server 2008、Windows 7 和 Windows Server 2008 R2 的远程桌面连接都使用网络级别身份验证。

(3) 默认情况下只有该计算机的管理员用户可以对其进行远程桌面连接，如果要使其他非管理员用户也具有远程连接该计算机的权限，可以在如图 5－34 所示的对话框中，单击“选择用户”按钮，添加相应的用户即可。

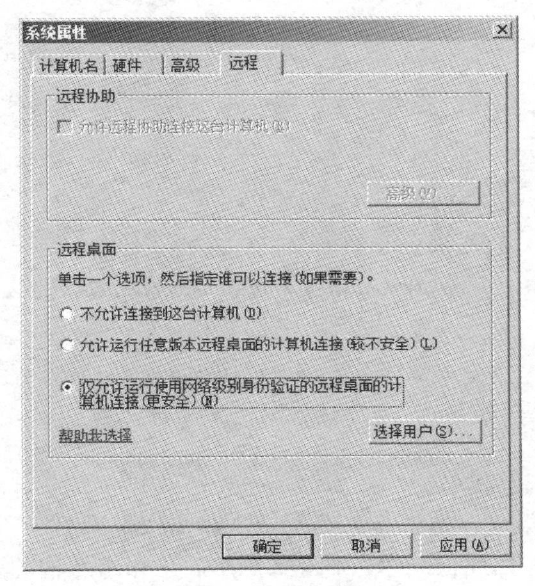

图 5－34　“远程”选项卡

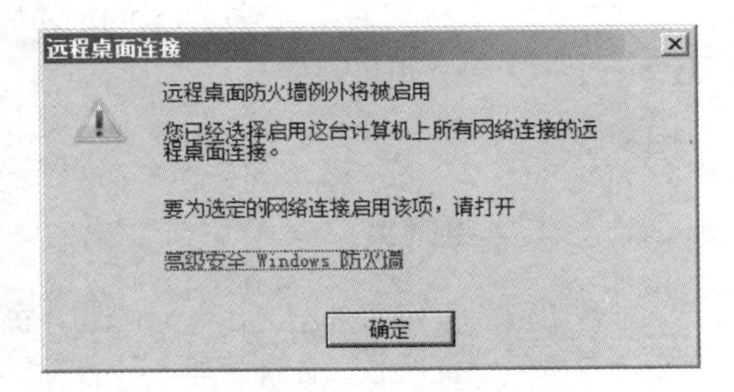

图 5－35　“远程桌面防火墙例外将被启用”警告框

2. 在本地计算机使用“远程桌面连接”连接远程计算机

Windows XP、Windows Server 2003 以上的 Windows 操作系统都内置了远程桌面连接功能。使用“远程桌面连接”连接远程计算机的操作步骤如下。

(1) 依次选择“开始”→“所有程序”→“附件”→“远程桌面连接”命令，打开“远程桌面连接”对话框。

(2) 在“远程桌面连接”对话框中输入远程计算机的计算机名或 IP 地址，单击“连接”按钮，打开“输入您的凭据”对话框。

(3) 在“输入您的凭据”对话框中输入在远程计算机内拥有远程桌面连接权限的用户账户与密码，单击“确定”按钮，完成远程桌面连接。完成连接后的窗口将显示远程计算机的桌面，此时即可在本地计算机上实现对远程计算机的各种操作。

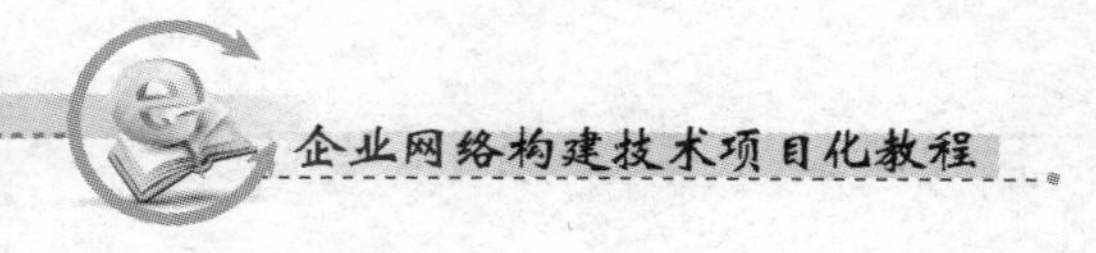

注 意

在登录前，还可以利用“远程桌面连接”对话框中的“选项”按钮对远程登录窗口进行属性设置。

任务5.3　组建工作组网络

【任务目的】

（1）理解工作组网络的结构和特点。

（2）掌握本地用户账户的设置方法。

（3）掌握本地组账户的设置方法。

（4）能够通过本地安全策略保障系统安全。

【工作环境与条件】

（1）安装 Windows Server 2008 R2 操作系统的计算机。

（2）安装 Windows 桌面操作系统的计算机（如 Windows XP、Windows 7）。

（3）正常运行的网络环境（也可使用 VMware Workstation、Windows Server 2008 R2 Hyper – V 服务等虚拟机软件）。

【相关知识】

5.3.1　工作组网络

工作组由一群用网络连接在一起的计算机组成，如图 5 – 36 所示。在工作组网络中，每台计算机的地位平等，各自管理自己的资源，因此也被称为对等式网络。工作组结构的网络具备以下特性。

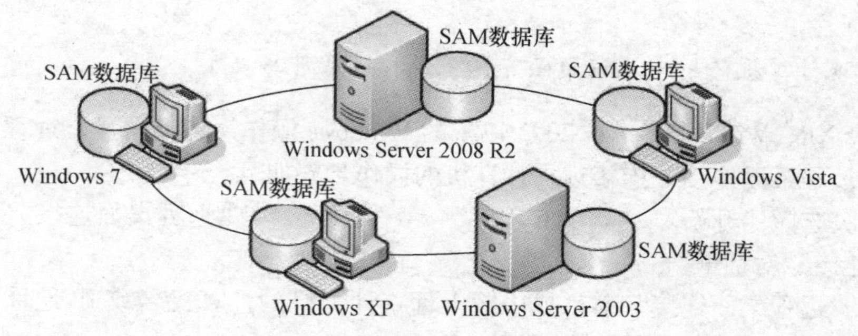

图 5 – 36　工作组结构的网络

（1）网络上的每台计算机都有自己的本地安全数据库，称为“SAM（Security Accounts Manager，安全账户管理器）数据库”。如果用户要访问每台计算机的资源，那么必须在每台计算机的 SAM 数据库内创建该用户的账户，并获取相应的权限。

（2）工作组内不一定要有服务器级的计算机，也就是说所有计算机都安装 Windows 7

系统，也可以构建一个工作组结构的网络。

（3）在工作组网络中，每台计算机都可以方便地将自己的本地资源共享给他人使用。工作组网络中的资源管理是分散的，通常可以通过启用目的计算机上的 Guest 账户或为使用资源的用户创建一个专用账户的方式来实现对资源的管理。

（4）若企业内计算机数量不多的话（如 10～20 台），可以采用工作组结构的网络。

5.3.2　计算机名称与工作组名

1. 计算机名称

计算机名称用于识别网络上的计算机。要连接到网络，每台计算机都应有唯一的名称，计算机名称最多为 15 个字符，不能含有空格和“；：" < > * + = \ | ？,”等专用字符。

2. NetBIOS 名称

NetBIOS 名称是用于标识网络上的 NetBIOS 资源的地址，该地址包含 16 个字符，前 15 个字符代表计算机的名字，第 16 个字符表示服务；对于不满 15 个字符的计算机名称，系统会补上空格。系统启动时，系统将根据用户的计算机名称，注册一个唯一的 NetBIOS 名称。当用户通过 NetBIOS 名称访问本地计算机时，系统可将 NetBIOS 名称解析为 IP 地址，之后计算机之间使用 IP 地址相互访问。

3. 工作组名

工作组名用于标识网络上的工作组，同一工作组的计算机应当输入相同的工作组名。

5.3.3　本地用户账户

用户账户定义了用户可以在 Windows 系统中执行的操作。在独立计算机或作为工作组成员的计算机上，用户账户存储在本地计算机的 SAM 中，这种用户账户称为本地用户账户。本地用户账户只能登录到本地计算机。

1. 本地用户账户的类型

作为工作组成员的计算机或独立计算机上有两种类型的可用用户账户：计算机管理员账户和受限制账户，在计算机上没有账户的用户可以使用来宾账户。

（1）计算机管理员账户

计算机管理员账户是专门为可以对计算机进行全系统更改、安装程序和访问计算机上所有文件的用户而设置的。在系统安装期间将自动创建名为“Administrator”的计算机管理员账户。计算机管理员账户具有以下特征。

① 可以创建和删除计算机上的用户账户。

② 可以更改其他用户账户的账户名、密码和账户类型。

③ 无法将自己的账户类型更改为受限制账户类型，除非在该计算机上有其他的计算

机管理员账户，这样可以确保计算机上总是至少有一个计算机管理员账户。

（2）受限制账户

如果需要禁止某些用户更改大多数计算机设置和删除重要文件，则需要为其设置受限制账户。受限制账户具有以下特征。

① 无法安装软件或硬件，但可以访问已经安装在计算机上的程序。

② 可以创建、更改或删除本账户的密码。

③ 无法更改其账户名或者账户类型。

④ 对于使用受限制账户的用户，某些程序可能无法正常工作。

（3）来宾账户

来宾账户供那些在计算机上没有用户账户的用户使用。系统安装时会自动创建名为“Guest”的来宾账户，并将其设置为禁用。来宾账户具有以下特征。

① 无法安装软件或硬件，但可以访问已经安装在计算机上的程序。

② 无法更改来宾账户类型。

2. 用户账户及密码的命名规则

在 Windows 系统中设置的用户名必须唯一。用户名最多可以包含 20 个字符，不区分大小写，可以使用中文，但不能包含“" / \ [ ] : ; → = , + * ? < >”等字符。

在 Windows 系统中设置的用户账户密码不能超过 127 个字符，区分大小写，密码的设置不应过于简单，通常应使用字母、数字及特殊符号的组合。

3. 本地用户账户的远程登录

如果用户已经在某台计算机上登录，然后要通过网络登录到工作组网络中的另外一台计算机，此时系统会自动利用该用户在登录本地计算机时所输入的账户名称与密码对另一台计算机进行连接。如果另一台计算机内有相同名称的用户账户，则进行以下操作。

（1）如果密码也相同，则将自动利用该用户账户成功地连接到另一台计算机。

（2）如果密码不相同，则系统会要求用户重新输入用户名与密码。

如果在另一台计算机内没有相同名称的用户账户，则进行以下操作。

（1）如果计算机内的 Guest 账户已启用，则系统会自动让该用户利用 Guest 账户连接。

（2）如果计算机内的 Guest 账户被停用，则系统会要求用户重新输入用户名与密码。

5.3.4　本地组账户

组账户通常简称为组，一般指同类用户账户的集合。一个用户账户可以同时加入多个组，当用户账户加入到一个组以后，该用户会继承该组所拥有的权限。因此使用组账户可以简化网络的管理工作。在独立计算机或作为工作组成员的计算机上创建的组都是本地组，使用本地组可以实现对本地计算机资源的访问控制。

1. 内置组

在系统安装过程中会自动创建一些本地组账户，这些组账户称为内置组，不同的内置组会有不同的默认访问权限。表 5 – 2 列出了 Windows Server 2008 R2 系统的部分内置组。

表 5－2　Windows Server 2008 R2 系统的部分内置组

组名	描述信息
Administrators	具有完全控制权限，并且可以向其他用户分配用户权利和访问控制权限
Backup Operators	加入该组的成员可以备份和还原服务器上的所有文件
Guests	拥有一个在登录时创建的临时配置文件，在注销时该配置文件将被删除
Network Configuration Operators	可以执行常规的网络配置功能，如更改 TCP/IP 设置等，但不可以更改驱动程序和服务，不可以配置网络服务器
Performance Monitor Users	可以监视本地计算机的运行功能
Power Users	为了简化组，Windows Server 2008 R2 并没有赋予该组比一般用户更多的权限，这与之前的 Windows 系统不同
Remote Desktop Users	可以从远程计算机使用远程桌面连接来登录
Users	可以执行常见任务，如运行应用程序、使用本地和网络打印机以及锁定服务器等，不能共享目录或创建本地打印机

2. 特殊组账户

除内置组外，Windows 系统内还有一些特殊组，用户无法更改这些组的成员。表 5－3 列出了 Windows Server 2008 R2 系统的部分特殊组。

表 5－3　Windows Server 2008 R2 系统的部分特殊组

组名	描述信息
Everyone	任何一个用户都属于该组
Authenticated Users	任何使用有效用户账户登录此计算机的用户都属于该组
Interactive	任何在本地登录的用户都属于该组
Network	任何通过网络登录此计算机的用户都属于该组
Anonymous Logon	任何未使用有效的一般用户账户登录的用户都属于该组，该组默认不属于 Everyone 组
Dialup	任何使用拨号方式联网的用户都属于该组

【任务实施】

在 Windows Server 2008 R2 系统的默认状态下只有 Administrators 组的用户具有更改计算机设置、创建和管理用户账户和组账户的权限，因此应使用具有管理员权限的用户账户登录系统才能完成以下设置。

操作 1　将计算机加入到工作组

要组建工作组网络，只要将网络中的计算机加入到工作组即可，同一工作组的计算机应当具有相同的工作组名。将计算机加入到工作组的操作步骤如下。

（1）依次选择“开始”→“管理工具”→“服务器管理器”命令，在“服务器管理器”窗口中单击“更改系统属性”链接，打开“系统属性”对话框，如图 5－37 所示。

（2）在“系统属性”对话框中，单击“更改”按钮，打开“计算机名/域更改”对话框，如图5－38所示。

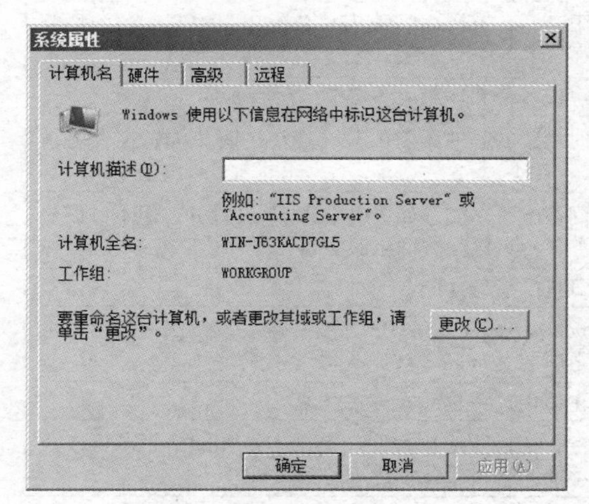

图5－37 “系统属性”对话框

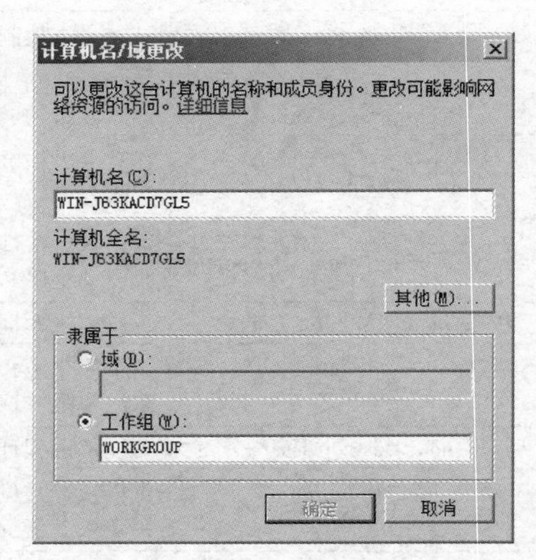

图5－38 “计算机名/域更改”对话框

（3）在“计算机名/域更改”对话框中，输入相应的计算机名和工作组名，单击“确定”按钮，按提示信息重新启动计算机后完成设置。

操作2 设置本地用户账户

1. 创建本地用户账户

创建本地用户账户的操作步骤如下。

（1）依次选择“开始”→“管理工具”→“计算机管理”命令，打开“计算机管理”窗口，如图5－39所示。

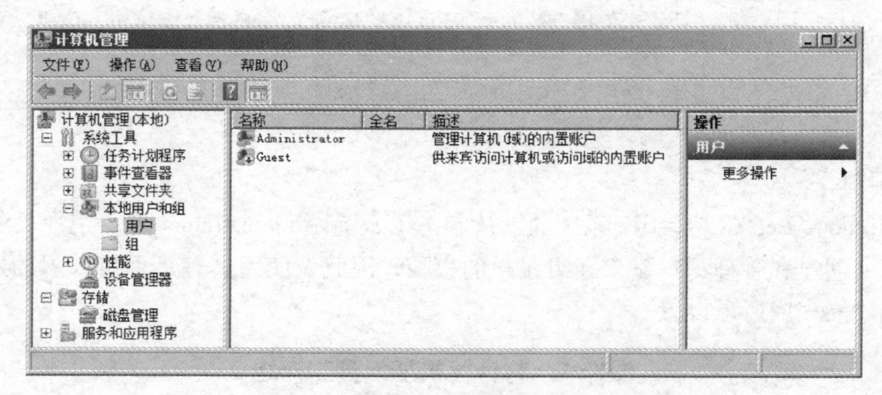

图5－39 “计算机管理”窗口

（2）在“计算机管理”窗口的左侧窗格，依次选择“本地用户和组”→“用户”命令，右击鼠标，在弹出的菜单中选择“新用户”命令，打开“新用户”对话框，如图5－40所示。

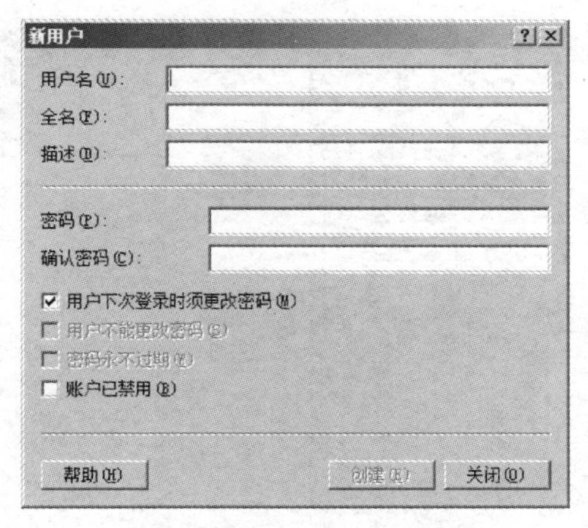

图 5-40　“新用户”对话框

(3) 在“新用户”对话框中，输入用户名称、描述、密码等相关信息，密码相关选项的描述如表 5-4 所示。单击“创建”按钮，即可完成对本地用户账户的创建。

表 5-4　密码相关选项描述

选项	描述
用户下次登录时须更改密码	要求用户下次登录计算机时必须修改该密码
用户不能更改密码	不允许用户修改密码，通常用于多个用户共同使用一个用户账户的情况，如 Guest 账户
密码永不过期	密码永久有效，通常用于系统的服务账户或应用程序所使用的用户账户
账户已禁用	禁用用户账户

2. 设置用户账户的属性

在如图 5-39 所示窗口的中间窗格中，双击一个用户账户，将显示“用户属性”对话框，如图 5-41 所示。

(1) 设置“常规”选项卡

在“常规”选项卡中可以设置与用户账户相关的基本信息，如全名、描述、密码选项等。如果用户账户被禁用或被系统锁定，管理员可以在此解除禁用或解除锁定。

(2) 设置“隶属于”选项卡

在“隶属于”选项卡中，可以查看该用户账户所属的本地组，如图 5-42 所示。对于新增的用户账户在默认情况下将加入到 Users 组中，如果要使用户具有其他组的权限，可以将其加到相应的组中。例如，若要使用户“zhangsan”具有管理员的权限，可将其加入本地组“Administrators”，操作步骤为：单击“隶属于”选项卡中的添加按钮，打开“选择组”对话框。在“输入对象名称来选择”文本框中输入组的名称“Administrators”，如需要检查输入的名称是否正确，可单击“检查名称”按钮。如果不希望手动输入组名称，可单击“高级”按钮，再单击“立即查找”按钮，在“搜索结果”列表中选择相应的组即可。

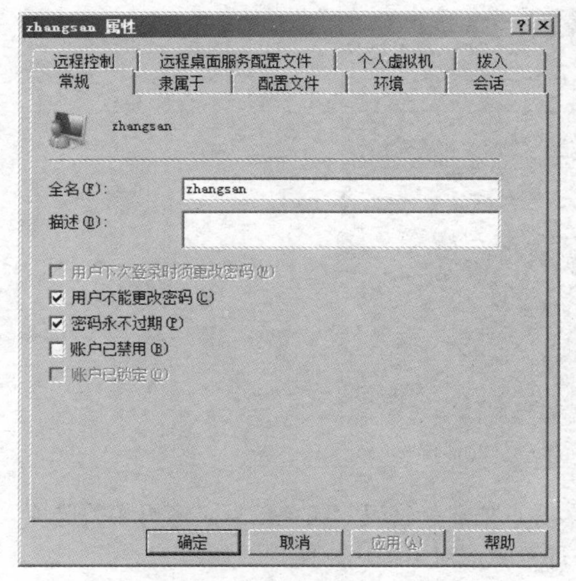

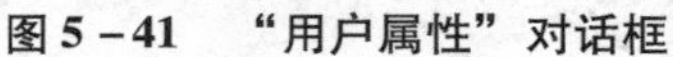
图 5-41 “用户属性”对话框

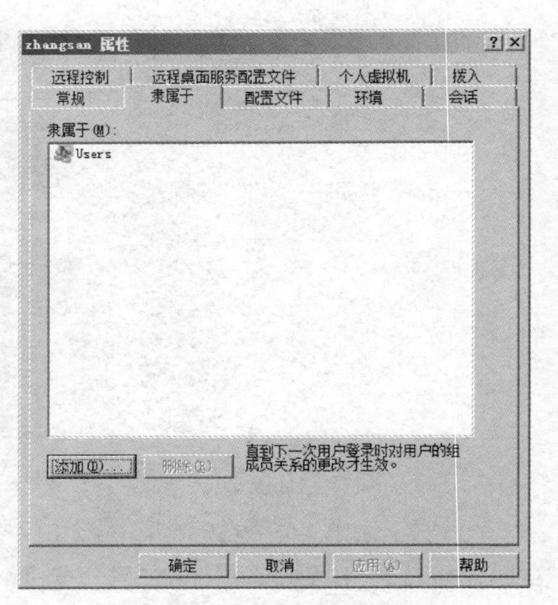

图 5-42 “隶属于”选项卡

3. 删除和重命名用户账户

当用户不需要使用某个用户账户时，可以将其删除，删除账户会导致所有与其相关信息的丢失。要删除某用户账户只需在如图 5-39 所示窗口的中间窗格中，右击该用户账户，在弹出的菜单中选择“删除”命令。此时会弹出如图 5-43 所示的警告框，单击“是”按钮，删除用户账户。

注 意

由于每个用户账户都有唯一标识符 SID，SID 在新增账户时由系统自动产生，不同账户的 SID 不会相同。而系统在设置用户权限和资源访问能力时，是以 SID 为标识的，因此一旦用户账户被删除，这些信息也将随之消失，即使重新创建一个相同名称的用户账户，也不能获得原账户的权限。

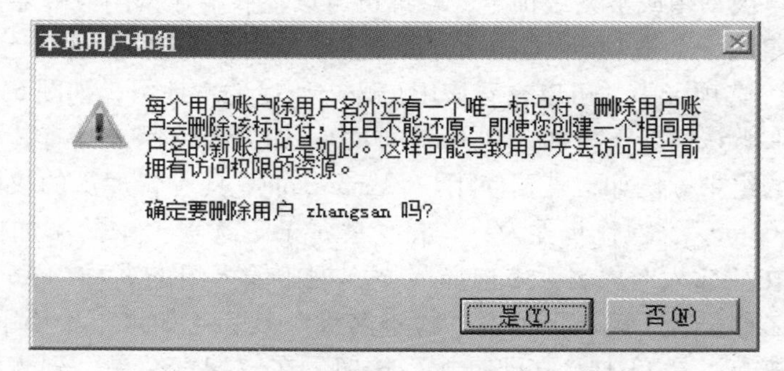

图 5-43 删除用户账户时的警告框

如果要重命名用户账户，则只需在如图5－39所示窗口的中间窗格中，右击该用户账户，在弹出的菜单中选择“重命名”命令，输入新的用户名即可，该用户已有的权限不变。

4. 重设用户账户密码

如果管理员用户要对系统的用户账户重新设置密码，只需在如图5－39所示窗口的中间窗格中，右击该用户账户，在弹出的菜单中选择“设置密码”命令，输入新设定的密码即可，此时无须输入旧密码。

如果其他本地用户要更改本账户的密码，可在登录后按Ctrl＋Alt＋Del键，在出现的画面中单击“更改密码”链接，此时必须先输入正确的旧密码后才可以设置新密码。

注意

为了防止因为忘记密码而无法登录，用户可以事先利用U盘或其他移动设备制作密码重设盘，密码重设盘的制作方法请参考系统帮助文件。

操作3　设置本地组账户

1. 创建本地组账户

创建本地组账户的操作步骤如下。

（1）打开“计算机管理”窗口，在左侧窗格中依次选择“本地用户和组”→“组”命令，右击鼠标，在弹出的菜单中选择“新建组”命令，打开“新建组”对话框，如图5－44所示。

（2）在默认情况下，“新建组”对话框的“成员”列表框是空白的，单击“添加”按钮，打开“选择用户”对话框。

（3）在“选择用户”对话框的“输入对象名称来选择”文本框中可直接输入要添加到组的成员名称。若不希望手动输入，也可以单击“高级”按钮，再单击“立即查找”按钮，在“搜索结果”列表中选择相应的对象，单击“确定”按钮即可。

（4）单击“确定”按钮，返回“新建组”对话框，此时在“成员”列表框中会列出已经选择的用户名称，单击“创建”按钮，完成组的创建。

2. 设置组账户的属性

在“计算机管理”窗口的左侧窗格，依次选择“本地用户和组”→“组”命令，在中间窗格中双击一个组账户，将显示“组属性”对话框，如图5－45所示。若要添加组成员，可以单击“添加”按钮，再选择相应的用户即可。若要删除组成员，可选中该成员，单击“删除”按钮即可。

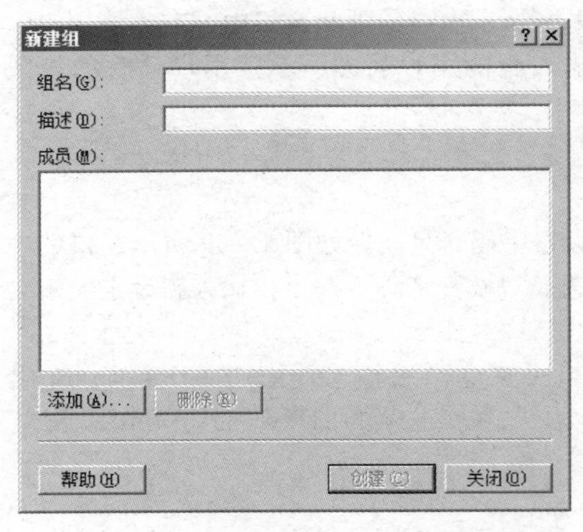

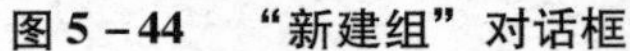
图 5-44 “新建组”对话框

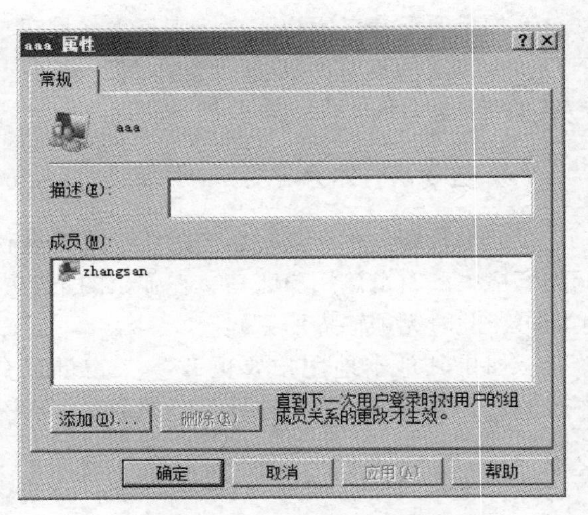

图 5-45 “组属性”对话框

3. 删除和重命名组账户

删除和重命名组账户的操作方法与删除和重命名用户账户相同，只需在“计算机管理”窗口中，右击该组账户，在弹出的菜单中选择相应命令，按提示操作即可。

操作 4 设置本地安全策略

在作为工作组成员的计算机或独立计算机上，可依次选择“开始”→“管理工具”→“本地安全策略”命令，打开“本地安全策略”窗口。通过设置“本地安全策略”可以确保系统的安全。

1. 设置密码策略

在“本地安全策略”窗口左侧窗格中依次选择“账户策略”→“密码策略”命令，此时可以在右侧窗格中看到多项与用户账户密码有关的策略，如图 5-46 所示。

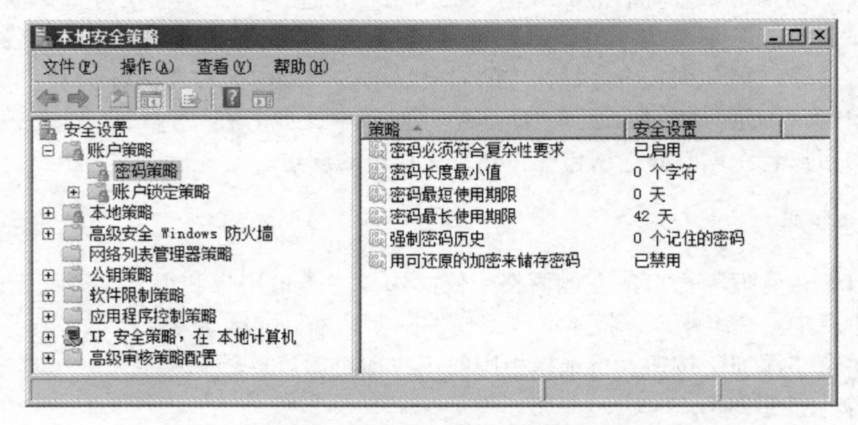

图 5-46 本地安全策略中的密码策略

（1）密码必须符合复杂性要求：如果启用该功能（默认为启用），则密码至少要 6 个字符，必须至少包含 A ～Z、a ～z、0 ～9、非数字字母字符（如!、%、$、#）4 组字符中的 3 组，且不包含用户账户名称的全部或部分文字。

（2）密码长度最小值：用户在设置其密码时，密码最少需几个字符。此处的值可为 0 ～14，默认值是 0，表示可以没有密码。

（3）密码最短使用期限：用来设置用户密码的最短使用期限（可为 1 ～998 天），在期限未到前，用户不得更改密码。默认值为 0，则表示用户可以随时更改密码。

（4）密码最长使用期限：用来设置密码最长的使用期限（可为 1 ～999 天），默认值是 42 天，用户在登录时，如果密码的使用期限已到，系统会自动要求用户更改密码。如果设为 0，则表示密码没有使用期限，可以一直使用。

（5）强制密码历史：此处可以设置是否要记录用户曾经使用过的旧密码，以便用来决定用户在更改其密码时，是否可以重复使用旧的密码。此处的值可为 0 ～24，默认值是 0，表示不保存密码历史记录，因此密码可以随时重复使用。如果此处的值被设为 5，则用户的新密码不可与前 5 次所使用过的旧密码相同。

（6）用可还原的加密来储存密码：如果用户的应用程序需要读取用户的密码，以便验证用户的身份，则可以启用该功能。不过由于该功能相当于用户密码没有加密，所以建议除非应用程序需要读取用户密码，否则不要启用该功能。

设置密码策略的步骤非常简单。例如，如果要将用户账户的密码长度设置为不能小于 8 个字符，则操作步骤如下。

（1）在“本地安全策略”窗口右侧窗格中双击“密码长度最小值”策略，打开“密码长度最小值 属性”对话框，如图 5 – 47 所示。

（2）在“密码长度最小值 属性”对话框中设置密码必须至少是 8 个字符，单击“确定”按钮，完成策略设置。

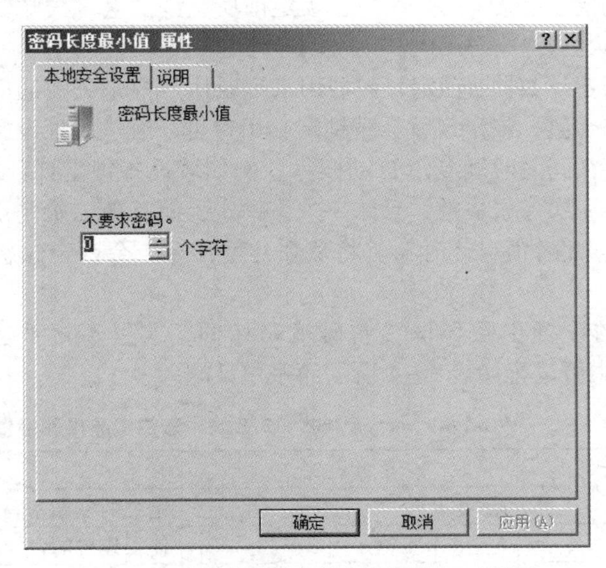

图 5 – 47　“密码长度最小值属性”对话框

（3）依次选择“开始”→“运行”命令，在“运行”对话框中，输入“gpupdate”命令刷新本计算机的本地安全策略（或者重启计算机），使策略设置生效。

（4）此时可更改用户账户密码，检验能否将密码修改成小于8位长度的密码。

2. 设置账户锁定策略

在“本地安全策略”窗口左侧窗格中依次选择“账户策略”→“账户锁定策略”命令，此时在右侧窗格中可以看到多项与账户锁定有关的策略，如图5-48所示。账户锁定策略是指当非法用户输入的错误密码的次数达到设定值的时候，系统将自动锁定该账户。

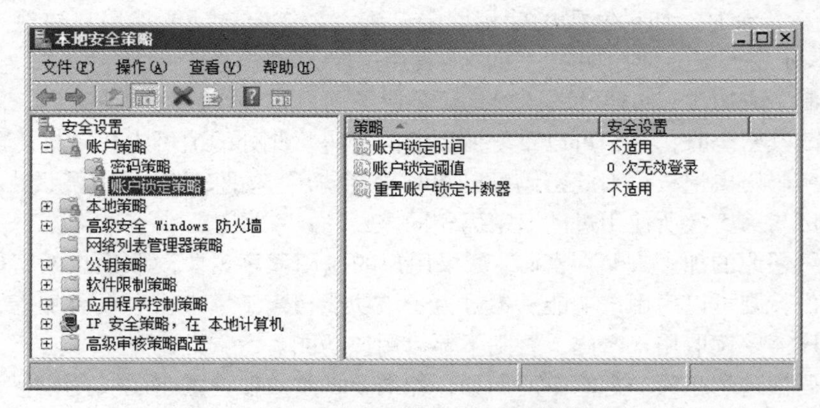

图5-48　本地安全策略中的账户锁定策略

（1）账户锁定时间：设置要将账户锁定的时间，时间过后将自动解除锁定。此处的值可为0～99999分钟，如果将锁定时间设为0分钟，则表示该账户将被永久锁定，此时必须由系统管理员自行手动解除锁定。

（2）账户锁定阈值：定义了用户账户被锁定前所允许的登录失败尝试的次数，此处的值可为0～999，默认值为0，表示账户永远不会被锁定。

（3）重置账户锁定计数器：锁定计数器用来记录用户登录失败的次数，如果锁定计数器的值等于用户锁定阈值，该账户就会被锁定。用户可以通过此处设置失败间隔时间，以便让锁定计数器的值在间隔时间到后自动归零。例如若设置锁定计数器在30分钟后自动归零，则如果用户第一次登录失败，且账户未被锁定，而其第二次登录的时间与第一次的间隔已超过30分钟，此时锁定计时器仍将从0开始计算，会认为此次登录是该用户的第一次登录。

账户锁定策略的设置步骤与设置密码策略相同，这里不再赘述。通常在Windows Server 2008 R2系统中可设置如表5-4所示的账户策略。

表5-5　Windows Server 2008 R2系统中账户策略推荐设置

功能	推荐设置	优点
密码符合复杂性	启用	增强的复杂密码防止密码被轻易破解
密码长度最小值	6～8个字符	使得设置的口令不易被猜出
密码最长期限	30～90天	强迫用户定期更换口令，使系统更安全
强制密码历史（口令唯一性）	5个口令	避免用户总使用同一口令

续表

功能	推荐设置	优点
最短密码期限（寿命）	3天	防止用户立即将口令改为原有的值
锁定时间	50分钟	强迫用户等待，防止黑客猜出口令的企图
账户锁定阈值和复位账户锁定计数器	5次失败登录账户被锁定；50分钟后计数器恢复为0	防止黑客猜出口令的企图

3. 用户权限分配

在“本地安全策略”窗口左侧窗格中依次选择“本地策略”→“用户权限分配”命令，此时在右侧窗格中可以看到多项与用户权限有关的策略，如图5-49所示。可以利用“用户权限分配”将系统中的相应权限分配给用户或组。

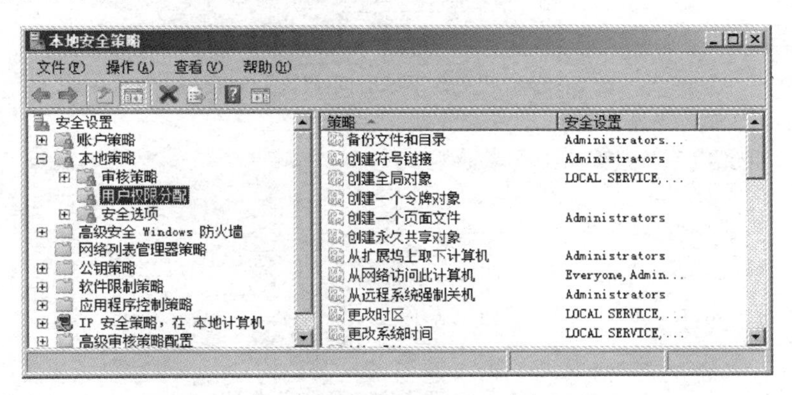

图5-49　本地安全策略中的用户权限分配

要给用户分配权限，其操作步骤非常简单。例如在默认情况下，新建的用户账户属于Users组，而Users组是不能更改系统时间的，如果要使新建用户账户都具有更改系统时间的权限，则操作步骤如下。

(1) 在“本地安全策略”窗口的右侧窗格中双击“更改系统时间”策略，打开“更改系统时间 属性”对话框，如图5-50所示。

(2) 在“更改系统时间 属性”对话框中，单击“添加用户或组”按钮，将Users组添加到列表框中。

(3) 依次选择“开始”→“运行”命令，在“运行”对话框中，输入“gpupdate”刷新本计算机的本地安全策略（或者重启计算机），使策略设置生效。

(4) 此时可创建一个新的用户，使用该用户登录，验证其是否能够更改系统时间。

4. 设置安全选项

在“本地安全策略”窗口的左侧窗格中依次选择“本地策略”→“安全选项”命令，此时可以在右侧窗格中看到多项与安全选项有关的策略，如图5-51所示。用户可以通过“安全选项”启用系统的一些安全设置。安全选项的设置方法与其他策略相同，这里不再赘述。

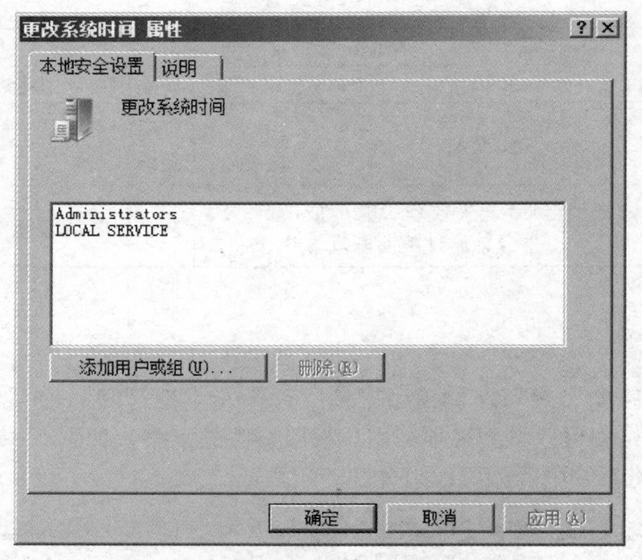

图 5－50 “更改系统时间 属性”对话框

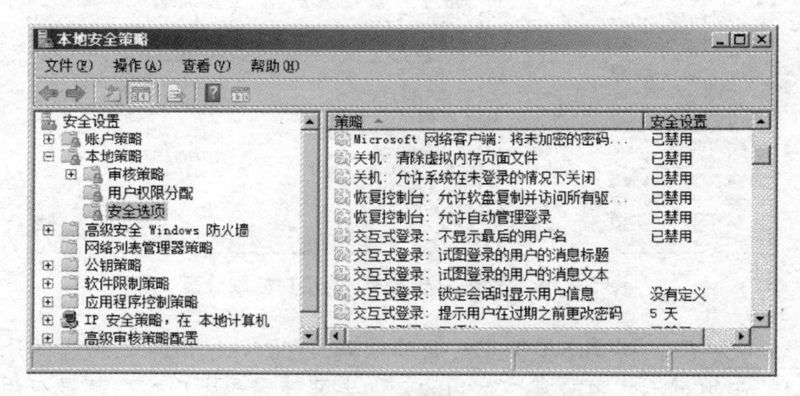

图 5－51 本地安全策略中的安全选项

注 意

本地安全策略是本地组策略的一部分。限于篇幅，以上只完成了本地安全策略的部分设置，其他设置请查阅系统帮助文件和相关技术资料。

任务 5.4 组建域网络

【任务目的】

（1）能够组建域结构的网络。

（2）掌握域账户的设置方法。

（3）掌握本地域组与全局组的设置方法。

（4）掌握组织单位的设置方法。

（5）掌握域控制器安全策略和域安全策略的设置方法。

【工作环境与条件】

（1）安装 Windows Server 2008 R2 操作系统的计算机。

（2）安装 Windows 桌面操作系统的计算机（如 Windows XP、Windows 7）。

（3）正常运行的网络环境（也可使用 VMware Workstation、Windows Server 2008 R2 Hyper－V 服务等虚拟机软件）。

【相关知识】

5.4.1 域网络

域是由网络连接而成、共享同一领域内安全信息（即活动目录数据库）的计算机群组，如图 5－52 所示，它提供了网络中的账户、资源和其他对象管理的统一方法。

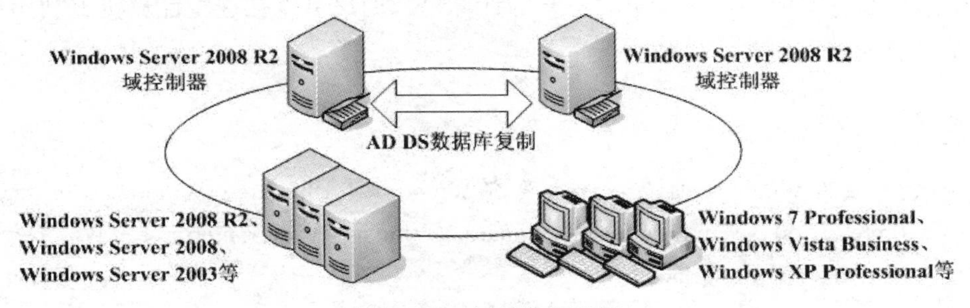

图 5－52 域结构的网络

1. 活动目录（Active Directory，AD）

在网络中，目录是用来存储各种对象的一个容器，通过它可以管理的对象有域、组、计算机、用户账户、文件目录和打印机等。存储目录相关数据的数据库称为目录数据库。与工作组不同的是，域内所有的计算机共享一个集中式的目录数据库，该数据库包含着整个域内所有对象的各种信息与安全数据。在 Windows Server 2008 R2 系统中负责目录服务的组件是活动目录，它负责目录数据库的查询、添加、删除和更改等任务。活动目录既可以应用在个人计算机，也可以应用于局域网，甚至可以应用于跨地区的广域网中。

2. 域中计算机的类型

Windows Server 2008 R2 域网络内可以存在以下类型的计算机。

（1）域控制器

在 Windows 域网络内，活动目录数据库存储在域控制器中。除了 Windows Web Server 2008 R2 和 Windows Server 2008 R2 for Itanium－Based Systems 外，其他 Windows Server 2008 R2 系统都可以扮演域控制器的角色。一个域内可以有多台域控制器，大多数情况下每台域控制器的地位是平等的，各自存储一份几乎完全相同的活动目录数据库。当管理员在任何一台域控制器添加了用户账户后，该数据会自动复制到其他域控制器的活动目录数据库，从而确保所有域控制器内的活动目录数据库能够同步。

当用户从域中的某台计算机登录时，会由域内的一台域控制器根据活动目录数据库内的数据，对用户所输入的账户和密码进行审核。如果正确，用户就可以成功登录，否则用户将被拒绝登录。

（2）成员服务器

如果在计算机内安装了 Windows Server 2008 R2、Windows Server 2008、Windows Server 2003 等服务器级操作系统，而又希望用户在这些计算机上利用活动目录数据库内的账户登录，则必须将其加入到域，此时可将这些计算机称为成员服务器。成员服务器内没有活动目录的数据，也不负责审核域用户信息。如果上述服务器级的计算机并没有加入到域，则可称为独立服务器。需要注意的是无论独立服务器还是成员服务器，都有自己的本地安全数据库，可以用来审核本地用户的账户信息。

3. 域工作站

域中还可以有安装 Windows 桌面系统的计算机，用户可以在这些计算机上利用活动目录内的账户登录。

注 意

能够加入域的 Windows 桌面系统主要有 Windows 7 Ultimate、Windows 7 Enterprise、Windows 7 Professional、Windows Vista Ultimate、Windows Vista Enterprise、Windows Vista Business、Windows XP Professional 等。

5.4.2 Active Directory 的相关概念

1. 域名称空间

所谓“名称空间”就是一块划好的区域，在这块区域内，可以利用某个名字找到与这个名字有关的信息。在 Windows 域中，活动目录就是一个名称空间，利用活动目录，可以通过对象名称找到与这个对象有关的所有信息。

在 TCP/IP 网络环境中，用域名系统（Domain Name System，DNS）解析计算机名称与 IP 地址的映射关系，也就是利用 DNS 获取另一台计算机的 IP 地址。而 Windows 的活动目录服务是与 DNS 紧密集成在一起的，它的域名称空间也采用 DNS 结构。因此在 Windows 域中，域名应采用 DNS 的格式命名，如 abc. com。

2. 对象和属性

Windows 域内的资源是以对象的形式存在的，用户、计算机、打印机、应用程序等都是对象。一个对象是通过“属性”来描述其特征的，对象本身是一些“属性”的集合。也就是说，新建一个用户就是新增了一个对象类为“用户”的对象，然后在这个对象内输入其姓、名、电话号码、电子邮件、地址等数据，而这些数据就是该对象的属性。

3. 容器与组织单位

容器与对象类似，有自己的名称，也是一些属性的集合。容器内可以包含其他的对象，如用户、计算机、打印机等，也可以包含其他容器。组织单位（Organizational Unit，OU）是一个比较特殊的容器，除了可以包含其他对象与组织单位外、还有“组策略”功能。组织单位更适于与企业具体网络的具体部门相对应，例如，一个企业网络可以组成一个域，企业中的每个部门可以划分为该域的一个组织单位，组织单位中可包含属于该部门的用户账户、组账户、计算机、打印机、应用程序等多种对象。

4. 域树

如果要设置一个包含多个域的网络，则可以将网络设置成域树结构，也就是说，这些域以树状的形式存在。在如图5－53所示的域树结构网络中，最上层是整个域树的根域，域名为abc. com，其下还有两个子域，分别是sales. abc. com与mkt. abc. com，各子域下面还有子域。由于活动目录的域名采用DNS域名的结构，因此，域树的名称空间是连续的，子域的域名中包含着其父域的域名，例如，域sales. abc. com中包含着上一层的域名abc. com。

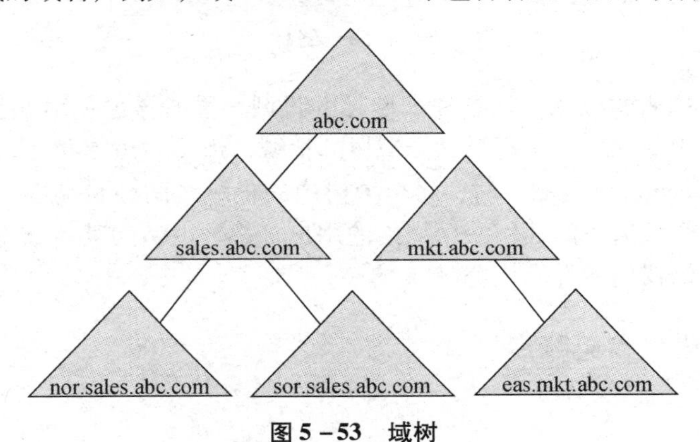

图5－53　域树

域树内的所有域共享一个活动目录，不过，该活动目录内的数据将分散地存储在各个域内，每个域中只存储该域的数据。用户可以将一个新域加入到现有的域树内。当任何一个新域加入到域树后，它会自动地双向信任这个域树内所有的域，只要拥有适当权限，这个新域内的用户就可以访问其他域内的资源，其他域内的用户也可以访问这个新域内的资源。

注 意

要实现网络内两个域之间的相互访问，应建立相应的信任关系。例如，当域A的用户登录到所隶属的域后，这个用户如果要访问位于域B内的资源，则只要域B信任域A就可以了。同一域树内的所有域会自动建立双向、可传递的信任关系。所谓双向，指域B信任域A，同时域A信任域B。所谓可传递，指如果域A信任域B，而域B信任域C，则指域A信任域C。用户也可以以手动方式创建域间单向的信任关系。

5. 域林

如果要将网络设置成为包含多个域树的结构，那么可以让这些域树合并为一个域林。域林由一个或多个域树组成，每个域树都有自己唯一的名称空间，如图 5-54 所示，其中一个域树内的每个域名称都是以 abc. com 结尾，而另一个都是以 xyz. com 结尾。

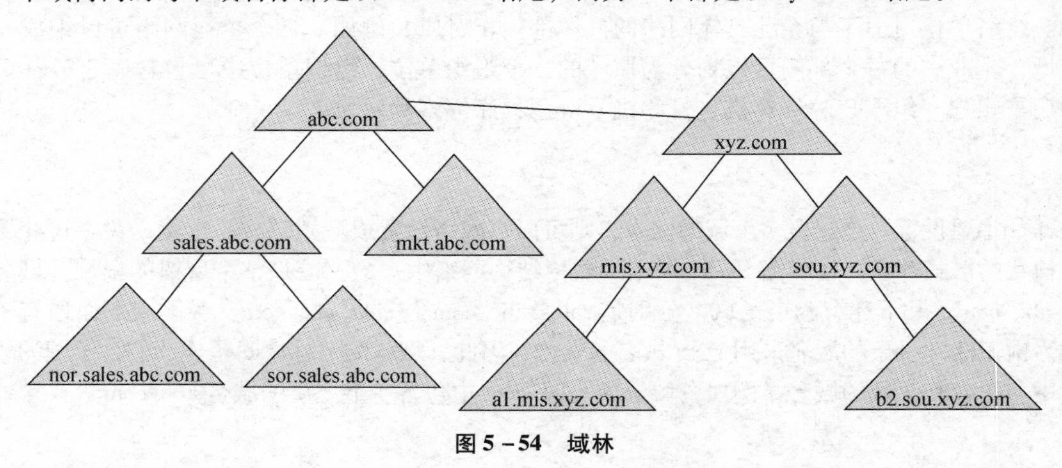

图 5-54　域林

创建的第一个域树的根域，就是整个域林的根域，同时该域的域名就是域林的名称。例如，若图 5-54 中的 abc. com 是第一个域树的根域，那么它就是整个域林的根域，而域林的名称就是 abc. com。创建域林时，每个域树内的根域之间会自动建立双向、可传递的信任关系，因此每个域树中的任何一个域内的用户，都可以访问其他域树内的资源，也可以到其他任何一个域树内的计算机登录。

5.4.3　域用户账户和组账户

1. 域用户账户

域用户账户存储在域控制器的活动目录数据库内。用户可以利用域用户账户登录域，访问网络中的资源。当用户利用域用户账户登录时，这个账户数据会被送到域控制器，并由域控制器检查用户所输入的账户名称与密码是否正确。另外当在某台域控制器创建用户账户后，该账户会被自动复制到同一个域内的其他域控制器。因此，当用户登录时，该域内的所有域控制器都可以检查用户所输入的账户名称与密码是否正确。

注 意

当某台计算机升级为网络中的第一台域控制器后，该计算机原有的本地用户账户将自动升级为域用户账户，该计算机的系统管理员账户（Administrator）将自动升级为域管理员账户（Administrator），具有最高的权限。对于域中的成员服务器和其他计算机，既可以使用域用户账户也可以使用本地用户账户登录，前者保存在域控制器的活动目录中，而后者保存在计算机的本地安全数据库内。

2. 域中的组账户

(1) 组的类型

域中的组可以分为如下两种类型。

① 安全组：安全组可以被用来设置权限，例如，可以设置安全组对文件具备“读取”的权限。安全组也可以用于其他任务，例如可以发送电子邮件给安全组。

② 发布组：发布组用于与安全（权限设置等）无关的工作，例如可以发送电子邮件给发布组，但无法赋予其权限。

(2) 组的使用范围

在域中，每个组都有自己的使用范围。根据不同的使用范围，可以把组分为全局组、本地域组和通用组。表5-6对全局组、本地域组和通用组进行了比较。

表5-6　全局组、本地域组和通用组的比较

比较项目	全局组	本地域组	通用组
可包含的成员	相同域内的用户和全局组	所有域内的用户、全局组、通用组；相同域内的本地域组	所有域内的用户、全局组和通用组
可以在哪一个域内设置权限	所有域	相同域	所有域
组转换	在不属于任何全局组情况下可被转换为通用组	在组成员不包含本地域组情况下可被转换为通用组	可被转换为本地域组，在组成员不含通用组情况下可转换为全局组

注 意

为了让网络管理更为容易，通常可先将用户加入到全局组，再将全局组加入到本地域组，然后设置本地域组的权限。利用该方法，只要针对本地域组来设定权限，则处于该组的全局组中的所有用户，都自动具有相应权限。

(3) 内置的本地域组

在Windows Server 2008 R2域控制器的活动目录中，系统内置了一些本地域组，这些组本身已经被赋予了权利与权限，以便让其具备管理域的能力。只要将用户或组账户加入到这些内置的本地域组中，这些账户也将具有相同的权利与权限。内置的本地域组位于活动目录的Builtin容器内，如图5-55所示，可以看出内置的本地域组都是安全组。

(4) 内置的全局组

当创建一个域时，系统会在活动目录中创建一些内置的全局组。这些全局组本身并没有任何权利与权限，但可以将其加入到具有权利或权限的本地域组，或者为其直接指派权利或权限。这些内置的全局组位于Users容器内，如图5-56所示。

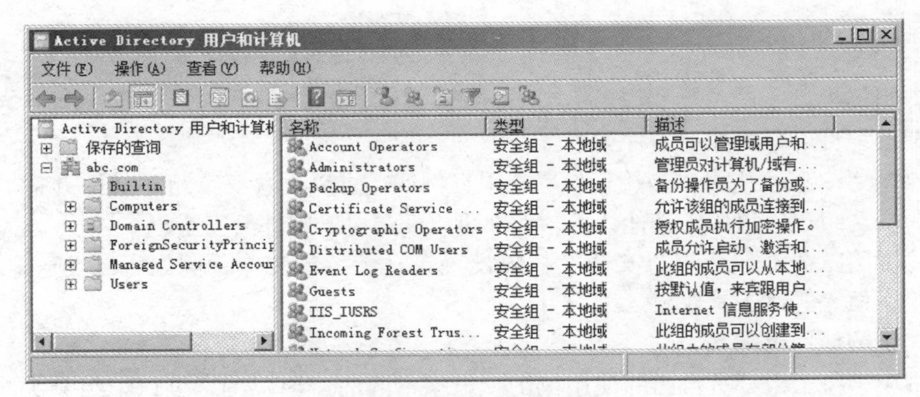

图 5-55 内置的本地域组

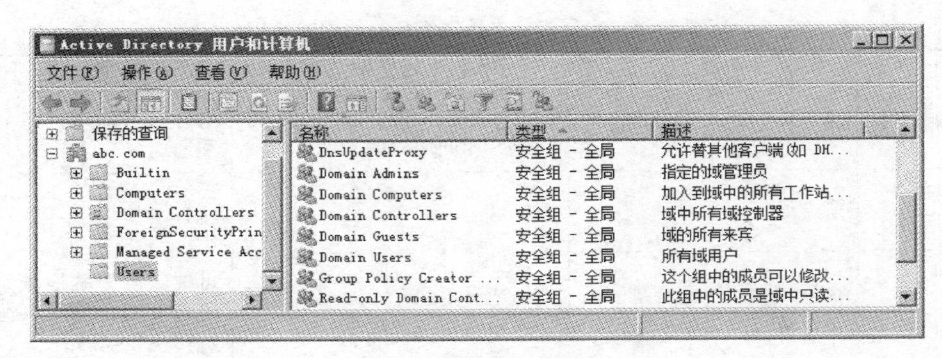

图 5-56 内置的全局组

【任务实施】

操作 1 创建 Active Directory 域

1. 安装域控制器的准备工作

在将 Windows Server 2008 R2 服务器升级为域控制器前，应做好以下准备工作。

(1) 用户权限：安装者必须具有本地管理员权限。

(2) DNS 域名：必须先为新域取一个符合 DNS 规格的域名称，如 abc. com。

(3) DNS 服务器：由于域控制器会将自己注册到 DNS 服务器内，以便让其他的计算机通过 DNS 服务器查找自己，因此网络中必须要有一台 DNS 服务器，该服务器应支持服务位置资源记录（Service Location Resource Record，SRVRR）和动态更新功能。如果网络中没有 DNS 服务器，则在建立域控制器时，可以自动安装。

(4) NTFS 磁盘分区：域控制器需要能够提供安全设置的磁盘分区，用于存储 SYSVOL 文件夹，而只有 NTFS 磁盘分区才具备安全设置的功能。

2. 创建网络中的第一台域控制器

通过安装活动目录，不但可以将独立服务器升级为域控制器，还将创建域树和域林，

安装与域集成的DNS区域。通过安装活动目录建立第一台域控制器的操作步骤如下。

（1）依次选择"开始"→"管理工具"→"服务器管理器"命令，在"服务器管理器"窗口的左侧窗格中选择"角色"命令，如图5－57所示。

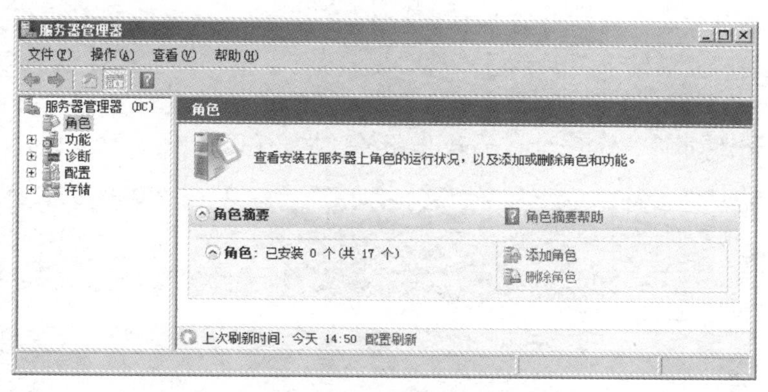

图5－57　"服务器管理器"窗口

（2）在"服务器管理器"窗口的右侧窗格中，单击"添加角色"链接，打开"添加角色向导"的"开始之前"对话框。

（3）在"开始之前"对话框中单击"下一步"按钮，打开"选择服务器角色"对话框，如图5－58所示。

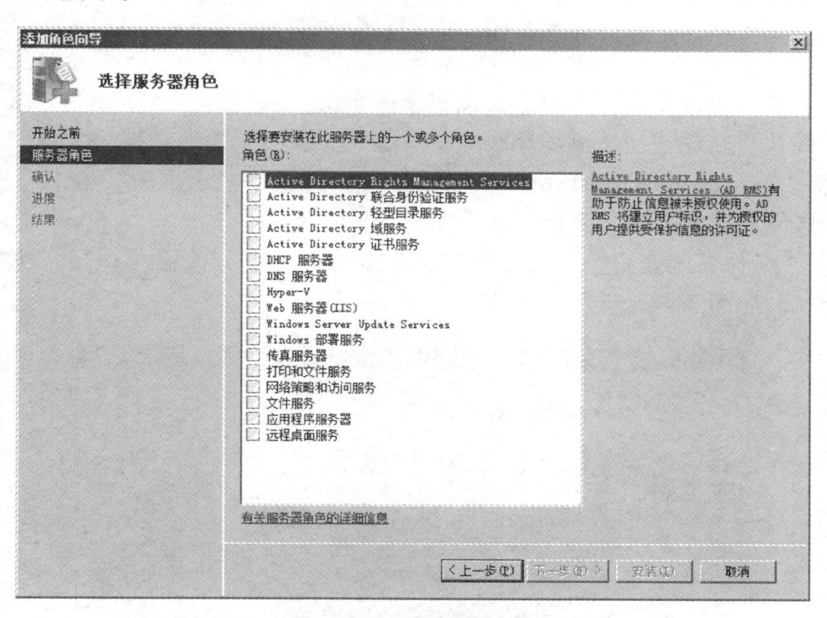

图5－58　"选择服务器角色"对话框

（4）在"选择服务器角色"对话框中，选择"Active Directory 域服务"选项，此时系统将询问"是否添加Active Directory域服务所需的功能"，单击"添加必需的功能"按钮，安装Net Framework 3.5.1功能。

（5）在"选择服务器角色"对话框中单击"下一步"按钮，打开"Active Directory域服务”对话框。

(6) 在“Active Directory 域服务”对话框中单击“下一步”按钮，打开“确认安装选择”对话框。

(7) 在“确认安装选择”对话框中单击“安装”按钮，系统会安装相应的组件，安装完成后会出现“安装结果”对话框。

(8) 在“安装结果”对话框中，单击“关闭”按钮，此时在“服务器管理器”窗口中可以看到已经添加了“Active Directory 域服务”的角色，如图 5-59 所示。

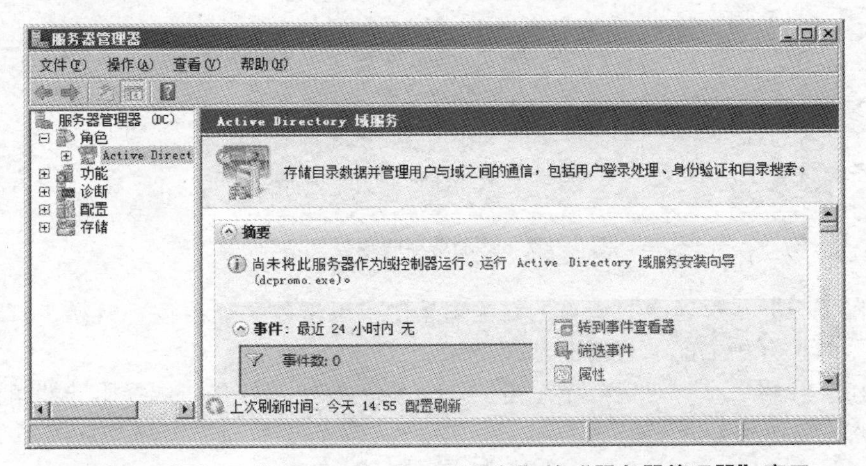

图 5-59　添加了“Active Directory 域服务”的“服务器管理器”窗口

(9) 在“服务器管理器”窗口的右侧窗格中单击“运行 Active Directory 域服务安装向导”链接，打开“欢迎使用 Active Directory 域服务安装向导”对话框。

(10) 在“欢迎使用 Active Directory 域服务安装向导”对话框中，单击“下一步”按钮，打开“操作系统兼容性”对话框。

(11) 在“操作系统兼容性”对话框中，单击“下一步”按钮，打开“选择某一部署配置”对话框，如图 5-60 所示。

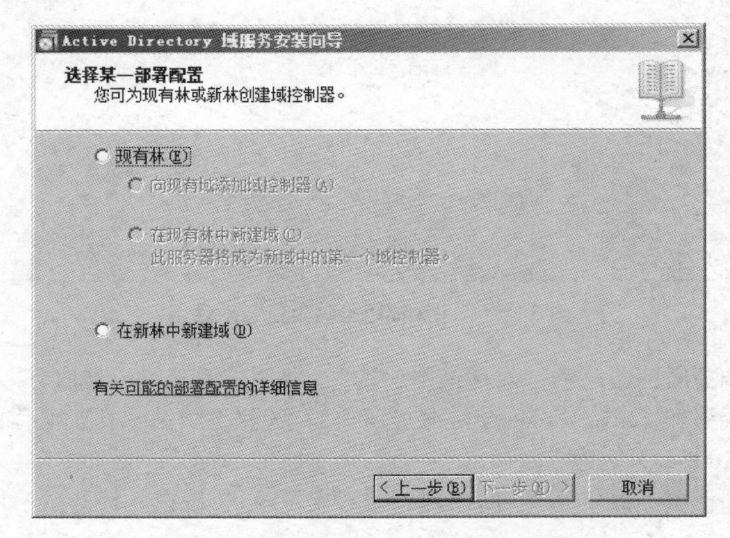

图 5-60　“选择某一部署配置”对话框

（12）在“选择某一部署配置”对话框中，选择“在新林中新建域”单选框，单击“下一步”按钮，打开“命名林根域”对话框，如图5-61所示。

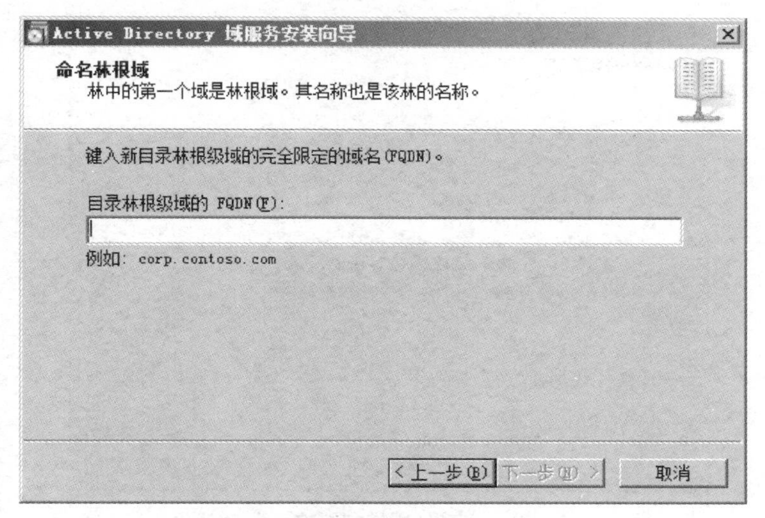

图5-61　“命名林根域”对话框

（13）在“命名林根域”对话框中，输入符合DNS要求的域名，如abc.com，单击“下一步”按钮，打开“设置林功能级别”对话框，如图5-62所示。

注意

除了DNS域名外，系统还会新建一个NetBIOS域名，使旧版Windows系统（如Windows 98）能够访问域。默认的NetBIOS名称为DNS域名第一个句点左边的文字。

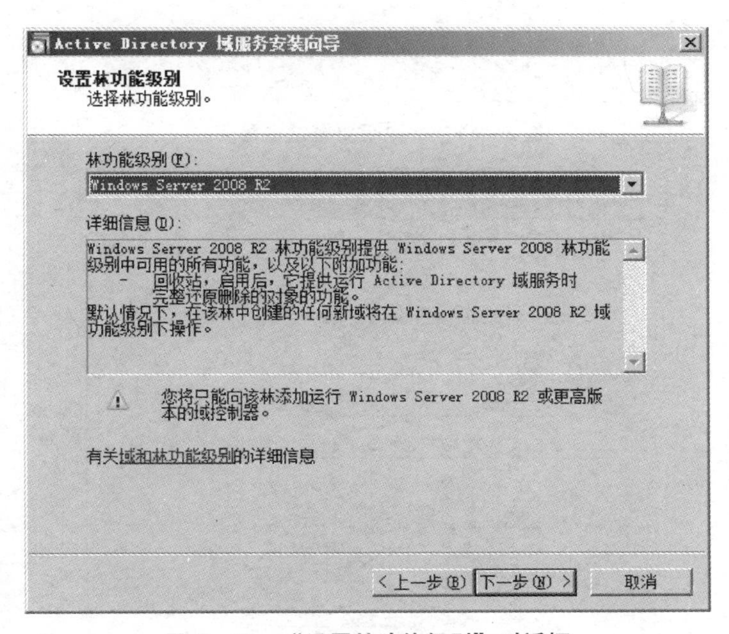

图5-62　“设置林功能级别”对话框

（14）在“设置林功能级别”对话框中，选择林功能级别为 Windows Server 2008 R2，单击“下一步”按钮，打开“其他域控制器选项”对话框，如图 5－63 所示。

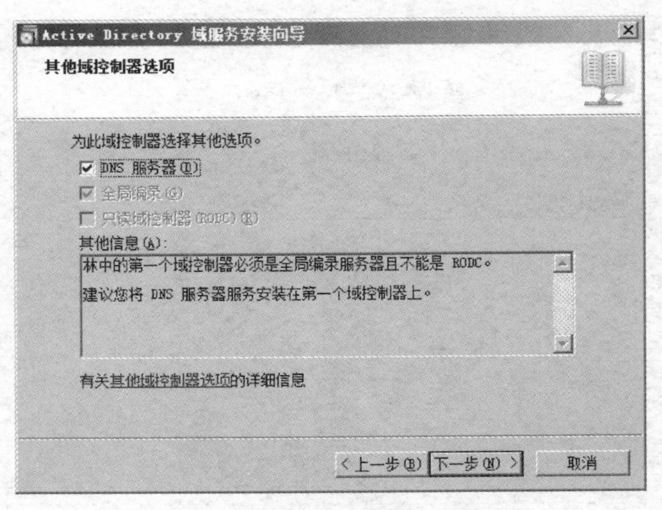

图 5－63　“其他域控制器选项”对话框

（15）在“其他域控制器选项”对话框中，系统会自动选择“DNS 服务器”选项。单击“下一步”按钮，若出现如图 5－64 所示的警告框，则应单击“是”按钮，打开“数据库、日志文件和 SYSVOL 的位置”对话框，如图 5－65 所示。

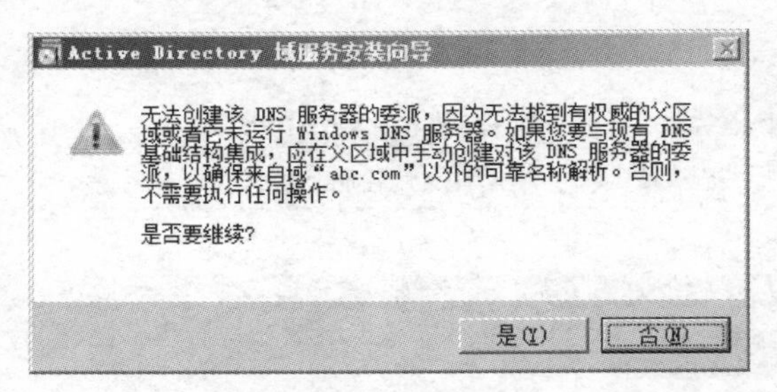

图 5－64　“是否要继续”警告框

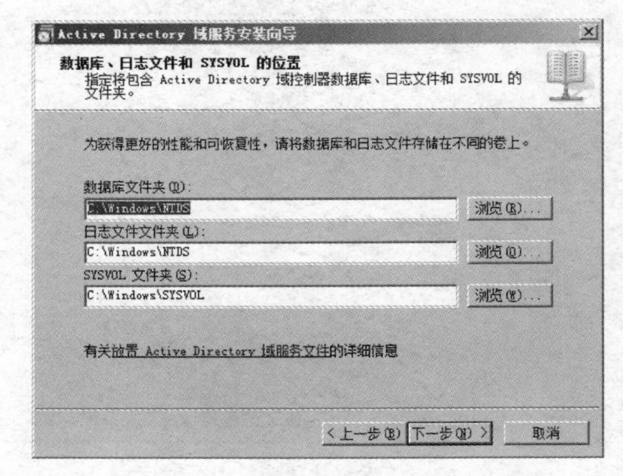

图 5－65　“数据库、日志文件和 SYSVOL 的位置”对话框

（16）在“数据库、日志文件和 SYSVOL 的位置”对话框中设定相关文件夹的位置，单击“下一步”按钮，打开“目录服务还原模式的 Administrator 密码”对话框，如图 5－66 所示。

Active Directory 域服务安装向导

目录服务还原模式的 Administrator 密码

目录服务还原模式 Administrator 账户不同于域 Administrator 账户。

为 Administrator 账户分配一个密码，将在以目录服务还原模式启动此域控制器时使用该账户。我们建议您选择一个强密码。

密码(P)：

确认密码(C)：

关于目录服务还原模式密码的详细信息

< 上一步(B)　下一步(N) >　取消

图 5－66　“目录服务还原模式的 Administrator 密码”对话框

注 意

数据库文件夹用来存储 Active Directory 数据库；日志文件文件夹用来存储 Active Directory 的更改日志，可用来修复 Active Directory；SYSVOL 文件夹用来存储域共享文件（如与组策略有关的文件），必须位于 NTFS 卷内。若有多块硬盘，建议将数据库文件夹和日志文件文件夹分别设置到不同的硬盘内。

（17）在“目录服务还原模式的 Administrator 密码”对话框中输入并确认目录服务还原模式的管理员密码，单击“下一步”按钮，打开“摘要”对话框，如图 5－67 所示。

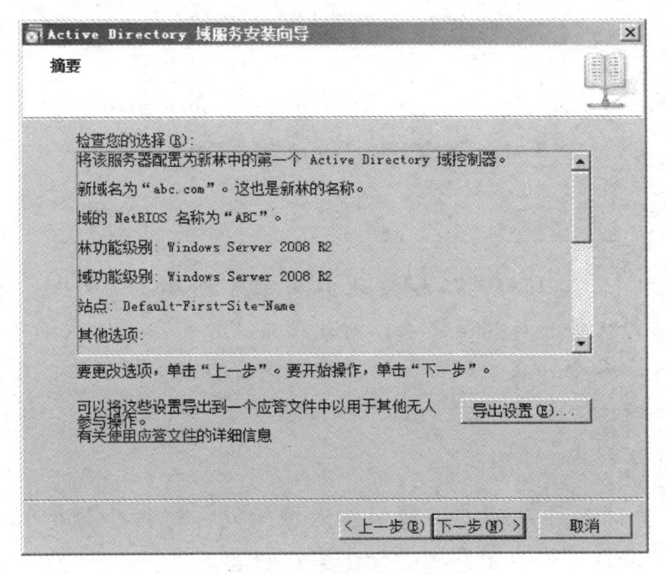

图 5－67　“摘要”对话框

注 意

目录服务还原模式是一个安全模式，可用来修复 Active Directory 数据库。在系统启动时按 F8 键可选择进入该模式，进入该模式时必须输入此处设置的密码。

(18) 在“摘要”对话框中，单击“下一步”按钮，此时系统将进行 Active Directory 域服务的配置。配置完成后，将出现“完成 Active Directory 域服务安装向导”对话框。

(19) 在“完成 Active Directory 域服务安装向导”对话框中，单击“完成”按钮，系统会提示用户必须重新启动计算机，单击“立即重新启动”按钮，重新启动计算机，完成域控制器的安装。

3. 检查 DNS 服务器内的记录是否完备

由于域控制器会将其所扮演的角色注册到 DNS 服务器内，以便于其他计算机能够通过 DNS 服务器找到这台域控制器，因此在域控制器安装完毕后应检查 DNS 服务器内是否已有域控制器所注册的记录。操作方法为：在域控制器上依次选择“开始”→“管理工具”→DNS 命令，在“DNS 管理器”窗口的左侧窗格中选择“正向查找区域”选项，此时应可以看到在安装域控制器过程中建立的 Active Directory 域。选择该域，如果在右侧窗格中可以看到域控制器的主机记录以及与 Active Directory 集成的多个子目录，如图5－68所示，说明 DNS 服务器内的记录已经完备。

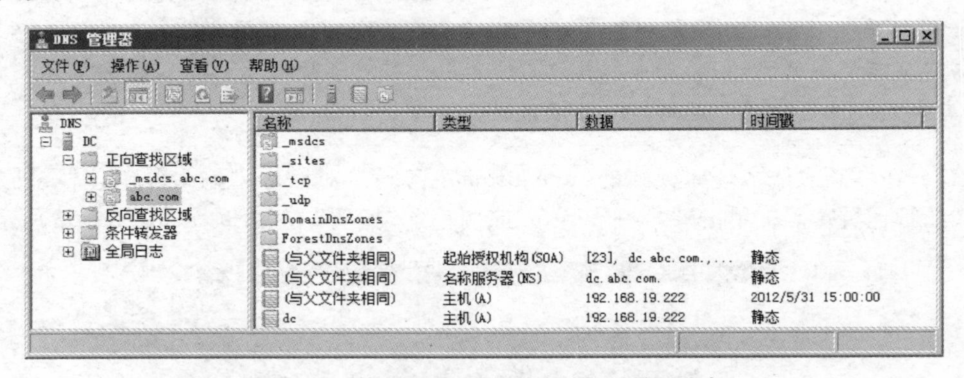

图5－68　检查 DNS 服务器内的记录是否完备

注 意

如果发现域控制器没有将其所扮演的角色注册到 DNS 服务器，也就是没有如图5－68所示的_ tcp 等文件夹与相关记录，则可在该域控制器上依次选择“开始”→“管理工具”→“服务”命令，在“服务”窗口的右侧窗格中重新启动 Netlogon 服务。

4. 将计算机登录到域

安装 Microsoft 公司各种系统的计算机加入域的操作过程十分相似，将安装 Windows Server 2008 R2 系统的计算机登录到域的操作步骤如下。

(1) 以系统管理员的身份登录计算机，打开该计算机的“本地连接属性”对话框，在“此连接使用下列项目”列表框中选择“Internet 协议版本 4（TCP/IPv4）”选项，单击“属性”按钮，在“Internet 协议版本 4（TCP/IPv4）属性”对话框中将“首选 DNS 服务器”设置为域控制器注册到的 DNS 服务器的 IP 地址。

(2) 依次选择“开始”→“管理工具”→“服务器管理器”命令，在“服务器管理器”窗口中单击“更改系统属性”链接。在“系统属性”对话框中，单击“更改”按钮，在“计算机名/域更改”对话框中，输入相应的计算机名和域名，单击“确定”按钮，会打开“Windows 安全”对话框，如图 5-69 所示。

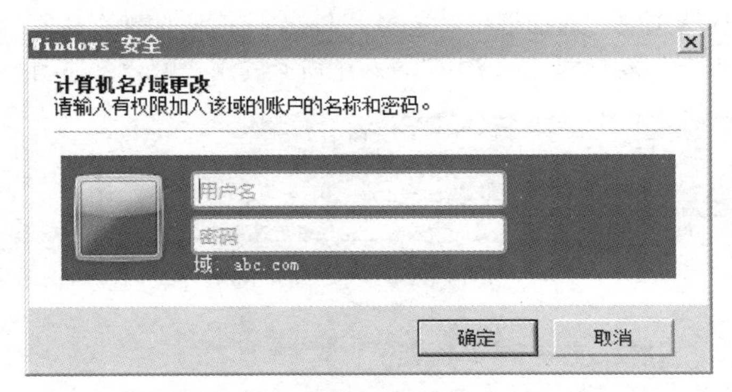

图 5-69　“Windows 安全”对话框

(3) 在“Windows 安全”对话框中输入具有将计算机加入域权限的域用户账户，单击“确定”按钮，如果成功加入了域，会出现“欢迎加入域”提示信息，否则会提示出错信息。

(4) 如果成功地加入了域，会提示用户重新启动计算机，单击“确定”按钮，计算机将重新启动。计算机重新启动后，系统默认将通过本地用户账户登录到本地计算机，若要使用域用户账户登录，可单击“切换用户”按钮，输入有效的域用户账户，通过域控制器的验证后即可登录到该域。

注 意

在使用域用户账户登录时，输入的用户名前要附加域名，例如，若要使用域用户账户 Administrator 登录域 abc.com，则应输入 abc.com\administrator 或 abc\administrator。

计算机成功登录域后，可在域控制器依次选择“开始”→“管理工具”→“Active Directory 用户和计算机”命令，在“Active Directory 用户和计算机”窗口的左侧窗格选择 Computers 选项，此时在右侧窗格中可以看到加入域的计算机的名称。可右击该计算机，在弹出的菜单中选择“管理”命令，对其进行管理设置。

操作2　设置域用户账户

在 Windows Server 2008 R2 域控制器上，可以利用“Active Directory 管理中心”也可以利用“Active Directory 用户和计算机”进行域用户账户的设置。

1. 查看并新建域用户账户

利用“Active Directory 用户和计算机”查看并新建域用户账户的操作步骤如下。

(1) 依次选择“开始”→“管理工具”→“Active Directory 用户和计算机”命令，在“Active Directory 用户和计算机”窗口的左侧窗格中双击 Users 选项，在右侧窗格中可以看到所有的用户账户和部分组账户。

(2) 在“Active Directory 用户和计算机”窗口中，依次选择“窗口”→“筛选器选项”命令，打开“筛选器选项”对话框。

(3) 在“筛选器选项”对话框中，选择“仅显示下列类型的对象”单选框，然后从列表框中选中“用户”复选框，筛选出 Users 中所有的用户账户，如图 5-70 所示。

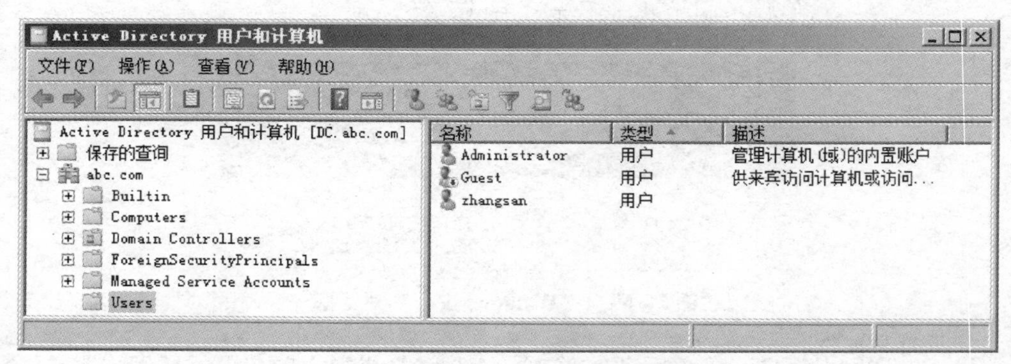

图 5-70 Users 中所有的用户账户

(4) 右击 Users 选项，在弹出的菜单中依次选择“新建”→“用户”命令，打开“新建对象-用户”对话框，如图 5-71 所示。

(5) 在“新建对象-用户”对话框中，输入必要的用户信息，单击“下一步”按钮，打开如图 5-72 所示的对话框。

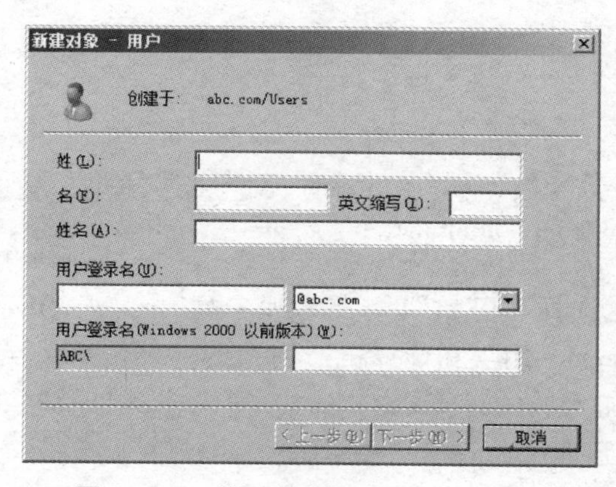

图 5-71 “新建对象-用户”对话框

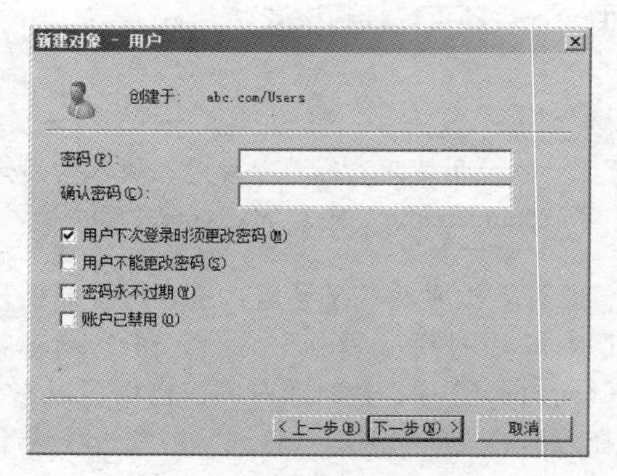

图 5-72 设置用户密码选项

(6) 在如图 5-72 所示对话框中，输入并确认用户密码，设置相关的密码选项。单击“下一步”按钮，将显示新建用户的摘要信息，单击“完成”按钮，完成用户账户的创建。

注 意

域用户账户要求必须设置复杂密码，如果设置的密码不符合要求，需重新输入符合要求的密码。

2. 设置域用户账户的属性

（1）设置域用户账户的登录名和密码选项

可以在如图 5－70 所示窗口中，右击要设置的域用户账户，在弹出的菜单中，选择“属性”命令，在该用户账户的“属性”对话框中选择“账户”选项卡，此时可以设置用户账户的登录名和密码选项，如图 5－73 所示。

（2）设置域用户账户登录的计算机

在用户账户的“属性”对话框中，单击“登录到”按钮，打开“登录工作站”对话框，可以设置该账户能够通过域中的哪些工作站登录，如图 5－74 所示。

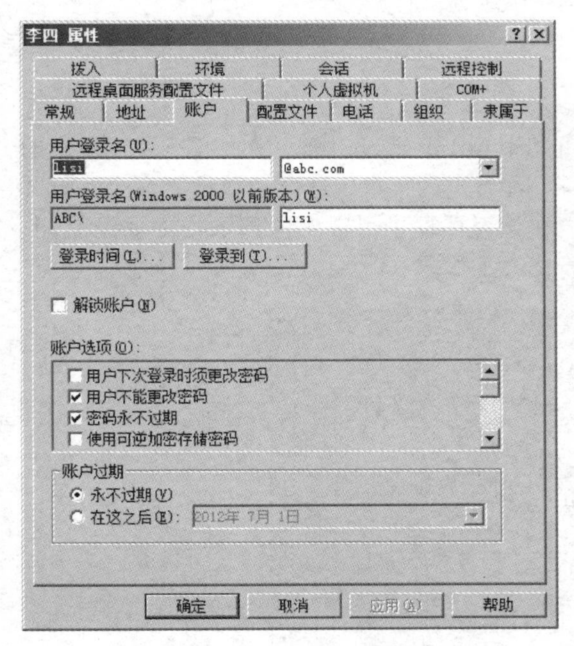

图 5－73　“账户”选项卡

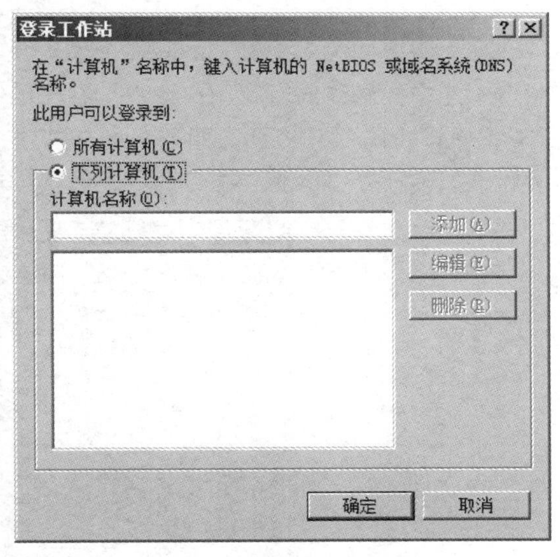

图 5－74　“登录工作站”对话框

（3）设置域用户账户的登录时间

在用户账户的“属性”对话框中，单击“登录时间”按钮，打开该用户账户的“登录时间”对话框，可以设置允许该账户登录的时间段，如图 5－75 所示。

3. 复制域用户账户

如果需要创建很多性质相同的用户账户，可先建立一个用户账户，然后右击该账户，在弹出的菜单中，选择“复制”命令，然后根据向导即可完成操作。在用户账户副本中，用户必须新输入的项目包括姓和名、缩写、登录名、密码和确认密码等。账户复制时可以自动复制的项目包括描述、隶属的组关系、可登录的时间、允许登录的工作站、密码选项、配置文件等。

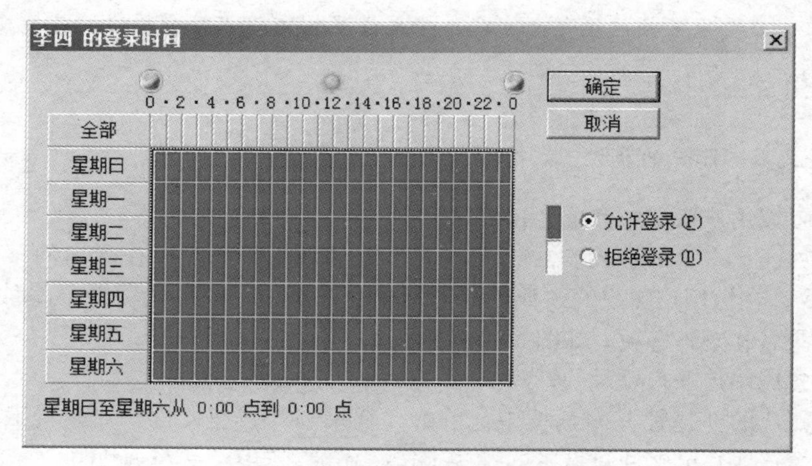

图 5－75 “登录时间”对话框

4. 修改多个域用户账户的同一个参数

如果需要修改多个账户的同一个参数，可利用 Ctrl 键或 Shift 键，在如图 5－70 所示的窗口中选中要修改的所有用户账户。右击鼠标，在弹出的菜单中选择“属性”命令，打开“多个项目属性”对话框，如图 5－76 所示。在该对话框中可以对所选账户的登录时间、密码选项、计算机限制、配置文件等属性进行修改工作。

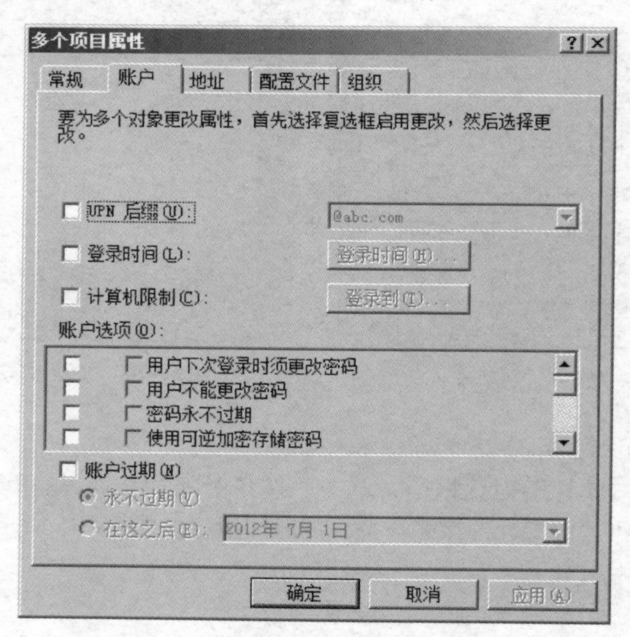

图 5－76 “多个项目属性”对话框

5. 删除域用户账户

可以在如图5－70所示的窗口中选中要删除的一个或多个用户账户，右击鼠标，在弹出的菜单中选择“删除”命令，按向导提示操作即可。

操作3　设置组账户

1. 新建组账户

利用“Active Directory用户和计算机”新建组账户的操作步骤如下。

(1) 依次选择“开始”→“管理工具”→“Active Directory用户和计算机”命令，打开“Active Directory用户和计算机”窗口，在左侧窗格中双击Users选项。

(2) 右击Users选项，在弹出的菜单中依次选择“新建”→“组”命令，打开“新建对象－组”对话框，如图5－77所示。

(3) 在“新建对象－组”对话框中输入组名，选择组的作用域和类型，单击“确定”按钮完成组的创建。

2. 添加组的成员

(1) 在“Active Directory用户和计算机”窗口的左侧窗格中双击Users选项，在右侧窗格中右击要添加成员的组账户，在弹出的菜单中选择“属性”命令，打开组账户的“属性”对话框，选择“成员”选项卡，如图5－78所示。

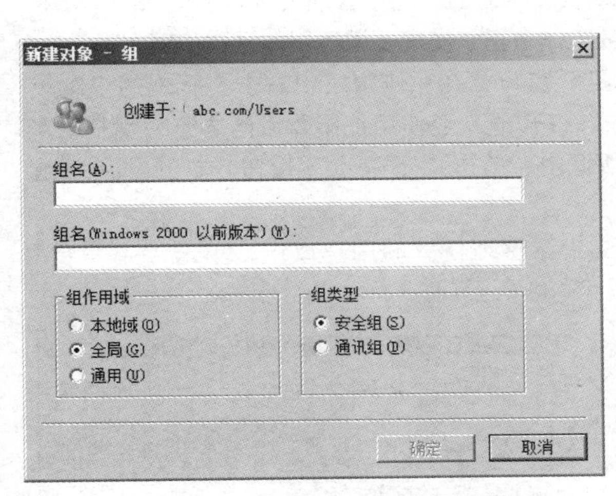

图5－77　“新建对象－组”对话框

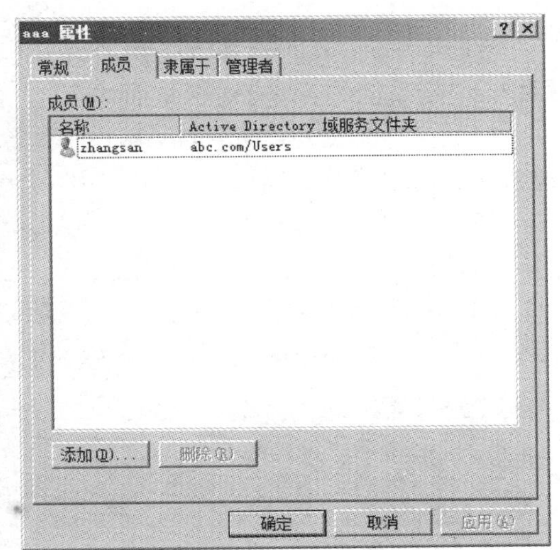

图5－78　“成员”选项卡

(2) 在“成员”选项卡中，单击“添加”按钮，打开“选择用户、联系人或计算机”对话框。

(3) 在“选择用户、联系人或计算机”对话框中，可以直接在“输入对象名称来选择”列表框中输入拟加入的成员名称，也可以单击“高级”按钮，再单击“立即查找”

按钮，在“搜索结果”列表中选择相应的对象。

（4）单击“确定”按钮，返回“成员”选项卡，此时在“成员”列表框中已经加入了所选择的成员，单击“确定”按钮，完成组的创建。

3. 组账户的其他设置

对于组账户的其他设置，应先选中对象，打开其属性对话框，然后进行所需的设置操作。由于组账户的设置与用户账户基本相同，这里不再赘述。

操作4　设置组织单位

1. 新建组织单位

利用“Active Directory 用户和计算机”新建组织单位的操作步骤如下。

（1）打开“Active Directory 用户和计算机”窗口，在左侧窗格中右击要管理的域对象，在弹出的菜单中依次选择“新建”→“组织单位”命令，打开“新建对象 - 组织单位”对话框，如图 5 - 79 所示。

（2）在“新建对象 - 组织单位”对话框中，输入规划的组织单位的名称后，单击“确定”按钮，完成组织单位的创建工作。

组织单位创建完毕后，可以在组织单位中创建域用户账户、组账户和计算机等对象，创建的方法与在 Users 中相同，这里不再赘述。

2. 组织单位的委派控制

Windows Server 2008 R2 域的组织单位提供委派控制的功能，管理员可以为适当的用户和组指派一定范围的管理任务，从而减轻自己的工作负担，实现委派控制的操作步骤如下。

（1）打开“Active Directory 用户和计算机”窗口，在左侧窗格中右击要管理的组织单位，在弹出的菜单中选择“委派控制”命令，打开“欢迎使用控制委派向导”对话框。

（2）在“欢迎使用控制委派向导”对话框中，单击“下一步”按钮，打开“用户或组”对话框。

（3）在“用户或组”对话框中，添加要指派管理任务的用户或组，单击“下一步”按钮，打开“要委派的任务”对话框，如图 5 - 80 所示。

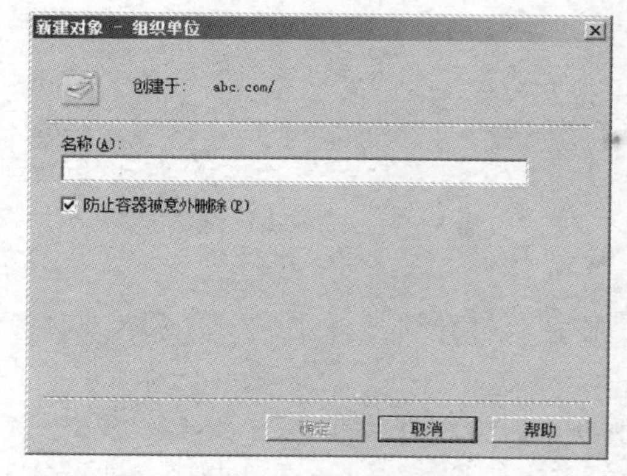

图 5 - 79　“新建对象 - 组织单位”对话框

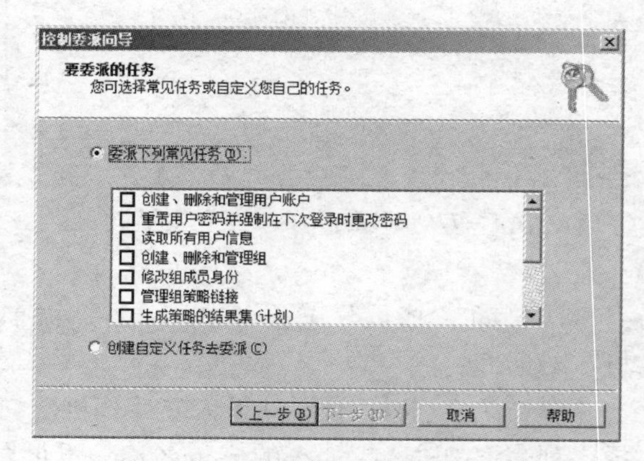

图 5 - 80　“要委派的任务”对话框

（4）在“要委派的任务”对话框中，可以选择“委派下列常见任务”单选框，然后在该部分的列表框中，选择要委派给用户或组的管理任务；也可以选择“创建自定义任务去委派”单选框，自定义委派给用户或组的管理任务。选择任务后，单击“下一步”按钮，打开“完成控制委派向导”对话框。

（5）在“完成控制委派向导”对话框中，单击“完成”按钮，完成委派控制的创建。

操作5　设置组策略

组策略是由具体组策略对象（Group Policy Object，GPO）实现的，本地组策略对象存储在本地计算机上，只对本地用户及该计算机有效；而 Active Directory 组策略对象存储在域控制器上，可以对域、组织单位中的用户和计算机生效。默认情况下，Windows Server 2008 R2 域控制器内置了 Default Domain Policy 和 Default Domain Controllers Policy 两种组策略对象。

1. 设置 Default Domain Policy（域安全策略）

可通过设置 Default Domain Policy 对域内的计算机与用户设置统一的安全策略。

（1）在域控制器内依次选择“开始”→“管理工具”→“组策略管理”命令，打开“组策略管理”窗口，如图 5－81 所示。

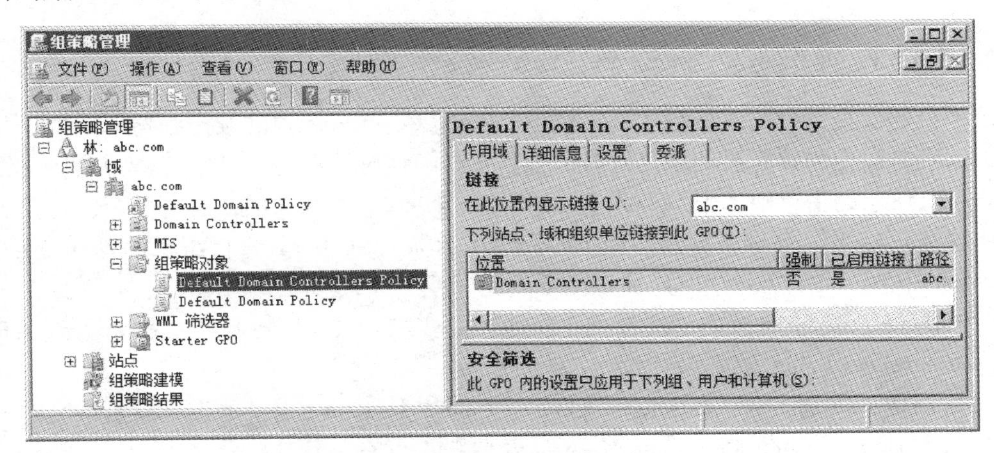

图 5－81　“组策略管理”窗口

（2）在“组策略管理”窗口的左侧窗格中打开要管理的域，选中“组策略对象”→Default Domain Controllers Policy 选项，右击鼠标，在弹出的菜单中选择“编辑”命令，打开“组策略管理编辑器”窗口，如图 5－82 所示。

（3）在“组策略管理编辑器”中可以对 Default Domain Policy 进行编辑设置，设置方法与本地安全策略相同，不过需要注意以下问题。

① 组策略包含计算机配置和用户配置两部分。当计算机开机时，系统会根据计算机配置的属性来设置计算机的环境。当用户登录时，系统会根据用户配置的属性来配置用户的工作环境。

② 属于域内的任何计算机和用户，都会受到 Default Domain Policy 的影响。

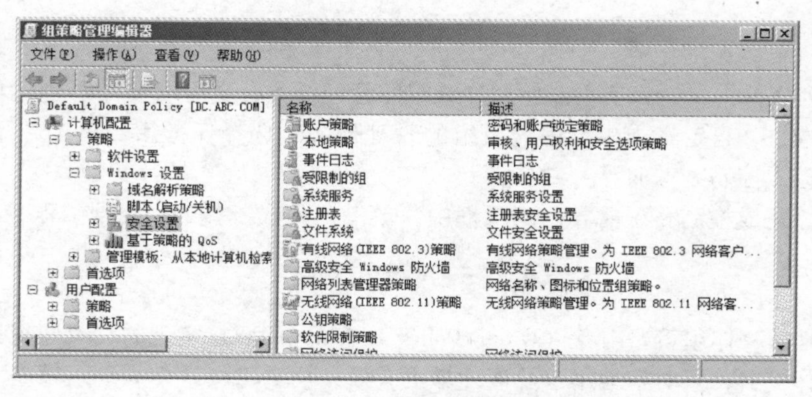

图 5－82 “组策略管理编辑器”窗口

③ 属于域内的计算机和用户，如果其本地组策略的设置与 Default Domain Policy 的设置发生冲突，则以 Default Domain Policy 的设置优先。也就是说只有当 Default Domain Policy 的设置被设置为“没有定义”时，本地组策略的设置才有效。

④ Default Domain Policy 修改后，必须将其应用到本地计算机后才有效。如果本地计算机是域控制器，则每隔 5 分钟会自动应用；如果是非域控制器，则每隔 90～120 分钟会自动应用。用户也可以利用命令“gpupdate /目标计算机”或重新启动计算机自行手工应用。

2. 设置 Default Domain Controllers Policy（域控制器安全策略）

域控制器安全策略的设置会影响到位于 Domain Controllers 内的域控制器，对位于其他容器或组织单位内的计算机和用户没有影响。要专门针对域控制器设置安全策略，可以在如图 5－81 所示的窗口中选中 Default Domain Controllers Policy 选项，右击鼠标，在弹出的菜单中选择“编辑”命令，打开“组策略管理编辑器”窗口对其进行编辑设置。设置 Default Domain Controllers Policy 时应注意以下问题。

（1）Domain Controllers 内的所有用户和计算机（默认只有域控制器）都会受到 Default Domain Controllers Policy 的影响。

（2）当 Default Domain Controllers Policy 与 Default Domain Policy 的设置发生冲突时，默认以 Default Domain Controllers Policy 优先，但“账户策略”除外。

（3）Default Domain Controllers Policy 修改后必须应用到域控制器后才能生效。

3. 新建组策略对象

可以针对域中的组织单位来设置组策略，该策略将应用到相应组织单位内的所有计算机和用户。为组织单位新建组策略对象的操作方法非常简单，只需在“组策略管理”窗口的左侧窗格中选择相应的组织单位，右击鼠标，在弹出的菜单中选择“在这个域中创建 GPO 并在此处链接”命令，按向导提示操作即可。新建组策略对象后，可根据需要对其进行编辑设置，设置方法与本地安全策略相同。若组织单位的组策略设置与 Default Domain Policy 发生冲突时，默认以组织单位的组策略设置优先。

注 意

限于篇幅，本次任务只完成了单一域控制器的域网络的组建和基本设置。关于域网络更复杂的设置，请查阅系统帮助文件或相关技术手册。

任务5.5　配置动态磁盘

【任务目的】

（1）了解RAID技术的作用。

（2）了解动态卷的类型和特点。

（3）掌握动态磁盘和动态卷的配置方法。

【工作环境与条件】

（1）安装Windows Server 2008 R2操作系统的计算机。

（2）3块或3块以上的硬盘及相关安装工具（也可使用VMware Workstation、Windows Server 2008 R2 Hyper－V服务等虚拟机软件）。

【相关知识】

5.5.1　RAID技术

RAID（Redundant Array of Independent Disk，独立冗余磁盘阵列）是一种把多块独立的硬盘（物理硬盘）按不同的方式组合起来形成一个硬盘组（逻辑硬盘），从而提供比单个硬盘更高的存储性能及实现数据备份的技术。组成磁盘阵列的不同方式称为RAID级别，不同的级别针对不同的系统及应用，以解决数据访问性能和数据安全问题。

根据不同的实现技术，RAID可以分为硬件RAID和软件RAID。硬件RAID通常需要独立的RAID卡，由于RAID卡上会有处理器及内存，所以不会占用系统资源，从而大大提升系统性能，但成本较高。目前很多操作系统（如Windows NT、UNIX等）都提供软件RAID，软件RAID的性能低于硬件RAID，但成本较低，配置管理也简单。Windows Server 2008 R2系统支持的RAID级别包括RAID－0、RAID－1和RAID－5。

5.5.2　MBR磁盘和GPT磁盘

在数据能够被存储到磁盘前，磁盘必须被划分为一个或几个磁盘分区。Windows Server 2008 R2系统的磁盘分为MBR磁盘和GPT磁盘两种磁盘分区形式。

1. MBR磁盘

MBR磁盘是标准的传统磁盘分区形式，其磁盘分区表存储在MBR（Master Boot Record，主引导记录）内。MBR位于磁盘的最前端，计算机启动时，主板上的BIOS会先读取MBR，并将计算机的控制权交给MBR内的程序，然后由此程序来继续下面的启动工作。

2. GPT 磁盘

GPT 磁盘的磁盘分区表存储在 GPT（GUID Partition Table）内，GPT 也位于磁盘的前端，并且它同时存有磁盘分区表和备份磁盘分区表，因此可提供容错功能。GPT 磁盘通过 EFI（Extensible Firmware Interface，可扩展固件接口）实现硬件与操作系统之间的通信，EFI 所扮演的角色类似于 BIOS。

5.5.3 基本磁盘和动态磁盘

1. 基本磁盘

基本磁盘是传统的磁盘系统，在 Windows Server 2008 R2 系统内新安装的硬盘默认是基本磁盘。基本磁盘可划分为主分区和扩展分区。分区作为实际上独立的存储单元工作。一个 MBR 磁盘最多可以有 4 个主分区，或 3 个主分区和 1 个扩展分区。Windows Server 2008 R2 系统可使用主分区来启动计算机。只有主分区可被标记为活动分区，活动分区是硬件查找启动文件以启动操作系统的地方。扩展分区是在创建主分区之后利用磁盘剩余的可用空间创建的。与主分区不同，不能直接将扩展分区格式化或为其指派驱动器盘符，而要将扩展分区划分为多个区段，每个区段称为逻辑驱动器，应为每个逻辑驱动器指派驱动器盘符并进行格式化。基本磁盘内的每个主分区或逻辑驱动器也被称为基本卷。

注 意

一个 GPT 磁盘最多可以创建 128 个主分区（不需要扩展分区）。对于大于 2TB 的分区必须使用 GPT 磁盘。由于旧版 Windows 系统无法识别 GPT 磁盘，所以一般只有大于 2TB 的分区或 Itanium 计算机才使用 GPT 磁盘。

2. 动态磁盘

动态磁盘中划分的存储空间被称作动态卷。动态磁盘可以提供基本磁盘不具备的功能，例如创建可以跨越多个磁盘的卷和创建具有容错能力的卷。动态卷包括以下几种类型。

（1）简单卷

简单卷必须建立在同一个磁盘上的连续空间中，类似于基本磁盘的基本卷，但在建立好之后可以扩展到同一磁盘中的其他非连续空间中。

（2）跨区卷

可以将来自多个物理磁盘（最少 2 个，最多 32 个）上的多个区域逻辑上组合在一起，形成跨区卷，每个磁盘用来组成跨区卷的磁盘空间大小不必相同。在向跨区卷写入数据时，必须先将跨区卷在第一个磁盘上的空间写满，才能向同一跨区卷的下一个磁盘上的空间写入数据。跨区卷可以随时扩容，但不具有容错性，如果跨区卷中的任何磁盘出现故障，那么整个卷中的数据都会丢失。

(3) 带区卷 (RAID-0)

可以将来自多个物理磁盘（最少2个，最多32个）上的具有相同空间大小的区域置于一个带区卷中。向带区卷写入数据时，数据将按照每64KB分成一块，这些大小为64KB的数据块将被并行存放在组成带区卷的各个磁盘空间中，在读取数据时也将同样进行并行操作。带区卷是存储性能最佳的卷，具有很高的文件访问效率，但不提供容错，如果卷中的磁盘发生故障，则整个数据都将丢失。

(4) 镜像卷 (RAID-1)

镜像卷就是两个完全相同的简单卷，并且这两个简单卷分别在两个独立的磁盘中，当向其中一个卷写入数据时，另一个卷也将完成相同的操作。镜像卷具有很好的容错能力，并且可读性能好，但是磁盘利用率很低，只有50%。

(5) RAID-5卷

RAID-5卷是具有容错能力的带区卷，由来自多个物理磁盘（最少3个，最多32个）上的具有相同空间大小的区域组成。在向RAID-5卷写入数据时，系统会通过特定算法计算出写入数据的校验码并将其一起存放在RAID-5卷中，并且校验码平均分布在每块磁盘上，当一块磁盘出现故障时，可以利用其他磁盘上的数据和校验码恢复丢失的数据。RAID-5卷具有较高的存储性能和文件访问效率，其空间利用率为 $(n-1)/n$（n 为物理磁盘的个数）。

【任务实施】

操作1 获得动态磁盘

在安装 Windows Server 2008 R2 系统的计算机上添加了新的磁盘后，可对其进行初始化并转换为动态磁盘，操作步骤如下。

(1) 在安装 Windows Server 2008 R2 系统的计算机上添加新磁盘。

(2) 启动系统，依次选择"开始"→"管理工具"→"计算机管理"命令，打开"计算机管理"窗口，在左侧窗格中选择"磁盘管理"选项，此时在中间窗格可以看到当前计算机中所安装的磁盘，如图5-83所示。

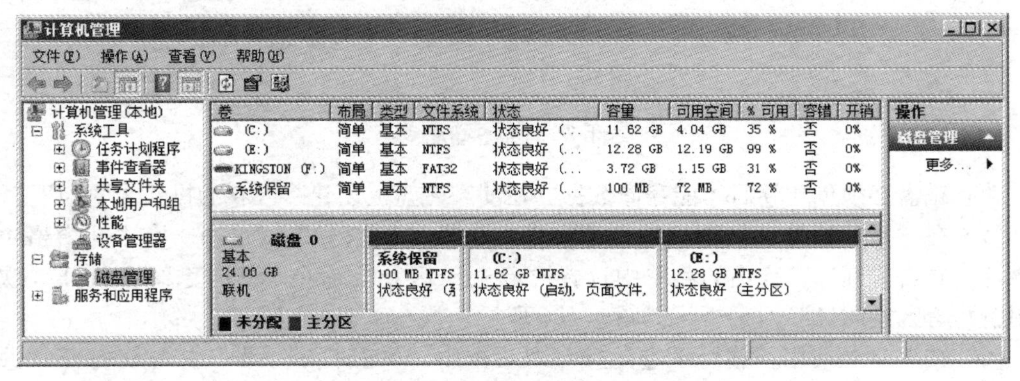

图5-83 "磁盘管理"窗口

(3) 在自动弹出的如图5-84所示的"初始化磁盘"对话框中选择要初始化的新磁盘，并为其选定磁盘分区形式（默认为MBR），单击"确定"按钮，完成磁盘初始化。在

“磁盘管理”窗口的中间窗格中可以看到相关磁盘已成为基本磁盘。

注意

若未自动弹出“初始化磁盘”对话框，可在“磁盘管理”窗口的中间窗格中右击新磁盘，选择“连接”命令；连接成功后，右击该磁盘，选择“初始化”命令。

(4) 在“磁盘管理”窗口的中间窗格中右击相应磁盘，在弹出的菜单中选择“转换到动态磁盘”命令，打开“转换为动态磁盘”对话框，如图5-85所示。

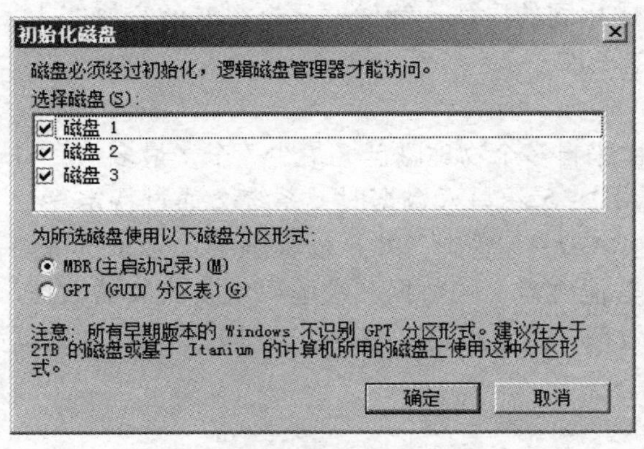

图5-84 “初始化磁盘”对话框

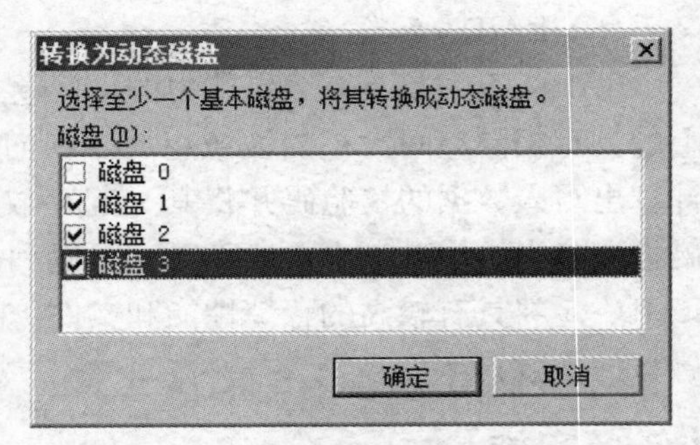

图5-85 “转换为动态磁盘”对话框

(5) 在“转换为动态磁盘”对话框中选择要转换为动态磁盘的磁盘，单击“确定”按钮完成动态磁盘的转换。

注意

基本磁盘转换为动态磁盘时不会损坏原有的数据，但转换前需要关闭该磁盘上运行的程序。如果转换的是启动盘或者要转换的磁盘上的分区正在使用，则必须重新启动计算机才能成功转换。若要将动态磁盘转换为基本磁盘，则必须先删除磁盘上原有的卷。

操作2 创建动态卷

动态磁盘必须创建卷后才能存储数据，在动态磁盘上创建跨区卷的操作步骤如下。

(1) 在“计算机管理”窗口的左侧窗格中选择“磁盘管理”选项，在中间窗格中选择磁盘，右击鼠标，在弹出的菜单中选择“新建跨区卷”命令。此时系统会打开“欢迎使用新建跨区卷向导”对话框，如图5-86所示。

(2) 在“欢迎使用新建跨区卷向导”对话框中，单击“下一步”按钮，打开“选择磁盘”对话框，如图5-87所示。

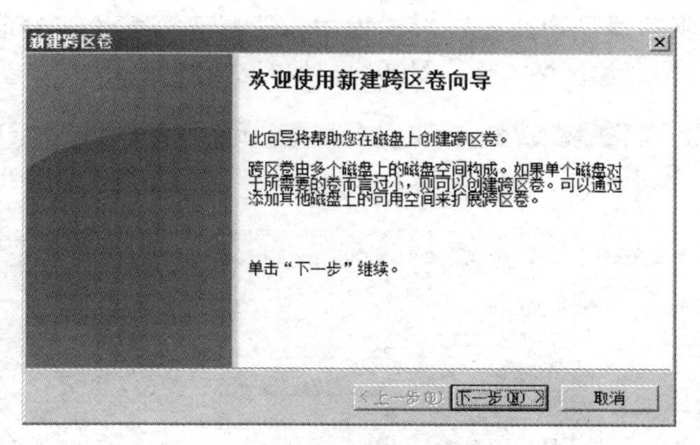

图 5－86　“欢迎使用新建跨区卷向导”对话框

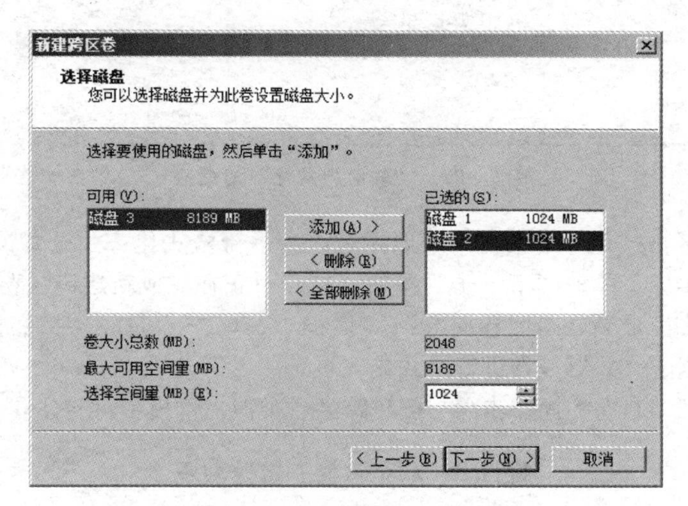

图 5－87　“选择磁盘”对话框

（3）在“选择磁盘”对话框中，选择跨区卷所包含的磁盘，并分别设置每个磁盘在该卷中所包含区域的空间大小。单击“下一步”按钮，打开“分配驱动器号和路径”对话框，如图 5－88 所示。

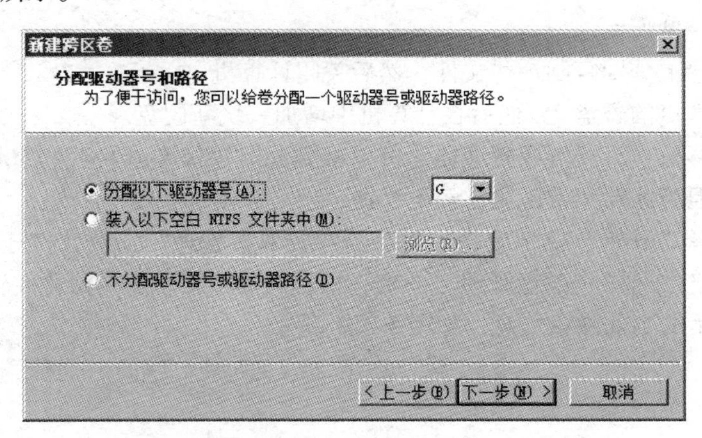

图 5－88　“分配驱动器号和路径”对话框

(4) 在“分配驱动器号和路径”对话框中，选择要分配给该卷的驱动器号，单击“下一步”按钮，打开“卷区格式化”对话框，如图5-89所示。

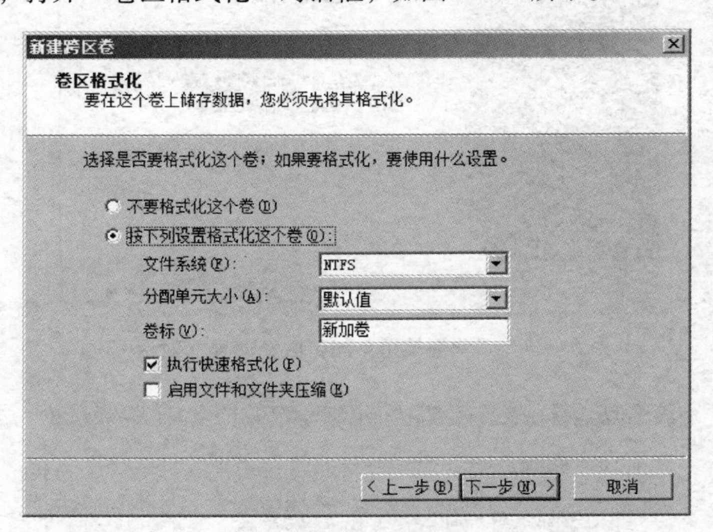

图5-89 “卷区格式化”对话框

(5) 在“卷区格式化”对话框中，选择对该卷进行格式化，并设置该卷的文件系统、分配单位大小和卷标。单击“下一步”按钮，打开“正在完成新建跨区卷向导”对话框。

(6) 在“正在完成新建跨区卷向导”对话框中，单击“完成”按钮，此时系统会自动完成跨区卷的创建，并对该卷进行格式化。

创建其他类型动态卷的操作步骤与创建跨区卷类似，这里不再赘述。

操作3 动态磁盘的数据恢复

在动态磁盘中，镜像卷和RAID-5卷具有容错功能，当某个磁盘损坏时可以恢复数据。下面通过以下操作步骤对动态磁盘的数据恢复功能进行验证和实现。

(1) 在磁盘1和磁盘2上创建一个跨区卷；在磁盘1、磁盘2和磁盘3上分别创建一个带区卷和一个RAID-5卷；在磁盘2和磁盘3上创建一个镜像卷。创建卷后的“磁盘管理”窗口如图5-90所示。

(2) 在每个卷上分别复制一些文件，然后关闭计算机。

(3) 移除计算机的磁盘2，然后在计算机中增加一块新硬盘。

(4) 启动计算机，打开资源管理器，可以看到此时镜像卷（I:）和RAID-5卷（J:）仍然可以访问，但跨区卷和带区卷已经不存在了。

(5) 依次选择“开始”→“管理工具”→“计算机管理”命令，打开“计算机管理”窗口，在左侧窗格中选择“磁盘管理”命令，根据向导将新硬盘初始化并转换后，可以看到右侧窗格中显示的当前磁盘信息，如图5-91所示。

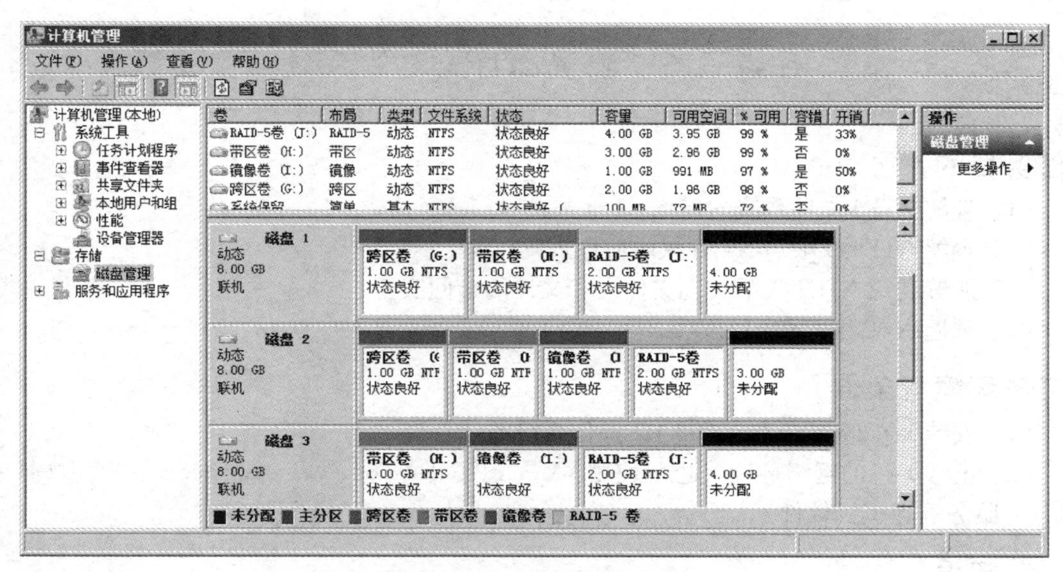

图 5-90　创建卷后的“磁盘管理”窗口

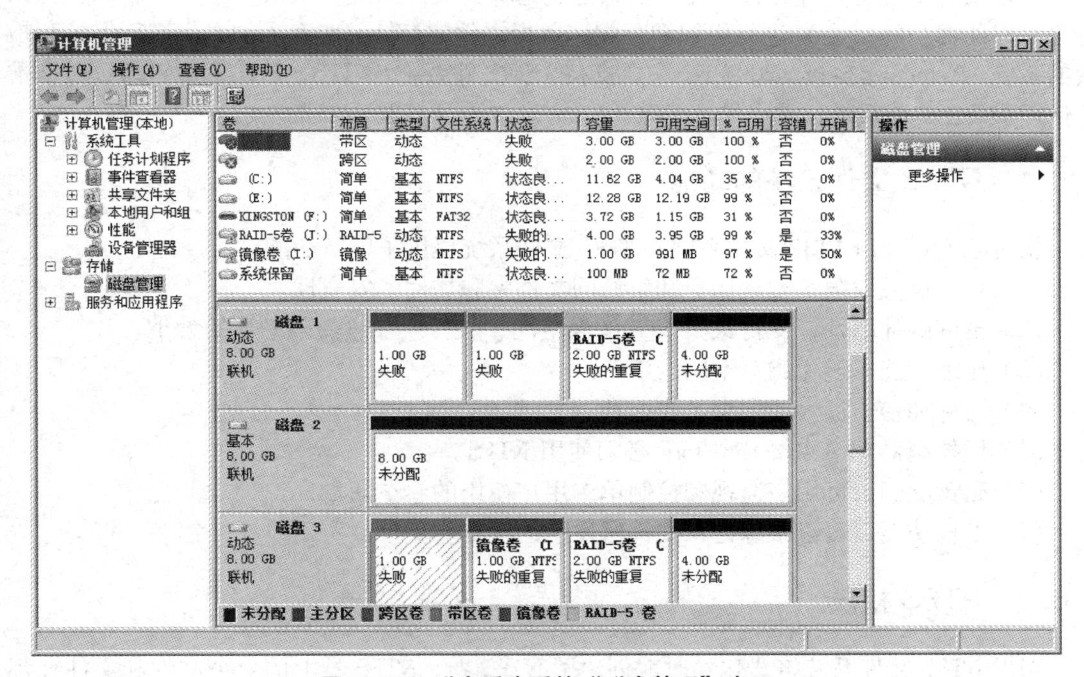

图 5-91　磁盘丢失后的“磁盘管理”窗口

（6）右击失败的镜像卷，在弹出的菜单中选择“删除镜像”命令，将镜像卷删除，此时该卷将成为简单卷。

（7）右击删除镜像后的卷，在弹出的菜单中选择“添加镜像”命令。根据提示选择一个磁盘来代替丢失的磁盘，同步数据完成后，镜像卷修复成功。

（8）右击失败的 RAID-5 卷，在弹出的菜单中选择“修复卷”命令，根据提示选择一个磁盘来代替丢失的磁盘，同步数据完成后，RAID-5 卷修复成功。

任务5.6 配置NTFS文件系统

【任务目的】

（1）理解NTFS文件系统的特点。

（2）理解NTFS权限与NTFS权限应用规则。

（3）能够利用NTFS权限实现文件夹和文件的访问安全。

（4）掌握磁盘配额的配置方法。

【工作环境与条件】

（1）安装Windows Server 2008 R2操作系统的计算机。

（2）正常运行的网络环境（也可使用VMware Workstation、Windows Server 2008 R2 Hyper-V服务等虚拟机软件）。

【相关知识】

操作系统中负责管理和存储文件信息的机构称为文件系统。从系统角度来看，文件系统是对存储器空间（卷）进行组织和分配，负责文件的存储并对存入的文件进行保护和检索的系统。Windows Server 2008 R2主要支持3种文件系统：NTFS、FAT和FAT32，通常推荐使用NTFS文件系统，它提供了FAT和FAT32文件系统所没有的功能。

5.6.1 NTFS文件系统的功能

相对于FAT和FAT32文件系统，NTFS文件系统提供了以下功能。

（1）可以设置权限，实现用户和组访问文件夹和文件的安全性。

（2）更好的伸缩性，支持最大2TB的卷空间，文件尺寸只受限于卷的大小。

（3）压缩功能，避免磁盘空间的浪费。

（4）文件加密，极大地增强了安全性。

（5）域控制器和Active Directory必须使用NTFS。

（6）磁盘配额，可用来监视和控制单个用户使用的卷空间量。

（7）审核功能，可以跟踪记录文件所发生的变更。

5.6.2 NTFS权限

当以NTFS文件系统格式化卷时就创建了NTFS卷，NTFS卷上的每个文件和文件夹都有一个列表，称为ACL，该表记录了用户和组对该资源的访问权限。NTFS权限可以针对文件、文件夹、注册表键值、打印机等进行设置。

1. 标准NTFS文件权限的类型

标准NTFS文件权限主要包括以下类型。

（1）读取：该权限可以读取文件内容、查看文件属性与权限等。

（2）写入：该权限可以修改文件内容、在文件后面添加数据或修改文件属性等。除了

“写入”权限之外，用户还必须至少拥有“读取”的权限才可以修改文件内容。

(3) 读取和执行：该权限除拥有“读取”的所有权限外，还具有运行应用程序的权限。

(4) 修改：该权限除了拥有“读取”、“写入”与“读取和执行”的所有权限外，还可以删除文件。

(5) 完全控制：该权限拥有所有 NTFS 文件的权限，也就是除了拥有前述的所有权限之外，还拥有“更改权限”与“取得所有权”的特殊权限。

2. 标准 NTFS 文件夹权限的类型

标准 NTFS 文件夹权限主要包括以下类型。

(1) 读取：该权限可查看文件夹内的文件名与子文件夹名、查看文件夹属性与权限等。

(2) 写入：该权限可以在文件夹内新建文件与子文件夹、改变文件夹属性等。

(3) 列出文件夹内容：该权限除了拥有“读取”的所有权限之外，它还具有“遍历文件夹”的权限，也就是可以打开或关闭此文件夹。

(4) 读取和执行：该权限拥有与“列出文件夹内容”几乎完全相同的权限，只是在权限的继承方面有所不同。“列出文件夹内容”的权限仅由文件夹继承，而“读取和执行”会由文件夹与文件同时继承。

(5) 修改：该权限除拥有前面的所有权限外，还可以删除该文件夹。

(6) 完全控制：该权限拥有所有 NTFS 文件夹权限，也就是除了拥有前述的所有权限之外，还拥有“更改权限”与“取得所有权”的特殊权限。

3. NTFS 权限的继承

默认情况下，当用户设置文件夹的权限后，位于该文件夹下的子文件夹与文件会自动继承该文件夹的权限。

4. 用户的有效 NTFS 权限

如果用户同时属于多个组，而每个组分别对某个资源拥有不同的访问权限，此时用户的有效权限将遵循以下规则：

(1) NTFS 权限具有累加性

用户对某个资源的有效权限是其所有权限来源的总和，例如，若用户 A 属于 Managers 组，而某文件的 NTFS 权限分别为用户 A 具有“写入”权限、组 Managers 具有“读取及运行”权限，则用户 A 的有效权限为这两个权限的和，也就是“写入 + 读取及运行”。

(2)“拒绝”权限会覆盖其他权限

虽然用户对某个资源的有效权限是其所有权限来源的总和，但是只要其中有一个权限被设为拒绝访问，则用户将无法访问该资源。例如，若用户 A 属于 Managers 组，而某文件的 NTFS 权限分别为用户 A 具有“读取”权限、组 Managers 为“拒绝访问”权限，则用户 A 的有效权限为“拒绝访问”，也就是无权访问该资源。

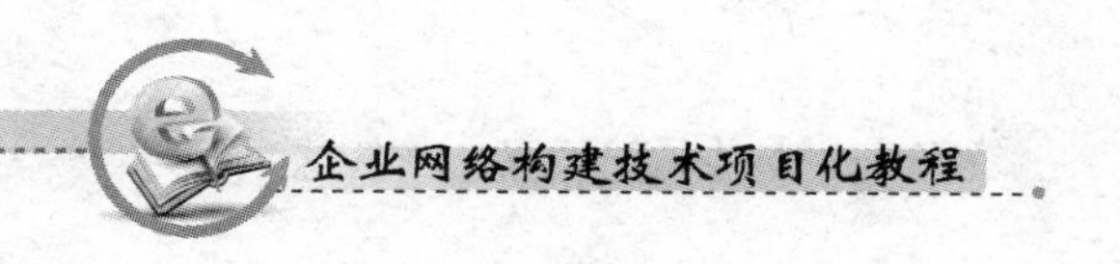

注意

继承来的权限其优先级比直接设置的权限低。例如若将用户 A 对某文件夹的写入权限设置为拒绝，并让该文件夹内的文件继承此权限，则用户 A 对该文件的写入权限也会被拒绝。但如果同时将用户 A 对该文件的写入权限直接设置为允许，由于直接设置的权限优先级较高，因此用户 A 对该文件仍然拥有写入权限。

5. 文件复制或移动后 NTFS 权限的变化

NTFS 卷中的文件或文件夹在复制或移动后，其 NTFS 权限的变化将遵循以下规则。

（1）复制文件和文件夹时，继承目的文件夹的权限设置。

（2）在同一 NTFS 卷移动文件或文件夹时，权限不变。

（3）在不同 NTFS 卷移动文件或文件夹时，继承目的文件夹的权限设置。

5.6.3 磁盘配额

磁盘配额可跟踪并控制每个用户在 NTFS 卷上的磁盘空间使用情况。通过磁盘配额的限制，可以避免用户不小心将大量文件复制到服务器的磁盘内。磁盘配额具有以下特性。

（1）只有 NTFS 卷才支持磁盘配额功能。

（2）磁盘配额是针对单一用户来跟踪与控制的。

（3）磁盘配额是以文件与文件夹的所有权进行计算的。

（4）磁盘配额的计算不考虑文件压缩的因素。

（5）每个 NTFS 卷的磁盘配额是独立计算的。

（6）系统管理员不受磁盘配额的限制。

【任务实施】

操作 1　获得 NTFS 文件系统

如果要把使用 FAT 或 FAT32 文件系统的卷转换为 NTFS 卷，通常可以采用以下方法。

1. 对卷进行格式化

具体操作步骤为：在“计算机”窗口中，右击要转换的卷，在弹出的菜单中选择“格式化”命令。打开格式化卷对话框。在“文件系统”列表框中选择 NTFS 选项，单击“开始”按钮，即可获得 NTFS 卷。

2. 利用 convert 命令

若要在不丢失卷上原有文件的前提下进行转换，可依次选择“开始”→“命令提示符”命令（或单击桌面下方的 Windows PowerShell 图标），在打开的“命令提示符”窗口中输入“convert e：/fs：ntfs”命令（e：为要转换的卷的驱动器号）即可完成文件系统的转换。

操作2　设置 NTFS 权限

对于新的 NTFS 卷，系统会自动设置其默认的权限，其中部分权限会被卷中的文件夹、子文件夹或文件继承。用户可以更改这些默认设置。只有 Administrators 组内的成员、文件/文件夹的所有者、具备完全控制权限的用户才有权为文件或文件夹设置 NTFS 权限。

1. 指派文件夹或文件的权限

要给用户指派文件夹或文件的 NTFS 权限时，可右击该文件夹或文件（如文件夹 e:\test），在打开的“属性”对话框中，选择“安全”选项卡，如图 5－92 所示。由图 5－92 可知，该文件夹已经有了默认的权限设置，而且这些权限右方的“允许”或“拒绝”状态是灰色的，说明这是该文件夹从其父文件夹（也就是 e:\ ）继承来的权限。如果要更改权限，可单击“编辑”按钮，打开“文件夹的权限”对话框，如图 5－93 所示，只需选中相应权限右方的“允许”或“拒绝”复选框即可。不过，虽然可以更改从父文件夹所继承的权限，例如添加权限，或者通过选中“拒绝”复选框删除权限，但不能直接将灰色的对勾删除。

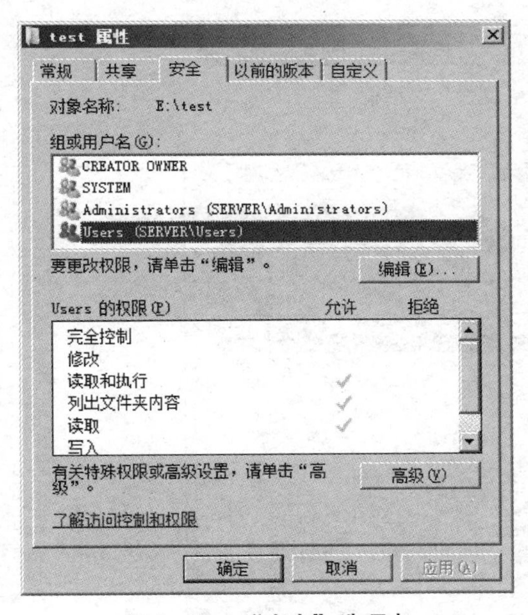

图 5－92　“安全”选项卡

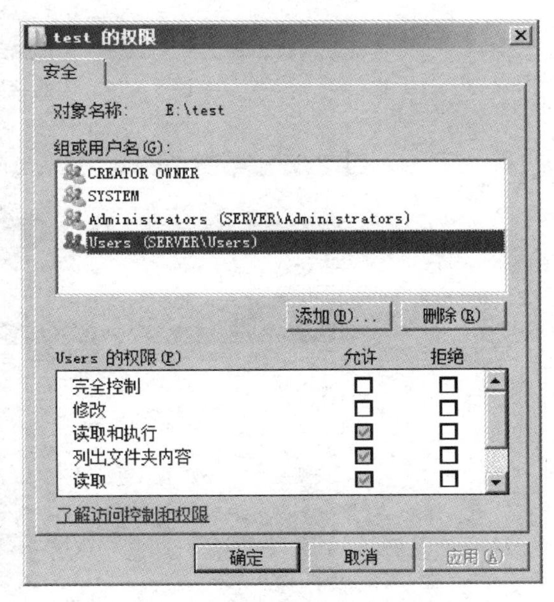

图 5－93　“文件夹的权限”对话框

如果要指派其他的用户权限，可在“文件夹的权限”对话框中，单击“添加”按钮，打开“选择用户、计算机或组”对话框，选择要指派 NTFS 权限的用户或组。完成后，单击“确定”按钮。此时在文件夹的“安全”选项卡中已经添加了该用户，而且该用户的权限已不再有灰色的复选框，其所有权限设置都是可以直接修改的。

2. 不继承父文件夹的权限

如果不想继承父文件夹的权限，可在文件或文件夹的“安全”选项卡中，单击“高级”按钮，打开“高级安全设置”对话框，如图 5－94 所示。单击“更改权限”按钮，在打开的“权限”对话框中取消选中“包括可从该对象的父项继承的权限”复选框，如图5－95所示，此时会打开“Windows安全”警告框，单击“删除”按钮即可将继承权限删除。

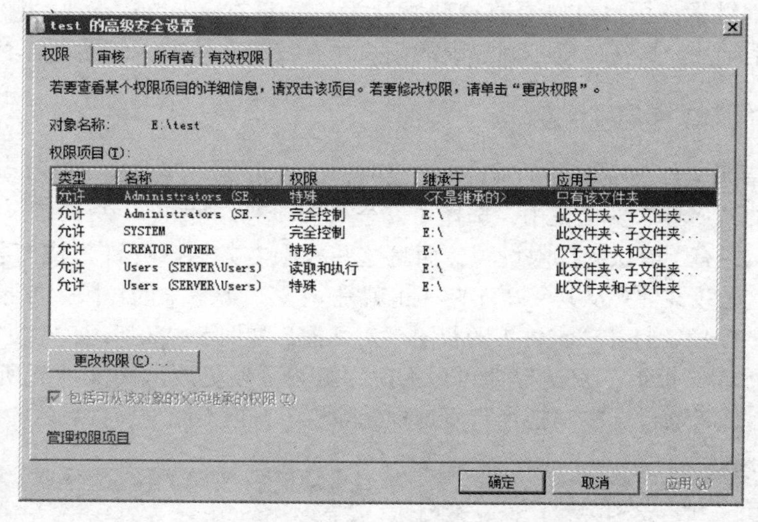

图5－94　“高级安全设置”对话框

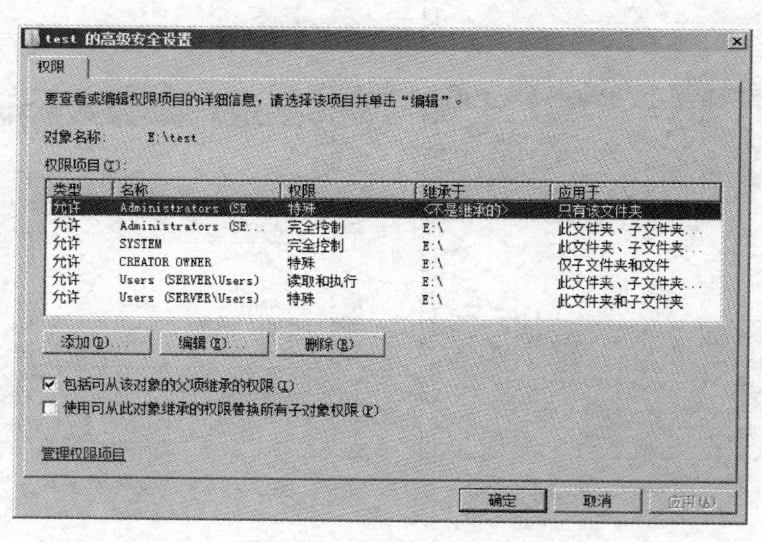

图5－95　“权限”对话框

注 意

如果选中“权限”对话框中的“使用可从此对象继承的权限替换所有子对象权限”复选框，文件夹内所有子对象的权限将被文件夹权限替代。可以在“高级安全设置”对话框中选择“有效权限”选项卡查看用户和组的最终有效权限。

3. 指派特殊权限

用户可以利用 NTFS 特殊权限更精确地指派权限，以便满足更具体的权限需求。设置文件或文件夹的特殊权限，可在其“安全”选项卡中，单击“高级”按钮，打开“高级安全设置”对话框。单击“更改权限”按钮，在打开的“权限”对话框的“权限项目”列表框中选中要设置权限的用户，单击“编辑”按钮，打开“test 的权限项目”对话框，如图5－96 所示。可在“应用到”列表框中设置权限的应用范围，在“权限”列表框中更精确地设置用户权限。

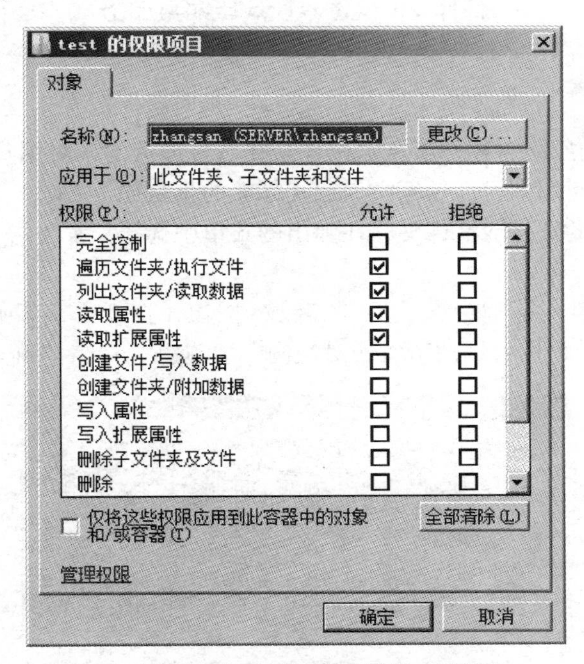

图 5－96 “test 的权限项目”对话框

注 意

标准 NTFS 权限实际上是这些特殊权限的组合。例如，标准权限“读取”就是特殊权限“列出文件夹/读取数据”、“读取属性”、“读取扩展属性”、“读取权限”的组合。

4. 查看和更改文件与文件夹所有权

在 NTFS 卷中，每个文件与文件夹都有其“所有者”。默认情况下，创建文件或文件夹的用户，就是该文件或文件夹的所有者，具有更改该文件或文件夹权限的能力。要查看文件或文件夹的所有权，可在其“安全”选项卡中，单击“高级”按钮，打开“高级安全设置”对话框，选择“所有者”选项卡，此时可以看到文件或文件夹的所有者。如果要更改文件或文件夹的所有权，可单击“编辑”按钮，打开“所有者”对话框，单击“其他用户和组”按钮，即可进行所有权的修改。

注 意

用户要获得文件或文件夹的所有权必须具备以下条件之一：① 在“用户权限分配”策略中具备“取得文件或其他对象的所有权”权限，系统默认赋予 Administrators 组该权限；② 对该文件或文件夹拥有“取得所有权”特殊权限；③ 具备“还原文件及目录”权限。

操作3 设置 NTFS 压缩与加密

1. 设置 NTFS 压缩

NTFS 文件系统的压缩过程和解压缩过程是在后台进行的，对用户而言是完全透明的，用户只要将压缩功能启用即可。压缩文件或文件夹的步骤如下。

(1) 右击要压缩的文件或文件夹，在弹出的菜单中选择“属性”命令，打开文件夹属性对话框。

(2) 在文件夹属性对话框中，单击“高级”按钮，打开“高级属性”对话框，如图 5－97 所示。选中“压缩内容以便节省磁盘空间”复选框，单击“确定”按钮。

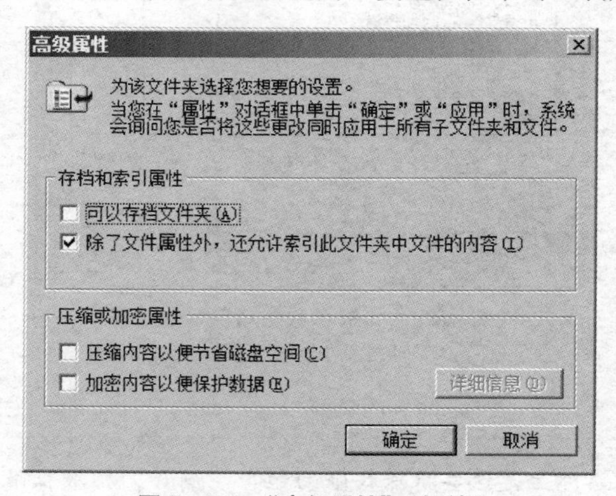

图 5－97 “高级属性”对话框

(3) 在文件夹属性对话框中，单击“应用”按钮，会弹出“确认属性更改”对话框。选择压缩应用的范围后，单击“确定”按钮，完成压缩属性的设置。

注 意

复制文件和文件夹时，会继承目的文件夹的压缩状态；在同一 NTFS 卷移动文件或文件夹时，压缩状态不变；在不同的 NTFS 卷移动文件或文件夹时，继承目的文件夹的压缩状态；当文件被移动或复制到 FAT32 卷上时，会自动解压缩。

2. 设置 NTFS 加密

Windows Server 2008 R2 通过加密文件系统（Encrypting File System，EFS）提供文件加密功能。加密后，只有当初将其加密的用户或者经过授权的用户能够读取，可增强文件的安全性。当用户或应用程序要读取加密文件时，系统会自动解密，而存储在磁盘内的文件仍然处于加密状态；当用户或应用程序要将文件写入磁盘时，它们也会自动地加密后再写入，这些操作都是自动的，无需用户介入。加密文件和文件夹的步骤与压缩类似，只需在文件或文件夹的“高级属性”对话框中，选中“加密内容以便保护数据”复选框即可。

注 意

EFS 是以公钥加密为基础的，每个文件都使用随机生成的文件加密密钥进行加密，加密密钥驻留在操作系统的内核中。加密文件和文件夹不能防止删除或列出文件目录，因此应结合 NTFS 权限应用。

操作4　设置磁盘配额

设置磁盘配额时，应右击要设置磁盘配额的 NTFS 卷，在弹出的菜单中选择“属性”命令，打开卷的属性对话框，选择“配额”选项卡。默认情况下，磁盘配额是没有启用的，因此应选中“启用配额管理”复选框，如图 5－98 所示，单击“应用”按钮。

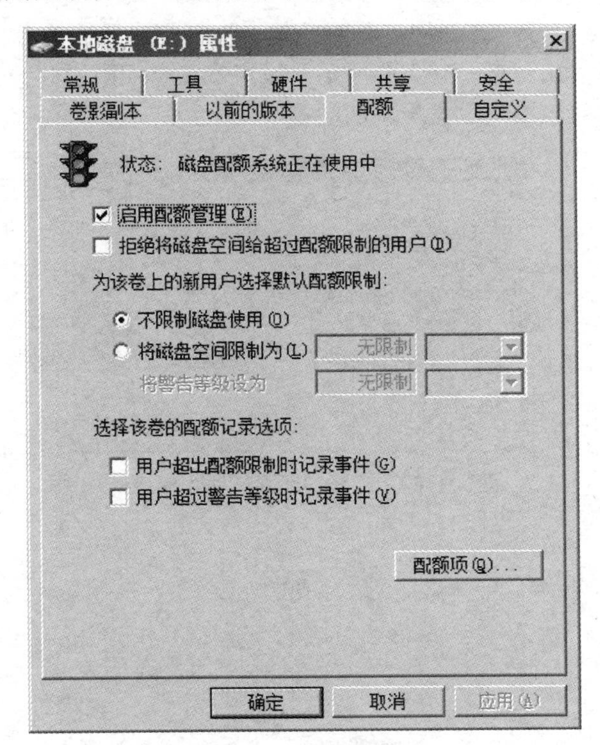

图 5－98　“配额”选项卡

在“配额”选项卡中可以进行以下设置。

（1）拒绝将磁盘空间给超过配额限制的用户：如果选中该复选框，则当用户在该卷所使用的磁盘空间超过配额限制时，将无法再写入任何数据。

（2）为该卷上的新用户选择默认配额限制：此处用来设置未来将访问该卷的新用户的磁盘配额。可以设置新用户的磁盘空间限制，也可以设置警告等级，其中警告等级可以让管理员查看用户所使用的磁盘空间是否超过警告值。

（3）选择该卷的配额记录选项：用来设置是否将用户超出配额限制或警告等级的事件记录到系统日志中。

如果要查看磁盘配额的设置和使用情况，可以在“配额”选项卡中，单击“配额项”按钮，打开“配额项”窗口，如图5－99所示。

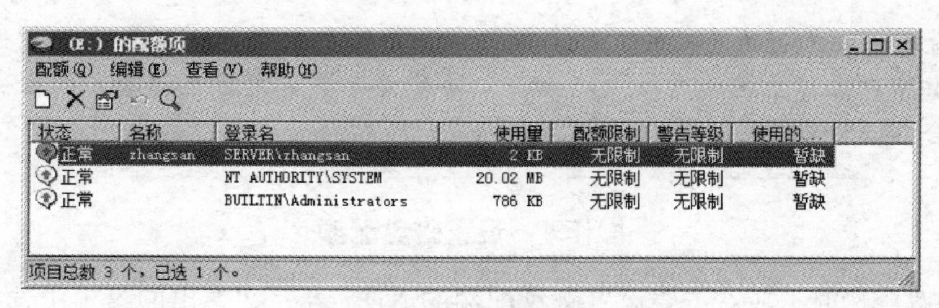

图5－99 “配额项”窗口

如果要对某用户设置磁盘配额，可以在“配额项”窗口中，依次选择“配额”→“新建配额项”命令，打开“选择用户”对话框。选择用户后，单击“确定”按钮，打开“添加新配额项”对话框，如图5－100所示。设定磁盘空间限制和警告等级后，单击“确定”按钮，即可完成对该用户磁盘配额的设置。

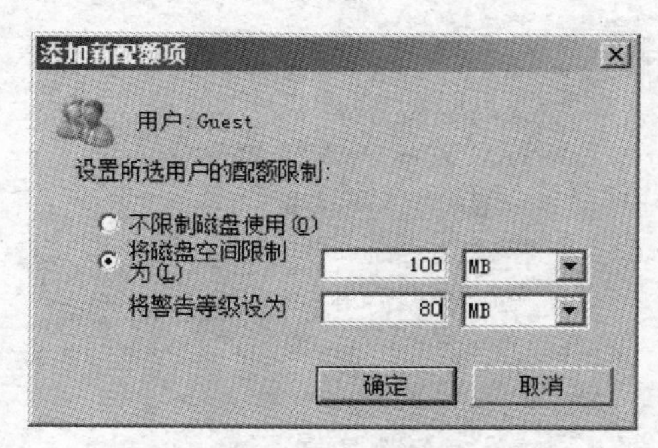

图5－100 “添加新配额项”对话框

习 题 5

1. 思考问答

（1）按照外形，服务器可以分为哪些类型？分别适用于什么场合？

（2）Windows Server 2008 R2 系统有哪些版本？分别适用于什么场合？

（3）简述工作组结构网络与域结构网络的区别。

（4）Windows Server 2008 R2 系统的本地用户账户分为哪些类型？各有什么特征？

（5）如果用户已经在某台计算机上登录，然后要通过网络登录到工作组网络中的另外一台计算机，此时系统会利用什么用户账户实现连接？

（6）什么是组织单位？组织单位与组账户有哪些不同？

（7）根据组的使用范围，可以把域中的组账户分为哪些类型？各有什么特点？

（8）Windows Server 2008 R2 系统支持哪些类型的动态卷？各有什么特点？

（9）简述 NTFS 文件系统的功能。

2. 技能操作

（1）安装 Windows Server 2008 R2 服务器

【内容及操作要求】

使用光盘完成 Windows Server 2008 R2 的安装，并可以登录使用。要求将操作系统安装在 C 盘根目录下，计算机名为"Server"，使其工作在"Students"工作组中。设置 IP 地址及相关信息，使该计算机能够正常接入局域网或 Internet。

【准备工作】

一台未安装操作系统的计算机；一张 Windows Server 2008 R2 系统的安装光盘。

【考核时限】

操作时间视计算机的硬件配置而定，一般不应超过 30min，若计算机的配置较低，可酌情延时。

（2）远程管理 Windows Server 2008 R2 服务器

【内容及操作要求】

利用安装 Windows 7 Professional 的客户机对 Windows Server 2008 R2 服务器实现远程桌面控制。通过远程管理，将该服务器设置为"本地用户 3 次失败登录后，账户被锁定；50 分钟后计数器恢复为 0 次"。

【准备工作】

一台安装 Windows 7 Professional 的计算机；一台安装 Windows Server 2008 R2 企业版的计算机；能够连通的局域网。

【考核时限】

30min。

（3）组建域结构网络

【内容及操作要求】

安装根域为"network. com"的第一台域控制器，并将网络中其他安装有 Windows Server 2008 R2 和 Windows 7 Professional 的计算机加入到该域。在域控制器中域的根目录下创建一个名为"comp1"的组织单位，并在该组织单位下创建一个名为"zhang"的用户，设定该用户只能从域中的客户机和成员服务器登录，并使该用户具有备份网络数据的权限。

【准备工作】

3 台安装 Windows 7 Professional 的计算机；2 台安装 Windows Server 2008 R2 企业版的

计算机；能够连通的局域网。

【考核时限】

60min。

（4）设置动态磁盘及 NTFS 文件系统

【内容及操作要求】

在安装 Windows Server 2008 R2 的计算机上增加 3 块新硬盘并将其设置为动态磁盘，分别创建 1 个跨区卷、1 个镜像卷、1 个带区卷和 1 个 RAID－5 卷，每个卷的大小为 5GB，使用 NTFS 文件系统，卷标为空。

创建一个名为“Wang”的用户，在镜像卷上创建文件夹“public”，设置文件夹的 NTFS 权限为所有用户具有读权限，管理员具有完全控制权限，“Wang”具有写入权限，其他用户没有权限。设置“Wang”对该镜像卷的配额为 1GB。

【准备工作】

1 台安装 Windows Server 2008 R2 企业版的计算机。

【考核时限】

30min。

第6单元　配置网络应用服务器

组建企业网络的主要目的是实现网络资源的共享，满足用户的各种应用需求。本单元的主要目标是能够在 Windows Server 2008 R2 系统环境下，独立完成 DHCP 服务器、DNS 服务器、文件服务器、Web 服务器、FTP 服务器等常见网络应用服务器的安装和配置，并满足不同用户的需求。

任务6.1　配置 DHCP 服务器

【任务目的】

（1）理解 DHCP 服务器的作用和工作过程。

（2）掌握 DHCP 服务器的安装和配置方法。

（3）掌握 DHCP 客户端的配置方法。

【工作环境与条件】

（1）安装 Windows Server 2008 R2 操作系统的计算机。

（2）正常运行的网络环境（也可使用 VMware Workstation、Windows Server 2008 R2 Hyper－V 服务等虚拟机软件）。

【相关知识】

DHCP（动态主机配置协议）允许服务器从一个地址池中为客户端动态地分配 IP 地址。当 DHCP 客户端启动时，它会与 DHCP 服务器通信，以便获取 IP 地址、子网掩码等配置信息。与静态分配 IP 地址相比，使用 DHCP 自动分配 IP 地址主要有以下优点。

（1）可以减轻网络管理的工作，避免 IP 地址冲突带来的麻烦。

（2）TCP/IP 的设置可以在服务器端集中设置更改，不需要修改客户端。

（3）客户端计算机有较大的调整空间，用户更换网络时不需重新设置 TCP/IP。

（4）如果路由器支持 DHCP 中继代理，则可以有效地降低成本。

6.1.1　DHCP 的运行过程

DHCP 的通信方式视 DHCP 客户端是在向 DHCP 服务器获取一个新的 IP 地址、还是更新租约（要求继续使用原来的 IP 地址）有所不同。

1. 从 DHCP 服务器获取 IP 地址

如果客户端是第一次向 DHCP 服务器获取 IP 地址，或者客户端原先租用的 IP 地址已被释放或被服务器收回并已租给其他计算机，客户端需要租用一个新的 IP 地址，此时

DHCP 客户端与 DHCP 服务器的通信过程如图 6-1 所示。

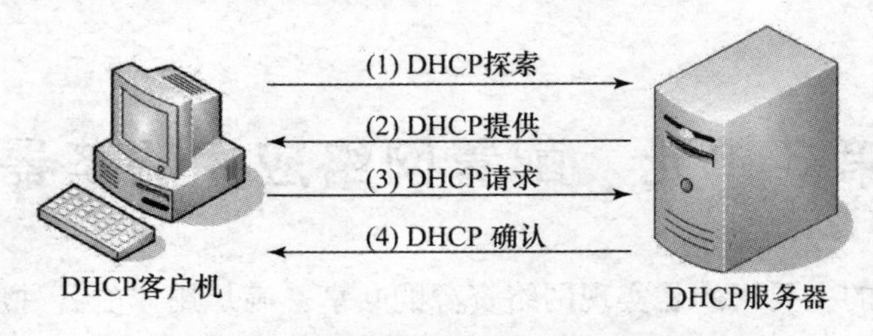

图 6-1　DHCP 客户端与 DHCP 服务器的通信过程

（1）DHCP 客户端设置为“自动获得 IP 地址”，开机启动后试图从 DHCP 服务器租借一个 IP 地址，向网络上发出一个源地址为“0.0.0.0”的 DHCP 探索消息。

（2）DHCP 服务器收到该消息后确定是否有权为该客户端分配 IP 地址。若有权，则向网络广播一个 DHCP 提供消息，该消息包含了未租借的 IP 地址及相关配置参数。

（3）DHCP 客户端收到 DHCP 提供消息后对其进行评价和选择，如果接受租约条件即向服务器发出请求信息。

（4）DHCP 服务器对客户端的请求信息进行确认，提供 IP 地址及相关配置信息。

（5）客户端绑定 IP 地址，可以开始利用该地址与网络中其他计算机进行通信。

2. 更新 IP 地址的租约

如果 DHCP 客户端想要延长其 IP 地址使用期限，则 DHCP 客户端必须更新其 IP 地址租约。更新租约时，DHCP 客户端会向 DHCP 服务器发出 DHCP 请求信息，如果 DHCP 客户端能够成功地更新租约，DHCP 服务器将会对客户端的请求信息进行确认，客户端就可以继续使用原来的 IP 地址，并重新得到一个新的租约。如果 DHCP 客户端已无法继续使用该 IP 地址，DHCP 服务器也会给客户端发出相应的信息。

DHCP 客户端会在下列情况下，自动向 DHCP 服务器更新租约。

（1）在 IP 地址租约过一半时，DHCP 客户端会自动向出租此 IP 地址的 DHCP 服务器发出请求信息。

（2）如果租约过一半时无法更新租约，客户端会在租约期过 7/8 时，向任何一台 DHCP 服务器请求更新租约。如果仍然无法更新，客户端会放弃正在使用的 IP 地址，然后重新向 DHCP 服务器申请一个新的 IP 地址。

（3）DHCP 客户端每一次重新启动，都会自动向原 DHCP 服务器发出请求信息，要求继续租用原来所使用的 IP 地址。若通信成功且租约并未到期，客户端将继续使用原来的 IP 地址。若租约无法更新，客户端会尝试与默认网关通信。若无法与默认网关通信，客户端会放弃原来的 IP 地址，改用 169.254.0.0～169.254.255.255 之间的 IP 地址，然后每隔 5 分钟再尝试更新租约。

DHCP 客户端可以利用 ipconfig /renew 命令来更新 IP 租约，也可利用 ipconfig /release 命令自行将 IP 地址释放，释放后，DHCP 客户端会每隔 5 分钟自动再去找 DHCP 服务器租用 IP 地址。

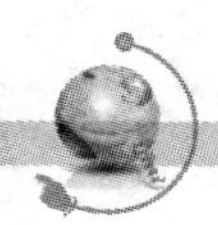

注 意

由 DHCP 分配 IP 地址的基本工作过程可知，DHCP 客户端和服务器将通过广播包传送信息，因此通常 DHCP 客户端和服务器应在一个广播域内。若 DHCP 客户端和服务器不在同一广播域，则应设置 DHCP 中继代理。

6.1.2 自动专用 IP 寻址

在 Windows 系统中，如果 DHCP 客户端未能接到 DHCP 服务器对其广播消息的任何响应，它会按不同的时间间隔重新发送该消息。如果还是没有响应，DHCP 客户端就会为自己自动配置一个 IP 地址，这个地址是网段 169.254.0.0～169.254.255.255 中的一个地址，其子网掩码为 255.255.0.0。这是 Windows 操作系统的一项特性，称为自动专用 1P 寻址。如果 DHCP 客户端使用自动专用 IP 寻址配置网络接口后发现了冲突，将会自动选择另一个 IP 地址，最多可以尝试配置 10 个地址。另外客户端自动配置 IP 地址后，将会在后台每隔 5 分钟查找一次 DHCP 服务器，如果后来找到了 DHCP 服务器，客户端会放弃它的自动配置信息，使用 DHCP 服务器提供的地址来更新 IP 配置。

注 意

若客户端的 IP 地址是静态配置的，但该地址已被其他计算机占用，此时客户端也会使用自动专用 IP 寻址。而且如果原来静态配置的 IP 地址有指定的默认网关，该计算机仍然可以通过默认网关来与同网段内使用原网络标识的其他计算机通信。

6.1.3 DHCP 服务器的授权

如果任何用户都可以随意安装 DHCP 服务器，而且其所出租的 IP 地址是随意设置的，那么在网络中就会出现 IP 地址冲突或 DHCP 客户端租用的 IP 地址根本无法使用的情况，以致客户端无法访问网络资源，同时也会加重管理员的管理负担。因此，DHCP 服务器安装好后，并不是立刻就可以提供服务的，管理员必须对其进行授权，未经授权的 DHCP 服务器不能将 IP 地址出租给 DHCP 客户端。对于 DHCP 服务器的授权应注意以下问题。

（1）域中的所有 DHCP 服务器都必须被授权。

（2）只有 Enterprise Admins 组内的成员才能执行授权操作。

（3）已被授权的 DHCP 服务器的 IP 地址会被注册到 Active Directory 数据库中。

（4）DHCP 服务器启动时，会通过 Active Directory 数据库检查其是否已被授权。若已经被授权，该服务器就可以将 IP 地址租给 DHCP 客户端。

（5）不是域成员的 DHCP 服务器（独立服务器）无法被授权。此服务器在启动 DHCP 服务时，会检查其所属子网内是否存在已被授权的 DHCP 服务器，如果存在，该独立服务器就不会启动 DHCP 服务，如果不存在，该独立服务器就会正常启动，可出租 IP 地址给 DHCP 客户端。

（6）授权功能只适用于 Windows 2000 Server（SP2）以后版本。

注 意

在域结构网络中，建议第一台 DHCP 服务器为成员服务器或域控制器。

【任务实施】

操作1 安装 DHCP 服务器

1. 安装前的准备工作

在安装 DHCP 服务器前必须考虑以下问题。

（1）网络上所有的计算机都会是 DHCP 客户端吗？如果不是，应考虑到非 DHCP 客户端具有静态的 IP 地址，这些 IP 地址必须排除在 DHCP 服务器的配置之外。如果某个客户端需要一个特定的地址，该 IP 地址也必须被预留出来。

（2）是否 DHCP 服务器要为多个网段提供 IP 地址：如果是这样，应考虑到各网段都必须有 DHCP 服务器，或者对连接网段的路由器进行配置，实现 DHCP 中继代理。

（3）需要多少台 DHCP 服务器：应考虑到 DHCP 服务器相互不会共享信息。因此，必须为每个服务器指定唯一的 IP 作用域。

（4）客户端会从 DHCP 服务器获取哪些 IP 寻址信息：IP 寻址信息决定了应如何配置 DHCP 服务器，以及是否应该为网络上的所有客户端、特定子网中的客户端或单个客户端创建这些可选信息。IP 寻址信息根据网络配置不同可包括默认网关的地址、DNS 服务器地址、WINS 服务器地址以及其他的 TCP/IP 参数。

（5）DHCP 服务器的 IP 地址：DHCP 服务器本身不应是 DHCP 客户端，应该静态配置 DHCP 服务器的 IP 地址、子网掩码以及其他的 TCP/IP 参数。

2. 安装 DHCP 服务器

在 Windows Server 2008 R2 域网络中，安装 DHCP 服务器的操作步骤如下。

（1）依次选择“开始”→“管理工具”→“服务器管理器”命令，在“服务器管理器”窗口的左侧窗格中选择“角色”选项，在右侧窗格中单击“添加角色”链接，打开“选择服务器角色”对话框。

（2）在“选择服务器角色”对话框中选中“DHCP 服务器”复选框，单击“下一步”按钮，打开“DHCP 服务器”对话框。

（3）在“DHCP 服务器”对话框中，单击“下一步”按钮，打开“选择网络连接绑定”对话框，如图 6－2 所示。

（4）在“选择网络连接绑定”对话框中选择要提供 DHCP 服务的网络连接，服务器只会对通过该连接发送来的 DHCP 请求进行响应，单击“下一步”按钮，打开“指定 IPv4 DNS 服务器设置”对话框，如图 6－3 所示。

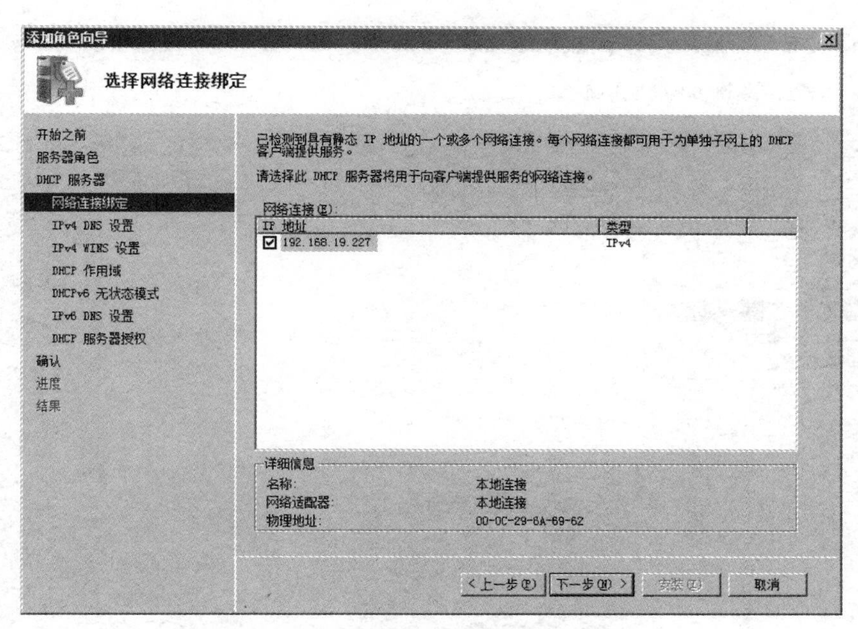

图 6－2　“选择网络连接绑定”对话框

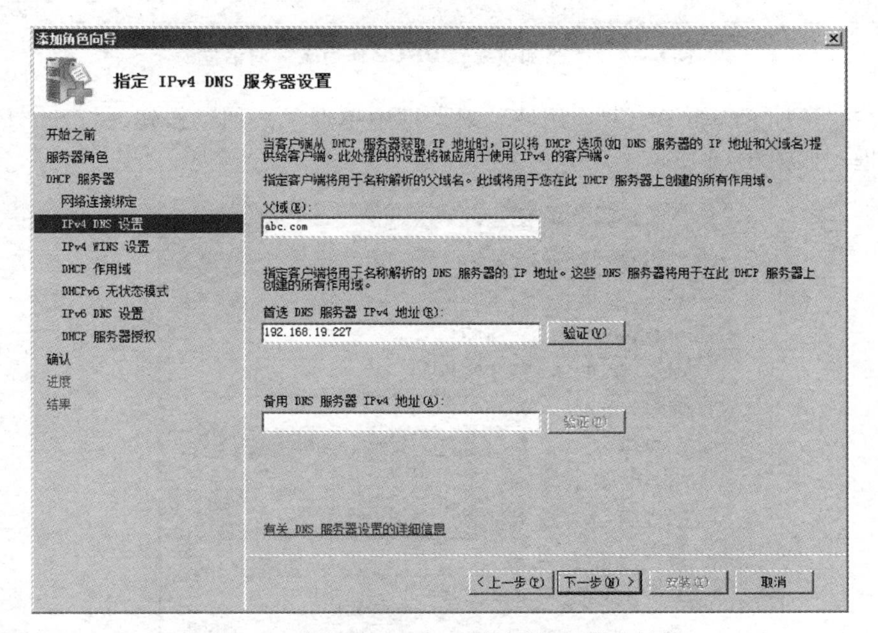

图 6－3　“指定 IPv4 DNS 服务器设置”对话框

(5) 在“指定 IPv4 DNS 服务器设置”对话框中设置分配给客户端的 DNS 域名与 DNS 服务器的 IP 地址，单击“下一步”按钮，打开“指定 IPv4 WINS 服务器设置”对话框。

(6) 在“指定 IPv4 WINS 服务器设置”对话框中选择“此网络上的应用程序不需要 WINS”单选框，单击“下一步”按钮，打开“添加或编辑 DHCP 作用域”对话框，如图 6－4 所示。

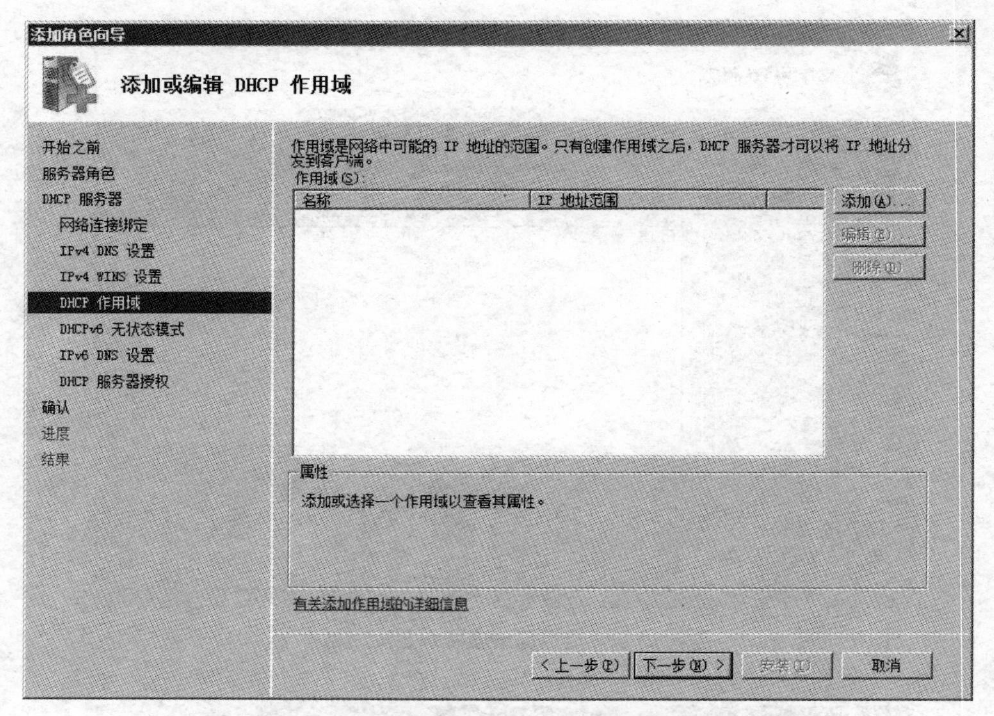

图 6-4　“添加或编辑 DHCP 作用域”对话框

（7）在“添加或编辑 DHCP 作用域”对话框中单击“添加”按钮，打开“添加作用域”对话框，如图 6-5 所示。

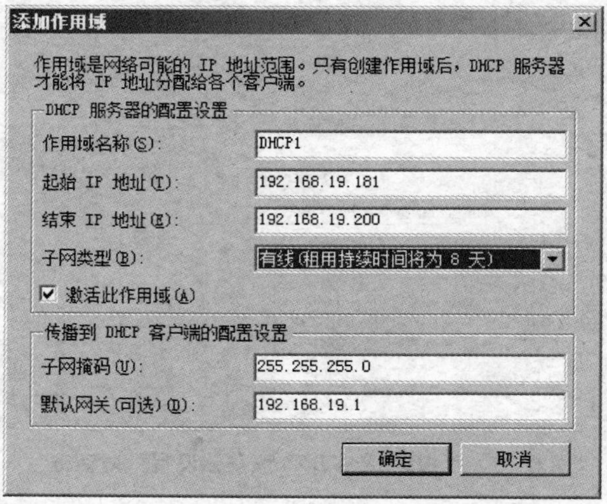

添加作用域

作用域是网络可能的 IP 地址范围。只有创建作用域后，DHCP 服务器才能将 IP 地址分配给各个客户端。

DHCP 服务器的配置设置

作用域名称(S): DHCP1

起始 IP 地址(T): 192.168.19.181

结束 IP 地址(E): 192.168.19.200

子网类型(B): 有线(租用持续时间将为 8 天)

☑ 激活此作用域(A)

传播到 DHCP 客户端的配置设置

子网掩码(U): 255.255.255.0

默认网关(可选)(D): 192.168.19.1

确定　取消

图 6-5　“添加作用域”对话框

（8）在“添加作用域”对话框中设置作用域的名称、要出租给客户端的起始 IP 地址和结束 IP 地址、子网类型（有线或无线，默认租用时间分别为 8 天和 8 小时）、子网掩码、默认网关的 IP 地址。单击“确定”按钮，返回“添加或编辑 DHCP 作用域”对话框，完成作用域的添加。

（9）在“添加或编辑 DHCP 作用域”对话框中单击“下一步”按钮，打开“配置 DHCPv6 无状态模式”对话框，如图 6－6 所示。

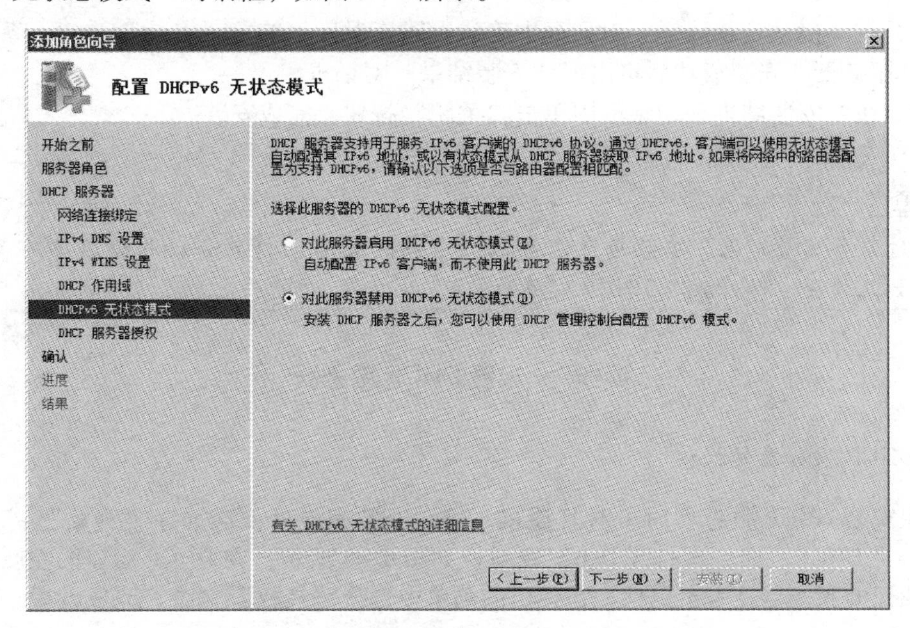

图 6－6　“配置 DHCPv6 无状态模式”对话框

（10）在“配置 DHCPv6 无状态模式”对话框中选择“对此服务器禁用 DHCPv6 无状态模式”单选框，单击“下一步”按钮，打开“授权 DHCP 服务器”对话框，如图 6－7 所示。

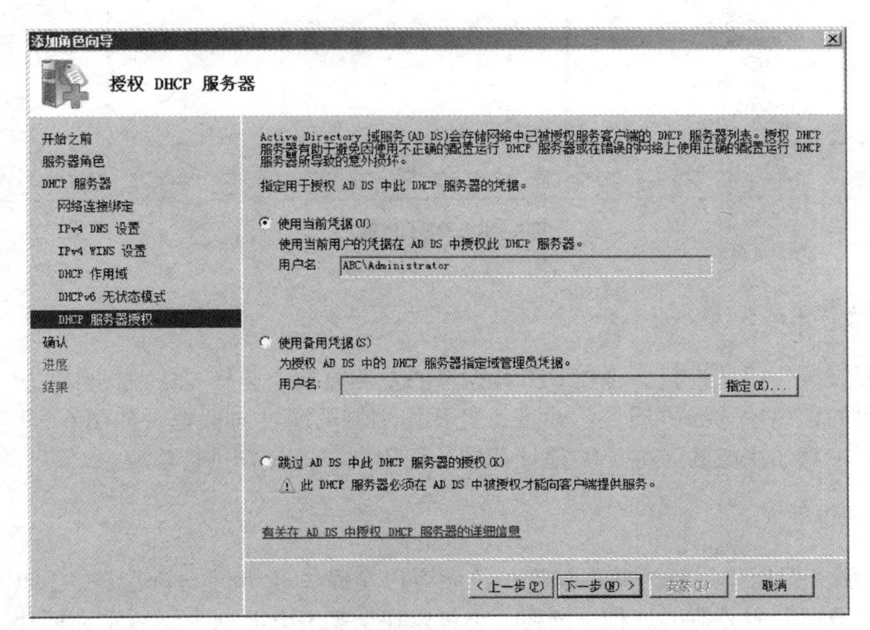

图 6－7　“授权 DHCP 服务器”对话框

（11）在“授权 DHCP 服务器”对话框中选择用来给这台服务器授权的用户账户，单击“下一步”按钮，打开“确认安装选择”对话框。

（12）在“确认安装选择”对话框中确认设置无误后，单击“安装”按钮，系统将安装 DHCP 服务器，安装成功后将出现“安装结果”对话框。

（13）在“安装结果”对话框中单击“关闭”按钮，完成安装。

注 意

通过服务器管理器来安装角色服务时，系统防火墙会自动开放与该服务有关的流量，例如此处会自动开放与 DHCP 有关的流量。

操作2　设置 DHCP 服务器

1. DHCP 服务器的授权

若在安装 DHCP 服务器时未对其授权，可在安装完成后依次选择“开始”→“管理工具”→“DHCP”命令，打开 DHCP 窗口，如图 6 -8 所示。在 DHCP 窗口的左侧窗格中选择要授权的服务器，右击鼠标，在弹出的菜单中选择“授权”命令，完成设置。

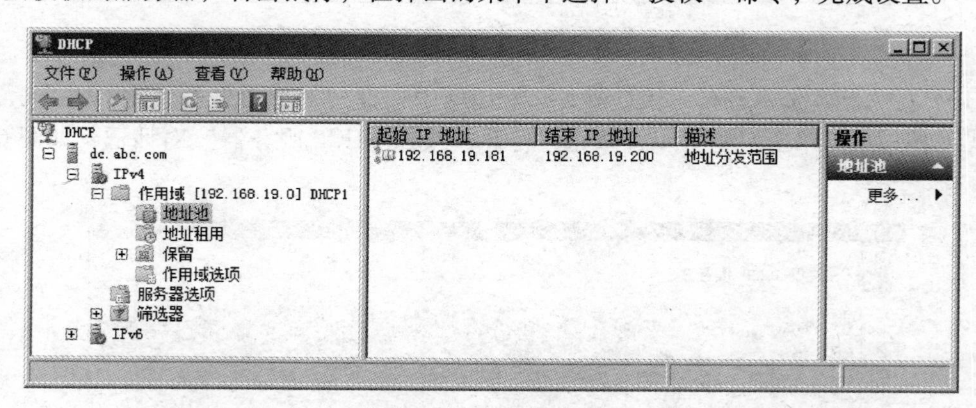

图 6 -8　DHCP 窗口

2. 修改作用域设置

如果要修改作用域设置，可在 DHCP 窗口的左侧窗格中选择要修改的作用域，右击鼠标，在弹出的菜单中选择“属性”命令，打开作用域的属性对话框，如图 6 -9 所示。可在该对话框中对作用域的名称、IP 地址范围、租用期限等设置进行修改。

3. 新建作用域

DHCP 服务器以作用域为基本管理单位向客户端提供 IP 地址分配服务。DHCP 作用域可以在安装 DHCP 服务器的过程中创建，也可以在安装 DHCP 服务器后手动创建。操作方法为：在 DHCP 窗口的左侧窗格选中要创建作用域的服务器，右击鼠标，在弹出的菜单中选择“新建作用域”命令，根据向导提示操作即可。

在一台DHCP服务器内，一个子网只能有一个作用域，例如若已有一个地址范围为192.168.19.101～192.168.19.150的作用域（子网掩码为255.255.255.0），就不可以再新建具有相同网络标识的作用域，如地址范围为192.168.19.171～192.168.19.200的作用域（子网掩码为255.255.255.0）。若一定要创建包括上述两个具有相同网络标识的作用域，则应创建一个地址范围为192.168.19.101～192.168.19.200的作用域，然后将192.168.19.151～192.168.19.170这段地址排除。操作方法为：在DHCP窗口的左侧窗格选中作用域中的“地址池”选项，右击鼠标，在弹出的菜单中选择“新建排除范围”命令，在打开的“新建排除范围”窗口中输入要排除的IP地址范围，单击“确定”按钮即可完成设置。

4. 配置DHCP选项

DHCP服务器除了可以给客户端提供IP地址，还可以设置客户端的其他TCP/IP参数，如登录的域名称、DNS服务器、WINS服务器、路由器等。DHCP选项包括以下类型。

（1）服务器选项：影响该服务器下所有作用域中的选项。

（2）作用域选项：只影响该作用域下的地址租约。

（3）类选项：只影响被指定使用该DHCP类ID的客户端。

（4）保留客户选项：只影响指定的保留客户。

设置DHCP选项的操作步骤基本相同，如设置作用域选项可以在DHCP窗口的左侧窗格中选择作用域中的“作用域选项”选项，右击鼠标，在弹出的菜单中选择“配置选项”命令，打开“作用域选项”对话框，如图6-10所示。在“作用域选项”对话框的“可用选项”列表中选中要配置的选项，即可对该选项进行配置。

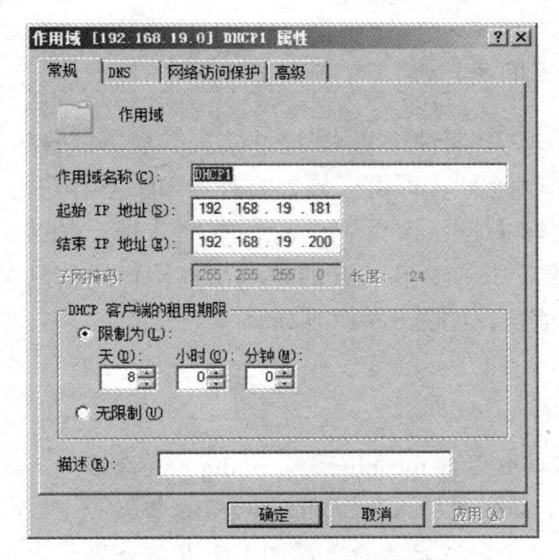

图6-9 作用域的属性对话框

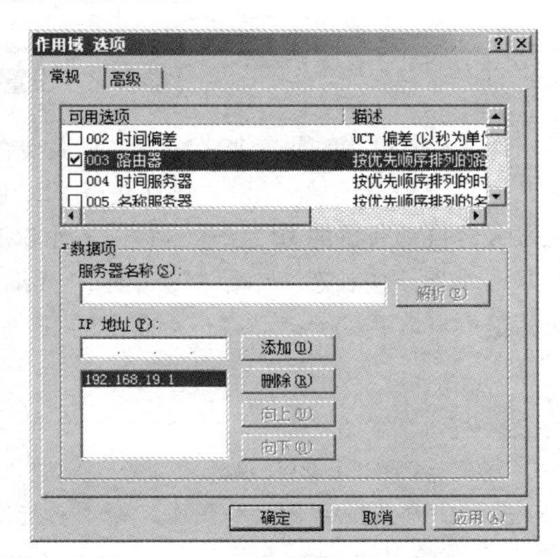

图6-10 “作用域选项”对话框

5. 保留特定的 IP 地址

如果想保留特定的 IP 地址给指定的客户端，使客户端在每次启动时都获得相同的 IP 地址，则操作方法为：在 DHCP 窗口的左侧窗格中选中作用域中的“保留”选项，右击鼠标，在弹出的菜单中选择“新建保留”命令，打开“新建保留”对话框，如图 6－11 所示。在“新建保留”对话框中输入要保留的 IP 地址，以及要把 IP 地址保留给的客户端网卡的 MAC 地址，并输入保留名称，单击“添加”按钮，完成设置。

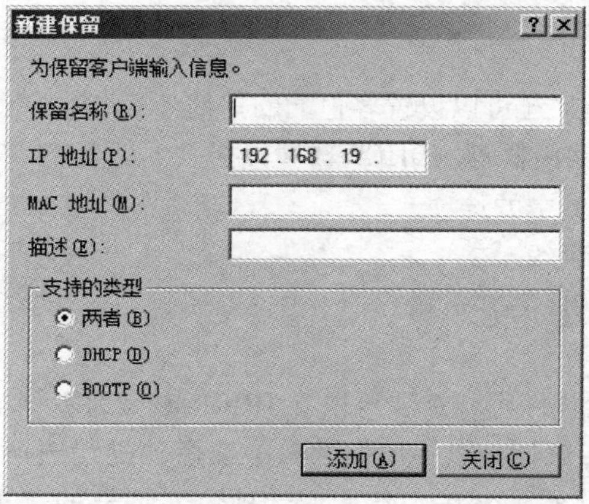

图 6－11 “新建保留”对话框

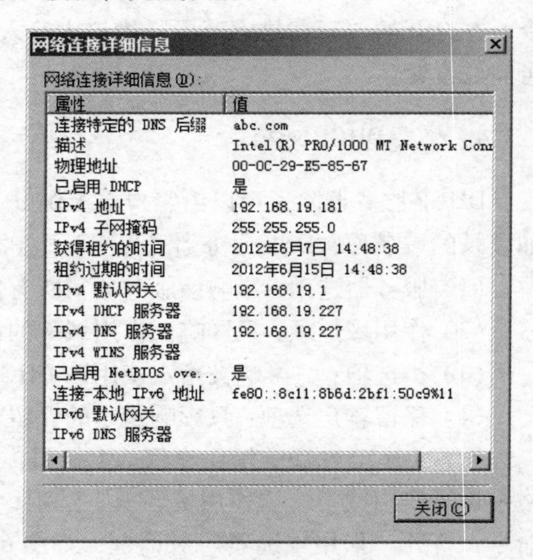

图 6－12 “网络连接详细信息”对话框

操作 3 设置 DHCP 客户端

DHCP 客户端的配置非常简单，只需要在 TCP/IP 属性中将 IP 地址信息获取方式设置为“自动获得 IP 地址”和“自动获得 DNS 服务器地址”即可。如果要查看 DHCP 客户端从服务器自动获得的 IP 地址，可在“网络和共享中心”窗口中单击“本地连接”链接，打开“本地连接状态”对话框，单击“详细信息”按钮，在打开的“网络连接详细信息”对话框中可以看到 DHCP 客户端获得的 IP 地址信息，如图 6－12 所示。

注 意

也可在 DHCP 客户端的“命令提示符”窗口中运行 ipconfig 或 ipconfig /all 命令查看其获得的 IP 地址信息。如果在“命令提示符”窗口中输入 ipconfig /release 命令，可以释放当前的 IP 地址；如果输入 ipconfig /renew 命令，客户端将重新向 DHCP 服务器请求一个新的 IP 地址。

任务6.2 配置DNS服务器

【任务目的】

(1) 理解DNS服务器的作用和工作过程。

(2) 掌握DNS服务器的基本安装和配置方法。

(3) 掌握DNS客户端的配置方法。

【工作环境与条件】

(1) 安装Windows Server 2008 R2操作系统的计算机。

(2) 正常运行的网络环境（也可使用VMware Workstation、Windows Server 2008 R2 Hyper-V服务等虚拟机软件）。

【相关知识】

在Windows网络中，DNS（Domain Name System，域名系统）服务器不但担负着Internet、Intranet、Extranet等网络的域名解析任务；在域结构的网络中，它还承担着用户账户名、计算机名、组账户名及各种对象的名称解析任务。

6.2.1 域名称空间

整个DNS的结构是一个如图6-13所示的分层式树型结构，这个树型结构称为“DNS域名空间”。图6-13中位于树型结构最顶层的是DNS域名空间的根（Root），一般是用句点（.）来表示。root内有多台DNS服务器。目前root由多个机构进行管理，其中最著名的是InterNIC（Internet网络信息中心），负责整个域名空间和域名登录的授权管理。

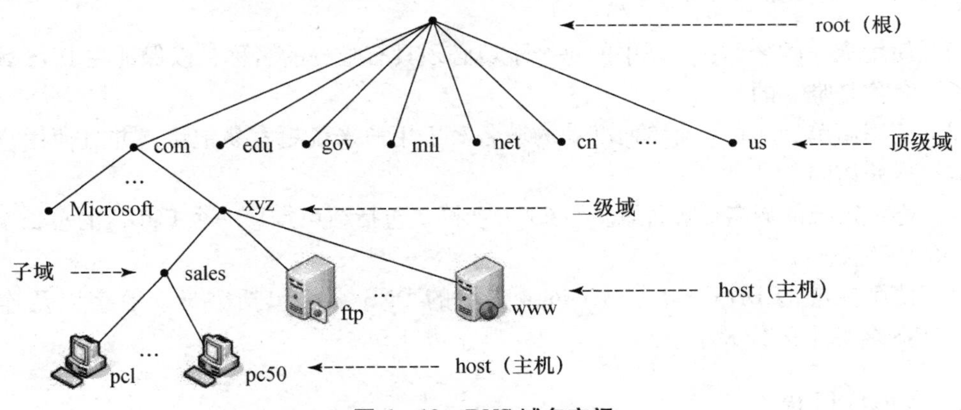

图6-13 DNS域名空间

root之下为“顶级域”，每一个“顶级域”内都有数台DNS服务器。顶级域用来将组织分类，常见的顶级域名如表6-1所示。

表 6－1　Internet 顶级域名及说明

域名	说明
com	商业组织
edu	教育机构
gov	政府部门
mil	军事部门
net	主要网络支持中心
org	其他组织
ARPA	临时 ARPAnet（未用）
INT	国际组织
占 2 字符的地区及国家码	例如 cn 表示中国，us 表示美国

"顶级域"之下为"二级域"，供公司和组织来申请、注册使用，例如"microsoft. com"是由 Microsoft 所注册的。如果某公司的网络要连接到 Internet，则其域名必须经过申请核准后才可使用。公司、组织等可以在其"二级域"下，再细分多层的子域，例如图 6－13 中，可以在公司二级域 xyz. com 下为业务部建立一个子域，其域名为"sales. xyz. com"，子域域名的最后必须附加其父域的域名（xyz. com），也就是说域名空间是有连续性的。

图 6－13 下方的主机 www 与 ftp 是位于公司二级域 xyz. com 的主机，www 与 ftp 是其主机名称。它们的完整名称为"www. xyz. com"与"ftp. xyz. com"，这个完整的名称也叫作 FQDN（完全合格域名）。而 pc1、pc2、…、pc50 等主机位于子域"sales. xyz. com"内，其 FQDN 分别是"pc1. sales. xyz. com"、"pc2. sales. xyz. com"、…、"pc50. sales. xyz. com"。

在 DNS 域名空间中，为域或子域命名时应注意遵循以下规则。

（1）限制域的级别数：通常，DNS 主机项应位于 DNS 层次结构中的 3 级或 4 级，不应多于 5 级。

（2）使用唯一的名称：父域中的每个子域必须具有唯一的名称，以保证在 DNS 域名称空间中该名称是唯一的。

（3）使用简单的名称：简单而准确的域名对于用户来说更容易记忆，并且使用户可以直观地搜索并访问。

（4）避免很长的域名：域名最多为 63 个字符，包括结束点。一个 FQDN 的总长度不能超过 255 个字符。

（5）使用标准的 DNS 字符：Windows 支持的 DNS 字符包括字母、数字以及连字符"－"，DNS 名称不区分大小写。

6.2.2　DNS 区域

区域（Zone）是指域名空间树型结构的一部分，它能够将域名空间分割为较小的区段，以方便管理。一个区域内的主机信息，将存放在 DNS 服务器内的区域文件或活动目录数据库内。一台 DNS 服务器内可以存储一个或多个区域的信息，同时一个区域的信息也可以被存储到多台 DNS 服务器内。区域文件内的每一项信息被称为是一项资源记录（Resource Record，RR）。

将一个 DNS 区域划分为多个区域，可以分散网络管理的工作负荷，例如在图 6－14 中，将域 xyz. com 分为“区域1”（包含子域 sales. xyz. com）与“区域2”（包含域 xyz. com 与子域 mkt. xyz. com)。每个区域各有一个区域文件，区域 1 的区域文件存储着该区域内所有主机（pc1 ～ pc50）的记录；区域 2 的区域文件存储着该区域内所有主机（pc51 ～ pc100、www、ftp）的记录。这两个区域的文件可放在同一台 DNS 服务器内，也可分别放在不同的 DNS 服务器内。可以指派两个管理员分别负责管理这两个区域，以减轻管理上的负担。

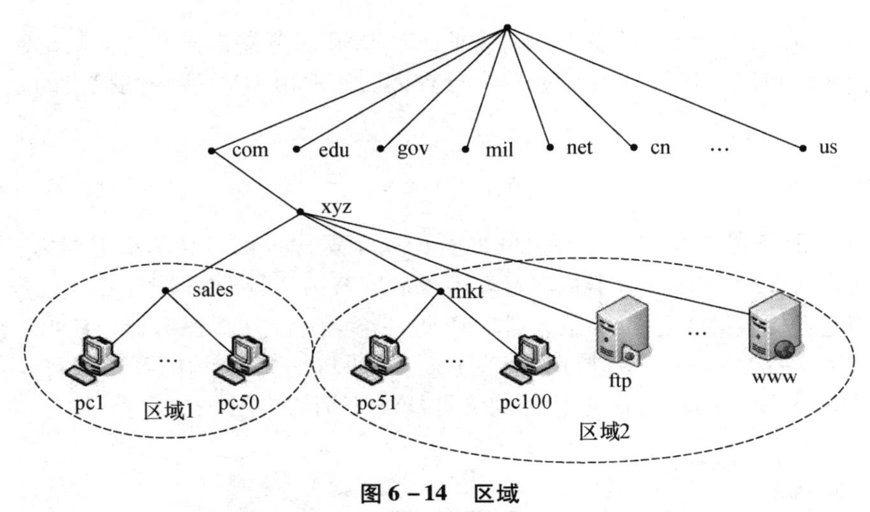

图 6－14　区域

一个区域的涵盖范围必须是域名称空间中的连续区域，例如不可以建立一个只包含 sales. xyz. com 与 mkt. xyz. com 子域的区域，因为它们位于不连续的域名称空间内。但可以建立一个包含 xyz. com 与 mkt. xyz. com 的区域，因为它们位于连续的域名称空间内(xyz. com)。

每一个区域都是针对一个特定的域来设置的，此域被称为是该区域的根域。例如区域 1 是针对 sales. xyz. com 来设置的，其根域是 sales. xyz. com，而区域 2 是针对 xyz. com（包含 xyz. com 与其子域 mkt. xyz. com）来设置的，其根域是 xyz. com。

6. 2. 3　DNS 服务器

DNS 服务器内存储着域名称空间内部分区域的信息，也就是说 DNS 服务器的管辖范围可以涵盖域名称空间内的一个或多个区域，此时就称此 DNS 服务器为这些区域的“授权服务器”。授权服务器负责提供 DNS 客户端所要查询的记录。

如果在一台 DNS 服务器上建立一个区域后，这个区域内的所有记录都建立在这台 DNS 服务器内，而且可以新建、删除、修改这个区域内的记录，那么这台 DNS 服务器就被称为该区域的主服务器。如果在一台 DNS 服务器内建立一个区域后，这个区域内的所有记录都是从另外一台 DNS 服务器复制过来的，也就是说这个区域内的记录只是一个副本，这些记录是无法修改的，那么这台 DNS 服务器就被称为该区域的辅助服务器。可以为一个区域设置多台辅助服务器，以提供容错能力，分担主服务器负担并加快查询的速度。

6.2.4 DNS 的查询模式

DNS 服务器可以执行正向查询和反向查询。正向查询可将域名解析为 IP 地址，而反向查询则将 IP 地址解析为域名。当 DNS 客户端向 DNS 服务器查询或 DNS 服务器向另外一台 DNS 服务器查询时，有两种查询模式。

1. 递归查询

递归查询就是 DNS 客户端发出查询请求，若 DNS 服务器内没有所需的记录，则 DNS 服务器会代替客户端向其他 DNS 服务器进行查询。一般由 DNS 客户端提出的查询请求属于递归查询。

2. 迭代查询

一般 DNS 服务器与 DNS 服务器之间的查询属于迭代查询。其基本过程为：当第 1 台 DNS 服务器向第 2 台 DNS 服务器提出查询请求后，若第 2 台 DNS 服务器内也没有所需要的记录，则它会提供第 3 台 DNS 服务器的 IP 地址给第 1 台 DNS 服务器，让第 1 台 DNS 服务器自行向第 3 台 DNS 服务器进行查询。下面以如图 6 - 15 所示的客户端向 DNS 服务器 Server1 查询 www. xyz. com 的 IP 地址为例说明 DNS 查询的过程。

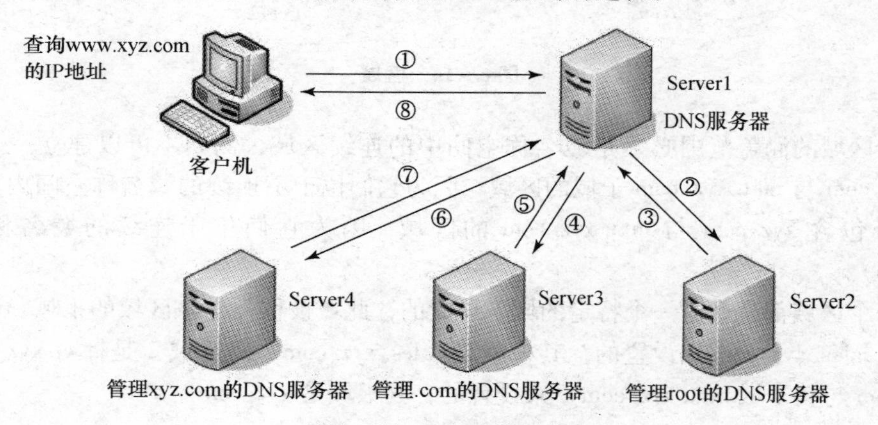

图 6 - 15　DNS 查询过程

(1) DNS 客户端向指定的 DNS 服务器 Server1 查询 www. xyz. com 的 IP 地址。

(2) 若 Server1 内没有所要查询的记录，则 Server1 会将此查询请求转发到 root 的 DNS 服务器 Server2。

(3) Server2 根据要查询的主机名称（www. xyz. com）得知此主机位于顶级域 . com 下，它会将负责管辖 . com 的 DNS 服务器（Server3）的 IP 地址传送给 Server1。

(4) Server1 得到 Server3 的 IP 地址后，会向 Server3 查询 www. xyz. com 的 IP 地址。

(5) Server3 根据要查询的主机名称（www. xyz. com）得知此主机位于 xyz. com 域内，它会将负责管辖 xyz. com 的 DNS 服务器（Server4）的 IP 地址传送给 Server1。

(6) Server1 得到 Server4 的 IP 地址后，会向 Server4 查询 www. xyz. com 的 IP 地址。

(7) 管辖 xyz. com 的 DNS 服务器（Server4）将 www. xyz. com 的 IP 地址传送给Server1。

（8）Server1 将 www. xyz. com 的 IP 地址传送给 DNS 客户端。

【任务实施】

操作1　安装 DNS 服务器

在 Windows Server 2008 R2 计算机上安装 DNS 服务器前，建议此计算机的 IP 地址最好是静态的，因为向 DHCP 服务器租到的 IP 地址可能会不相同，这将造成 DNS 客户端设置上的困扰。安装 DNS 服务器的基本操作步骤如下。

（1）依次选择“开始”→“管理工具”→“服务器管理器”命令，在“服务器管理器”窗口的左侧窗格中选择“角色”选项，在右侧窗格中单击“添加角色”链接，打开“选择服务器角色”对话框。

（2）在“选择服务器角色”对话框中选中“DNS 服务器”复选框，单击“下一步”按钮，打开“DNS 服务器”对话框。

（3）在“DNS 服务器”对话框中单击“下一步”按钮，打开“确认安装选择”对话框。

（4）在“确认安装选择”对话框中单击“安装”按钮，系统将安装 DNS 服务器，安装成功后将出现“安装结果”对话框。

（5）在“安装结果”对话框中单击“关闭”按钮，完成安装。

操作2　创建 DNS 区域

1. 创建正向查找区域

用户应当根据自身的需要划分创建区域的数目，例如如果要创建区域“sales. xyz. com”和“mkt. xyz. com”，可在 DNS 服务器中分别创建两个区域“sales. xyz. com”和“mkt. xyz. com”；也可以先创建一个区域“xyz. com”，然后在该区域下创建两个子域“sales”和“mkt”。在 DNS 服务器中创建正向查找区域的操作步骤如下。

（1）依次选择“开始”→“管理工具”→“DNS”命令，打开“DNS 管理器”窗口，如图 6－16 所示。

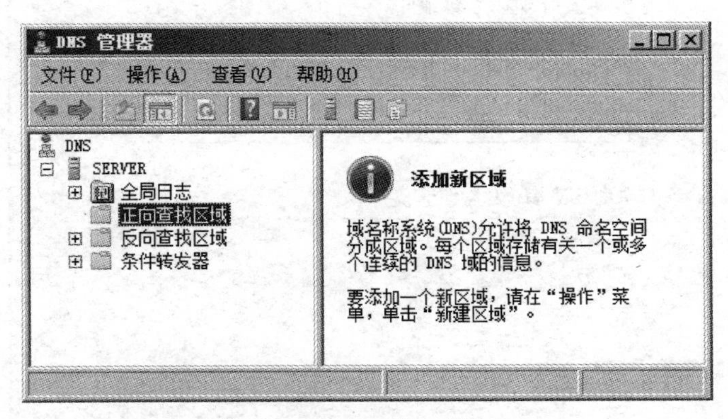

图 6－16　“DNS 管理器”窗口

（2）在“DNS 管理器”窗口的左侧窗格中，选中相应 DNS 服务器的“正向查找区域”选项，右击鼠标，在弹出的菜单中选择“新建区域”命令，打开“欢迎使用新建区域向导”对话框。

（3）在“欢迎使用新建区域向导”对话框中单击“下一步”按钮，打开“区域类型”对话框，如图 6－17 所示。

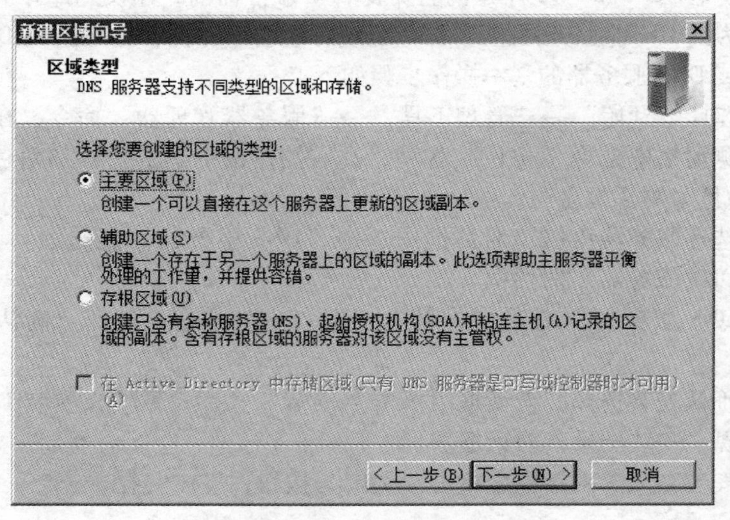

图 6－17　“区域类型”对话框

（4）在“区域类型”对话框中，选择“主要区域”单选框，单击“下一步”按钮，打开“区域名称”对话框。

（5）在“区域名称”对话框中，输入区域名称，单击“下一步”按钮，打开“区域文件”对话框，如图 6－18 所示。

（6）在“区域文件”对话框中，单击“下一步”按钮，打开“动态更新”对话框，如图 6－19 所示。

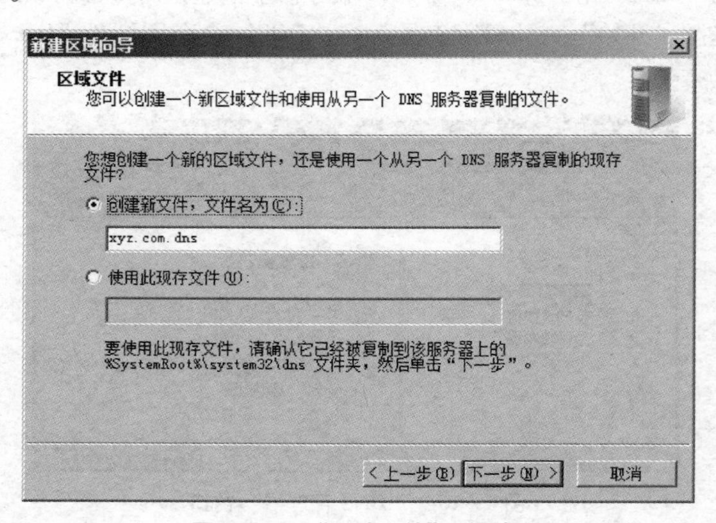

图 6－18　“区域文件”对话框

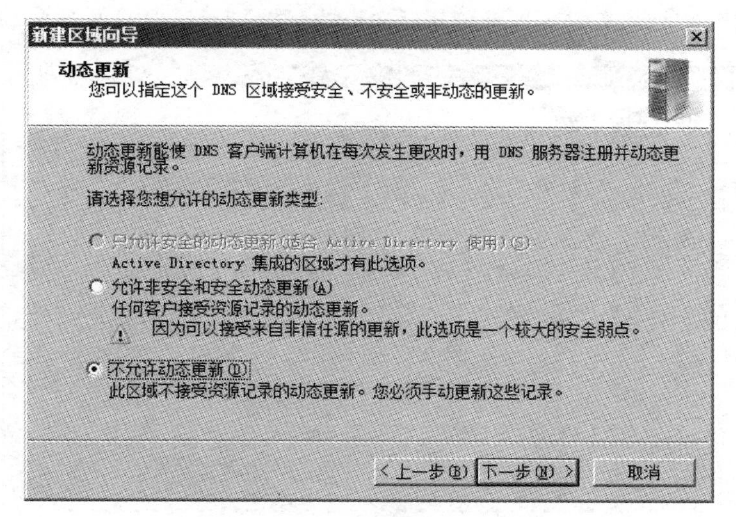

图 6－19　“动态更新”对话框

(7) 在“动态更新”对话框中，单击“下一步”按钮，打开“正在完成新建区域向导”对话框。单击“完成”按钮，完成正向查找区域的创建，此时在“DNS 管理器”窗口中可以看到刚才所创建的区域。

2. 创建子域

在正向查找区域中创建子域的操作步骤为：在“DNS 管理器”窗口的左侧窗格中，选中要创建子域的区域，右击鼠标，在弹出的菜单中选择“新建域”命令，在打开的“新建 DNS 域”对话框中输入子域的名称，如图 6－20 所示，单击“确定”按钮，完成创建。

图 6－20　“新建 DNS 域”对话框

3. 创建反向查找区域

在 DNS 服务器中创建反向查找区域的操作步骤如下。

(1) 在“DNS 管理器”窗口的左侧窗格中，选中相应 DNS 服务器的“反向查找区域”选项，右击鼠标，在弹出的菜单中选择“新建区域”命令，打开“欢迎使用新建区域向导”对话框。

(2) 在“欢迎使用新建区域向导”对话框中，单击“下一步”按钮，打开“区域类型”对话框。

(3) 在“区域类型”对话框中，选择“主要区域”单选框，单击“下一步”按钮，打开“选择为 IPv4 地址或 IPv6 地址创建反向查找区域”对话框，如图 6－21 所示。

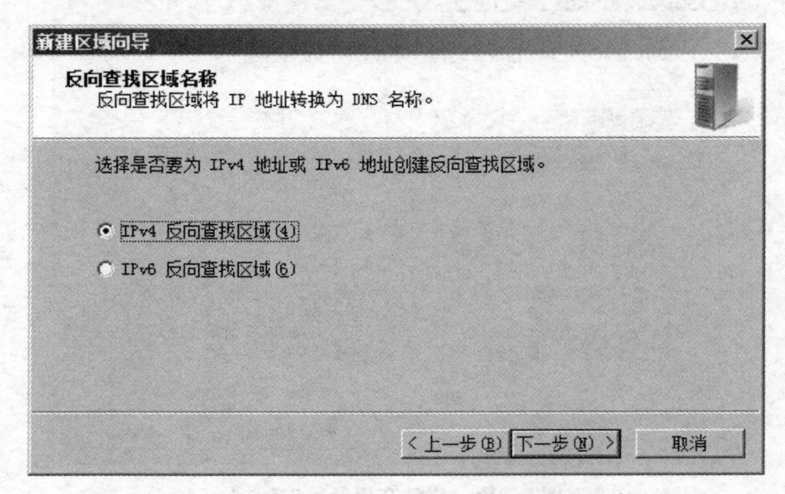

图 6－21　选择为 IPv4 地址或 IPv6 地址创建反向查找区域

（4）在“选择为 IPv4 地址或 IPv6 地址创建反向查找区域”对话框中，选择“IPv4 反向查找区域”单选框，单击“下一步”按钮，打开“反向查找区域名称”对话框，如图 6－22所示。

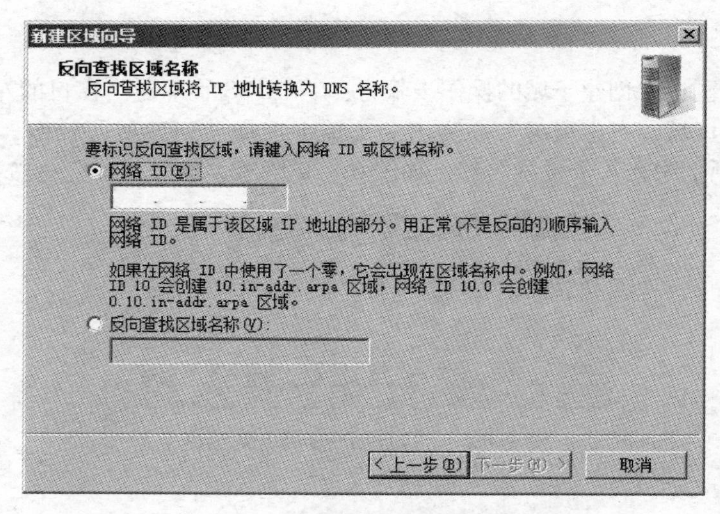

图 6－22　“反向查找区域名称”对话框

（5）在“反向查找区域名称”对话框中，输入本机 IP 地址中的网络标识，单击“下一步”按钮，打开“区域文件”对话框。

（6）在“区域文件”对话框中，单击“下一步”按钮，打开“动态更新”对话框。

（7）在“动态更新”对话框中，单击“下一步”按钮，打开“正在完成新建区域向导”对话框。单击“完成”按钮，完成反向查找区域的创建，此时在“DNS 管理器”窗口中可以看到刚才所创建的区域。

操作3　新建资源记录

DNS服务器支持多种类型的资源记录，下面主要完成几种常用资源记录的创建。

1. 创建主机（A或AAAA）记录

主机记录用来在正向查找区域内建立主机名与IP地址的映射关系，从而使DNS服务器能够实现从主机域名、主机名到IP地址的查询。其创建步骤为：在“DNS管理器”窗口的左侧窗格中，选中要添加资源记录的区域，右击鼠标，在弹出的菜单中选择“新建主机”命令，在打开的“新建主机”对话框中输入主机名称和其对应的IP地址，如图6-23所示。单击“添加主机”按钮，在随后出现的提示框中，单击“确定”按钮，完成主机记录的创建。

注意

IPv4的主机记录为A，IPv6的主机记录为AAAA。如果在“新建主机”对话框中，选择了“创建相关的指针（PTR）记录”复选框，则在反向查找区域刷新后，会自动生成相应的指针记录，供反向查找时使用。

2. 创建别名（CNAME）记录

别名记录用来为一台主机创建不同的域全名。通过建立主机的别名记录，可以将多个完整的域名映射到一台计算机上。其创建步骤为：在“DNS管理器”窗口的左侧窗格中，选中要添加资源记录的区域，右击鼠标，在弹出的菜单中选择“新建别名”命令，在打开的“新建资源记录”对话框中输入别名，如图6-24所示。然后通过单击“浏览”按钮，选择别名所对应的主机记录。单击“确定”按钮，完成别名记录的创建。

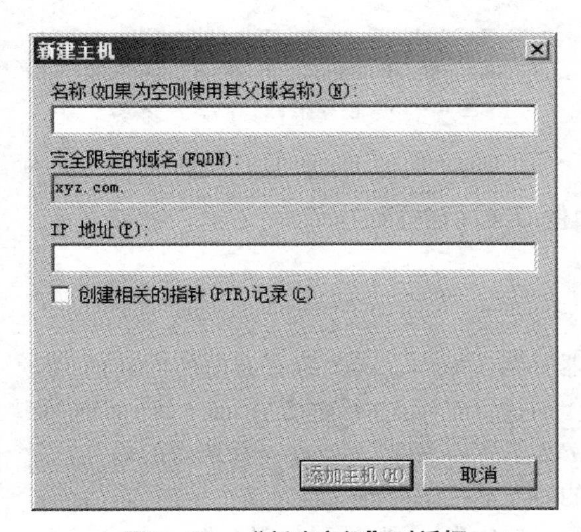

图6-23　“新建主机”对话框

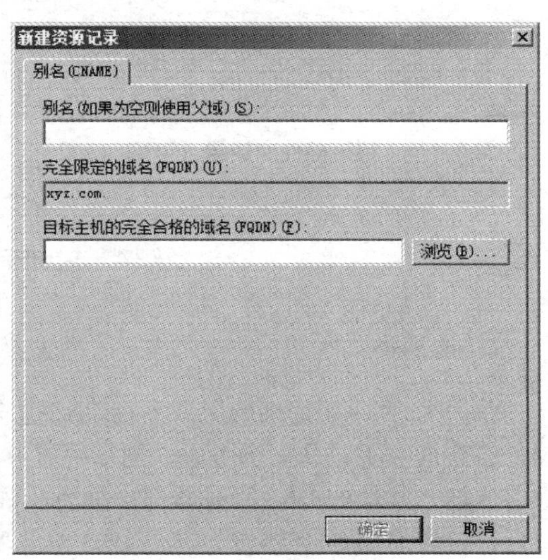

图6-24　创建别名（CNAME）记录

3. 创建邮件交换器（MX）记录

邮件交换器记录用来记录负责域中邮件传送的邮件服务器。通过建立邮件交换器，可以指明在发送邮件时，应将邮件发送给域中的哪一台计算机。其创建步骤为：在“DNS 管理器”窗口的左侧窗格中，选中要添加资源记录的区域，右击鼠标，在弹出的菜单中选择“新建邮件交换器（MX）”命令，打开“新建资源记录”对话框，如图 6-25 所示。单击“浏览”按钮，选择在该区域中充当邮件服务器的计算机的主机记录，单击“确定”按钮，完成邮件交换器记录的创建。

4. 创建指针（PTR）记录

指针记录用来在反向查找区域内建立 IP 地址与主机名的映射关系，其创建步骤为：在“DNS 管理器”窗口的左侧窗格中，选中要添加资源记录的区域，右击鼠标，在弹出的菜单中选择“新建指针（PTR）”命令，在打开的“新建资源记录”对话框中，输入主机 IP 与其对应的主机名，如图 6-26 所示。单击“确定”按钮，完成指针记录的创建。

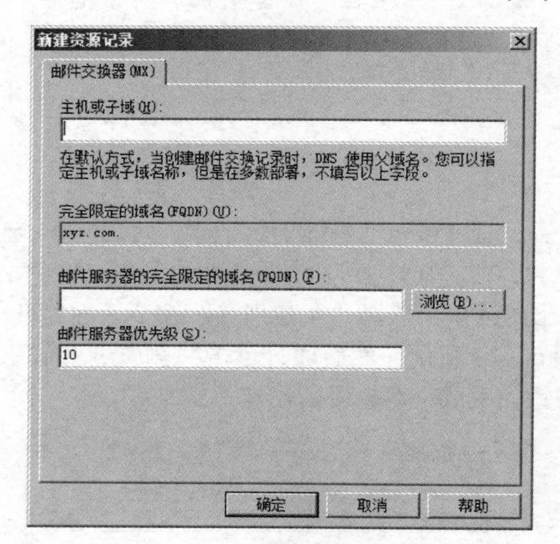

图 6-25　创建邮件交换器（MX）记录

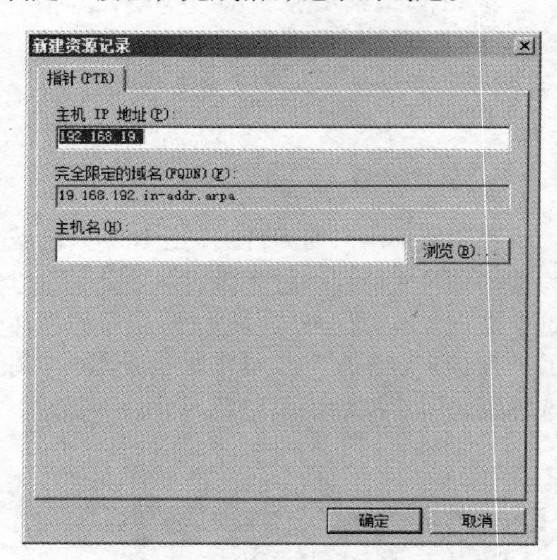

图 6-26　创建指针（PTR）记录

操作 4　求助于其他 DNS 服务器

1. 设置转发器

若 DNS 客户端查询的记录不在 DNS 服务器管辖区域内，DNS 服务器需转向其他 DNS 服务器查询。不过从安全考虑，网络中应只允许一台 DNS 服务器直接与 Internet 的 DNS 服务器通信，其他的 DNS 服务器都必须通过该 DNS 服务器来向 Internet 查找所需的信息。此时可将这台 DNS 服务器设为其他 DNS 服务器的转发器。设置转发器的操作步骤如下。

（1）在“DNS 管理器”窗口的左侧窗格中，选中要配置的 DNS 服务器，右击鼠标，在弹出的菜单中选择“属性”命令，打开“DNS 服务器属性”对话框，选择“转发器”

选项卡，如图6－27所示。

（2）在“转发器”选项卡中单击“编辑”按钮，打开“编辑转发器”对话框。

（3）在“编辑转发器”对话框中，可以设置、修改有关该DNS转发器的信息，单击“确定”按钮，完成设置。

2. 设置“根提示”服务器

指定转发器后，DNS服务器会将无法解析的客户端请求传送给转发器，等待查找结果，当转发器无法询问到所需记录时，DNS服务器会自行向其“根提示”选项卡中设置的Internet中的13个根域的DNS服务器进行查找。可以在“DNS服务器属性”对话框中选择“根提示”选项卡，对其进行查询和管理，如图6－28所示。

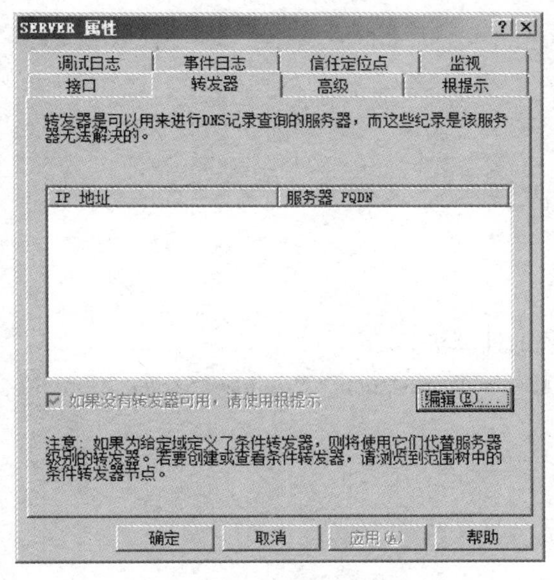

图6－27　“转发器”选项卡

图6－28　“根提示”选项卡

操作5　设置DNS客户端

1. 指定DNS服务器的IP地址

DNS客户端必须指定DNS服务器的IP地址，以便对这台DNS服务器提出域名解析请求。对于使用静态IP地址的DNS客户端，只需要在TCP/IP属性中选择“使用下面的DNS服务器地址”单选框后，在“首选DNS服务器”和“备用DNS服务器”文本框中输入要访问的DNS服务器的IP地址即可。

2. 域名解析的测试

要测试DNS客户端是否能够通过指定的DNS服务器进行域名解析，可以在“命令提示符”窗口中，输入“nslookup FQDN（DNS服务器中设置的完全合格域名）”，该命令将显示当前计算机访问的DNS服务器及该服务器对相应域名的解析情况，如图6－29所示。

管理员: 命令提示符
C:\Users\Administrator>nslookup web.xyz.com
服务器: www.xyz.com
Address: 192.168.19.209

名称: www.xyz.com
Address: 192.168.19.209
Aliases: web.xyz.com

图6－29　客户端的域名解析工作正常

任务6.3　配置文件服务器

【任务目的】

（1）理解共享资源的类型。

（2）掌握共享文件夹的创建和访问方法。

（3）掌握文件服务器的基本管理方法。

（4）理解卷影副本的作用并熟悉其配置方法。

（5）理解 DFS 的作用并熟悉其配置方法。

【工作环境与条件】

（1）安装 Windows Server 2008 R2 操作系统的计算机。

（2）正常运行的网络环境（也可使用 VMware Workstation、Windows Server 2008 R2 Hyper－V 服务等虚拟机软件）。

【相关知识】

6.3.1　公用文件夹

在 Windows Server 2008 R2 系统中，磁盘内的文件在经过设置权限后，每位登录计算机的用户都只能访问有相应访问权限的文件。如果这些用户要相互共享文件，可以开放权限，也可以利用系统提供的公用文件夹。每位登录 Windows Server 2008 R2 系统的用户都可以通过依次选择“开始”→“计算机”→“本地磁盘”→“用户”→“公用”命令的方式访问公用文件夹，如图6－30 所示。由图6－30 可知，公用文件夹内默认已经建立了公用视频、公用图片、公用文档、公用下载与公用音乐等文件夹，用户只要把要共享的文件复制到适当的文件夹即可，也可以在公用文件夹内新建更多的文件夹。

如果要使用户可以通过网络访问公用文件夹，可在“网络和共享中心”窗口中，单击“更改高级共享设置”链接，在“高级共享设置”窗口的“公用文件夹共享”设置中选择“启用共享以便可以访问网络的用户可以读取和写入公用文件夹中的文件”单选框，如图6－31 所示。

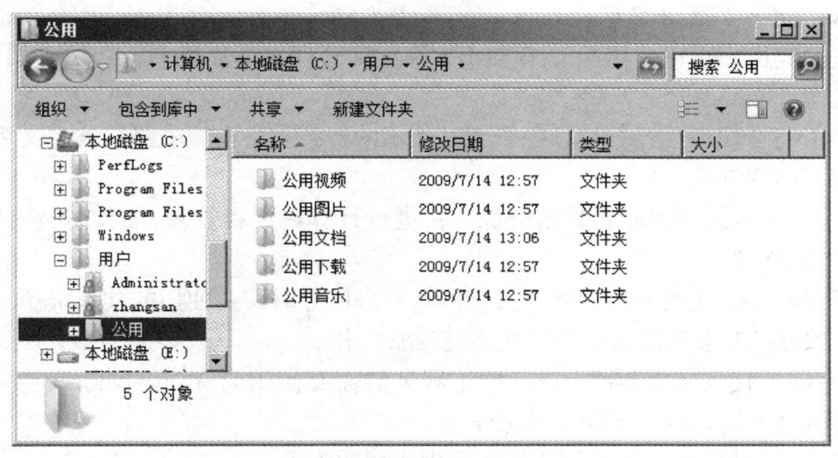

图 6 - 30　公用文件夹

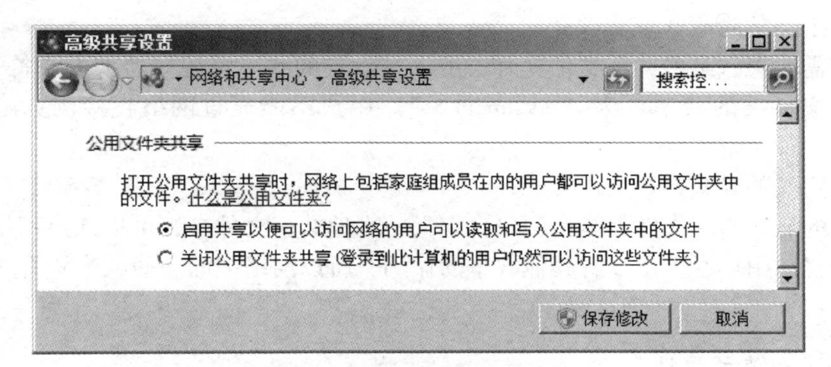

图 6 - 31　"高级共享设置"窗口

注 意

无法针对特定用户来启用公用文件夹。加入域的计算机会自动启用"密码保护共享",也就是网络用户在访问公用文件夹前必须输入有效的用户名和密码。

6.3.2　共享文件夹

在 Windows Server 2008 R2 系统中,如果不将文件复制到公用文件夹,则可通过共享文件夹将文件共享给网络上的其他用户。

1. 共享文件夹的类型

(1) 特殊共享文件夹

特殊共享文件夹又被称为"管理性共享",由操作系统根据计算机的配置自动创建,主要用于管理或者是系统调用。特殊共享文件夹是隐藏的,用户不能通过网络直接浏览。在 Windows 系统中,系统内置的特殊共享文件夹有如下几种。

① Drive letter（驱动器盘符）$：管理员（Administrators、Backup Operators、Server Operators 组的成员）可以使用 C $、D $、E $ 等默认管理共享连接到指定驱动器的根目录，进行共享操作。

② ADMIN $：代表在计算机远程管理时使用的资源。该资源的路径被定义为系统的安装目录（如 C:\ Windows）。

③ IPC $：代表共享的命名管道资源。在进行计算机远程管理，或者查看计算机共享资源时会用到 IPC $ 。

④ NETLOGON：代表域控制器上进行网络登录服务时需要使用的共享资源。删除该共享资源会导致域控制器所服务的客户机不能正常工作。

⑤ SYSVOL：代表域控制器上进行网络服务时需要使用的资源。删除该共享资源会导致域控制器所服务的客户机不能正常工作。

⑥ PRINT $：代表远程管理打印机过程中所用的资源。

⑦ FAX $：代表传真客户端在发送传真过程中所使用的资源。

（2）自定义的隐藏共享文件夹

当用户需要隐藏某些共享文件夹时，可以在设置的共享资源名后加上字符“ $ ”，例如设置共享文件夹的共享名为“document $ ”。用户不能通过网络直接浏览隐藏共享文件夹。

（3）自定义的显式共享文件夹

自定义的显式共享文件夹是指用户自定义的本地共享文件夹，可以通过网络直接浏览访问。由于普通用户通常不了解其他共享的作用，所以网络中的一般共享资源多采用显式共享。

2. 共享文件夹的权限

（1）共享权限的类型

当用户将文件夹设为共享文件夹后，拥有适当共享权限的用户就可以通过网络访问该文件夹内的子文件夹和文件。表 6 - 2 列出共享权限的类型与其所具备的访问能力。

表 6 - 2　共享权限的类型与其所具备的访问能力

共享权限	具备的访问能力
读取（默认权限，被分配给 Everyone 组）	查看该共享文件夹内的文件名称、子文件夹名称 查看文件内的数据，运行程序 遍历子文件夹
更改（包括读取权限）	向该共享文件夹内添加文件、子文件夹 修改文件内的数据 删除文件与子文件夹
完全控制（包括更改权限）	修改权限（只适用于 NTFS 卷的文件或文件夹） 取得所有权（只适用于 NTFS 卷的文件或文件夹）

注 意

共享文件夹权限仅对通过网络访问的用户有约束力，如果用户是从本地登录，则不会受该权限的约束。

（2）用户的有效权限

如果用户同时属于多个组，而每个组分别对某个共享资源拥有不同的权限，此时用户的有效权限将遵循以下规则。

① 权限具有累加性：用户对共享文件夹的有效权限是其所有共享权限来源的总和。

②“拒绝”权限的优先级较高：虽然用户对共享文件夹的有效权限是其所有权限来源的总和，但只要有一个权限来源被设为拒绝，则用户将不会拥有该权限。

③ 共享权限与 NTFS 权限：如果共享文件夹在 NTFS 卷内，那么可以针对共享文件夹或其子文件夹和文件设置 NTFS 权限。用户最后的有效权限，应是共享权限与 NTFS 权限两者之中最严格的设置。例如，如果设置用户 A 对某共享文件夹的共享权限是“完全控制”，而用户 A 对该文件夹的 NTFS 权限为“读取”，则用户 A 通过网络对该文件夹进行访问时，其所获得的有效权限应为“读取”。

注 意

NTFS 权限对本地登录的用户和网络登录的用户都有效，共享权限只对网络登录的用户有效。上例中如果用户 A 直接从本地登录，则用户 A 的有效权限只由 NTFS 权限决定，其获得的有效权限为“读取”。

6.3.3　卷影副本

用户可以通过“共享文件夹的卷影副本”功能，让系统自动在指定时间将所有共享文件夹内的文件复制到另外一个存储区内备用。当用户通过网络访问共享文件夹，将其中的文件删除或者修改文件的内容后，想要还原文件原来的内容，可以通过“卷影副本”存储区内的旧文件来达到目的。卷影副本可以为每个共享文件夹最多创建 64 个副本，当某个文件夹的副本数量达到最大值时，最早创建的卷影副本将被删除。卷影副本是只读的，用户不能修改其内容。需要注意的是卷影副本不能替代常规的备份工作，因为如果物理磁盘失败，卷影副本将无法恢复。

6.3.4　分布式文件系统

通过分布式文件系统（Distributed File System，DFS），可以将文件分散地存储到网络上多台计算机内，但是对于用户来说，这些文件看起来是存储在一台计算机上的，因此用户只需要从一台计算机访问这些文件。也就是说，这些文件被存储在多台计算机中，用户通过 DFS 读取文件时，DFS 就会自动为用户从其中一台计算机上读取文件，用户并不需要知道这些文件的真正存储地点。除此之外，DFS 还具备以下特色。

（1）服务器负载平衡功能：举例来说，可以把网站的文件同时放到多台服务器内，当有多个用户要访问该网站内的网页时，DFS 会分散地从不同的服务器给不同的用户读取相关文件，从而将负担分散到不同的服务器。

（2）确保用户可以读到文件：在前例中，如果有一台服务器发生故障，DFS 仍然可从其他正常的服务器读取用户所需的文件，因此可以说 DFS 提供了容错的功能。

Windows Server 2008 R2 通过文件服务角色中的“DFS 命名空间”和“DFS 复制”这两个服务来创建 DFS。图 6－32 给出了 DFS 的基本结构和相关组件。

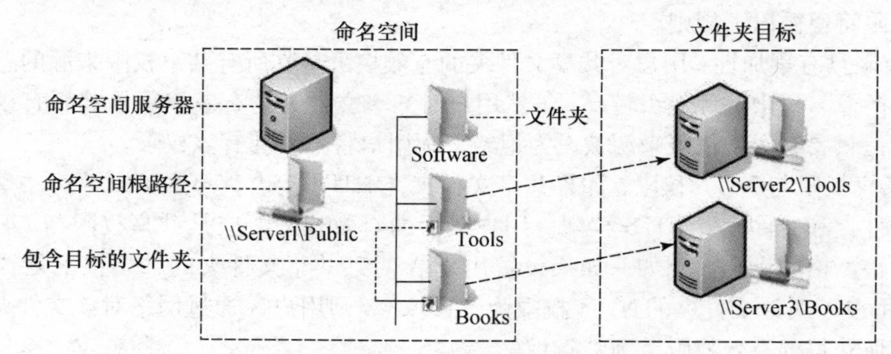

图 6－32　DFS 的基本结构和相关组件

1. DFS 命名空间

DFS 命名空间将位于不同服务器内的共享文件夹组合在一起，并以一个虚拟文件夹的树型结构显示给客户端。DFS 命名空间分为域命名空间和独立命名空间。域命名空间将配置数据存储到活动目录数据库和命名空间服务器的内存缓冲区，如果创建多台命名空间服务器，可具备容错功能。独立命名空间将配置数据存储到命名空间服务器的注册表与内存缓冲区，独立命名空间只能有一台命名空间服务器，不具备容错功能。

注 意

从 Windows Server 2008 系统开始，可以创建一种被称为“Windows Server 2008 模式”的域命名空间。该域命名空间可根据用户的权限来决定用户是否能看到共享文件夹内的文件和文件夹。

2. 命名空间服务器

命名空间服务器承载命名空间。在域命名空间中，命名空间服务器可以是域控制器或成员服务器，在独立命名空间中也可以是独立服务器。

3. 命名空间根路径

命名空间根路径是被映射到命名空间服务器内的一个共享文件夹，是命名空间的起点。命名空间根路径必须位于 NTFS 卷，默认在“%SystemDrive% \ DFSRoots \ ”目录下。

4. 文件夹和文件夹目标

没有文件夹目标的文件夹将层次结构添加到命名空间，包含文件夹目标的文件夹为用户提供实际内容。文件夹目标是共享文件夹或与命名空间中某个文件夹关联的另一个命名空间的 UNC 路径。用户浏览包含文件夹目标的文件夹时，将被重定向到其映射的共享文件夹中。

【任务实施】

操作 1　设置共享文件夹

1. 新建共享文件夹

在 Windows Server 2008 R2 系统中，隶属于 Administrators 组的用户具有将文件夹设置为共享文件夹的权限。新建共享文件夹的基本操作步骤如下。

(1) 在"计算机"窗口中，选中要共享的文件夹，右击鼠标，在弹出的菜单中选择"共享"→"特定用户"命令，打开"选择要与其共享的网络上的用户"对话框，如图 6－33 所示。

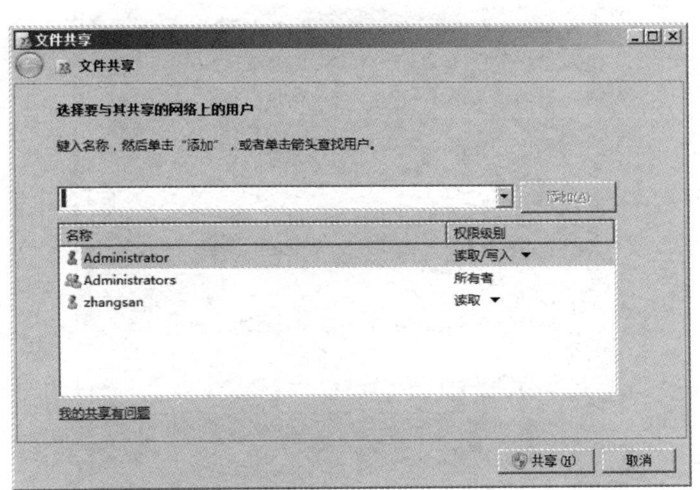

图 6－33　"选择要与其共享的网络上的用户"对话框

(2) 在"选择要与其共享的网络上的用户"对话框中输入要与之共享的用户或组名（也可单击向下箭头来选择用户或组）后单击"添加"按钮。被添加的用户或组的默认共享权限为读取，若要更改，可在用户列表框中单击"权限级别"右边向下的箭头进行选择。

注 意

设置共享权限时，系统会将共享权限设置为 Everyone 为完全控制，同时也将 NTFS 权限设置为所指定的共享权限。

（3）设置完成后，单击“共享”按钮，若此计算机的网络位置为公用网络，则会提示用户选择是否要在所有的公用网络启用网络发现与文件共享。如果选择“否”，此计算机的网络位置会被更改为专用网。当出现“您的文件夹已共享”对话框时，单击“完成”按钮，完成共享文件夹的创建。

在第一次将文件夹共享后，系统会启动“文件共享权限设置”，可以在“网络与共享中心”窗口中单击“更改高级共享设置”链接来查看该设置。

2. 停止共享

如果要停止文件夹共享，可在“计算机”窗口中选中相应的共享文件夹，右击鼠标，在弹出的菜单中选择“共享”→“不共享”命令，在打开的对话框中选择“停止共享”选项即可。

3. 更改共享权限

如果要更改共享文件夹的共享权限，操作方法如下。

（1）在“计算机”窗口中选中相应的共享文件夹，右击鼠标，在弹出的菜单中选择“属性”命令，在打开的“属性”对话框中选择“共享”选项卡，如图 6－34 所示。

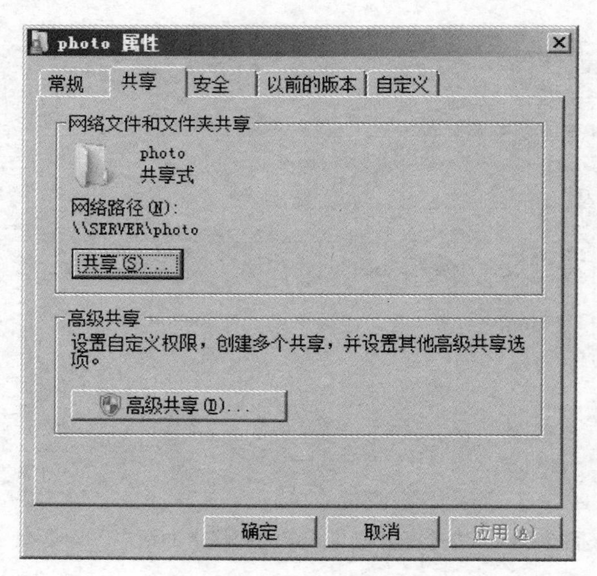

图 6－34　“共享”选项卡

（2）在“共享”选项卡中单击“高级共享”按钮，打开“高级共享”对话框，如图 6－35 所示。

（3）在“高级共享”对话框中单击“权限”按钮，打开“共享权限”对话框，如图 6－36所示。可以在该对话框中通过单击“添加”和“删除”按钮增加或减少用户或组，选中某账户后即可为其更改共享权限。

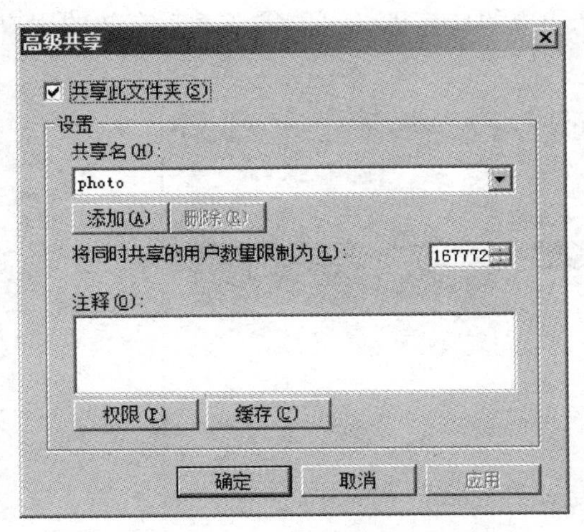

图6-35　“高级共享”对话框

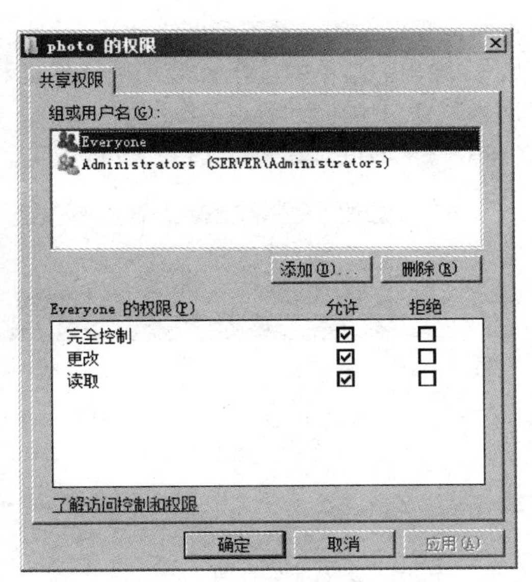

图6-36　“共享权限”对话框

4. 更改共享名

每个共享文件夹都有一个共享名，共享名默认为文件夹名，网络上的用户通过共享名来访问共享文件夹内的文件。可在共享文件夹的“高级共享”对话框中更改共享名或添加多个共享名，不同的共享名可设置不同的共享权限。

5. 在 Active Directory 中发布共享文件夹

在域中存在着众多的资源对象，这些资源对象通常是共享文件夹和共享打印机，它们一般分布在各台计算机上。使用 Active Directory 发布共享文件夹，可以使用户不必知道资源所在的计算机和共享名，就可以方便、快捷地访问和使用它们，具体操作方法如下。

(1) 在文件夹所在计算机上，将其设为共享。

(2) 在域控制器上，依次选择“开始”→“管理工具”→“Active Directory 用户和计算机”命令，打开“Active Directory 用户和计算机”窗口。

(3) 在“Active Directory 用户和计算机”窗口中，选中要发布共享文件夹的位置（如某组织单位)，右击鼠标，在弹出的菜单中依次选择“新建”→“共享文件夹”命令，打开“新建对象-共享文件夹”对话框。

(4) 在“新建对象-共享文件夹”对话框中，输入“名称”和网络路径（\\资源主机名\共享名）后，单击“确定”按钮，完成资源对象的建立和发布任务。

操作2　访问共享文件夹

客户端用户可利用以下方式访问共享文件夹。

1. 利用网络发现来连接网络计算机

客户端用户依次选择“开始”→“网络”命令，在打开的“网络”窗口中会出现

“网络发现已关闭，看不到网络计算机和设备，单击以更改”的提示信息，单击该提示信息，在弹出的菜单中选择“启用网络发现和文件共享”命令，如图 6-37 所示。此时在“网络”窗口中可以看到网络上的计算机，选择相应的计算机（可能需要输入有效的用户名和密码）即可对其共享文件夹进行访问。

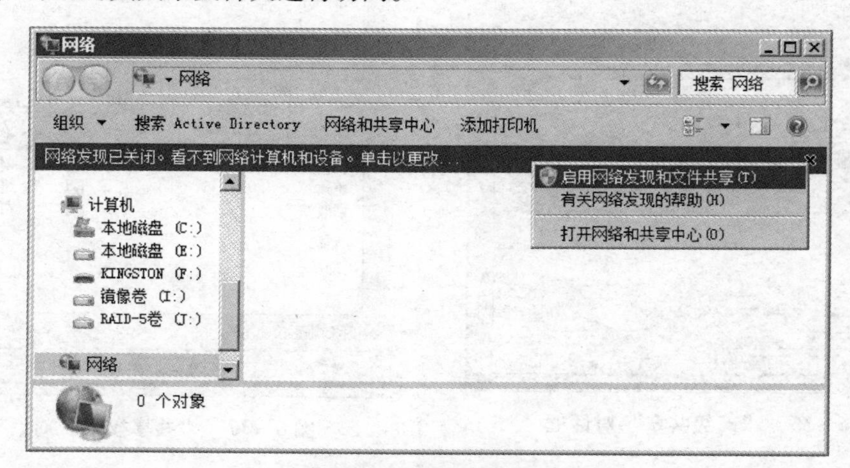

图 6-37　启用网络发现和文件共享

2. 利用 UNC 直接访问

如果已知发布共享文件夹的计算机及其共享名，则可利用该共享文件夹的 UNC 直接访问。UNC（Universal Naming Convention，通用命名标准）的定义格式为“\\ 计算机名称 \ 共享名”。具体操作方法如下。

（1）依次选择“开始”→“运行”命令，在“运行”对话框中，输入要访问的共享文件夹的 UNC “\\ 计算机名称 \ 共享名”，单击“确定”按钮，即可访问相应的共享资源。

（2）在浏览器的地址栏中，输入要访问的共享文件夹的 UNC “\\ 计算机名称 \ 共享名”，也可完成相应资源的访问。

3. 映射网络驱动器

为了使用上的方便，可以将网络驱动器盘符映射到共享文件夹上，具体方法为：在客户端“计算机”窗口中按 Alt 键，在菜单栏中依次选择“工具”→“映射网络驱动器”命令，打开“映射网络驱动器”对话框，如图 6-38 所示。在“映射网络驱动器”对话框中，指定驱动器的盘符及其对应的共享文件夹 UNC 路径（也可单击“浏览”按钮，在“浏览文件夹”对话框中进行选择），单击“完成”按钮完成设置。设置完成后，就可以在“计算机”窗口中通过该驱动器盘符来访问共享文件夹内的文件了。

注 意

若当前用户账户没有权限访问共享文件夹，可在“映射网络驱动器”对话框中选中“使用其他凭据连接”复选框，在弹出的对话框中输入相应的账户与密码即可。

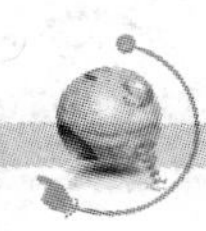

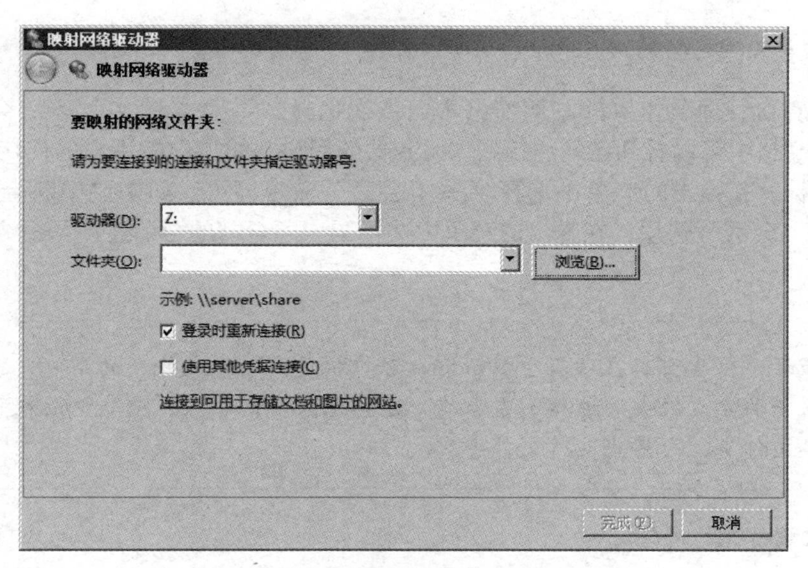

图 6－38　“映射网络驱动器”对话框

操作 3　管理共享文件夹

在 Windows Server 2008 R2 系统中，可以利用“计算机管理”、“共享和存储管理”等管理工具对共享文件夹进行管理。利用“计算机管理”管理共享文件夹的基本方法如下。

1. 查看共享文件夹

依次选择“开始”→“管理工具”→“计算机管理”命令，打开“计算机管理”窗口。在左侧窗格中，依次选择“共享文件夹”→“共享”选项，此时在中间窗格中可以看到当前计算机中所有共享文件夹，如图 6－39 所示。

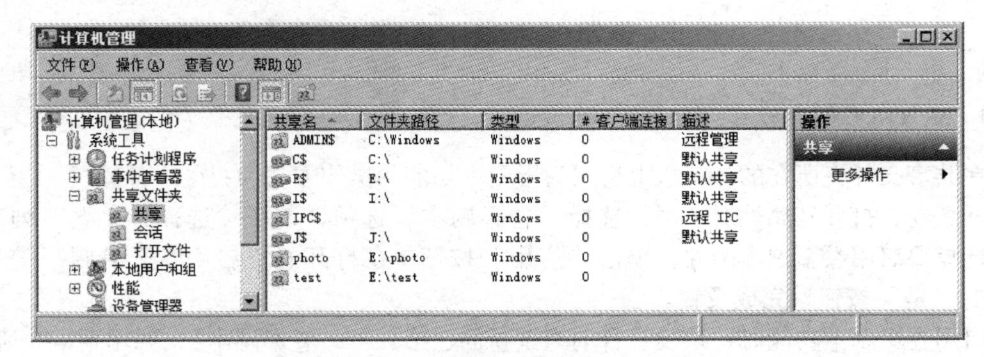

图 6－39　查看当前计算机中所有共享文件夹

如果要停止将文件夹共享给网络上的用户，可右击共享文件夹，在弹出的菜单中选择“停止共享”命令。如果要修改共享文件夹的设置，可右击共享文件夹，在弹出的菜单中选择“属性”命令，打开共享文件夹的属性对话框进行修改。如果要新建共享文件夹，可右击“共享”选项，在弹出的菜单中选择“新建共享”命令，根据向导提示操作即可。

2. 监控与管理连接的用户

在“计算机管理”窗口的左侧窗格中，依次选择“共享文件夹”→“会话”选项，此时在中间窗格中可以看到已经连接到该服务器的用户。如需中断用户的连接，可将其选中，右击鼠标，在弹出的菜单中选择“关闭会话”命令即可。如果要中断全部的会话连接，可右击“会话”选项，在弹出的菜单中选择“中断全部的会话连接”命令即可。

注意

如果断开一位当前正在从基于 Windows 客户机访问共享文件夹的用户，客户端将自动重新建立与共享文件夹的连接。重新建立连接无需用户介入，除非更改权限以防止用户访问共享文件夹，或停止共享文件夹。

3. 监控被打开的文件

在“计算机管理”窗口的左侧窗格中，依次选择“共享文件夹”→“打开文件”选项，此时在中间窗格中可以看到用户所打开的文件。如果要中断某个用户所打开的文件，可将其选中，右击鼠标，在弹出的菜单中选择“将打开的文件关闭”命令即可。如果要中断所有用户打开的文件，可右击“打开文件”选项，在弹出的菜单中选择“中断全部打开的文件”命令即可。

注意

通过将用户从文件上强制断开，可迫使用户重新打开文件。不过，如果没有提前通知用户保存更改，断开会话的方式可能会造成数据丢失。

操作 4　设置卷影副本

1. 启用卷影副本功能

在共享文件夹所在的计算机上启用卷影副本功能的操作方法为：在“计算机”窗口中选择任意卷，打开其属性对话框，选择“卷影副本”选项卡，在“选择一个卷”列表框中，选择要启用卷影副本的卷，单击“启用”按钮，在打开的“启用卷影复制”警告框中单击“是”按钮，完成设置。

启用卷影副本功能时，系统会自动为该卷创建第一个“卷影副本”，如图 6－40 所示。此时该卷所有共享文件夹内的文件都将复制到“卷影副本”存储区内，而且系统默认会在星期一至星期五的 7：00 与 12：00，分别自动添加一个“卷影副本”。用户也可以随时单击“立即创建”按钮，自行创建新的“卷影副本”。

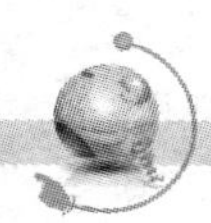

注　意

卷影副本内的文件只能读，不能改。每个卷最多只可以有64个卷影副本，若超出该限制，最早的卷影副本会被删除。

2. 客户端访问“卷影副本”内的文件

客户端通过网络连接共享文件夹后，如果不小心更改了某文件的内容，可以通过以下方法恢复原文件的内容：右击该共享文件夹，在弹出的菜单中选择“属性”命令，选择“以前的版本”选项卡，如图6－41所示。在“文件夹版本”列表框中选择该文件的“卷影副本”版本，单击“还原”按钮，即可将文件还原为该“卷影副本”的状态。

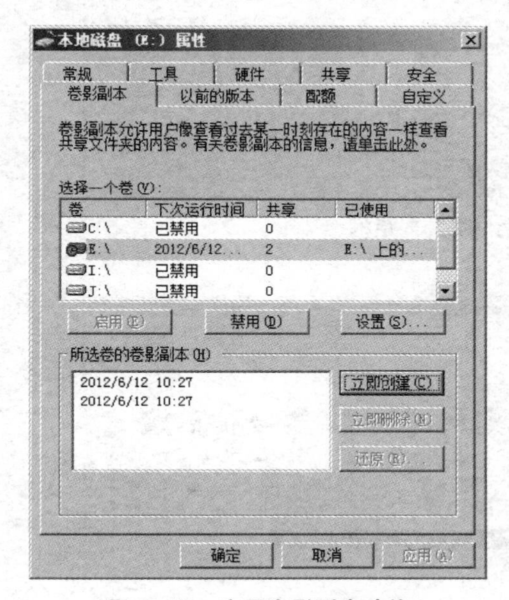

图6－40　启用卷影副本功能

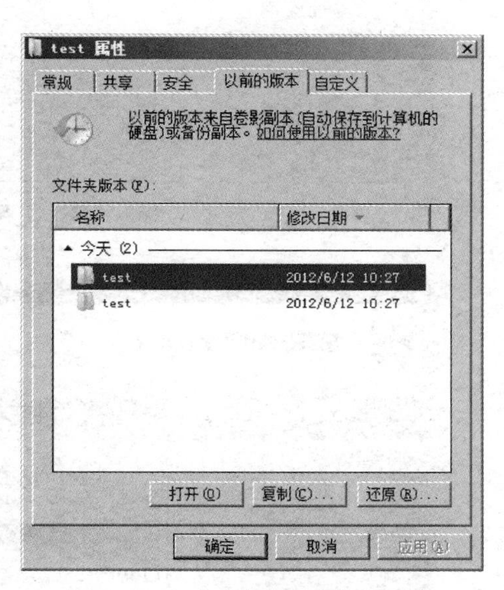

图6－41　“以前的版本”选项卡

操作5　使用文件服务器资源管理器

Windows Server 2008 R2系统提供了易于使用的管理工具，使管理员可以高效地管理文件服务器内的资源，如磁盘配额管理、文件检测、存储报告管理与文件分类管理等。

1. 安装文件服务器资源管理器

设置了共享文件夹的计算机会自动添加文件服务器角色，如果要在该计算机上安装文件服务器资源管理器，操作方法如下。

（1）打开“服务器管理器”窗口，在左侧窗格中依次选择“角色”→“文件服务”选项，右击鼠标，在弹出的菜单中选择“添加角色服务”命令，打开“选择角色服务”对话框，如图6－42所示。

（2）在“选择角色服务”对话框中选中“文件服务器资源管理器”复选框，单击

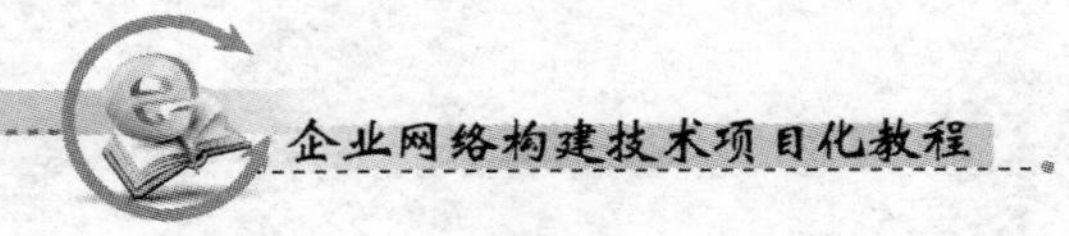

“下一步”按钮，打开“配置存储使用情况监视”对话框，如图6－43所示。

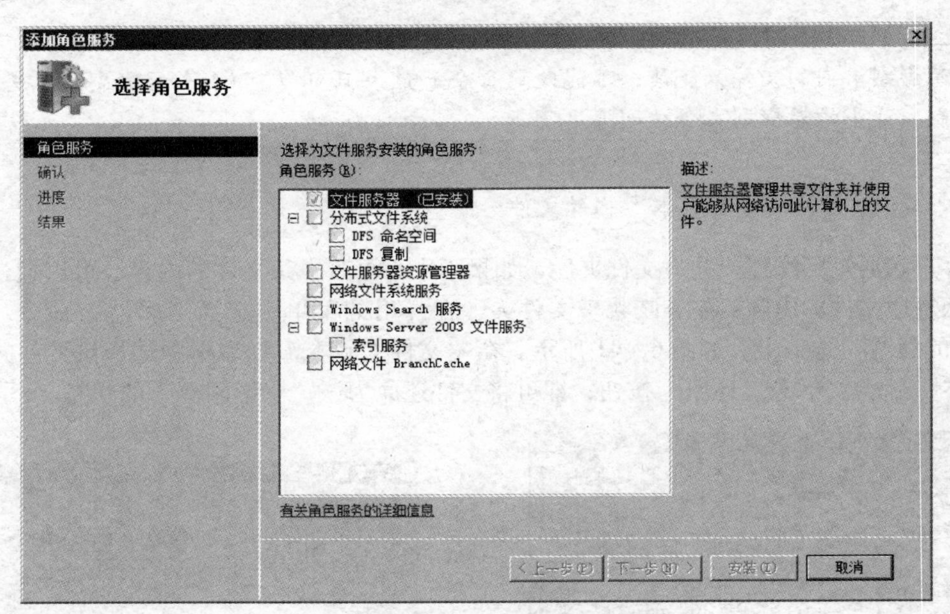

图6－42 “选择角色服务”对话框

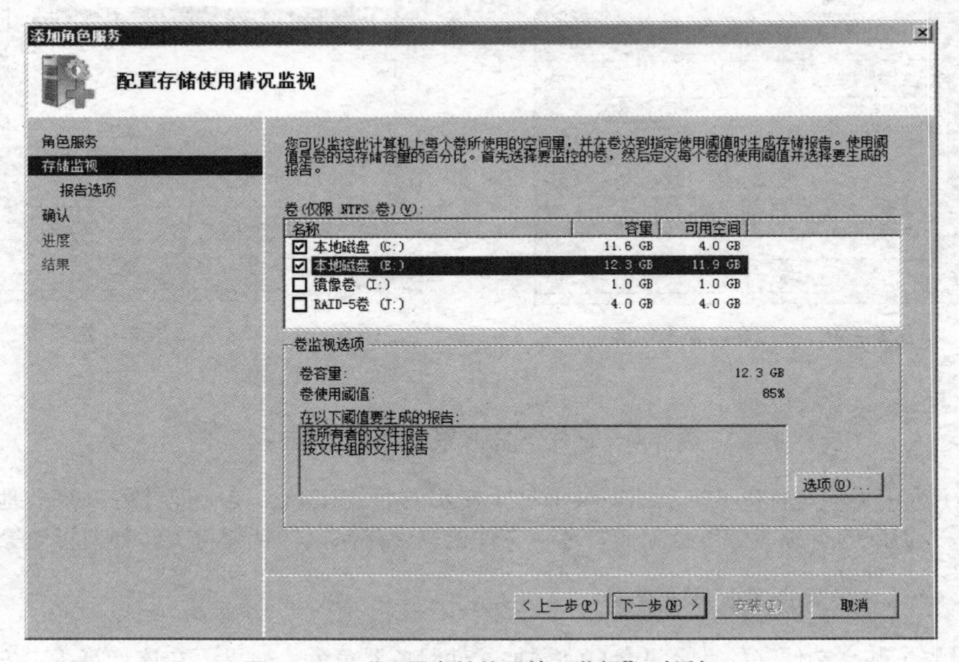

图6－43 “配置存储使用情况监视”对话框

(3) 在“配置存储使用情况监视”对话框中，选择要监控的卷，单击“下一步”按钮，打开“报告选项”对话框。

(4) 在“报告选项”对话框中设置报告保存位置及是否通过电子邮件接收报告，单击“下一步”按钮，打开“确认安装程序”对话框。

（5）在“确认安装程序”对话框中，单击“安装”按钮，系统将进行文件服务器资源管理器的安装。

2. 磁盘配额管理

与NTFS卷提供的磁盘配额功能不同，文件服务器资源管理器可以以文件夹为单位设置磁盘配额，而且不考虑具体的用户账户。操作方法如下。

（1）依次选择“开始”→“管理工具”→“文件服务器资源管理器”命令，打开“文件服务器资源管理器”窗口，如图6－44所示。

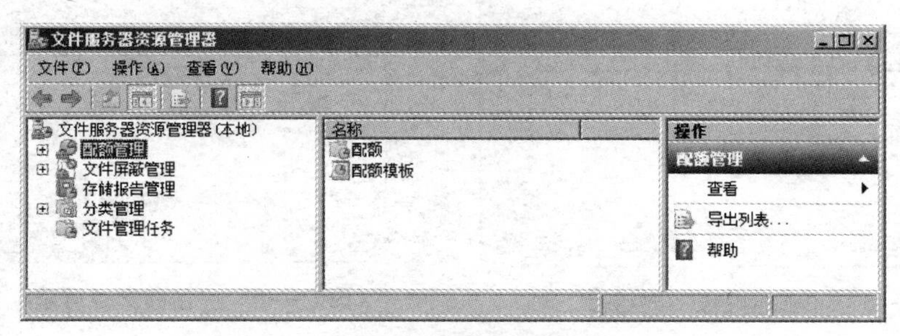

图6－44　“文件服务器资源管理器”窗口

（2）在“文件服务器资源管理器”窗口的左侧窗格中依次选择“配额管理”→“配额”选项，在右侧窗格中单击“创建配额”链接，打开“创建配额”对话框，如图6－45所示。

（3）在“创建配额”对话框中设定要进行配额限制的文件夹路径和配额属性，单击“创建”按钮，完成设置。此时若用户将超出配额限制的文件存储到该文件夹，会出现磁盘空间不足的警告框。

注 意

默认情况下，文件服务器资源管理器提供了模板来进行相应限制，用户可以自定义模板也可以对已有模板进行修改。限于篇幅，具体操作方法这里不再赘述。

3. 文件屏蔽管理

可以通过文件屏蔽功能限制用户将某些类型的文件存储到指定的文件夹内，操作方法为：在“文件服务器资源管理器”窗口的左侧窗格中依次选择“文件屏蔽管理”→“文件屏蔽”选项，在右侧窗格中单击“创建文件屏蔽”链接，打开“创建文件屏蔽”对话框，如图6－46所示。在“创建文件屏蔽”对话框中设定要进行文件屏蔽的文件夹路径和文件屏蔽属性，单击“创建”按钮，完成设置。此时若用户将被屏蔽的文件存储到该文件夹，会出现“您需要权限来进行操作”警告框。

文件屏蔽主要通过扩展名对文件类型进行限制。系统默认已经将一些不同类型的文件进行分类，并创建了不同的文件组，可以直接利用这些文件组进行文件屏蔽管理。在“文件服务器资源管理器”窗口的左侧窗格中，可以通过选择“文件屏蔽管理”→“文件组”选项查看和创建文件组。

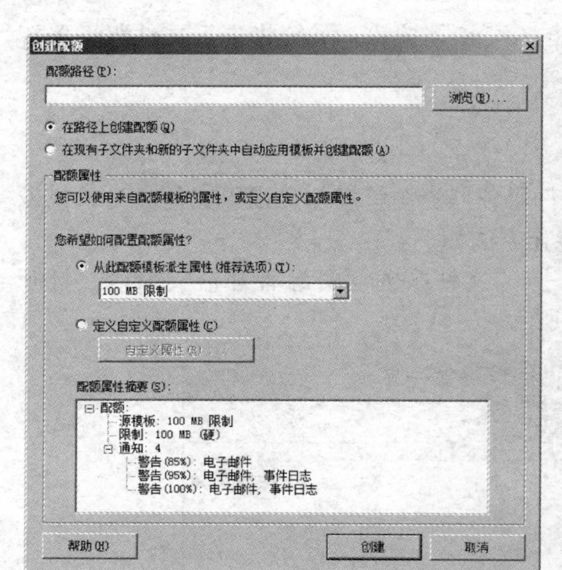

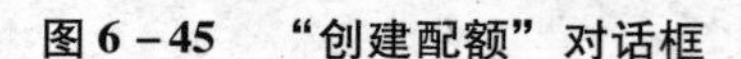
图6－45 “创建配额”对话框

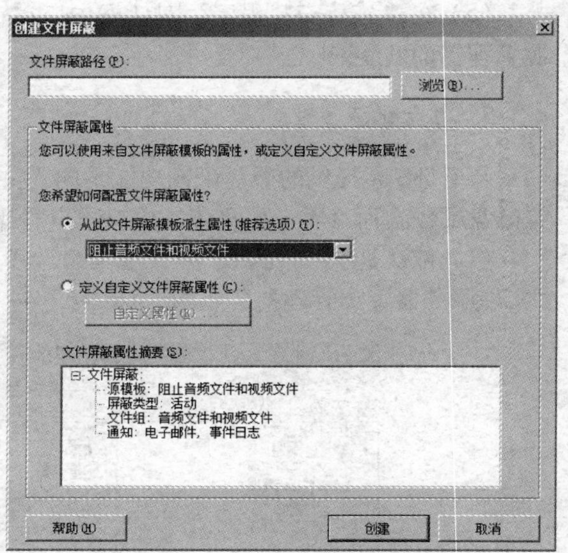

图6－46 “创建文件屏蔽”对话框

注 意

以上只完成了文件服务器资源管理器的部分管理功能，其他管理功能的实现方法请查阅系统帮助文件。

操作6　设置DFS

1. 安装DFS相关组件

DFS中的命名空间服务器需要安装DFS命名空间服务和DFS管理工具。如果命名空间服务器同时也是域控制器，则DFS命名空间服务将被自动安装和启动。安装DFS相关组件的操作方法为：打开“服务器管理器”窗口，在左侧窗格中依次选择“角色”→“文件服务”选项，右击鼠标，在弹出的菜单中选择“添加角色服务”命令，在“选择角色服务”对话框中选中“分布式文件系统”复选框，单击“下一步”按钮，按向导提示操作即可。

2. 创建命名空间

在命名空间服务器上创建命名空间的操作方法如下。

(1) 依次选择“开始”→“管理工具”→“DFS管理”命令，打开“DFS管理”窗口，如图6－47所示。

(2) 在“DFS管理”窗口的右侧窗格中单击“新建命名空间”链接，打开“命名空间服务器”对话框，如图6－48所示。

(3) 在“命名空间服务器”对话框中选择作为命名空间服务器的计算机，单击“下

一步”按钮，打开“命名空间名称和设置”对话框，如图 6－49 所示。

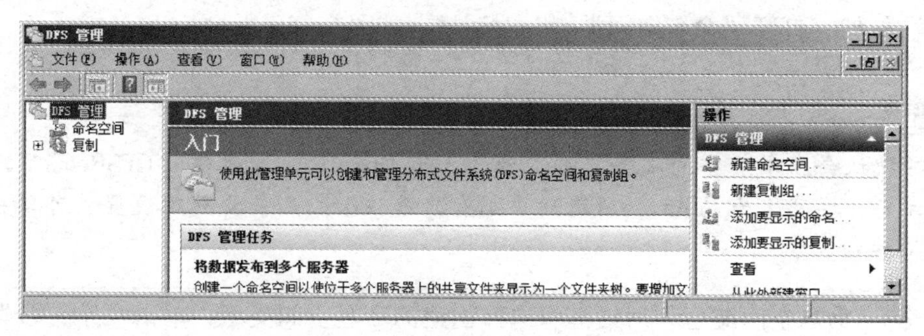

图 6－47　“DFS 管理”窗口

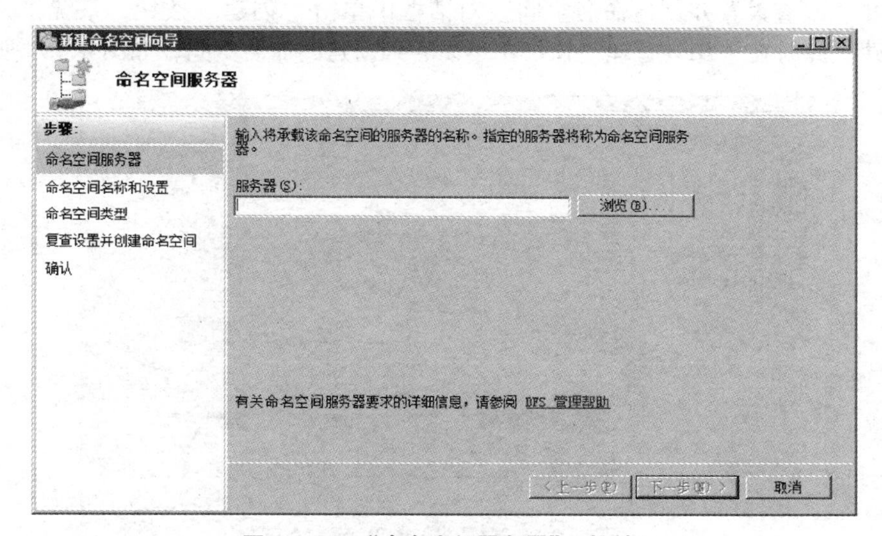

图 6－48　“命名空间服务器”对话框

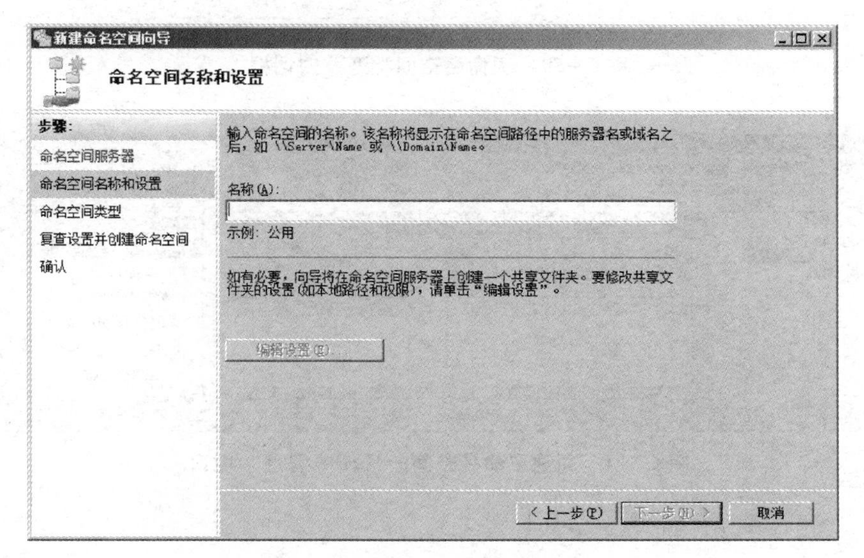

图 6－49　“命名空间名称和设置”对话框

（4）在“命名空间名称和设置”对话框中设置命名空间的名称（如 Public），单击“下一步”按钮，打开“命名空间类型”对话框，如图 6－50 所示。

注 意

系统默认会在命名空间服务器的“% System Drive%”卷新建“DFSRoots \ Public”共享文件夹，共享名为 Public，所有用户都有只读权限。如果要更改设置，可单击“编辑设置”按钮。

（5）在“命名空间类型”对话框中选择创建的命名空间类型，单击“下一步”按钮，打开“复查设置并创建命名空间”对话框。

（6）在“复查设置并创建命名空间”对话框中单击“创建”按钮，系统将完成命名空间的创建。此时在“DFS 管理”窗口中可以看到新建的命名空间，如图 6－51 所示。

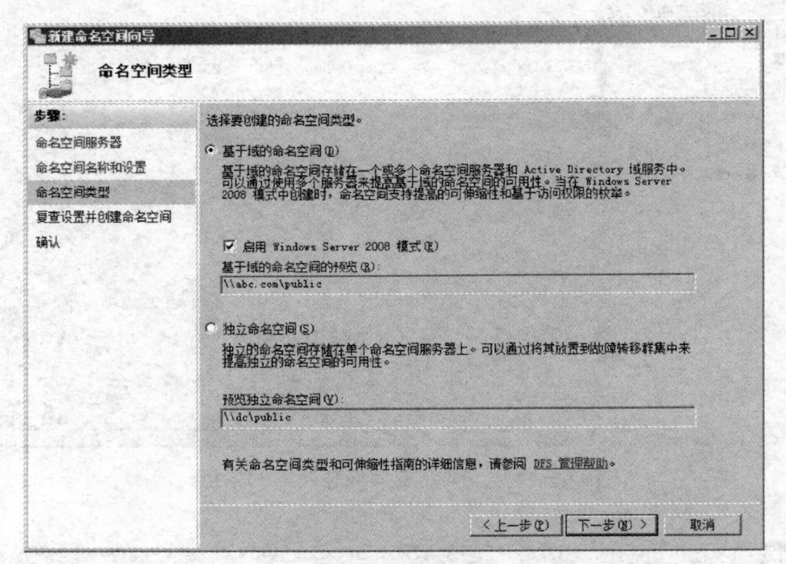

图 6－50 “命名空间类型”对话框

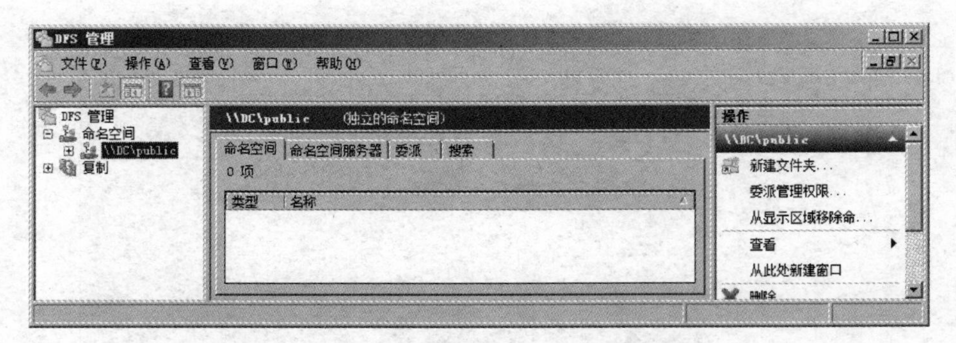

图 6－51 新建了命名空间的“DFS 管理”窗口

3. 新建文件夹

在命名空间中新建文件夹的操作方法为：在“DFS 管理”窗口的左侧窗格中选择相应的命名空间，在右侧窗格中单击“新建文件夹”链接，在“新建文件夹”对话框中设置文件夹名称，单击“添加”按钮，输入文件夹目标的路径（其他计算机上共享文件夹的 UNC）即可完成设置，如图 6－52 所示。

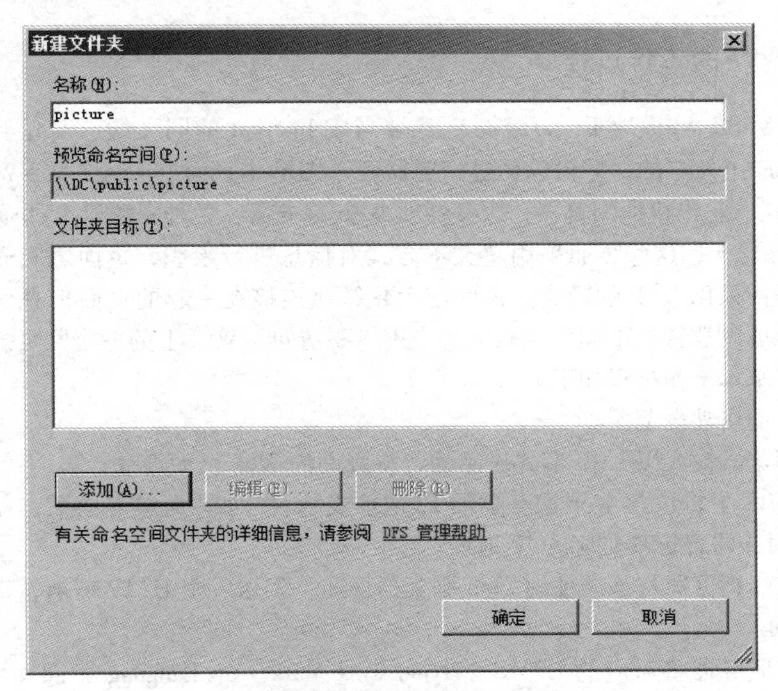

图 6－52　“新建文件夹”对话框

4. 访问 DFS 中的文件

要访问 DFS 中的文件，只需要访问 DFS 命名空间所对应的共享文件夹，通过相应的目标文件夹即可。例如可以通过 UNC“\\服务器名或域名\DFS 命名空间名称\目标文件夹名称”访问 DFS 目标文件夹对应的共享文件夹中的文件。

任务 6.4　配置 Web 服务器

【任务目的】

（1）理解 URL 和 IIS 包含的主要服务。

（2）掌握利用 IIS 设置网站的基本方法。

（3）掌握虚拟目录的配置方法。

（4）掌握在同一个服务器上发布多个网站的方法。

（5）掌握设置网站安全的基本方法。

【工作环境与条件】

（1）安装 Windows Server 2008 R2 操作系统的计算机。

（2）正常运行的网络环境（也可使用 VMware Workstation、Windows Server 2008 R2 Hyper－V 服务等虚拟机软件）。

【相关知识】

6.4.1 WWW 的工作过程

WWW（World Wide Web，万维网）常被当成 Internet 的同义词。实际上 WWW 是在 Internet/Intranet 上发布的，并可以通过浏览器观看图形化页面的服务。WWW 服务采用客户/服务器模式，客户机即浏览器，服务器即 Web 服务器，各种资源以 Web 页面的形式存储在 Web 服务器上，这些页面采用超文本方式对信息进行组织，页面之间通过超链接连接起来，超链接采用 URL 的形式。这些使用超链接连接在一起的页面信息可以放置在同一主机上，也可以放置在不同的主机上。当用户要访问 WWW 上的一个网页或其他网络资源的时候，其基本工作过程如下。

（1）客户端启动浏览器。

（2）在浏览器键入以 URL 形式表示的、待查询的 Web 页面地址。

（3）在 URL 中将包含 Web 服务器的 IP 地址或域名，如果是域名的话，需要将该域名传送给 DNS 服务器解析其对应的 IP 地址。

（4）客户端浏览器与该地址的 Web 服务器连通，发送一个 HTTP 请求，告知其需要浏览的 Web 页面。

（5）Web 服务器将对应的 HTML（Hyper Text Mark－up Language，超文本标记语言）文本、图片和构成该网页的一切其他文件逐一发送回用户。

（6）浏览器把接收到的文件，加上图像、链接和其他必须的资源，显示给用户，这些就构成了用户所看到的网页。

6.4.2 URL

URL（统一资源定位符）也称为网页地址，是用于完整描述 Internet 上 Web 页面和其他资源的地址的一种标识方法。在实际应用中，URL 可以是本地磁盘，也可以是局域网的计算机，当然更多的是 Internet 中的站点。URL 的一般格式为（带方括号［］的为可选项）：

protocol：// hostname［：port］/ path /［；parameters］［？query］#fragment

对 URL 的格式说明如下。

（1）protocol（协议）：用于指定使用的传输协议，表 6－3 列出 protocol 属性的部分有效方案名称，其中最常用的是 HTTP 协议。

表6－3　protocol 属性的部分有效方案名称

协议	说明	格式
file	资源是本地计算机上的文件	file：//
ftp	通过 FTP 协议访问资源	ftp：//
http	通过 HTTP 协议访问资源	http：//
https	通过安全的 HTTP 协议访问资源	https：//
mms	通过支持 MMS（流媒体）协议的播放软件（如 Windows Media Player）播放资源	mms：//
ed2k	通过支持 ed2k（专用下载链接）协议的 P2P 软件（如 emule）访问资源	ed2k：//
thunder	通过支持 thunder（专用下载链接）协议的 P2P 软件（如迅雷）访问资源	thunder：//
news	通过 NNTP 协议访问资源	news：//

（2）hostname（主机名）：用于指定存放资源的服务器的域名或 IP 地址。有时在主机名前也可以包含连接到服务器所需的用户名和密码（格式：username@ password）。

（3）：port（端口号）：用于指定存放资源的服务器的端口号，省略时使用传输协议的默认端口。各种传输协议都有默认的端口号，如 HTTP 协议的默认端口为 80。若在服务器上采用非标准端口号，则在 URL 中就不能省略端口号这一项。

（4）path（路径）：由零或多个“/”符号隔开的字符串，一般用于表示主机上的一个目录或文件地址。

（5）；parameters（参数）：这是用于指定特殊参数的可选项。

（6）？query（查询）：用于为动态网页（如使用 CGI、ISAPI、PHP/JSP/ASP/ASP. NET 等技术制作的网页）传递参数，可有多个参数，用“&”符号隔开，每个参数的名和值用“=”符号隔开。

（7）fragment（信息片断）：用于指定网络资源中的片断，例如一个网页中有多个名词解释，可使用 fragment 直接定位到某一名词解释。

注 意

Windows 主机不区分 URL 大小写，但 UNIX/Linux 主机区分大小写。另外由于 HT-TP 协议允许服务器将浏览器重定向到另一个 URL，因此许多服务器允许用户省略 URL 中的部分内容，如 www。但从技术上来说，省略后的 URL 实际上是一个不同的 URL，服务器必须完成重定向的任务。

6.4.3　IIS

IIS（Internet Information Server，Internet 信息服务）是 Internet 中最基本的服务。常见的网络操作系统都提供了实现 Internet 信息服务的功能，在 Linux 操作系统中主要使用

Apache，而在 Windows Server 2008 R2 系统中，实现 Internet 信息服务的是 IIS7. 5。IIS7. 5 是一个易于管理的平台，在该平台上可以方便可靠地开发和托管 Web 应用程序和服务，其主要提供的功能包括常见 HTTP 功能、应用程序开发功能、运行状况和诊断功能、安全功能、性能功能、管理工具和文件传输协议（FTP）服务器功能等。

6. 4. 4　主目录与虚拟目录

任何一个网站或 FTP 站点都是通过树型目录结构的方式来存储信息的，每个站点可以包括一个主目录和若干个物理子目录或虚拟目录。

1. 主目录

主目录是网站或 FTP 站点发布树的顶点，是站点访问的起点，因此它不仅包括网站的首页及其指向其他网页的链接，还应包括该网站的所有目录和文件。每个网站或 FTP 站点必须拥有一个主目录，对该站点的访问，实际上就是对站点主目录的访问。由于主目录已经被映射为“域名”，因此访问者可以使用域名直接访问。例如：若站点域名是 www. xyz. com，主目录是 D：\ Website \ abc，则在客户端浏览器中使用 URL“http：// www. xyz. com/”即可访问服务器 D：\ Website \ abc 中的文件。IIS 默认网站的主目录为“X：\ Inetpub \ wwwroot”，其中“X”为 Windows Server 2008 R2 系统所在卷的驱动器号。用户可以将要发布的信息文件保存在 IIS 默认的主目录中，也可以更改默认主目录而不需要移动文件。

2. 虚拟目录

在网站或 FTP 站点管理中，如果用户需要通过主目录以外的目录发布信息文件，那就应当在网站或 FTP 站点的主目录下，创建虚拟目录。虚拟目录是站点管理员为本地计算机的真实目录或网络中其他计算机上的共享目录创建的一个别名，在客户端浏览器中，虚拟目录可以像主目录的真实子目录一样被访问，但它的实际物理位置并不处于所在站点的主目录中。利用虚拟目录可以将网站或 FTP 站点中发布的信息文件分散保存到不同的卷或不同的计算机上，这一方面便于分别开发与维护，另一方面当信息文件移动到其他物理位置时，也不会影响站点原有的逻辑结构。

【任务实施】

操作 1　安装 Web 服务器（IIS）

为了防范恶意用户与黑客的攻击，在默认情况下 Windows Server 2008 R2 不会自动安装 IIS。用户在安装 IIS 前应注意以下问题。

（1）安装 IIS 的计算机的 IP 地址最好是静态的。

（2）如果要使客户机可以利用域名来访问站点，则需要为该站点设置 DNS 域名，将其与 IP 地址注册到 DNS 服务器内，并保证 DNS 服务系统运行正常。

（3）信息文件最好存储在 NTFS 卷内，以便通过 NTFS 权限来增加安全性。

安装 Web 服务器（IIS）的基本操作步骤如下。

（1）依次选择“开始”→“管理工具”→“服务器管理器”命令，在“服务器管理器”窗口的左侧窗格中选择“角色”选项，在右侧窗格中单击“添加角色”链接，打开“选择服务器角色”对话框。

（2）在“选择服务器角色”对话框中选中“Web 服务器（IIS）”复选框，单击“下一步”按钮，打开“Web 服务器（IIS）”对话框。

（3）在“Web 服务器（IIS）”对话框中单击“下一步”按钮，打开“选择角色服务”对话框，如图 6－53 所示。

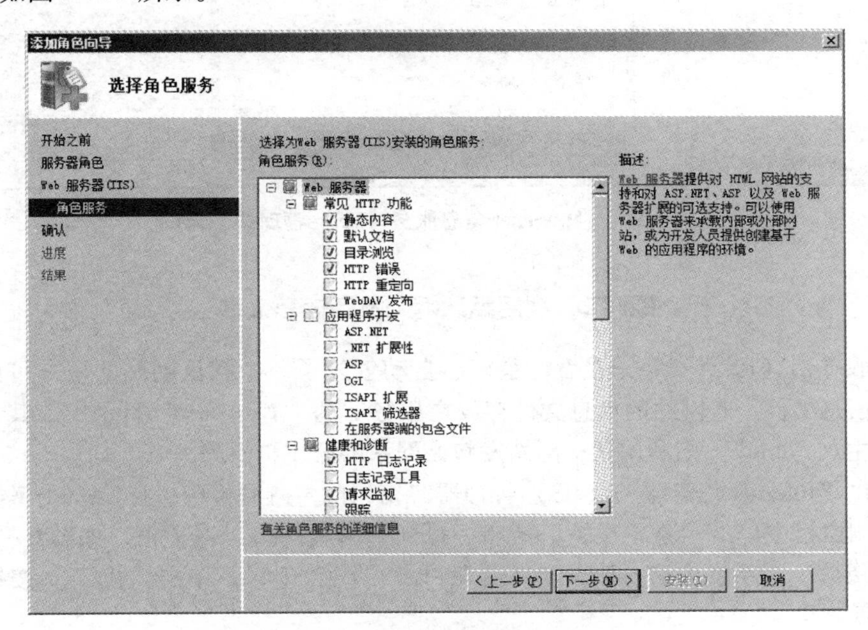

图 6－53　“选择角色服务”对话框

（4）在“选择角色服务”对话框中选择为 Web 服务器（IIS）安装的角色服务，单击“下一步”按钮，打开“确认安装选择”对话框。

（5）在“确认安装选择”对话框中单击“安装”按钮，系统将安装 Web 服务器（IIS），安装成功后将出现“安装结果”对话框。

（6）在“安装结果”对话框中单击“关闭”按钮，完成安装。

此时在系统管理工具中会增加“Internet 信息服务（IIS）管理器”选项，依次选择“开始”→“管理工具”→“Internet 信息服务（IIS）管理器”命令，可以打开“Internet 信息服务（IIS）管理器”窗口，如图 6－54 所示，由图可知系统已经自动创建了一个名为“Default Web Site”的默认网站。

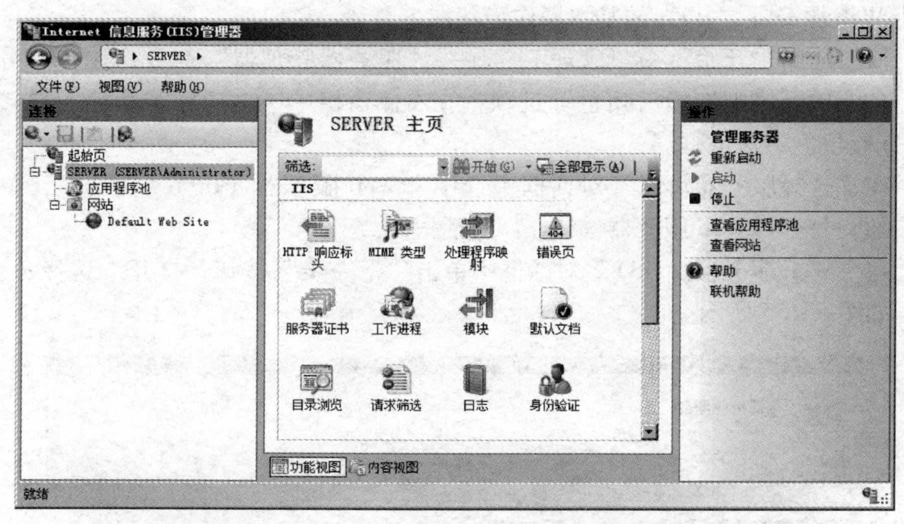

图 6-54 “Internet 信息服务(IIS)管理器”窗口

操作2 利用默认网站发布信息文件

Web 服务器(IIS)安装完成后,系统已自动创建了一个默认网站,用户可以直接利用其发布信息文件。若网站的信息文件存放在服务器的“E:\ test”目录中,其主页文件为“我的主页.html”,则利用默认网站发布该网站的操作步骤如下。

(1)在“Internet 信息服务(IIS)管理器”窗口的左侧窗格中选择 Default Web Site 选项,在右侧窗格中单击“基本设置”链接,打开“编辑网站”对话框,如图 6-55 所示。在“物理路径”文本框中输入信息文件所在目录“E:\ test”,单击“确定”按钮完成主目录的设置。

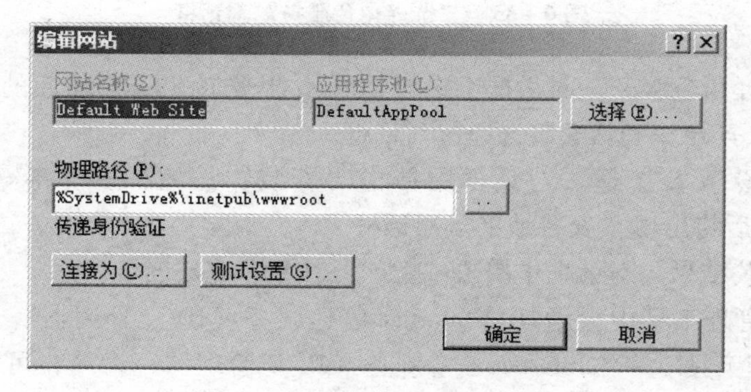

图 6-55 “编辑网站”对话框

注 意

信息文件所在的目录可以是本地文件夹也可以是共享文件夹。若为共享文件夹,网站必须提供有相应权限的用户名和密码,可在“编辑网站”对话框中单击“连接为”按钮进行设置。

（2）在“Internet 信息服务（IIS）管理器”窗口的左侧窗格中选择 Default Web Site 选项，在中间窗格中双击“默认文档”选项，此时可以看到该网站的默认文档列表，如图 6－56 所示。默认文档列表中是网站启用默认文档的顺序，网站会先读取最上面的文件，若主目录内没有该文件，则依序读取后面的文件，可以利用右侧窗格中的“上移”和“下移”链接调整列表的顺序。单击右侧窗格中的“添加”链接，打开“添加默认文档”对话框，输入要发布的网站的主页文件名“我的主页.html”，单击“确定”按钮完成默认文档的设置。

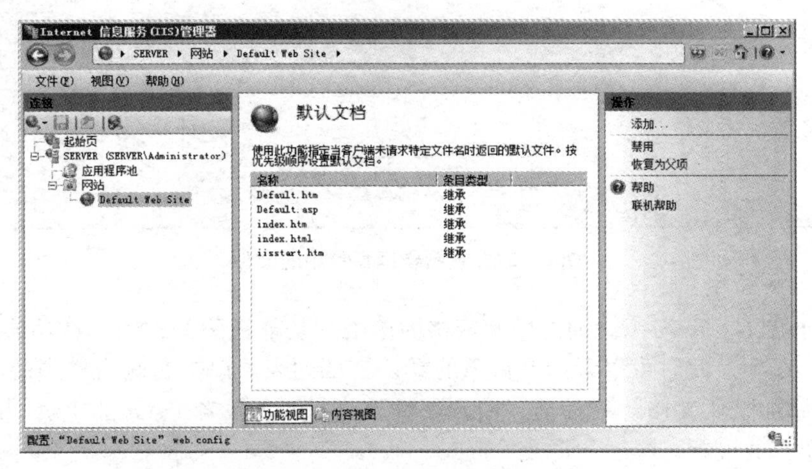

图 6－56　网站的默认文档列表

注 意

默认文档列表中的“条目类型”若为“继承”，则表示这些设置是从计算机设置继承来的，可以在“Internet 信息服务（IIS）管理器”窗口的左侧窗格中单击计算机名，在中间窗格中双击“默认文档”选项修改这些默认值。

此时在客户端浏览器的地址栏中输入“http：//域名（IP 地址）”，即可浏览所发布的主页。

操作 3　设置物理目录和虚拟目录

可以在网站主目录下新建多个物理目录，然后将信息文件存储在这些物理目录内，也可以利用虚拟目录发布主目录以外的信息文件。

1. 设置物理目录

如在上例中利用默认网站发布的网站主目录下新建一个名为“soft”的文件夹，该文件夹信息文件的主页名称为“soft 的主页.html”，则使用物理目录将这一部分信息文件发布的操作方法如下。

（1）在“Internet 信息服务（IIS）管理器”窗口的左侧窗格中选择 Default Web Site 选项，此时可以看到该网站内多了一个物理目录“soft”。选中该目录，在中间窗格中单击“内容视图”按钮查看该目录中的所有文件，如图 6－57 所示。

图 6－57　查看物理目录中的文件

（2）在如图 6－57 所示画面的中间窗格内单击“功能视图”按钮，在功能视图中双击“默认文档”选项，此时可以看到该目录的默认文档列表。单击右侧窗格中的“添加”链接，打开“添加默认文档”对话框，输入该目录的主页文件名“soft 的主页 . html”，单击“确定”按钮完成设置。

此时在客户端浏览器的地址栏中输入“http：//域名（IP 地址）/物理目录名”，即可浏览所发布的物理目录的主页。

2. 设置虚拟目录

如在上例中利用默认网站发布的网站的另一部分信息文件存放在服务器的另一个目录“E：\ tools”中，该部分的主页文件名为“tools 的主页 . html”，则使用虚拟目录将这一部分信息文件发布的操作方法如下。

（1）在“Internet 信息服务（IIS）管理器”窗口的左侧窗格中选择 Default Web Site 选项，在中间窗格中单击“内容视图”按钮，单击右侧窗格中的“添加虚拟目录”链接，打开“添加虚拟目录”对话框，如图 6－58 所示。

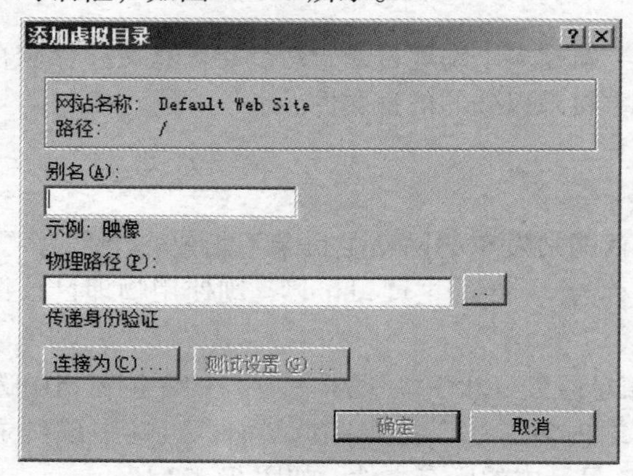

图 6－58　“添加虚拟目录”对话框

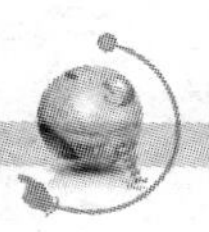

（2）在“添加虚拟目录”对话框的“别名”文本框中输入虚拟目录的别名，在“物理路径”文本框中输入其所对应的实际物理位置（如“E：\ tools”），单击“确定”按钮，此时在“Internet 信息服务（IIS）管理器”中可以看到“Default Web Site”内多了一个虚拟目录。

注 意

虚拟目录的实际物理位置也可以是网络中的共享文件夹。若为共享文件夹，必须提供有相应权限的用户名和密码，可单击“连接为”按钮进行设置。

（3）在“Internet 信息服务（IIS）管理器”窗口的左侧窗格中选择 Default Web Site 选项中所建的虚拟目录，在中间窗格中双击“默认文档”选项，此时可以看到该虚拟目录的默认文档列表。单击右侧窗格中的“添加”链接，打开“添加默认文档”对话框，输入该目录的主页文件名“tools 的主页 . html”，单击“确定”按钮完成设置。

此时在客户端浏览器的地址栏中输入“http：//域名（IP 地址）/虚拟目录别名”，即可浏览所发布的虚拟目录的主页。

操作4　设置 HTTP 重定向

如果网站内容正在搭建或进行维护，可以通过 HTTP 重定向将访问连接暂时导向另外一个网站。设置 HTTP 重定向的操作方法如下。

（1）打开“服务器管理器”窗口，在左侧窗格中依次选择“角色”→“Web 服务器（IIS）”选项，右击鼠标，在弹出的菜单中选择“添加角色服务”命令，在“选择角色服务”对话框中选中“HTTP 重定向”复选框，单击“下一步”按钮，按向导提示操作完成“HTTP 重定向”服务的安装。

（2）在“Internet 信息服务（IIS）管理器”窗口的左侧窗格中选择要设置 HTTP 重定向的网站，在中间窗格中双击“HTTP 重定向”选项，打开如图 6－59 所示的窗口。

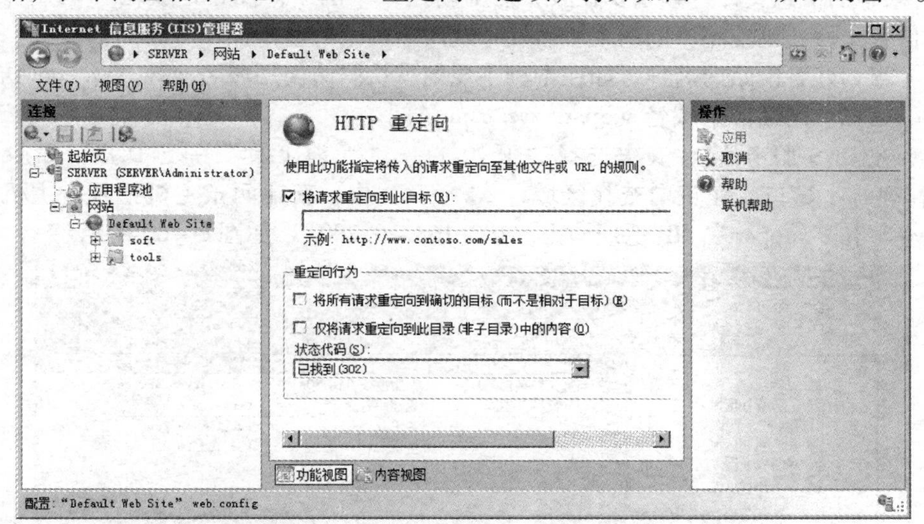

图 6－59　设置 HTTP 重定向

（3）在如图 6－59 所示的窗口中选中“将请求重定向到此目标”复选框并输入重定向目标网站的 URL，此时客户端浏览器连接本网站时，将看到的另外一个网站内的网页。

注 意

默认的 HTTP 重定向是相对定向，也就是说若将连接网站“www. xyz. com”的请求定向到网站“www. abc. com”，则当网站收到“http：//www. xyz. com/default. htm”的请求时，会将该请求定向为“http：//www. abc. com/default. htm”，而如果网站“www. abc. com”中没有名为“default. htm”的首页文件的话，则将无法显示网页。可在如图 6－59 所示窗口中选中“将所有请求重定向到确切的目标（而不是相对于目标）”复选框，此时会由目标网站决定要显示的首页文件。

物理目录和虚拟目录也有 HTTP 重定向的功能，其设置步骤与网站类似，不再赘述。

操作5　在一台服务器上发布多个网站

在一台计算机上可以发布多个网站，而为了能够正确区分这些网站，必须赋予每个网站唯一的识别信息。在计算机上可以使用主机名、IP 地址和 TCP 端口来识别网站。

1. 使用不同的主机名发布多个网站

在 IIS 中，每个网站都有一个描述性名称，并且可以支持一个主机名。当客户端的请求到达服务器时，IIS 会使用在 HTTP 头中通过的主机名来确定客户端请求的站点，因此可以给每个网站指定不同的主机名，从而使主机名成为网站的唯一标识。在 Internet 中，主机名必须是 DNS 能够解析的 FQDN 主机名，如 www. xyz. com。由于这种方法可以在一个 IP 地址上配置多个网站并且对用户透明，所以被广泛应用在 Internet 中，其主要缺点是必须有 DNS 的配合，并且不能用于 HTTPS。

假设服务器的 IP 地址为 192. 168. 19. 209，已经通过默认网站发布了存放在“E：\ test”目录中的信息文件，如果要在服务器上新建一个网站，发布存放在“E：\ test1”目录中的信息文件，则使用不同的主机名发布这两个网站的基本操作步骤如下。

（1）规划好各网站的名称，如在本例中规划默认网站使用域名 www. xyz. com 访问，而新创建的第二个网站使用域名 support. xyz. com 访问。

（2）在 DNS 服务器上依次选择“开始”→“管理工具”→“DNS”命令，打开“DNS 管理器”窗口，在正向查找区域“xyz. com”中，新建两条主机记录，主机名分别为“www”和“support”，IP 地址均为“192. 168. 19. 209”，如图 6－60 所示。

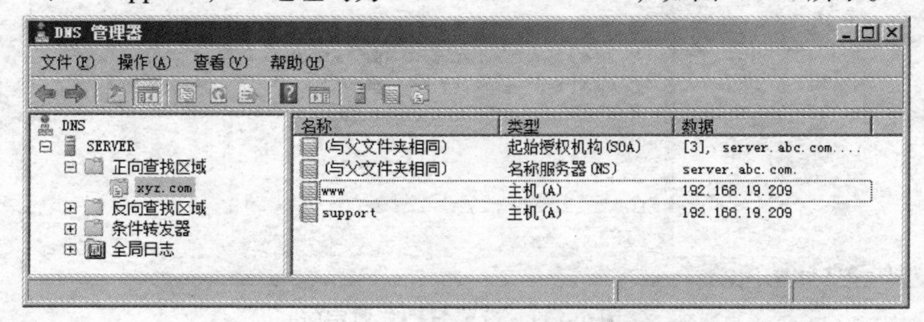

图 6－60　创建两条主机记录

(3) 在“Internet 信息服务（IIS）管理器”窗口的左侧窗格中选择 Default Web Site 选项，在右侧窗格中单击“绑定”链接，打开“网站绑定”对话框，如图 6－61 所示。

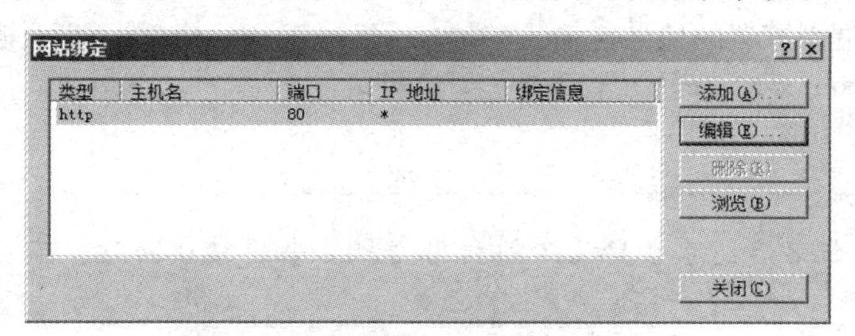

图 6－61　“网站绑定”对话框

(4) 在“网站绑定”对话框中单击“编辑”按钮，打开“编辑网站绑定”对话框，在“主机名”文本框中输入该网站的主机名“www.xyz.com”，如图 6－62 所示，单击“确定”按钮完成该网站绑定的设置。

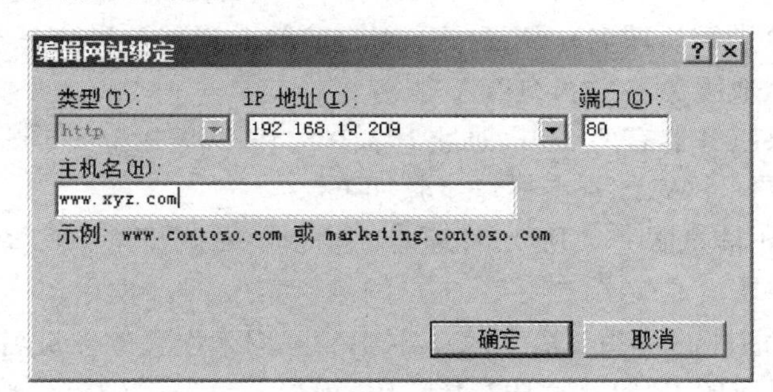

图 6－62　“编辑网站绑定”对话框

(5) 在“Internet 信息服务（IIS）管理器”窗口的左侧窗格中选择“网站”选项，在中间窗格单击“内容视图”按钮，在右侧窗格中单击“添加网站”链接。在“添加网站”对话框中设置新网站的名称、主目录，在“主机名”文本框中输入该网站的主机名“support.xyz.com”，如图 6－63 所示。单击“确定”按钮完成新网站的创建。

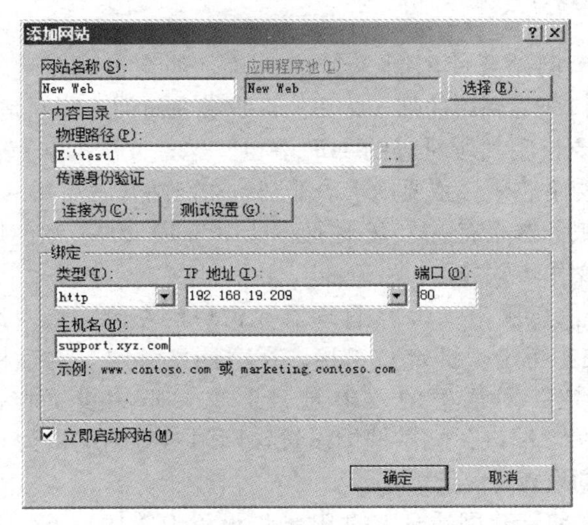

图 6－63　“添加网站”对话框

(6) 在“Internet 信息服务（IIS）管理器”窗口的左侧窗格中选择新建的网站，完成该网站默认文档及其他相关设置。

此时在客户端浏览器的地址栏输入“http://www.xyz.com”，即可浏览默认网站；输入“http://support.xyz.com”，即可浏览新建网站。

注 意

网站指定主机名后，客户端就必须利用主机名来连接该网站，不可以直接利用 IP 地址来连接。

2. 使用不同 IP 地址发布多个网站

如果服务器上有多个 IP 地址，则可以给每个网站分配一个独立的 IP 地址，使 IP 地址成为网站的唯一标识。使用该方式，所有网站都可以使用默认的 TCP 80 端口，并可以在 DNS 中对不同网站分别解析域名，从而便于用户访问。当然这种方法会占用较多的 IP 地址，目前主要用于本地服务器上的 HTTPS 服务。

在上例中，如果服务器有两个 IP 地址 192.168.19.209 和 192.168.19.210，则使用不同的 IP 地址发布这两个网站的基本操作步骤如下。

(1) 在“Internet 信息服务（IIS）管理器”窗口的左侧窗格中选择 Default Web Site 选项，在右侧窗格中单击“绑定”链接，在“网站绑定”对话框中单击“编辑”按钮，在“编辑网站绑定”对话框的“主机名”文本框中删除原来设置的主机名，在“IP 地址”文本框中设置该网站对应的 IP 地址“192.168.19.209”，单击“确定”按钮完成该网站绑定的设置。

(2) 用同样的方法将新建网站与 IP 地址“192.168.19.210”进行绑定。

此时在客户端浏览器的地址栏输入“http://192.168.19.209”，即可浏览默认网站；输入“http://192.168.19.210”，即可浏览新建网站。

3. 使用不同 TCP 端口发布多个网站

如果服务器的多个网站要使用同一个 IP 地址，那么也可以给每个网站指定不同的 TCP 端口，使 TCP 端口成为网站的唯一标识。客户端在访问不同网站时，可以使用相同的 IP 地址或域名，但需要指明其所对应的 TCP 端口。这种方法的缺点是用户必须记忆端口号，不利于大规模的网络应用，主要用于内部网站、网站开发及测试。

在上例中，如果服务器只有一个 IP 地址 192.168.19.209，则使用不同的 TCP 端口发布这两个网站的基本操作步骤如下。

(1) 在“Internet 信息服务（IIS）管理器”窗口的左侧窗格中选择选项 Default Web Site 选项，在右侧窗格中单击“绑定”链接，在“网站绑定”对话框中单击“编辑”按钮，在“编辑网站绑定”对话框的“IP 地址”文本框中设置该网站对应的 IP 地址“192.168.19.209”，在“端口”文本框中设置该网站对应的端口为“80”，单击“确定”按钮完成该网站绑定的设置。

(2) 用同样的方法将新建网站对应的 IP 地址设置为“192.168.19.209”，对应的端口

设置为“8080”。

此时在客户端浏览器的地址栏输入“http：//192.168.19.209”，即可浏览默认网站；输入“http：//192.168.19.209：8080”，即可浏览新建网站。

注 意

如果两个网站的IP地址和TCP端口都相同（主机名为空），则这两个网站不能同时启动。HTTP协议默认的TCP端口为“80”，为网站指定其他端口时应在1024～65535中进行选择。如果网站不使用TCP端口80，则客户端在访问网站时必须指明网站所使用的端口号。

操作6　设置网站安全

Windows Server 2008 R2的IIS采用了模块化设计，在默认情况下只会安装少数组件，其他功能可以自行添加或删除，从而减少了网站的被攻击的可能。同时IIS也提供了很多安全措施来强化网站的安全性。

1. 设置用户身份验证

在默认情况下IIS是允许用户匿名访问的。然而如果网站的信息是有机密性的，为了确保安全，可以设置IIS验证或识别客户端用户的身份，其基本操作步骤如下。

（1）打开“服务器管理器”窗口，在左侧窗格中依次选择“角色”→“Web服务器(IIS)”选项，右击鼠标，在弹出的菜单中选择“添加角色服务”命令，在“选择角色服务”对话框中选择安装用户身份验证服务，通常可选择“基本身份验证”、“Windows身份验证”和“摘要式身份验证”复选框，单击“下一步”按钮，按向导提示操作完成相关服务的安装。

（2）在“Internet信息服务（IIS）管理器”窗口的左侧窗格中选择要设置用户身份验证的网站，在中间窗格中双击“身份验证”选项，打开如图6-64所示的窗口，由图6-64可知默认情况下网站采用“匿名身份验证”方式，其他验证方式已被禁用。

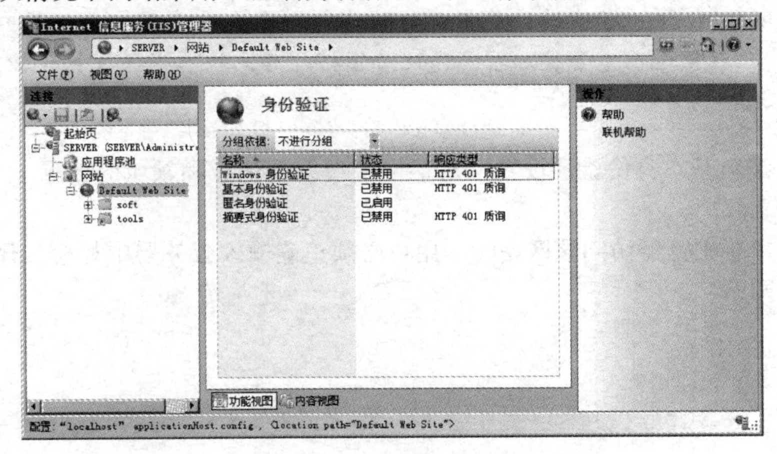

图6-64　设置用户身份验证

注 意

Windows 系统内置了一个名为“IUSR_ 计算机名”的用户账户，如果计算机的计算机名为 SERVER1，则匿名账户名为 IUSR_ SERVER1。当用户利用匿名的方式来连接网站时，获得的权限就是该匿名账户的权限。

(3) 如果要启用其他用户身份验证方式，如“基本身份验证”方式，可在如图 6-64 所示的窗口中右击“基本身份验证”选项，将其状态设为“已启用”，同时将“匿名身份验证”状态设为“已禁用”。选择“基本身份验证”选项，单击右侧窗格的“编辑”按钮，打开“编辑基本身份验证设置”对话框，如图 6-65 所示。

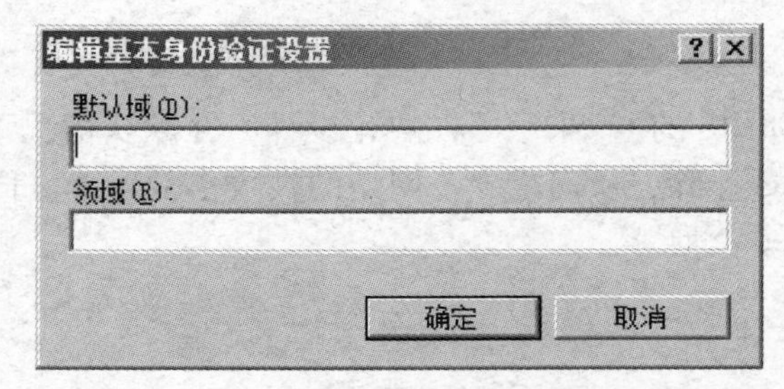

图 6-65 “编辑基本身份验证设置”对话框

注 意

若所有验证方式同时启用，则客户端选用验证方法的顺序为匿名身份验证→Windows 身份验证→摘要式身份验证→基本身份验证。当利用“Windows 身份验证”来连接网站时，系统会自动利用用户登录时的用户名与密码来连接网站，当此用户没有权限连接网站时，才会要求用户自行输入用户名与密码，并且用户名和密码在传送前会经过加密处理，以确保安全性。在使用“摘要式身份验证”时，系统也会要求用户输入用户名与密码，并且用户名和密码在传送前也会经过加密处理，但 IIS 计算机和用户必须属于 Active Directory 域。在使用“基本身份验证”时也会要求用户输入用户名与密码，但用户名和密码在传送前不会被加密，因此必须搭配其他能够确保数据传输安全的措施(如使用 SSL 连接)。

(4) 在“编辑基本身份验证设置”对话框中设置默认域和领域的名称，单击“确定”按钮完成设置。

此时当客户端浏览器访问该网站时，用户必须正确输入服务器中相应的用户名和密码后才能访问该网站。

注 意

如果默认域有指定名称，IIS 将把用户名和密码送到该域的域控制器进行验证（IIS 计算机也应为域成员）；如果默认域没有指定名称，则当 IIS 计算机是独立服务器或成员服务器时会利用本地安全数据库对用户名和密码进行验证，当 IIS 计算机是域控制器时会利用 Active Directory 数据库对用户名和密码进行验证。领域中指定的名称会出现在用户登录界面上，供用户参考。

2. 设置 IP 地址和域名限制

可以对能够访问网站的客户端的 IP 地址或域名进行限制，以保证网站安全。例如公司的内部网站，可以设置成只允许公司内部的计算机访问。基本操作步骤如下。

（1）利用“服务器管理器”窗口为 Web 服务器（IIS）添加“IP 和域限制”角色服务。

（2）在“Internet 信息服务（IIS）管理器”窗口的左侧窗格中选择要设置 IP 地址和域名限制的网站，在中间窗格中双击“IP 地址和域限制”选项，打开如图 6－66 所示的窗口。

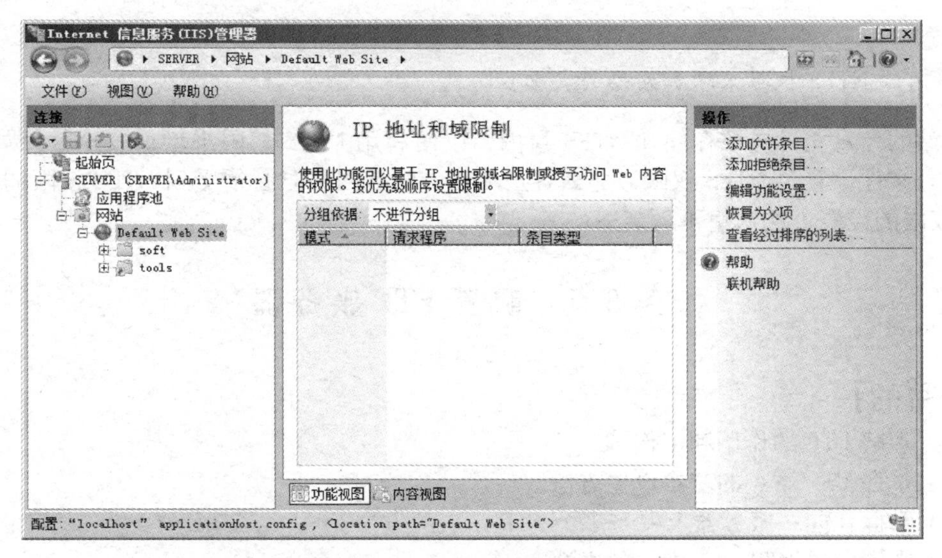

图 6－66 设置 IP 地址和域名限制

（3）默认情况下系统将允许所有客户端的连接，如果要拒绝某些客户端的连接，可在如图 6－66 所示窗口的右侧窗格中单击“添加拒绝条目”链接，打开“添加拒绝限制规则”对话框，如图 6－67 所示。在该对话框中可以添加要拒绝的客户端 IP 地址，也可以利用网络标识和掩码添加一组计算机。单击“确定”按钮完成设置。

（4）如果要将未指定客户端的访问权设为拒绝访问，则可在如图 6－66 所示窗口的右侧窗格中单击“编辑功能设置”链接，打开“编辑 IP 和域限制设置”对话框，如图6－68 所示。在该对话框中进行设置即可。

注意

若在“编辑 IP 和域限制设置”对话框中选中“启用域名限制”复选框，则可以利用域名添加允许或拒绝条目。

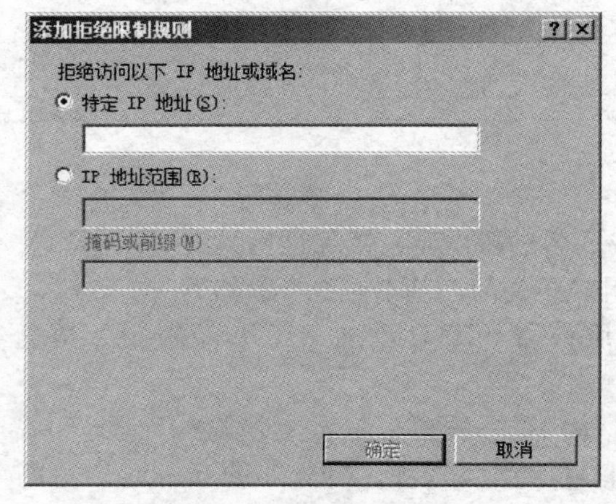

图 6-67 “添加拒绝限制规则”对话框

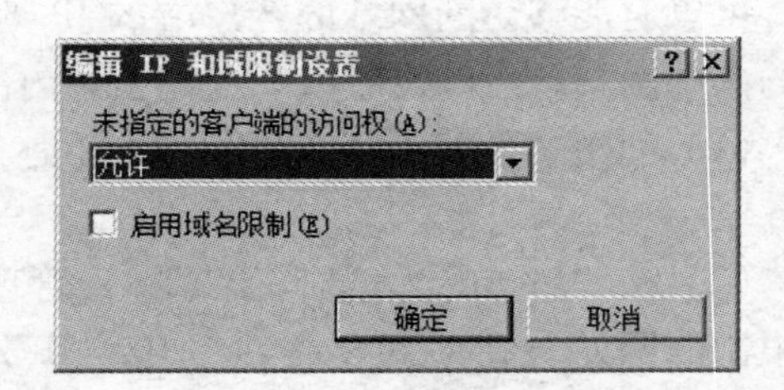

图 6-68 “编辑 IP 和域限制设置”对话框

3. 通过 NTFS 权限来增加网站的安全性

网站的信息文件应该存储在 NTFS 卷内，以便利用 NTFS 权限来增加安全性。如果网站的信息文件设置了 NTFS 权限，那么客户端在访问该网站时必须受到 NTFS 权限的限制。NTFS 权限的设置方法这里不再赘述。

任务 6.5 配置 FTP 服务器

【任务目的】

（1）理解 FTP 的作用和工作方式。

（2）掌握 FTP 站点的基本设置方法。

（3）掌握在同一服务器上发布多个 FTP 站点的方法。

（4）掌握设置 FTP 站点安全的方法。

（5）掌握在客户端访问 FTP 站点的方法。

【工作环境与条件】

（1）安装 Windows Server 2008 R2 操作系统的计算机。

（2）正常运行的网络环境（也可使用 VMware Workstation、Windows Server 2008 R2 Hyper-V 服务等虚拟机软件）。

【相关知识】

FTP（File Transfer Protocol，文件传输协议）是 Internet 上出现最早的一种服务，通过

该服务可以在 FTP 服务器和 FTP 客户端之间建立连接，实现 FTP 服务器和 FTP 客户端之间的文件传输，文件传输包括 FTP 客户端从 FTP 服务器下载文件和向 FTP 服务器上传文件。目前 FTP 主要用于文件交换与共享、网站维护等方面。常用的构建 FTP 服务器的软件有 IIS 自带的 FTP 服务组件、Serv - U 以及 Linux 下的 vsFTP、wu - FTP 等。FTP 客户端访问 FTP 服务器的工作过程如图 6 - 69 所示。

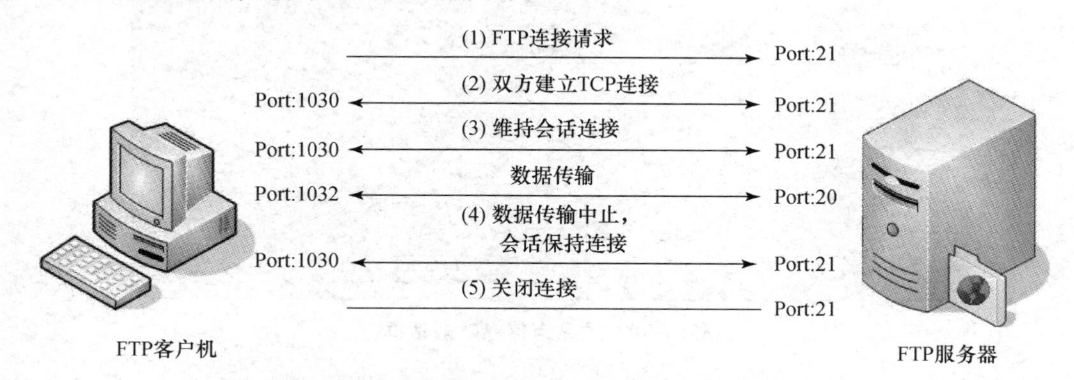

图 6 - 69　FTP 客户端访问 FTP 服务器的工作过程

FTP 协议使用的传输层协议为 TCP，客户端和服务器必须打开相应的 TCP 端口，以建立连接。FTP 服务器默认设置两个 TCP 端口 21 和 20。端口 21 用于监听 FTP 客户端的连接请求，在整个会话期间，该端口将始终打开。端口 20 用于传输文件，只在数据传输过程中打开，传输完毕后将关闭。FTP 客户端将随机使用 1024 ～65535 之间的动态端口，与 FTP 服务器建立会话连接及传输数据。

【任务实施】

操作 1　安装 FTP 服务与新建 FTP 站点

1. 安装 FTP 服务

FTP 服务并不是 IIS 的默认安装组件，安装 FTP 服务的操作方法为：打开“服务器管理器”窗口，在左侧窗格中依次选择“角色”→“Web 服务器（IIS）”选项，右击鼠标，在弹出的菜单中选择“添加角色服务”命令，在“选择角色服务”对话框中选中“FTP 服务器”复选框，单击“下一步”按钮，按向导提示操作即可完成安装。

2. 新建 FTP 站点

如果要发布的信息文件存放在服务器的“E:\ FTP”目录中，那么通过 FTP 站点发布这些信息文件的操作步骤如下。

（1）依次选择“开始”→“管理工具”→“Internet 信息服务（IIS）管理器”命令，在“Internet 信息服务（IIS）管理器”窗口的左侧窗格中选择“网站”选项，在右侧窗格中单击“添加 FTP 站点”链接，打开“站点信息”对话框，如图 6 - 70 所示。

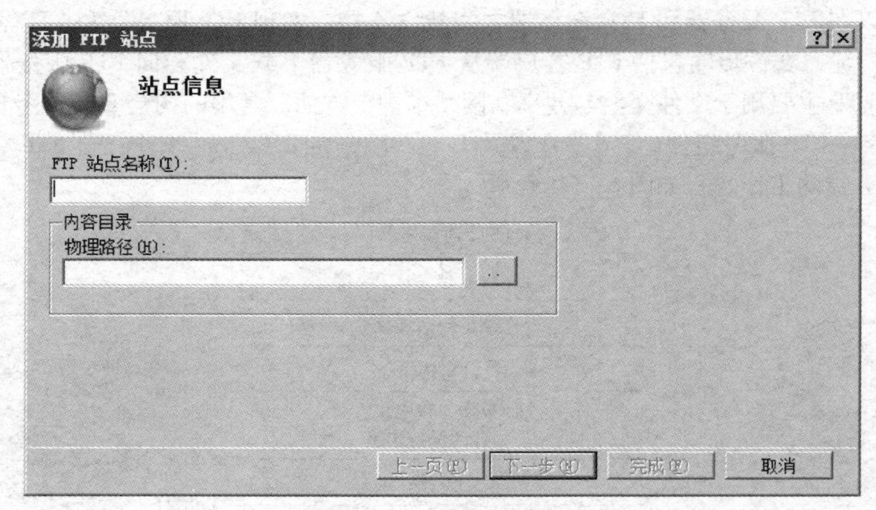

图 6－70　“站点信息”对话框

(2) 在“站点信息”对话框中设置该 FTP 站点的名称及其主目录，单击“下一步”按钮，打开“绑定和 SSL 设置”对话框，如图 6－71 所示。

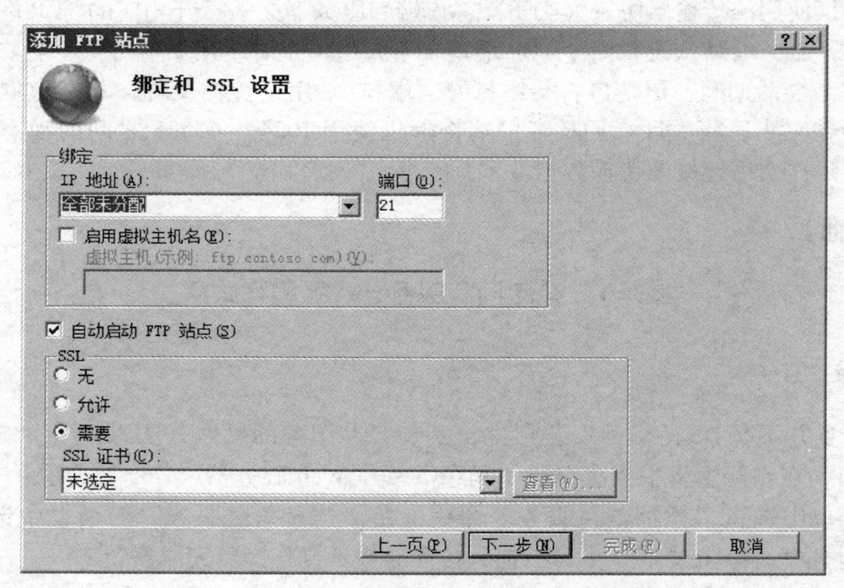

图 6－71　“绑定和 SSL 设置”对话框

(3) 在“绑定和 SSL 设置”对话框中将该 FTP 站点与 IP 地址、端口和虚拟主机名进行绑定，若服务器中只有一个 FTP 站点可以使用默认设置。由于默认情况下 FTP 站点并没有 SSL 证书，所以在 SSL 设置中可选择“无”单选框。单击“下一步”按钮，打开“身份验证和授权信息”对话框，如图 6－72 所示。

(4) 在“身份验证和授权信息”对话框中设定用户的身份验证方法和授权信息，如可在“身份验证”选项组中同时选中“匿名”和“基本”复选框，在“允许访问”列表框中选择“所有用户”选项，在“权限”选项组中选中“读取”复选框，向所有用户开放

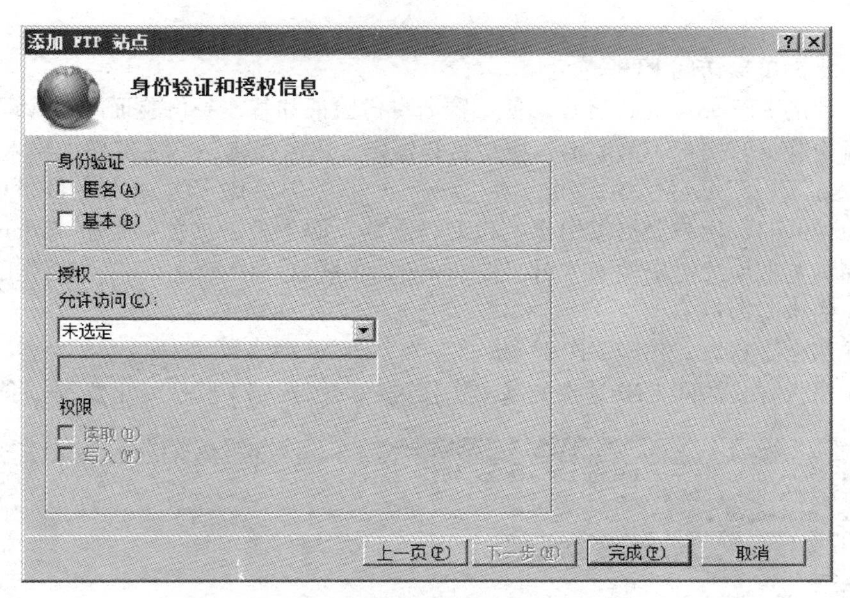

图 6-72 “身份验证和授权信息”对话框

FTP 站点的读取权限。单击“完成”按钮，此时在“Internet 信息服务（IIS）管理器”窗口的左侧窗格中可以看到新建的 FTP 站点，选择该站点可以对其进行设置，如图 6-73 所示。

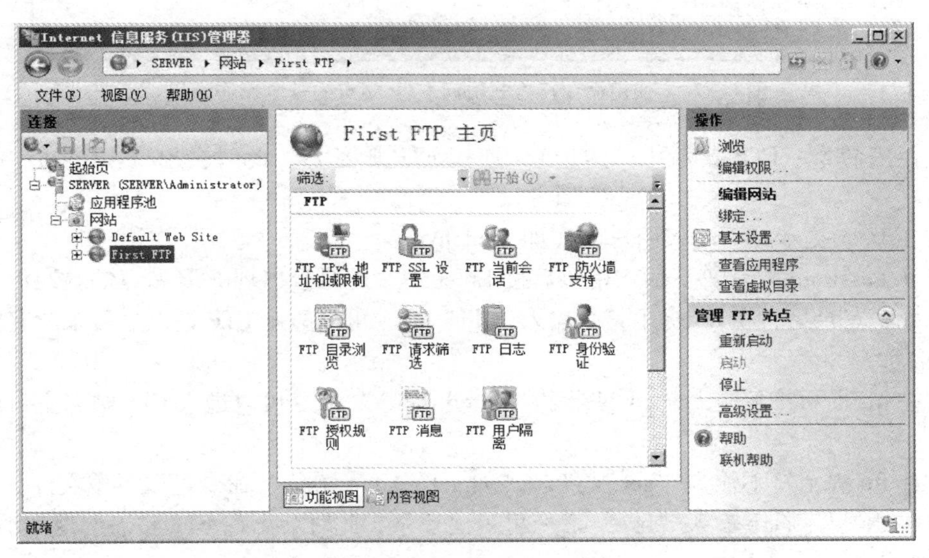

图 6-73 新建的 FTP 站点

3. 测试 FTP 站点

FTP 站点创建完毕后，可在客户端对其进行访问以测试其是否正常工作。客户端在访问 FTP 站点时，可以使用浏览器，也可以使用专门的 FTP 客户端软件（如 Cute FTP、Flashfxp 等），在 Windows 系统中还支持使用命令行方式访问。

(1) 使用浏览器访问 FTP 站点

由于新建的 FTP 站点允许客户端使用匿名身份验证和基本身份验证两种验证方式。在采用匿名身份验证时用户不需要输入用户名和密码，只需在浏览器地址栏中输入“ftp：//域名（IP 地址）”即可自动使用用户名“anonymous”浏览该 FTP 站点主目录中的内容。在采用用户访问时，用户要提供用户名和密码以登录服务器，如使用账户“zhangsan”登录，则应在浏览器地址栏中输入“ftp：//zhangsan@ 域名（IP 地址）/”，在弹出的对话框中输入相应的密码即可。

(2) 使用命令行方式访问 FTP 站点

使用命令行方式访问 FTP 站点的基本操作过程如图 6－74 所示。主要操作命令如下。

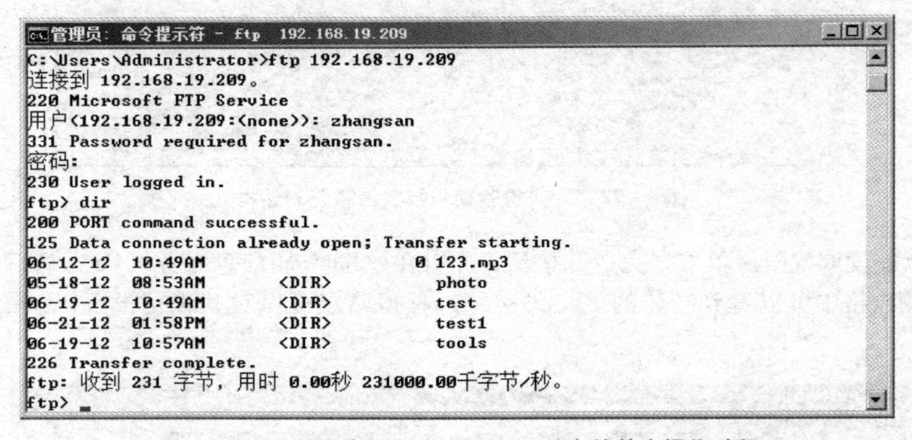

图 6－74 使用命令行方式访问 FTP 站点的基本操作过程

① 使用命令“FTP 域名（IP 地址）”连接 FTP 服务器，此时会出现 FTP 站点的横幅消息。

② 在 User 提示符下输入用户名（如“anonymous”）。

③ 在 Password 提示符下输入密码后按 Enter 键，此时会出现 FTP 站点的欢迎消息。

④ 成功登录后，在 ftp 提示符下输入“dir”命令可以显示 FTP 站点主目录所有的文件和目录名称。

⑤ 在 ftp 提示符下输入“cd 目录名（如 cd data）”命令可以进入 FTP 站点主目录下的子目录。

⑥ 在 ftp 提示符下输入“get 文件名（如 get readme. txt）”命令可以下载文件。

⑦ 在 ftp 提示符下输入“bye”命令可退出登录，此时会出现 FTP 站点的退出消息。

注 意

FTP 服务器安装完成后，系统默认会在 Windows 防火墙内自动新建规则来开放与 FTP 相关的流量，但对于独立服务器来说，这些规则实际上并没有发生作用。因此若要保证 FTP 站点的正常访问，可关闭 Windows 防火墙或者对其进行适当的设置，具体设置方法请查阅系统帮助文件。

除上述命令外，使用命令行方式访问 FTP 站点还可以使用其他的命令，具体使用方法请参阅 Windows 系统的帮助文件。

操作 2　FTP 站点基本设置

1. 修改主目录

当用户连接 FTP 站点时，将被导向 FTP 站点的主目录。修改 FTP 站点主目录的操作方法为：在“Internet 信息服务（IIS）管理器”窗口的左侧窗格中选择 FTP 站点，在右侧窗格中单击“基本设置”链接，打开“编辑网站”对话框，在“物理路径”文本框中设置相应路径。

> **注 意**
>
> FTP 站点主目录若为共享文件夹，必须提供有相应权限的用户名和密码，可在“编辑网站”对话框中单击“连接为”按钮进行设置。

2. 选择目录列表样式

用户查看 FTP 站点文件时，FTP 站点可以为用户提供 MS - DOS 和 UNIX 两种目录列表样式。选择目录列表样式的操作方法为：在“Internet 信息服务（IIS）管理器”窗口的左侧窗格中选择 FTP 站点，在中间窗格中双击“FTP 目录浏览”选项，在如图 6 - 75 所示窗口中选择相应的目录列表样式。

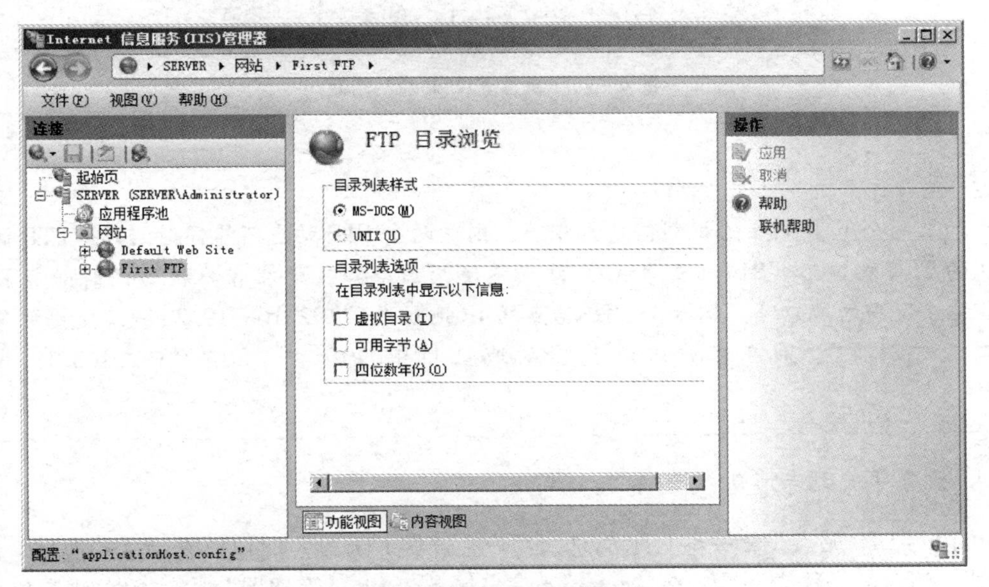

图 6 - 75　选择目录列表样式

注 意

用户在使用 Internet Explorer 浏览器或 Windows 资源管理器连接 FTP 站点时，其显示文件的方式不会受到目录列表样式设置的影响。

3. 设置 FTP 站点的绑定

可以在一台计算机上建立多个 FTP 站点，为了正确区分这些站点，必须为每个站点设置唯一的识别信息。与网站相同，FTP 站点的识别信息可以有虚拟主机名、IP 地址与 TCP 端口，也就是在同一计算机上的所有 FTP 站点这 3 个识别信息不能完全相同。FTP 站点的识别信息可以在建立 FTP 站点时设置，也可以在 FTP 站点运行后进行修改。修改 FTP 站点识别信息的操作方法为：在“Internet 信息服务（IIS）管理器”窗口的左侧窗格中选择 FTP 站点，在右侧窗格中单击“绑定”链接，在“网站绑定”对话框中单击“编辑”按钮，在打开的“编辑网站绑定”对话框中即可对 FTP 站点识别信息进行修改，如图 6－76 所示。

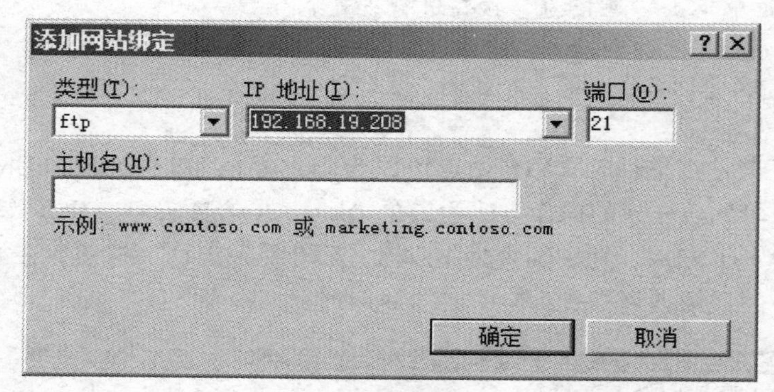

图 6－76 设置 FTP 站点的绑定

注 意

如果两个 FTP 站点的识别信息都相同，则这两个 FTP 站点不能同时启动。FTP 协议默认的 TCP 端口为“21”，如果 FTP 站点不使用该端口，则在客户机访问时必须指明 FTP 站点使用的端口号。例如若 FTP 站点的 IP 地址为“192.168.19.209”，使用的 TCP 端口为“2121”，则在客户端浏览器的地址栏中应输入“ftp://192.168.19.209:2121”。

4. 设置 FTP 站点消息

可以为 FTP 站点设置一些显示消息，用户在连接 FTP 站点时可以看到这些消息。设置 FTP 站点消息的操作方法为：在“Internet 信息服务（IIS）管理器”窗口的左侧窗格中选择 FTP 站点，在中间窗格中双击“FTP 消息”选项，在如图 6－77 所示窗口中输入相应消息后单击“应用”按钮即可。

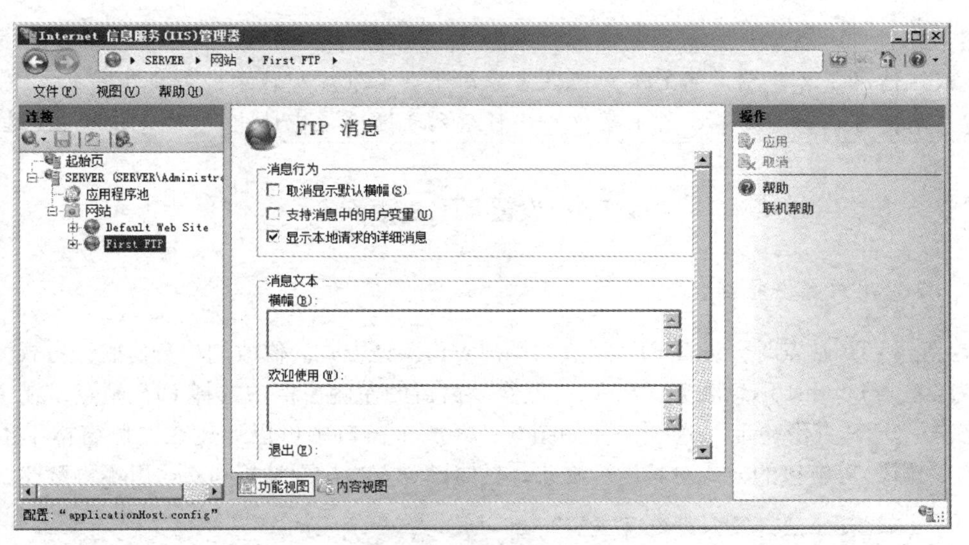

图6-77　设置FTP站点消息

注 意

在使用Internet Explorer浏览器来连接FTP站点时，并不会看到设置的FTP站点消息。FTP站点消息主要包括如下内容。

(1) 横幅：当用户连接FTP站点时，会首先看到设置在此处的文字。

(2) 欢迎使用：当用户登录到FTP站点后，会看到设置在此处的文字。

(3) 退出：当用户注销时，会看到设置在此处的文字。

(4) 最大连接数：如果FTP站点有连接数量限制，且目前连接的数目已达到上限，如果此时用户连接FTP站点，会看到设置在此处的文字。

操作3　设置虚拟目录

利用虚拟目录可以发布主目录以外的信息文件。上例中如果除了利用默认FTP站点发布“E:\FTP”目录的信息文件外，还想利用该站点发布“E:\document”中的信息文件，则操作步骤为：在“Internet信息服务（IIS）管理器”窗口的左侧窗格中选择FTP站点，在中间窗格中单击“内容视图”按钮，在右侧窗格中单击“添加虚拟目录”链接。在“添加虚拟目录”对话框的“别名”文本框中输入虚拟目录的别名，在“物理路径”文本框中输入其所对应的实际物理位置（如“E:\document”），单击“确定”按钮，此时在“Internet信息服务（IIS）管理器”中可以看到FTP站点内多了一个虚拟目录。

此时在客户端浏览器的地址栏中输入“ftp://域名（IP地址）/虚拟目录别名”，即可浏览该FTP站点虚拟目录中的内容。

注意

默认情况下客户端访问FTP站点主目录时不会看到虚拟目录，若要在主目录中显示虚拟目录，可在如图6-75所示窗口的“目录列表选项”中选中“虚拟目录”复选框。

操作4 设置FTP站点安全

1. 设置用户身份验证

在新建FTP站点时会设置FTP站点的用户身份验证方式。修改用户身份验证方式的操作方法为：在“Internet信息服务（IIS）管理器”窗口的左侧窗格中选择FTP站点，在中间窗格中双击“FTP身份验证”选项，在如图6-78所示窗口中可以通过在右侧窗格单击“禁用”、“编辑”等链接的方式对其进行修改，具体设置方法与网站相同，这里不再赘述。

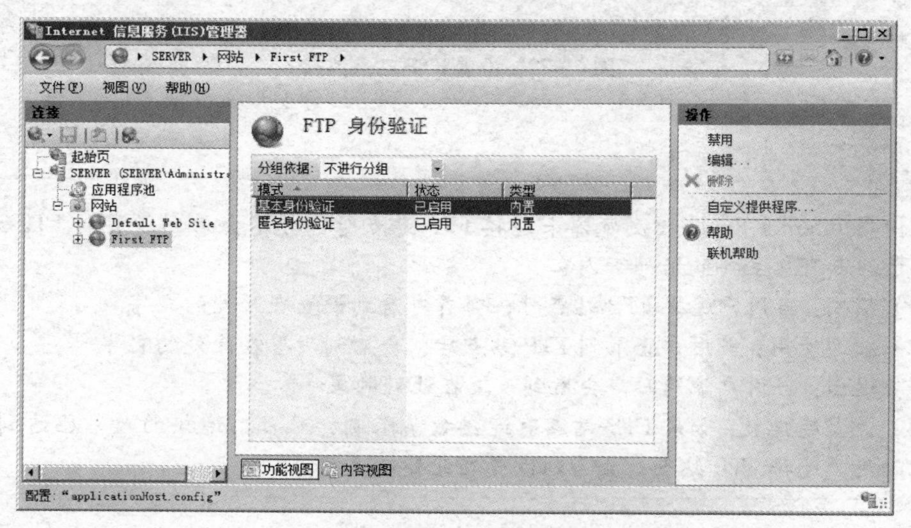

图6-78 设置用户身份验证

2. 设置授权规则

在新建FTP站点时会设置FTP站点的用户授权规则。修改用户授权规则的操作方法为：在“Internet信息服务（IIS）管理器”窗口的左侧窗格中选择FTP站点，在中间窗格中双击“FTP授权规则”选项，在如图6-79所示窗口的中间窗格中选择已有的授权规则，在右侧窗格中单击“编辑”链接可对原有规则进行修改。也可在右侧窗格中单击“添加允许规则”和“添加拒绝规则”链接，增加FTP站点的授权规则。

3. 设置最大连接数

如果连接FTP站点的客户端数量过多，会造成FTP站点性能的下降，存在安全管理隐患。限制FTP站点连接数量的操作方法为：在“Internet信息服务（IIS）管理器”窗口的左侧窗格中选择FTP站点，在右侧窗格中单击“高级设置”链接，在“高级设置”对话

框的“连接”选项组中设置“最大连接数”选项即可，如图6－80所示。

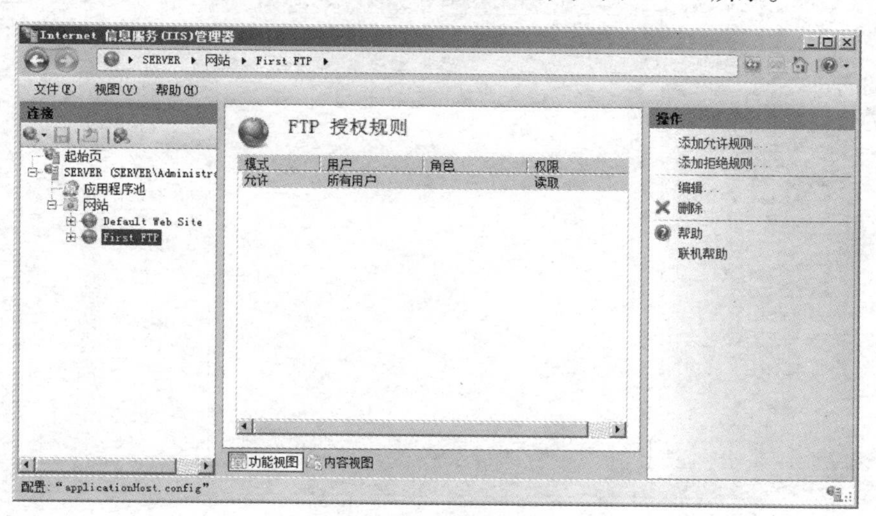

图6－79　设置授权规则

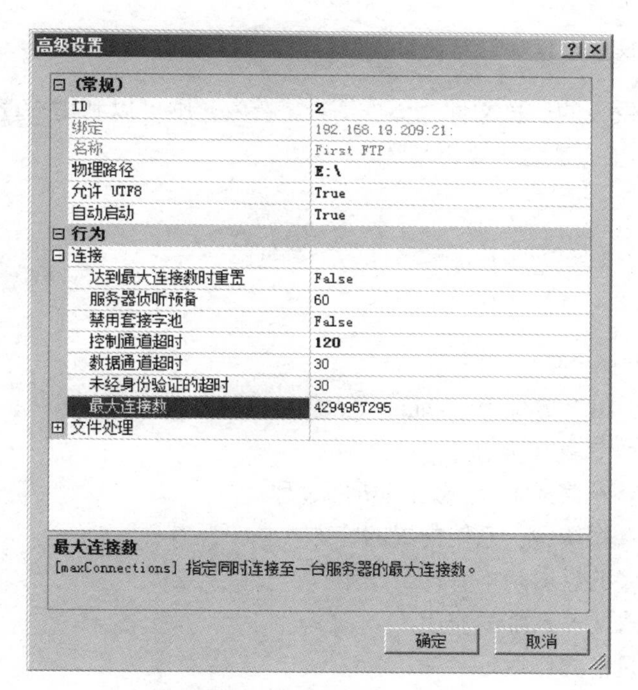

图6－80　“高级设置”对话框

4. 设置IP地址和域名限制

可以对能够访问FTP站点的客户端的IP地址或域名进行限制，以保证安全。设置IP地址和域名限制的操作方法为：在“Internet信息服务（IIS）管理器”窗口的左侧窗格中选择FTP站点，在中间窗格中双击“FTP IPv4地址和域限制”选项，在如图6－81所示窗口中即可进行设置，具体设置方法与网站相同，这里不再赘述。

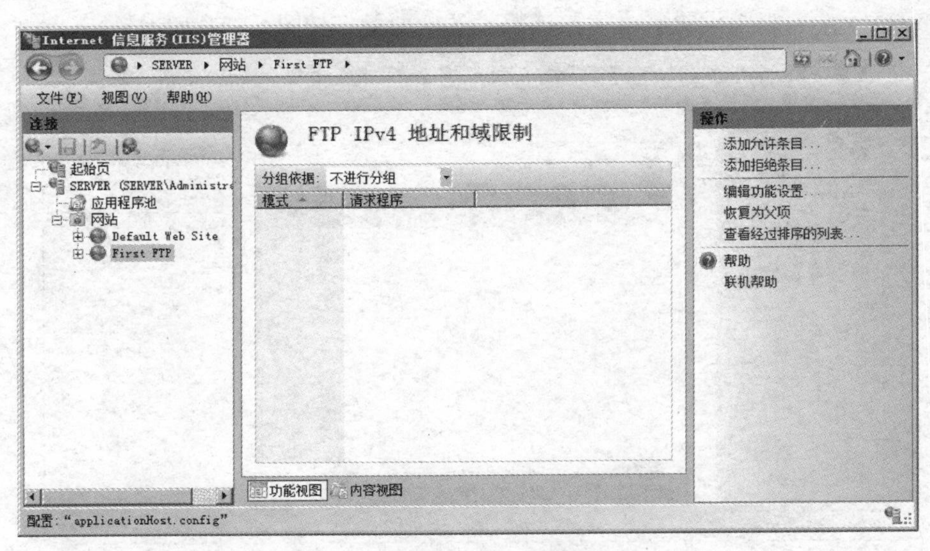

图 6-81　设置 IP 地址和域名限制

5. 通过 NTFS 权限来增加网站的安全性

如果 FTP 站点发布的信息文件存储在 NTFS 卷内，则可以利用 NTFS 权限来增加安全性。NTFS 权限的设置方法这里不再赘述。

习　题　6

1. 思考问答

(1) 简述使用 DHCP 分配 IP 地址的优点。
(2) 什么是自动专用 IP 地址？
(3) 什么是 DNS？简述 DNS 域名解析的过程。
(4) 在 Windows 系统中，系统内置的特殊共享资源有哪些？
(5) 共享文件夹的卷影副本有什么作用？
(6) 简述分布式文件系统的作用。
(7) 简述虚拟目录的作用。
(8) 在一台计算机上可以通过哪些方法发布多个网站？
(9) 简述 FTP 客户端访问 FTP 服务器的工作过程。

2. 技能操作

(1) 配置 DHCP 服务器

【内容及操作要求】

在 1 台安装 Windows Server 2008 R2 系统的计算机上配置 DHCP 服务器，通过该服务

器为网络中的其他计算机分配 IP 地址，实现各计算机间的相互访问。要求 DHCP 服务器为网络中的其他服务器分配的 IP 地址是固定的，为网络中的客户机分配的 IP 地址是动态的。

【准备工作】

2 台安装 Windows 7 Professional 的计算机；3 台安装 Windows Server 2008 R2 企业版的计算机；能够连通的局域网。

【考核时限】

30min。

（2）配置 DNS 服务器

【内容及操作要求】

在 1 台安装 Windows Server 2008 R2 系统的计算机上安装并配置 DNS 服务器，要求网络中的所有计算机可以通过域名相互访问。

【准备工作】

5 台安装 Windows Server 2008 R2 企业版的计算机；能够连通的局域网。

【考核时限】

30min。

（3）使用 DFS 配置文件服务器

【内容及操作要求】

网络中有 3 台文件服务器："ServerA"、"ServerB" 和 "ServerC"。在 "ServerA" 创建共享文件夹 "software" 存放常用的软件；在 "ServerB" 创建共享文件架 "document" 存放常用的办公文档；在 "ServerC" 创建共享文件架 "music" 存放音乐文件。要求所有的用户只需要访问 "ServerA" 就可以读取到网络中所有共享文件夹的内容，但不能向任何共享文件夹添加文件。

【准备工作】

2 台安装 Windows 7 Professional 的计算机；3 台安装 Windows Server 2008 R2 企业版的计算机；能够连通的局域网。

（4）配置 Web 服务器

【内容及操作要求】

在安装 Windows Server 2008 R2 系统的计算机上发布 2 个网站，要求这两个网站可以分别使用域名 www. qd. com 和 www. sd. com 访问。

【准备工作】

2 台安装 Windows 7 Professional 的计算机；1 台安装 Windows Server 2008 R2 企业版的计算机；能够连通的局域网。

【考核时限】

30min。

（5）配置 FTP 服务器

【内容及操作要求】

在安装 Windows Server 2008 R2 系统的计算机上发布 FTP 站点，要求在客户端只能使用 Windows 用户账户 zhangsan 和 lisi 连接该 FTP 站点，使用 zhangsan 登录时只能下载文件，使用 lisi 登录时既可以上传又可以下载文件。

【准备工作】

2 台安装 Windows 7 Professional 的计算机；1 台安装 Windows Server 2008 R2 企业版的计算机；能够连通的局域网。

【考核时限】

30min。

第 7 单元　接入广域网

广域网通常使用电信运营商建立和经营的网络。电信运营商将其网络分次（拨号线路）或分块（租用专线）出租给用户以收取服务费用。企业网络在接入 Internet 时，必须通过广域网进行转接，其所采用的连接技术在很大程度上决定了企业网络与外部网络之间的通信速度。本单元的主要目标是了解常用的广域网技术，能够完成企业网络与广域网连接的基本配置；掌握 NAT 技术的作用和配置方法；熟悉 VPN 的相关技术和实现方法。

任务 7.1　连接广域网

【任务目的】

（1）了解广域网的设备和常用技术。

（2）掌握利用 PPP 实现广域网连接的基本配置方法。

（3）掌握利用帧中继实现广域网连接的基本配置方法。

【工作环境与条件】

（1）路由器和交换机（本部分以 Cisco 2811 路由器、Cisco 2960 交换机为例，也可选用其他品牌型号的产品或使用 Cisco Packet Tracer、Boson Netsim 等模拟软件）。

（2）Console 线缆和相应的适配器。

（3）安装 Windows 操作系统的 PC。

（4）组建网络所需的其他设备。

【相关知识】

7.1.1　广域网设备

广域网主要实现大范围内的远距离数据通信，因此广域网在网络特性和技术实现上与局域网存在明显的差异。广域网中的设备多种多样。通常把放置在用户端的设备称为客户端设备（Customer Premise Equipment，CPE）或数据终端设备（Data Terminal Equipment，DTE），如路由器、终端或 PC。大多数 DTE 的数据传输能力有限，两个距离较远的 DTE 不能直接连接起来进行通信。所以，DTE 首先应使用铜缆或光纤连接到最近服务提供商的中心局 CO（Central Office）设备，再接入广域网。从 DTE 到 CO 的这段线路称为本地环路。在 DTE 和广域网之间提供接口的设备称为数据电路终端设备（Data Circuit – terminal Equipment，DCE），如 WAN 交换机或调制解调器（Modem）。DCE 将来自 DTE 的用户数据转变为广域网设备可接受的形式，提供网络内的同步服务和交换服务。DTE 和 DCE 之间的接口要遵循物理层协议，如 RS – 232、X. 21、V. 24、V. 35 和 HSSI 等。当通信线路为

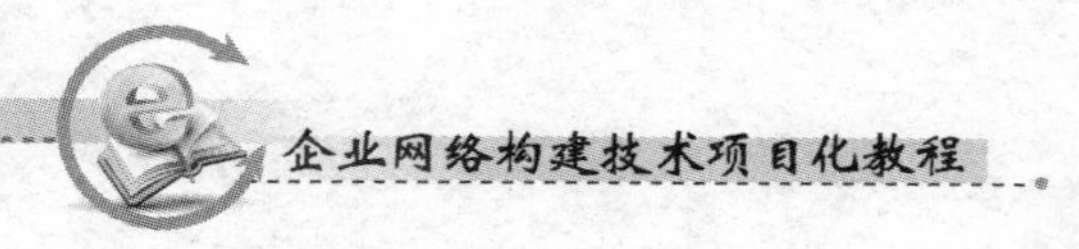

数字线路时，设备还需要一个信道服务单元（Channel Service Unit，CSU）和一个数据服务单元（Data Service Unit，DSU），这两个单元往往合并为同一个设备，内建于路由器的接口卡中。而当通信线路为模拟线路时，则需要使用调制解调器。

常用的广域网设备包括如下几种。

（1）路由器：提供诸如局域网互联、广域网接口等多种服务，包括局域网和广域网的设备连接端口。

（2）核心路由器：驻留在广域网主干（非外围）的路由器。

（3）WAN 交换机：电信网络中使用的多端口互连设备，通常进行帧中继、X. 25 及交换百万位数据服务（SMDS）等流量的交换。

（4）调制解调器：调制模拟载波信号实现数字信息编码，还可接收调制载波信号实现对传输信息的解码。

（5）通信服务器：汇聚拨入和拨出的用户通信。

7.1.2 广域网标准和连接类型

广域网能够提供路由器、交换机及其所支持的局域网之间的数据包/帧交换。OSI 参考模型同样适用于广域网，但广域网只定义了下三层，即物理层、数据链路层和网络层。

1. 广域网物理层标准

广域网物理层标准主要描述了如何面对广域网服务提供电气、机械、规程和功能特性，以及 DTE 和 DCE 之间的接口。通常企业网络用来与广域网连接的设备是路由器，该设备将被认为是 DTE，而与其连接的由电信运营商提供的接口则为 DCE。广域网的各种连接类型在物理层都使用同步或异步串行连接。许多物理层标准定义了 DTE 和 DCE 之间接口控制规则，表 7 – 1 和图 7 – 1 列举了常用的广域网物理层标准及其连接器。

表 7 – 1 常用的广域网物理层标准及其连接器

标准	描述
EIA/TIA – 232	也称为 RS – 232，使用 25 针 D 形连接器，允许以 64Kb/s 的速度短距离传输信号
EIA/TIA – 449/530	也称为 RS – 422 和 RS – 423，使用 36 针 D 形连接器，能够提供 2 Mb/s 的传输速度和比 EIA/TIA – 232 更远的传输距离
EIA/TIA – 612/613	高速串行接口（HSSI）协议，使用 60 针 D 形连接器，服务接入速度最高可达 52 Mb/s
V. 35	用于规范网络接入设备和数据包网络之间同步通信的 ITU – T 标准，支持使用 34 针矩形连接器实现 2. 048 Mb/s 的速度
X. 21	用于规范同步数字通信的 ITU – T 标准，使用 15 针 D 形连接器

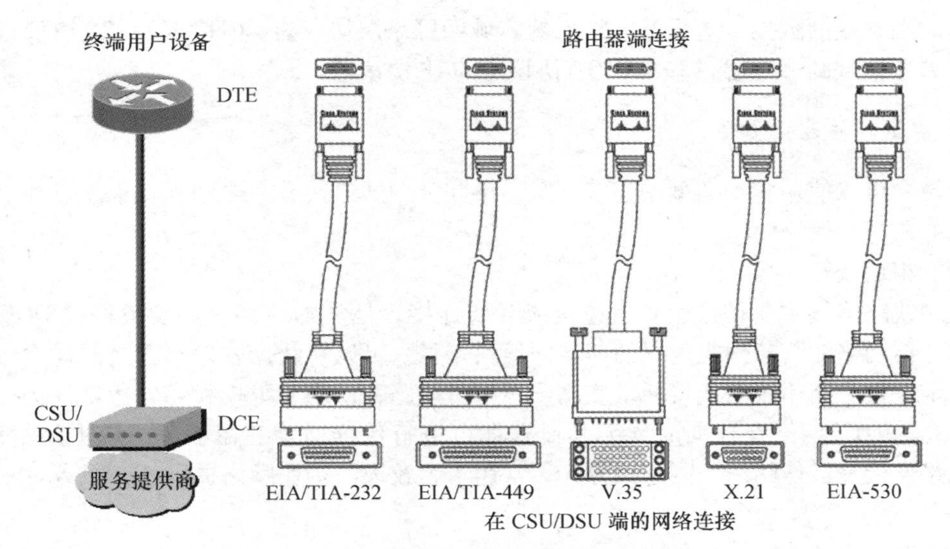

图 7－1 常用的广域网物理层标准及其连接器

2. 广域网的数据链路层标准

广域网数据链路层定义了传输到远程站点的数据的封装格式，并描述了在单一数据路径上各系统间的帧传送方式。为确保使用正确的封装协议，必须为每个路由器的串行接口配置所用的数据链路层封装类型。封装协议的选择取决于广域网的技术和设备。常用的广域网数据链路层封装协议主要有如下几种。

（1）PPP（Point to Point Protocol，点对点协议）：通过同步电路和异步电路提供路由器到路由器和主机到网络的连接。PPP 可以和多种网络层协议协同工作。

（2）SLIP（Serial Line Internet Protocol，串行线路互连协议）：使用 TCP/IP 实现点对点串行连接的标准协议，已经基本上被 PPP 取代。

（3）HDLC（High－Level Data Link Control，高级数据链路控制协议）：按位访问的同步数据链路层协议，定义了同步串行链路上使用帧标识和校验和的数据封装方法。当链路两端均为 Cisco 设备时，它是点对点专用链路和电路交换连接上默认的封装类型，是同步 PPP 的基础。

（4）X. 25/平衡式链路访问程序（LAPB）：定义 DTE 与 DCE 间如何连接的 ITU－T 标准，用于在公用数据网络上维护远程终端访问与计算机的通信，已被帧中继取代。

（5）帧中继（Frame Relay）：一种高性能的分组交换式广域网协议，可以被应用于各种类型的网络接口中。由于帧中继是一种面向连接，无内在纠错机制的协议，因此适合高可靠性的数字传输设备使用。

（6）ATM（Asynchronous Transfer Mode，异步传输模式）：信元交换的国际标准，在定长（53 字节）的信元中能传输多种类型的服务，适于高速传输（如 SONET）。

3. 广域网的网络层标准

网络层的主要任务是设法将源节点发出的数据包传送到目的节点，从而向传输层提供

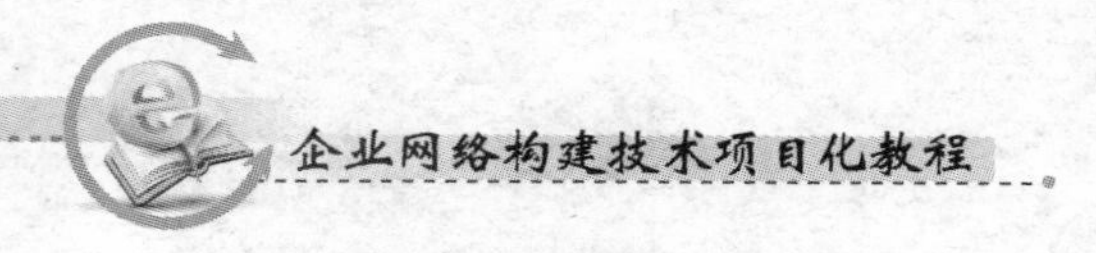

最基本的端到端的数据传送服务。常见的广域网网络层协议有 CCITT 的 X. 25 协议（定义了 OSI 参考模型的下三层）和 TCP/IP 协议中的 IP 协议等。

4. 广域网的连接类型

广域网可以使用多种类型的连接方案，不同类型的连接方案之间存在技术、速度和成本方面的差异。

（1）租用线路连接

租用线路连接主要是指点对点连接或专线连接，是从本地客户端设备经过 DCE 设备到远端目标网络的一条预先建立的广域网通信路径，可以在数据收发双方之间建立起永久性的固定连接。租用线路连接通常使用同步串行线路，使用 HDLC 和 PPP 等协议进行数据封装，允许 DTE 网络在任何时候无须设置即可进行数据通信。在不考虑成本的情况下，租用线路连接是最佳的广域网连接方案，常用于为较大的企业网络提供核心或者骨干远程连接。

（2）电路交换连接

电路交换是广域网的一种交换方式，可以通过运营商网络为每一次会话过程建立、维持和终止一条专用的物理电路。电路交换在电信运营商的网络中被广泛使用，典型的电路交换实例就是普通的电话拨叫过程，公共电话交换网和综合业务数字网（ISDN）是典型的电路交换广域网。

（3）分组交换连接

分组交换连接是在两个站点之间使用逻辑电路建立连接，这些逻辑电路被称为虚电路。由于分组交换连接允许在同一个物理电路上建立多个逻辑电路，因此网络设备可以共享一条物理链路。与电路交换相比，分组交换（也称包交换）是针对计算机网络设计的交换技术，可以最大限度地利用带宽。X. 25、帧中继、ATM 等都是典型的分组交换广域网。

7. 1. 3 HDLC 和 PPP

1. HDLC

HDLC 是点到点串行线路上（同步电路）的数据链路层封装格式，其帧格式和以太网有很大差别，HDLC 帧没有源 MAC 地址和目的 MAC 地址。Cisco 公司对 HDLC 进行了专有化，默认情况下 Cisco 路由器的串行口是采用 Cisco HDLC 进行数据封装的。需要注意的是 Cisco HDLC 与标准 HDLC 并不兼容，因此如果链路的两端都是 Cisco 设备，可以使用 Cisco HDLC 进行数据封装，但如果 Cisco 设备与非 Cisco 设备进行连接，则应使用 PPP 进行数据封装。另外，HDLC 不能提供验证，缺少对链路的安全保护。

2. PPP

和 HDLC 一样，PPP 也是串行线路上（同步电路或者异步电路）的一种数据链路层封装格式，但 PPP 可以提供对多种网络层协议的支持，并且支持认证、多链路捆绑、回拨、压缩等功能。

（1）PPP 的组件

PPP 包含 3 个主要组件。

① 用于在点对点链路上封装数据的 HDLC 协议。

② 用于建立、配置和测试数据链路连接的可扩展链路控制协议（LCP）。

③ 用于建立和配置各种网络层协议的网络控制协议（NCP）。

（2）PPP 的工作过程

PPP 经过 4 个过程在一个点到点的链路上建立通信连接。

① 链路的建立和配置协调：通信的发起方发送 LCP 帧来配置和检测数据链路。

② 链路质量检测：在链路已经建立、协调之后进行，这一阶段是可选的。

③ 网络层协议配置协调：通信的发起方发送 NCP 帧以选择并配置网络层协议。

④ 关闭链路：通信链路将一直保持到 LCP 或 NCP 帧关闭链路或发生一些外部事件。

（3）PPP 的验证方式

PPP 提供了两种认证方式：PAP 和 CHAP。

① PAP（Password Authentication Protocol，密码验证协议）：利用 2 次握手的简单方法进行认证。PAP 验证过程是在链路建立完毕后，源节点不停地在链路上反复发送用户名和密码，直到验证通过。在 PAP 验证中，密码在链路上是以明文传输的，而且由于是由源节点控制验证重试频率和次数，因此 PAP 验证不能防范再生攻击和重复的尝试攻击。

② CHAP（Challenge Handshake Authentication Protocol，询问握手验证协议）：利用 3 次握手周期地验证源节点的身份。CHAP 验证过程在链路建立之后进行，而且在以后的任何时候都可以再次进行。CHAP 不允许连接发起方在没有收到询问消息的情况下进行验证尝试。CHAP 不直接传送密码，只传送一个不可预测的询问消息，以及该询问消息与密码经过 MD5 加密运算后的加密值。所以 CHAP 可以防止再生攻击，其安全性比 PAP 要高。

7.1.4　帧中继

帧中继（Frame Relay，FR）是面向连接的广域网数据交换协议，工作于 OSI 参考模型的物理层和数据链路层，是典型的分组交换技术。

1. 帧中继网络的拓扑结构

如果要采用点对点的专用链路（如 DDN）把分散在各地的局域网连接起来，则必须为每个局域网提供多条物理链路，并且局域网路由器必须具备多个物理端口。而帧中继使用的连接是由虚电路提供的，虚电路是两台设备之间的逻辑连接，因此每个局域网路由器只需要通过一条物理链路连接到帧中继网络（也称帧中继云），通过该物理连接就可以使用逻辑虚电路连接到远程网络。帧中继网络最简单的拓扑结构为星型结构，即帧中继云中只有一台帧中继交换机来提供主要服务与应用。为了保证数据传输质量，在大型的帧中继网络中更多采用全网状拓扑结构或部分网状拓扑结构，如图 7－2 所示。

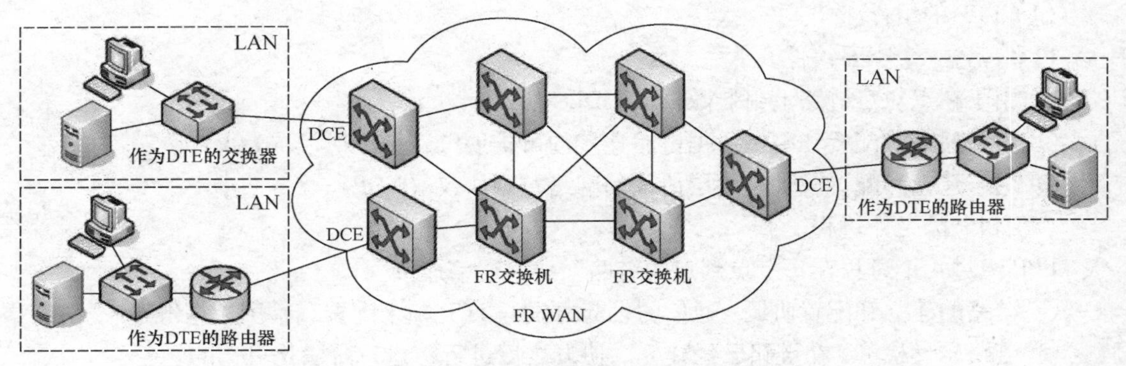

图 7－2　帧中继网络的拓扑结构

2. 虚电路

虚电路（Virtual Circuit，VC）是一种分组交换传输方式，分为永久虚电路（PVC）和交换虚电路（SVC）两种类型。PVC 与租用线路类似，由运营商预先配置，只要存在一条从发送站到接收站的物理链路就可以一直保持连通状态。SVC 与电路交换连接类似，当需要发送数据时 SVC 会被动态创建，数据发送完毕后电路将立刻被拆除。由于 PVC 简单、高效，因此更适合于进行数据通信。

3. DLCI

帧中继使用 DLCI（Data Link Connection Identifier，数据链路连接标识符）来区分网络中的不同虚电路。实际上 DLCI 就是 IP 数据包在帧中继链路上进行封装时所需的数据链路层地址，其长度一般为 10b，也可扩展为 16b。DLCI 通常由帧中继服务提供商统一分配，其范围一般为 16～1007（0～15 和 1008～1023 留作特殊用途）。帧中继的 DLCI 仅具有本地意义，只在其所在物理链路上是唯一的。

在如图 7－3 所示的网络中，当路由器 R1（IP 地址为 100. 100. 100. 1/24）要把数据发

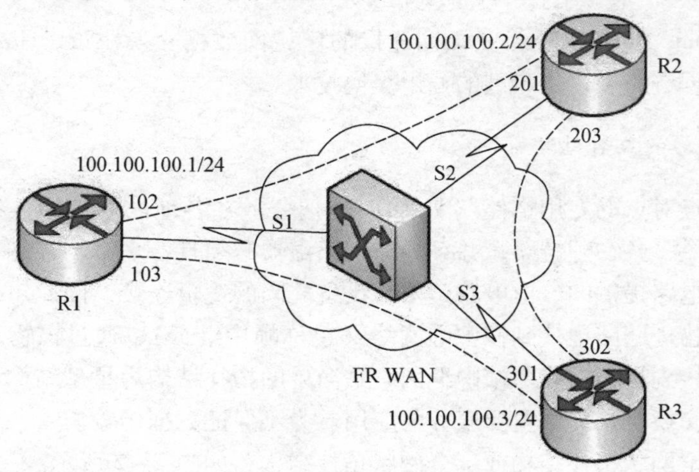

图 7－3　帧中继网络的 DLCI

往路由器 R2（IP 地址为 100. 100. 100. 2/24）时，可以使用 DLCI 值 102 对 IP 数据包进行第 2 层的封装。帧中继交换机从 S1 接口收到该数据帧后，将根据帧中继交换表把数据帧从 S2 接口转发出去，并且将转发出去的数据帧的 DLCI 改为 201，这样路由器 R2 就会收到 R1 发来的数据包。而当路由器 R2 要发送数据给 R1 时，可以使用 DLCI 值 201 对 IP 数据包进行第 2 层的封装。帧中继交换机同样将根据帧中继交换表把数据帧从 S1 接口转发出去，并且将转发出去的数据帧的 DLCI 改为 102，这样路由器 R1 就会收到 R2 发来的数据包。

注 意

帧中继是非广播多路访问网络。在如图 7－3 所示的网络中，如果路由器 R1 在 DLCI 为 102 的 PVC 上发送广播，则路由器 R2 可以收到，而路由器 R3 无法收到。若要使路由器 R2 和 R3 都收到，则路由器 R1 必须分别在 DLCI 为 102 和 103 的 PVC 上各发送一次。

4. 地址映射

DLCI 是帧中继网络中的数据链路层地址。路由器要通过帧中继网络把 IP 数据包发到下一跳路由器时，它必须知道 IP 地址和 DLCI 的映射才能进行数据帧的封装。在如图 7－3 所示的网络中，各路由器中的 IP 地址和 DLCI 的映射如下。

（1）R1：100. 100. 100. 2→102，100. 100. 100. 3→103

（2）R2：100. 100. 100. 1→201，100. 100. 100. 3→203

（3）R3：100. 100. 100. 1→301，100. 100. 100. 2→302

路由器有两种方法可以获得地址映射，一种是静态映射，即由管理员手工输入；另一种是利用 IARP（Inverse ARP，逆向地址解析协议）动态建立帧中继映射。默认情况下，Cisco 路由器帧中继接口将采用动态映射。IARP 的基本工作原理如图 7－4 所示。

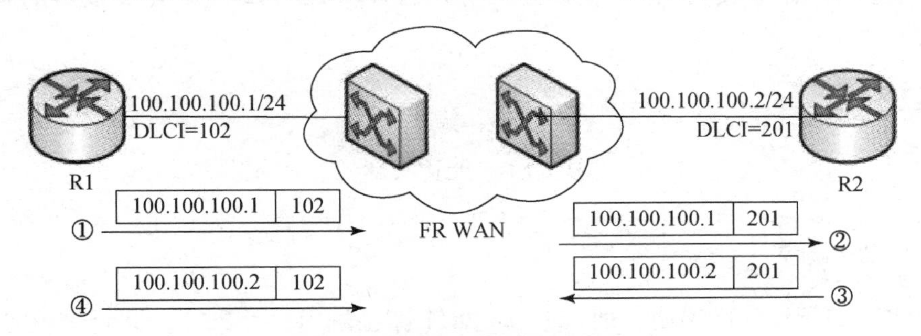

图 7－4　IARP 的基本工作原理

（1）路由器 R1 在 DLCI 为 102 的 PVC 上发送 IARP 数据包，该数据包中有 R1 的 IP 地址 100. 100. 100. 1。

（2）帧中继网络将该数据包通过 DLCI 为 201 的 PVC 发送给路由器 R2。

（3）由于路由器 R2 是从 201 的 PVC 上接收到的 IARP 数据包，因此 R2 会自动建立映射：100. 100. 100. 1→201。

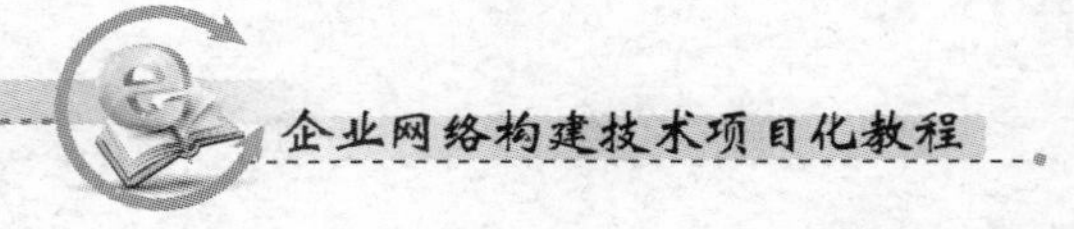

（4）路由器 R2 也发送 IARP 数据包，路由器 R1 收到该数据包后也会自动建立映射：100.100.100.2→102。

5. LMI

LMI（Local Management Interface，本地管理接口）提供了一个帧中继交换机和路由器之间的简单信令，用于建立和维护帧中继 DTE 和 DCE 设备之间的连接，维护虚电路的状态。LMI 有多种类型，如 ITU－T 的 Q.933 附录 A、ANSI 的 T1.617 附录 D、Cisco 非标准兼容协议等。在帧中继交换机和路由器之间必须采用相同的 LMI 类型，Cisco 路由器在较高版本的 IOS 中具有自动检测 LMI 类型的功能。对于 DTE 设备，PVC 的状态完全由 DCE 设备决定。路由器从帧中继交换机收到 LMI 信息后，可以得知 PVC 状态。PVC 状态包括如下 3 种。

（1）激活状态（Active）：本地路由器与帧中继交换机的连接是启动且激活的，可以与帧中继交换机交换数据。

（2）非激活状态（Inactive）：本地路由器与帧中继交换机的连接是启动且激活的，但 PVC 另一端的路由器未能与其帧中继交换机通信。

（3）删除状态（Deleted）：本地路由器没有从帧中继交换机上收到任何 LMI，可能线路或网络有问题，或者配置了不存在的 PVC。

6. 帧中继子接口

为了满足某些需求，适应各种拓扑结构，有时需要为运行帧中继协议的路由器接口创建子接口。子接口是一个逻辑接口，每个物理接口可以衍生出多个子接口。子接口有点到点和点到多点两种类型。采用点到点子接口时，每个子接口只能连接一条 PVC，因为每条 PVC 只有唯一的对端地址，所以不必配置动态或静态地址映射，点到点子接口就像一个连接了同步专线的串口一样工作。点到多点子接口被用来建立多条 PVC，每条 PVC 都需要和其连接的远端网络地址建立一个地址映射，这种特性与没有配置子接口的物理接口相同。

【任务实施】

操作 1　配置 PPP

1. 启用 PPP 封装

在如图 7－5 所示的网络中，两台 Cisco 2811 路由器 R1 和 R2 通过串行口相连，其中路由器 R1 为 DTE，路由器 R2 为 DCE，如果要启用 PPP 封装数据实现路由器的连通，则基本配置方法如下。

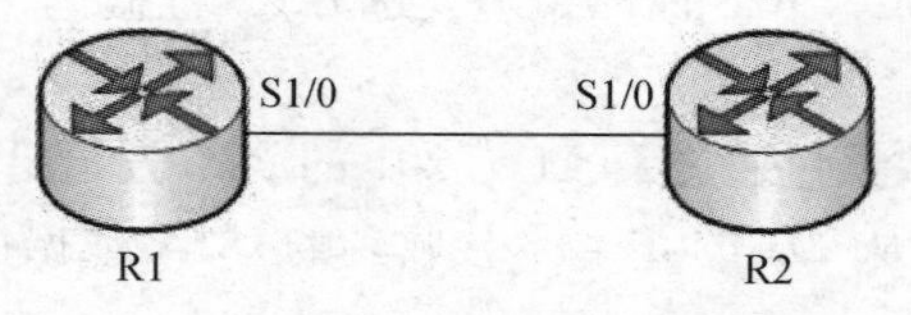

图 7－5　PPP 配置示例

（1）在路由器 R1 和 R2 上配置 IP 地址，保证直连链路的连通性

在路由器 R1 的配置过程为：

```
R1(config)# interface Serial1/0
R1(config-if)# ip address 192.168.12.1 255.255.255.252
R1(config-if)# no shutdown
```

在路由器 R2 的配置过程为：

```
R2(config)# interface Serial1/0
R2(config-if)# clock rate 2000000
R2(config-if)# ip address 192.168.12.2 255.255.255.252
R2(config-if)# no shutdown
```

查看路由器串行口封装协议：

```
R1# show interfaces Serial1/0
Serial1/0 is up, line protocol is up (connected)
  Hardware is HD64570
  Internet address is 192.168.12.1/24
  MTU 1500 bytes, BW 128 Kbit, DLY 20000 usec,
     reliability 255/255, txload 1/255, rxload 1/255
  Encapsulation HDLC, loopback not set, keepalive set (10 sec)
  ……(以下省略)
//通过查看端口信息,可以看到默认情况下采用 HDLC 封装
```

（2）改变串行链路两端的接口封装为 PPP 封装

在路由器 R1 的配置过程为：

```
R1(config)# interface Serial1/0
R1(config-if)# encapsulation ppp          //启用 PPP 封装
```

在路由器 R2 的配置过程为：

```
R2(config)# interface Serial1/0
R2(config-if)# encapsulation ppp
```

查看路由器串行口封装协议：

```
R1# show interfaces Serial1/0
Serial1/0 is up, line protocol is up (connected)
  Hardware is HD64570
  Internet address is 192.168.12.1/24
  MTU 1500 bytes, BW 128 Kbit, DLY 20000 usec,
     reliability 255/255, txload 1/255, rxload 1/255
  Encapsulation PPP, loopback not set, keepalive set (10 sec)
……(以下省略)
   //通过查看端口信息,可以看到已设置为 PPP 封装
```

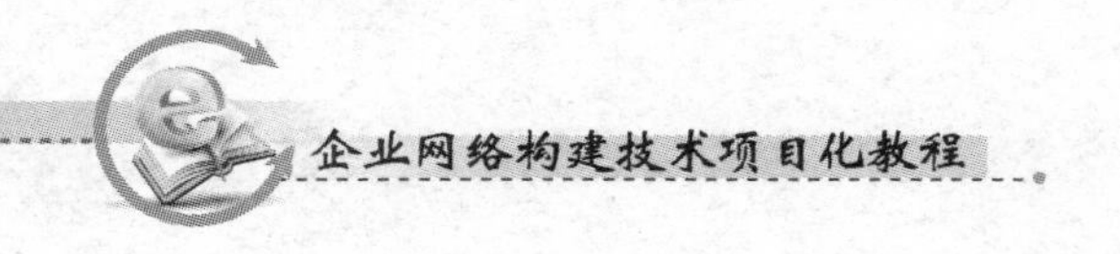

2. 配置 PAP 认证

配置路由器 R1（远程路由器，被认证方）在路由器 R2（中心路由器，认证方）进行 PAP 认证的操作方法如下。

在路由器 R1 的配置过程为：

```
R1(config)# interface Serial1/0
R1(config-if)# encapsulation ppp
R1(config-if)# ppp pap sent-username R1 password 123456
//配置在中心路由器上登录的用户名和密码
```

在路由器 R2 的配置过程为：

```
R2(config)# username R1 password 123456    //为远程路由器设置用户名和密码
R2(config)# interface Serial1/0
R2(config-if)# encapsulation ppp
R2(config-if)# ppp authentication pap    //配置认证方式为 PAP
```

注 意

以上步骤只配置了 R1 在 R2 上取得验证，即单向验证。在实际应用中也可采用双向验证，即 R2 要验证 R1，R1 也要验证 R2。此时只需采用类似的步骤配置 R2 在 R1 上进行验证即可。通常在拨号上网时，只是 ISP 对用户进行验证（要根据用户名来收费），用户不能对 ISP 进行验证，即验证是单向的。另外在设置认证后，可以在特权模式下使用 debug ppp authentication 命令查看 ppp 认证过程。

3. 配置 CHAP 认证

在路由器 R1 的配置过程为：

```
R1(config)# username R2 password hello
//为对方配置用户名和密码,需要注意的是两方的密码要相同
R1(config)# interface Serial1/0
R1(config-if)# encapsulation ppp
R1(config-if)# ppp authentication chap    //配置认证方式为 CHAP
```

在路由器 R2 的配置过程为：

```
R2(config)# username R1 password hello
R2(config)# interface Serial1/0
R2(config-if)# encapsulation ppp
R2(config-if)# ppp authentication chap
```

注　意

以上是CHAP验证的最简单配置，也是实际应用中最常用的配置方式。配置时要求用户名为对方路由器名，且双方密码必须一致。原因是：由于CHAP默认使用本地路由器的主机名作为建立PPP连接时的识别符。路由器在收到对方发送过来的询问消息后，将本地路由器的主机名作为身份标识发送给对方；而在收到对方发过来的身份标识之后，默认使用本地验证方法，即在配置文件中查找相应的用户身份标识和密码；如果有，计算加密值，结果正确则验证通过；否则验证失败，连接无法建立。

操作2　配置帧中继

1. 帧中继基本配置

在如图7－3所示的网络中，3台Cisco 2811路由器R1、R2和R3通过电信运营商帧中继网络互连。路由器R1通过DLCI 102标识的PVC连接到R2，通过DLCI 103标识的PVC连接到R3；路由器R2通过DLCI 201标识的PVC连接到R1，通过DLCI 203标识的PVC连接到R3；路由器R3通过DLCI 301标识的PVC连接到R1，通过DLCI 302标识的PVC连接到R2。若路由器R1、R2和R3处于同一子网，且均为DTE设备，则实现网络连通的基本配置方法如下。

（1）帧中继接口基本配置

在路由器R1的配置过程为：

```
R1(config)# interface Serial1/0
R1(config-if)# ip address 100.100.100.1 255.255.255.0
R1(config-if)# no shutdown
R1(config-if)# encapsulation frame-relay
//配置采用帧中继封装。帧中继有Cisco和ietf(Internet Engineering Task Force)两种封装类型,默认为Cisco封装,若与非Cisco路由器连接,可在该命令后加参数"ietf"。
R1(config-if)# frame-relay lmi-type cisco
//配置LMI类型,若Cisco路由器IOS是11.2及以后版本,则可自动适应LMI类型。
```

在路由器R2的配置过程为：

```
R2(config)# interface Serial1/0
R2(config-if)# ip address 100.100.100.2 255.255.255.0
R2(config-if)# no shutdown
R2(config-if)# encapsulation frame-relay
```

在路由器R3的配置过程为：

```
R3(config)# interface Serial1/0
R3(config-if)# ip address 100.100.100.3 255.255.255.0
R3(config-if)# no shutdown
R3(config-if)# encapsulation frame-relay
```

(2) 测试连通性

可以使用 ping 命令测试各个路由器之间的连通性。在路由器 R1 的测试过程为:

```
R1# ping 100.100.100.2          //测试路由器 R1 和 R2 之间的连通性
Type escape sequence to abort.
Sending 5, 100-byte ICMP Echos to 100.100.100.2, timeout is 2 seconds:
!!!!!
Success rate is 100 percent (5/5), round-trip min/avg/max = 62/62/63 ms
R1# show frame-relay map
Serial1/0 (up): ip 100.100.100.2 dlci 102, dynamic, broadcast, CISCO, status
defined, active
Serial1/0 (up): ip 100.100.100.3 dlci 103, dynamic, broadcast, CISCO, status
defined, active
//查看地址映射,帧中继接口默认开启动态映射,"dynamic"表明这是动态映射。
R1# show frame-relay pvc     //查看 DLCI 102 和 DLCI 103PVC 的状态
```

注 意

若采用 Cisco Packet Tracer 完成本任务，可将 3 台 Cisco 2811 路由器通过串行口连接到广域网云。在广域网云的相应端口需添加 DLCI，并完成帧中继交换表的配置。例如，若广域网云的 S1 接口连接 R1，S2 接口连接 R2，则可在 S1 接口添加 DLCI 102，在 S2 接口添加 DLCI 201，并通过帧中继交换表告诉路由器，如果从 S1 接口收到 DLCI 102 的帧，要从 S2 接口交换出去，并且 DLCI 改为 201。

2. 手工配置帧中继地址映射

若要手工配置帧中继地址映射，则可采用以下操作方法。

在路由器 R1 的配置过程为:

```
R1(config)# interface Serial1/0
R1(config-if)# no frame-relay inverse-arp       //关闭自动映射
R1(config-if)# frame-relay map ip 100.100.100.2 102 broadcast
//设置 IP 地址 100.100.100.2 与 DLCI 102 的地址映射。参数 broadcast 可允许该帧中继链路通
过多播或广播包,若帧中继链路上要运行路由协议,则该参数非常重要。
R1(config-if)# frame-relay map ip 100.100.100.3 103 broadcast
```

在路由器 R2 的配置过程为:

```
R2(config)# interface Serial1/0
R2(config-if)# no frame-relay inverse-arp
R2(config-if)# frame-relay map ip 100.100.100.1 201 broadcast
R2(config-if)# frame-relay map ip 100.100.100.3 203 broadcast
```

在路由器 R3 的配置过程为:

```
R3(config)# interface Serial1/0
R3(config-if)# no frame-relay inverse-arp
R3(config-if)# frame-relay map ip 100.100.100.1 301 broadcast
R3(config-if)# frame-relay map ip 100.100.100.2 302 broadcast
```

3. 配置帧中继上的RIP

由于帧中继网络不支持RIP更新的广播发送，因此必须对所连路由器采用单播的方式发送路由更新，而这种更新方式会与RIP中的水平分割机制产生冲突。要解决这一问题，一种方法是关闭水平分割机制，但这样会增加产生路由环路的概率；另一种方法是使用子接口。若在如图7-3所示的网络中，路由器R1的以太网端口连接了192.168.10.0/24网段，路由器R2连接了192.168.20.0/24网段，路由器R3连接了192.168.30.0/24网段，现要利用RIP实现网络的连通，可采用以下操作方法。

在路由器R1的配置过程为：

```
R1(config)# interface Serial1/0
R1(config-if)# no ip address          //删除IP地址
R1(config-if)# encapsulation frame-relay
R1(config-if)# no frame-relay inverse-arp
R1(config-if)# no shutdown
R1(config-if)# exit
R1(config)# interface Serial1/0.2 point-to-point     //创建点到点子接口
R1(config-subif)# ip address 100.100.101.1 255.255.255.0
R1(config-subif)# frame-relay interface-dlci 102        //配置子接口地址映射
R1(config-subif)# interface Serial1/0.3 point-to-point
R1(config-subif)# ip address 100.100.102.1 255.255.255.0
//每个点到点子接口连接的PVC是一个网段,IP地址网络标识不同
R1(config-subif)# frame-relay interface-dlci 103
R1(config-subif)# exit
R1(config)# router rip
R1(config-router)# network 192.168.10.0
R1(config-router)# network 100.100.101.0
R1(config-router)# network 100.100.102.0
```

路由器R2的配置过程为：

```
R2(config)# interface Serial1/0
R2(config-if)# no ip address
R2(config-if)# encapsulation frame-relay
R2(config-if)# no frame-relay inverse-arp
R2(config-if)# no shutdown
R2(config-if)# exit
R2(config)# interface Serial1/0.1 point-to-point
```

```
R2(config-subif)# ip address 100.100.101.2 255.255.255.0
R2(config-subif)# frame-relay interface-dlci 201
R2(config-subif)# interface Serial1/0.3 point-to-point
R2(config-subif)# ip address 100.100.103.1 255.255.255.0
R2(config-subif)# frame-relay interface-dlci 203
R2(config-subif)# exit
R2(config)# router rip
R2(config-router)# network 192.168.20.0
R2(config-router)# network 100.100.101.0
R2(config-router)# network 100.100.103.0
```

路由器R3的配置过程为：

```
R3(config)# interface Serial1/0
R3(config-if)# no ip address
R3(config-if)# encapsulation frame-relay
R3(config-if)# no frame-relay inverse-arp
R3(config-if)# no shutdown
R3(config-if)# exit
R3(config)# interface Serial1/0.1 point-to-point
R3(config-subif)# ip address 100.100.102.2 255.255.255.0
R3(config-subif)# frame-relay interface-dlci 301
R3(config-subif)# interface Serial1/0.2 point-to-point
R3(config-subif)# ip address 100.100.103.2 255.255.255.0
R3(config-subif)# frame-relay interface-dlci 302
R3(config-subif)# exit
R3(config)# router rip
R3(config-router)# network 192.168.30.0
R3(config-router)# network 100.100.102.0
R3(config-router)# network 100.100.103.0
```

注 意

随着高速以太网和光纤接入技术的发展，目前电信运营商更多为企业用户提供基于光纤的宽带接入方案，如FTTx+LAN、EPON等。请根据实际情况考察所在学校或企业的网络，了解该网络在连接广域网时所采用的接入技术和配置方法。

任务7.2 配置NAT

【任务目的】

（1）理解NAT的作用。

（2）掌握 NAT 的配置方法。

【工作环境与条件】

（1）路由器和交换机（本部分以 Cisco 2811 路由器、Cisco 2960 交换机为例，也可选用其他品牌型号的产品或使用 Cisco Packet Tracer、Boson Netsim 等模拟软件）。

（2）Console 线缆和相应的适配器。

（3）安装 Windows 操作系统的 PC。

（4）组建网络所需的其他设备。

【相关知识】

7.2.1　NAT 概述

NAT（Network Address Translation，网络地址转换）是一种将一个 IP 地址域（如 Intranet）转换为另一个 IP 地址域（如 Internet）的技术。NAT 技术的出现是为了解决 IPv4 地址日益短缺的问题，它将多个私有 IP 地址映射为一个或几个公有 IP 地址，从而使得内部网络中的主机可以透明地访问外部网络的资源，同时外部网络中的主机也可以有选择地访问内部网络。NAT 也能使得内外网络隔离，提供一定的网络安全保障。

1. NAT 相关术语

（1）内部网络（Inside）

指企业或机构所拥有的网络，与 NAT 路由器上被定义的 Inside 的端口相连。

（2）外部网络（Outside）

指除了内部网络之外的所有网络，主要指 Internet，与 NAT 路由器上被定义的 Outside 的端口相连。

（3）内部本地地址（Inside Local Address）

内部网络主机使用的 IP 地址，通常为私有 IP 地址，不能直接在 Internet 上路由，因而不能直接访问 Internet，必须通过网络地址转换，以公有 IP 地址访问 Internet。

（4）内部全局地址（Inside Global Address）

内部网络使用的公有 IP 地址，当使用内部本地地址的主机要访问 Internet，进行网络地址转换时需要使用该地址。

（5）外部本地地址（Outside Local Address）

外部网络主机使用的 IP 地址，这些地址不一定是公有的 IP 地址。

（6）外部全局地址（Outside Global Address）

外部网络主机使用的 IP 地址，这些地址是全局可路由的公有 IP 地址。

2. NAT 的工作过程

通常 NAT 功能被集成到了路由器、防火墙或单独的 NAT 设备中。NAT 的工作过程如图 7－6 所示。在该网络中，当内部主机 PC1 要访问外部的主机 Host 时，PC1 发送源地址为 192. 168. 1. 200，目的地址为 200. 30. 160. 55 的 IP 数据包，该数据包将被路由到内部网络的边界路由器。边界路由器在收到这个数据包后，将源地址改为公有 IP 地址

202.10.50.2，并将私有 IP 地址 192.168.1.200 与公有 IP 地址 202.10.50.2 的映射关系存入地址映射表，然后发出修改后的 IP 数据包。当 Host 主机收到该数据包并做出回复后，回复的数据包将到达内部网络的边界路由器。边界路由器再根据地址映射表中的地址对应关系，把回复数据包的目的地址转换为 PC1 的私有 IP 地址，并把该数据包路由到 PC1，这样就完成了私有地址主机与 Internet 主机的通信。

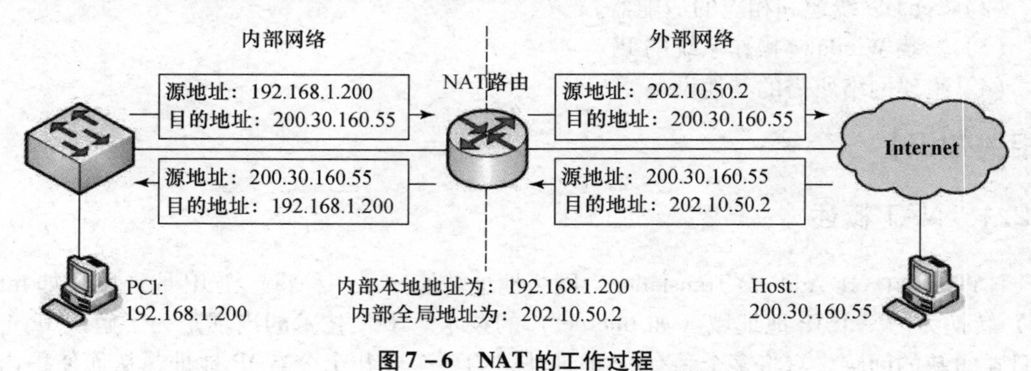

图 7-6　NAT 的工作过程

7.2.2　NAT 的类型

1. 静态 NAT

静态 NAT 在地址映射表中为每一个需要转换的内部本地地址创建了一个固定的地址映射关系，映射了唯一的内部全局地址，本地地址与全局地址一一对应。也就是说，在静态 NAT 中，内部网络中的每一个主机都被永久映射了可以访问外部网络的某个合法地址，当内部主机访问外部网络时，内部本地地址就会转换为相应的全局地址。

2. 动态 NAT

动态 NAT 是将可用的内部全局地址的地址集定义为 NAT 池（NAT Pool），对于要与外界进行通信的内部主机，如果还没有建立映射关系，NAT 设备将会动态地从 NAT 池中选择一个全局地址与内部主机的本地地址进行转换。该映射关系在连接建立时动态创建，而在连接终止时将被回收。动态 NAT 增强了网络的灵活性，减少了所需的全局地址的数量。需要注意的是，如果 NAT 池中的全局地址被全部占用，则此后的地址转换申请将被拒绝，这样会造成网络连通性的问题。另外由于每次的地址转换都是动态的，所以同一主机在不同连接中的全局地址是不同的，这会增加网络管理的难度。

3. 地址端口转换（NAPT）

地址端口转换是动态转换的一种变形，它可以使多个内部主机共享一个内部全局地址，而通过源地址和目的地址的 TCP/UDP 端口号来区分地址映射表中的映射关系和本地地址，这样就更加减少了所需的全局地址的数量。例如，假设内部主机 192.168.1.2 和 192.168.1.3 都使用源端口 1723 向外发送数据包，NAPT 路由器把这两个内部本地地址都转换为全局地址 202.10.50.2，而使用不同的端口号 1492 和 1723。当接收方收到源端口为

1492 的报文时，则返回的报文在到达 NAPT 路由器后，其目的地址和端口将被转换为 192. 168. 1. 2：1723。当接收方收到源端口为 1723 的报文时，则返回的报文在到达 NAPT 路由器后，其目的地址和端口将被转换为 192. 168. 1. 3：1723。

【任务实施】

操作 1　配置静态 NAT

在如图 7 - 7 所示的网络中，一台 Cisco 2811 路由器通过串行端口 S0/0/0 接入 Internet，内部网络有两台 PC，它们使用的是内部本地地址，要求在路由器上配置静态 NAT，使这两台 PC 都能够访问 Internet。其中 PC1 和 PC2 使用的内部全局地址分别为 210. 30. 192. 2 和 210. 30. 192. 3，路由器内部网络接口 F0/0 的 IP 地址为 192. 168. 1. 1，外部网络接口 S0/0/0 的 IP 地址为 210. 30. 192. 1。

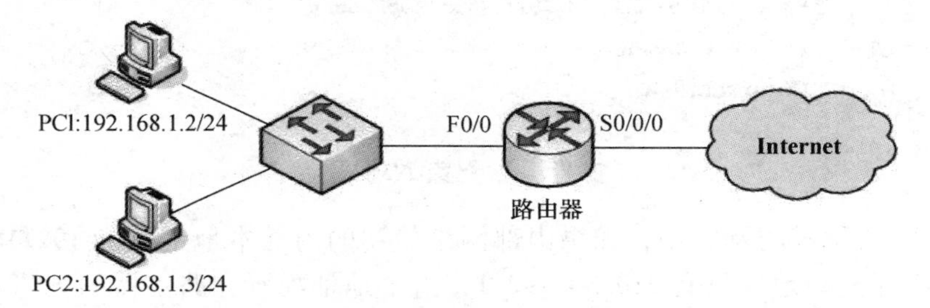

图 7 - 7　NAT 配置实例

在路由器的配置过程为：

```
Router(config)# ip route 0. 0. 0. 0 0. 0. 0. 0 s0/0/0      //配置默认路由
Router(config)# ip nat inside source static 192. 168. 1. 2 210. 30. 192. 2
//配置将内部本地地址 192. 168. 1. 2 静态转换为内部全局地址 210. 30. 192. 2
Router(config)# ip nat inside source static 192. 168. 1. 3 210. 30. 192. 3
//配置将内部本地地址 192. 168. 1. 3 静态转换为内部全局地址 210. 30. 192. 3
Router(config)# interface FastEthernet0/0
Router(config-if)# ip address 192. 168. 1. 1 255. 255. 255. 0
Router(config-if)# ip nat inside   //定义 F0/0 端口连接内部网络
Router(config-if)# no shutdown
Router(config-if)# interface Serial0/0/0
Router(config-if)# ip address 210. 30. 192. 1 255. 255. 255. 0
Router(config-if)# ip nat outside   //定义 S0/0/0 端口连接外部网络
Router(config-if)# no shutdown
```

操作 2　配置动态 NAT

在如图 7 - 7 所示的网络中，如果内部网络使用的内部本地地址为 192. 168. 1. 0/24，申请到的内部全局地址范围为 210. 30. 192. 2 ～210. 30. 192. 8，如果要在边界路由器上配置动态 NAT，实现内部网络与 Internet 的通信，配置过程如下。

```
Router(config)# ip route 0.0.0.0 0.0.0.0 s0/0/0        //配置默认路由
Router(config)# ip nat pool out 210.30.192.2 210.30.192.8 netmask 255.255.255.0
//定义全局地址池"out",地址池中的地址范围为210.30.192.2～210.30.192.8
Router(config)# access-list 1 permit 192.168.1.0 0.0.0.255
//用标准ACL定义允许转换的内部本地地址范围为192.168.1.0/24
Router(config)# ip nat inside source list 1 pool out
//地址池"out"启用NAT私有IP地址的来源来自标准ACL1
Router(config)# interface FastEthernet0/0
Router(config-if)# ip address 192.168.1.1 255.255.255.0
Router(config-if)# ip nat inside
Router(config-if)# no shutdown
Router(config-if)# interface Serial0/0/0
Router(config-if)# ip address 210.30.192.1 255.255.255.0
Router(config-if)# ip nat outside
Router(config-if)# no shutdown
```

操作3　配置NAPT

在如图7-7所示的网络中，如果内部网络使用的内部本地地址为192.168.1.0/24，现申请到的内部全局地址只有210.30.192.1，这个地址配置在路由器的S0/0/0端口上，如果要在边界路由器上配置NAPT，实现内部网络与Internet的通信，配置过程如下。

```
Router(config)# ip route 0.0.0.0 0.0.0.0 s0/0/0        //默认路由
Router(config)# access-list 1 permit 192.168.1.0 0.0.0.255
//用标准ACL定义允许转换的内部本地地址范围为192.168.1.0/24
Router(config)# ip nat inside source list 1 interface s0/0/0 overload
//将来自于ACL1中的私有IP地址,使用s0/0/0端口上的IP地址进行转换,overload表示使用端
口号进行转换。
Router(config)# interface FastEthernet0/0
Router(config-if)# ip address 192.168.1.1 255.255.255.0
Router(config-if)# ip nat inside
Router(config-if)# no shutdown
Router(config-if)# interface Serial0/0/0
Router(config-if)# ip address 210.30.192.1 255.255.255.0
Router(config-if)# ip nat outside
Router(config-if)# no shutdown
```

任务7.3　配置VPN

【任务目的】

（1）理解VPN的概念和作用。

（2）理解VPN的相关技术和协议。

（3）理解 VPN 的结构和分类。

（4）熟悉 VPN 的常用配置方法。

【工作环境与条件】

（1）路由器和交换机（本部分以 Cisco 2811 路由器、Cisco 2960 交换机为例，也可选用其他品牌型号的产品或使用 Cisco Packet Tracer、Boson Netsim 等模拟软件）。

（2）Console 线缆和相应的适配器。

（3）安装 Windows 操作系统的 PC。

（4）组建网络所需的其他设备。

【相关知识】

7.3.1　VPN 概述

VPN（Virtual Private Network，虚拟专用网络）是一种通过对网络数据的封包或加密传输，在公众网络（如 Internet）上传输私有数据、达到私有网络的安全级别，从而利用公众网络构筑企业专网的组网技术。

一个网络连接通常由客户机、传输介质和服务器 3 个部分组成。VPN 网络同样也需要这三部分，不同的是 VPN 连接不是采用物理的传输介质，而是使用隧道。隧道是建立在公共网络或专用网络基础之上的，对于传输路径中的网络设备来说是透明的，与网络拓扑相独立。建立 VPN 连接的设备可能是路由器、防火墙、独立的客户机或者服务器。VPN 客户机和 VPN 服务器之间所传输的信息会被加密，因此即使信息在远程传输的过程中被拦截，也会无法被识别，从而确保信息的安全性。VPN 可以在多种环境中使用，主要包括以下 3 种。

（1）Internet VPN：这是 VPN 最常见的应用环境，它用于保护穿越 Internet（公共的不安全的网络）的私有流量。

（2）Intranet VPN：保护企业网络内部的流量，无论这些流量是否穿越 Internet。

（3）Extranet VPN：保护两个或两个以上分离网络之间的流量，这些流量会穿越 Internet 或者其他 WAN。

7.3.2　VPN 的类型

VPN 主要包括远程访问 VPN 和站点对站点 VPN 两种类型。

1. 远程访问 VPN

远程访问 VPN 是指企业总部和所属同一企业的小型或家庭办公室（SOHO）以及外出员工之间所建立的 VPN，如图 7-8 所示。图 7-8 中企业内部网络的 VPN 服务器已经接入 Internet，VPN 客户机在远地可以通过 Internet 与企业 VPN 服务器创建 VPN 连接，并通过其与内部网络计算机进行安全通信，就好像位于内部网络一样。远程访问的 VPN 通常采用 PPTP、L2F、L2TP 等隧道协议。

图 7-8　远程访问 VPN

在远程访问 VPN 中，可以概括地将 VPN 通信过程归纳为以下步骤。

(1) VPN 客户机向 VPN 服务器发出请求。

(2) VPN 服务器响应请求并向客户机发出身份质询，客户机将加密的用户身份验证响应信息发送到 VPN 服务器。

(3) VPN 服务器根据用户数据库检查该响应，如果用户身份有效，VPN 服务器将检查该用户是否具有远程访问权限；如果该用户拥有权限，VPN 服务器接受此连接。

(4) VPN 服务器和客户机将利用身份验证过程中产生的公钥，通过 VPN 隧道技术对数据进行封装加密，实现数据的安全传输。

2. 站点对站点 VPN

站点对站点 VPN 也被称为局域网对局域网 VPN 或路由器对路由器 VPN，主要用于在不同的 LAN 之间建立安全的数据传输通道，例如在企业内部各分支机构之间的网络互连，如图 7-9 所示。图 7-9 中两个 LAN 的 VPN 服务器都接入 Internet，在通过 Internet 创建 VPN 连接后，两个 LAN 中的计算机相互之间就可以通过 VPN 进行安全通信，就像位于同一网络一样。站点对站点 VPN 通常采用 IPSec 协议建立加密传输数据隧道。

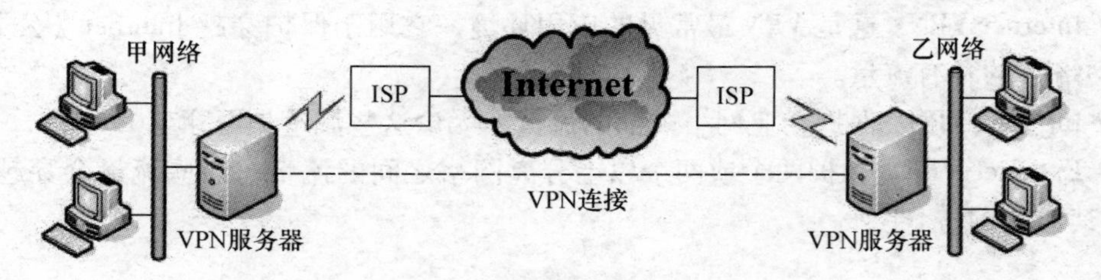

图 7-9　站点对站点 VPN

7.3.3　VPN 的相关技术和协议

VPN 主要采用隧道技术、加密解密技术、密钥管理技术和身份认证技术等来保证数据通信安全。在用户身份认证技术方面，VPN 主要使用点到点协议（PPP）用户级身份验证的方法，这些验证方法包括：密码验证协议（PAP）、询问握手验证协议（CHAP）、Shiva 密码验证协议（SPAP）、Microsoft 询问握手验证协议（MS-CHAP）等。在数据加密和密钥管理方面，VPN 主要采用 Microsoft 的点对点加密算法（MPPE）和 IPSec 机制，并采用公、私密钥对的方法对密钥进行管理。对于采用拨号方式建立 VPN 连接的情况，VPN 连接可以实现双重数据加密，使网络数据传输更安全。

隧道技术是VPN的核心。隧道包括点到端和端到端隧道两种。在点到端隧道中，隧道由远程用户的PC延伸到企业服务器，两边的设备负责隧道的建立以及两点之间数据的加密和解密。在端到端隧道中，隧道终止于路由器、防火墙等网络边缘设备，主要是连接两端局域网。目前主要有两种类型的网络隧道协议，一种是二层隧道协议，该类协议先把各种网络协议（如IP）封装到PPP帧中，再把整个数据帧装入隧道协议；另一种是三层隧道协议，该类协议可把各种网络协议直接装入隧道协议，在可扩充性、安全性等方面优于二层隧道协议。VPN的常用协议主要包括如下几种。

1. PPTP

PPTP（点到点隧道协议）是PPP（点到点协议）和MPPE（Microsoft点到点加密）两个标准的结合，其中PPP用于定义封装过程，MPPE用于提供数据机密性。PPTP的优势是Microsoft公司的支持，Windows NT 4.0以后的操作系统都包括了PPTP客户机和服务器的功能。PPTP能够支持所有VPN连接类型，但其不具有隧道终点的验证功能，需要依赖用户的验证，主要用于远程访问VPN。

2. L2TP

L2TP（第二层隧道协议）由Cisco、Microsoft、3Com等厂商共同制订，结合了PPTP和Cisco的二层转发协议（L2F）的优点，可以让用户从客户端或接入服务器端发起VPN连接。L2TP定义了利用公共网络设施封装传输PPP帧的方法，能够支持多种协议，还解决了多个PPP链路的捆绑问题。

3. GRE

GRE（通用路由封装）协议是Cisco开发的三层协议。GRE的主要优点是灵活性好，可以封装多种协议；其主要缺点是缺少保护能力，不具备进行身份验证、加密、数据包完整性检查的能力。

4. IPSec

IPSec（IP安全协议）是一种通过使用加密的安全服务以确保在TCP/IP网络上进行安全通信的三层协议。二层隧道协议只能保证在隧道发生端及终止端进行认证及加密，并不能保证传输过程的安全，而IPSec可以在隧道外再封装，从而保证隧道在传输过程中的安全性。IPSec的安全性高，是目前应用最广泛的VPN协议。

5. MPLS

MPLS（多协议标签交换）协议指定了数据包如何通过有效的方式送到目的地。MPLS类似于以太网中的VLAN标记，其支持多种协议，支持QoS。

6. SSL

SSL（安全套接层）是介于HTTP协议与TCP协议之间的可选层，它在TCP之上建立了一个加密通道，通过该通道的数据都经过了加密过程。由于SSL协议可以用来加密通过Web浏览器连接发送的数据，所以SSL VPN是应用非常广泛的远程访问VPN解决方案。

7.3.4 IPSec

1. IPSec 的基本通信流程

IPSec（IP Security，IP 安全协议）是一种开放标准的框架结构，工作于 OSI 参考模型的网络层，两台计算机之间如果启用了 IPSec，则基本通信流程如下。

（1）在开始传输信息之前，双方必须先进行协商，以便双方同意如何交换和保护所传送的数据，这个协商的结果被称为 SA（Security Association，安全关联）。SA 内包含着用来验证身份和信息加密的密钥、安全通信协议、SPI（安全参数索引）等信息。协商时所采用的协议是 IKE（Internet Key Exchange，Internet 密钥交换）。

（2）协商完成后，双方开始传输数据，并且利用 SA 内的通信协议与密钥对所传输的数据进行加密和解密，并且可以用来确认其在传输过程中是否被截取或篡改过。

2. IPSec 的通信模式

IPSec 支持以下两种通信模式。

（1）传输模式：传输模式是 IPSec 默认的通信模式，用于在主机到主机的环境中保护数据。在该模式中 IPSec 会保护原始 IP 数据包中的信息但会保留原始的 IP 数据包头，也就是 IPSec 头部将添加到原始 IP 数据包头与其负载之间。只有在 IPSec 的两个终端就是原始数据包的发送端和接收端时，才可以使用传输模式。

（2）隧道模式：隧道模式用于在网络到网络的环境中保护数据。在隧道模式中，IPSec 会封装并保护整个原始 IP 数据包，并生成新的 IP 数据包头，也就是 IPSec 头部将添加到新的 IP 包头与原始 IP 包头之间。

注 意

简单地说，传输模式主要适用于计算机与计算机之间的通信，隧道模式主要适用于路由器与路由器之间的通信。

3. IKE

IKE 为双方协商验证身份提供了以下方法。

（1）预共享密钥（PSK）：使用静态指定的密钥。这种方法部署简单，但在扩展性和安全性方面存在缺陷。

（2）证书：最安全的方法，采用该方法的计算机必须向受信任的 CA 申请证书。

（3）Kerberos：Windows 系统默认的验证方法。

IKE 将协商工作分为以下两个阶段。

（1）第 1 阶段：该阶段所产生的 SA 被称为“主要模式 SA”。在该阶段双方会首先交换一些基本信息，然后分别利用这些信息各自建立主密钥，并利用主密钥将双方计算机身份信息加密。

（2）第 2 阶段：该阶段所产生的 SA 被称为“快速模式 SA”，该阶段主要用来协商双方要如何建立会话密钥，双方在协商时所传输的信息会受到主要模式 SA 的保护。该阶段

完成后，双方传输的信息会经过会话密钥来加密。会话密钥可以利用现有主密钥产生，也可以通过重新产生主密钥来建立。

简单地说，“主要模式 SA”用于在计算机之间建立一个安全的、经过身份验证的通信管道，而“快速模式 SA”用来确保双方传输的信息能够受到保护。

【任务实施】

操作1　配置 GRE

GRE 协议能够将 IP 或非 IP 数据包进行再封装，即在原始数据包头的前面增加一个 GRE 包头和一个新 IP 包头，然后通过 IP 网络进行传输。在如图 7-10 所示的网络中，3 台 Cisco 2811 路由器通过串行端口相互连接。路由器 RTA 连接的局域网使用 192.168.10.0/24 地址段，路由器 RTC 连接的局域网使用 192.168.20.0/24 地址段。路由器 RTA 使用地址 30.1.1.2/30 接入路由器 RTB，路由器 RTC 使用地址 40.1.1.2/30 接入路由器 RTB，如果要利用 GRE 协议实现局域网之间的连通，则基本配置方法如下。

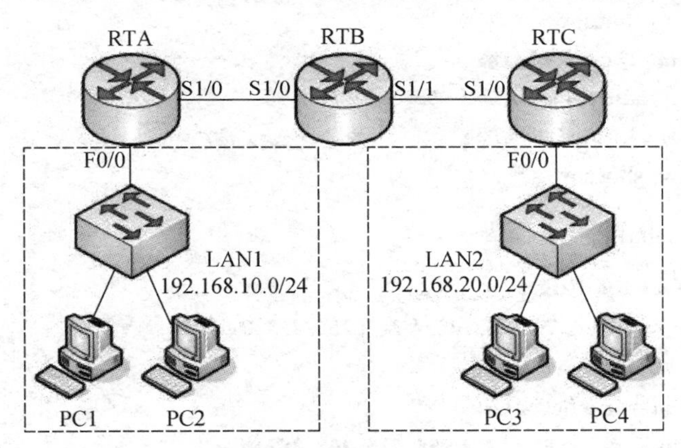

图 7-10　GRE 配置示例

1. 规划与分配 IP 地址

在本网络中可按照表 7-2 所示的 TCP/IP 参数配置相关设备的 IP 地址信息。

表 7-2　GRE 配置示例中的 TCP/IP 参数

设备	接口	IP 地址	子网掩码	网关
PC1	NIC	192.168.10.2	255.255.255.0	192.168.10.1
PC2	NIC	192.168.10.3	255.255.255.0	192.168.10.1
PC3	NIC	192.168.20.2	255.255.255.0	192.168.20.1
PC4	NIC	192.168.20.3	255.255.255.0	192.168.20.1
RTA	F0/0	192.168.10.1	255.255.255.0	
	S1/0	30.1.1.2	255.255.255.252	
RTB	S1/0	30.1.1.1	255.255.255.252	
	S1/1	40.1.1.1	255.255.255.252	
RTC	F0/0	192.168.20.1	255.255.255.0	
	S1/0	40.1.1.2	255.255.255.252	

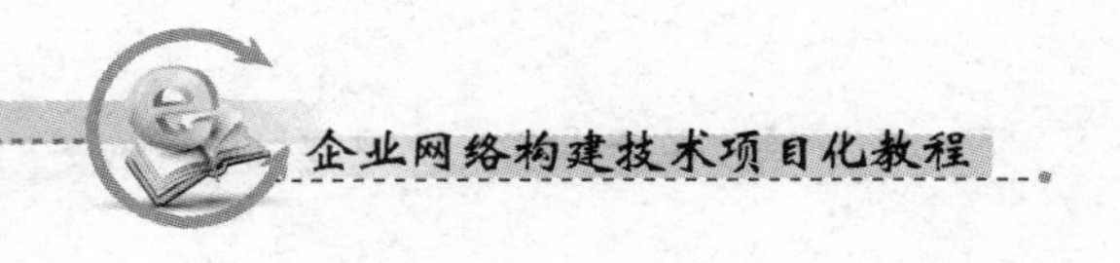

2. 配置路由器端口

在路由器 RTA 上的配置过程为：

```
RTA(config)# interface FastEthernet0/0
RTA(config-if)# ip address 192.168.10.1 255.255.255.0
RTA(config-if)# no shutdown
RTA(config-if)# interface Serial1/0
RTA(config-if)# ip address 30.1.1.2 255.255.255.252
RTA(config-if)# no shutdown
```

在路由器 RTB 上的配置过程为：

```
RTB(config)# interface Serial1/0
RTB(config-if)# ip address 30.1.1.1 255.255.255.252
RTB(config-if)# clock rate 2000000
RTB(config-if)# no shutdown
RTB(config-if)# interface Serial1/1
RTB(config-if)# ip address 40.1.1.1 255.255.255.252
RTB(config-if)# clock rate 2000000
RTB(config-if)# no shutdown
```

在路由器 RTC 上的配置过程为：

```
RTC(config)# interface FastEthernet0/0
RTC(config-if)# ip address 192.168.20.1 255.255.255.0
RTC(config-if)# no shutdown
RTC(config-if)# interface Serial1/0
RTC(config-if)# ip address 40.1.1.2 255.255.255.252
RTC(config-if)# no shutdown
```

此时所有点到点链路已经连通，但各网段之间并不互通。

3. 配置路由

在路由器 RTA 上的配置过程为：

```
RTA(config)# ip route 0.0.0.0 0.0.0.0 30.1.1.1
```

在路由器 RTC 上的配置过程为：

```
RTC(config)# ip route 0.0.0.0 0.0.0.0 40.1.1.1
```

此时各路由器之间已经能够连通，但两个局域网 LAN1 和 LAN2 之间并不互通。

注 意

在本例中，路由器 RTB 是对广域网进行模拟，由于两个局域网使用的是私有 IP 地址段，因此在路由器 RTB 上并不能配置直接到达这两个局域网的路由。

4. 配置 GRE

由于路由器之间已经连通，因此可以在路由器 RTA 和路由器 RTC 之间建立一条隧道，利用该隧道对两个局域网之间的数据进行传输。

在路由器 RTA 上的配置过程为：

```
RTA(config)# interface Tunnel 0    //创建隧道
RTA(config-if)# ip address 1.1.1.1 255.255.255.0    //为该隧道分配 IP 地址
RTA(config-if)# tunnel source Serial1/0    //该隧道的源端口为 RTA 的串行口 Serial1/0
RTA(config-if)# tunnel destination 40.1.1.2
//该隧道的目的端口为 RTC 的串行口 Serial1/0
RTA(config-if)# exit
RTA(config)# ip route 192.168.20.0 255.255.255.0 1.1.1.2    //设置静态路由，利用隧道对去往192.168.20.0/24 网段的数据进行封装，1.1.1.2 为隧道另一端的 IP 地址
```

在路由器 RTC 上的配置过程为：

```
RTC(config)# interface Tunnel 0
RTC(config-if)# ip address 1.1.1.2 255.255.255.0
RTC(config-if)# tunnel source Serial1/0
RTC(config-if)# tunnel destination 30.1.1.2
RTC(config-if)# exit
RTC(config)# ip route 192.168.10.0 255.255.255.0 1.1.1.1
```

此时两个局域网 LAN1 和 LAN2 之间已经连通，可以在计算机上，利用 ping 和 tracert 命令，测试各计算机之间的连通性和路由。

注 意

GRE 有很好的隧道特性，但其数据采用明文传送，没有安全性。

操作2 配置 IPSec VPN

在如图 7-10 所示的网络中，如果要使用 IPSec 协议实现局域网之间的连通，则基本配置方法如下。

1. 规划与分配 IP 地址

按照表 7-2 所示的 TCP/IP 参数配置相关设备的 IP 地址信息。

2. 配置路由器端口

路由器 RTA、RTB 和 RTC 的端口配置与 GRE 配置示例相同，这里不再赘述。

3. 配置路由

路由器 RTA 和 RTC 的路由配置与 GRE 配置示例相同，这里不再赘述。

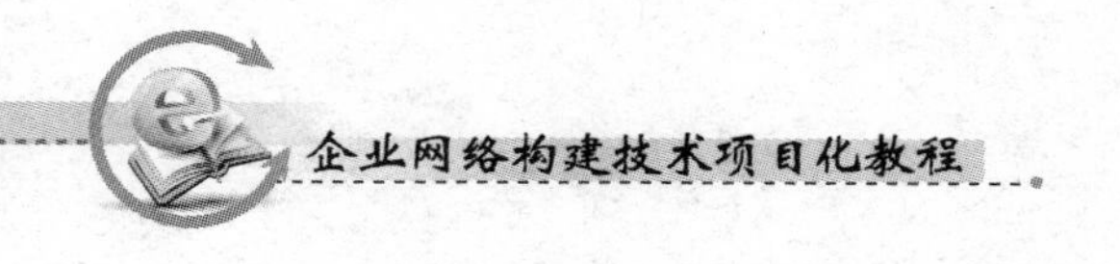

4. 配置 IKE 协商

在路由器 RTA 上的配置过程为:

```
RTA(config)# crypto isakmp enable    //启动 IKE
RTA(config)# crypto isakmp policy 1
//建立 IKE 协商策略,策略取值范围为 1 ~10000,数值越小,优先级越高
RTA(config-isakmap)# authentication pre-share    //使用预共享密钥
RTA(config-isakmap)# hash md5    //验证密钥使用 MD5 算法
RTA(config-isakmap)# encryption 3des    //加密使用 3DES 算法
RTA(config-isakmap)# exit
RTA(config)# crypto isakmp key aaa-password address 40.1.1.2
//设置共享密钥为 aaa-password,对端地址为 40.1.1.2
```

在路由器 RTC 上的配置过程为:

```
RTC(config)# crypto isakmp enable
RTC(config)# crypto isakmp policy 1
RTC(config-isakmap)# authentication pre-share
RTC(config-isakmap)# hash md5
RTC(config-isakmap)# encryption 3des
RTC(config-isakmap)# exit
RTC(config)# crypto isakmp key aaa-password address 30.1.1.2
```

注 意

VPN 连接两端路由器设置的身份验证方法、算法、共享密钥等应相同。

5. 配置 IPSec 协商

在路由器 RTA 上的配置过程为:

```
RTA(config)# crypto ipsec transform-set aaaset ah-md5-hmac esp-3des
//设置传输模式集 aaaset,验证采用 MD5 算法,加密使用 3DES 算法
RTA(config)# accress-list 101 permit ip 192.168.10.0 0.0.0.255 192.168.20.0 0.0.0.255
//配置 ACL,定义哪些报文需要经过 IPSec 加密后发送,哪些报文直接发送
```

在路由器 RTC 上的配置过程为:

```
RTC(config)# crypto ipsec transform-set aaaset ah-md5-hmac esp-3des
RTC(config)# accress-list 101 permit ip 192.168.20.0 0.0.0.255 192.168.10.0 0.0.0.255
```

6. 配置端口应用

在路由器 RTA 上的配置过程为:

```
RTA(config)# crypto map aaamap 1 ipsec - isakmp    //创建名为 aaamap 的 Crypto Maps,1 为 Map
优先级,取值范围 1 ~65535,值越小,优先级越高
RTA(config - crypto - map)# set peer 40.1.1.2    //指定链路对端 IP 地址
RTA(config - crypto - map)# set transform-set aaaset    //指定传输模式为 aaaset
RTA(config - crypto - map)# match address 101    //指定应用访问控制列表
RTA(config - crypto - map)# exit
RTA(config)# interface Serial1/0
RTA(config - if)# crypto map aaamap    //将 aaamap 应用到 Serial1/0 接口
```

在路由器 RTC 上的配置过程为：

```
RTC(config)# crypto map aaamap 1 ipsec - isakmp
RTC(config - crypto - map)# set peer 30.1.1.2
RTC(config - crypto - map)# set transform - set aaaset
RTC(config - crypto - map)# match address 101
RTC(config - crypto - map)# exit
RTC(config)# interface Serial1/0
RTC(config - if)# crypto map aaamap
```

此时两个局域网 LAN1 和 LAN2 之间已经连通，可以在计算机上，利用 ping 和 tracert 命令，测试各计算机之间的连通性和路由。

注 意

限于篇幅，本次任务主要利用 Cisco 路由器完成了站点对站点 VPN 的基本设置，远程访问 VPN 及其他 VPN 的设置方法，请参考相关技术手册。除路由器外，很多防火墙产品及 Windows 系统也支持 VPN 功能，另外很多 ISP 也为其客户提供 VPN 服务。请查阅相关资料，了解相关产品对 VPN 的支持情况和配置方法。考察所在校园网或其他企业网络，了解该网络 VPN 的部署情况和实现方法。

习 题 7

1. 思考问答

(1) 常用的广域网数据链路层封装协议主要有哪些？
(2) 广域网的连接类型有哪些？各有什么特点？
(3) PPP 提供了哪两种认证方式？各有什么特点？
(4) 什么 DLCI？简述 DLCI 在帧中继网络中的作用。
(5) 什么是 NAT？简述 NAT 的工作过程。
(6) 简述 NAT 的类型和特点。
(7) 简述 VPN 的作用。

（8）VPN 的常用协议有哪些？各有什么特点？

（9）什么是 IPSec？简述 IPSec 的基本通信流程。

2. 技能操作

（1）配置 PPP

【内容及操作要求】

按照如图 7－11 所示的拓扑图连接网络，要求启用 PPP 封装数据并使用 CHAP 认证实现两台路由器的连通，分别利用静态路由以及 OSPF 动态路由协议实现所有设备间的连通。

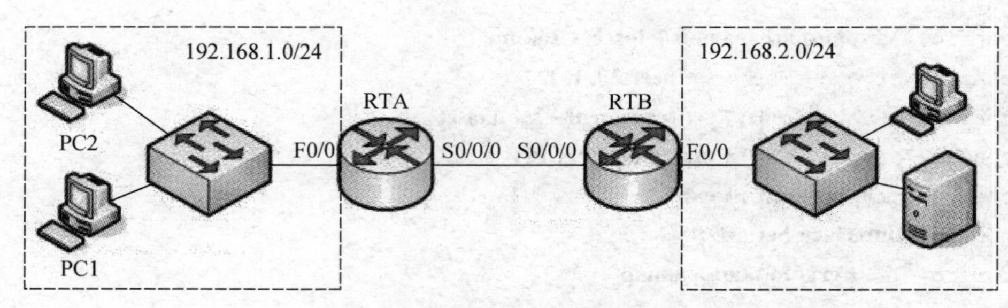

图 7－11　配置 PPP 技能操作

【准备工作】

2 台 Cisco 2811 路由器；4 台安装 Windows 操作系统的计算机；2 台 Cisco 2960 交换机；Console 线缆及其适配器；连接网络所需要的其他部件。

【考核时限】

30min。

（2）配置 NAT

【内容及操作要求】

① 按照如图 7－11 所示的拓扑图连接网络，并实现网络的连通。

② 对路由器 RTB 上配置标准 ACL，使其不转发发送端地址为 192. 168. 1. 0/24 网段 IP 地址的数据包。

③ 在路由器 RTA 上配置静态 NAT，使 PC1 能够使用 IP 地址 10. 1. 1. 8/24、PC2 能够使用 IP 地址 10. 1. 1. 9/24 访问路由器 RTB 所连接的局域网段。

④ 在路由器 RTA 连接的局域网段中增加 2 台计算机，在路由器 RTA 上配置 NAPT，使得路由器 RTA 所连局域网段中的所有计算机能同时访问路由器 RTB 所连接的局域网段。

【准备工作】

2 台 Cisco 2811 路由器；6 台安装 Windows 操作系统的计算机；2 台 Cisco 2960 交换机；Console 线缆及其适配器；连接网络所需要的其他部件。

【考核时限】

45min。

（3）配置 VPN

【内容及操作要求】

按照图 7－11 所示的拓扑图连接网络。要求路由器之间使用 HDLC 封装数据，在路由器 RTA 和 RTB 上配置 IPSec VPN，实现两个局域网段之间的安全连接。

【准备工作】

2 台 Cisco 2811 路由器；4 台安装 Windows 操作系统的计算机；2 台 Cisco 2960 交换机；Console 线缆及其适配器；连接网络所需要的其他部件。

【考核时限】

45min。

第 8 单元　构建无线局域网

无线局域网（Wireless Local Area Network，WLAN）是计算机网络与无线通信技术相结合的产物。在企业网络建设中，施工周期最长、受周边环境影响最大的是网络布线的施工，而无线局域网的最大优势就是能够减少网络布线的工作量，适用于不便于架设线缆的网络环境，可以满足企业用户自由接入网络的需求。无线局域网已经成为企业网络建设的重要组成部分，是企业有线网络的补充。本单元的主要目标是了解常用的无线局域网技术和设备；掌握无线局域网的基本组网方法。

任务 8.1　构建 BSS 无线局域网

【任务目的】

（1）了解常用的 WLAN 技术标准。

（2）认识组建 WLAN 所需的常用设备。

（3）理解 WLAN 的常用组网模式。

（4）掌握单一 BSS 结构 WLAN 的组网方法。

【工作环境与条件】

（1）AP 或无线路由器（本任务以 Cisco 系列无线产品为例，也可选用其他产品，部分内容也可使用 Cisco Packet Tracer、Boson Netsim 等模拟软件完成）。

（2）安装 Windows 操作系统的 PC（带有无线网卡）。

（3）组建无线局域网的其他相关设备和部件。

【相关知识】

8.1.1　WLAN 的技术标准

最早的无线局域网产品运行在 900MHz 的频段上，速度大约只有 1～2Mb/s。1992 年，工作在 2.4GHz 频段上的产品问世，之后的大多数无线局域网产品也都在此频段上运行。无线局域网常用的技术标准有 IEEE802.11 系列标准、家用射频工作组提出的 HomeRF、欧洲的 HiperLAN2 协议以及 Bluetooth（蓝牙）等，其中 IEEE 802.11 系列标准应用最为广泛，已经成为目前事实上占主导地位的无线局域网标准。

注 意

常说的WLAN指的就是符合IEEE 802.11系列标准的无线局域网技术。除WLAN外，GPRS/CDMA/3G也是流行的无线接入技术。从技术定位看，WLAN主要是在有限的覆盖区域内提供高带宽的无线访问，满足小型用户群的使用需求；而GPRS/CDMA/3G网络的数据吞吐速度明显低于WLAN，但支持跨广域范围的网络覆盖。WLAN和GPRS/CDMA/3G网络形成了一种相互补充的关系，可满足不同用户的需求。

1997年6月，IEEE推出了第一代无线局域网标准——IEEE 802.11。该标准定义了物理层和介质访问控制子层（MAC）的协议规范，速度大约有1～2Mb/s。任何LAN应用、网络操作系统或协议在遵守IEEE 802.11标准的WLAN上运行时，就像它们运行在以太网上一样。为了支持更高的数据传输速度，IEEE 802.11系列标准定义了多样的物理层标准，主要包括IEEE 802.11b、IEEE 802.11a、IEEE 802.11g和IEEE 802.11n。

1. IEEE 802.11b

IEEE 802.11b标准对IEEE 802.11标准进行了修改和补充，规定无线局域网的工作频段为2.4～2.4835GHz，一般采用直接系列扩频（DSSS）和补偿编码键控（CCK）调制技术，在数据传输速率方面可以根据实际情况在11 Mb/s、5.5 Mb/s、2 Mb/s、1 Mb/s的不同速率间自动切换。

注 意

通常符合IEEE 802.11标准的产品都可以在移动时根据其与无线接入点的距离自动进行速率切换，而且在进行速率切换时不会丢失连接，也无需用户干预。

2. IEEE 802.11a

IEEE 802.11a标准规定无线局域网的工作频段为5.15～5.825GHz，采用正交频分复用（OFDM）的独特扩频技术，数据传输速率可达到54 Mb/s。IEEE802.11a与工作在2.4GHz频率上的IEEE 802.11b标准互不兼容。

注 意

符合IEEE 802.11a标准的产品在移动时能够根据距离自动将54 Mb/s的速率切换到48 Mb/s、36 Mb/s、24 Mb/s、18 Mb/s、12 Mb/s、9 Mb/s、6 Mb/s。

3. IEEE 802.11g

IEEE 802.11g标准可以视作对IEEE 802.11b标准的升级，该标准仍然采用2.4GHz频段，数据传输速率可达到54Mb/s。IEEE 802.11g支持2种调制方式，包括IEEE 802.11a中采用的OFDM与IEEE 802.11b中采用的CCK。IEEE 802.11g标准与IEEE 802.11b标准

完全兼容，遵循这两种标准的无线设备之间可相互访问。

4. IEEE 802.11n

IEEE 802.11n 标准可以工作在 2.4GHz 和 5GHz 两个频段，实现与 IEEE 802.11b/g 以及 IEEE 802.11a 标准的向下兼容。IEEE 802.11n 标准使用 MIMO（Multiple－Input Multiple－Output，多输入多输出）天线技术和 OFDM 技术，其数据传输速率可达 300Mb/s，理论速率最高可达 600Mb/s。

注 意

Wi－Fi 联盟是一个非盈利性且独立于厂商之外的组织，它将基于 IEEE 802.11 协议标准的技术品牌化。一台基于 802.11 协议标准的设备，需要经历严格的测试才能获得 Wi－Fi 认证，所有获得 Wi－Fi 认证的设备之间可进行交互，不管其是否为同一厂商生产。

8.1.2 WLAN 的硬件设备

组建无线局域网的硬件设备主要包括：无线网卡、无线访问接入点、无线路由器和天线等，几乎所有的无线网络产品中都自含无线发射/接收功能。

1. 无线网卡

无线网卡在无线局域网中的作用相当于有线网卡在有线局域网中的作用。无线网卡主要包括 NIC（网卡）单元、扩频通信机和天线 3 个功能模块。NIC 单元属于数据链路层，由它负责建立主机与物理层之间的连接；扩频通信机与物理层建立了对应关系，它通过天线实现无线电信号的接收与发射。按无线网卡的接口类型可分为适用于台式机的 PCI 接口的无线网卡和适用于笔记本电脑的 PCMCIA 接口的无线网卡，另外还有在台式机和笔记本电脑均可采用的 USB 接口的无线网卡。

注 意

目前很多计算机的主板都集成了无线网卡，无需单独购买。

2. 无线访问接入点

无线访问接入点（Access Point，AP）是在无线局域网环境中进行数据发送和接收的集中设备，相当于有线网络中的集线器，如图 8－1 所示。通常，一个 AP 能够在几十至几百米的范围内连接多个无线用户。AP 可以通过标准的以太网电缆与传统的有线网络相连，从而可以作为无线网络和有线网络的连接点。AP 还可以执行一些安全功能，可以为无线客户端及通过无线网络传输的数据进行认证和加密。由于无线电波在传播过程中会不断衰减，导致 AP 的通信范围被限定在一定的范围内，这个范围被称作蜂窝。如果采用多个 AP，并使它们的蜂窝互相有一定范围的重合，当用户在整个无线局域网覆盖区域内移动

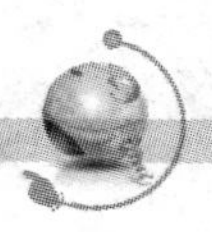

时，无线网卡能够自动发现附近信号强度最大的 AP，并通过这个 AP 收发数据，保持不间断的网络连接，这种方式称为无线漫游。

3. 无线路由器

无线路由器实际上是无线 AP 与宽带路由器的结合，借助于无线路由器，可实现无线网络中的 Internet 连接共享，实现 ADSL、Cable Modem 和小区宽带的无线共享接入。

4. 天线

天线（Antenna）的功能是将信号源发送的信号传送至远处。天线一般有定向性和全向性之分，前者较适合于长距离使用，而后者则较适合区域性的使用。例如若要将第一栋建筑物内的无线网络的范围扩展到 1km 甚至更远距离以外的第二栋建筑物，可选用的一种方法是在每栋建筑物上安装一个定向天线，天线的方向互相对准，第一栋建筑物的天线经过 AP 连到有线网络上，第二栋建筑物的天线接到第二栋建筑物的 AP 上，如此无线网络就可以接通相距较远的两个或多个建筑物。图 8－2 所示为一款可用于室外的壁挂定向天线。

图 8－1　无线访问接入点

图 8－2　壁挂定向天线

8.1.3　WLAN 的组网模式

将上述几种无线局域网设备结合在一起使用，就可以组建出多层次、无线与有线并存的计算机网络。在 IEEE 802.11 标准中，一组无线设备被称为服务集（Service Set），这些设备的服务集标识（SSID）必须相同。服务集标识是一个文本字符串，包含在发送的数据帧中，如果发送方和接收方的 SSID 相同，这两台设备将能够通信。

1. BSS 组网模式

基本服务集（Basic Service Set，BSS）包含一个接入点（AP），负责集中控制一组无线设备的接入。要使用无线网络的无线客户端都必须向 AP 申请成员资格，客户端必须具备匹配的 SSID、兼容的 WLAN 标准、相应的身份验证凭证等才被允许加入。若 AP 没有连接有线网络，则可将该 BSS 称为独立基本服务集（Independent Basic Service Set，IBSS）；

若AP连接到有线网络，则可将其称为基础结构BSS，如图8－3所示。若不使用AP，安装无线网卡的计算机之间直接进行无线通信，则被称作临时性网络（Ad－hoc Network）。

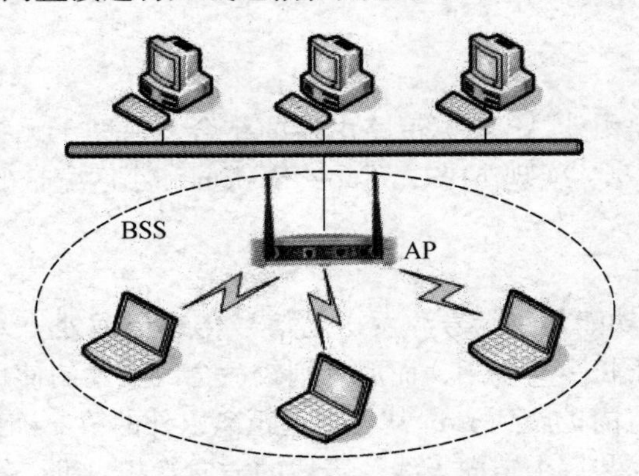

图8－3　基础结构BSS组网模式

注 意

在无线客户端与AP关联后，所有来自和去往该客户端的数据都必须经过AP，而在Ad－hoc Network中，所有客户端相互之间可以直接通信。

2. ESS组网模式

基础结构BSS虽然可以实现有线和无线网络的连接，但无线客户端的移动性将被限制在其对应AP的信号覆盖范围内。扩展服务集（Extended Service Set，ESS）通过有线网络将多个AP连接起来，不同AP可以使用不同的信道。无线客户端使用同一个SSID在ESS所覆盖的区域内进行实体移动时，将自动切换到干扰最小、连接效果最好的AP。ESS组网模式如图8－4所示。

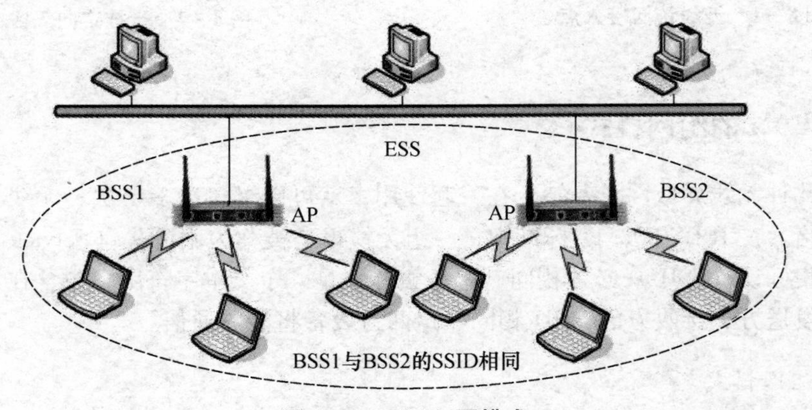

图8－4　ESS组网模式

3. 无线网桥组网模式

无线网桥是一种特殊功能的AP，可以通过无线技术实现网络的互连，其组网模式如

图8－5所示。无线网桥根据传输距离的不同可以分为工作组网桥和长距专业网桥。为了防止信号大幅度衰减，网桥组网时两个网桥之间通常不能有障碍物的阻挡。室外部署的无线网桥在设计时应考虑适应一些恶劣的地理环境。

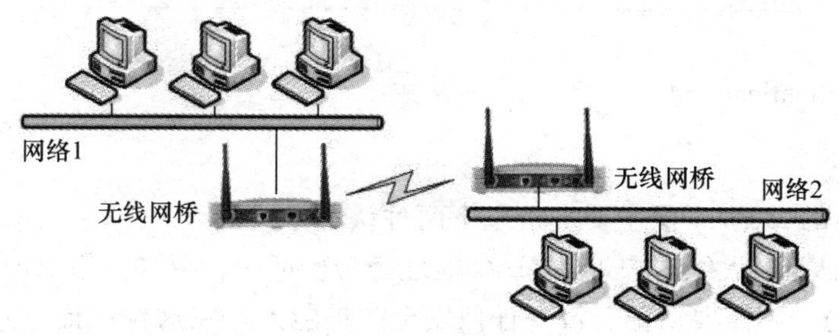

图8－5　无线网桥组网模式

注意

在如图8－5所示的拓扑结构中，网络1和网络2既可以是有线网络，也可以是以无线网桥为接入点的无线网络。另外也可以通过多个无线网桥实现多网络互连。

8.1.4　WLAN的用户接入

基于IEEE 802.11协议的WLAN设备的大部分无线功能都是建立在MAC子层上的。无线客户端接入到IEEE 802.11无线网络主要包括以下过程。

（1）无线客户端扫描（Scanning）发现附近存在的BSS。

（2）无线客户端选择BSS后，向其AP发起认证（Authentication）过程。

（3）无线客户端通过认证后，发起关联（association）过程。

（4）通过关联后，无线客户端和AP之间的链路已建立，可相互收发数据。

1. 扫描（Scanning）

无线客户端扫描发现BSS有被动扫描和主动扫描两种方式。

（1）被动扫描

在AP上设置SSID信息后，AP会定期发送Beacon帧。Beacon帧中会包含该AP所属的BSS的基本信息以及AP的基本能力级，包括BSSID（AP的MAC地址）、SSID、支持的速率、支持的认证方式，加密算法、Beacons帧发送间隔、使用的信道等。在被动扫描模式中，无线客户端会在各个信道间不断切换，侦听所收到的Beacon帧并记录其信息，以此来发现周围存在的无线网络服务。

（2）主动扫描

在主动扫描模式中，无线客户端会在每个信道上发送Probe Request帧以请求需要连接的无线接入服务，AP在收到Probe Request帧后会回应Probe Response帧，其包含的信息和Beacon帧类似，无线客户端可从该帧中获取BSS的基本信息。

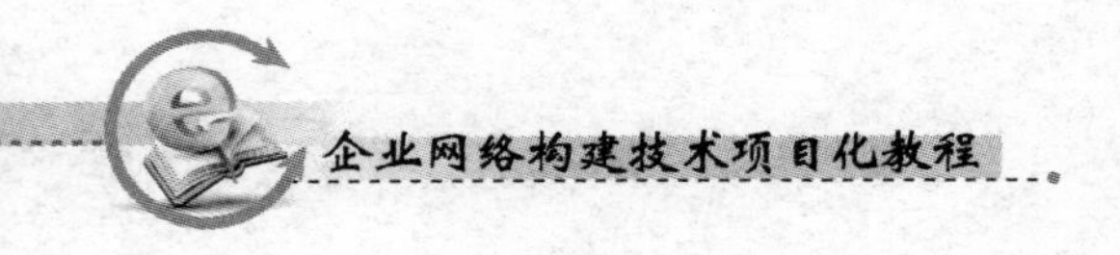

注 意

如果 AP 发送的 Beacon 帧中隐藏了 SSID 信息，则应使用主动扫描方式。

2. 认证（Authentication）

（1）认证方式

IEEE 802.11 的 MAC 子层主要支持以下两种认证方式。

① 开放系统认证：无线客户端以 MAC 地址为身份证明，要求网络 MAC 地址必须是唯一的，这几乎等同于不需要认证，没有任何安全防护能力。在这种认证方式下，通常应采用 MAC 地址过滤、RADIUS 等其他方法来保证用户接入的安全性。

② 共享密钥认证：该方式可在使用 WEP（Wired Equivalent Privacy，有线等效保密）加密时使用，在认证时需校验无线客户端采用的 WEP 密钥。

注 意

开放式认证虽然理论上安全性不高，但由于实际使用过程中可以与其他认证方法相结合，所以实际安全性比共享密钥认证要高，另外其兼容性更好，不会出现某些产品无法连接的问题。另外在采用 WEP 加密算法时也可使用开放系统认证。

（2）WEP

WEP 是 IEEE 802.11b 标准定义的一个用于无线局域网的安全性协议，主要用于无线局域网业务流的加密和节点的认证，提供和有线局域网同级的安全性。WEP 在数据链路层采用 RC4 对称加密技术，提供了 40 位（有时也称为 64 位）和 128 位长度的密钥机制。使用了该技术的无线局域网，所有无线客户端与 AP 之间的数据都会以一个共享的密钥进行加密。WEP 的问题在于其加密密钥为静态密钥，加密方式存在缺陷，而且需要为每台无线设备分别设置密钥，部署起来比较麻烦，因此不适合用于安全等级要求较高的无线网络。

注 意

在使用 WEP 时应尽量采用 128 位长度的密钥，同时也要定期更新密钥。如果设备支持动态 WEP 功能，最好应用动态 WEP。

（3）IEEE 802.11i、WPA 和 WPA2

IEEE 802.11i 定义了无线局域网核心安全标准，该标准提供了强大的加密、认证和密钥管理措施。该标准包括两个增强型加密协议，用以对 WEP 中的已知问题进行弥补。

① TKIP（暂时密钥集成协议）：该协议通过添加 PPK（单一封包密钥）、MIC（消息完整性检查）和广播密钥循环等措施增加了安全性。

② AES - CCMP（高级加密标准）：它是基于“AES 加密算法的计数器模式及密码块

链消息认证码”的协议。其中 CCM 可以保障数据隐私，CCMP 的组件 CBG - MAC（密码块链消息认证码）可以保障数据完整性并提供身份认证。AES 是 RC4 算法更强健的替代者。

WPA（Wi - Fi Protected Access，Wi - Fi 网络安全存取）是 Wi - Fi 联盟制定的安全解决方案，它能够解决已知的 WEP 脆弱性问题，并且能够对已知的无线局域网攻击提供防护。WPA 使用基于 RC4 算法的 TKIP 来进行加密，并且使用预共享密钥（PSK）和 IEEE 802.1x/EAP 来进行认证。PSK 认证是通过检查无线客户端和 AP 是否拥有同一个密码或密码短语来实现的，如果客户端的密码和 AP 的密码相匹配，客户端就会得到认证。

WPA2 是获得 IEEE 802.11 标准批准的 Wi - Fi 联盟交互实施方案。WPA2 使用 AES - CCMP 实现了强大的加密功能，也支持 PSK 和 IEEE 802.1x/EAP 的认证方式。

WPA 和 WPA 2 有两种工作模式，以满足不同类型的市场需求。

（1）个人模式：个人模式可以通过 PSK 认证无线产品。需要手动将预共享密钥配置在 AP 和无线客户端上，无须使用认证服务器。该模式适用于 SOHO 环境。

（2）企业模式：企业模式可以通过 PSK 和 IEEE 802.1x/EAP 认证无线产品。在使用 IEEE 802.1x 模式进行认证、密钥管理和集中管理用户证书时，需要添加使用 RADIUS 协议的 AAA 服务器。该模式适用于企业环境。

注 意

WEP、WPA 和 WPA2 在实现认证的同时，也可实现数据的加密传输，从而保证 WLAN 的安全。IPSec、SSH 等也可用作保护无线局域网流量的安全措施。

3. 关联（Association）

无线客户端在通过认证后会发送 Association Request 帧，AP 收到该帧后将对客户端的关联请求进行处理，关联成功后会向客户端发送回应的 Association Response 帧，该帧中将含有关联标识符（Association ID，AID）。无线客户端与 AP 建立关联后，其数据的收发就只能和该 AP 进行。

【任务实施】

操作 1　利用无线路由器组建 WLAN

在如图 8 - 6 所示的网络中，Cisco 3560 交换机通过 Fa0/24 快速以太网端口与一台 Cisco Linksys 无线路由器的 Internet 端口相连。若要将通过有线方式接入该网络的计算机划分为两个网段，而通过无线方式接入该网络的计算机处于另一个网段，实现所有计算机之间的连通并保证无线接入的安全，则基本配置方法如下。

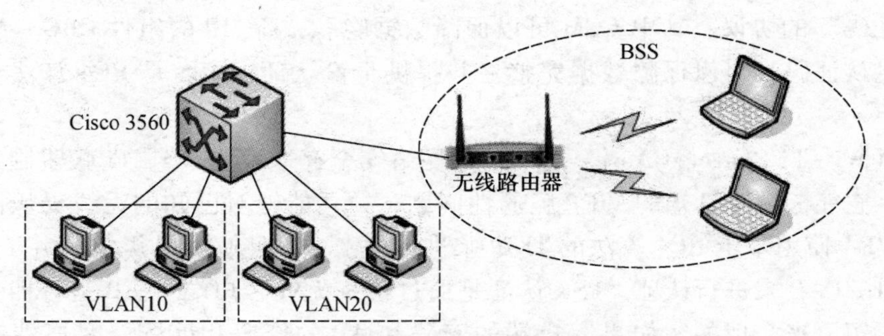

图 8-6　利用无线路由器组建 WLAN 示例

1. 规划与分配 IP 地址

Cisco Linksys 无线路由器具备 DHCP 功能，可为无线客户端动态分配 IP 地址。Cisco Linksys 无线路由器的 Internet 端口与 LAN 端口属于不同的广播域，可按表 8-1 所示的 TCP/IP 参数配置相关设备的 IP 地址信息。

表 8-1　利用无线路由器组建 WLAN 示例中的 TCP/IP 参数

设备	接口	IP 地址	子网掩码	网关
VLAN10 的计算机	NIC	192.168.10.2 ～192.168.10.254	255.255.255.0	192.168.10.1
VLAN20 的计算机	NIC	192.168.20.2 ～192.168.20.254	255.255.255.0	192.168.20.1
Cisco Linksys 无线路由器	Internet	192.168.30.2	255.255.255.0	192.168.30.1
	LAN	192.168.40.1	255.255.255.0	
Cisco 3560 交换机	Interface vlan 10	192.168.10.1	255.255.255.0	
	Interface vlan 20	192.168.20.1	255.255.255.0	
	Interface vlan 30	192.168.30.1	255.255.255.0	
无线接入的计算机	NIC	192.168.40.100 ～192.168.40.149	255.255.255.0	192.168.40.1

注 意

Cisco Linksys 无线路由器有 1 个 Internet 端口、1 个 LAN 端口和 4 个 Enthernet 端口。Internet 端口用来与其他网络相连。Enthernet 端口可提供有线接入，其所连接的客户端与无线接入的客户端处于同一网段，LAN 端口就是该网段的网关。

2. 配置 Cisco 3560 交换机

在 Cisco 3560 交换机上应完成 VLAN 的划分及相关配置，基本配置过程如下。

```
S3560# vlan database
S3560(vlan)# vlan 10 name VLAN10
S3560(vlan)# vlan 20 name VLAN20
S3560(vlan)# vlan 30 name VLAN30
S3560(vlan)# exit
S3560# configure terminal
S3560(config)# interface vlan 10
S3560(config-if)# ip address 192.168.10.1 255.255.255.0
S3560(config-if)# no shutdown
S3560(config-if)# interface vlan 20
S3560(config-if)# ip address 192.168.20.1 255.255.255.0
S3560(config-if)# no shutdown
S3560(config-if)# interface vlan 30
S3560(config-if)# ip address 192.168.30.1 255.255.255.0
S3560(config-if)# no shutdown
S3560(config-if)# interface fa0/24
S3560(config-if)# switchport access vlan 30
S3560(config-if)# interface range fa 0/1 -10
S3560(config-if-range)# switchport access vlan 10
S3560(config-if-range)# interface range fa 0/11 -20
S3560(config-if-range)# switchport access vlan 20
S3560(config-if-range)# exit
S3560(config)# ip routing
```

3. 配置 Cisco Linksys 无线路由器

Cisco Linksys 无线路由器在默认情况下将广播其 SSID 并具有 DHCP 功能，无线客户端可直接接入网络。可在 Cisco Linksys 无线路由器上完成以下设置。

（1）连接并登录无线路由器

连接并登录无线路由器的操作方法如下。

① 利用双绞线跳线将一台计算机与无线路由器的 Enthernet 端口相连。

② 为该计算机设置 IP 地址相关信息，在本例中可将其 IP 地址设置为 192.168.0.254，子网掩码为 255.255.255.0，默认网关为 192.168.0.1。

③ 在计算机上启动浏览器，在浏览器的地址栏输入无线路由器的默认 IP 地址，输入相应的用户名和密码后，即可打开无线路由器 Web 配置主页面。

注 意

默认情况下，Linksys 无线路由器的 IP 地址为 192.168.0.1/24，DHCP 地址范围为 192.168.0.100～192.168.0.149，不同厂家的产品其默认 IP 地址、用户名及密码并不相同，配置前请认真阅读其技术手册。

（2）设置 IP 地址及相关信息

在无线路由器配置主页面中，单击 Setup 链接，打开基本设置页面，如图 8－7 所示。在该页面的 Internet Setup 目录中设置 Internet Connection type 为 Static IP，设置 Internet 端口的 IP 地址为 192.168.30.2、子网掩码为 255.255.255.0、默认网关为 192.168.30.1。在该页面的 Network Setup 目录中，将 Router IP 部分的 IP 地址修改为 192.168.40.1，保留 DHCP Server Settings 的默认设置。单击 Save Setting 按钮，保存设置，此时可以看到 DHCP Server Settings 中可分配的 IP 地址将自动调整为与 Router IP 匹配的范围。

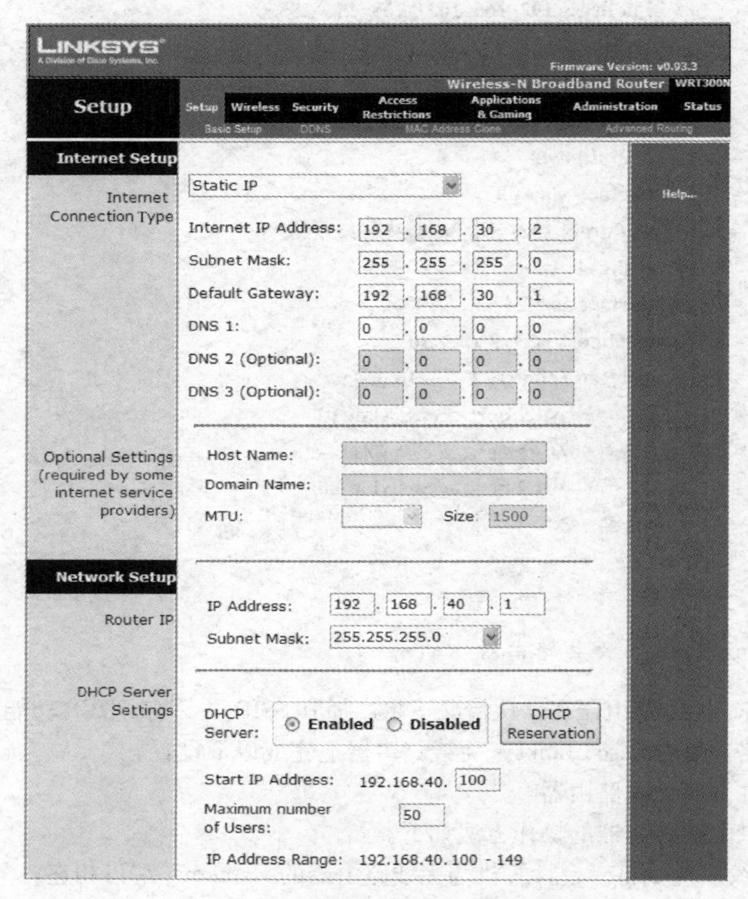

图 8－7　无线路由器基本配置页面

注 意

通常在家庭或小型企业网络中，无线路由器 Internet 端口的 IP 地址会通过 DHCP 或 PPPoE（Point to Point Protocol over Ethernet）方式获取，此时可在 Cisco Linksys 无线路由器的 Internet Connection Type 中选择相应类型并进行设置。另外，在本设置中已经更改了路由器的 LAN 端口 IP 地址和 DHCP 地址池，因此必须对用来管理路由器的计算机的 IP 地址进行重新设置（如 IP 地址更改为 192.168.40.254，子网掩码为 255.255.255.0，默认网关为 192.168.40.1），并重新连接和登录无线路由器。

（3）无线连接基本配置

在无线路由器配置主页面中，单击 Wireless 链接，打开无线连接基本配置页面，如图 8－8 所示。在该页面中可以对无线连接的网络模式、SSID、带宽、信道等进行设置。在本网络中为了实现无线接入的安全，应不使用默认的 SSID 并禁用 SSID 广播。设置方法非常简单，只需要在无线连接基本配置页面的 Network Name（SSID）文本框中输入新的 SSID，并将 SSID Broadcast 设置为 Disabled，单击 Save Setting 按钮即可。

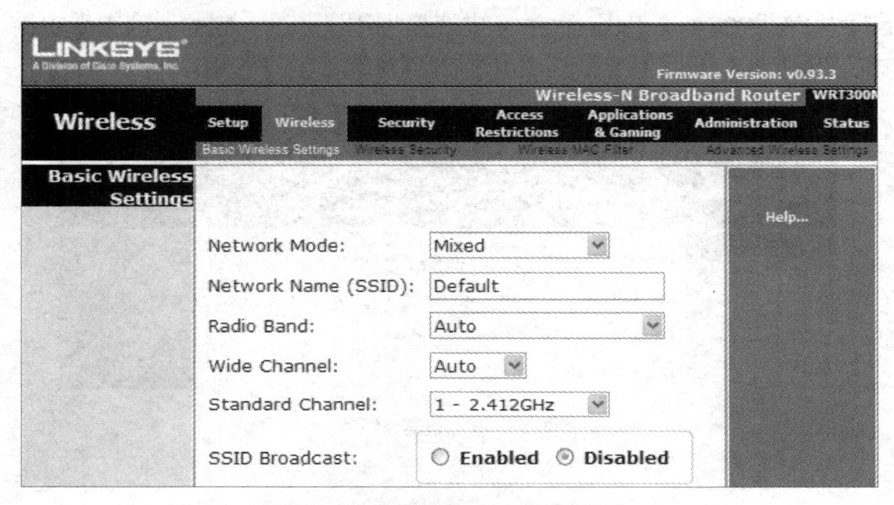

图 8－8　无线连接基本配置页面

（4）设置 WEP

在 Linksys 无线路由器上设置 WEP 的方法为：在无线连接基本配置页面单击 Wireless Security 链接，打开无线网络安全设置页面。在 Security Mode 中选择 WEP 选项，在 Encryption 中选择 104/128－Bit（26 Hex digits）选项，在 Key1 文本框中输入 WEP 密钥，如图 8－9 所示，单击 Save Setting 按钮完成设置。

图 8－9　设置 WEP

注 意

如果选择了128位长度的密钥，则在输入密钥时应输入26个0～9和A～F之间的字符，如果选择了64位长度的密钥，则应输入10个0～9和A～F之间的字符。

（5）设置WPA

在Linksys无线路由器上设置WPA的操作方法为：在无线网络安全设置页面的Security Mode中选择WPA Personal，在Encryption中选择TKIP，在Passphrase文本框中输入密码短语，如图8－10所示，单击Save Setting按钮完成设置。

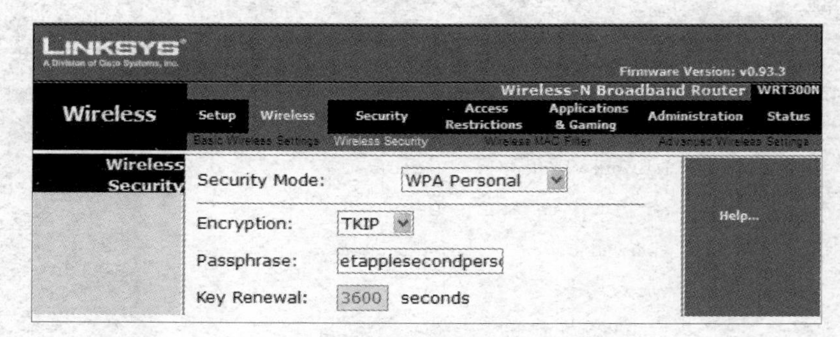

图8－10　设置WPA

注 意

在功能上，密码短语同密码是一样的，为了加强安全性，密码短语通常比密码要长，一般应使用4～5个单词，长度在8～63个字符之间。

（6）设置WPA2

在Linksys无线路由器上设置WPA2的操作方法与设置WPA基本相同，这里不再赘述。

注 意

限于篇幅，以上只完成了Linksys无线路由器的基本设置，其他设置请参考相关技术手册。

4. 设置无线客户端

在无线路由器进行了基本安全设置后，无线客户端要连入网络应完成以下操作：在“网络连接”窗口中直接右击“无线网络连接”图标，选择“属性”命令。在打开的“无线网络连接属性”对话框中，选择“无线网络配置”选项卡，如图8－11所示。在“无线网络配置”选项卡中，单击“添加”按钮，打开“无线网络属性”对话框，如图8－12所示。在该对话框中，输入要连接的无线网络的SSID并选中“即使此网络未广播，也进行连接”复选框以及WEP或WPA、WPA2密钥，单击“确定”按钮即可完成设置。

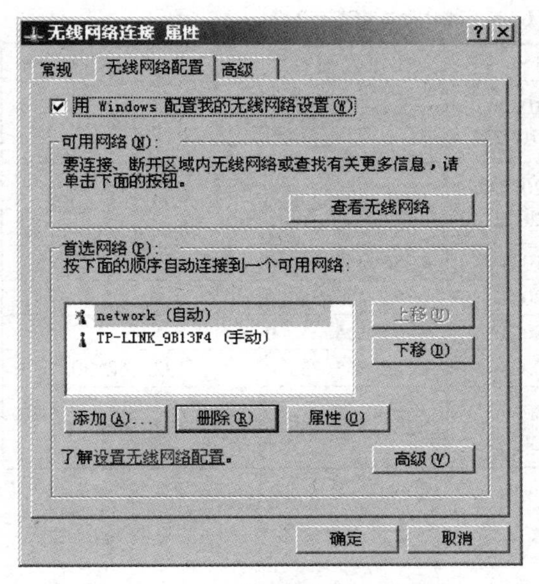

图8-11　“无线网络配置”选项卡

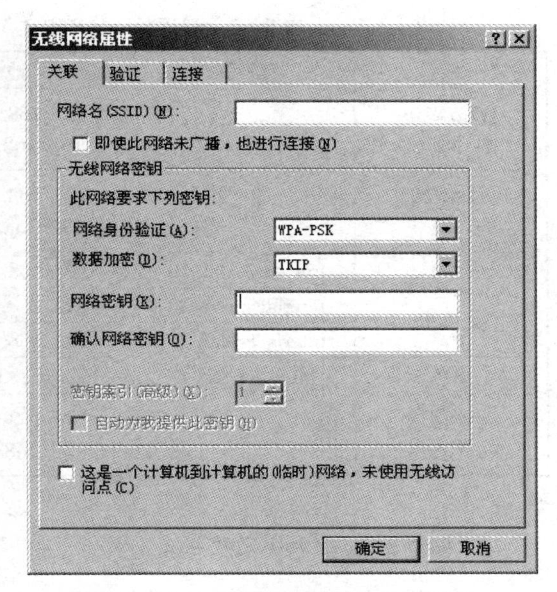

图8-12　“无线网络属性”对话框

注 意

由于无线路由器具有DHCP功能，所以在无线客户端上无须手动设置IP地址信息。而在该网络的有线客户端上须按照规划手动设置相关地址信息。

5. 验证全网的连通性

此时可以在计算机上，利用ping和tracert命令，测试各计算机之间的连通性和路由；也可以在三层交换机上运行ping和traceroute命令，测试各设备之间的连通性和路由。

操作2　利用单一AP组建WLAN

若在如图8-6所示的网络中，将无线路由器更换为AP（如Cisco Aironet 1200系列），该网络的其他配置要求与上例相同，则基本配置方法如下。

1. 规划与分配IP地址

Cisco Aironet 1200系列AP具有一个Enthernet端口和一个Console端口，Enthernet端口用来与有线网络相连，Console端口用来连接终端控制台。默认情况下，AP与其所连接的无线客户端在同一广播域，可按表8-2所示的TCP/IP参数配置相关设备的IP地址信息。

表 8－2　利用单一 AP 组建 WLAN 示例中的 TCP/IP 参数

设备	接口	IP 地址	子网掩码	网关
VLAN10的计算机	NIC	192. 168. 10. 2～192. 168. 10. 254	255. 255. 255. 0	192. 168. 10. 1
VLAN20的计算机	NIC	192. 168. 20. 2～192. 168. 20. 254	255. 255. 255. 0	192. 168. 20. 1
Cisco 3560交换机	Interface vlan 10	192. 168. 10. 1	255. 255. 255. 0	
	Interface vlan 20	192. 168. 20. 1	255. 255. 255. 0	
	Interface vlan 30	192. 168. 30. 1	255. 255. 255. 0	
AP	Interface bvi 1	192. 168. 30. 254	255. 255. 255. 0	192. 168. 30. 1
无线接入的计算机	NIC	192. 168. 30. 2～192. 168. 30. 253	255. 255. 255. 0	192. 168. 30. 1

2. 配置 Cisco 3560 交换机

Cisco 3560 交换机的基本配置过程与上例相同，这里不再赘述。

3. 配置 AP

默认情况下，AP 是没有任何配置并且射频模块是关闭的，可以通过 CLI 方式，也可以通过 GUI 方式对 AP 进行配置。在第一次配置时，应开启射频模块，配置 IP 地址及 SSID，如果 AP 不能通过 DHCP 获得 IP 地址，需通过 Console 端口登录手工配置。

（1）设置 IP 地址

通过 Console 端口登录 AP，设置 IP 地址的配置过程如下。

```
AP# configure terminal
AP(config)# interface bvi 1        //进入 BVI 接口
AP(config-if)# ip address 192.168.30.254 255.255.255.0    //设置 AP 的 IP 地址
AP(config-if)# ip default-gateway 192.168.30.1            //设置 AP 的默认网关
AP(config-if)# no shutdown
```

（2）开启射频模块

为 AP 设置 IP 地址后，可在网络中的其他计算机上启动浏览器，在浏览器的地址栏输入 AP 的 IP 地址，输入相应的用户名和密码后，即可打开 AP 的 Web 配置主页面。利用 GUI 开启射频模块的方法为：在配置主页面的左侧窗格中依次选择 NETWORK INTERFACE→Radio0－802. 11G 选项，在接口配置界面中选择 Settings 选项卡，将 Role In Radio Network 设置为 Access Point，将 Enable Radio 设置为 Enable，单击 Apply 按钮应用设置。当 Current Status 的箭头变成绿色时，说明射频模块已被开启，如图 8－13 所示。

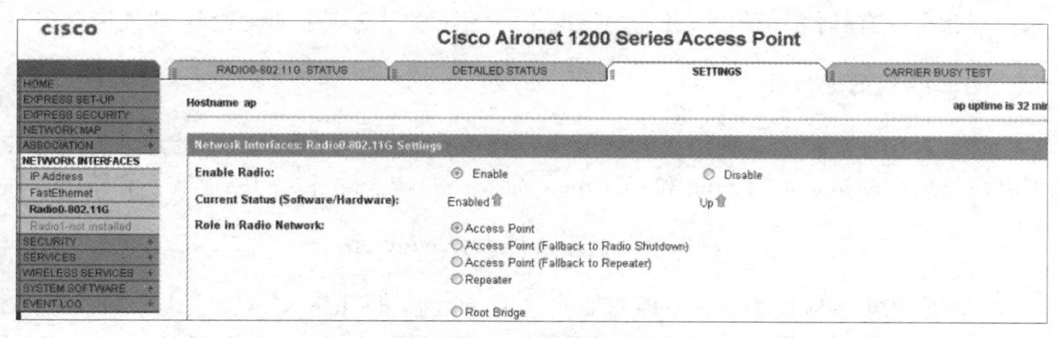

图 8－13　开启射频模块

（3）设置 SSID 及无线网络安全

利用 GUI 设置 SSID 及无线网络安全的基本方法为：在配置主页面的左侧窗格中选择 EXPRESS SECURITY 选项，打开基本安全设置页面，如图 8－14 所示。在该页面的 SSID 部分可以输入 SSID 并设置是否开启 SSID 广播；在 VLAN 部分可以定义 SSID 与 VLAN 的关联，在本例中应选择 Enable VLAN ID 单选框，设置 VLAN ID 为 30；在 Security 部分可以设置认证方式。完成相关设置后，单击 Apply 按钮应用设置。

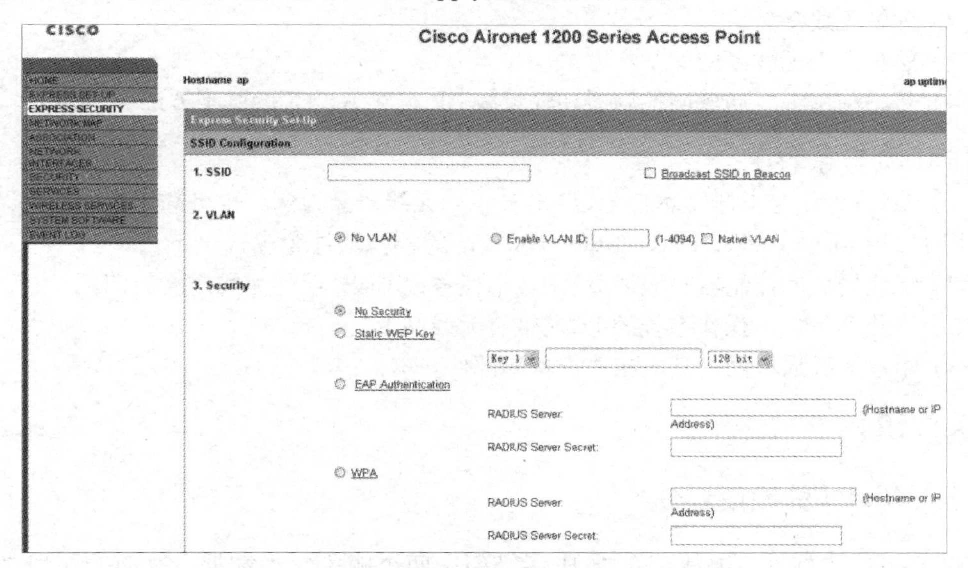

图 8－14　基本安全设置页面

注　意

若在 AP 中定义了不同 VLAN 的关联，则上联交换机接口应设置为 Trunk 模式。限于篇幅，以上只完成了 AP 的基本设置，其他设置请参考相关技术手册。

4．设置无线客户端

无线客户端的设置与上例基本相同，这里不再赘述。需要注意的是由于 AP 没有DHCP

功能，因此在没有其他 DHCP 服务器的情况下，无线客户端应手动设置 IP 地址信息。

5. 验证全网的连通性

此时可以在计算机上，利用 ping 和 tracert 命令，测试各计算机之间的连通性和路由；也可以在三层交换机上运行 ping 和 traceroute 命令，测试各设备之间的连通性和路由。

操作3　组建 Ad－hoc Network

对于家庭和很多应用场合，有时需要构建无 AP 的 Ad－hoc Network。Ad－hoc Network 的组建方法非常简单，限于篇幅这里不再赘述。请查阅 Windows 系统帮助文件和相关资料，在几台安装无线网卡的 PC 之间组建 Ad－hoc Network，并完成基本安全设置。

任务 8.2　构建 ESS 无线局域网

【任务目的】

（1）理解 WLAN 的频段划分。
（2）理解无线漫游。
（3）熟悉实现无线漫游的基本方法。
（4）熟悉利用无线局域网控制器和轻量级 AP 组建 WLAN 的基本方法。

【工作环境与条件】

（1）AP 或无线路由器（本任务以 Cisco 系列无线产品为例，也可选用其他产品，部分内容也可使用 Cisco Packet Tracer、Boson Netsim 等模拟软件完成）。
（2）无线局域网控制器和轻量级 AP（本任务以 Cisco 系列无线产品为例）。
（3）安装 Windows 操作系统的 PC（带有无线网卡）。
（4）组建无线局域网的其他相关设备和部件。

【相关知识】

8.2.1　WLAN 的频段划分

IEEE 802.11 标准主要使用 2.4GHz 和 5GHz 两个频段发送数据，这两个频段都属于 ISM（Industrial Scientific Medical）频段，主要对工业、科学和医学行业开放使用，没有使用授权的限制。ISM 频段在各国的规定并不相同，其中 2.4GHz 频段为各国共同的 ISM 频段。

1. IEEE 802.11b/g 标准的频段划分

IEEE 802.11b/g 标准规定的工作频率范围为 2.4～2.4835GHz，该频率范围共定义了 14 个信道，每个信道的频宽为 22MHz，相邻两个信道的中心频率之间相差 5MHz。即信道 1 的中心频率为 2.412GHz，信道 2 的中心频率为 2.417GHz，信道 13 的中心频率为 2.472GHz。IEEE 802.11b/g 定义的这 14 个信道在各个国家开放的情况不同，其中在美国、

加拿大等北美地区开放的范围是 1～11，而在我国及欧洲大部分地区开放的范围是 1～13。

注 意

信道 14 专门针对日本定义，其中心频率与信道 13 中心频率相差 12MHz。

图 8－15 给出了 IEEE 802.11b/g 标准的频段划分。由图 8－15 可知，信道 1 在频谱上与信道 2、3、4、5 都有重叠的地方，这就意味着如果有两个无线设备同时工作，且其工作的信道分别为信道 1 和信道 3，则它们发出的无线信号会互相干扰。因此，为了最大限度地利用频率资源，减少信道之间的干扰，通常应使用 1、6、11；2、7、12；3、8、13；4、9、14 这 4 组互不干扰的信道来进行无线覆盖。

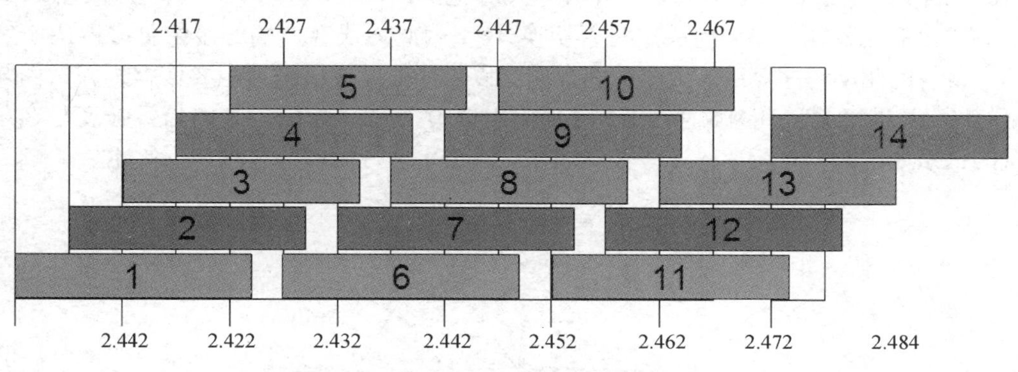

图 8－15　IEEE 802.11b/g 标准的频段划分

注 意

由于只有部分国家开放了信道 12～14，因此通常都使用 1、6、11 这 3 个信道来部署无线网络。

2. IEEE 802.11a 标准的频段划分

IEEE 802.11a 标准规定的工作频率范围为 5.15～5.825GHz，该频段共包含 24 个信道，我国开放了其中 5 个信道，分别是信道 149、153、157、161 和 165，这些信道之间互不重叠，相互之间不会产生干扰。

注 意

由于5GHz 频段的信道编号 n＝（信道中心频率－5）×1000÷5，所以其信道编号是不连续的。另外，在 IEEE 802.11n 标准中，除同时支持2.4GHz 和5GHz 两个频段外，还定义了 20MHz 和 40MHz 两种频宽，20MHz 的频宽可以实现向下兼容，40MHz 频宽可以满足高性能需求。IEEE 802.11n 标准的频段划分请参考相关资料。

8.2.2 WLAN 的无线漫游

由于无线电波在传播过程中会不断衰减，因此 AP 的通信范围会被限定在一定的距离之内，位于 AP 蜂窝内的无线客户端才能够与 AP 关联。无线漫游是指无线客户端转换其所关联的 AP 的过程，从而使用户在不同 AP 的蜂窝内任意移动时都能保持网络连接。

1. 无线漫游的基本过程

要实现无线客户端的漫游，必须将相邻的 AP 配置为使用互不重叠的信道，以防止 AP 间的相互干扰。也就是说，若遵循 IEEE 802.11b/g 标准的 AP 使用了信道 1，则和它相邻的 AP 只能使用信道 6 或信道 11，而不能使用其他的信道。IEEE 802.11 标准不允许 AP 以任何方式影响无线客户端如何决定是否切换 AP，因此无线客户端的漫游更多取决于客户端网卡自身的驱动程序算法，大多数客户端会以信号强度或质量为主要依据，并试图与信号最好的 AP 进行关联。例如两个 AP 分别使用信道 1 和信道 6，AP 的信号强度与客户端位置的关系如图 8-16 所示，无线客户端在该网络中进行漫游的过程如下所述。

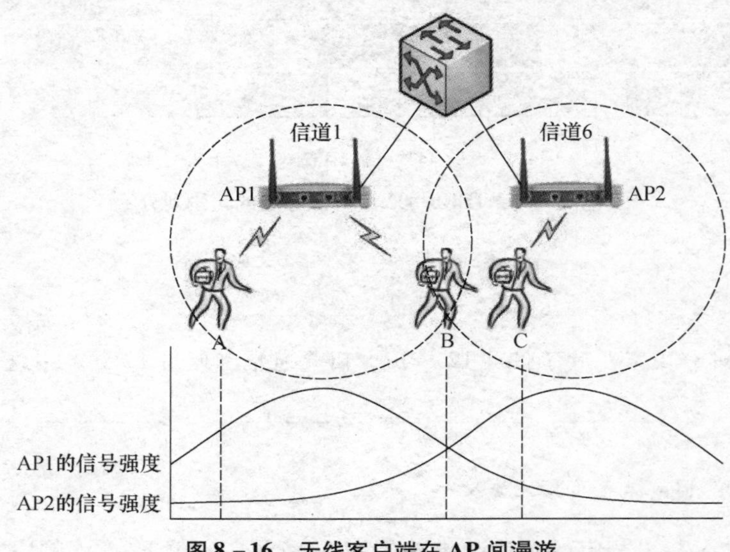

图 8-16　无线客户端在 AP 间漫游

（1）在位置 A，无线客户端可以从 AP1 收到清晰的信号，此时将保持与 AP1 的关联。

（2）当移动到位置 B 时，无线客户端发现来自 AP1 的信号不再是最优的，它会在每个可能的信道上发送 Probe Request 帧，此时正在侦听的 AP2 将使用 Probe Request 帧应答，以通告自己的存在。无线客户端在从信道 6 收到 AP2 的信息后，对其进行评估以确定同哪个 AP 关联是最适合的。

（3）由于无线客户端不能同时与多个 AP 关联，所以无线客户端会通过信道 1 向 AP1 发出解除关联消息，然后通过信道 6 向 AP2 发送关联请求以建立与 AP2 的关联。

（4）当移动到位置 C 时，无线客户端可以从 AP2 收到清晰的信号，继续保持与其关联。

注 意

由于有些无线客户端会在其需要漫游前主动搜索相邻AP，而有些只会在需要漫游时才搜索相邻AP，并且不同客户端的漫游算法不同。因此，在无线网络的同一位置，有些客户端可能已开始尝试漫游，而有些则不会这样做。

2. 无线漫游的类型

无线漫游可以分为二层漫游和三层漫游。

（1）二层漫游

二层漫游是指无线客户端在同一个子网（VLAN）内的AP间漫游。由于二层漫游不涉及子网的变化，因此为了保证快速的切换，无线客户端在通过二层漫游关联到另一个AP时会利用在原有AP上使用的资源（如密钥等），也无须花时间来获得新的IP地址。

注 意

由于在漫游过程中，无线客户端必须先解除原有关联才能协商新关联，因此无线客户端会在一段时间（离线时间）内没有同任何AP关联。当然无线漫游的设计目标是尽可能缩小客户端的离线时间，以免造成数据丢失。

（2）三层漫游

三层漫游是指无线客户端在处于不同子网的AP间漫游。由于三层漫游涉及子网的变换，无线客户端可能还需要请求新的IP地址，因此三层漫游的离线时间会比较长，通常需要采用一些特殊手段来保证用户业务的不中断。

注 意

普通AP本身不支持三层漫游，三层漫游通常应使用无线局域网控制器实现。

8.2.3 无线局域网控制器和轻量级AP

1. 自主模式AP

在传统的WLAN组网模式中，AP是BSS的中心，它将WLAN的物理层、用户认证、数据加密、网络管理、漫游等各种功能集于一身，这种AP被称为自主模式AP（俗称胖AP）。每个自主模式AP都是一个独立的自治系统，需要单独配置，自主运行。自主模式AP适合用于部署规模较小并对漫游及管理要求不高的WLAN，在较大规模网络中会产生以下问题。

（1）自主模式AP必须单独进行配置，若AP数量较多，则配置工作量很大。

（2）自主模式AP的软件都保持在AP上，软件升级需逐台进行，维护工作量大。

（3）自主模式 AP 的配置都保存在 AP 上，若 AP 丢失，则会造成配置信息的泄露。

（4）自主模式 AP 通常不支持三层漫游。

（5）随着网络规模的扩大，网络本身需要支持更多的功能，这些功能很多需要 AP 协同工作（如非法 AP 和非法用户的检测），自主模式 AP 通常很难完成这类工作。

（6）大规模部署自主模式 AP 时成本较高。

2. 轻量级 AP

自主 AP 的功能可以分为实时进程和管理进程两个部分。实时进程包括发送和接收 IEEE 802.11 数据帧、数据加密、在 MAC 子层实现同无线客户端的交互等，这些功能必须在距离客户端最近的 AP 硬件中完成。管理进程主要包括用户认证、安全策略管理、信道和输出功率选择等，这些功能并非通过无线信道发送和接收帧的组成部分，可以集中进行管理。轻量级 AP（LAP，俗称瘦 AP）就是只执行实时进程的 AP，可以提供高性能的射频功能，它的管理进程则由其所关联的无线局域网控制器来执行。

3. 无线局域网控制器

无线局域网控制器（Wireless LAN Controller，WLC）可以是单独的硬件设备，也可以作为一个模块集成到路由器或交换机中。WLC 主要可以实现以下功能。

（1）动态分配信道：WLC 可以根据区域内的其他接入点，为每个 LAP 选择并配置信道。

（2）优化发射功率：WLC 可以根据所需的覆盖范围，为每个 LAP 设置并定期自动调整发射功率。

（3）自我修复覆盖范围：如果某个 LAP 出现故障，WLC 将自动调高相邻 LAP 的发射功率，以覆盖出现的空洞。

（4）灵活的漫游：WLC 可以减少漫游的离线时间，并可实现三层漫游。

（5）动态的负载均衡：如果多个 LAP 的覆盖地域相同，WLC 可使无线客户端与最空闲的 LAP 关联，从而在 LAP 之间实现负载均衡。

（6）射频监控：通过侦听信道，WLC 能够远程收集射频干扰、噪声、周围 LAP 发出的信号以及恶意 AP 或特殊客户端发出的信号。

（7）安全性管理：在允许无线客户端接入网络前，WLC 可要求其从可信的 DHCP 服务器获取 IP 地址。WLC 也可实现 IEEE 802.1x 认证、防火墙等其他安全管理功能。

4. WLC 和 LAP 的连接方式

WLC 和 LAP 之间既可以通过二层网络连接也可以通过三层网络连接，也就是说 WLC 和 LAP 之间的连接基本上不受网络结构的限制，可以在任何现有的网络上进行部署。当然在通过三层网络连接时需要保证 WLC 和 LAP 之间的路由，以及 DHCP 服务器和 DNS 服务器等设备的配合。

5. LAP 的启动过程

由于 LAP 被设计为无需接触就能对其进行配置，因此 LAP 必须找到一个 WLC 并获得所有的配置参数才能进入活动状态。LAP 的启动过程如下所述。

（1）LAP 从 DHCP 服务器获取 IP 地址。

（2）LAP 向其地址列表中的第一个 WLC 发出加入请求消息，如果该 WLC 没有响应，则尝试下一个 WLC。收到消息的 WLC 会检查 LAP 是否有权限加入，若有则对该消息进行响应。

注 意

若 LAP 与 WLC 为二层连接，则 LAP 可广播加入请求消息以联系本网段的 WLC。若 LAP 与 WLC 为三层连接，则应对 DHCP 服务器的 DHCP 选项 43 进行设置，该选项将携带 WLC 的 IP 地址信息。在任何时刻，LAP 总是加入到一个 WLC，但可以维护包含 3 个 WLC 的列表，当列表中的 WLC 都不响应时，LAP 会尝试使用广播方式。

（3）LAP 从 WLC 下载最新版本的软件和配置文件并重新启动。

（4）WLC 和 LAP 建立一条加密的 LWAPP（轻量级接入点协议）隧道和一条不加密的 LWAPP 隧道，前者用于传输管理数据流，后者用于传输无线客户端的数据。

LAP 启动并成功加入一个 WLC 后，如果该 WLC 出现故障，LAP 将重新启动并搜索新的处于活动状态的 WLC，这期间所有无线客户端的关联都将终止。

6. LAP + WLC 网络的数据传输

LAP 与 WLC 之间通过 LWAPP 隧道进行数据传输，LWAPP 是 Cisco 开发的隧道协议，可以将 LAP 和 WLC 之间传输的数据封装在 IP 数据包中，从而实现数据的跨网络传输。下面以如图 8－17 所示的网络为例，说明无线客户端通过 LAP 与 WLC 传输数据的过程。

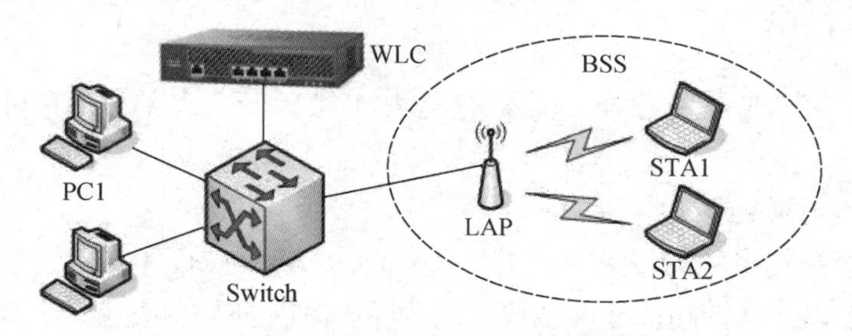

图 8－17 利用 LAP 与 WLC 组建的网络

（1）无线客户端与有线客户端的数据传输

在如图 8－17 所示网络中，无线客户端 STA1 向有线客户端 PC1 发送数据的基本流程如下。

① STA1 向 LAP 发送数据，数据的源地址为 STA1 的地址，目的地址为 PC1 的地址。

② LAP 收到该数据后对该数据进行 LWAPP 的隧道封装，增加的新 IP 数据包头中的源地址为 LAP 的地址，目的地址为 WLC 的地址。

③ LAP 将封装好的数据包发往 WLC。

④ WLC 收到数据包后，拆除该数据包的 LWAPP 隧道封装以查看数据包真正的目的地址，将拆除封装后的数据包发往 PC1。

（2）无线客户端之间的数据传输

在如图 8－17 所示网络中，无线客户端 STA1 向 STA2 发送数据的基本流程如下。

① STA1 向 LAP 发送数据，数据的源地址为 STA1 的地址，目的地址为 STA2 的地址。

② LAP 收到该数据后对该数据进行 LWAPP 的隧道封装，增加的新 IP 数据包头中的源地址为 LAP 的地址，目的地址为 WLC 的地址。

③ LAP 将封装好的数据包发往 WLC。

④ WLC 收到数据包后，拆除该数据包的 LWAPP 隧道封装以查看数据包真正的目的地址。由于 STA2 仍然为 WLC 管理下的无线客户端，所以 WLC 会再次对原始数据包进行 LWAPP 隧道封装，增加的新 IP 数据包头中的源地址为 WLC 的地址，目的地址为 LAP 的地址。

⑤ WLC 将封装好的数据包发往 LAP。

⑥ LAP 收到数据包后，拆除其 LWAPP 隧道封装并将其发往 STA2。

7. LAP + WLC 无线网络的漫游

在利用自主 AP 构建的 WLAN 中，无线客户端通过将关联从一个 AP 切换到另一个 AP 来实现漫游。在该过程中，无线客户端必须分别与每个 AP 进行协商，在切换关联时前一个 AP 必须将来自客户端的缓存数据交给下一个 AP。而在利用 LAP 和 WLC 构建的 WLAN 中，无线客户端是通过 LAP 与 WLC 协商关联的，无线客户端在漫游时关联关系的切换是在 WLC 进行的，因此其速度会更快，实现也更容易。另外由于 LAP 与 WLC 之间是通过隧道进行数据传输的，因此 LAP + WLC 无线网络可以支持三层漫游，并且无线客户端在漫游时的 IP 地址可以不变。

8.2.4 以太网供电

AP 和网络中的其他设备一样，需要有电力才能运转。大部分 AP 可使用以下两种电源。

（1）外置交流电适配器。

（2）通过网络数据电缆的以太网供电（Power over Ethernet，PoE）。

PoE 通过提供以太网链路的非屏蔽双绞线为 AP 提供 48V 的直流电，交换机本身就是直流电的提供者，AP 不需要连接其他电源即可正常工作。目前很多交换机产品都支持 PoE，Cisco 交换机提供的 PoE 有 Cisco 内置电源（ILP）和 IEEE 802. 3af 两种方法，其中 IEEE 802. 3af 是符合国际标准的方法。在 IEEE 802. 3af 中，交换机会在连接铜质双绞线的发送和接收引脚提供较低的电压，然后对引脚间的电阻进行测量，如果电阻为 25Ω，则表明连接了一台需要供电的设备。交换机会首先为设备提供默认功率（如 15. 4W）的供电，并可通过检测设备的功率类别来更改功率。

注 意

交换机的 PoE 功能是需要配置的，具体配置方法请查阅相关产品手册。

【任务实施】

操作1　实现跨AP的无缝漫游

某开放式办公区域的大小为25m×40m，有办公坐席70个，每个坐席都配备了一台计算机，均需采用无线方式接入企业网络。若在该办公区域采用IEEE 802.11b标准部署WLAN，则单个AP的数据吞吐量最高为11Mb/s，而该区域的无线客户端数量很多，因此为保证各用户的有效带宽，可按照以下方法部署多个AP并实现无缝漫游。

1. 部署AP

要利用多个AP实现网络的无缝漫游，应首先根据实际的地理环境、AP的覆盖范围、无线客户端的数量和带宽要求等方面，确定AP的数量和位置。由于本例中的无线接入是在开放式办公区域实现的，不存在大的障碍物，因此AP的数量和位置主要由客户端的数量及带宽要求决定。遵循IEEE 802.11b标准的AP一般情况下可以满足以下的应用。

（1）50个大部分时间空闲，偶尔收发一下邮件的无线客户端。

（2）25个经常利用网络上传和下载中等大小文件的无线客户端。

（3）10～20个一直通过网络处理大文件的无线客户端。

注 意

在大型蜂窝中，当客户端远离AP时，其传输速率会降低，可以通过调整AP的发射功率缩小蜂窝，使客户端在蜂窝内能使用最高的传输速率。另外，如果要在较复杂的地理环境中部署AP，则必须进行详细的现场勘查和测试，具体的方法可参考相关资料。

根据网络的实际需求，在该办公区域中可部署3个AP。为了最大限度地减少信道之间的重叠和干扰，应避免相邻AP使用相同的信道。图8－18给出了使用IEEE 802.11b标准的多个AP的部署示意图，本例中的3个AP应分别使用信道1、信道6和信道11。

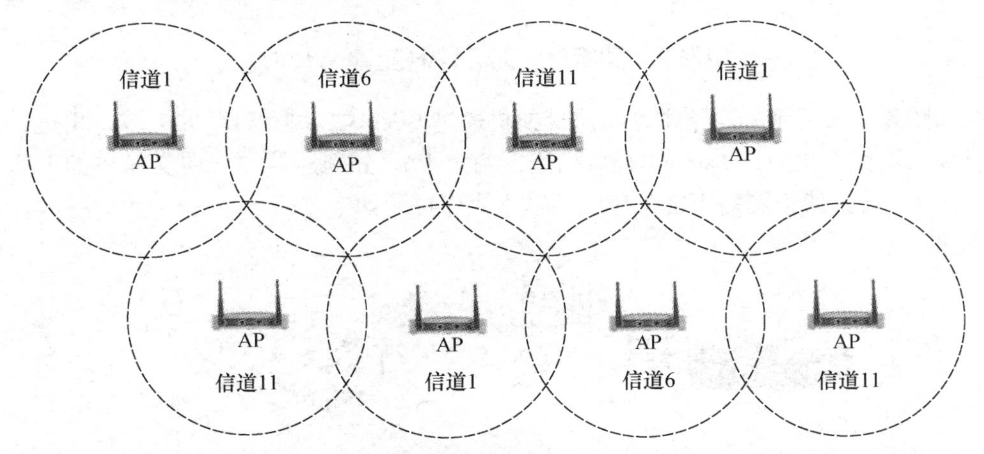

图8－18　使用IEEE 802.11b标准的多个AP的部署示意图

注意

图 8－18 只给出了二维平面上的 AP 信道布局，如果要使用多个 AP 对一座大楼的多层进行覆盖，则楼层之间也需要交替使用信道，也就是说，二楼的信道 1 不能与一楼和三楼中的信道 1 相互重叠。

2. 配置 AP

默认情况下，AP 是没有任何配置并且射频模块是关闭的，在配置时，应开启射频模块，配置 IP 地址及 SSID。要实现无线漫游，在设置时应注意以下问题。

（1）为每个 AP 分配的 IP 地址应在同一网段。

（2）为每个 AP 设置的 SSID 应相同。

（3）应将 3 个 AP 的信道分别设置为信道 1、信道 6 和信道 11。

（4）为了保证安全，可以对 AP 设置认证方式和加密，但所有 AP 的认证方式和密钥必须相同。

3. 无线漫游的测试

将 3 个 AP 放置在相应的位置并连接有线网络后，可以利用笔记本电脑对该网络进行简单的测试。测试方法为：在对笔记本电脑进行设置使其无线接入网络后，在该电脑上运行“ping 网关 IP － t”命令，然后在移动过程中查看其与网关的连通性。如果在移动过程中出现丢失 1～2 个包后重新连通的情况，则表明无线客户端已成功从一个 AP 漫游到另一个 AP。

注意

在无线网络工程中，需要使用专业的测试设备对网络的覆盖范围、信号强度等进行测试，具体方法请查阅相关资料。

操作 2　利用 WLC 和 LAP 组建 WLAN

在如图 8－19 所示的网络中，三层交换机通过 G0/1 端口与 WLC 的 1 端口相连，三层交换机和二层交换机通过 Fa0/24 端口相连，两个 LAP 分别连接在二层交换机的 Fa0/1 和 Fa0/2 端口，若要使该网络正常工作，则基本操作过程如下。

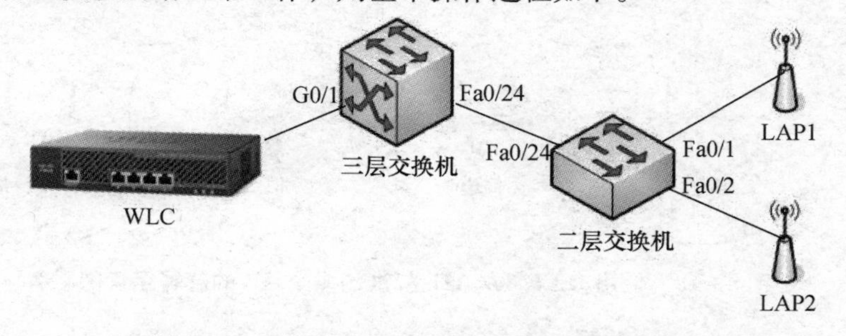

图 8－19　利用 WLC 和 LAP 组建 WLAN 示例

1. 规划与分配 IP 地址

在 WLC 上通常有以下接口。

（1）Service Port Interface：该接口为 WLC 面板上的独立端口，可以为其配置 IP 地址并直接连接终端，以实现带外管理。

（2）面板上的普通端口：通常 WLC 面板上会有多个普通端口，用来与交换机等网络设备相连，以承载 WLC 与交换机之间的数据流量。

（3）Manager Interface：该接口主要用来实现带内管理，网络中的其他设备可以通过该接口的 IP 地址对 WLC 进行管理。

（4）AP－manager Interface：该接口主要与 LAP 进行通信。通常应在配置 DHCP 服务器时，在 DHCP 选项中指明该接口的 IP 地址，从而使 LAP 能够知晓该地址。

（5）用户定义的动态接口：无线客户端将通过该接口连接到交换机，从而实现与网络的通信。动态接口应于 SSID 及 VLAN 相互关联。

可按表 8－3 所示的 TCP/IP 参数配置相关设备的 IP 地址信息。

表 8－3　利用单一 AP 组建 WLAN 示例中的 TCP/IP 参数

设备	接口	IP 地址	子网掩码	网关
三层交换机	Interface vlan 10	192. 168. 10. 1	255. 255. 255. 0	
	Interface vlan 20	192. 168. 20. 1	255. 255. 255. 0	
	Interface vlan 30	192. 168. 30. 1	255. 255. 255. 0	
WLC	Manager Interface	192. 168. 10. 2	255. 255. 255. 0	192. 168. 10. 1
	AP－manager Interface	192. 168. 10. 254	255. 255. 255. 0	192. 168. 10. 1
LAP	LAP 的隧道接口	192. 168. 20. 2 ～192. 168. 20. 254	255. 255. 255. 0	192. 168. 20. 1
无线接入的计算机	NIC	192. 168. 30. 2 ～192. 168. 30. 254	255. 255. 255. 0	192. 168. 30. 1

2. 配置三层交换机

在三层交换机上要完成 VLAN 的创建和路由，并设置 DHCP 服务为 LAP 分配 IP 地址。在三层交换机上的基本配置过程为：

```
S3560# vlan database
S3560(vlan)# vlan 10 name VLAN10
S3560(vlan)# vlan 20 name VLAN20
S3560(vlan)# vlan 30 name VLAN30
S3560(vlan)# exit
S3560# configure terminal
S3560(config)# ip routing
S3560(config)# no ip domain－lookup
S3560(config)# ip dhcp pool wlc     //为 WLC 设置 DHCP 服务
```

```
S3560(dhcp-config)# network 192.168.10.0 255.255.255.0
//为 WLC 分配 VLAN10 的 IP 地址
S3560(dhcp-config)# default-router 192.168.10.1   //设置分配给 LAP 的网关
S3560(dhcp-config)# exit
S3560(config)# ip dhcp pool lap   //为 LAP 设置 DHCP 服务
S3560(dhcp-config)# network 192.168.20.0 255.255.255.0
//为 LAP 分配 VLAN20 的 IP 地址
S3560(dhcp-config)# default-router 192.168.20.1   //设置分配给 LAP 的网关
S3560(dhcp-config)# option 43 192.168.10.254   //为 LAP 指定 WLC 地址
S3560(dhcp-config)# exit
S3560(config)# ip dhcp pool user   //为无线客户端设置 DHCP 服务
S3560(dhcp-config)# network 192.168.30.0 255.255.255.0
//为无线客户端分配 VLAN30 的 IP 地址
S3560(dhcp-config)# default-router 192.168.30.1   //设置分配给无线客户端的网关
S3560(dhcp-config)# exit
S3560(config)# interface vlan 10
S3560(config-if)# ip address 192.168.10.1 255.255.255.0
S3560(config-if)# no shutdown
S3560(config-if)# interface vlan 20
S3560(config-if)# ip address 192.168.20.1 255.255.255.0
S3560(config-if)# no shutdown
S3560(config-if)# interface vlan 30
S3560(config-if)# ip address 192.168.30.1 255.255.255.0
S3560(config-if)# no shutdown
S3560(config-if)# interface fa0/24
S3560(config-if)# switchport trunk encapsulation dot1q
S3560(config-if)# switchport mode trunk
S3560(config-if)# interface g0/1
S3560(config-if)# switchport trunk encapsulation dot1q
S3560(config-if)# switchport mode trunk
```

3. 配置二层交换机

在二层交换机上需完成 VLAN 的相关配置，基本配置过程为：

```
S2960# vlan database
S2960(vlan)# vlan 10 name VLAN10
S2960(vlan)# vlan 20 name VLAN20
S2960(vlan)# vlan 30 name VLAN30
S2960(vlan)# exit
S2960# configure terminal
S2960(config-if)# interface fa0/24
S2960(config-if)# switchport mode trunk
S2960(config-if)# interface fa0/1-2
S2960(config-if-range)# switchport access vlan 20
```

4. 配置 WLC

（1）WLC 的初始设置

WLC 在加入网络前必须进行一些基本信息配置，基本操作方法为：通过 Console 端口连接 WLC，WLC 启动运行后，在终端控制台可以通过交互方式输入以下信息。

① 系统名：标识 WLC 的字符串。

② 管理用户名和密码：默认分别为 admin 和 admin。

③ Service Port Interface 的 IP 地址（DHCP 或静态地址）：如果选择静态地址，则系统会提示输入 IP 地址、子网掩码等。

④ Manager Interface 的相关信息：系统会提示输入 Manager Interface 的 IP 地址、子网掩码、默认网关、所属 VLAN ID、连接 WLC 的接口等。

⑤ AP 传输模式（二层或三层）：如果选择二层，则 AP 与 Manager Interface 应在同一 VLAN。本例选择三层。

⑥ AP – Manager Interface 的 IP 地址。

⑦ 虚拟接口的 IP 地址：这是一个伪造的 IP 地址，通常为 1. 1. 1. 1。

⑧ 移动组名称：属于同一个移动组的 WLC 必须相同。

⑨ 默认的 SSID：LAP 在加入 WLC 时将使用到它。

⑩ 是否要求客户端从 DHCP 服务器获取 IP 地址。

⑪ 是否需要配置 RADIUS 服务器。

⑫ 在 WLC 管理的所有 AP 上启用或禁用 IEEE 802. 11b、IEEE 802. 11g 等。

⑬ 是否启用 RF 参数自动调整功能。

图 8 – 20 给出了 WLC 初始设置的部分过程。

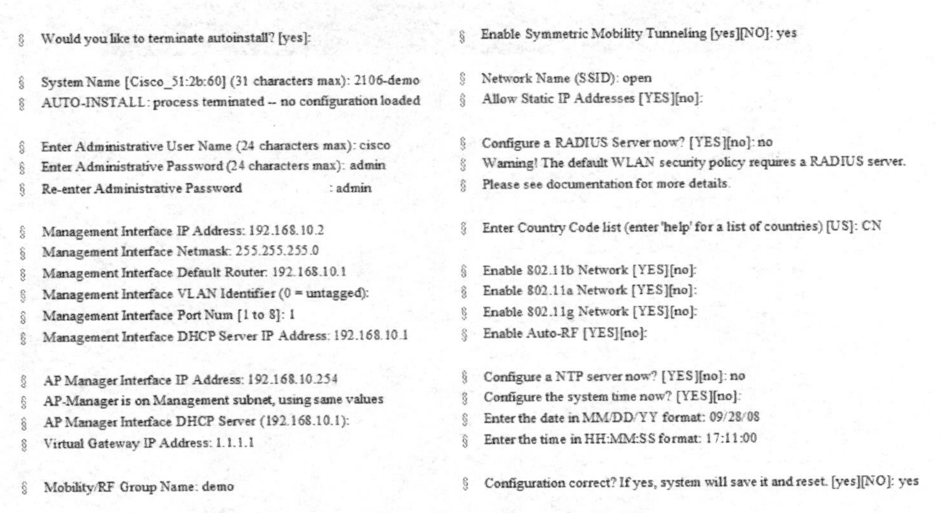

图 8 – 20　WLC 初始设置的部分过程

（2）WLC 的进一步配置

WLC 使用动态接口将 VLAN 扩展到无线局域网，在本例中应为 VLAN30 创建动态接口，并创建绑定到该接口的 WLAN，基本配置步骤如下。

① 在网络中通过有线方式连接一台计算机，将该计算机所连接的端口加入 VLAN10。为该计算机设置 IP 地址信息后，在其浏览器的地址栏输入“https：//192. 168. 10. 2”，输入相应的用户名和密码后，即可打开 WLC 的配置主页面，如图 8－21 所示。

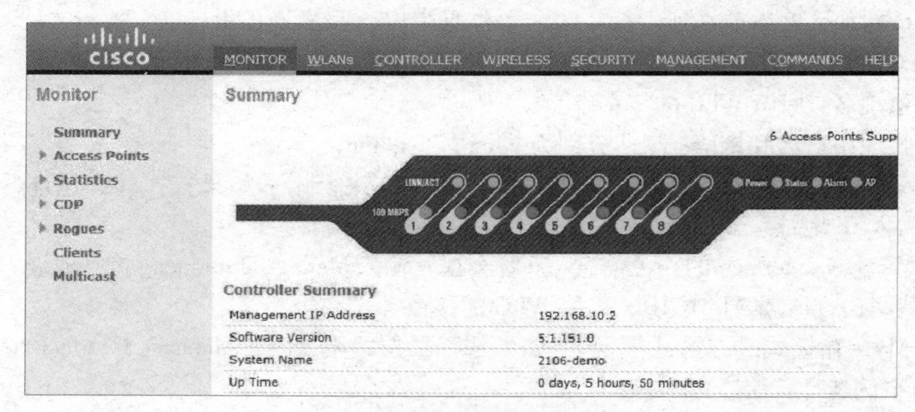

图 8－21　WLC 的配置主页面

② 在 WLC 配置主页面中选择任务栏中的 Controller 选项卡，然后单击左边的 Interfaces 链接，在 Interfaces 页面中单击 New 按钮，打开新建接口页面。在 Interface Name 文本框中为动态接口输入描述性名称，在 VLAN ID 文本框中输入其绑定的 VLAN ID（30）。

③ 单击 Apply 按钮，打开动态接口编辑页面，如图 8－22 所示。在 Interface Address 选项组中为该动态接口设置 IP 地址信息（该地址必须是 VLAN30 的地址，如可将 IP 地址设为 192. 168. 30. 100/24，网关设为 192. 168. 30. 1）。在 Physical Information 选项组中的 Port Number 中设置 WLC 使用的普通端口为 1。在 DHCP Information 选项组中设置该接口对

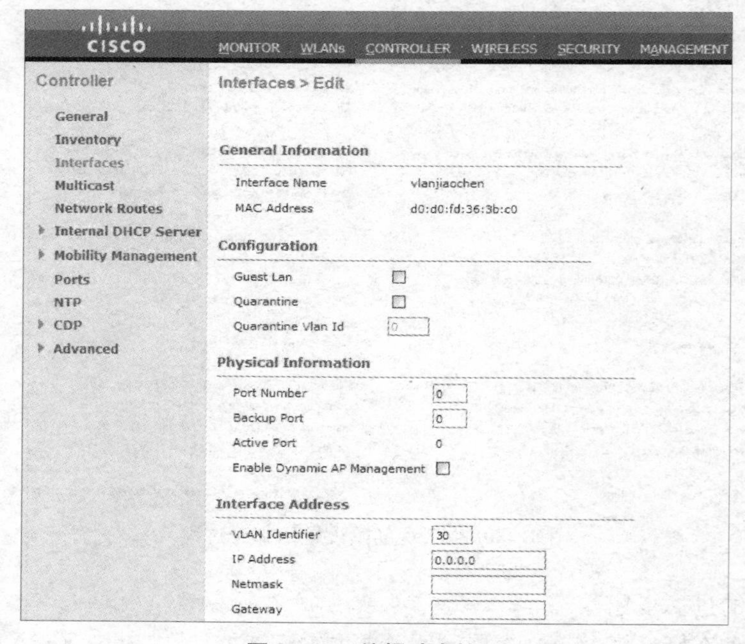

图 8－22　编辑动态接口

应的 DHCP 服务器地址（192.168.30.1）。单击 Apply 按钮，完成设置，此时可以在 Interfaces 页面中看到该接口。

④ 在 WLC 配置页面选择任务栏中的 WLANs 选项卡，在 WLANs 页面中单击 New 按钮，打开新建 WLAN 页面。在该页面中输入新建 WLAN 的类型、名称和 SSID。

⑤ 单击 Apply 按钮，打开 WLAN 的编辑页面，如图 8-23 所示。在该页面中启用该 WLAN（将 Status 设置为 Enable），并将该 WLAN 的 SSID 与刚才所创建的接口进行绑定（在 Interface 中选择相应接口）。单击 Apply 按钮完成设置。

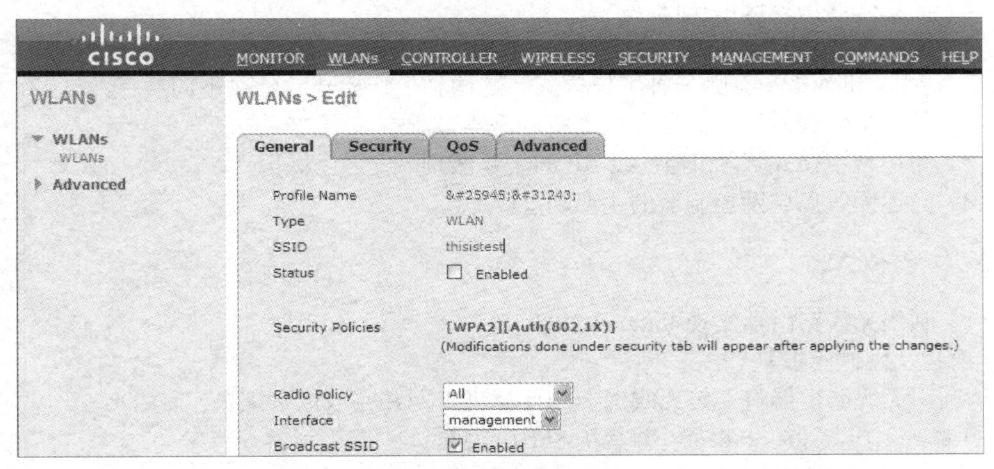

图 8-23 编辑 WLAN

注 意

可以在如图 8-23 所示的页面中选择 Security 选项卡，对该 WLAN 的认证、加密等安全选项进行设置。

5. 设置无线客户端

无线客户端的设置这里不再赘述。需要注意的是由于三层交换机上已开启了 DHCP 功能，所以在无线客户端上无须手动设置 IP 地址信息。

6. 验证全网的连通性

此时可以在无线客户端上，利用 ping 和 tracert 命令，测试连通性和路由；也可以在三层交换机上运行 ping 和 traceroute 命令，测试各设备之间的连通性和路由。

注 意

限于篇幅，以上只完成了利用 WLC 和 LAP 组建 WLAN 的基本设置，其他设置方法请查阅相关资料和技术手册。

习　题　8

1. 思考问答

（1）目前常见的无线局域网技术标准有哪些？各有什么特点？
（2）无线局域网常用的硬件设备有哪些？
（3）简述无线局域网的组网模式。
（4）简述无线客户端接入 IEEE802.11 无线网络的基本过程。
（5）WPA 和 WPA2 有哪两种工作模式？这两种工作模式有什么不同？
（6）什么是无线漫游？简述无线漫游的基本过程。
（7）简述自主模式 AP 和轻量级 AP 的主要区别。
（8）简述无线局域网控制器的主要功能。

2. 技能操作

（1）利用无线路由器实现 Internet 共享
【内容及操作要求】
请利用无线路由器将安装无线网卡的计算机组网并完成以下配置。
① 将 SSID 设置为 Student，并禁用 SSID 广播。
② 在网络中设置 WPA 验证。
③ 使所有计算机能够通过一个网络连接访问 Internet。
【准备工作】
1 台无线路由器；3 台安装无线网卡的计算机；能将 1 台计算机接入 Internet 的设备及账号；组建网络所需的其他设备。
【考核时限】
30min。
（2）利用多 AP 实现无线漫游
【内容及操作要求】
按照如图 8－24 所示的拓扑结构连接网络并完成以下配置。

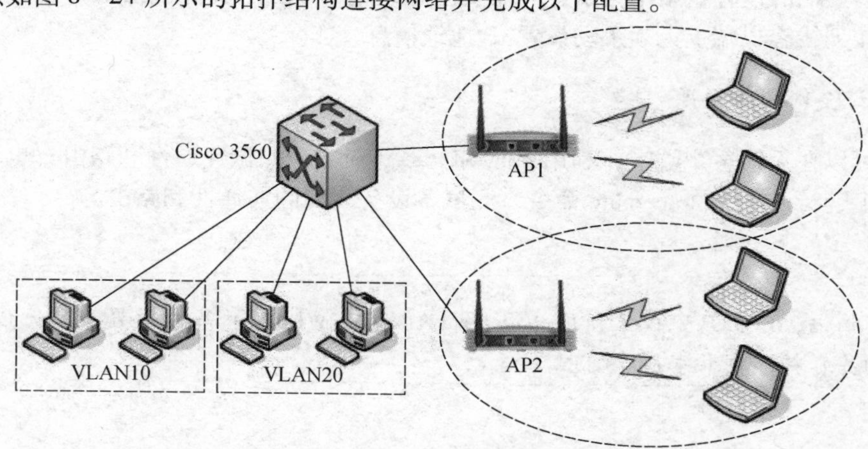

图 8－24　利用多 AP 实现无线漫游技能操作

① 将网络中的所有计算机划分为 3 个 VLAN，有线接入的 4 台计算机分别属于 2 个 VLAN，无线接入的 4 台计算机属于另一个 VLAN，实现各设备间的连通。

② 将 SSID 设置为 Student，禁用 SSID 广播并启用 WEP 验证，使无线客户端可以在 AP1 和 AP2 之间实现漫游。

【准备工作】

2 台 AP；4 台安装无线网卡的计算机；4 台安装有线网卡的计算机；1 台 Cisco 3560 交换机；Console 线缆及其适配器；连接网络所需要的其他部件。

【考核时限】

50min。

（3）利用 WLC + LAP 组建 WLAN

【内容及操作要求】

将如图 8 – 24 所示网络中的 AP 换为 LAP，在该网络中安装 WLC 并完成以下配置。

① 将网络中的所有设备划分为 5 个 VLAN，有线接入的 4 台计算机分别属于 2 个 VLAN，无线接入的 4 台计算机属于 1 个 VLAN，两个 LAP 属于 1 个 VLAN，WLC 的管理接口属于另一个 VLAN，实现各设备间的连通。

② 将 SSID 设置为 Student，禁用 SSID 广播并启用 WPA 验证，使无线客户端可以在两个 LAP 之间实现漫游。

【准备工作】

1 台 WLC；2 台 LAP；4 台安装无线网卡的计算机；4 台安装有线网卡的计算机；1 台 Cisco 3560 交换机；Console 线缆及其适配器；连接网络所需要的其他部件。

【考核时限】

80min。

第9单元　构建IPv6网络

随着Internet及其所提供服务的迅猛发展，目前广泛使用的网络层协议IPv4出现了IP地址枯竭、路由表容量过大、安全性不足等问题。IPv6是IETF（互联网工程任务组）设计的新一代互联网协议，是IPv4的升级版本。它弥补了IPv4存在的主要问题，可以更好地适应当前网络的发展需要。本单元的主要目标是理解IPv6的基本知识；熟悉IPv6地址的分配和设置方法；熟悉IPv6路由的配置方法；能够实现IPv6与IPv4网络的连通。

任务9.1　认识与配置IPv6地址

【任务目的】

（1）理解IPv6的特点。

（2）理解IPv6地址。

（3）掌握IPv6地址的配置方法。

【工作环境与条件】

（1）路由器和交换机（本部分以Cisco 2811路由器、Cisco 2960交换机为例，也可选用其他品牌型号的产品或使用Cisco Packet Tracer、Boson Netsim等模拟软件）。

（2）Console线缆和相应的适配器。

（3）安装Windows操作系统的PC。

（4）组建网络所需的其他设备。

【相关知识】

9.1.1　IPv6的新特性

IPv4协议的最大问题是网络地址资源有限，目前IPv4地址已被分配完毕。虽然利用NAT技术可以缓解IPv4地址短缺的问题，但也会破坏端到端应用模型，影响网络性能并阻碍网络安全的实现。在这种情况下，IPv6应运而生，它与IPv4相比主要有以下新特性。

（1）巨大的地址空间：IPv4中规定地址长度为32，理论上最多有2^{32}个地址；而IPv6中规定地址的长度为128，理论上最多有2^{128}个地址。

（2）数据处理效率提高：IPv6使用了新的数据包头格式。IPv6包头分为基本头部和扩展头部，基本头部长度固定，去掉了IPv4数据包头中的包头长度、标识符、特征位、片段偏移等诸多字段，一些可选择的字段被移到扩展包头中。因此路由器在处理IPv6数据包头时无须处理不必要的信息，极大地提高了路由效率。另外，IPv6数据包头的所有字段均为64位对齐，这可以充分利用新一代的64位处理器。

（3）良好的扩展性：由于IPv6增加了扩展包头，因此IPv6可以很方便地实现功能扩展，IPv4数据包头中的选项最多可支持40个字节，而IPv6扩展包头的长度只受到IPv6数据包长度的制约。

（4）路由选择效率提高：IPv6的地址分配一开始就遵循聚类的原则，这使得路由器能在路由表中用一条记录表示一片子网，大大减小了路由器中路由表的长度，提高了路由器转发数据包的速度。

（5）支持自动配置和即插即用：在IPv6中，主机支持IPv6地址的无状态自动配置。也就是说IPv6节点可以根据本地链路上相邻的IPv6路由器发布的网络信息，自动配置IPv6地址和默认路由。这种方式不需要人工干预，也不需要架设DHCP服务器，简单易行，降低了网络成本，从而使移动电话、PDA、家用电器等终端也可以方便地接入Internet。

（6）更好的服务质量：IPv6数据包头使用了流量类型字段，传输路径上的各个节点可以利用该字段来区分和识别数据流的类型和优先级。另外，IPv6数据包头中还增加了流标签字段，该字段使得路由器不需要读取数据包的内层信息，就可以区分不同的数据流，实现对QoS的支持。IPv6还通过提供永久连接、防止服务中断等方法来改善服务质量。

（7）内在的安全机制：IPv4本身不具有安全性，它通过叠加IPSec等安全协议来保证安全。IPv6将IPSec协议作为其自身的完整组成部分，从而具有内在的安全机制，可以实现端到端的安全服务。

（8）全新的邻居发现协议：IPv6中的ND（Neighbor Discovery，邻居发现）协议使用了全新的报文结构和报文交互流程，实现并优化了IPv4中的地址解析、ICMP路由器发现、ICMP重定向等功能，还提供了无状态地址自动配置功能。

（9）增强了对移动IP的支持：IPv6采用了路由扩展包头和目的地址扩展包头，使其具有内置的移动性。

（10）增强的组播支持：IPv6中没有广播地址，广播地址的功能被组播地址所替代。

9.1.2　IPv6地址的表示

1. IPv6地址的文本格式

IPv6地址的长度是128位，可以使用以下3种格式将其表示为文本字符串。

（1）冒号十六进制格式。

这是IPv6地址的首选格式，格式为n：n：n：n：n：n：n：n。每个n由4位十六进制数组成，对应16位二进制数。例如：3FFE：FFFF：7654：FEDA：1245：0098：3210：0002。

注 意

IPv6地址的每一段中的前导0是可以去掉的，但至少每段中应有一个数字。例如可以将上例的IPv6地址表示为3FFE：FFFF：7654：FEDA：1245：98：3210：2。

（2）压缩格式

在IPv6地址的冒号十六进制格式中，经常会出现一个或多个段内的各位全为0的情况，为了简化对这些地址的写入，可以使用压缩格式。在压缩格式中，一个或多个各位全为0的段可以用双冒号符号（::）表示。此符号只能在地址中出现一次。例如，未指定地址0:0:0:0:0:0:0:0的压缩形式为::；环回地址0:0:0:0:0:0:0:1的压缩形式为::1；单播地址3FFE:FFFF:0:0:8:800:20C4:0的压缩形式为3FFE:FFFF::8:800:20C4:0。

注意

使用压缩格式时，不能将一个段内有效的0压缩掉。例如，不能将FF02:40:0:0:0:0:0:6表示为FF02:4::6，而应表示为FF02:40::6。

（3）内嵌IPv4地址的格式

这种格式组合了IPv4和IPv6地址，是IPv4向IPv6过渡过程中使用的一种特殊表示方法。具体地址格式为n:n:n:n:n:n:d.d.d.d，其中每个n由4位十六进制数组成，对应16位二进制数；每个d都表示IPv4地址的十进制值，对应8位二进制数。内嵌IPv4地址的IPv6地址主要有以下两种。

① IPv4兼容IPv6地址，例如0:0:0:0:0:0:192.168.1.100或::192.168.1.100。

② IPv4映射IPv6地址，例如0:0:0:0:0:FFFF:192.168.1.100或::FFFF:192.168.1.100。

2. IPv6地址前缀

IPv6中的地址前缀（Format Prefix，FP）类似于IPv4中的网络标识。IPv6前缀通常用来作为路由和子网的标识，但在某些情况下仅仅用来表示IPv6地址的类型，例如IPv6地址前缀"FE80::"表示该地址是一个链路本地地址。在IPv6地址表示中，表示地址前缀的方法与IPv4中的CIDR表示方法相同，即用"IPv6地址/前缀长度"来表示，例如，若某IPv6地址为3FFE:FFFF:0:CD30:0:0:0:5/64，则该地址的前缀是3FFE:FFFF:0:CD30。

3. URL中的IPv6地址表示

在IPv4中，对于一个URL，当需要使用IP地址加端口号的方式来访问资源时，可以采用形如"http://51.151.52.63:8080/cn/index.asp"的表示形式。由于IPv6地址中含有":"，因此为了避免歧义，当URL中含有IPv6地址时应使用"[]"将其包含起来，表示形式为"http://[2000:1::1234:EF]:8080/cn/index.asp"。

9.1.3 IPv6地址的类型

与IPv4地址类似，IPv6地址可以分为单播地址、组播地址和任播地址等类型。

1. 单播地址

单播地址是只能分配给一个节点上的一个接口的地址，也就是说寻址到单播地址的数

据包最终会被发送到唯一的接口。和 IPv4 单播地址类似，IPv6 单播地址通常可分为子网前缀和接口标识两部分，子网前缀用于表示接口所属的网段，接口标识用以区分连接在同一链路的不同接口。根据作用范围，IPv6 单播地址可分为链路本地地址（Link - local Address）、站点本地地址（Site - local Address）、可聚合全球单播地址（Aggregatable Global Unicast Address）等类型。

> **注 意**
>
> 在 IPv6 网络中，节点指任何运行 IPv6 的设备；链路指以路由器为边界的一个或多个局域网段；站点指由路由器连接起来的两个或多个子网。

（1）可聚合全球单播地址

可聚合全球单播地址类似于 IPv4 中可以应用于 Internet 的公有地址，该类地址由 IANA（互联网地址分配机构）统一分配，可以在 Internet 中使用。可聚合全球单播地址的结构如图 9 - 1 所示，各字段的含义如下。

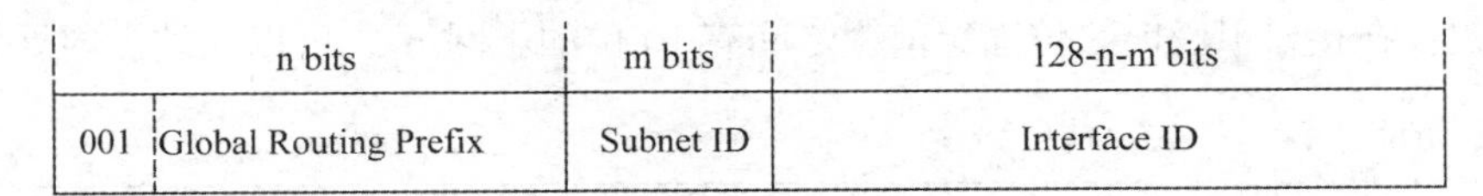

图 9 - 1　可聚合全球单播地址的结构

① Global Routing Prefix（全球可路由前缀）：该部分的前 3 位固定为 001，其余部分由 IANA 的下属组织分配给 ISP 或其他机构。该部分有严格的等级结构，可区分不同的地区、不同等级的机构，以便于路由聚合。

② Subnet ID（子网 ID）：用于标识全球可路由前缀所代表的站点内的子网。

③ Interface ID（接口 ID）：用于标识链路上的不同接口，可以手动配置也可由设备随机生成。

> **注 意**
>
> 可聚合全球单播地址的前 3 位固定为 001，该部分地址可表示为 2000：：/3。根据 RFC3177 的建议，全球可路由前缀（包括前 3 位）的长度最长为 48 位（可以以 16 位为段进行分配）；子网 ID 的长度应为固定 16 位（IPv6 地址左起的第 49～64 位）；接口 ID 的长度应为固定的 64 位。

（2）链路本地地址

当一个节点启用 IPv6 协议时，该节点的每个接口会自动配置一个链路本地地址。这种机制可以使得连接到同一链路的 IPv6 节点不需要做任何配置就可以通信。链路本地地址的结构如图 9 - 2 所示。由图 9 - 2 可知，链路本地地址使用了特定的链路本地前缀 FE80：：/64，其接口 ID 的长度为固定 64 位。链路本地地址在实际的网络应用中是受到限制的，只能在连接到同一本地链路的节点之间使用，通常用于邻居发现、动态路由等需在邻居节点进行通信的协议。

10 bits	54 bits	64 bits
1111111010	0	Interface ID

图 9-2 链路本地地址的结构

注 意

链路本地地址的接口 ID 通常会使用 IEEE EUI-64 接口 ID。EUI-64 接口 ID 是通过接口的 MAC 地址映射转换而来的，可以保证其唯一性。

(3) 站点本地地址

站点本地地址是另一种应用范围受到限制的地址，只能在一个站点（由某些链路组成的网络）内使用。站点本地地址类似于 IPv4 中的私有地址，任何没有申请到可聚合全球单播地址的机构都可以使用站点本地地址。站点本地地址的结构如图 9-3 所示。由图 9-3 可知，站点本地地址的前 48 位总是固定的，其前缀为 FEC0::/48；站点本地地址的接口 ID 为固定的 64 位；在接口 ID 和 48 位固定前缀之间有 16 位的子网 ID，可以在站点内划分子网。

10 bits	38 bits	16 bits	64 bits
1111111011	0	Subnet ID	Interface ID

图 9-3 站点本地地址的结构

注 意

站点本地地址不是自动生成的，需要手工指定。另外在 RFC4291 中，站点本地地址已经不再使用，该地址段已被 IANA 收回。

(4) 唯一本地地址

为了替代站点本地地址的功能，又使这样的地址具有唯一性，避免产生像 IPv4 私有地址泄露到公网而造成的问题，RFC4291 定义了唯一本地地址（Unique-local Address）。唯一本地地址的结构如图 9-4 所示，各字段的含义如下。

7 bits		40 bits	16 bits	64 bits
1111110	L	Global ID	Subnet ID	Interface ID

图 9-4 唯一本地地址的结构

① 固定前缀：前 7 位固定为 1111110，即固定前缀为 FC00::/7。

② L：表示地址的范围，取值为 1 则表示本地范围。

③ Global ID：全球唯一前缀，随机方式生成。

④ Subnet ID：划分子网时使用的子网 ID。

唯一本地地址主要具有以下特性。

① 该地址与 ISP 分配的地址无关，任何人都可以随意使用。

② 该地址具有固定前缀，边界路由器很容易对其过滤。

③ 该地址具有全球唯一前缀（有可能出现重复但概率极低），一旦出现路由泄露，不会与 Internet 路由产生冲突。

④ 可用于构建 VPN。

⑤ 上层协议可将其作为全球单播地址来对待，简化了处理流程。

（5）特殊地址

特殊地址主要包括未指定地址和环回地址。

① 未指定地址：该地址为0：0：0：0：0：0：0：0（::），主要用来表示某个地址不可用，该地址主要在数据包未指定源地址时使用，不能用于目的地址。

② 环回地址：该地址为0：0：0：0：0：0：0：1（::1），与 IPv4 地址中的127.0.0.1 的功能相同，只在节点内部有效。

2. 组播地址

（1）组播地址的结构

组播是指一个源节点发送的数据包能够被特定的多个目的节点收到。在 IPv6 网络中组播地址由固定的前缀 FF::/8 来标识，其地址结构如图 9－5 所示，各字段的含义如下。

8 bits	4 bits	4 bits	112 bits
11111111	Flags	Scop	Group ID

图 9－5　组播地址的结构

① 固定前缀：前 8 位固定为 11111111，即固定前缀为 FF::/8。

② Flags（标志）：目前只使用了最后一位（前 3 位置 0），当该位为 0 时表示当前组播地址为 IANA 分配的永久地址；当该位为 1 时表示当前组播地址为临时组播地址。

③ Scop（范围）：用来限制组播数据流的发送范围。该字段为 0001 时为节点本地范围；该字段为 0010 时为链路本地范围；该字段为 0011 时为站点本地范围；该字段为 1110 时为全球范围。

④ Group ID（组 ID）：该字段用以标识组播组。

（2）被请求节点组播地址

被请求节点组播地址是一种具有特殊用途的地址，主要用来代替 IPv4 中的广播地址，其使用范围为链路本地，用于重复地址检测和获取邻居节点的物理地址。被请求节点组播地址由前缀 FF02::1：FF00::/104 和单播地址的最后 24 位组成，如图 9－6 所示。对于节点或路由器接口上配置的每个单播地址和任播地址，都会自动启用一个对应的被请求节点组播地址。

（3）众所周知的组播地址

与 IPv4 类似，IPv6 有一些众所周知（Well－known）的组播地址，这些地址具有特殊的含义，表 9－1 列出了部分众所周知的组播地址。

全球单播地址

64 bits		64 bits	
Subnet Prefix	Interface ID		24 bits

被请求节点组播地址

映射

8 bits	4 bits	4 bits				
11111111	0	0010	0	0001	FF	24 bits

图 9－6　被请求节点组播地址的结构

表 9－1　部分众所周知的组播地址

组播地址	范围	含义
FF01 : : 1	节点	在本地接口范围的所有节点
FF01 : : 2	节点	在本地接口范围的所有路由器
FF02 : : 1	链路本地	在本地链路范围的所有节点
FF02 : : 1	链路本地	在本地链路范围的所有路由器
FF02 : : 5	链路本地	在本地链路范围的所有 OSPF 路由器
FF05 : : 2	站点	在一个站点范围内的所有路由器

3. 任播地址

任播地址是 IPv6 特有的地址类型，用来标识一组属于不同节点的网络接口。任播地址适合于"One－to－One－of－Many"的通信场合，接收方只要是一组接口的任意一个即可。例如对于移动用户就可以利用任播地址，根据其所在地理位置的不同，与距离最近的接收站进行通信。任播地址是从单播地址空间中分配的，使用单播地址格式。因此仅通过地址本身，节点无法区分其是任播地址还是单播地址，必须对任播地址进行明确配置。

注 意

任播地址仅被用作目的地址，且仅分配给路由器。

【任务实施】

操作 1　配置链路本地地址

在如图 9－7 所示的网络中，1 台计算机通过 Cisco 2960 交换机与 Cisco 2811 路由器的 Fa0/0 快速以太网端口相连。若要在该网络中启用 IPv6 协议并使用链路本地地址实现计算机和路由器连通，则基本配置方法如下。

图 9－7　配置链路本地地址示例

1. 配置路由器

无论在PC还是在路由器上，链路本地地址可以由系统自动生成，也可以手动配置。在路由器上配置链路本地地址的操作过程如下。

```
R2811(config)# ipv6 unicast - routing        //启用 IPv6 流量转发
R2811(config)# interface FastEthernet0/0
R2811(config-if)# ipv6 address autoconfig        //设置 Fa0/0 端口的 IPv6 地址为自动配置
R2811(config-if)# no shutdown
R2811(config-if)# end
R2811# show ipv6 int fa0/0        //查看 Fa0/0 端口的 IPv6 设置
FastEthernet0/0 is up, line protocol is up
  IPv6 is enabled, link - local address is FE80::20C:CFFF:FE22:1D01
//Fa0/0 端口自动配置的链路本地地址
  No Virtual link - local address(es):
  Global unicast address(es):
  Joined group address(es):
    FF02::1
    FF02::2
    FF02::1:FF22:1D01        //Fa0/0 端口自动配置的组播地址
……(以下省略)
```

注 意

若要手动为路由器端口配置链路本地地址，则可在接口配置模式下输入命令"ipv6 address fe80:: 1 link - local"，其中fe80:: 1为分配给该端口的地址，该地址的前缀应为fe80:: /64。

2. 配置计算机

如果计算机安装的是Windows Server 2008 R2系统，则在默认情况下会自动安装IPv6协议并配置链路本地地址。可以在"命令提示符"窗口中输入"ipconfig"或"ipconfig /all"命令查看其配置信息，如图9-8所示。由图9-8可知，该计算机的链路本地地址为"fe80:: 8c11: 8b6d: 2bf1: 50c9%11"，其中"%11"为"本地连接"接口在IPv6协议中对应的索引号。

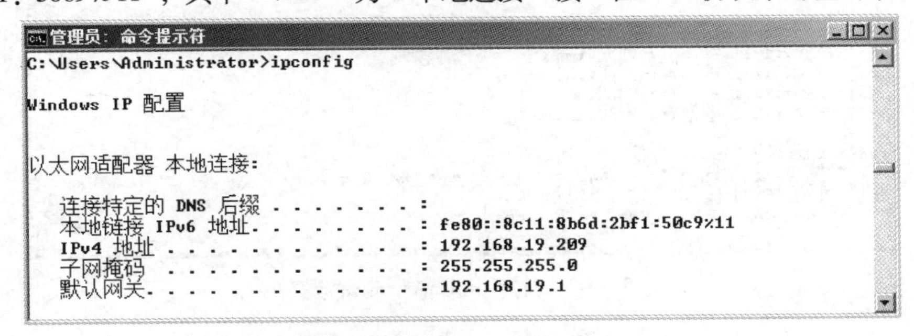

图9-8　查看计算机的链路本地地址

注 意

若系统未安装 IPv6 协议，则应先安装该协议，协议安装后会自动配置链路本地地址。

在安装 IPv6 协议后，Windows 系统会创建一些逻辑接口。可以在“命令提示符”窗口中输入“netsh”命令进入 netsh 界面，进入“interface ipv6”上下文后利用“show interface”命令查看系统接口的信息，如图 9－9 所示。

```
管理员: 命令提示符 - netsh
C:\Users\Administrator>netsh
netsh>interface ipv6
netsh interface ipv6>show interface

Idx     Met         MTU          状态                名称
---  ----------  ----------  ------------  ---------------------------
  1          50  4294967295  connected     Loopback Pseudo-Interface 1
 11          10        1500  connected     本地连接
 13          50        1280  disconnected  Teredo Tunneling Pseudo-Interface
```

图 9－9　查看计算机的逻辑接口

注 意

netsh 是一个用来查看和配置网络参数的工具。可以在 netsh interface ipv6 提示符下利用 show address 11 命令查看“本地连接”接口的详细地址信息；也可以利用“add address 11 fe80:: 2”命令为该接口手动增加一个链路本地地址。netsh 其他的相关命令及使用方法请查阅 Windows 帮助文件。

3. 测试连通性

可以在计算机上利用 ping 命令测试其与路由器 Fa0/0 快速以太网端口的连通性，如图 9－10 所示。需要注意的是，由于计算机上可能有多个链路本地地址，因此在运行 ping 命令时，如果目的地址为链路本地地址，则需要在地址后加“% 接口索引号”，以告之系统发出数据包的源地址。

```
管理员: 命令提示符
C:\Users\Administrator>ping fe80::1%11

正在 Ping fe80::1%11 具有 32 字节的数据:
来自 fe80::1%11 的回复: 时间<1ms
来自 fe80::1%11 的回复: 时间<1ms
来自 fe80::1%11 的回复: 时间<1ms
来自 fe80::1%11 的回复: 时间<1ms

fe80::1%11 的 Ping 统计信息:
    数据包: 已发送 = 4, 已接收 = 4, 丢失 = 0 (0% 丢失),
往返行程的估计时间(以毫秒为单位):
    最短 = 0ms, 最长 = 0ms, 平均 = 0ms
```

图 9－10　利用 ping 命令测试连通性

操作2 配置全球单播地址

若要在如图9－7所示的网络中启用IPv6协议并使用可聚合全球单播地址实现计算机和路由器连通，则基本配置方法如下。

1. 配置路由器

在路由器上配置可聚合全球单播地址的操作过程如下。

```
R2811(config)# ipv6 unicast-routing          //启用IPv6流量转发
R2811(config)# interface FastEthernet0/0
R2811(config-if)# ipv6 address 2000:aaaa::1/64      //设置Fa0/0端口的IPv6地址及前缀
R2811(config-if)# no shutdown
R2811(config-if)# end
R2811# show ipv6 int fa0/0
```

2. 配置计算机

如果计算机安装的是Windows Server 2008 R2系统，则配置可聚合全球单播地址的操作过程为：在“本地连接属性”对话框的“此连接使用下列项目”列表框中选择“Internet协议版本6（TCP/IPv6）”选项，单击“属性”按钮，打开“Internet协议版本6（TCP/IPv6）属性”对话框，如图9－11所示。选择“使用以下IPv6地址”单选框，输入分配该网络连接的全球单播地址和前缀，单击“确定”按钮即可。

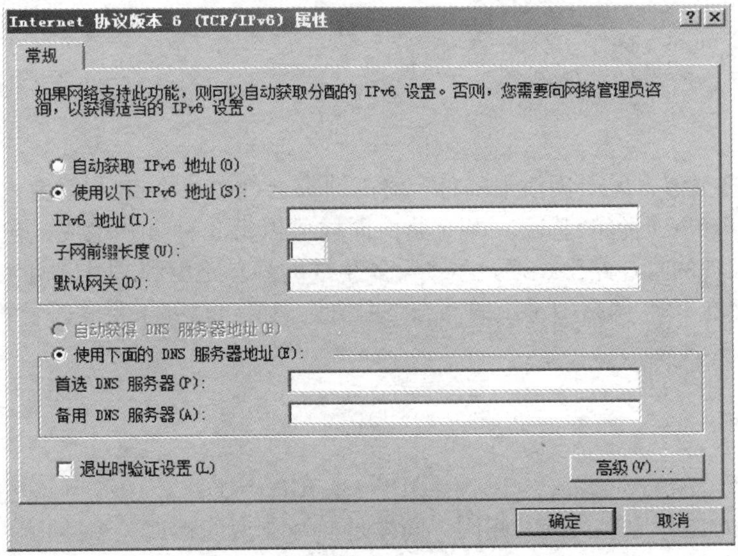

图9－11 “Internet协议版本6（TCP/IPv6）属性”对话框

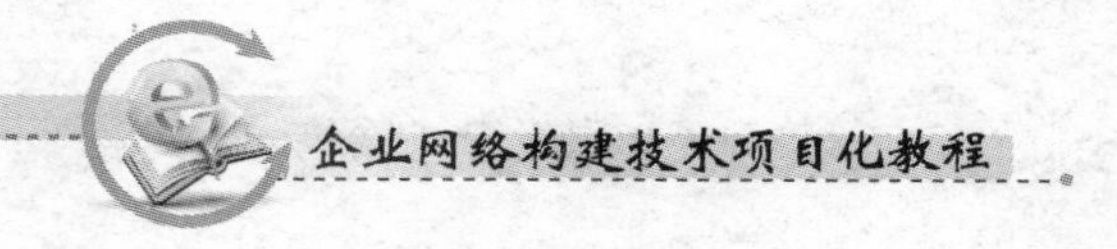

注意

在如图 9-11 所示的对话框中，可以将计算机的默认网关设置为路由器 Fa0/0 快速以太网端口的地址。另外，也可以在“netsh interface ipv6”提示符下利用“add address 11 2000：aaaa：：2”命令设置全球单播地址。

3. 测试连通性

可以在计算机上利用 ping 命令测试其与路由器 Fa0/0 快速以太网端口的连通性。由于本例中使用的是全球单播地址，因此在运行 ping 命令时只指明目的地址即可。

任务 9.2　配置 IPv6 路由

【任务目的】

（1）能够利用静态路由实现 IPv6 网络的连通。

（2）能够利用 RIPng 路由协议实现 IPv6 网络的连通。

（3）能够利用 OSPFv3 路由协议实现 IPv6 网络的连通。

【工作环境与条件】

（1）路由器和交换机（本部分以 Cisco 2811 路由器、Cisco 2960 交换机为例，也可选用其他品牌型号的产品或使用 Cisco Packet Tracer、Boson Netsim 等模拟软件）。

（2）Console 线缆和相应的适配器。

（3）安装 Windows 操作系统的 PC。

（4）组建网络所需的其他设备。

【相关知识】

与 IPv4 网络类似，IPv6 网络中的每台路由器都会维护一个 IPv6 路由表，IPv6 路由表是路由器转发 IPv6 数据包的基础。IPv6 路由同样可以由 3 种方式生成，包括通过数据链路层协议直接发现的直连路由、通过手动配置生成的静态路由和通过路由协议计算生成的动态路由。目前在 IPv6 网络中常用的动态路由协议主要包括基于距离矢量的 RIPng 和基于链路状态的 OSPFv3 等。

9.2.1　RIPng

RIPng（RIP next generation，下一代 RIP）是 RIP 协议针对 IPv6 网络进行的修改和增强。RIPng 的基本工作原理与 RIP 相同，同样是一种典型的距离矢量路由协议，其主要变化是在地址和报文格式方面。为了更好地应用于 IPv6 网络，RIPng 主要对原有的 RIPv1、RIPv2 进行了以下修改。

（1）地址版本：RIPv1、RIPv2 是基于 IPv4 协议的，而 RIPng 是基于 IPv6 协议的，其使用的所有地址均为 128b。

（2）子网掩码和前缀长度：RIPv1 被设计用于无子网的网络，因此没有子网掩码的概

念，是典型的有类路由协议。RIPv2 增加了对子网选路的支持，是典型的无类路由协议。由于 IPv6 的地址前缀有明确的含义，因此 RIPng 中不再有子网掩码的概念，取而代之的是前缀长度。

（3）协议的使用范围：RIPv1、RIPv2 不仅支持 TCP/IP 协议，还能适应其他网络协议的规定，因此其报文的路由表项中包含有网络协议字段。RIPng 去掉了对这一功能的支持，不能用于非 IP 网络。

（4）对下一跳的表示：RIPv1 中没有下一跳的信息，接收端路由器把报文的源 IP 地址作为到目的网络路由的下一跳。RIPv2 中明确包含了下一跳信息，便于选择最优路由和防止出现环路。与 RIPv2 不同，为防止 RTE（Route Table Entry，路由表项）过长，同时也为了提高路由更新信息的传输效率，RIPng 中的下一跳字段是作为一个单独的 RTE 存在的。

（5）报文长度：RIPv1、RIPv2 规定每个报文最多只能携带 25 个 RTE。而 RIPng 对 RTE 的数目不作规定，其最大报文长度由发送接口的 MTU（Maximum Transmission Unit，最大传输单元）决定，这提高了网络对路由更新信息的传输效率。

（6）UDP 端口：RIPng 使用 UDP521 端口发送和接收路由更新信息。

（7）组播地址：RIPng 使用 FF02：：9 作为链路本地范围内的组播地址。

（8）源地址：RIPng 使用链路本地地址 FE80：：/10 作为源地址发送路由更新报文。

9.2.2　OSPFv3

OSPFv3 是在 OSPFv2 基础上开发的用于 IPv6 网络的链路状态路由协议。OSPFv3 沿袭了 OSPFv2 的协议框架，其网络类型、邻居发现和邻接建立机制、协议报文类型等与 OSPFv2 基本一致。为了更好地应用于 IPv6 网络，OSPFv3 与 OSPFv2 主要有以下区别。

（1）基于链路运行：OSPFv2 是基于网络运行的，两个路由器要形成邻居关系必须在同一个网段。OSPFv3 是基于链路运行的，同一条链路上可以有多个 IPv6 子网，因此两个具有不同 IPv6 前缀的节点可以在同一条链路上建立邻居关系。

（2）使用链路本地地址：OSPFv3 使用链路本地地址作为发送报文的源地址。OSPFv3 路由器可以学习到链路上相连的其他路由器的链路本地地址，并使用其作为下一跳来转发报文。因此网络中只负责转发报文的路由器可以不用配置全球单播地址，这样既节省了地址资源又便于管理。

（3）单链路上支持多个实例：为了实现在一条链路上独立运行多个实例，OSPFv3 在协议报文中增加了 Instance ID 字段，用于标识不同的实例。路由器会在接收报文时对该字段进行判断，只有当该字段与接口配置的实例号匹配时才会处理报文。

（4）通过 Router ID 标识邻居：在 OSPFv2 中，当网络类型为点到点或者点对多点时会通过 Router ID 来标识邻居路由器，当网络类型为 BMA 或 NBMA 时会通过邻居接口的 IP 地址来标识邻居路由器。OSPFv3 取消了这种复杂性，无论对于何种网络类型，都是通过 Router ID 来标识邻居路由器。

（5）认证的变化：OSPFv3 自身不再提供认证功能，而是通过使用 IPv6 提供的安全机制来保证报文的合法性。

（6）LSA 的变化：OSPFv2 支持 Router LSA、Network LSA、Network Summary LSA、AS-

BR Summary LSA 和 AS External LSA 等 5 种 LSA。在 OSPFv3 中，由于 Router LSA 和 Network LSA 不再包含地址信息，因此增加了新的 Intra Area Prefix LSA 来携带 IPv6 地址前缀，用于发布区域内的路由信息。OSPFv3 还增加了 Link LSA，用于路由器向链路上其他路由器通告其链路本地地址及地址前缀。另外，OSPFv3 将 Network Summary LSA 更名为 Inter Area Prefix LSA，将 ASBR Summary LSA 更名为 Inter Area Router LSA。

（7）明确 LSA 的泛洪范围：OSPFv3 在 LSA 的 LS Type 字段明确定义了其泛洪范围，从而可将未知类型的 LSA 在规定范围内泛洪，而不是简单地做丢弃处理。LSA 泛洪范围主要包括链路本地范围（只在本地链路上泛洪，如 Link LSA）、区域范围（泛洪范围覆盖一个单独的 OSPFv3 区域，如 Router LSA、Network LSA、Intra Area Prefix LSA、Inter Area Prefix LSA、Inter Area Router LSA）和自治系统范围（泛洪到整个路由域，如 AS External LSA）。

（8）Stub 区域支持的变化：OSPF Stub 是一个末梢区域，当配置 OSPF Stub 区域后，该区域中的路由器会只有一条至 ABR 的默认路由，到其他区域的数据包通过 ABR 转发。OSPFv3 同样支持 Stub 区域，用于减少区域内路由器的路由表规模。OSPFv3 支持对未知类型 LSA 的泛洪，为防止大量未知类型 LSA 泛洪进入 Stub 区域，OSPFv3 对于向 Stub 区泛洪的未知类型 LSA 进行了明确规定，只有当未知类型 LSA 的泛洪范围是链路本地或区域，才可以向 Stub 区域泛洪。

注 意

以上只对 RIPng 和 OSPFv3 在原有协议基础上进行的修改做了简单的介绍。RIPng 和 OSPFv3 具体的工作机制及报文格式请查阅相关资料，限于篇幅这里不再赘述。

【任务实施】

操作 1　配置 IPv6 静态路由

在如图 9－12 所示的网络中，两台 Cisco 2811 路由器通过串行端口 S1/0 互连，每个路由器通过一台交换机连接两台计算机，现要为网络中的相关设备配置 IPv6 地址，并利用静态路由实现全网的通信。具体配置过程如下。

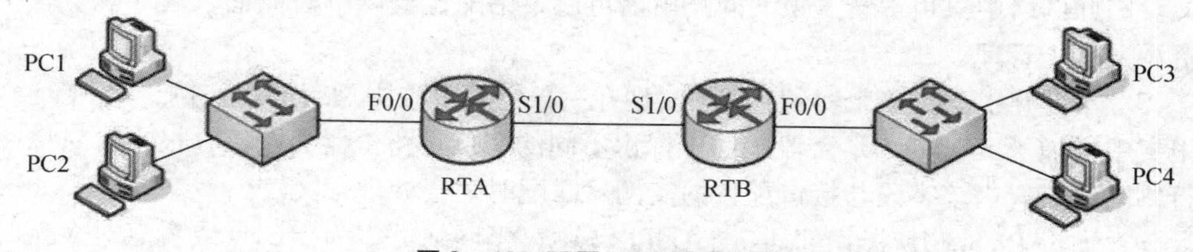

图 9－12　配置 IPv6 路由示例

1. 规划与分配 IPv6 地址

可按照表 9－2 所示的 IPv6 地址参数配置相关设备的地址信息。

表 9－2　配置 IPv6 路由示例中的 IPv6 地址参数

设备	接口	IPv6 地址	前缀	网关
PC1	NIC	2000：aaaa：：2	64	2000：aaaa：：1
PC2	NIC	2000：aaaa：：3	64	2000：aaaa：：1
PC3	NIC	2000：bbbb：：2	64	2000：bbbb：：1
PC4	NIC	2000：bbbb：：3	64	2000：bbbb：：1
RTA	F0/0	2000：aaaa：：1	64	
	S1/0	2000：cccc：：1	64	
RTB	F0/0	2000：bbbb：：1	64	
	S1/0	2000：cccc：：2	64	

2. 配置路由器端口

在路由器 RTA 上的配置过程为：

```
RTA(config)# ipv6 unicast-routing
RTA(config)# interface FastEthernet0/0
RTA(config-if)# ipv6 address 2000:aaaa::1/64      //配置 IPv6 地址
RTA(config-if)# no shutdown
RTA(config-if)# interface Serial1/0
RTA(config-if)# ipv6 address 2000:cccc::1/64
RTA(config-if)# clock rate 2000000
RTA(config-if)# no shutdown
```

在路由器 RTB 上的配置过程为：

```
RTB(config)# ipv6 unicast-routing
RTB(config)# interface FastEthernet0/0
RTB(config-if)# ipv6 address 2000:bbbb::1/64
RTB(config-if)# no shutdown
RTB(config-if)# interface Serial1/0
RTB(config-if)# ipv6 address 2000:cccc::2/64
RTB(config-if)# no shutdown
```

3. 配置静态路由

在路由器 RTA 上的配置过程为：

```
RTA(config)# ipv6 route 2000:bbbb::/64 Serial1/0      //配置 IPv6 静态路由
RTA(config)# exit
RTA# show ipv6 interface
RTA# show ipv6 route                  //查看 IPv6 路由表
```

在路由器 RTB 上的配置过程为：

```
RTB(config)# ipv6 route 2000:aaaa::/64 Serial1/0
RTB(config)# exit
RTB# show ipv6 interface
RTB# show ipv6 route
```

4. 验证全网的连通性

此时可以在计算机和路由器上利用 ping 命令测试各设备之间的连通性。在路由器 RTB 上测试其与路由器 RTA 连通性的命令为：

```
RTB(config)# ping ipv6 2000:aaaa::1
    Type escape sequence to abort.
    Sending 5, 100-byte ICMP Echos to 2000:aaaa::1, timeout is 2 seconds:
    !!!!!
    Success rate is 100 percent (5/5), round-trip min/avg/max = 16/37/78 ms
```

操作 2　配置 RIPng

在如图 9-12 所示的网络中，如果要为网络中的相关设备配置 IPv6 地址，并利用动态路由协议 RIPng 实现全网的通信，则具体配置过程如下。

1. 规划与分配 IPv6 地址

可按照表 9-2 所示的 IPv6 地址参数配置相关设备的地址信息。

2. 配置路由器端口

路由器 RTA 和 RTB 的端口配置与静态路由配置示例相同，这里不再赘述。

3. 配置 RIPng

在路由器 RTA 上的配置过程为：

```
RTA(config)# ipv6 router rip cisco          //启动 IPv6 RIPng 进程
RTA(config-rtr)# split-horizon               //启用水平分割
RTA(config-rtr)# poison-reverse              //启用毒化反转
RTA(config-rtr)# exit
RTA(config)# interface FastEthernet0/0
RTA(config-if)# ipv6 rip cisco enable            //在接口上启用 RIPng
RTA(config-if)# interface Serial1/0
RTA(config-if)# ipv6 rip cisco enable
RTA(config-if)# exit
RTA# show ipv6 route
RTA# show ipv6 protocols              //查看 IPv6 路由协议
RTA# show ipv6 rip database           //查看 RIPng 的数据库
```

在路由器 RTB 上的配置过程与 RTA 相同，这里不再赘述。

4. 验证全网的连通性

此时可以在计算机和路由器上利用 ping 命令测试各设备之间的连通性。

操作3　配置 OSPFv3

在如图9－12 所示的网络中，如果要为网络中的相关设备配置 IPv6 地址，并利用动态路由协议 OSPFv3 实现全网的通信，则具体配置过程如下。

1. 规划与分配 IPv6 地址

可按照表9－2 所示的 IPv6 地址参数配置相关设备的地址信息。

2. 配置路由器端口

路由器 RTA 和 RTB 的端口配置与静态路由配置示例相同，这里不再赘述。

3. 配置 OSPFv3

在路由器 RTA 上的配置过程为：

```
RTA(config)# ipv6 router ospf 1        //启动 OSPFv3 路由进程
RTA(config-rtr)# router-id 1.1.1.1
RTA(config-rtr)# exit
RTA(config)# interface FastEthernet0/0
RTA(config-if)# ipv6 ospf 1 area 0          //在接口上启用 OSPFv3,并声明接口所在区域
RTA(config-if)# interface Serial1/0
RTA(config-if)# ipv6 ospf 1 area 0
RTA(config-if)# exit
RTA# show ipv6 route
RTA# show ipv6 protocols              //查看 IPv6 路由协议
RTA# show ipv6 ospf database           //查看 OSPFv3 的数据库
RTA# show ipv6 ospf interface          //查看 OSPFv3 路由器接口基本信息
```

在路由器 RTB 上的配置过程为：

```
RTB(config)# ipv6 router ospf 1
RTB(config-rtr)# router-id 2.2.2.2
RTB(config-rtr)# exit
RTB(config)# interface FastEthernet0/0
RTB(config-if)# ipv6 ospf 1 area 0
RTB(config-if)# interface Serial1/0
RTB(config-if)# ipv6 ospf 1 area 0
```

4. 验证全网的连通性

此时可以在计算机和路由器上利用 ping 命令测试各设备之间的连通性。

注 意

限于篇幅，本次任务只完成了最基本的 IPv6 路由设置，更复杂的设置请查阅相关技术资料和产品手册。

任务 9.3　实现 IPv6 与 IPv4 网络互联

【任务目的】

（1）了解常用的 IPv4/IPv6 过渡技术。

（2）能够利用隧道技术实现 IPv6 跨 IPv4 网络的互联。

（3）能够利用 NAT - PT 技术实现 IPv6 与 IPv4 网络之间的互联。

【工作环境与条件】

（1）路由器和交换机（本部分以 Cisco 2811 路由器、Cisco 2960 交换机为例，也可选用其他品牌型号的产品或使用 Cisco Packet Tracer、Boson Netsim 等模拟软件）。

（2）Console 线缆和相应的适配器。

（3）安装 Windows 操作系统的 PC。

（4）组建网络所需的其他设备。

【相关知识】

9.3.1　IPv4/IPv6 过渡技术概述

传统的网络都是基于 IPv4 的，如果把网络中的设备全都更换为 IPv6 设备，成本巨大并且会导致原有业务的中断。因此，IPv6 网络完全替代 IPv4 网络是一个渐进的过程，在很长的过渡期内，IPv6 网络和 IPv4 网络必须共存并兼容。为了实现 IPv4 网络向 IPv6 网络的过渡，IETF 成立了专门的工作组并提出了很多种过渡技术，目前的各种 IPv4/IPv6 过渡技术从功能用途上可以分成两类。

1. IPv4/IPv6 业务共存技术

IPv4/IPv6 业务共存技术可以使 IPv6 网络业务在原有的 IPv4 网络基础架构上工作，从而实现 IPv6 网络跨 IPv4 网络的互联。目前常用的 IPv4/IPv6 业务共存技术主要有如下几个。

（1）双协议栈技术：该技术是指在设备上同时启用 IPv4 和 IPv6 两种协议，该设备既能支持与安装 IPv4 协议的设备通信，又能支持与安装 IPv6 协议的设备通信。双协议栈技术是应用最广泛的 IPv4/IPv6 过渡技术，也是其他过渡技术的基础。

（2）隧道技术：该技术是通过在 IPv4 网络中部署隧道，将 IPv6 数据包封装在 IPv4 数据包中，从而实现在 IPv4 网络上对 IPv6 业务的承载。

2. IPv4/IPv6 互操作技术

IPv4/IPv6 互操作技术可以通过对数据包的转换实现 IPv4 设备和 IPv6 设备之间的相互访问，从而实现 IPv6 网络与 IPv4 网络之间的互联。目前常用的 Pv4/IPv6 互操作技术主要包括 SIIT（Stateless IP/ICMP Translation，无状态 IP/ICMP 翻译）、NAT－PT（Network Address Translation－Protocol Translation，网络地址转换－协议转换）、BIA（Bump In the API）、BIS（Bump In the Stack）等。

9.3.2　隧道技术

随着 IPv6 网络的发展，出现了许多局部的 IPv6 网络，利用隧道技术可以通过原有的 IPv4 网络实现这些 IPv6 网络之间的互通。图 9－13 给出了隧道技术的示意图，由图 9－13 可知，在 IPv6 网络与 IPv4 网络间的隧道入口处，双协议栈路由器会将 IPv6 的数据包封装到 IPv4 数据包中，IPv4 数据包的源地址和目的地址分别是隧道起点和终点的 IPv4 地址；在隧道的出口处，双协议栈路由器会去掉外部的 IPv4 包头，恢复原来的 IPv6 数据包，进行 IPv6 转发。隧道技术的优点在于其透明性，只起到物理通道的作用，IPv6 主机之间的通信可以忽略其存在，是 IPv4 向 IPv6 过渡初期最易于采用的技术。隧道技术的种类很多，主要包括 GRE 隧道、手动配置隧道、兼容地址自动配置隧道、6to4 隧道、ISATAP、隧道代理等。

注　意

隧道技术不能实现 IPv4 主机与 IPv6 主机的直接通信。

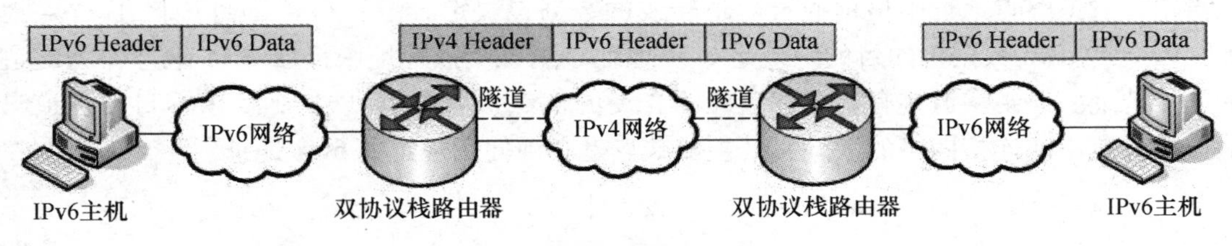

图 9－13　隧道技术示意图

1. IPv6 over IPv4 GRE 隧道

使用标准的 GRE 隧道技术可以在 IPv4 网络的 GRE 隧道上传输 IPv6 数据包。在该隧道中，GRE 将作为承载协议，而 IPv6 将作为乘客协议，隧道的接口应配置 IPv6 地址，而隧道的起点地址和终点地址应为 IPv4 地址。GRE 隧道技术成熟、通用性好，但需手动配置隧道的起点和终点，不易维护，常用于两个边缘路由器之间的永久连接。

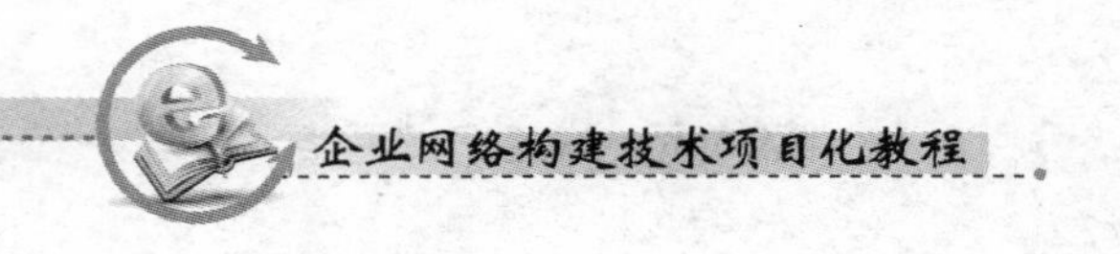

2. IPv6 in IPv4 手动隧道

IPv6 in IPv4 手动隧道直接将 IPv6 数据包封装到 IPv4 数据包中，它要求在路由器上手动配置隧道的起点地址和终点地址，如果一个边界路由器要与多个路由器建立手动隧道，就需要在路由器上配置多个隧道。IPv6 in IPv4 手动隧道在路由器上以虚拟接口存在，当路由器收到 IPv6 数据包后，会根据其目的地址查找 IPv6 转发表，如果该数据包要从虚拟隧道接口转发出去，则将根据隧道接口配置的隧道起点和终点的 IPv4 地址进行封装。封装后的 IPv4 数据包将通过 IPv4 网络转发到隧道的终点。IPv6 in IPv4 手动隧道需要手动配置，不易维护，通常用于两个边界路由器之间的永久连接。

3. IPv4 兼容 IPv6 自动隧道

隧道需要有起点和终点，当起点和终点确定后，隧道也就确定了。在 IPv4 兼容 IPv6 自动隧道中，只需要配置隧道的起点，而隧道的终点由路由器自动生成，因此无论要和多少个对端设备建立隧道，本端只需要一个隧道接口就可以了，这使路由器的配置和维护变得非常方便。IPv4 兼容 IPv6 自动隧道也有很大的局限性，它要求 IPv6 地址必须是 IPv4 兼容 IPv6 地址，地址前缀只能是 0：0：0：0：0：0/96，也就是所有节点必须处在同一 IPv6 网段中，因此 IPv4 兼容 IPv6 自动隧道只能用于隧道两端点的通信，而不能进行数据包的转发。

4. 6to4 隧道

6to4 隧道也是一种自动隧道，不需要为每条隧道预先配置。与 IPv4 兼容 IPv6 自动隧道不同，6to4 隧道不使用 IPv4 兼容 IPv6 地址，其目的地址要求使用一种特殊的 6to4 地址，该地址的格式如图 9－14 所示。6to4 地址是可聚合全球单播地址，其网络前缀为 64 位，其中前 48 位为 2002：a. b. c. d，由分配给路由器的 IPv4 地址决定（a. b. c. d 为 IPv4 地址），后 16 位由用户自己定义。6to4 隧道通过虚拟接口实现，隧道起点的 IPv4 地址需手工指定，隧道终点地址则根据通过隧道转发的数据包决定。由于 6to4 地址内嵌了 IPv4 地址，因此若 IPv6 数据包的目的地址是 6to4 地址，则可从该地址中提取 IPv4 地址作为隧道的终点地址。6to4 隧道具有自动隧道维护方便的优点，克服了 IPv4 兼容 IPv6 自动隧道只能连接节点不能连接网络的缺陷，其主要缺点是必须使用规定的 6to4 地址。

3	13	32	16	64 bits
FP 001	TLA 0x0002	V4ADDR	SLAID	接口ID

图 9－14　6to4 地址格式

注 意

6to4 地址内嵌的 IPv4 地址不能为私有 IPv4 地址。另外在 6to4 隧道中，如果 IPv6 数据包的目的地址不是 6to4 地址，但其下一跳是 6to4 地址，则将从下一跳地址中提取 IPv4 地址作为隧道的终点地址，这被称为 6to4 中继。

5. ISATAP 隧道

ISATAP（Intra－Site Automatic Tunnel Addressing Protocol，站内自动隧道寻址协议）不但是一种自动隧道技术，还可以进行地址分配。在 ISATAP 隧道的两端设备之间可以运行 ND 协议。配置了 ISATAP 隧道后，IPv6 网络会将底层的 IPv4 网络看成一个非广播的点到多点的链路，即将 IPv4 网络当成虚拟的数据链路层。ISATAP 隧道的地址也有特定的格式，其地址的前 64 位是通过向 ISATAP 路由器发送请求得到的，后 64 位必须为 0：5ffe：a. b. c. d。其中 0：5ffe 为 IANA 规定的格式；a. b. c. d 为单播 IPv4 地址，嵌入到 IPv6 地址的低 32 位。与 6to4 地址类似，ISATAP 地址中也有 IPv4 地址存在，可以用于隧道的建立。ISATAP 的最大特点是将 IPv4 网络作为下层链路，并在其上运行 ND 协议，可以实现跨 IPv4 网络的 IPv6 地址自动配置，其主要缺点是必须使用特殊的 ISATAP 地址。

注 意

以上只对部分 IPv4/IPv6 隧道技术的主要特点做了简单介绍，其具体工作原理及其他隧道技术请查阅相关资料。

9.3.3　NAT－PT

NAT－PT 是将协议转换技术与 IPv4 网络中的 NAT 技术相结合的一种技术，主要用于在 IPv6 和 IPv4 网络的交界处，实现 IPv6 主机和 IPv4 主机间的互通。其中，协议转换的目的是实现 IPv6 数据包头和 IPv4 数据包头的转换；地址转换的目的是使 IPv4 主机可以用 IPv4 地址标识 IPv6 主机，IPv6 主机也可以用 IPv6 地址标识 IPv4 主机。NAT－PT 的优点是不需要对 IPv4、IPv6 主机进行改造，缺点是 IPv4 主机访问 IPv6 主机的实现方法比较复杂，网络设备进行协议转换、地址转换的开销较大。NAT－PT 主要包括以下 3 种类型。

1. 静态 NAT－PT

静态 NAT－PT 类似于 IPv4 中的静态 NAT，提供了一对一的 IPv6 地址和 IPv4 地址的映射。在这种模式中，由 NAT－PT 网关路由器静态配置 IPv6 地址和 IPv4 地址的绑定关系，如果 IPv4 主机与 IPv6 主机进行通信，其传输的数据包会在经过 NAT－PT 网关路由器时，由网关路由器根据配置的绑定关系进行转换。

注 意

在静态 NAT－PT 中，不管是 IPv6 主机还是 IPv4 主机，都可以主动向另一侧的主机发起连接。

2. 动态 NAT－PT

动态 NAT－PT 类似于 IPv4 中的动态 NAT，也提供了一对一的映射，但需使用 IPv4 地址池，NAT－PT 网关路由器从地址池中取出 IPv4 地址来实现 IPv6 地址到 IPv4 地址的转换，地址池中IPv4地址数量决定了并发的IPv6到IPv4转换的最大数目。另外NAT－PT网关路由器会向IPv6网络通告一个96位的地址前缀，用该前缀加上IPv4主机的32位IPv4地址，就可以实现IPv4地址到IPv6地址的转换。

动态NAT－PT克服了静态NAT－PT配置复杂，消耗大量IPv4地址的缺点，使用很少的IPv4地址就可以支持大量的IPv6到IPv4的转换。不过动态NAT－PT只能由IPv6主机首先发起连接，网关路由器将IPv6主机地址转换为IPv4地址后，IPv4主机才能知道用哪一个IPv4地址标识IPv6主机。

注意

在动态NAT－PT中，可以通过DNS－ALG（Application Level Gateway，应用层网关）实现，不管是IPv6主机还是IPv4主机，都可以主动向另一侧的主机发起连接。DNS－ALG的相关知识请查阅相关资料。

3. NAPT－PT

NAPT－PT类似于IPv4中的NAPT，提供多个有NAT－PT前缀的IPv6地址和一个IPv4地址间的多对一动态映射，这种转换同时在网络层（IPv4/IPv6）和传输层（TCP/UDP）进行。NAPT－PT通过端口映射实现了IPv4地址的复用，在该模式中也只能由IPv6主机首先发起连接。

【任务实施】

操作1　实现IPv6跨IPv4网络的互联

在如图9－15所示的网络中，3台Cisco 2811路由器通过串行端口使用IPv4协议连接，路由器RTA和RTC的以太网端口F0/0分别连接了一个IPv6网络。如果要实现两个IPv6网络的通信，则可以采用以下配置方法。

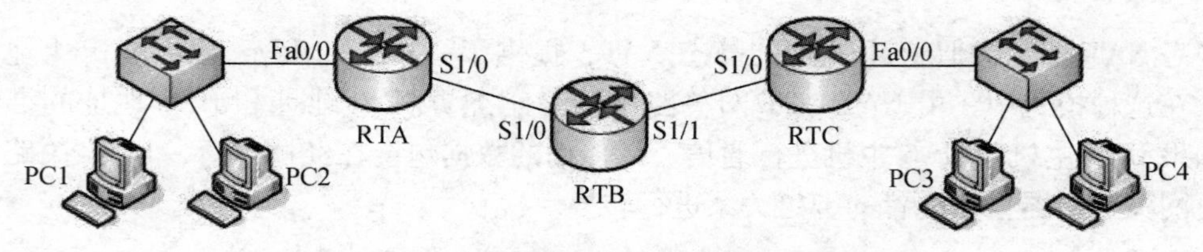

图9－15　实现IPv6跨IPv4网络的互联示例

1. 利用GRE隧道

如果要利用GRE隧道实现如图9－15所示的两个IPv6网络的通信，则基本配置过程如下。

（1）规划与分配地址参数

该网络中既包括了IPv6网络，又包括了IPv4网络，可按照表9－3所示的地址参数配置相关设备的地址信息。

表 9－3　利用 GRE 隧道实现 IPv6 跨 IPv4 网络的互联示例中的地址参数

	设备	接口	IPv6 地址	前缀	网关
IPv6 网络	PC1	NIC	2000：aaaa：：2	64	2000：aaaa：：1
	PC2	NIC	2000：aaaa：：3	64	2000：aaaa：：1
	PC3	NIC	2000：bbbb：：2	64	2000：bbbb：：1
	PC4	NIC	2000：bbbb：：3	64	2000：bbbb：：1
	RTA	F0/0	2000：aaaa：：1	64	
	RTC	F0/0	2000：bbbb：：1	64	
IPv4 网络	设备	接口	IPv4 地址	子网掩码	网关
	RTA	S1/0	1.1.1.1	255.255.255.0	
	RTB	S1/0	1.1.1.2	255.255.255.0	
		S1/1	2.2.2.1	255.255.255.0	
	RTC	S1/0	2.2.2.2	255.255.255.0	

（2）实现 IPv4 网络的连通

在路由器 RTA 上的配置过程为：

```
RTA(config)# interface S1/0
RTA(config-if)# ip address 1.1.1.1 255.255.255.0
RTA(config-if)# no shutdown
RTA(config-if)# exit
RTA(config)# ip route 2.2.2.0 255.255.255.0 S1/0
```

在路由器 RTB 上的配置过程为：

```
RTB(config)# interface S1/0
RTB(config-if)# ip address 1.1.1.2 255.255.255.0
RTB(config-if)# clock rate 2000000
RTB(config-if)# no shutdown
RTB(config-if)# interface S1/1
RTB(config-if)# ip address 2.2.2.1 255.255.255.0
RTB(config-if)# clock rate 2000000
RTB(config-if)# no shutdown
```

在路由器 RTC 上的配置过程为：

```
RTC(config)# interface S1/0
RTC(config-if)# ip address 2.2.2.2 255.255.255.0
RTC(config-if)# no shutdown
RTC(config-if)# exit
RTC(config)# ip route 1.1.1.0 255.255.255.0 S1/0
```

配置完成后，可以在路由器 RTA、RTB 和 RTC 上测试它们之间的连通性。

（3）配置 IPv6 网络

在路由器 RTA 上的配置过程为：

```
RTA(config)# ipv6 unicast-routing
RTA(config)# interface FastEthernet0/0
RTA(config-if)# ipv6 address 2000:aaaa::1/64
RTA(config-if)# no shutdown
```

在路由器 RTC 上的配置过程为：

```
RTC(config)# ipv6 unicast-routing
RTC(config)# interface FastEthernet0/0
RTC(config-if)# ipv6 address 2000:bbbb::1/64
RTC(config-if)# no shutdown
```

（4）配置 GRE 隧道及 IPv6 路由

在路由器 RTA 上的配置过程为：

```
RTA(config)# interface Tunnel 0          //创建隧道
RTA(config-if)# ipv6 enable              //启用 IPv6
RTA(config-if)# ipv6 address 2000:cccc::1/64    //设置隧道接口的 IPv6 地址
RTA(config-if)# tunnel source S1/0              //设置隧道起点为 RTA 的 S1/0 端口
RTA(config-if)# tunnel destination 2.2.2.2      //设置隧道终点为 RTC 的 S1/0 端口
RTA(config-if)# tunnel mode gre ipv6            //设置隧道模式
RTA(config-if)# exit
RTA(config)# ipv6 route 2000:bbbb::0/64 Tunnel 0    //设置 IPv6 静态路由
```

在路由器 RTC 上的配置过程为：

```
RTC(config)# interface Tunnel 0
RTC(config-if)# ipv6 enable
RTC(config-if)# ipv6 address 2000:cccc::2/64
RTC(config-if)# tunnel source S1/0              //设置隧道起点为 RTC 的 S1/0 端口
RTC(config-if)# tunnel destination 1.1.1.1      //设置隧道终点为 RTA 的 S1/0 端口
RTC(config-if)# tunnel mode gre ipv6
RTC(config-if)# exit
RTC(config)# ipv6 route 2000:aaaa::0/64 2000:cccc::1
```

配置完成后，可以在 PC1 和 PC2 上测试其与 PC3 及 PC4 的连通性。

2. 利用 6to4 隧道

如果要利用 6to4 隧道实现如图 9-15 所示的两个 IPv6 网络的通信，则基本配置过程如下。

（1）规划与分配地址参数

由于 6to4 隧道需要使用专用的 6to4 地址，该地址中要内嵌 IPv4 地址信息。在如图 9-15 所示的网络中，若在路由器 RTA 上创建一个 Loopback 接口，其 IP 地址为 3.3.3.3/24，在路由器 RTC 创建一个 Loopback 接口，其 IP 地址为 4.4.4.4/24，6to4 隧道建立在这两个 Loopback 接口之间，则路由器 RTA 连接的 IPv6 网络必须使用前缀为 2002：0303：0303：：/48 的 IPv6 地址，路由器 RTC 连接的 IPv6 网络必须使用前缀为 2002：0404：

0404::/48 的 IPv6 地址。由于路由器 RTA 和路由器 RTC 需通过 F0/0 接口和隧道接口分别连接两个 IPv6 网段，需将其对应的地址前缀再划分成子网。可按照表 9－4 所示的地址参数配置相关设备的地址信息。

表 9－4　利用 6to4 隧道实现 IPv6 跨 IPv4 网络的互联示例中的地址参数

	设备	接口	IPv6 地址	前缀	网关
IPv6 网络	PC1	NIC	2002:0303:0303:1::2	64	2002:0303:0303:1::1
	PC2	NIC	2002:0303:0303:1::3	64	2002:0303:0303:1::1
	PC3	NIC	2002:0404:0404:1::2	64	2002:0404:0404:1::1
	PC4	NIC	2002:0404:0404:1::3	64	2002:0404:0404:1::1
	RTA	F0/0	2002:0303:0303:1::1	64	
	RTC	F0/0	2002:0404:0404:1::1	64	
IPv4 网络	设备	接口	IPv4 地址	子网掩码	网关
	RTA	S1/0	1.1.1.1	255.255.255.0	
		Loopback0	3.3.3.3	255.255.255.0	
	RTB	S1/0	1.1.1.2	255.255.255.0	
		S1/1	2.2.2.1	255.255.255.0	
	RTC	S1/0	2.2.2.2	255.255.255.0	
		Loopback0	4.4.4.4	255.255.255.0	

（2）实现 IPv4 网络的连通

在路由器 RTA 上的配置过程为：

```
RTA(config)#interface S1/0
RTA(config-if)#ip address 1.1.1.1 255.255.255.0
RTA(config-if)#no shutdown
RTA(config-if)#interface Loopback0
RTA(config-if)#ip address 3.3.3.3 255.255.255.0
RTA(config-if)#no shutdown
RTA(config-if)#exit
RTA(config)#ip route 2.2.2.0 255.255.255.0 S1/0
RTA(config)#ip route 4.4.4.0 255.255.255.0 S1/0
```

在路由器 RTB 上的配置过程为：

```
RTB(config)#interface S1/0
RTB(config-if)#ip address 1.1.1.2 255.255.255.0
RTB(config-if)#clock rate 2000000
RTB(config-if)#no shutdown
RTB(config-if)#interface S1/1
RTB(config-if)#ip address 2.2.2.1 255.255.255.0
RTB(config-if)#clock rate 2000000
RTB(config-if)#no shutdown
RTB(config)#ip route 3.3.3.0 255.255.255.0 S1/0
RTB(config)#ip route 4.4.4.0 255.255.255.0 S1/1
```

在路由器 RTC 上的配置过程为：

```
RTC(config)# interface S1/0
RTC(config-if)# ip address 2.2.2.2 255.255.255.0
RTC(config-if)# no shutdown
RTC(config-if)# interface Loopback0
RTC(config-if)# ip address 4.4.4.4 255.255.255.0
RTC(config-if)# no shutdown
RTC(config-if)# exit
RTC(config)# ip route 1.1.1.0 255.255.255.0 S1/0
RTC(config)# ip route 3.3.3.0 255.255.255.0 S1/0
```

配置完成后，可以在路由器 RTA、RTB 和 RTC 上测试它们之间的连通性。

(3) 配置 IPv6 网络

在路由器 RTA 上的配置过程为：

```
RTA(config)# ipv6 unicast-routing
RTA(config)# interface FastEthernet0/0
RTA(config-if)# ipv6 address 2002:0303:0303:1::1/64
RTA(config-if)# no shutdown
```

在路由器 RTC 上的配置过程为：

```
RTC(config)# ipv6 unicast-routing
RTC(config)# interface FastEthernet0/0
RTC(config-if)# ipv6 address 2002:0404:0404:1::1/64
RTC(config-if)# no shutdown
```

(4) 配置 6to4 隧道及 IPv6 路由

在路由器 RTA 上的配置过程为：

```
RTA(config)# interface Tunnel 0
RTA(config-if)# no ip address
RTA(config-if)# ipv6 unnumbered FastEthernet0/0    //借用 F0/0 端口的 IPv6 地址
RTA(config-if)# tunnel source Loopback0
RTA(config-if)# tunnel mode ipv6ip 6to4         //设置隧道模式
RTA(config-if)# exit
RTA(config)# ipv6 route 2002:0404:0404:1::/64 Tunnel 0
```

在路由器 RTC 上的配置过程为：

```
RTC(config)# interface Tunnel 0
RTC(config-if)# no ip address
RTC(config-if)# ipv6 unnumbered FastEthernet0/0
RTC(config-if)# tunnel source Loopback0
RTC(config-if)# tunnel mode ipv6ip 6to4
RTC(config-if)# exit
RTC(config)# ipv6 route 2002:0303:0303:1::/64 Tunnel 0
```

配置完成后，可以在 PC1 和 PC2 上测试其与 PC3 及 PC4 的连通性。

> **注 意**
>
> 限于篇幅，以上只利用 GRE 隧道和6to4 隧道实现了 IPv6 跨 IPv4 网络的互联，其他隧道技术的配置方法，请查阅相关的技术资料和产品手册。

操作2　实现 IPv6 与 IPv4 网络之间的互联

在如图 9－15 所示的网络中，若路由器 RTA 的以太网端口 F0/0 连接的是一个 IPv6 网络，而路由器 RTC 的以太网端口 F0/0 连接的是一个 IPv4 网络。如果要实现 IPv6 网络与 IPv4 网络之间的通信，则可以采用以下配置方法。

1. 利用静态 NAT－PT

如果要利用静态 NAT－PT 实现 IPv6 网络与 IPv4 网络的通信，则基本配置过程为：

（1）规划与分配地址参数

在该网络中，可按照表 9－5 所示的地址参数配置相关设备的地址信息。

表 9－5　实现 IPv6 与 IPv4 网络之间的互联示例中的地址参数

<table>
<tr><td rowspan="4">IPv6网络</td><td>设备</td><td>接口</td><td>IPv6 地址</td><td>前缀</td><td>网关</td></tr>
<tr><td>PC1</td><td>NIC</td><td>2000：aaaa：：2</td><td>64</td><td>2000：aaaa：：1</td></tr>
<tr><td>PC2</td><td>NIC</td><td>2000：aaaa：：3</td><td>64</td><td>2000：aaaa：：1</td></tr>
<tr><td>RTA</td><td>F0/0</td><td>2000：aaaa：：1</td><td>64</td><td></td></tr>
<tr><td rowspan="8">IPv4网络</td><td>设备</td><td>接口</td><td>IPv4 地址</td><td>子网掩码</td><td>网关</td></tr>
<tr><td>RTA</td><td>S1/0</td><td>1.1.1.1</td><td>255.255.255.0</td><td></td></tr>
<tr><td rowspan="2">RTB</td><td>S1/0</td><td>1.1.1.2</td><td>255.255.255.0</td><td></td></tr>
<tr><td>S1/1</td><td>2.2.2.1</td><td>255.255.255.0</td><td></td></tr>
<tr><td rowspan="2">RTC</td><td>S1/0</td><td>2.2.2.2</td><td>255.255.255.0</td><td></td></tr>
<tr><td>F0/0</td><td>3.3.3.1</td><td>255.255.255.0</td><td></td></tr>
<tr><td>PC3</td><td>NIC</td><td>3.3.3.2</td><td>255.255.255.0</td><td>3.3.3.1</td></tr>
<tr><td>PC4</td><td>NIC</td><td>3.3.3.3</td><td>255.255.255.0</td><td>3.3.3.1</td></tr>
</table>

（2）实现 IPv4 网络的连通

在路由器 RTA 上的配置过程为：

```
RTA(config)# interface S1/0
RTA(config-if)# ip address 1.1.1.1 255.255.255.0
RTA(config-if)# no shutdown
RTA(config-if)# exit
RTA(config)# ip route 2.2.2.0 255.255.255.0 S1/0
RTA(config)# ip route 3.3.3.0 255.255.255.0 S1/0
```

在路由器 RTB 上的配置过程为：

```
RTB(config)# interface S1/0
RTB(config-if)# ip address 1.1.1.2 255.255.255.0
RTB(config-if)# clock rate 2000000
RTB(config-if)# no shutdown
RTB(config-if)# interface S1/1
RTB(config-if)# ip address 2.2.2.1 255.255.255.0
RTB(config-if)# clock rate 2000000
RTB(config-if)# no shutdown
RTB(config)# ip route 3.3.3.0 255.255.255.0 S1/1
```

在路由器 RTC 上的配置过程为：

```
RTC(config)# interface S1/0
RTC(config-if)# ip address 2.2.2.2 255.255.255.0
RTC(config-if)# no shutdown
RTC(config-if)# interface FastEthernet0/0
RTC(config-if)# ip address 3.3.3.1 255.255.255.0
RTC(config-if)# no shutdown
RTC(config-if)# exit
RTC(config)# ip route 1.1.1.0 255.255.255.0 S1/0
```

配置完成后，可以在路由器 RTA、RTB 和 RTC 上测试它们之间的连通性。

（3）配置 IPv6 网络

在路由器 RTA 上的配置过程为：

```
RTA(config)# ipv6 unicast-routing
RTA(config)# interface FastEthernet0/0
RTA(config-if)# ipv6 address 2000:aaaa::1/64
RTA(config-if)# no shutdown
```

（4）配置静态 NAT-PT

在路由器 RTA 上的配置过程为：

```
RTA(config)# interface FastEthernet0/0
RTA(config-if)# ipv6 nat        //启用 NAT-PT 转换
RTA(config-if)# interface S1/0
RTA(config-if)# ipv6 nat
RTA(config-if)# exit
RTA(config)# ipv6 nat prefix 2000:cccc::/96    //通告 96 位的地址前缀
RTA(config)# ipv6 nat v6v4 source 2000:aaaa::2 1.1.1.20
//将 PC1 的 IPv6 地址映射为指定 IPv4 地址
RTA(config)# ipv6 nat v6v4 source 2000:aaaa::3 1.1.1.30
//将 PC2 的 IPv6 地址映射为指定 IPv4 地址
RTA(config)# ipv6 nat v4v6 source 3.3.3.2 2000:cccc::2
//将 PC3 的 IPv4 地址映射为指定 IPv6 地址
RTA(config)# ipv6 nat v4v6 source 3.3.3.3 2000:cccc::3
//将 PC4 的 IPv4 地址映射为指定 IPv6 地址
```

配置完成后，可以在 PC1 上利用"ping 2000：cccc：：2"命令测试其与 PC3 的连通性，也可以在 PC3 上利用"ping 1.1.1.20"命令测试其与 PC1 的连通性。

注 意

用于 NAT－PT 转换的 IPv4 地址不能是 RFC1918 中定义的私有地址。

2. 利用动态 NAT－PT

如果要利用动态 NAT－PT 实现 IPv6 网络与 IPv4 网络的通信，则基本配置过程如下。

（1）规划与分配地址参数

可按照表 9－5 所示的地址参数配置相关设备的地址信息。

（2）实现 IPv4 网络的连通

在路由器 RTA、RTB 和 RTC 上的配置过程与上例相同，这里不再赘述。

（3）配置 IPv6 网络

在路由器 RTA 上的配置过程与上例相同，这里不再赘述。

（4）配置动态 NAT－PT

在路由器 RTA 上的配置过程为：

```
RTA(config)# interface FastEthernet0/0
RTA(config-if)# ipv6 nat        //启用 NAT-PT 转换
RTA(config-if)# interface S1/0
RTA(config-if)# ipv6 nat
RTA(config-if)# exit
RTA(config)# ipv6 access-list ipv6    //创建 IPv6 ACL
RTA(config-ipv6-acl)# permit ipv6 2000:aaaa::/48 any
RTA(config-ipv6-acl)# exit
RTA(config)# ipv6 nat v6v4 pool ipv4-pool 1.1.1.3 1.1.1.10 prefix-length 24
//创建 IPv4 地址池 ipv4-pool,地址范围为 1.1.1.3～1.1.1.10
RTA(config)# ipv6 nat v6v4 source list ipv6 pool ipv4-pool
//设置 IPv4 地址池与 IPv6 地址的映射关系
RTA(config)# ipv6 nat prefix 2000:cccc::/96
```

在动态 NAT－PT 中，访问只能从 IPv6 主机端（PC1 和 PC2）发起，而由于 IPv4 主机（PC3 和 PC4）的地址并没有与 IPv6 地址进行映射，因此配置完成后，如果要在 PC1 上测试其与 PC3 的连通性，则需要使用命令"ping 2000：cccc：：0303：0302"，其中 2000：cccc：：为在 RTA 上通告的地址前缀，0303：0302 为 PC3 的 IPv4 地址。

习 题 9

1. 思考问答

（1）IPv6 与 IPv4 相比有哪些新特性？

（2）通常可以使用哪些格式将 IPv6 地址表示为文本字符串？

（3）简述 IPv6 地址的类型。
（4）RIPng 针对原有的 RIPv1、RIPv2 进行了哪些修改？
（5）常用的 IPv4/IPv6 过渡技术有哪些？各有什么作用？
（6）什么是 NAT－PT？NAT－PT 主要包括哪些类型？

2. 技能操作

（1）配置 IPv6 网络
【内容及操作要求】
在如图 9－16 所示的网络中，3 台路由器通过串行端口互连，每个路由器通过一台交换机连接两台计算机，请为网络中的相关设备配置 IPv6 地址，分别利用静态路由和动态路由（RIPng、OSPFv3）实现全网的通信。

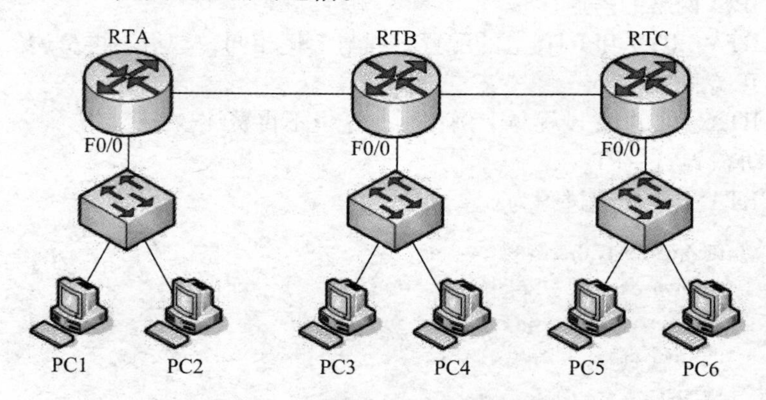

图 9－16　配置 IPv6 网络技能操作

【准备工作】
3 台 Cisco 2811 路由器；6 台安装 Windows 操作系统的计算机；3 台 Cisco 2960 交换机；Console 线缆及其适配器；连接网络所需要的其他部件。
【考核时限】
90min。
（2）IPv6 网络与 IPv4 网络互联
【内容及操作要求】
在如图 9－17 所示的网络中，路由器 RTA 和 RTB 通过串行端口互联，每个路由器

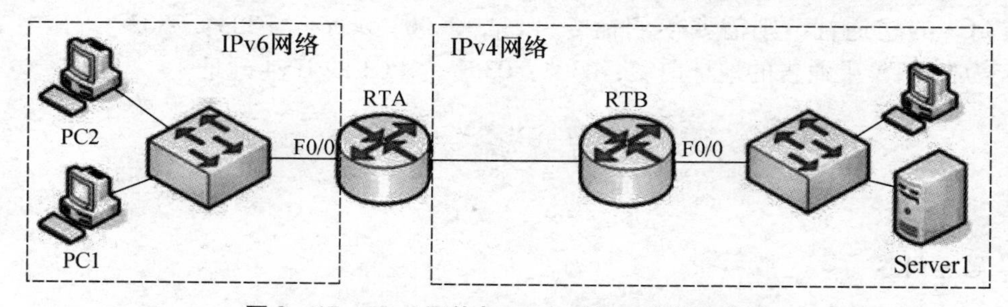

图 9－17　IPv6 网络与 IPv4 网络互联技能操作

通过一台交换机连接两台计算机，请为路由器RTA快速以太网 F0/0 端口连接的网段设置 IPv6 地址，为网络中的其他网段设置 IPv4 地址，使计算机 PC1 和 PC2 能够访问服务器 Server1。

【准备工作】

2 台 Cisco 2811 路由器；4 台安装 Windows 操作系统的计算机；2 台 Cisco 2960 交换机；Console 线缆及其适配器；连接网络所需要的其他部件。

【考核时限】

50min。

参考文献

[1] 丁喜纲．计算机网络技术基础项目化教程［M］．北京：北京大学出版社，2011.

[2] 丁喜纲．网络安全管理技术项目化教程［M］．北京：北京大学出版社，2012.

[3] 于鹏，丁喜纲．计算机网络技术项目教程（高级网络管理员）［M］．北京：清华大学出版社，2010.

[4] 于鹏，丁喜纲．综合布线技术［M］．二版．西安：西安电子科技大学出版社，2011.

[5] 刘晓辉．网络综合布线应用指南［M］．北京：人民邮电出版社，2009.

[6] 钟镭，王培胜，王霞．网络布线施工［M］．北京：人民邮电出版社，2008.

[7] 刘晓辉．网管天下——网络硬件搭建与配置实践［M］．北京：电子工业出版社，2009.

[8] 姜大庆，吴强．网络互联及路由器技术［M］．北京：清华大学出版社，2008.

[9] Todd Lammle 著．CCNA 学习指南［M］．中文六版．程代伟，等译．北京：电子工业出版社，2008.

[10] 冯昊，黄治虎，伍技祥．交换机/路由器配置与管理［M］．北京：清华大学出版社，2005.

[11] 孙兴华，张晓．网络工程实践教程——基于 Cisco 路由器与交换机［M］．北京：北京大学出版社，2010.

[12] 戴有炜．Windows. Server. 2008 R2 安装与管理［M］．北京：清华大学出版社，2011.

[13] 戴有炜．Windows. Server. 2008 R2 网络管理与架站［M］．北京：清华大学出版社，2011.

[14] 戴有炜．Windows Server 2008 R2 Active Directory 配置指南［M］．北京：清华大学出版社，2011.

[15] 刘本军，李建利．网络操作系统——Windows Server 2008 篇［M］．北京：人民邮电出版社，2010.

[16] 王新风．中小企业网络设备配置与管理［M］．北京：清华大学出版社，2010.

[17] 易建勋，姜腊林，史长琼．计算机网络设计［M］. 2 版．北京：人民邮电出版社，2011.

[18] 杨威．网络工程设计与系统集成［M］. 2 版．北京：人民邮电出版社，2010.

[19] 张晖，杨云．计算机网络实训教程［M］．北京：人民邮电出版社，2008.

[20] 田丰．网络与系统管理工具实训［M］．北京：冶金工业出版社，2007.

[21] 周跃东．计算机网络工程实训［M］．西安：西安电子科技大学出版社，2009.

[22] Eric Ouellet 等著．构建 Cisco 无线局域网［M］．张颖，等译．北京：科学出版社，2003.

[23] 杭州华三通信技术有限公司．IPv6 技术［M］．北京：清华大学出版社，2010.